United Monolithic Semiconductors GmbH
Wilhelm-Runge-Str. 11
89081 Ulm

Exemplar 3

Halbleiter-Technologie

Eine Einführung in die Prozeßtechnik
von Silizium und III-V-Verbindungen

Von Prof. Dr. rer. nat. Heinz Beneking
Rheinisch-Westfälische Technische Hochschule
(RWTH) Aachen

Mit 638 Bildern und 30 Tabellen
und einer mehrfarbigen Tafel des
Periodensystems der Elemente

B. G. Teubner Stuttgart 1991

Prof. Dr. rer. nat. Heinz Beneking

Geboren 1924 in Frankfurt/Main; Studium der Physik in Frankfurt und Hamburg; Promotion 1951. Nach mehrjähriger Industrietätigkeit Berufung an die RWTH Aachen; Aufbau des Instituts für Transistortechnik, später Halbleitertechnik genannt.

An Auszeichnungen für das wissenschaftliche Werk seien hier genannt: „Carl-Friedrich-Gauß-Medaille" 1984, „Award of the International Symposium on GaAs and Related Compounds" 1985, „Heinrich-Welker-Medaille" 1985, Mitglied der „Electromagnetics Academy" beim MIT/Cambridge (USA) 1990.

CIP-Titelaufnahme der Deutschen Bibliothek

Beneking, Heinz:
Halbleiter-Technologie : eine Einführung in die Prozesstechnik von Silizium und III-V-Verbindungen / von Heinz Beneking. – Stuttgart : Teubner, 1991
  ISBN 3-519-06133-3

Das Werk einschließlich aller seiner Teile ist urheberrechtlich geschützt. Jede Verwertung außerhalb der engen Grenzen des Urheberrechtsgesetzes ist ohne Zustimmung des Verlages unzulässig und strafbar. Das gilt besonders für Vervielfältigungen, Übersetzungen, Mikroverfilmungen und die Einspeicherung und Verarbeitung in elektronischen Systemen.
© B. G. Teubner Stuttgart 1991
Printed in Germany
Gesamtherstellung: Zechnersche Buchdruckerei GmbH, Speyer
Einbandgestaltung: Peter Pfitz, Stuttgart

Vorwort

Die rasche Entwicklung der Halbleitertechnik macht es schwer, einen seriösen Abriß der technologischen Verfahrensschritte der Material- und Bauelemente-Herstellung zu geben, welcher nicht bereits nach kurzer Zeit als veraltet gelten muß. Die Schwerpunkte in der Technologie verschieben sich; neue Materialien und Verfahren kommen hinzu, während andere in ihrer Bedeutung zurücktreten.

Mit der vorliegenden Zusammenstellung wird der Versuch unternommen, vom Grundmaterial bis zum komplexen Bauelement die erforderlichen Prozesse zu behandeln und dabei speziell diejenigen herauszustellen, welche auch in Zukunft bedeutungsvoll bleiben sollten. Soweit tunlich, werden die zugrunde liegenden theoretischen Zusammenhänge ebenfalls dargestellt, um eine geschlossene Darstellung zu erreichen; die Kenntnis der grundsätzlichen Eigenschaften der behandelten Bauelemente ist im übrigen vorausgesetzt. Auch wird jeweils auf Sicherheitsfragen eingegangen.

Der erste Teil des Buches ist den grundsätzlichen Verfahren vorbehalten (Kapitel 1-7), während die spezifischen, auf Bauelemente ausgerichteten Verfahren den zweiten Teil des Buches ausmachen (Kapitel 8-14). Hierbei wird auch auf Strukturen eingegangen, die sich erst im Laborstadium befinden, welche aber aus der Sicht des Autors zukünftig Bedeutung erlangen werden. Die einzelnen Kapitel sind für sich lesbar, die zugehörige Literatur ist jeweils am Ende aufgeführt. Die thematische Zuordnung folgt aus dem Titel oder einem beigefügten Hinweis. Die zugeordnete Meßtechnik ist in knapper Form mit einbezogen, da sie inhärent zu den Verfahrensschritten gehört.

Das bedeutsamste Halbleitermaterial ist Silizium; auch in Zukunft wird ein Marktanteil von 90% erwartet. Für optoelektronische Anwendungen sind IV-VI-Verbindungen wie PbTe oder II-VI-Verbindungen wie CdSe wichtig, vor allem aber die intermetallischen III-V-Verbindungen GaP, InP und GaAs, sowie zugeordnete ternäre und quaternäre Systeme (HgCdTe, GaAlAs, GaInAsP). Speziell GaAs und InP sind für elektronische Bauelemente höchster Signalverarbeitungsgeschwindigkeit als Substratmaterialien essentiell.

Die Technologie bei Silizium und den III-V-Verbindungen, im letzteren Fall zumeist am Beispiel des Galliumarsenids, aber auch bezüglich InP und verwandter Materialien, wird in dem vorliegenden Buch gemeinsam behandelt. Der Autor erhofft sich hierdurch eine geschlossene und zukünftigen Entwicklungen Rechnung tragende Darstellung der Halbleiter-Technologie - wie weit es ihm gelungen ist, möge der Leser beurteilen.

Die Einteilung des Buches folgt einer Lektionen-Folge, die für Kurse einer Fern-Universität konzipiert wurde und welche sich dort bewährt hat. Die Aufteilung des Stoffes auf 14 weitgehend unabhängige Kapitel ermöglicht ein gezieltes Nachschlagen. Der Einbezug englischsprachiger Begriffe soll den Zugang zur angelsächsischen Literatur erleichtern.

Entnommene Bilder sind entsprechend gekennzeichnet; eine englische Beschriftung wurde belassen, wo keine Mißverständnisse auftreten können. Für die Erlaubnis, Abbildungen anderer Werke verwenden zu dürfen, ist hier zu danken. Dies betrifft speziell den Verlag John Wiley & Sons, Inc., der die Rechte an dem englischsprachigen Standardwerk von S. M. Sze, Physics of Semiconductor Devices, besitzt, sowie die Sargent-Welch Scientific Company, welche gestattete, ihre mit vielen Detail-Angaben versehene Tafel des Periodischen Systems zu übernehmen.

Angemerkt sei, daß die meisten konkreten Angaben bezüglich tatsächlicher Prozeßschritte auf eigenen Arbeiten des Verfassers und seiner Mitarbeiter sowie von Kollegen im Institut für Halbleitertechnik der RWTH Aachen beruhen. Dies mag entsprechende Angaben glaubwürdiger machen, als wenn sie ohne Prüfung übernommen worden wären. Insoweit gilt an dieser Stelle der Dank des Verfassers auch seinen früheren Studenten und Mitarbeitern, die in den vergangenen 30 Jahren mit ihm zusammengearbeitet haben. Besonderer Dank gilt Herrn Frank Schulte und Frau Helga Welter, die sich um die Aufbereitung der Abbildungen verdient gemacht haben, Herrn Reiner Nippes für seine Mitwirkung bei der Textverarbeitung, sowie Frau Hannelore Breidt und Frau Dagmar Tittnags, welche die Reinschrift besorgten. Dem Verlag ist für das verständnisvolle Eingehen auf Wünsche des Autors sowie für die hervorragende Ausstattung des Buches zu danken. Für seine Bereitschaft, Anzeigen einschlägiger Firmen aufzunehmen, darf ich mich abschließend ebenso bedanken wie bei den Inserenten. Durch die damit möglich gewordene Kosten-Reduktion wird Studierenden der Zugang zu dem faszinierenden und zukunftsträchtigen Gebiet der Halbleiter-Technologie erleichtert.

Aachen, im Sommer 1990　　　　　　　　　　　　　　　　　　　　Heinz Beneking

Inhaltsverzeichnis

Teil I Verfahrensschritte 1

1 Grundmaterialien und ihre Herstellung 3
   1.1 Ausgangsmaterialien 3
   1.2 Roh-Silizium 5
   1.3 Poly-Silizium 6
   1.4 Physikalische Reinigung und Einkristallzucht 8
   1.5 Nukleation und Kristallstörungen 14
   1.6 Gallium und Arsen 20
   1.7 Synthese von GaAs 24
   1.8 GaAs-Einkristallzucht 24
   1.9 Gleichmäßigkeit der Eigenschaften 28
   Literaturverzeichnis 33

2 Grundmaterial-Eigenschaften und Analytik 37
   2.1 Materialeigenschaften 37
   2.2 Volumeneigenschaften 43
      2.2.1 Ladungsträger-Verhalten 43
      2.2.2 Träger-Lebensdauer und Diffusionslänge 49
      2.2.3 Messung elektrischer Eigenschaften 51
         2.2.3.1 Widerstandsmessung 52
         2.2.3.2 Hall-Effekt und Corbino-Scheibe 55
         2.2.3.3 Durchbruchsmessung 58
   2.3 Oberflächen-Eigenschaften 59
      2.3.1 Mechanische Eigenschaften 59
      2.3.2 Elektrische Eigenschaften 60
   2.4 Analytik 68
      2.4.1 Charakterisierung des Grundmaterials 68
         2.4.1.1 Kristall-Orientierung 69
         2.4.1.2 Röntgen-Diffraktometrie 71
         2.4.1.3 Röntgen-Topographie 72
         2.4.1.4 Angeregte Lumineszenz 73
         2.4.1.5 Kapazitäts-Spektroskopie 75
      2.4.2 Charakterisierung von Profilen 78
         2.4.2.1 Sekundärionen-Massenspektrometrie 78
         2.4.2.2 Auger-Elektronen-Spektroskopie 80
   2.5 Röntgen-Mikroanalyse 80
   2.6 Afom-Absorptions-Spektroskopie 81
   Literaturverzeichnis 82

VI   Halbleiter-Technologie

3 Epitaxie-Verfahren 88
   3.1 Epitaxie 89
   3.2 Wachstum amorpher Schichten... 94
   3.3 Wachstum polykristalliner Schichten.. 95
   3.4 Wachstum einkristalliner Schichten.. 97
   3.5 Flüssigphasen-Epitaxie...102
       3.5.1 Phasendiagramm..106
       3.5.2 Der Epitaxie-Prozeß 110
       3.5.3 Dotierung 113
   3.6 Gasphasen-Epitaxie 115
       3.6.1 Der Epitaxie-Prozeß 116
       3.6.2 Dotierung 119
   3.7 Metallorganische Abscheidung..121
       3.7.1 Der Epitaxie-Prozeß 122
       3.7.2 Sicherheitsmaßnahmen 127
   3.8 Molekularstrahl-Epitaxie 127
       3.8.1 Der Epitaxie-Prozeß 128
   3.9 Dünnstschicht-Epitaxie 130
   3.10 Epitaxie nicht gitterangepaßter Schichten................................133
   Literaturverzeichnis..138

4 Dotierungsverfahren 150
   4.1 Dotierung mittels Legierung 151
       4.1.1 Der Legierungsprozeß..152
   4.2 Dotierung mittels Diffusion...155
       4.2.2 Die Diffusionsgesetze 158
       4.2.3 Der Diffusionsprozeß...162
           4.2.3.1 Diffusion im abgeschlossenen Volumen
                    (closed tube diffusion) 162
           4.2.3.2 Diffusion im offenen System
                    (open tube diffusion) 163
           4.2.3.3 Dotierung mittels Feststoff-Diffusion
                    (solid to solid diffusion)..164
   4.3 Dotierung mittels Ionenimplantation 165
       4.3.1 Verteilung implantierter Ionen.......................................166
       4.3.2 Ausheilen...169
       4.3.3 Dünnstschicht-Implantation...172
   4.4 Meßtechnik...174
       4.4.1 Profilmessung 175
           4.4.1.1 CV-Methode 175
           4.4.1.2 Differentielle van der Pauw-Hall-Messung 177
       4.4.2 Bestimmung des Ausheilgrades nach Implantation 180
   Literaturverzeichnis..181

5 Abscheideverfahren 183
- 5.1 Siliziumdioxid-Schichten..................183
  - 5.1.1 Thermisches SiO_2 184
  - 5.1.2 Gesputtertes SiO_2..................187
  - 5.1.3 CVD-SiO_2..................189
- 5.2 Siliziumnitrid-Schichten..................190
- 5.3 Aluminiumdioxid-Schichten 192
- 5.4 Aluminiumnitrid-Schichten 192
- 5.5 Tempern 193
- 5.6 Polysilizium-Schichten..................195
- 5.7 Silizid-Schichten 196
- 5.8 Metallisierungen 197
  - 5.8.1 Elektrolytische Abscheidung..................200
- 5.9 Bestimmung der Schichteigenschaften 200
  - 5.9.1 Isolatorschichten..................200
  - 5.9.2 Leitschichten 203
  - 5.9.3 Schichtdicken-Messung..................203
- 5.10 Scheibenverzug 204
- Literaturverzeichnis..................206

6 Lithographie 209
- 6.1 Masken- und maskenlose Übertragungsverfahren 210
- 6.2 Resist-Verhalten..................213
- 6.3 Optische Lithographie 219
  - 6.3.1 Kontaktkopie..................220
  - 6.3.2 Projektionsbelichtung..................221
- 6.4 Röntgenstrahl-Lithographie..................229
- 6.5 Elektronenstrahl-Lithographie..................234
  - 6.5.1 Proximity-Effekt..................240
- 6.6 Ionenstrahl-Lithographie 243
- 6.7 Auflösung und Strukturtreue..................245
  - 6.7.1 Registrierung und Positionierung 247
- 6.8 Submikron-Lithographie..................250
  - 6.8.1 Hochauflösende Elektronenstrahl-Lithographie..................251
  - 6.8.2 Anwendung ultravioletter Strahlung 253
  - 6.8.3 Mehrlagen-Resist..................258
- 6.9 Praktische Resist-Systeme 262
- Literaturverzeichnis..................265

VIII   Halbleiter-Technologie

7   Ätz- und Trennverfahren 273
   7.1   Chemische Ätzverfahren 274
      7.1.1   Chemisches Polieren 275
      7.1.2   Anisotrope Ätzmittel 275
   7.2   Physikalische Ätzverfahren 283
      7.2.1   Plasma-Ätzen 284
      7.2.2   Ionen-Ätzen 289
   7.3   Läppen und Polieren 295
   7.4   Trennverfahren 298
      7.4.1   Sägen 298
      7.4.2   Ritzen und Brechen 301
   Literaturverzeichnis 303

Teil II Bauelemente 309

8   Bauelement - spezifische Arbeitsschritte 312
   8.1   Entwurf, Auslegung, Fabrikation 312
   8.2   Technologische Verfahrensschritte 325
   8.3   Einzeltechniken 328
      8.3.1   Ätzstufen 328
      8.3.2   Abhebetechnik 331
      8.3.3   Aufgestäubte Deckschichten 332
      8.3.4   Leiterbahnen 333
      8.3.5   Selektive Epitaxie und Strukturverschiebung 335
      8.3.6   Feldoxid 339
   Literaturverzeichnis 345

9   Reale Strukturen und Integration 349
   9.1   Eigenschaften realer Bauelemente 349
      9.1.1   Grenzflächeneffekte und Substrateinflüsse 350
      9.1.2   Volumen- und Durchbruchseffekte 355
   9.2   Aufbautechniken 359
      9.2.1   Parasitäre Effekte 363
      9.2.2   Passive Komponten 364
      9.2.3   Vergrabene Leitschichten und Leiterbahnkreuzungen 368
   9.3   Ohmsche Kontakte 371
      9.3.1   Kontaktherstellung 373
      9.3.2   Elektrische Eigenschaften 380
   9.4   Kontaktiertechniken 384
   9.5   Kapselung 388
      9.5.1   Parasitäre Komponenten 390
   Literaturverzeichnis 391

10 Dioden...397
   10.1 Dioden-Klassifizierung 398
   10.2 Punktkontakt-Dioden..399
   10.3 Legierte Dioden...401
   10.4 Diffundierte Dioden 403
   10.5 Dioden hoher Sperrspannung...408
   10.6 Implantierte Dioden...409
   10.7 Epitaxiale Dioden...411
   10.8 Integrierte Dioden..411
   10.9 Schottky-Dioden..412
   10.10 Weitere Dioden-Konzepte..414
   10.11 Dioden-Modelle..416
   Literaturverzeichnis..419

11 Bipolartransistoren...422
   11.1 Stromverstärkung...424
      11.1.1 Injektion 424
      11.1.2 Rekombination..427
      11.1.3 Emitter-Rand-Effekt 430
   11.2 Thermische Instabilität...430
      11.2.1 Zweiter Durchbruch und Einschnür-Effekt..................431
   11.3 Modifizierte Kollektorstrukturen 433
   11.4 Siliziumtransistoren...438
      11.4.1 Planartransistor 438
         11.4.1.1 Induzierte Diffusion......................................441
      11.4.2 Schalttransistor..442
      11.4.3 Hochspannungs- und Leistungstransistoren.................443
      11.4.4 Lateraler Transistor...447
      11.4.5 Transistor für niedrige Betriebsströme........................449
   11.5 III-V-Transistoren..452
      11.5.1 Planare Bauform...453
      11.5.2 Mesatransistor 456
      11.5.3 Lateraler Transistor...459
   11.6 Transistoren für hohe Frequenzen..461
      11.6.1 Driftfeld 465
   11.7 Modellierung...467
      11.7.1 Ersatzschaltbilder..468
      11.7.2 Analog-Modelle 469
      11.7.3 Numerische Modelle...471
         11.7.3.1 Poon-Gummel-Modell..................................471
         11.7.3.2 Mehrdimensionale Modelle..........................472
   11.8 Serienwiderstände 477
   Literaturverzeichnis..478

X Halbleiter-Technologie

12 Feldeffekttransistoren 487
  12.1 Silizium-Bauelemente mit isoliertem Gate 494
    12.1.1 Gate-Oxid 494
    12.1.2 MOS-Probleme 495
    12.1.3 p-Kanal Feldeffekttransistor 500
    12.1.4 n-Kanal-Feldeffekttransistor 503
    12.1.5 Weitere Bauformen 509
    12.1.6 Leistungstransistoren 511
    12.1.7 Komplementäre Transistoren CMOS 515
    12.1.8 Nichtflüchtige Speicher 519
  12.2 Feldeffekttransistoren mit pn-Steuerstrecke 521
    12.2.1 Silizium-JFET 523
    12.2.2 Galliumarsenid-JFET 525
  12.3 Feldeffekttransistoren mit Schottky-Dioden-Steuerstrecke 526
    12.3.1 Silizium-MESFET 527
    12.3.2 Galliumarsenid-MESFET 530
    12.3.4 Sonderformen 541
    12.3.5 Tetroden 543
  12.4 III-V MISFETs 544
  12.5 Vertikale FETs 546
  12.6 Selbstjustierung 554
  12.7 Dünnfilmtransistoren 558
  12.8 Silizium auf Saphir SOS 560
  12.9 Ladungsgekoppelte Elemente 561
  12.10 Integration 564
  12.11 Modellierung 569
    12.11.1 Ersatzschaltbild 569
  12.12. Rechnersimulation 572
  12.13 Spezielle FET-Meßtechnik 578
  Literaturverzeichnis 580

13 Optoelektronische Bauelemente 597
  13.1 Vorbemerkungen 600
    13.1.1 Transmission und Reflexion 600
    13.1.2 Absorption und Generation 605
    13.1.3 Confinement 607
    13.1.4 Kühlung 610
  13.2 Lichtempfänger 611
    13.2.1 Photoleiter 617
    13.2.2 pn-Diode 619
    13.2.3 Schottky-Diode 624
    13.2.4 Phototransistor 625
    13.2.5 Sonderformen 628

13.3 Lichtsender..628
    13.3.1 Homojunction-Lumineszenzdiode (GaAs).........................631
    13.3.2 Heterojunction-Lumineszenzdiode (GaAlAs-GaAs)............633
    13.3.3 Lumineszenzdiode mit isoelektronischen Störstellen (GaP)..636
    13.3.4 Laserdiode 639
13.4 Optokoppler...647
13.5 Integrierte Optik...648
Literaturverzeichnis...657

14 Qualitätssicherung, unkonventionelle Bauelemente und Ausblick...........671
  14.1 Qualitätssicherung...671
    14.1.1 Halbleiterprozesse 674
    14.1.2 Bauelemente 680
    14.1.3 Optoelektronik..690
  14.2 Äußere Störeinflüsse...692
    14.2.1 Atmosphärische Störungen...695
    14.2.2 Strahlung 696
  14.3 Entwicklung der Bauelemente-Technologie..................................699
    14.3.1 Bauelemente-Verkleinerung..709
    14.3.2 Vergleich Silizium - Galliumarsenid 711
  14.4 Unkonventionelle Bauelemente 717
    14.4.1 Heiße-Elektronen-Bauelemente..717
    14.4.2 Quanten-Bauelemente 726
  14.5 Grenzen der Technologie..734
    14.5.1 Strukturerzeugung...734
    14.5.2 Strukturübertragung..738
    14.5.3 Physik...740
  14.6 Ausblick..742
  Literaturverzeichnis...746

Anhang...770
  Größen und Konstanten im SI-System..770
  Glossar...773
  Praktische Hinweise 802
  Sachverzeichnis 805

Inserentenverzeichnis...813

Tafel des Periodensystems der Elemente .... nach Seite 824

Teil I Verfahrensschritte

Technologie (von griech. technikos - sachverständig und logos - Wort, Kunde) umfaßt als Begriff die Herstellverfahren von Gegenständen technischer Art. Halbleiter-Technologie ist somit der Sammelbegriff für sämtliche Verfahrensschritte, welche im Zusammenhang mit Halbleiter-Strukturen bedeutungsvoll sind und zu deren Realisierung führen.

Aus in der Natur vorhandenen Grundstoffen müssen zunächst die Werkstoffe hergestellt werden, die anschließend zur Herstellung von Halbleiter-Bauelementen dienen sollen.

Hierbei sind physikalisch-chemische Prozeßverfahren einzusetzen, die nach hinreichender Reinigung der Grundsubstanzen zur Synthese der gewünschten Materialien führen. Liegen sie in elementarer Form vor, sind weitere Reinigungsschritte erforderlich, um Verunreinigungen zu entfernen. Dies stellt zum Teil sehr hohe Anforderungen an die einzusetzende Verfahrenstechnik, wobei zu berücksichtigen ist, daß so kostengünstig wie möglich zu produzieren ist und solche Prozesse in großtechnischem Maßstab durchzuführen sind (z. B. in einem einzigen Werk tägliche Produktion von mehr als 5 t Poly-Silizium).

Liegt der Werkstoff in elementarer Form vor, muß er für seinen Einsatz zur Herstellung von üblichen Halbleiter-Bauelementen in eine einkristalline Form überführt werden. Hierbei sind die Kristall-Orientierung, das mechanisch spannungsfreie Wachstum, eine geringe Versetzungsdichte und der Durchmesser von Wichtigkeit, abgesehen vom Fernhalten unerwünschter Verunreinigungen. Der Durchmesser der Groß-Kristalle bestimmt die Fläche der zur Herstellung der Bauelemente verwendbaren, aus dem Kristall herausgesägten Scheiben (wafer, Dicke z. B. 0,4 mm). Deren Größe ist für die Anzahl der im selben Verfahrensschritt herstellbaren Bauelemente wichtig und bestimmt somit den schließlichen Preis der Bauelemente mit. Der Scheibendurchmesser wird in Zoll angegeben; gängige Scheibengrößen bei Silizium sind 5" (12,7 cm) und 6" (15,2 cm), bei GaAs 3" (7,6 cm) oder auch unrund. Entsprechend den Fortschritten der Einkristall-Herstelltechnik werden auch größere Durchmesser eingesetzt, z. B. bei Si 8", bei GaAs 4". Dies verlangt nicht nur eine entsprechende Weiterentwicklung der Produktionsgeräte, sondern stellt an die Prozeßführung insgesamt erhöhte Anforderungen. Allein

2 Verfahrensschritte

die Temperatur über der Scheibe darf bei bestimmten Prozessen wegen der sonst auftretenden unterschiedlichen Ausdehnung nicht mehr als ein Zehntel Grad variieren.

Um als Substrat (von lat. substratus - daruntergelegt) für die Bauelemente-Strukturierung verwendet werden zu können, müssen gezielt Verunreinigungen in die Scheiben eingebracht werden. Eine solche Dotierung (von lat. dotare - ausstatten) kann bei der Einkristall-Herstellung vorgenommen werden, muß aber in späteren Verfahrensschritten zumeist mehrfach und unterschiedlich wiederholt werden. Die Abscheidung von Epitaxie-Schichten (von griech. epi - darauf, taxis - Anordnung), Dicke z. B. einige µm, gehört hierzu ebenso wie spezielle Diffusionsverfahren zur gezielten Einbringung der Dotierungsatome (dopants).

Derart vorbereitete Scheiben bilden dann den Ausgangspunkt der eigentlichen Bauelemente-Technologie, welche im zweiten Teil behandelt wird.

Nicht zu vergessen sind jeweils erforderliche Reinigungs- und Ätzschritte. Mechanisch zerstörte Oberflächenschichten der gesägten Scheiben müssen abgetragen und die Oberflächen dann poliert werden. Die Halbleiter-Technologie umfaßt damit einen weiten Bereich der physikalisch-chemischen Verfahrenstechnik, wobei die jeweilige extreme Reinheitsanforderung eine besondere Herausforderung darstellt.

Das Sägen der Scheiben aus dem Kristallstab ist ebenfalls ein wichtiger Verfahrensschritt. Hierauf wie auf die Ätzverfahren wird auch in diesem Teil eingegangen.

Die Perfektion der Scheiben ist ferner von der Art der Herstellung des Einkristalls abhängig. Störungen des Kristallwachstums machen sich in ungleichmäßiger Dotierung und Trägerlebensdauer bemerkbar. Insbesondere bei großen Kristalldurchmessern treten hier große Probleme auf. Auch die Ebenheit gesägter Scheiben wird vom Herstellvorgang beeinflußt, womit der Kristallzucht bei der wachsenden Komplexität der herzustellenden Schaltkreise immer höhere Bedeutung zukommt.

Neben dem eigentlichen Halbleiter-Werkstoff für die Bauelemente sind Hilfsstoffe erforderlich. Allein die Bereitstellung von reinstem Wasser stellt ein Problem dar, abgesehen von den sonstigen Forderungen im Zusammenhang mit der Staubfreiheit der Technologie-Räume und der Vermeidung von Abrieb in den Prozeß-Geräten.

Die Übertragung der Strukturen auf die Scheibe, wie sie im zweiten Teil für die verschiedenen Bauelement-Typen dargestellt ist, nimmt ihren Anfang bei der Lithographie. Dieser erste Schritt ist ebenfalls in Teil I behandelt.

1 Grundmaterialien und ihre Herstellung

Da die vorliegende Darstellung dem Materialfluß vom Grundstoff bis zum komplexen Bauelement folgt, wird in diesem ersten Kapitel die Aufbereitung der Grundmaterialien dargestellt. Dies führt hin zum Einkristall, dem eigentlichen Ausgangspunkt der späteren Bauelemente-Fertigung. Das Schwergewicht liegt hier wie auch in den folgenden Kapiteln bei Silizium und Galliumarsenid, jedoch sind jeweils Hinweise auch auf andere Materialien zu finden. Dies betrifft insbesondere weitere III-V-Verbindungen, speziell Indiumphosphid, um zukünftigen Entwicklungen Rechnung zu tragen.

1.1 Ausgangsmaterialien

Für die Herstellung der Einzel-Bauelemente (discrete devices) und integrierten Schaltungen (IC integrated circuits) werden als Werkstoffe Halbleiter benötigt. Dies sind Materialien, welche in ihrem elektrischen Leitvermögen bei Raumtemperatur zwischen den Isolatoren ($\sigma \lesssim 10^{-14}$ S/cm) und den Leitern ($\sigma \approx 10^5$ S/cm) liegen. An Element-Halbleitern liegen Germanium Ge und Silizium Si vor. Daneben besitzen insbesondere für optoelektronische Zwecke und Höchstfrequenz-Anwendungen, aber auch für spezielle Sensoren (Bauelemente, die von äußeren physikalischen Bedingungen, wie z. B. Feuchtigkeit, beeinflußt werden) intermetallische Verbindungen Bedeutung. Zu diesen Materialien zählen Galliumarsenid GaAs und Indiumphosphid InP. Es sind halbleitende Stoffe, die im Gegensatz zu den Element-Halbleitern der IV. Spalte des Periodischen Systems aus den Spalten III und V zusammen gesetzt sind und deswegen auch III-V-Halbleiter oder III-V-Verbindungen genannt werden.

Es ist das Verdienst von Heinrich Welker, mit der Einführung dieser intermetallischen Verbindungen die Basis für eine bewußte Manipulation von Material-Eigenschaften geschaffen zu haben (material engineering), indem je nach Wahl der Komponenten gewisse Eigenschaften im Hinblick auf den technischen Einsatz optimiert werden können.

Eine entsprechende Interpolation im Periodischen System der Elemente kann man auch mit anderen Spalten vornehmen. II-VI-Halbleiter oder

4 Grundmaterialien und ihre Herstellung

Kombinationen von Materialien der Spalten IV und VI, die Chalkogenide (von griech. chalkos - Erz und gennan - erzeugen), sind für Anwendungen im infraroten Spektralbereich interessant. Bild 1.1 zeigt diese Materialien schematisch; hier wird nicht näher auf sie eingegangen.

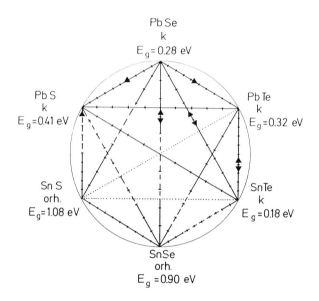

k	= kubisch	orh	= orthorhombisch
E_g	= Bandabstand bei 300 K	——	= mischbar
----	= nicht mischbar	·····	= unbekannt
—→	= zunehmender Bandabstand bei 300 K		

Bild 1.1: Blei-Zinn-Chalkogenide (nach H. Maier 1975)

Die möglichen ternären (z.B. $Pb_{1-x}Sn_xTe$, $Hg_{1-x}Cd_xTe$) oder quaternären Verbindungen (z.B. $Pb_{1-x}Sn_xSe_{1-y}Te_y$) haben spezifische Eigenschaften, die wie im Falle der III-V-Verbindungen in erster Näherung durch lineare Interpolation, ausgehend von den jeweiligen binären Systemen, vorausgesagt werden können (Vegard`sche Regel). Hinweise auf diese hier nicht behandelten Materialien sind im Literaturverzeichnis zu finden.

Daten der Elementhalbleiter Ge und Si sind in Tabelle 1.1 mit denen sämtlicher binärer III-V-Verbindungen angegeben. Zwischen diesen kann man nochmals interpolieren und erhält wie mit $Ga_{1-x}Al_xAs$ oder $GaAs_{1-y}P_y$ ternäre intermetallische Verbindungen des Typus $A^I_{1-x}A^{II}_xB$ und $AB^I_{1-y}B^{II}_y$, wenn A bzw. B die III-er bzw. V-er Komponente andeutet. Auch quaternäre

Verbindungen $A^I_{1-x}A^{II}_x B^I_{1-y}B^{II}_y$ sind machbar und haben technische Bedeutung, wie z. B. $Ga_{1-x}In_xAs_{1-y}P_y$.

Als typische und technisch bedeutungsvolle Vertreter sind als Elementhalbleiter Silizium und als Verbindungshalbleiter Galliumarsenid nachstehend näher behandelt. Wesentliche Material-Daten sind in einer Tabelle am Schluß des Buches zu finden, wo außer Si und GaAs noch InP und $Ga_{0,47}In_{0,53}As$ aufgeführt sind. Die beiden letzteren Materialien haben für optoelektronische und höchstfrequenztechnische Anwendungen ebenfalls wesentliche Bedeutung; darauf wird an passender Stelle jeweils hingewiesen.

Tabelle 1.1: Elementhalbleiter und binäre III-V-Verbindungen (temperaturabhängige Werte gelten für 300 K)

	Gitter-kostante in nm	Schmelz-punkt in °C	Bandab-stand in eV	Beweglichkeit[1] in cm²/Vs Elektronen μ_n	Löcher μ_p
Ge	0,565	937	0,66	3900	1900
Si	0,543	1415	1,12	1500	450
AlP	0,542	1050	3	-	-
AlAs	0,562	1600	2,2	-	-
AlSb	0,610	1060	1,62	300	300
GaP	0,544	1300	2,25	110	75
GaAs	0,565	1238	1,42	8500	400
GaSb	0,609	725	0,70	4000	1400
InP	0,586	1050	1,3	4600	150
InAs	0,606	942[2]	0,33	33000	460
InSb	0,648	523	0,17	78000	750

1 Richtwert reinen Materials
2 unter Druck

1.2 Roh-Silizium

Silizium kommt in der Erdkruste mit etwa 20 % Gewichtsanteil vor, zumeist in der Form von SiO_2 als Quarzsand, aber auch als Silikat. Diese artenreichste Mineralgruppe aus Kieselsäuresalzen (Orthokieselsäure $Si(OH)_4$) macht 95 % der obersten 16 km dicken Erdschicht aus und stellt damit mengenmäßig 60 % sämtlicher Mineralien. Aus SiO_2 gewinnt man in Lichtbogen-Öfen gemäß der Reaktion

$$SiO_2 + 2C \xrightarrow{1500°C} Si + 2\ CO\uparrow$$

6 Grundmaterialien und ihre Herstellung

das Rohsilizium. Dieses wird dann speziellen Reinigungsschritten unterzogen, wie nachstehend erläutert.

Erstmals gelang die Darstellung von Silizium dem schwedischen Chemiker Berzelius im Jahr 1810.

1.3 Poly-Silizium

Um chemisch möglichst reines Silizium als Ausgangsmaterial für weitergehende physikalische Reinigungsverfahren und die anschließende Einkristall-Zucht vorliegen zu haben, wird das Roh-Silizium in Trichlorsilan umgewandelt, eine leicht destillierbare Flüssigkeit.

$$Si + 3\ HCl \xrightarrow{300°C} SiHCl_3 + H_2\uparrow.$$

Der niedrige Siedepunkt von 31,8°C erlaubt eine effektive fraktionierte Reinigung durch Destillation des Trichlorsilans. Bild 1.2 gibt einen Eindruck von einer großtechnischen Anlage. Das Gesamtschema einer Reinigungsanlage ist in Bild 1.3 dargestellt.

Bild 1.2: Destillationskolonnen für die Produktion hochreinen Trichlorsilans (nach H. Hermann u. a. 1975)

Die elektrisch störenden Verunreinigungen können hierbei auf weniger als 10^{-9}, bezogen auf den Siliziumgehalt, herabgedrückt werden.

Verunreinigungen werden meist in ppm bzw. ppma (part per million atoms) angegeben, in Millionstel der Atomdichte der Grundsubstanz. Im Fall von Silizium mit einer Atomdichte von $5 \cdot 10^{22} cm^{-3}$ ist somit 1 ppma eine Menge von $5 \cdot 10^{16}$ Verunreinigungen pro cm^3; ein Anteil von nur 10^{-9}, also 10^{-3} ppma = ppba (part per billion), entspräche $5 \cdot 10^{13} cm^{-3}$. (Vorsicht: die U.S.-amerikanische "billion" 10^9 ist im deutschen nicht die Billion 10^{12}, sondern die Milliarde).

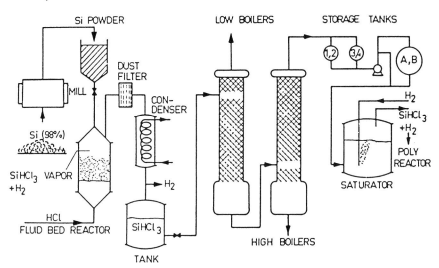

Bild 1.3: Schema einer Reinigungsanlage für Trichlorsilan (nach H. Hermann u. a. 1975)

Die anschließende Herstellung des chemisch reinen Siliziums, welches in polykristalliner Form anfällt (Poly-Silizium), geschieht dann folgendermaßen: In einer Wasserstoff-Atmosphäre wird Trichlorsilan bei hoher Temperatur gespalten (cracked) und in reines Poly-Silizium überführt,

$$SiHCl_3 + H_2 \xrightarrow{1000°C} Si + 3\ HCl.$$

Dies geschieht an durch Stromdurchfluß erhitzten Stäben, wie Bild 1.4 andeutet. Auch eine Dotierung ist hierbei möglich, indem gasförmige Dotierstoffe dosiert mit zugeführt werden können, z.B. eine Borverbindung wie B_2H_6 für p- oder Phosphin PH_3 für n-Dotierung (siehe auch Teil II).

8   Grundmaterialien und ihre Herstellung

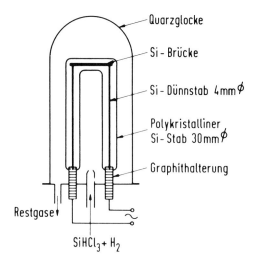

Bild 1.4: Der Trichlorsilan-Prozeß zur Herstellung polykristalliner Si-Stäbe. Der Heizstab besteht entweder aus Graphit oder wie hier aus Silizium.

1.4 Physikalische Reinigung und Einkristallzucht

Die durch die Spaltung von Trichlorsilan gewonnenen Polystäbe bilden das Ausgangsmaterial für die Einkristall-Herstellung. Diese ist aus zwei Gründen von wesentlicher Bedeutung. Zum einen gelingt hierbei eine weitere, effektive Reduzierung der meisten kritischen Verunreinigungen, zum anderen bedeutet das Fehlen von Korngrenzen für aus dem einkristallinen Material hergestellte Bauelemente wesentlich besseres elektrisches Verhalten. Dies drückt sich vor allem in höherer Trägerbeweglichkeit und wesentlich höherer Träger-Lebensdauer aus. Abgesehen davon werden die strukturierten Flächen im Innern der Bauelemente ebener, was für die Funktion ebenfalls wichtig ist.

Der physikalische Reinigungseffekt folgt aus dem Umstand, daß beim Wachstum des regelmäßig aufgebauten Kristalls nicht dem Wirtsgitter entsprechende Atome weniger leicht eingebaut werden als solche, die in ihrem Bindungsverhalten und ihrer Größe dem schon vorhandenen Grundgitter entsprechen. Der Segregationskoeffizient $k^o = C^s/C^l$ als Verhältnis der atomaren Konzentration C^s im festen Körper (s solidus - fest) zu der in der Schmelze, C^l (l liquidus - flüssig) ist im Regelfall viel kleiner als eins. Tabelle 1.2 gibt entsprechende Daten. Lediglich Stoffe, deren Atomradius dem von Si nahekommt, besitzen hohe Segregationskoeffizienten, wie z. B. Bor oder auch Sauerstoff in Silizium.

Tabelle 1.2: Bei Einbau in ein Silizium-Gitter wirksamer Segregationskoeffizient $k^o = C^s/C^l$ und Atomradius r_0 in tetraedrischer Bindung ($r_{0Si} = 0{,}117$ nm).

Element	k^o	r_0/nm	Element	k^o	r_0/nm
Al	$2 \cdot 10^{-3}$	0,126	Li	0,01	
As	0,3	0,118	Mg	$8 \cdot 10^{-6}$	0,140
Au	$2{,}5 \cdot 10^{-5}$		Mn	$\sim 10^{-5}$	
B	0,8	0,088	N	$\sim 10^{-7}$	0,070
Bi	$7 \cdot 10^{-4}$		Na	$1{,}65 \cdot 10^{-3}$	
C	$7 \cdot 10^{-2}$	0,077	Ni	$8 \cdot 10^{-6}$	
Co	$8 \cdot 10^{-6}$		O	1,25	0,066
Cr	$< 10^{-8}$		P	0,35	0,110
Cu	$4 \cdot 10^{-4}$	0,135	S	10^{-5}	0,104
Fe	$8 \cdot 10^{-6}$		Se	$< 10^{-8}$	0,114
Ga	$8 \cdot 10^{-3}$	0,126	Sn	0,016	0,14
Ge	0,33	0,122	Ta	10^{-7}	
In	$4 \cdot 10^{-4}$	0,144	Te	$8 \cdot 10^{-6}$	0,132

Technisch gibt es verschiedene Varianten, durch Umkristallisation eine Reinigung vorzunehmen. Als erstes ist das Zonen-Reinigungsverfahren zu nennen. Hierbei wird in einem Boot, z.B. aus Graphit, ein Materialstab ein- oder meist mehrfach zonenweise aufgeschmolzen. Eine langsame (mm/min) Verschiebung der Schmelzzonen gegenüber dem Stab erlaubt an einem Ende der Schmelzzone ein kontinuierliches Abschmelzen des noch verunreinigten Feststoffes und am anderen Ende eine Rekristallisation. Da letztere praktisch als Gleichgewichtsprozeß abläuft, geschieht kein "Einfrieren" der in der Schmelzzone vorhandenen Verunreinigungen, sondern ein verringerter Einbau im rekristallisierten Bereich gemäß dem jeweiligen Segregationskoeffizienten.

Die Anordnung einer solchen Reinigungsanlage nach W. G. Pfann zeigt Bild 1.5. Sie wird wegen der Notwendigkeit, einen Tiegel benutzen zu müssen, bei Silizium kaum angewandt. Der Tiegel bedingt insbesondere wegen der hohen Schmelztemperatur von Si zusätzliche Verunreinigungen, so daß dies Verfahren für Germanium reserviert bleibt. Man kann es aber auch auf Silizium anwenden, wenn man tiegelfrei arbeitet. Dies ist in einer vertikalen Anordnung möglich (tiegelfreies Zonenziehen, floating zone), wie es Bild 1.6 andeutet.

10 Grundmaterialien und ihre Herstellung

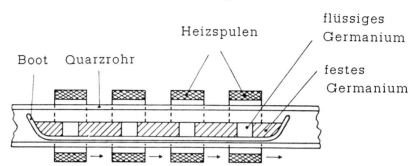

Bild 1.5: Zonen-Reinigung von Germanium (nach K. Seiler 1964)

Mittels einer Hf-Ringspule wird eine Schmelzzone erzeugt, welche bei geschickter Prozeßführung nicht kollabiert und gewissermaßen durch den Siliziumstab hindurchgezogen wird. Durch Stauchen und Auseinanderziehen der beiden Stab-Enden beiderseits der Schmelzzone kann hierbei automatisch der schließliche Kristall-Durchmesser genau festgelegt und gleichmäßig gehalten werden. Bei Verwendung eines orientierten Keim-Kristalls ist hierbei auch die Herstellung reinster Einkristalle möglich. Bild 1.7 zeigt großtechnische Anlagen, welche hierfür Verwendung finden.

Das Kristall-Ziehen aus der Schmelze nach Czochralski, wie es Bild 1.8 schematisch zeigt, ist ein allgemein eingesetztes Verfahren zur Herstellung von Einkristallen.

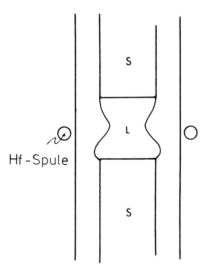

Bild 1.6: Tiegelfreies Zonenziehen (nach W. Bardsley u. a. 1979)

Physikalische Reinigung und Einkristallzucht 11

Bild 1.7: Technische Anlagen zum tiegelfreien Zonenziehen
(nach H. Hermann u. a. 1975)

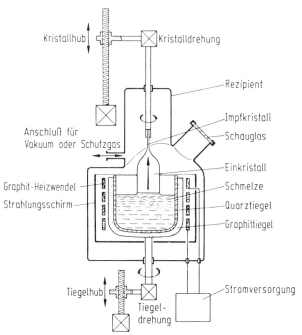

Bild 1.8: Apparatur zum Tiegelziehen von Silizium-Einkristallen
(nach I. Ruge 1975)

12 Grundmaterialien und ihre Herstellung

Mittels eines passend orientierten Impflings, der mit der Schmelzoberfläche kurz in Berührung gebracht und dann langsam (teilweise langsamer als 1 mm/min) nach oben wieder herausgezogen wird, lassen sich relativ große Einkristalle herstellen (Längen etwa bis 1 m bei üblichen Chargen). Eine Drehbewegung des Impflings (z. B. 20 Umdrehungen pro Minute) sorgt dabei für gleichmäßige Kristallisation und ebenso für gleichmäßigen Einbau von gewünschten, der Schmelze beigegebenen Verunreinigungen zur Dotierung.

Wichtig ist das Temperaturprofil an der Grenze Schmelze-Festkristall sowohl für das mechanisch spannungsfreie Wachstum als auch die Homogenität einer Dotierung senkrecht zur Zugrichtung. Bei nicht planer Fläche konstanter Temperatur treten Ringstrukturen (striations) mit mikroskopischen Dotierungsschwankungen auf, welche für viele Bauelement-Anwendungen nicht tolerabel sind. Kritisch ist im Fall von Silizium die Wahl des Tiegelmaterials. Zur Auswahl stehen Quarz oder Graphit, mit einer Hartgraphit-Oberflächenschicht (Glanzkohle) versehener Graphit, sowie Bornitrid BN. Die hohe Schmelztemperatur von 1415°C bedingt, daß Verunreinigungen aus dem Tiegelmaterial in die Schmelze eintreten. Hier bietet die feinporige Glanzkohleschicht mehr Sicherheit als der ungeschützte Graphittiegel.

Eine technische Schwierigkeit sind die unterschiedlichen Ausdehnungskoeffizienten von Silizium und Tiegel, insbesondere bei dem an sich gut geeigneten Material BN. Bei Prozeßende zieht sich das Tiegelmaterial stärker zusammen als das verbliebene, erstarrende Si, und der teure Tiegel birst. Man muß deswegen bei Zieh-Ende den Tiegel praktisch geleert haben.

Kristalle werden je nach Verwendungszweck in unterschiedlichen Kristall-Richtungen gezogen, meist in <100> oder in <111>-Richtung (Kristall-Ebenen und -Richtungen werden wie folgt bezeichnet: { } allgemeine Ebene, ( ) spezielle Ebene, < > allgemeine Richtung, [ ] spezielle Richtung; s. auch Abschnitt 1.5). Da die <111>-Fläche am dichtesten mit Atomen besetzt ist, siehe Bild 1.9, wächst ein Kristall in dieser Richtung stets am langsamsten.

Somit bildet sich eine Facettierung aus, welche bei einem <111>-Stab dreizählig ist und sich damit, nach jeweils 120° wiederholend, am Rande des Stabes ausprägt.

Verwendet man einen Impfkristall kleiner Fläche, etwa 3 mm Durchmesser, und zieht zunächst schnell, lassen sich im anschließend wachsenden Kristall Versetzungen weitgehend vermeiden. Eine Dichte von weniger als 1000 pro cm^2 und sogar Versetzungsfreiheit sind dann zu erreichen. Ihre Bestimmung erfolgt mittels einer speziellen chemischen Ätztechnik, siehe Abschnitt 7.1.3. Hierbei treten Ätzgruben als Nachweis der durch die geätzte Oberfläche durchdringenden Versetzungslinien wegen des an diesen Stellen schnelleren Ätzangriffes auf. Versetzungen sind von einem mechanischen Spannungsfeld umgeben, welches die unterschiedliche Ätzrate an den Durchstoßpunkten bedingt.

Physikalische Reinigung und Einkristallzucht 13

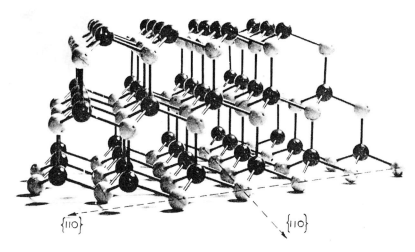

Bild 1.9: Diamant-(Zinkblende-) Struktur mit vertikal gestellter <111>-Achse (nach C. Hilsum u. a. 1961)

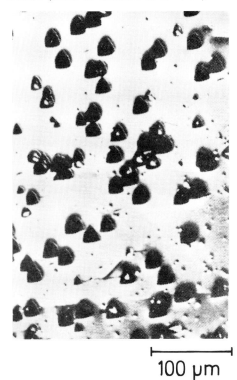

Bild 1.10: Ätzgruben in Silizium, geätzt mit CrO_3-HF (nach H. Hermann u. a. 1975)

14 Grundmaterialien und ihre Herstellung

Bild 1.10 vermittelt einen Eindruck solcher Ätzgruben (etch pits) im Falle einer <111>-Orientierung; die sich ergebenden Ätzgruben sind dann tetraedrische, oberseitig gleichschenklig dreieckförmige Vertiefungen senkrecht zu den <111>-Richtungen des Kristalls. Für eine Reihe von Bauelementen sind andererseits Versetzungsdichten von oberhalb 1000 cm^{-2} durchaus erwünscht, wie etwa zur Erzielung planer Legierungsfronten.

Die technisch bedeutungsvollen Orientierungen sind <100> und <111>. Um entsprechende Scheiben auch hinsichtlich des Dotierungstyps zu unterscheiden, werden sie mit typischen Seitenkanten (Flats) versehen.

In Bild 1.11 sind diese Abflachungen dargestellt, welche mit Ausnahme des 45°-Flats bei den n-(111)-Scheiben in <110>-Richtung verlaufen.

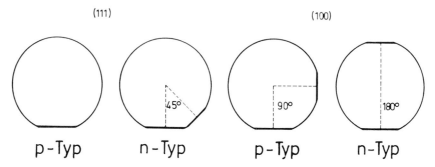

Bild 1.11: Charakterisierung der Wafer durch unterschiedliche Flats (nach H. Hermann u. a. 1975)

Für MOS-Schaltungen, also Einzelbauelemente und integrierte Schaltungen mit Feldeffekt-Steuerung, verwendet man <100>-Material wegen der dort niedrigen Grenzflächenzustandsdichte an der Scheibenoberfläche. Für bipolare Bauelemente hingegen wird zumeist <111>-Material bevorzugt, da die dichter besetzten {111} - Kristallebenen eine planarere vertikale Strukturierung ermöglichen, allerdings mit der Gefahr des Auftretens nadelförmiger Inhomogenitäten (spikes, diffusion pipes; siehe hierzu Teil II, Kapitel 11). III-V Materialien werden üblicherweise in <100>-Orientierung eingesetzt.

1.5 Nukleation und Kristallstörungen

Silizium kristallisiert gemäß seiner Stellung im periodischen System als vierwertiges Element im Diamantgitter, wo jedes Atom vier nächste Nachbarn besitzt, die tetraedrisch angeordnet sind. Dieses Gitter kann als zwei ineinandergeschachtelte kubisch flächenzentrierte Gitter mit der Gitterkonstanten a = 0,543 nm aufgefaßt werden, welche in Richtung der Raumdiagonalen gegeneinander um $\frac{a}{4}\left(\vec{x_0} + \vec{y_0} + \vec{z_0}\right)$ verschoben sind, siehe Bild 1.12.

Nukleation und Kristallstörungen 15

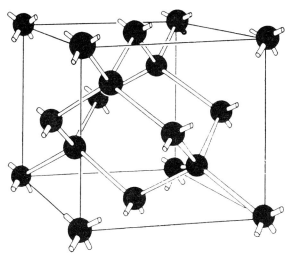

Bild 1.12: Das Diamantgitter (nach H. Salow u. a. 1963)

Die (100)-Ebene besitzt eine Flächendichte von 2 Atomen pro Elementarzelle, 4 Eckatome zu je 1/8 und die Hälfte des im Flächenmittelpunkt liegenden flächenzentrierten Atoms. Das entspricht etwa $6,8 \cdot 10^{14}$ Atomen/cm². Der Abstand zur nächsten Ebene, die gleichzeitig die ersten flächenzentierte Schicht des zweiten Untergitters darstellt, beträgt $\frac{a}{4}$. Die (110)-Ebenen haben einen Abstand von $\sqrt{2} \cdot \frac{a}{4}$. Die Flächendichte beträgt 4 Atome pro Elementarzelle entsprechend $9,6 \cdot 10^{14}$ Atomen/cm². Die (111)-Ebenen haben einen Abstand von $\frac{a}{\sqrt{3}}$ bzw. 0,313 nm (siehe auch Bild 1.13). Dabei wird jede Ebene aus den beiden (111)-Ebenen der jeweiligen Untergitter gebildet, die einen Abstand von 0,078 nm haben. Die Dichte der Atome beträgt in der (111)-Ebene $1,57 \cdot 10^{15}$ Atome/cm². Der Abstand der Eckpunkte der beiden ineinandergeschachtelten Gitter ist damit $b = a \cdot \sqrt{\frac{3}{4}}$, während er zu dem nächsten flächenzentriert sitzenden Atom $c = \frac{a}{\sqrt{2}}$ beträgt. Entsprechend sind die verschiedenen Kristallebenen unterschiedlich dicht besetzt.

Im Fall der III-V-Verbindungen ist das Zinkblendegitter grundsätzlich damit identisch, lediglich ist das eine Untergitter mit Atomen der III. Spalte und das andere mit solchen der V. Spalte des periodischen Systems besetzt, siehe Bild 1.14. Diese ideale Aufteilung der beiden Komponenten muß allerdings in praxi nicht voll gegeben sein; einige Ga-Atome können mit As-Atomen ihre Plätze gewechselt haben. Eine solche Kristallstörung (antisite

16 Grundmaterialien und ihre Herstellung

effect), die bei Silizium nicht auftreten kann, führt zu Störungen des elektrischen Verhaltens durch Bildung tiefer Störstellen (siehe Kapitel 2).

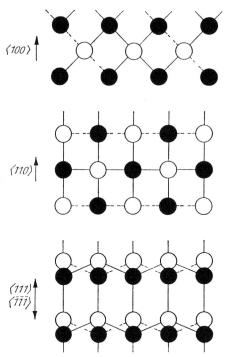

Bild 1.13: Anordnung der Galliumatome (hell) und der Arsenatome (dunkel) im GaAs-Gitter in verschiedenen Orientierungen (schematisch) (nach W. v. Münch 1969)

Bei den III-V-Kristallen wird ein heteropolarer ionogener Bindungsanteil wirksam, der zu der bei Elementhalbleitern allein vorhandenen homöopolaren Bindungsenergie hinzutritt; Elemente der III. Spalte sind elektropositiver, solche der V. Spalte elektronegativer als die entsprechenden Elemente der IV. Spalte.

Wie aus Bild 1.13 ersichtlich, sind die (100)- und (110)-Ebenen gleichmäßig mit Atomen der III. und V. Spalte besetzt. Dies gilt jedoch nicht für die (111)-Ebene, wo offensichtlich die Oberseite eines entsprechend geschnittenen Kristalls nur Atome der III. Spalte enthält; ein Abätzen würde z. B. nie beidseitig eine Atomsorte erreichen lassen, stets würde die Konfiguration nach Bild 1.13 auftreten. Hierauf ist beim Vorgehen in der GaAs-Technologie Bezug zu nehmen, da beide (111)-Oberflächen, die (111) A-Fläche mit Besetzung durch Atome der III. Spalte und die (111) B-Fläche mit Besetzung durch Atome der V. Spalte, unterschiedlich reagieren. Bei Silizium ist dies ersichtlicherweise nicht der Fall, da insoweit beide Oberflächen ununterscheidbar sind.

Nukleation und Kristallstörungen 17

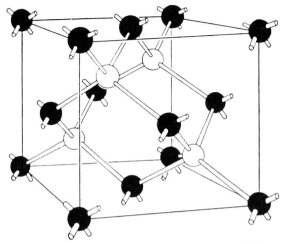

Bild 1.14: Das Zinkblendegitter (nach H. Salow u. a. 1963)

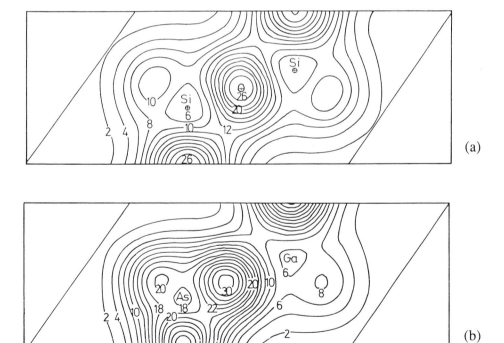

Bild 1.15: Relative Elektronendichte-Verteilung; (a) Silizium,
(b) Galliumarsenid (nach J. P. Walter u. a. 1971)

18   Grundmaterialien und ihre Herstellung

Der Unterschied hinsichtlich des Bindungscharakters beider Materialien ist aus den Elektronendichte-Verteilungen im Kristall ersichtlich, siehe Bild 1.15. Die Gitteratome besitzen dabei mit ihren voll besetzten Schalen Edelgas-Charakter, während die zusätzlichen, durch die Bindungselektronen aufgebauten Elektronenpaar-Bindungen die Austausch-Wechselwirkung bewirken, welche dem Kristall seine Festigkeit verleiht. Daß dieser stabil in Erscheinung tritt, ist damit eine Folge der Energie-Minimierung; der Energieinhalt des Material-Gases aus Einzel-Atomen ist höher als der des Festkörpers. Pro kg Silizium beträgt der Unterschied etwa $15{,}5 \cdot 10^3$ kJ = 4,31 kWh, welcher bei Kondensation frei wird.

Auf dieser Basis ist auch die Nukleation, das regelmäßige Wachstum des Kristalles durch Anlagerung von Einzelatomen, zu verstehen. An zufällig vorhandenen Kanten und Ecken findet ein auftreffendes Atom die energetisch wirksamste Anlagerungsmöglichkeit, indem dort eine Bindung mit größtmöglicher Minimierung der Gesamtenergie möglich ist - im Idealfall geschieht das Wachstum spiralig um eine Schraubenversetzung (screw dislocation), Bild 1.16; siehe hierzu auch Kapitel 3.

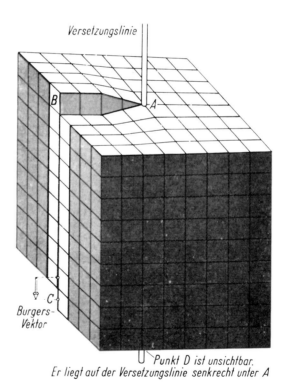

Bild 1.16: Schraubenversetzung und Ansicht der Gleitebene ABCD (nach E. Spenke 1965)

Versetzungen sind Störungen des regelmäßigen Kristall-Aufbaus, welche meist von Fehlstellen (point defects, Leerstellen, Zwischengitterplätze) her ihren Ausgangspunkt nehmen. Ist zum Beispiel eine zusätzliche Netzebene immer neu eingeschoben, bildet sich eine Kleinwinkel-Korngrenze aus, und es entsteht schließlich ein Zwilling, s. Bild 1.17.

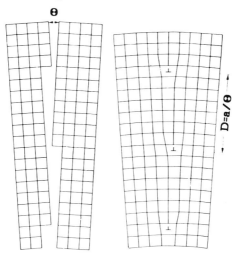

Bild 1.17: Aufbau einer Kleinwinkel-Korngrenze durch regelmäßig angeordnete Kantenversetzungen (nach E. Spenke 1965)

Ist längs einer Versetzungslinie eine partielle Gleitung des Kristalls erfolgt, wodurch man längs einer Umkreisung der Versetzungslinie um eine Kristallebene steigt, liegt die oben erwähnte Schraubenversetzung vor, Bild 1.16. Aus thermodynamischen Gründen sind gewisse Kristallstörungen immer vorhanden, wiewohl es inzwischen gelingt, versetzungsfreie Einkristalle zu wachsen; es verbleiben punktuelle Fehlstellenhaufen (cluster).

Das Vorhandensein solcher Kristallstörungen bedingt direkte und indirekte Veränderungen der Leitungseigenschaften der Kristalle. Direkt wird die Beweglichkeit der Träger (Elektronen, Löcher) gestört, als damit Streuzentren und Fangstellen (traps) vorliegen, welche die Trägerlebensdauer beeinflussen. Andererseits können dort Fremdatome adsorbiert werden (gegettert, gettering effect), was für den übrigen Kristall einen Reinigungseffekt bedeutet; siehe dazu Abschnitt 3.10. In Silizium diffundieren Schwermetall-Verunreinigungen relativ schnell und reichern sich an solchen Störungen im Kristall an. Dort werden damit Rekombinations-Generationszentren wirksam, welche die Lebensdauer von Nichtgleichgewichts-Trägerdichten merklich verringern. Ähnlich wirken Sauerstoff-Leerstellen-Komplexe, die wirbelartig den Kristall durchsetzen können (swirls). Da möglicherweise Kohlenstoff ähnlich schädlich ist, wird tiegelfreien Verfahren zur Herstellung besten Kristallmaterials der Vorzug gegeben; es ist dann auch der Sauerstoff-Gehalt drastisch verringert.

20   Grundmaterialien und ihre Herstellung

Während Tiegel-Silizium etwa 10 ppm an Sauerstoff und Kohlenstoff enthält, sind in tiegelfreiem Material nur etwa 0,02 ppm enthalten, also 1/500 davon. Der hohe O-Gehalt tritt insbesondere bei Verwendung von Quarztiegeln auf, da bei der hohen Temperatur von oberhalb 1400°C etwas SiO_2 in der Schmelze gelöst wird. Dadurch kann der O-Gehalt bis 100 ppma ansteigen, was bei tiegelfreier Herstellung vermieden wird.

Reines Silizium enthält an Restverunreinigungen nur noch Mengen, die unter der Nachweisgrenze liegen. Mit der empfindlichsten Methode, der Neutronenaktivierungsanalyse (NAA), kann meist nur noch Arsen nachgewiesen werden. Alle anderen Verunreinigungen kommen nur noch in Mengen vor, die zum Teil weit unterhalb der Nachweisgrenze liegen müssen, wie aus Eigenschaften von Bauelementen geschlossen werden kann. In der Tabelle 1.3 sind für einige Verunreinigungen die Nachweisgrenzen der Neutronenaktivierungsanalyse zusammengestellt, und es sind Analyse-Ergebnisse für electronic-grade Polysilizium angegeben.

Tabelle 1.3: Nachweisgrenze für Verunreinigungen in Silizium durch Neutronenaktivierungsanalyse sowie Analytik-Ergebnisse (NAA, PL) bei reinem Polysilizium. Angaben in Atomen/cm^3 (* nach einer Zonenreinigung, ** unterhalb der NAA-Auflösungsgrenze)

Elemente	Gehalt	Nachweisgrenze	Elemente	Gehalt	Nachweisgrenze
Ag	$4 \cdot 10^{10}$	$4 \cdot 10^{10}$	Mo	$1,5 \cdot 10^{11}$	$1 \cdot 10^{11}$
As	$<3,5 \cdot 10^{10}$**		Ni		$1 \cdot 10^{13}$
Au	$<3 \cdot 10^{8}$**	$3 \cdot 10^{8}$	O	$<1 \cdot 10^{16}$	
B	$<5 \cdot 10^{12}$		P	$<1,5 \cdot 10^{13}$	
C	$<2 \cdot 10^{16}$*		Pt		$6 \cdot 10^{11}$
Cd		$3 \cdot 10^{10}$	Sb	$4 \cdot 10^{10}$	$3 \cdot 10^{10}$
Co		$2 \cdot 10^{11}$	Sn		$3 \cdot 10^{12}$
Cr	$<1 \cdot 10^{11}$	$1 \cdot 10^{11}$	Ta		$3 \cdot 10^{10}$
Cu	$5 \cdot 10^{12}$	$1 \cdot 10^{11}$	Ti	$<2,5 \cdot 10^{13}$	$2,5 \cdot 10^{13}$
Fe		$6 \cdot 10^{13}$	W	$1 \cdot 10^{12}$	$2 \cdot 10^{10}$
Hg		$1 \cdot 10^{11}$	Zn	$6 \cdot 10^{12}$	
In		$1 \cdot 10^{12}$			

1.6 Gallium und Arsen

Die III-V-Verbindungen werden aus ihren Komponenten synthetisiert. Dies bedarf wegen des relativ hohen, bei der Erstarrungs- bzw. Schmelztemperatur T_s meist oberhalb Atmosphärendrucks liegenden Partialdruckes der Komponente der V. Spalte besonderer Vorkehrungen. Die Dampfdrucke einiger Stoffe sind in Bild 1.18 dargestellt, woraus man in Verbindung mit Tabelle 1.4 die Schwierigkeiten erkennen kann. Die speziellen Zuchtverfahren, bei denen durch gesonderte Maßnahmen der Partialdruck oberhalb der Schmelze ohne Verarmung der Komponenten erhalten bleibt, sind nachfolgend dargestellt.

Ausgangspunkt für die Synthese sind metallisches Gallium Ga und Arsen As, deren physikalische Daten Tabelle 1.4 entnommen werden können. Gallium ist ein Beiprodukt der Aluminium-Herstellung, wo zum Beispiel bei der Bauxit-Elektrolyse neben Aluminium auch Gallium anfällt. Bauxit enthält etwa 60 % Aluminiumoxid Al_2O_3, wo ein Teil (viel weniger als 1 %) Galliumoxid Ga_2O_3 enthalten ist; auch Mischoxide treten wegen des gleichen Ionenradius von Al und Ga auf (siehe Teil II, auch Abschnitt 3.10).

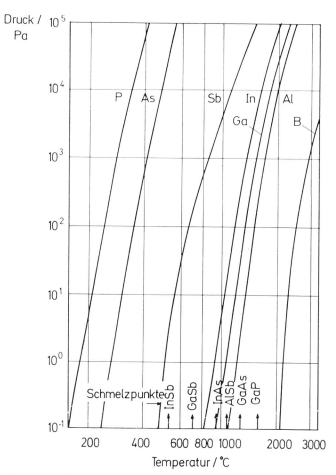

Bild 1.18: Dampfdruckkurven verschiedener Elemente der III. und V. Gruppe (nach I. Ruge 1975)

Tabelle 1.4: Physikalische Daten der Ausgangsstoffe für III- V-Halbleiter

	Al	As	Ga	In	P	AsCl$_3$	AsH$_3$	PH$_3$
Atom- und Molekulargewicht	26,98	74,92	69,72	114,82	30,97	181,28	77,95	34,00
Schmelzpunkt (°C)	660	815(36atm)	29,78	156,17	44,2	-19,8	-116	-133
Siedepunkt (°C)	2520	613(subl.)	2205	2073	277	131,4	-62,5	-87,8
Dichte (g cm^{-3}) (bei 15°C 1 atm.)	2,699	5,727	5,91	7,31	1,82	2,163	3,25·10^{-3}	1,45·10^{-3}
kovalenter Radius (nm)	0,118	0,120	0,126	0,144	0,106	-	-	-

Die jährliche Welterzeugung von Gallium beträgt mehr als 50 t. Der niedrige Schmelzpunkt (29,8°C bei Atmosphärendruck) bedingt, daß das silbrig glänzende Metall bei Handwärme flüssig wird. Der niedrige Dampfdruck noch bei 1000°C, siehe Bild 1.18, erlaubt eine chemische Reinigung von Gallium durch Erhitzen, z. B. in Form einer Vakuumdestillation mit Austreiben der Verunreinigung bei hoher Temperatur.

Arsen (Vorsicht, toxisch) ist in sulfidischen Materialien enthalten, so als Verunreinigung von Kupferkies CuFeS$_2$ oder als Arsenkies FeSAs. Über As$_2$O$_3$ (Arsenik, Gift!) und dessen Überführung in Arsentrichlorid AsCl$_3$ geschieht die chemische Reinigung durch Destillation. Lediglich die völlige Abtrennung von Schwefel macht gewisse Schwierigkeiten.

Durch Reduktion mittels Wasserstoff über die Reaktion

$$2 \text{ AsCl}_3 + 3 \text{ H}_2 \longrightarrow \text{As}_2 + 6 \text{ HCl}$$

wird dann reines As frei, und es fällt als metallisch graue Schuppen aus.

Solche Ausgangsmaterialien werden für die Halbleiter-Technologie hochrein geliefert (semiconductor grade). Als Beispiel sind in Tabelle 1.5 Rest-Verunreinigungen von Gallium aufgeführt.

Tabelle 1.5: Verunreinigungen einer Reinst-Gallium-Charge
(w bedeutet Gewichtanteil)

Mg	0,05	ppmw	Zn	0,1	ppmw
Al	0,1	ppmw	In	0,04	ppmw
Si	0,04	ppmw	Sn	0,1	ppmw
Ca	0,05	ppmw	Hg	0,03	ppmw
Cu	0,03	ppmw	Pb	0,06	ppmw

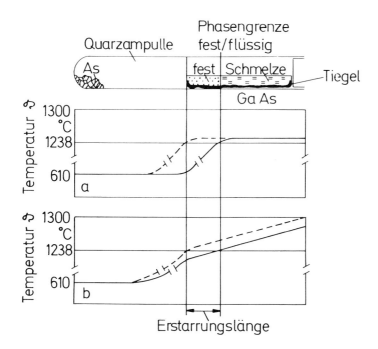

Bild 1.19: Schematische Darstellung und Temperaturverhältnisse (a) beim Horizontal-Bridgman- und (b) beim Gradient-Freeze-Verfahren. Die gestrichelte Linie gibt die Temperaturverhältnisse bei Beginn der Synthese, die ausgezogene die während der Kristallherstellung wieder (nach G. Winstel u. a. 1980)

1.7 Synthese von GaAs

Die Synthese von Galliumarsenid aus den Elementen muß wie die anschließend beschriebene Einkristallzucht Rücksicht auf den hohen As-Dampfdruck nehmen. Man verwendet deswegen für das übliche Bridgman-Verfahren, Bild 1.19, abgeschlossene Quarz-Gefäße, wo an einem Ende elementares Arsen auf 610°C gehalten wird.

Der zugehörige Dampfdruck von 1 bar über dem auf GaAs- Schmelztemperatur gehaltenem Gallium erlaubt die Synthese, wobei eine Relativverschiebung des Gradienten (ϑ=610°C bis 1240°C) gegenüber dem Graphitboot von der Arsenseite her, siehe Bild 1.19, die Auskristallisation von GaAs ermöglicht. Chargen von mehreren kg Polymaterial sind hiermit herstellbar.

1.8 GaAs-Einkristallzucht

Der wesentliche Verfahrensunterschied bei der Kristallzucht zu Silizium ist der, daß As oberhalb der GaAs-Schmelze einen Dampfdruck von fast 1 Atmosphäre besitzt; 0,98 bar bei 1238°C. Das bedeutet, daß Vorkehrungen zur Erhaltung der Stöchiometrie (von griech. stoichos - Ordnung und metron - Maß) zu treffen sind.

Technisch haben sich zwei Verfahren durchgesetzt, das Bridgman-Verfahren und seine Variante mit Temperaturabsenkung (gradient freeze) sowie die Verwendung der Schutzschmelze-Technik (liquid encapsulation) beim Czochralski-Verfahren.

Das erste ist in Abschnitt 1.7 bereits beschrieben, wobei als Tiegelmaterial Quarz unbedingt vermieden werden muß. Quarz reagiert bei der Schmelztemperatur gemäß

$$SiO_2 + 4\ Ga \longrightarrow Si + 2\ Ga_2O$$

mit Gallium aus der Schmelze, wobei im GaAs ein hoher Si-Gehalt von bis zu 10 ppma auftritt. Silizium ist bezüglich GaAs amphoter (von griech. amphoteros - beide, beidseitig), da es als Element der IV. Spalte sowohl auf einem Galliumplatz eingebaut werden kann als auch auf einem Arsenplatz. Da im ersteren Fall ein Bindungselektron nicht abgesättigt ist, wirkt Si_{Ga}, Si auf Galliumplatz, als Donator, wohingegen Si_{As}, Si auf Arsenplatz, wegen des Fehlens eines Bindungselektrons gegenüber Arsen als Akzeptor wirkt. Der Einbau erfolgt unterschiedlich in Abhängigkeit von der Temperatur, wobei bei höheren Temperaturen der Ga-Platz bevorzugt ist; damit sind in Quarztiegeln hergestellte GaAs-(Si)-Kristalle n-leitend.

Beim Bridgman-Verfahren geht man gemäß Bild 1.20 wie bei der Synthese nach Abschnitt 1.7 vor, nur ist im Boot ein orientierter einkristalliner Keim neben dem Polymaterial angeordnet. Durch Relativverschiebung (mm/min) des gesamten Temperaturprofils gegenüber dem Boot wächst der Einkristall längs des wandernden Temperaturgradienten. Die so erhaltenen Kristalle sind relativ versetzungsarm (< 1000/cm^2) und für optoelektronische Anwendungen gut geeignet; je nach dem Scheiben-Schnitt für die gewünschte Orientierung sind die Wafer mehr oder weniger unrund (D- bzw. nierenförmig).

Verwendet man Bornitrid-Boote, lassen sich bei Anwendung flacher Temperaturgradienten sehr hochohmige, undotierte GaAs-Einkristalle erzielen, z. B. $\rho_c > 10^7\,\Omega$ cm, $\mu_n > 4000$ cm^2/Vs. Der C-Gehalt bleibt unterhalb 10^{14} cm^{-3}, und selbst die Bor-Inkorporation ist unterhalb der Nachweisgrenze von $6 \cdot 10^{14}$ cm^{-3}.

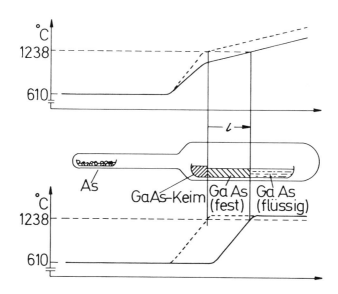

Bild 1.20: Horizontale Kristallisation von Galliumarsenid (schematisch).
Oben: Temperaturprofile bei der "Gradient Freeze"-Technik.
Unten: Temperaturprofil beim "Bridgman-Verfahren".
Gestrichelt: Temperaturprofile zu Beginn des Kristallisations-Vorganges. Ausgezogen: Temperaturprofile nach Wachstum eines Kristalles der Länge l (nach W. v. Münch 1969)

Beim gradient freeze-Verfahren wird stattdessen die absolute Höhe der Maximaltemperatur langsam abgesenkt, bei Beihaltung der relativen Temperatur-Einstellung längs der Anordnung. Dann wandert der Erstarrungspunkt gemäß der veränderten Temperaturführung ebenfalls längs des Boots. Dies Verfahren läßt sich auch vertikal realisieren, womit ebenfalls, ähnlich dem Bridgman-Verfahren, semiisolierende GaAs-Einkristalle hoher Perfektion gewonnen werden können.

Die Ziehtechnik nach dem Schutzschmelze-Verfahren LEC (liquid encapsulation Czochralski) erlaubt, ohne die kritische Einstellung des As-Partialdruckes über der Schmelze auszukommen. Eine inerte (von lat. iners - unfähig, untätig) von Arsen kaum durchdringbare Schutzschicht, meist B_2O_3 (Dicke einige mm), bedeckt hierbei das Schmelzgut, so daß es nicht mit der Umgebung in direkten Kontakt treten kann. Der äußere Gegendruck zu dem inneren des Arsens wird durch eine Edelgas- oder Stickstoffüllung der geschlossenen Apparatur erreicht, wie bezüglich des Phosphors in Bild 1.21 angedeutet. Wichtig ist hierbei, das B_2O_3 wasserfrei zu halten. Bei der Anwendung dieses Verfahrens wird Bor inkorporiert, üblicherweise mit einer Konzentration von oberhalb 10^{16} cm^{-3}; für die spätere Verwendung der Kristalle zur Bauelemente-Herstellung spielt dies jedoch eine nur untergeordnete Rolle.

Ähnlich wie Silizium kann der Einkristall bei seiner Herstellung dotiert werden. Neben einer Leitfähigkeits-Dotierung ist bei III-V-Materialien eine Kompensations-Dotierung von Bedeutung, welche inhärent noch vorhandene Störstellen kompensiert und damit den Kristall hochohmig macht. Dazu sind grundsätzlich bei residualem n-Material tiefe Akzeptoren erforderlich, bei residualem p-Material tiefe Donatoren. Bei GaAs sind außer O als Rest-Verunreinigungen C und Zn vorhanden. Die Kompensation geschieht dort über eine Eigen-Fehlstelle, siehe weiter unten; bei InP sind Si und S residual eingebaut, und zur Kompensation wird z. B. Fe, ein tiefer Akzeptor, verwandt.

Bei III-V-Materialien ist die Erzielung niedriger Versetzungsdichten d $\gtrsim$ 1000 cm^{-2} schwierig, die Kristalle besitzen Werte bis zu d $\approx$ 50000 cm^{-2}. Kritisch ist der initiale Erstarrungsvorgang zum festen Einkristall, bei dem ein hoher Temperaturgradient vorliegt. Da die Versetzungen dort zum Ausgleich der mechanischen Verspannung im wesentlichen durch Gleitungen längs <110>-Ebenen hervorgerufen werden, gelingt eine Reduktion durch metallurgisches Härten in Form einer Zugabe von In ($\gtrsim$ 1 %) zur GaAs - Schmelze (crystal hardening); der Gleitvorgang wird damit wesentlich erschwert. Da In zu Ga isoelektronisch ist, bedeutet dies keine elektrisch wirksame Dotierung. Ähnlich kann man Versetzungsfreiheit bei extrem hoher Zugabe von elektrisch wirksamen Atomen erreichen, also bei hoher n- oder p-Dotierung.

Ohne eine solche zusätzliche Maßnahme ist eine W-förmige Verteilung von Kristallstörungen über einer Stab-Schnittfläche zu beobachten, die sich in der erzielten Dotierung widerspiegelt (siehe Abschnitt 1.9). Man versucht während des Kristallziehens dem u. a. mittels eines die Konvektion in der Schmelze reduzierenden Magnetfeldes entgegenzuwirken.

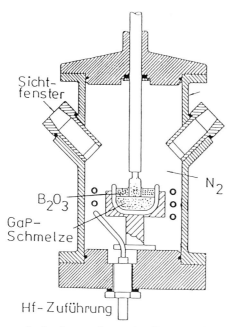

Bild 1.21: Schematische Darstellung des Schutzschmelze-Verfahrens am Beispiel der GaP-Einkristallzucht (nach W. Bardsley u. a. 1979)

Um die Temperaturgradienten an der Grenze der Bedeckung mit B_2O_3 auszuschalten, verwendet man eine vollständige Umhüllung (VM - FEC, vertical magnetic- field-applied, fully encapsulated Czochralski). Der Unterschied in der Kristall-Perfektion ist aus dem Vergleich der Topographien in Bild 1.22 zu ersehen. Da Kohlenstoff als restlicher Akzeptor vorliegt und beim s.i. Material die Hochohmigkeit durch Kompensation der tiefen Donatoren (z. B. EL2, Ga auf As-Platz, Antisite-Effekt) bewirkt, hilft auch ein sorgfältiges Tempern zur Erzielung konstanter Dichten, die Homogenität zu verbessern. Bild 1.23 zeigt ein Ergebnis nach Hersteller-Unterlagen.

Im Gegensatz zu Si treten jedoch bei der Einkristallzucht von III-V-Verbindungen immer wieder Schwierigkeiten auf, was neben der Homogenität die Spannungsfreiheit betrifft. Man versucht diese ebenfalls durch längeres Tempern des gezogenen Einkristalls zu verbessern. Im übrigen sind die bei III-V-Verbindungen erzielbaren Einkristalle volumen- und durchmessermäßig wesentlich kleiner, z. B. 3 Zoll gegenüber 6 Zoll Durchmesser bei Si, was mit den hohen Preis bedingt.

28 Grundmaterialien und ihre Herstellung

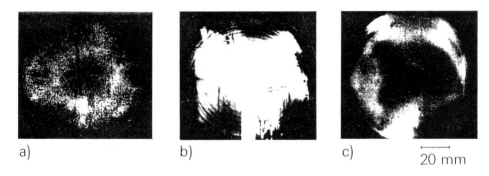

Bild 1.22: Röntgentopographie von 4" GaAs Wafern; a undotiert, LEC;
b In dotiert, LEC Kristall; c In dotiert, VM - FEC Kristall
(nach F. Orito u. a. 1986)

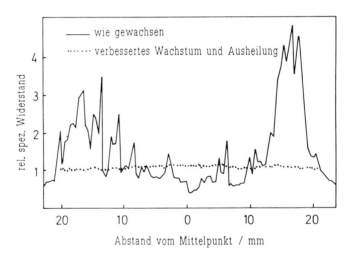

Bild 1.23: Widerstandsprofile von semiisolierenden LEC-GaAs-Wafern
——— übliches Herstellverfahren,
------- verbessertes Verfahren mit Temperung
(nach Unterlagen der Firma Wacker Chemitronic GmbH 1988)

1.9 Gleichmäßigkeit der Eigenschaften

Die gleichmäßige Dotierung von größeren Einkristallen bietet gewisse Schwierigkeiten. Im Falle des Siliziums ist insbesondere bei Leistungsbauelementen eine höchstmögliche Gleichheit über der gesamten Querschnittsfläche erwünscht, abgesehen von der Gleichmäßigkeit von Scheibe zu Scheibe,

Gleichmäßigkeit der Eigenschaften 29

also längs der Ziehachse. Dies ist deswegen bei Leistungs-Bauelementen besonders wichtig, weil dort die gesamte Scheibe ein Bauelement bildet. Änderungen der Dotierung bedeuten dann z. B. Änderungen der Durchbruchsspannung von Ort zu Ort, und die ungünstigste Stelle beschränkt die Verwendung des Bauelements gravierend. Anders ist das bei Vereinzelung, wo durch Ausmessen verschiedene Bauelement-Klassen gebildet werden können.

Tatsächlich vorliegende Dotierungsverläufe zeigt Bild 1.24 bei Silizium in Abhängigkeit vom Ort auf der Scheibe. Die heute mögliche Verbesserung ist aus Bild 1.25 zu entnehmen.

Eine vollkommen gleichmäßige Störstellenverteilung wird nur mittels Umwandlung von Si-Gitteratomen zu Dotierungsatomen durch Beschuß mit thermischen Neutronen erreicht. Die Reaktion läuft gemäß dem folgenden Schema ab:

$$^{30}_{14} Si + n \longrightarrow ^{31}_{14} Si + \gamma.$$

Die eigentliche Transmutation von Silizium in Phosphor geschieht dann mit einer Halbwertszeit von 2.6 h über

$$^{31}_{14} Si \longrightarrow ^{31}_{15} P + \beta^-,$$

wobei Elektronen frei werden. Zu beachten ist allerdings, daß weitere Reaktionen ablaufen, die das transmutierte Material eine Zeit lang radioaktiv machen:

$$^{31}_{15} P + n \longrightarrow ^{32}_{15} P,$$

wo mit einer Halbwertszeit von 14,3 Tagen eine Umwandlung in Schwefel erfolgt,

$$^{32}_{15} P \longrightarrow ^{32}_{16} S + \beta^-.$$

Das Verfahren als solches ist sehr elegant und wird für Leistungsbauelement-Scheiben eingesetzt. Mit einem Neutronenfluß von $2,5 \cdot 10^{13}/cm^2 s$ erhält man eine P-Dotierung von etwa $4 \cdot 10^{18} cm^{-3}$, was einem spezifischen Widerstand von $5 \Omega cm$ entspricht (300K).

30 Grundmaterialien und ihre Herstellung

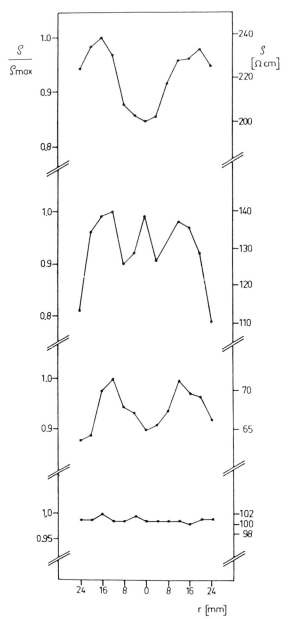

Bild 1.24: Radiale Widerstandsvariation bei unterschiedlichen Si-Substraten. Die unterste Kurve zeigt zum Vergleich eine durch Neutronenbeschuß dotierte Scheibe, siehe Bild 1.25 (nach H. Hermann u. a. 1975)

Gleichmäßigkeit der Eigenschaften 31

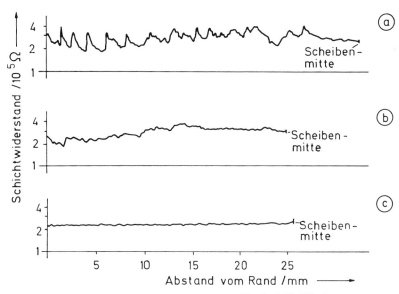

Bild 1.25: Verbesserung des Widerstandsprofils bei Si-Wafern.
a) konventionelle, b) verbesserte Technik, c) Dotierung durch Neutronenbeschuß (Ein Schichtwiderstand von $1 \cdot 10^5$ Ω entspricht bei 300K einem spezifischen Widerstand $\rho = 38{,}5$ Ω cm)
(nach H. Hermann u. a. 1975)

Bei III-V-Verbindungen existiert kein solches Verfahren, womit dort eine gleichmäßige Dotierung ein Problem darstellt. Wie im Fall des Silizium treten W- oder auch U-förmige Verteilungen der Dotierung auf, welche Schwankungen von mehr als 20 % bedeuten, siehe Bild 1.26. Immerhin gibt es Ansätze, dem entgegenzuwirken, siehe z. B. Bild 1.23.

Sowohl bei Silizium als auch Galliumarsenid gelingt es nicht, so rein zu arbeiten, daß Einkristalle mit Eigenleitungsverhalten bei Raumtemperatur hergestellt werden können. Die Eigenleitungsdichte bei 300K von $n_i = 1{,}45 \cdot 10^{10}$ cm^{-3} bzw. $n_i = 2{,}3 \cdot 10^6$ cm^{-3} für Si bzw. GaAs ist wesentlich niedriger als die Rest-Verunreinigungsdichte. Es lassen sich dennoch für Raumtemperatur-Betrieb sehr hochohmige Kristalle herstellen, und zwar im Fall von Si mit spezifischen Widerständen $\rho_c > 20$ k Ω cm und bei GaAs mit $\rho_c > 1$ M Ω cm. Bei Silizium erreicht man dies durch besonders sorgfältige Reinigung, bei GaAs sowohl durch spezielle Zuchtverfahren als auch die Kompensation der Restverunreinigungen durch Gegen-Dotierung. Dabei wird eine äußerst geringe Netto-Dotierung $N^* = N_D - N_A$ erreicht, und die dann vorhandene hohe absolute Dotierungsdichte $N_D + N_A$ bewirkt zusätzlich eine extrem niedrige Beweglichkeit. Der Dotierstoff, welcher zur Erzeugung der Hochohmigkeit (s. i. GaAs, semiisolierendes Galliumarsenid) Verwendung

32 Grundmaterialien und ihre Herstellung

findet, ist Chrom. Im Kristall vorhandener Sauerstoff wird dadurch kompensiert. Bei InP benutzt man Fe.

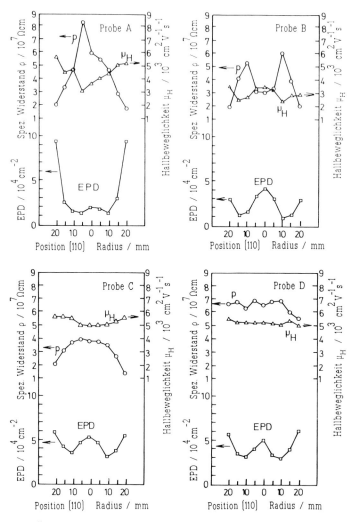

Bild 1.26: Ätzgrubendichte EPD, Hall-Beweglichkeit μ_H und spezifischer Widerstand ρ undotierter GaAs LEC-wafer verschiedener Hersteller (nach A. Tamura u. a. 1985)

Aus Bild 2.38 ist zu entnehmen, daß Cr als entsprechende tiefe Störstelle wirkt. Der Sauerstoffgehalt im Bereich $\lesssim 10^{15}$ cm^{-3} führt zusammen mit der möglichen Ausdiffusion von Cr bzw. dessen Anreicherung an der Oberfläche zu ziemlichen Problemen solchen kompensierten Materials. Es tritt oft nach Temperprozessen, wie sie bei der Bauelement-Herstellung erforderlich werden, eine leitende Deckschicht auf, welche die Eigenschaften negativ beeinflußt, ganz abgesehen von einer ungleichmäßigen Verteilung der Netto-Dotierung. Das letztere ist bei Substrat-Implantationen besonders kritisch, weswegen zunehmend LEC-Material eingesetzt wird, wo eine hinreichende Hochohmigkeit ohne eine bewußte Dotierung erreicht werden kann.

In Bild 1.26 sind Meßwerte von spez. Widerstand ρ, Hall-Beweglichkeit μ_H sowie der Ätzgrubendichte EPD für undotierte LEC-wafer verschiedener Hersteller gezeigt. Man erkennt die Unterschiede deutlich, die eine Eingangskontrolle vor der Festlegung von Bauelemente-Herstellparametern unumgänglich machen. Neuere Ansätze, etwa eine vertikale Zugtechnik nach dem gradient-freeze-Verfahren (Bild 1.20) oder der Einsatz spezieller Temperschritte (Bild 1.23) könnten hier eine Verbesserung bringen.

Zur Analyse werden die im nächsten Kapitel erläuterten Verfahren herangezogen, doch auch angeätzte Substrat-Oberflächen erlauben bereits wesentliche Aussagen über die Materialgüte. Nicht perfekt spiegelnde Substrat-Oberflächen zeigen bereits bei visueller Betrachtung Ungleichmäßigkeiten an.

Literaturverzeichnis

Bardsley, W., Hurle, D. T. J., Mullin, J. B. (Hrsg): Crystal Growth, A Tutorial Approach, North-Holland, Amsterdam 1979
Zusammenfassung von Beiträgen zur Kristallzucht

Beneking, H.: III-V Technology: The Key for Advanced Devices, J. Electrochem. Soc. **136**, 1989, 2680-2686
Knappe Einführung in die III-V Prozeß-Technologie

Blunt, R.T.: Electrical Uniformity Measurements on Semi-Insulating GaAs Wafers, Proc. Semi-Insulating III-V Materials, Evian 1982, Hrsg. Makram-Ebeid, S., Tuck, B., Shiva, Nantwich 1982

Brodsky, M. H. (Hrsg.): Amorphous Semiconductors, 2. Aufl.,Topics in Applied Physics, Bd. 36, , Springer Verlag, Berlin 1985

Burke, K.M., Leavitt, S. R., Khan, A. A., Riemer, E. Stoebe, T., Alterovitz, S. A., Haugland, E. J.: Characterization of the semi-insulating properties of undoped GaAs grown by the horizontal Bridgman technique, Techn. Digest GaAs IC Symposium Grenelefe/Fl. 1986, 37-39

Clemans, J. E., Conway, J. H.: Vertical Gradient Freeze Growth of 75 mm
 Diameter Semi-Insulating GaAs, Vortrag F2, 5th Conf. on Semi-
 Insulating III-V Materials, Malmö, Schweden, Juni 1988, 1-3.

Einspruch, N.G. (Hrsg.): VLSI Electronics, Microstructure Science,
 Academic Press, New York 1981
 Empfehlenswerte breite Darstellung der Bauelemente-bezogenen
 Technologie (Buchreihe)

Gault, W. A., Monberg, E. M., Clemans, J. E.: A Novel Application of the
 Vertical Gradient Freeze Method to the Growth of High Quality III-V
 Crystals, J. Crystal Growth **74**, 1986, 491-506

Georgobiani, A. N., Radautsan, S. I., Tiginyanu, I. M.: Wide-gap $A^{II}B_2^{III}C_4^{VI}$
 semiconductors: optical and photoelectric properties and potential
 applications (review), Sov. Phys. Semicond. **19**, 1985, 121-132,
 Eigenschaften ternärer Kristalle (Zn,Cd)(In,Ga)(S,Se)

Gessert, C., Sirtl, E.: Elektronische Halbleitermaterialien
 Chemische Technologie Bd. 3 , Anorganische Technologie II,
 Hanser Verlag, München 1983, 408-463
 Herstellung von Si-Kristallen und weiterer Halbleitermaterialien

Gray, M.L., Sargent, L. Blakemore, J. S., Parsey, J. M. Jr., Clemans, J. E.:
 EL2 distribution in vertical gradient freeze GaAs crystals,
 J. Appl. Phys. **63**, 1988, 5689-5693
 Verhalten einer speziellen Störstelle in GaAs

Hadamovsky, H.-F. (Hrsg.): Halbleiterwerkstoffe
 VEB Deutscher Verlag für Grundstoffindustrie, Leipzig 1986

Harbecke, G. (Hrsg.): Polycrystalline Semiconductors, Springer Series in
 Solid-State Sciences, Bd. 57, Springer Verlag, Berlin 1985

Hermann, H., Herzer, H., Sirtl, E.: Modern Silicon Technology
 Festkörperprobleme **XV**, Vieweg Verlag, Braunschweig 1975, 279-316
 Speziell auf die Silizium-Herstellung und Silizium-Materialeigenschaften
 ausgerichteter Artikel

Holmes, D.E., Chen, R. T., Elliott, K. R., Kirkpatrick, C. G.: Stoichiometry-controlled compensation in liquid encapulation Czochralski GaAs, Appl. Phys.Lett. **40**, 1982, 46-48
Speziell auf die Herstellung hochreinen, semiisolierenden GaAs ausgerichteter Artikel

Jacob, G.: How to Decrease Defect Densities in LEC, SI GaAs and InP Crystals, Proc. Semi-Insulating III-V materials, Evian 1982, Hrsg. Markram-Ebeid, S., Tuck, B., Shiva, Nantwick 1982

Maier, H.; Herstellung und Untersuchung von ionenimplantierten IV-VI-Halbleiter-Mischkristallen für Infrarotdetektoren und Halbleiterlaser, BMFT, Forschungsber. T 75-48, Bonn 1975

Malik, R. J. (Hrsg.): III-V Semiconductor Materials and Devices
(Bd. 7 Materials Processing Theory and Practices, Hrsg. Wang, F. F. Y.) North Holland, Amsterdam 1989
Kristallzucht, Epitaxie, Ionenimplantation, Charakterisierung und Bauelemente

Meda, L., Cerofolini, G. F., Queirolo, G.: Impurities and defects in silicon single crystals, Prog. Crystal Growth and Charact. **15**, 1987, 97-134

Münch, W. v.: Technologie der GaAs-Bauelemente, Reihe Technische Physik in der Einzeldarstellung, Bd. 16, Springer Verlag, Berlin 1969

Münch, W. v.: Werkstoffe der Elektrotechnik
Teubner Studienskripte Bd. 11, Teubner Verlag, Stuttgart 1972, Allgemeine Werkstoff-Einführung

Nimtz, G., Dornhaus, R., Schlicht, B.: Narrow-Gap Semiconductors, Springer Tracts in Modern Physics, Bd. 98, 2. Aufl., Springer Verlag, Berlin 1985
PbSn- und HgCd-Verbindungen sowie weitere Schmalband-Halbleiter

Orito, F., Seta, Y., Yamada, Y., Ibuka, T., Okano, T., Hyuga, F., Osaka, J.: Large size dislocation-free gallium-arsenide single crystals for LSI application, Techn. Digest GaAs IC Sympos. Grenelefe/Fl. 1986, 33-36
Beschreibung des VM-FEC Ziehverfahrens für GaAs mit erhaltenen Ergebnissen

Proc. 3. Internat. Conf. on II-VI Compounds 1987
J. Cryst. Growth **86**, 1988, 1-959,
Viele Artikel zu II-VI Material-Problemen

Ruge, I.: Halbleitertechnologie, Reihe Halbleiter-Elektronik Bd. 4,
Springer Verlag, Berlin 1975

Salow, H., Beneking, H., Krömer, H., Münch, W. v.: Der Transistor,
Springer Verlag, Berlin 1963

Schade, K.: Halbleitertechnologie (Band I), VEB-Verlag Technik, Berlin 1981
Verfahrensschritte der konventionellen Silizium- Technologie

Seiler, K.: Physik und Technik der Halbleiter,
Wissenschaftliche Verlagsgesellschaft, Stuttgart 1964

Spenke, E.: Elektronische Halbleiter, 2. Aufl., Springer Verlag, Berlin 1965

Stirland, D. J., Straughan, B. W.: A review of etching and defect
characterization of gallium arsenide substrate material,
Thin Solid Films **31**, 1976, 139-170
Substrat-Defektcharakterisierung mittels Ätztechniken

Tamura, A., Onuma, T.: Experimental correlation between EPD and electrical
properties in undoped LEC - as grown semi-insulating GaAs crystals,
Jap. J. Appl. Phys. **24**, 1985, 510-511

Thomas, R.N.: Bulk GaAs material review
Techn. Digest GaAs IC Symposium Grenelefe/Fl. 1986, 29-32

Walter, J. P., Cohen, M. L.: Pseudopotential calculations of electronic charge
densities in seven semiconductors, Phys. Rev. **B4**, 1971, 1877-1889

Welker, H.: Über neue halbleitende Verbindungen,
Zs. für Naturforschung 7a, 1952, 744-749,
Erste Veröffentlichung über III-V-Verbindungen

Winstel, G., Weyrich, C.: Optoelektronik I, Reihe Halbleiter-Elektronik,
Bd. 10, Springer Verlag, Berlin 1980

2 Grundmaterial-Eigenschaften und Analytik

Die chemische und physikalischen Eigenschaften der Werkstoffe sind für deren Technologie ebenso bedeutsam wie für den späteren Einsatz in Bauelementen. Während die physiko-chemischen Daten die anwendbaren technologischen Verfahren bestimmen, sind die elektrischen Daten der Bauelemente von der Wechselwirkung der Elektronen und Löcher im Innern und an den Grenz- und Oberflächen abhängig.

Es müssen deswegen alle Material-Parameter bekannt sein, die in die obengenannten Eigenschaften eingehen. Damit ist zum einen möglich, gewisse Voraussagen über die erzielbaren Bauelement-Daten zu machen, zum anderen wird nur so die Auswahl des für den betreffenden Anwendungsfall optimalen Materials möglich.

Auf die unterschiedlichen Eigenschaften eines Halbleiters mit direkter Bandlücke (direkter Halbleiter, z.B. GaAs) und eines mit indirekter Bandlücke (indirekter Halbleiter, z.B. Si) wird speziell eingegangen. Wiederum dienen diese beiden praktisch bedeutungsvollsten Materialien Si und GaAs als repräsentative Vertreter der Eigenhalbleiter und intermetallischen Verbindungen.

Die für spezielle Hochfrequenz- und optoelektronische Bauelemente wesentliche Kombination verschiedener Halbleiter wird hier insoweit behandelt, als sie zur Materialcharakterisierung wichtig ist; ihre breitere Behandlung ist dem Kapitel 3, Epitaxie-Verfahren, vorbehalten.

Wesentlich im Zusammmenhang mit den Materialdaten ist deren Bestimmung. Deswegen sind hier die relevanten Meßverfahren für Materialparameter und elektronische Daten ebenfalls dargestellt.

2.1 Materialeigenschaften

Die Eigenschaften eines makroskopischen Festkörpers basieren auf der Wechselwirkung der Atome im Kristallgitter. Insoweit sind sämtliche Daten auf die im Gitterverband wirkenden Kräfte zurückzuführen. Daraus ableitbare allgemeine Regeln erleichtern die Zuordnung differierender Eigenschaften und die Materialauswahl unter Anwendungsgesichtspunkten.

38 Grundmaterial-Eigenschaften und Analytik

Je fester die Bindung, desto geringer ist der Gitterabstand. Gleichzeitig wird der energetische Abstand der Energiebänder, die Breite der verbotenen Zonen E_g (energy gap), größer. Parallel dazu nimmt der Schmelzpunkt zu, während wegen der geringeren Polarisierbarkeit die Dielektrizitätskonstanten und damit der optische Berechnungsindex abnehmen. Dies ist den Bildern 2.1 und 2.2 zu entnehmen, wo für eine Reihe von Stoffen die betreffenden Zuordnungen erkennbar sind. Bei der relativen Dielektrizitätskonstanten ε_r ist anzumerken, daß diese frequenzabhängig ist; es tritt im allgemeinen eine Dispersion (von lat. dispersio - Zerstreuung) auf. Deswegen ist der Gültigkeitsbereich in Bild 2.2 mit angegeben. Abhängig von der Symmetrie des Kristallaufbaues sind Materialeigenschaften isotrop (von gr. isos = gleich, tropos - gewendet) oder anisotrop. Isotrop bedeutet gleichartiges Verhalten in sämtlichen Raumrichtungen, anisotropes, z. B. bei Vorhandensein einer polaren Achse im Kristall, unterschiedliche Eigenschaften in verschiedenen Kristallrichtungen; z. B. bei piezoelektrischen Materialien.

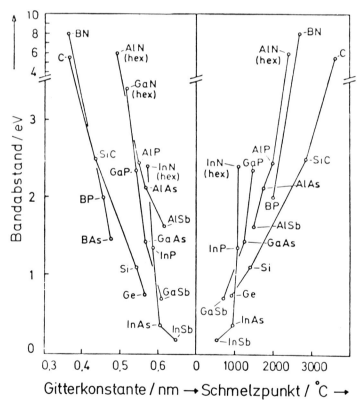

Bild 2.1: Bandabstand als Funktion der Gitterkonstanten und des Schmelzpunktes

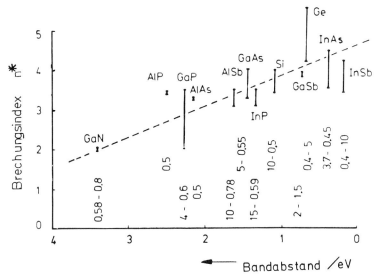

Bild 2.2: Brechungsindex verschiedener Halbleitermaterialien als Funktion des Bandabstandes mit Angabe des gültigen Wellenlängenbereichs in μm. (nach M. Neuberger 1971)

Die elektrischen Eigenschaften von Si und GaAs sind isotrop, jedoch treten bei Kristalldeformationen unterschiedliche Eigenschaften zu Tage. Während das Diamantgitter des Siliziums ein Inversionszentrum besitzt (Überführung in dieselbe Struktur durch Richtungsumkehr der auf das Inversionszentrum bezogenen Gitterpunkt-Vektoren), besitzt das Zinkblendgitter des Galliumarsenids keines. GaAs ist deswegen piezoelektrisch (von gr. piezein - drücken).

Auch durch Aufhebung der Symmetrie des Gitters treten solche Effekte auf, was sich im piezoresistiven Effekt äußert, der Änderung des spezifischen Widerstandes in Abhängigkeit von einem mechanischen Druck auf das Material. Die Energieverteilung der Elektronen wird wegen der gegenseitigen Verschiebung der einzelnen, zusammenwirkenden Energiebänder verändert, was sich über Änderungen der effektiven Masse und wirksamen Beweglichkeit als Widerstandsänderung äußert.

Technisch werden solche Effekte durch bewußte Einführung von mechanischen Spannungen z. B. bei verspannten Übergitter-Strukturen hervorgerufen (strained superlattices, Abschnitt 3.10 sowie Teil II). In Richtung der Zugspannung liegende Bandminima werden angehoben, senkrecht dazu liegende werden abgesenkt. Hydrostatischer Druck verändert das Gesamtvolumen und veringert den Gitterabstand mit ähnlicher Wirkung, wobei zusätzlich Strukturänderungen auftreten können. Für letzteres zeigt Bild 2.3 ein Beispiel, während Bild 2.4 den Piezo-Widerstandeffekt bei GaAs zeigt.

40   Grundmaterial-Eigenschaften und Analytik

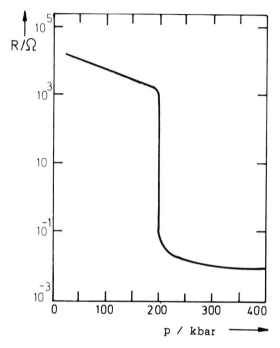

Bild 2.3:   Widerstand einer Si-Probe in Abhängigkeit des hydrostatischen Druckes (nach K. Seeger 1985)

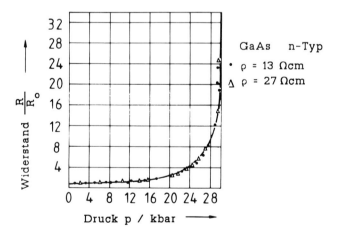

Bild 2.4:   Relative Widerstandsänderung für GaAs bei Druckbelastung (nach M. Zerbst 1963)

Da allgemein die inneren Bindungsverhältnisse die Ursache für das jeweilige Verhalten der Materialien in mechanischer und elektrischer Hinsicht sind, wird verständlich, daß Mischkristalle modifizierte Eigenschaften besitzen. Der teilweise Austausch von Gitteratomen durch solche derselben Spalte des Periodensystems (z.B. GaAs → $Ga_{1-x}Al_xAs$) oder solche mit gleicher Summenwertigkeit (z.B. InP an Stelle von Ge) führt demgemäß zu anderen Eigenschaften. In Bild 2.5 ist dies exemplarisch für den Brechungsindex gezeigt, der kontinuierlich von GaAs zu AlAs abfällt. Dies ist Ausdruck der allgemein anwendbaren Vegard´schen Regel, wonach beide Komponenten (hier GaAs und AlAs) entsprechend ihrem prozentualen Anteil mitwirken. Dies gilt z. B. auch weitgehend für den jeweiligen Bandabstand; ein in x quadratischer Term kann zumindest für Abschätzungen oftmals vernachlässigt bleiben. Es kann noch ein Knick in Erscheinung treten, wenn die Energieband-Struktur vom indirekten Typus zum direkten Typus übergeht, siehe Bild 2.5, oder wenn sich die Kristallstruktur ändern sollte. Bild 2.6 zeigt die Bandstrukturen der beiden Grenzfälle des $Ga_{1-x}Al_xAs$-Systems, während in Bild 2.7 Silizium und $Ga_{0,47}In_{0,53}As$ nebeneinander dargestellt sind.

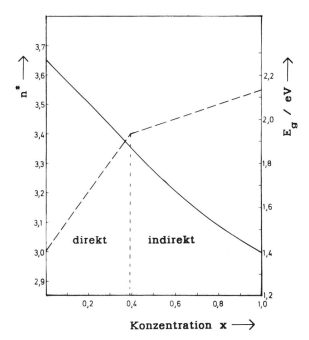

Bild 2.5: Verlauf des Brechungsindex n* von $Ga_{1-x}Al_xAs$ in Abhängigkeit von der Zusammensetzung (λ = 1300 nm, --- Bandabstand E_g)

42 Grundmaterial-Eigenschaften und Analytik

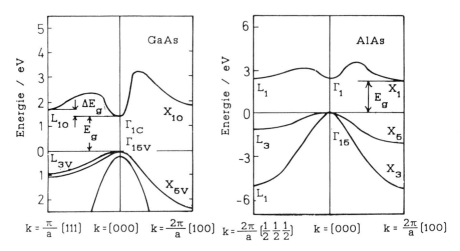

Bild 2.6: Bandstruktur von GaAs (links) und AlAs (rechts)

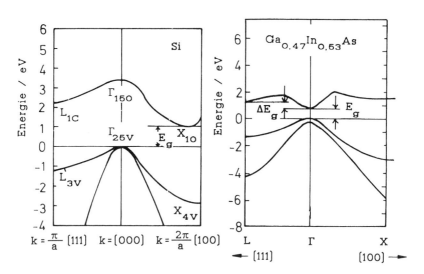

Bild 2.7: Bandstruktur von Si (links) und $Ga_{0,47}In_{0,53}As$ (rechts)

Das letztere Materialsystem besitzt günstige Eigenschaften für Höchstfrequenz-Bauelemente sowie für Anwendungen in der Optoelektronik, siehe auch Teil II. Bemerkenswert ist der bereits genannte Umstand, daß durch hydrostatischen Druck oder anderweitig verspanntes Material die Bandstruktur verändert wird. Durch Anwendung eines entsprechenden "bandstructure engineering" gelingt z.b. die Bevorzugung leichter Löcher, womit die Löcher-Beweglichkeit drastisch angehoben werden kann, siehe auch Kapitel 3. und Abschnitt 14.3.2.

2.2 Volumeneigenschaften

Relevant für Bauelement-Eigenschaften sind die Lebensdauern τ_n, τ_p sowie die Beweglichkeiten μ_n, μ_p bzw. die Driftgeschwindigkeiten v_n, v_p von Elektronen und Löchern im Volumen. Technologische Volumen-Parameter sind die Atomdichte des Grundgitters, maximale Löslichkeit für Dotiersubstanzen oder die Diffusionskonstanten von Fremdstoff-Wanderungen über Gitter- und Zwischengitterplätze oder als Komplexe. Letztere Daten werden in Kapitel 4 bei Dotierungsverfahren behandelt, hier seien die elektrisch relevanten Parameter besprochen.

2.2.1 Ladungsträger-Verhalten

Elektronen und Löcher (Defektelektronen), welche in einem Halbleiter bewegt werden können, stammen von Dotier-Atomen oder paarweise aus thermischer Anregung von den Grundgitter-Atomen, abgesehen von aus tiefen Störstellen (Fangstellen, traps) befreiten Trägern. Da Löcher fehlende Elektronen-Bindungen darstellen, die Elektronen hingegen von ihren Mutter-Atomen

Tabelle 2.1: Eigenschaften verschiedener Halbleitermaterialien bei 300 K und $10^{16} cm^{-3}$ Dotierung

Material	Max. Driftgeschwindigkeit	Sättigungsgeschwindigkeit	Beweglichkeit $\mu/cm^2V^{-1}s^{-1}$ und effektive Masse bezogen auf die Elektronen-Ruhemasse m_0				Kritische Feldstärke	rel. Dielektrizitätskonst.	Wärmeleitfähigkeit
	v_{max} $10^7 cms^{-1}$	v_{sat} $10^7 cms^{-1}$	μ_n	$\frac{m_n}{m_0}$	μ_p	$\frac{m_p}{m_0}$	E_c $kVcm^{-1}$	ε_r	σ_{th} $Wcm^{-1}K^{-1}$
Si	1,0	1,0	1200	0,98	400	0,49	7,0	11,9	1,5
GaAs	2,0	1,0	5000	0,07	400	0,45	3,0	13,1	0,46
InP	2,6	1,5	3200	0,08	150	0,56	10	12,4	0,68
$Ga_{0,47}In_{0,53}As$	2,4	0,6	10000	0,04	300	0,50	2,8	13,7	0,05
Ge	0,8	0,8	3500	0,55	1500	0,37	1,4	16	0,61

losgelöste Ladungen, ist der Unterschied der Beweglichkeit beider verständlich. Elektronen sind bei allen Halbleitern schneller als Löcher, siehe Tabelle 2.1. Die Behinderung ihrer Bewegungen ist in erster Linie durch Wechselwirkung mit ionisierten Störstellen (Coulomb-Streuung) und Gitterschwingungen gegeben. Deswegen steigt die Beweglichkeit $\mu = v/E$, die Geschwindigkeit pro Feldstärkeeinheit, mit höherer Reinheit des Materials an und sinkt bei höherer Temperatur ab, siehe Bilder 2.8 und 2.9.

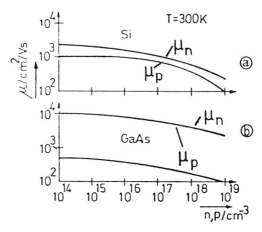

Bild 2.8: Ladungsträgerbeweglichkeit in Abhängigkeit von der Dotierungskonzentration für Silizium (a) und Galliumarsenid (b) bei Raumtemperatur

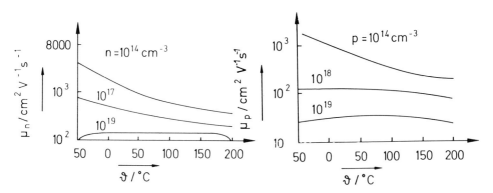

Bild 2.9: Beweglichkeit als Funktion der Temperatur für Si

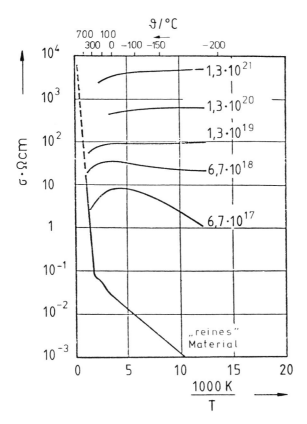

Bild 2.10: Leitfähigkeit von p-Silizium in Abhängigkeit von der Temperatur. Die Parameterwerte bezeichnen die bei der Kristallzucht pro cm³ der Schmelze zugegebene Menge von Bor-Atomen.

Zusätzliche Effekte treten bei ternären und quaternären Materialien auf, bedingt durch die statistischen Verteilungen der III-er bzw. V-er Komponenten (Legierungsstreuung, alloy scattering). Auf Möglichkeiten der technologischen Beeinflussung wird in späteren Abschnitten hingewiesen; die detaillierte Behandlung sämtlicher Effekte einschließlich der Temperaturabhängigkeit ist Lehrbüchern der Festkörperphysik vorbehalten (siehe Literaturverzeichnis).

Neben der Beweglichkeit interessiert die elektrische Leitfähigkeit $\sigma = q(\mu_n n + \mu_p p)$; Betrag der Elektronenladung $q = 1,6 \cdot 10^{-19}$ As. Verläufe zeigt Bild 2.10, während Bild 2.11 detaillierter den spezifischen Widerstand $\rho = 1/\sigma$ in Abhängigkeit von der Dotierung aufzeigt

Für höhere Feldstärken als $E \approx 1 kV/cm$ treten Abweichungen vom ohmschen Gesetz

46 Grundmaterial-Eigenschaften und Analytik

$$J = \sigma E$$

mit der Proportionalität von Stromdichte J und Feldstärke E auf, welche für sehr hohe Felder, oberhalb 30kV/cm, zu Sättigungseffekten führen. Wenn die Trägergeschwindigkeit in die Größenordnung der Schallgeschwindigkeit des Materials kommt, wird die Wechselwirkung sehr stark, und eine weitere Beschleunigung unterbleibt, siehe Bild 2.12. Die Beweglichkeit nimmt ab und verläuft schließlich proportional 1/E. Nur unterhalb E_c (Tabelle.2.1) kann mit konstanter Beweglichkeit gerechnet werden.

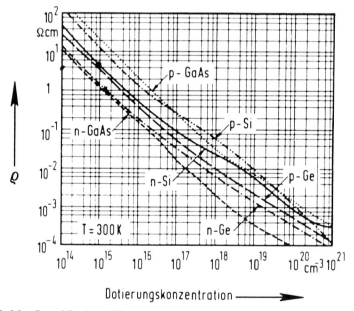

Bild 2.11: Spezifischer Widerstand in Abhängigkeit von der Dotierungskonzentration

Im Fall des GaAs und anderer III-V-Verbindungen sinkt gemäß Bild 2.12 die Elektronengeschwindigkeit sogar ab, was mit der Bandstruktur von GaAs in Bild 2.6 verständlich wird:
Nach Erreichen hinreichender Energie werden Elektronen des Hauptminimums des Leitungsbandes in das energetisch höherliegende Nebenminimum gestreut, wo sie, wie die geringere Bandkrümmung ausweist, höhere effektive Massen und niedrigere Beweglichkeit besitzen. Dies begrenzt die maximal mögliche Energie-Aufnahme der Träger im Leitungsband.
In Bild 2.13 ist die Wirkung klar zu erkennen, der Verlauf ist für spezielle Höchstfrequenz-Bauelemente von essentieller Bedeutung (Gunn-Effekt).

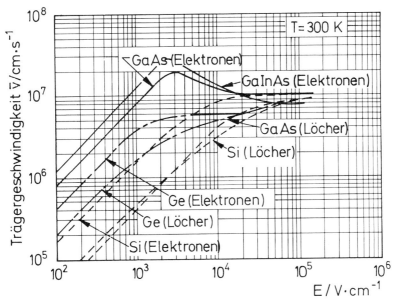

Bild 2.12: Elektronen- und Löcher-Geschwindigkeit als Funktion der Feldstärke (teilw. nach S. M. Sze 1981)

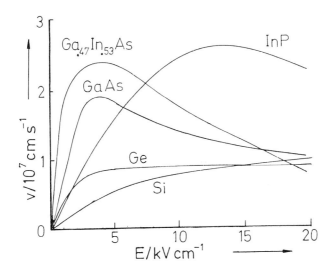

Bild 2.13: Elektronengeschwindigkeitsverläufe verschiedener Halbleiter ($n \approx 10^{16} cm^{-3}$, 300K)

48   Grundmaterial-Eigenschaften und Analytik

Bei niedrigen Temperaturen kann ein Einfrieren der Träger geschehen, wenn die Störstellen-Erschöpfung, also vollständige Ionisierung, in eine Störstellen-Reserve, nur teilweise Ionisierung, übergeht. Im Gegensatz zu Silizium tritt dieser Fall bei Galliumarsenid praktisch nicht in Erscheinung, da die Ionisierungsenergien der Dotierstoffe hinreichend gering sind; siehe Bild 2.14 sowie Tabelle 2.2.

Die hier dargestellten Träger-Eigenschaften gelten für thermalisierte Ladungsträger, also für Strukturen, welche aufgrund ihrer Abmessung viele elastische und inelastische "Stöße" der bewegten Elektronen und Löcher mit dem Gitter, z. B. durch Coulomb-Streuung, bewirken. Kommen die Dimensionen der aktiven Zone eines Bauelements hingegen in die Größenordnung der freien Weglänge $l_0 \approx 0,1$ µm der beweglichen Ladungsträger, treten ballistische Effekte auf, auf welche wie auf Quanten-Phänomene bei den entsprechenden Bauelementen in Teil II, Abschnitt 14.4, eingegangen wird.

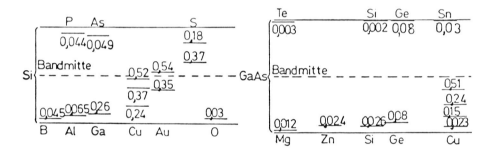

Bild 2.14: Energie-Niveaus für Donatoren und Akzeptoren in Si und GaAs
Die jeweiligen Aktivierungsenergien entsprechen dem energetischen Abstand von der zugeordneten Bandkante (in eV)

Tabelle 2.2: Aktivierungsenergien von Dotierungselementen in Si und GaAs (in meV).

	Donatoren		Akzeptoren	
Silizium	P As Sb	44 49 39	B Ga Al In	49 65 57 160
Gallium- arsenid	Se Te Si Ge Sn	4,16 3 2 1 2,5	Zn Cd Si Ge Be Mg	24 21 26 80 1,2 1

2.2.2 Träger-Lebensdauer und Diffusionslänge

Die Träger-Lebensdauern τ_n, τ_p sind Charakteristika der Elektronen- und Löcher-Mengen und definiert als Abklingzeitkonstanten von Nichtgleichgewichtsdichten in im übrigen neutralen Materialien. Das heißt, daß in einem dotierten Material die Dichte der Majoritätsträger mit der selben Zeitkonstante abklingt wie die der Minoritätsträger; nur ist letztere die meist Bauelement-relevante Größe.

Das gleiche gilt, wenn räumlich eine Dichte erzwungen wird (z. B. durch Injektion von Minoritätsträgern), welche nicht dem thermischen Gleichgewicht entspricht. Der dann räumliche Abklingvorgang erfolgt ebenfalls neutral bzw. quasi-neutral, und die zugehörige charakteristische Länge, die Diffusionslänge L der Minoritätsträger, ist auch für den Verlauf der betreffenden Majoritätsträger relevant. Sind die Trägerdichten nicht mit n » p bzw. p » n stark unterschiedlich, sind ambipolare Größen L, τ wirksam, worauf hier nicht eingegangen werden kann.

Mit den Lebensdauern besteht der Zusammenhang

$$L_p = \sqrt{D_p \tau_p} \text{ bzw. } L_n = \sqrt{D_n \tau_n},$$

womit ein eindeutiger Zusammenhang zwischen L und τ gegeben ist.

Die hier auftretende Diffusionskonstante D ist mit der Beweglichkeit μ über die Nernst-Townsend-Einstein-Beziehung (meist Einstein-Beziehung genannt) verknüpft. Es gilt mit der Temperaturspannung

$$U_T = \frac{kT}{q}$$

(für 300 K ist $U_T = 26$ mV) im entartungsfreien Fall

$$D_n = \mu_n U_T, \text{ bzw. } D_p = \mu_p U_T.$$

Auf die Rekombination und den entgegengesetzten Vorgang der Träger-Erzeugung sind die Erhaltungssätze der Mechanik anzuwenden. Dies bedeutet, daß hierbei Energie und Impuls erhalten bleiben müssen. Wie man aus Bild 2.6 bzw. Bild 2.7 entnimmt, ist bei einem indirekten Halbleiter der Übergang eines Elektrons vom tiefsten Punkt des Leitungsbandes zum höchsten des Valenzbandes ohne Impulsänderung nicht möglich und damit unwahrscheinlicher als bei einem direktem Halbleiter; es muß ein Dreierstoß unter Mitwirkung eines Phonons erfolgen.

Im übrigen sind Rekombinationszentren und Fangstellen aktiv, welche ungewollt oder gezielt als Störstellen des sonst idealen Kristalls eingebaut sind.

50 Grundmaterial-Eigenschaften und Analytik

Sie werden bezüglich der Wechselwirkung mit Elektronen und Löchern durch Einfangsquerschnitt σ und energetische Lage im Energieband-Schema charakterisiert. Speziell bei Lage des betreffenden Niveaus in der Mitte der verbotenen Zone zwischen Valenz- und Leitungsband tritt eine starke Lebensdauer-Erniedrigung auf (Shockley-Reed-Hall-Rekombination).

Tatsächliche Lebensdauer liegen für perfektes Si bei Millisekunden, für gestörtes Material bei Mikrosekunden. Für GaAs gelten Nanosekundenwerte, wobei die Rekombination weitgehend unter Abgabe eines Lichtquants strahlend erfolgt; nichtstrahlend ist die Auger-Rekombination, wobei die freiwerdende Energie einem weiteren Teilchen übertragen wird.

Auch werden Energiequanten in Excitonen gespeichert (von lat. excitare - anregen). Dies sind angeregte Elektron-Loch-Paare, die durch den Kristall diffundieren können und den gespeicherten Energiebetrag (etwas geringer als der Bandabstand) wieder abgeben können. Die spezifischen Eigenschaften der Excitonen machen diese für elektrooptische Wechselwirkungen interessant.

Während meist eine möglichst hohe Lebensdauer erwünscht ist, gibt es Fälle, wo eine relativ kurze Lebensdauer der Funktionen des betreffenden Bauelements eher gemessen ist. In solchen Fällen wird das Halbleitermaterial gezielt mit Rekombinationszentren verunreinigt, z. B. mit Gold im Fall von Silizium. Wie Bild 2.14 zeigt, bildet Au zwei Niveaus etwa in Bandmitte, was die Wahl von Gold als Rekombinationszentrum in Silizium favorisiert und in Teil II, Kapitel 14, behandelt wird.

Nachdrücklich muß abschließend nochmals darauf hingewiesen werden, daß die hier in Frage stehende Lebensdauer stets beide Ladungen betrifft, welche in Wechselwirkung miteinander stehen, und Ausgleichsvorgänge betrifft, welche dem thermischen Gleichgewicht zustreben. Bei Band-Band-Rekombination bzw. Paar-Erzeugung sind es Elektronen und Löcher, bei Betrachtung einer Störstelle diese mit ihrer Rumpfladung und dem zugehörenden Elektron bzw. Loch. In dem die Lebensdauer der Träger regelnden Haushalt sind sämtliche Ladungen miteinzubeziehen; das Gesamtsystem verbleibt im neutralen Zustand, auch bei geänderten Trägerdichten.

Im Gegensatz zu der Zeitkonstante dieser neutralen Abweichungen vom thermischen Gleichgewicht steht die Relaxationszeit

$$\tau_r = \varepsilon/\sigma,$$

die bei üblich dotierten Materialien von 10^{-14}s bis 10^{-12}s kurz ist. Sie regelt den Ausgleich von Raumladungen, ist also z. B. charakteristisch für die Umschichtung von Majoritätsträgern bei Injektion von Minoritäten derart, daß schließlich keine Raumladung mehr verbleibt und der neutrale (bzw. quasineutrale) Zustand wiederhergestellt wird. Da bei üblichen Dotierungen diese Relaxationszeit gegenüber Minoritätsträger-Verschiebungen beliebig kurz ist, ist verständlich, daß man in solchen Fällen stets vom Prinzip der Gesamtneutralität ausgehen kann. Man spricht dabei von Quasi-Neutralität, falls eine minimale Feldkomponente noch verbleibt, welche die Majoritätsträger passend verschiebt. Schließlich sei noch angemerkt, daß bei hochohmigen Materialien τ_r in die Größenordnung der Träger-Laufzeiten kommen kann. Dann kann die Neutralität unter Umständen nicht schnell genug eingestellt werden, und es treten Raumladungen auf. Die injizierten Träger führen dann zu einem raumladungsbegrenzten Strom.

So wie bei neutralen Abweichungen ein Zusammenhang zwischen Lebensdauer τ und Diffusionslänge L besteht, ist mit der Relaxationszeit τ_r ebenfalls eine charakteristische Länge verknüpft. Die Debye-Länge

$$L_D = \sqrt{D\tau_r}$$

gibt die charakteristische Ausdehnung von Raumladungszonen an, welche unter gewissen Bedingungen auftreten, siehe Abschnitt 2.3.2; Bild 14.76 zeigt die Dotierungs-Abhängigkeit von L_D für Si.

2.2.3 Messung elektrischer Eigenschaften

Die elektrischen Eigenschaften sind weitgehend durch Angabe der temperaturabhängigen Werte von Netto-Dotierung $N_D^* = N_D - N_A$ bzw. $N_A^* = N_A - N_D$, Kompensationsgrad N_A/N_D bzw. N_D/N_A bei n- bzw. p-Material, sowie Beweglichkeit μ_n, μ_p und Lebensdauer τ_n, τ_p gekennzeichnet. Die jeweilige Diffusionskonstante folgt dann über die Einstein-Beziehung zu $D = \mu U_T$ mit der Temperaturspannung $U_T = kT/q$. Die Diffusionslänge ist mit $L = \sqrt{D\tau}$ bei Kenntnis von τ und D ebenfalls bekannt.

Trägerdichten und Trägerbeweglichkeiten sind mit den leicht meßbaren Größen Elektrische Leitfähigkeit σ und Hallkonstante R_H verknüpft.

Die Dichten der beweglichen Träger können, falls Störstellen-Erschöpfung vorausgesetzt werden kann, mit $n = n_n = N_D^*$ bzw. $p = p_p = N_A^*$ angegeben werden; die Minoritätsträger-Dichten sind dann

$$p_n = n_i^2/n_n \quad \text{bzw.} \quad n_p = n_i^2/p_p.$$

Es gilt für die elektrische Leitfähigkeit

$$\sigma = q(\mu_n n + \mu_p p)$$

und für die Hallkonstante

52 Grundmaterial-Eigenschaften und Analytik

$$R_H = r \frac{p\mu_p^2 - n\mu_n^2}{q(p\mu_p + n\mu_n)^2}.$$

Der Korrekturfaktor r (r = 1 - 2) berücksichtigt dabei den von der Streuung der Träger abhängigen Unterschied zwischen Drift- und Hallbeweglichkeit. Zur Ermittlung von Leitfähigkeit und Hallkonstante R_H dienen meist Widerstandsmessung und Hall- bzw. Corbino-Effekt. Die Netto-Dotierung kann u. U. auch direkt aus Kapazitäts-Spannungs-Messungen erschlossen werden (CV-Messungen, siehe Kapitel 4). Auch anhand der Durchbruchspannung von Sperrkontakten kann N_D^* bzw. N_A^* abgeschätzt werden.

Die Lebensdauer läßt sich aus speziellen zeitaufgelösten Messungen erschließen. In Abschnitt 2.4.1.4 ist eine Möglichkeit dargestellt.

2.2.3.1 Widerstandsmessung

Die Abhängigkeit von ρ bzw. $\sigma = 1/\rho$ weitgehend unkompensierter Proben von der jeweiligen Dotierung zeigt Bild 2.11. Die Aktivierungsenergie verwendeter Dotierstoffe sollte möglichst gering sein, um auch bei tiefen Temperaturen weitgehend Störstellen-Erschöpfung zu haben; die Tabelle 2.2 gibt hierfür einen Anhalt (siehe auch Bild 2.14).

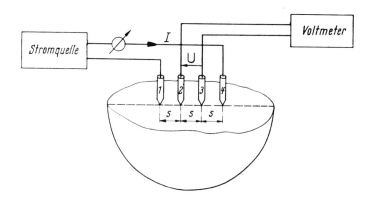

Bild 2.15: Vierspitzen-Meßanordnung (nach H. Salow u. a. 1963)

Der spezifische Widerstand wird zumeist mit der Vier-Spitzen-Probe gemessen, siehe Bild 2.15. Es gilt bei Einspeisung eines Stromes I über die beiden äußeren Spitzen

$$\rho = \frac{U}{I} \cdot 2\pi \cdot s \cdot K,$$

wenn man leistungslos zwischen beiden inneren Spitzen die Spannung U mißt. Die ungenauere spreading-resistance-Meßtechnik verwendet nur eine Meßspitze und bestimmt ρ mittels ρ ≈ 4rR (R Widerstand gegen Kristall-Unterseite, r Radius der Kontakt-Auflagefläche).

Werte für K sind Bild 2.16 zu entnehmen. Bei GaAs müssen u. U. legierte Kontakte verwendet werden, da dort aufgesetzte Metallspitzen keine sperrfreien Kontakte bilden.

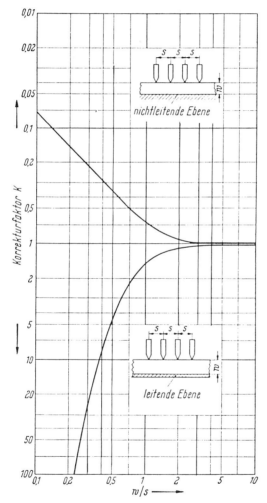

Bild 2.16: Korrekturfaktoren für Schichtwiderstandsmessungen nach der Vierspitzen-Methode (nach H. Salow u. a. 1963)

54 Grundmaterial-Eigenschaften und Analytik

Eine weitere wichtige Meßmethode ist das Verfahren nach van der Pauw, Bild 2.17. Hierbei werden Meßgrößen $R_{AB,DC}$ und $R_{BC,AD}$ der Dimension von Widerständen an einer an sich beliebigen, scheibenförmigen Struktur derart bestimmt, daß man einen bekannten Strom I_{AB} bzw. I_{BC} zwischen A und B bzw. B und C eingeprägt, die Potentialdifferenz U_{DC} bzw. U_{AD} zwischen den Punkten DC bzw. AD mißt und die jeweiligen Quotienten $R_{AB,DC} = \dfrac{U_{DC}}{I_{AB}}$ bzw. $R_{BC,AD} = \dfrac{U_{AD}}{I_{BC}}$ bildet.

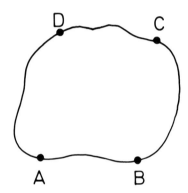

Bild 2.17: Zur Meßmethode nach van der Pauw

Für homogenes Material der Dicke d gilt bei punktförmigen Kontakten an der Peripherie für den spezifischen Widerstand der Probe

$$\rho = \frac{\pi \cdot d}{\ln 2} \frac{R_{AB,DC} + R_{BC,AD}}{2} \cdot f\left(\frac{R_{AB,DC}}{R_{BC,AD}}\right).$$

Die Abhängigkeit des Korrekturfaktors $f\left(\dfrac{R_{AB,DC}}{R_{BC,AD}}\right)$ vom entsprechenden Verhältnis $R_{AB,DC}/R_{BC,AD}$ ist in Bild 2.18 angegeben. Technisch werden für die Messung speziell zugeschnittene Strukturen verwendet, siehe Bild 2.20, wenn auch mittels konformer Abbildung gezeigt werden kann, daß beliebige Geometrien möglich sind.

Diese Methode kann ergänzt werden durch die Auswertung einer Hall-Messung (siehe nächsten Abschnitt), die mit $\mu_H = \dfrac{d}{B_\perp} \cdot \dfrac{\Delta R_{BD,AC}}{\rho}$ für Material nur eines Ladungsträgertyps die Hallbeweglichkeit ergibt. $\Delta R_{BD,AC}$ ist dabei die magnetfeldbedingte Änderung des Quotienten aus eingeprägtem Strom I_{BD}

und gemessener Spannung U$_{AC}$ mit und ohne Magnetfeld (B$_\perp$), d Dicke der Schicht.

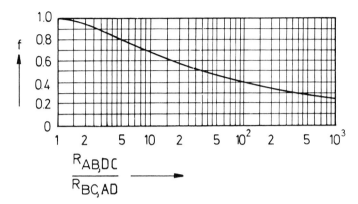

Bild 2.18: Korrekturfaktor zur Meßmethode nach van der Pauw
(nach van der Pauw 1958)

2.2.3.2 Hall-Effekt und Corbino-Scheibe

Der Hall-Effekt (Bild 2.19a) ist eine der magnetoelektrischen Wechselwirkungen, welche bei bekanntem Magnetfeld die Ermittlung elektrisch relevanter Daten gestatten. Ähnlich ist die Corbino-Scheibe (Bild 2.19b) einzusetzen, bei welcher wegen der rotationssymmetrischen Form keine Hall-Spannung auftritt. In letzterem Fall bewirkt ein senkrecht zur Ebene des Stromes I angelegtes Magnetfeld der Induktion B$_\perp$ eine Lorentzkraft F = q(vxB$_\perp$) auf die bewegten Träger, so daß sich überall ein Hall-Winkel θ_H zwischen elektrischem Feld **E** und Stromrichtung einstellt. Für den magnetfeldabhängigen Hall-Winkel gilt dabei tan θ_H = R$_H \cdot \sigma \cdot$ B$_\perp$; die wirksame Feldstärke **E** folgt aus der von innen nach außen angelegten Spannung.

Die Hall-Probe gemäß Bild 2.19a wird so verwendet, daß über zwei gegenüberliegende Kontakte Strom fließt und quer dazu ein Leerlauf- Spannungsabfall gemessen wird. Durch ein senkrecht auf dieser Ebene stehendes Magnetfeld B$_\perp$ wird die Hall-Spannung hervorgerufen (siehe Anordnung in Bild 2.19a), deren Ursachen wie vor in der Lorentzkraft F = q (v x B$_\perp$) und der sie kompensierenden Feldkraft qU$_H$/b liegen. Es gilt

$$U_H = R_H \cdot B_\perp \cdot \frac{I}{d}$$

(d= Dicke der Probe).

56 Grundmaterial-Eigenschaften und Analytik

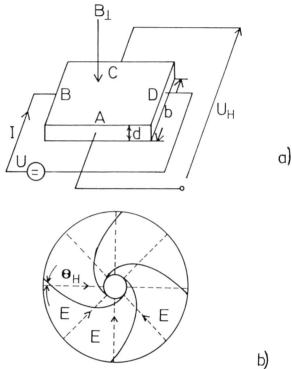

Bild 2.19: Magneto-elektrische Meßverfahren; a) Anordnung zur Messung des Hall-Effekts; b) Corbino-Scheibe mit eingezeichneten Strombahnen (-) und Feldstärke-Verlauf (--) (Magnetfeld senkrecht zur Zeichenebene)

Der Proportionalitätsfaktor R_H ist die Hall-Konstante. Mit dem Korrekturfaktor, der sich als Quotient aus Hall- zu Driftbeweglichkeit ergibt (r = 1...2), folgt für n-Material $R_H = -r/qn$ und für p-Material $R_H = r/qp$. Durch das Vorzeichen wird für $p\mu_p^2 \gg n\mu_n^2$ bzw. $p\mu_p^2 \ll n\mu_n^2$ (diese Bedingungen sind außer für eigenleitendes oder hoch kompensiertes Material meist erfüllt) der Leitungstyp bestimmt. Die Hall-Beweglichkeit folgt mit $\mu_H = |\sigma R_H|$ aus Hall-Konstante R_H und Leitfähigkeit σ. In der Praxis, speziell auch bei Epitaxieschichten, verwendet man eine symmetrische van der Pauw-Struktur, Bild 2.20, die weitgehend einer Hall-Probe entspricht.

Dabei wird die zu messende Schicht in der Tiefe kleeblattförmig bis zu einem pn-Übergang oder semiisolierenden Substrat strukturiert. Die relativ großen äußeren Kontaktflächen erlauben eine mühelose Kontaktierung, während die inneren Kontakte zum eigentlichen Meßbereich durch die als punktförmig zu betrachtenden schmalen Stege gebildet werden. Mit dieser Struktur lassen sich durch sukzessives Abätzen der Meßstruktur und Auswerten der jeweils erhaltenen Werte für Schicht-Leitwert und Schicht-Hall-Konstante auch Tiefenprofile bestimmen (siehe dazu Abschnitt 4.4.1).

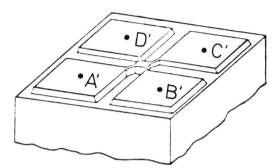

Bild 2.20: Symmetrische Struktur zur Messung von spez. Widerstand und Hall-Effekt. Zur Messung nach van der Pauw sind hier die vier Anschlüsse A, B, C, D mit großen Kontaktflächen A´ B´ C´ D´ verbunden.

Bei der Corbino-Scheibe (Bild 2.19b) ist das elektrische Feld symmetriebedingt rein radial. Aufgrund des Hall-Winkels θ_H ergeben sich damit für $B_\perp \neq 0$ spiralförmige Strombahnen, die zu einer Widerstandserhöhung führen. Für $B_\perp = 0$ folgt mit der Geometrie der Anordnung aus dem gemessenen Widerstand R_0 zwischen innerem und äußerem Kontakt die spezifische Leitfähigkeit. Der Hall-Winkel θ_H folgt aus dem Verhältnis des Widerstandes mit Magnetfeld $R_{B_\perp}$ zu dem ohne Magnetfeld R_0 mit

$$\tan \theta_H = \sqrt{\frac{R_{B_\perp}}{R_0} - 1},$$

womit

$$|R_H| = \frac{1}{\sigma B_\perp} \sqrt{\frac{R_{B_\perp}}{R_0} - 1}$$

gilt. Für Material eines Leitungstyps ergibt sich einfach

$$\mu_H = \frac{1}{B_\perp} \sqrt{\frac{R_{B_\perp}}{R_0} - 1},$$

58 Grundmaterial-Eigenschaften und Analytik

die Information über den Leitungstyp geht hier also verloren.

Eine Abwandlung der Corbino-Struktur ergibt sich, wenn die Radien sehr groß werden. Den Extremfall bilden zwei parallele Elektroden, deren Abstand klein ist gegenüber ihrer Länge; dies ist z. B. bei üblichen Feldeffekttransistoren mit Source und Drain als Elektroden gegeben und erlaubt dort Beweglichkeitsmessungen am fertigen Bauelement, also die Bestimmung der Kanal-Beweglichkeit (Kapitel 12).

2.2.3.3 Durchbruchsmessung

Da ein Zusammenhang zwischen maximal angelegbarer elektrischer Feldstärke und Netto-Dotierung besteht, kann die Bestimmung der Durchbruchfeldstärke zur Ermittlung der Dotierung bzw. Trägerdichte herangezogen werden. Hierzu verwendet man Anordnungen, welche wie eine Diode (Kapitel 10) im Sperrgebiet eine Raumladungszone aufzubauen gestatten. Der bei einer bestimmten Spannung U_{Br} erfolgende Durchbruch kommt meist durch Trägervervielfachung (avalanche, Lawinendurchbruch), zustande. Die innere Feldemission (Zener-Effekt, Tunnel-Durchbruch) tritt nur bei sehr hochdotierten Bereichen auf (bei Si unterhalb Durchbruchsspannungen von etwa 6 V). Bei konstanter Dotierung ist direkt am Übergang die Feldstärke mit $\mathbf{E} = \mathbf{E}_m$ am größten, die mittlere Feldstärke beträgt $\mathbf{E}_m/2$. Beim Multiplikationsprozeß muß die für die Vervielfachung zur Verfügung stehende Länge, hier die Weite W_B der Raumladungszone beim Durchbruch, hinreichend groß sein; zu kurze Abstände würden höhere Feldstärken erfordern. Die Durchbruchspannung selbst ist mit

$$U_{Br} = \frac{1}{2} \mathbf{E}_m W_{Br} = \frac{\varepsilon_0 \varepsilon_r \mathbf{E}_m^2}{2 q N_v}$$

im wesentlichen umgekehrt proportional zur Nettodotierung $N^* = N_v$. Der Zusammenhang ist für verschiedene Materialien in Bild 2.21 dargestellt.

Zur Messung setzt man eine Metallspitze auf den Halbleiter auf, wobei bei nicht zu hoher Dotierung eine diodenartige Raumladungszone auftritt. Dies rührt daher, weil Metall-Spitzenkontakte auf Halbleitern Schottky-Kontakte bilden können (siehe Kapitel 10).

Mißt man somit auf diese Weise U_{Br}, liegt ein einfaches Verfahren zur Abschätzung der Nettodotierung vor. Genauere Aussagen können allerdings nicht getroffen werden, da die Feldverteilung dieser nahezu Punktkontakte nicht angegeben werden kann und zusätzlich Oxidschichten und zerstörte Kristalloberflächen die Verhältnisse verfälschen.

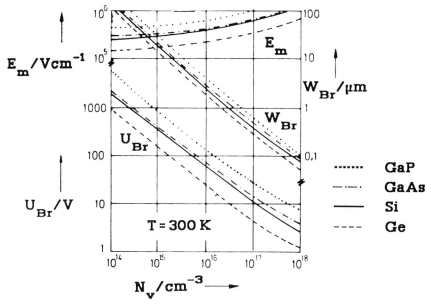

Bild 2.21: Durchbruchspannung U_{Br}, maximales Feld E_m und Weite W_{Br} der Raumladungszone beim Durchbruch für einseitig abrupte pn-Übergänge in verschiedenen Halbleitern und Dotierungskonzentration N_v (N_v ist die Netto-Störstellenkonzentration der schwächer dotierten Seite bzw. des Halbleiters bei Metall-Halbleiter-Übergängen) (nach W. Harth 1972)

2.3 Oberflächen-Eigenschaften

2.3.1 Mechanische Eigenschaften

In Kapitel 7 wird auf ätzrelevante Eigenschaften der Kristall-Oberflächen eingegangen, in dem nachfolgenden Kapitel auf solche, welche den Epitaxie-Vorgang beeinflussen. An dieser Stelle sei nur darauf hingewiesen, daß die Oberflächenpräparation entscheidenden Einfluß auf die späteren Eigenschaften einer als tätsachliche Oberfläche oder als Grenzfläche genutzten Fläche besitzt.

Die insgesamt mechanisch spröden Halbleiter springen bei Bruch bevorzugt längs Kristallebenen, welche mit wenigen Atomen besetzt sind bzw. wo die Bindungen quer zur Spalt-Richtung am geringsten sind. Bei GaAs ist es die (110)-Ebene, die zu glatten Spiegel-Endflächen führt, wenn man das Material in einer solchen Richtung bricht. Man nutzt dies sogar technologisch aus, indem man sehr reine Oberflächen oder Spiegel-Endflächen für Resonatoren von Halbleiter-Lasern dieserart herstellen kann, siehe auch Kapitel 13.

2.3.2 Elektrische Eigenschaften

Die elektrischen Eigenschaften der Halbleiter-Oberfläche sind stark von Grenzflächen-Effekten geprägt. Zu unterscheiden sind die Eigenschaften extrem reiner Oberflächen von denen technischer Oberflächen, die z. B durch Adsorptionsschichten, verbleibende Ätzmittel-Reste und dergleichen, selbst bei weniger als monoatomarer Belegung, ein verändertes Verhalten zeigen. Dabei bedingen ganz allgemein Grenz- und Oberflächen, also Kristallbereiche, welche an ein anderes Medium angrenzen, Veränderungen der von unendlich ausgedehnten Kristallen her gegebenen Eigenschaften. Technische Kontakte gehören hierzu ebenso wie ein pn-Übergang oder reine Grenzflächen. Auch sind zuweilen dort tiefe Störstellen inkorporiert, die mittels optischer Verfahren (Tieftemperatur- Lumineszenz, siehe Abschnitt 2.4.1.4) oder kapazitiver Verfahren (siehe Abschnitt 2.4.1.5) charakterisierbar sind.

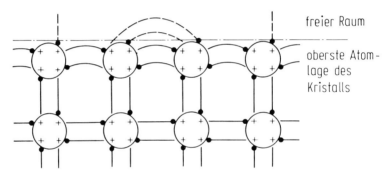

Bild 2.22: Schematische Darstellung der reinen Silizium-Oberfläche. Angedeutet sind die positive Rumpfladung der Gitteratome sowie die Valenzelektronen, deren Paarbindung längs der Oberfläche wegen der fehlenden nächsten Elektronenwolke nach außen gewölbt erscheint. Die direkt nach außen weisenden Valenzen sind teilweise frei und teilweise gebunden zu denken (gestrichelt). Dem entspricht eine gewisse p-Leitfähigkeit der freien undotierten Oberfläche sowie eine negative Ladung vor der positiv geladenen Oberflächenzone des Halbleiters (nach H. Beneking 1973)

Hier seien primär Oberflächen von Silizium-Einkristallmaterial behandelt, und zwar zunächst solche reinen Materials ohne Oberflächenstörungen.

Die Oberfläche unterscheidet sich dadurch vom Volumen-Inneren, daß jenseits der äußersten Atomlage keine Fortsetzung des Gitters gegeben ist (siehe Bild 2.22). Es existieren damit quasifreie Bindungen ("dangling bonds"), die zwar eine gewisse homöopolare Bindung der Oberflächenatome ermöglichen, die aber wegen des Herausragens der zugehörenden Elektronenwolke in den Außenraum leicht aufbrechen. Bei der Atomdichte von etwa 10^{22} cm^{-3} sind

$$v_{OF} = (10^{22} \text{ cm}^{-3})^{2/3} \approx 5 \times 10^{14} \text{cm}^{-2}$$

Atome einseitig frei.

Setzt man die im Inneren des Kristalls gegebene Energiebänder-Darstellung grundsätzlich auch für die Oberflächen als geltend voraus, ist damit zur Oberfläche hin mit einer Verschiebung der Lage von E_L bzw. E_V relativ zu E_F zu rechnen. Bei gleichbleibendem Bandabstand wären zur Oberfläche hin Änderungen vom Inneren her denkbar, wie sie Bild 2.23 getrennt für n- und p-Material zeigen.

Bei einer Bandverschiebung innerhalb des Halbleiters muß in Oberflächennähe eine Raumladung auftreten, sofern sich diese Randschicht nicht viele Debye-Längen in das Volumeninnere hinein erstreckt. Die Debye-Länge L_D ist gemäß Abschnitt 2.2.2 die für Raumladungs-Ausdehnungen charakteristische Länge, wobei ganz allgemein das Auftreten einer Raumladung mit der Abruptheit eines Dichte-Übergangs verknüpft ist. Gilt für eine räumliche Dichte-Änderung $|N'| > N/L_D$, tritt eine Raumladung in Erscheinung, während für $|N'| \ll N/L_D$ ein quasineutraler Verlauf verbleibt. Es gilt für dotiertes Material ($N \gg n_i$)

$$L_D = \sqrt{\frac{\varepsilon U_T}{qN}},$$

und für eigenleitendes Material

$$L_{Di} = \sqrt{\frac{\varepsilon U_T}{2qn_i}}.$$

Die Diffusionslänge ist dagegen die charakteristische Länge für eine (quasi-) neutrale Abweichung einer Trägerdichte vom thermischen Gleichgewicht, wie ebenfalls in Abschnitt 2.2.2 erläutert.

Da insgesamt Neutralität gefordert werden muß, bedeutet eine auftretende Raumladung, daß eine gleichgroße Ladungsmenge entgegengesetzten Vorzeichens in direkter Nachbarschaft vorhanden sein muß, hier nahe der obersten Atomlage.

Solche Ladungen sind in der Energiebänder-Darstellung an der Oberfläche an innerhalb des verbotenen Bandes besetzbaren Zuständen lokalisiert und folgen theoretisch wegen des abrupt endenden periodischen Potentials des Gitters. Die Lage des Fermi-Niveaus E_{FO} an der Oberfläche (von im Höchst-

62 Grundmaterial-Eigenschaften und Analytik

vakuum gebrochenen Spaltflächen) in Abhängigkeit von der Grunddotierung zeigt Bild 2.24. Dort ist gleichzeitig die zugehörende Oberflächenladungsdichte Q_{SS} gegeben, welche zur Kompensation der mit der Bandverbiegung (band bending) auftretenden inneren Raumladung erforderlich ist.

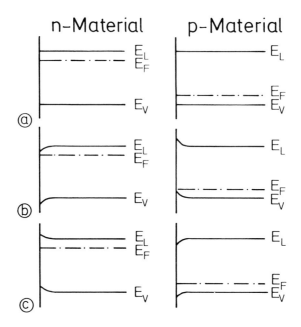

Bild 2.23: Mögliche Bandkonfiguration an der Oberfläche;a) Flachband-Bedingung (flatband condition);b) Anreicherungsrandschicht (accumulation zone, enhancement);c) Verarmungsrandschicht (depletion region), (nach H. Beneking 1973)

Das wesentliche Ergebnis ist, daß bei einer reinen Oberfläche nur eine geringfügige Schwankung von etwa ± 0,1 eV der Lage des Fermi-Niveaus relativ zu den Bandkanten gegeben ist, selbst wenn man von entartetem p-Material zu entartetem n-Material geht.

Die Fixierung von E_F bei etwa 0,3 eV oberhalb E_V entspricht der Lage des Fermi-Niveaus im Inneren, falls der Si-Kristall sehr schwach p-dotiert ist (ρ = 200 Ω cm). Mit Bild 2.24 ist die Darstellung in Bild 2.25 verständlich, wonach bei n- Materials stets eine p-Anreicherung der Oberfläche resultiert, welche selbst bei eigenleitendem Material noch vorhanden ist, während für höhere p-Dotierungen als der Flachbandbedingung eine Verschiebung zu entsprechend geringerer p-Leitfähigkeit der Oberflächenzone hin die Folge ist.

Oberflächen-Eigenschaften 63

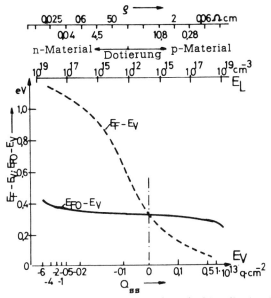

Bild 2.24: Lage des Fermi-Niveaus an der {111}-Oberfläche (E_{FO}) und im Volumen (E_F) bei Silizium (nach F. G. Allen u. a. 1962)

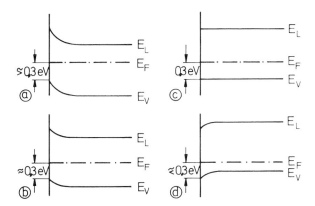

Bild 2.25: Bandverbiegung an der Oberfläche nach Bild 2.24; a) n-Material; b) eigenleitendes Material; c) 200 Ω cm p-Material; d) p-Material ($\rho < 200$ Ω cm) (nach H. Beneking 1973)

64 Grundmaterial-Eigenschaften und Analytik

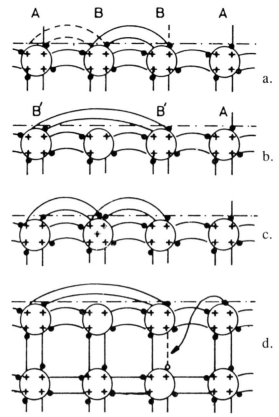

Bild 2.26: Korpuskulare Darstellung zur Erklärung der Eigenschaft reiner Oberflächen, a. eigenleitendes Material, b. p-Material schwach dotiert, c. n-Material, d. p-Material stark dotiert (nach H. Beneking 1973)

Zur Erklärung sei Bild 2.26 herangezogen. Die Oberflächenatome sind nur halbseitig von Material mit $\varepsilon_r \gg 1$ umgeben, womit die im Volumeninneren großen, viele Atome umfassenden, Bohr'schen Bahnradien zur Oberfläche hin stark verkleinert sind und entsprechend die Ionisierungsenergie von Donatoren und Akzeptoren stark erhöht ist. Die Atome der Gruppe A wirken somit wie eingefrorene Donatoren. Wegen des dort fehlenden Partners für eine Elektronenpaar-Bindung, welche bei den Atomen der Gruppe B vorhanden ist, läßt sich die schwache p-Leitfähigkeit der Oberfläche (Bild 2.25) damit erklären, daß solche Bindungen von Atomen der Gruppe B auf solche der Gruppe A übergehen, so ein Atom der Gruppen austauschend (in Bild 2.26a gestrichelt angedeutet).

Liegt p-Material vor (Bild 2.26b), so sind die Akzeptoren in der Oberfläche weitgehend unwirksam, weil sie mit drei Bindungen abgesättigt sind. Die dem eigenleitenden Material innewohnende p-Leitfähigkeit der Oberfläche hingegen ist erschwert, da die Abstände der durch Elektronenpaar-Bindung zu koppelnden Atome vergrößert ist (Gruppe B). Dieser Zustand entspricht etwa dem Fall von Bild 2.25c. Zusammen mit der zum Volumen hin ansteigenden p-Leitfähigkeit wird der bei stärkerer p-Dotierung gegebene Volumenwert somit in der Oberfläche stark verringert in Erscheinung treten, wie es Bild 2.24 und Bild 2.25d bzw. Bild 2.26d zu entnehmen ist.

Ist das Material n-dotiert, folgt mit Bild 2.26c, daß wegen der durch die Donatoren höheren Zahl von Valenzelektronen in der Oberfläche dort eine weitergehende Absättigung der Bindungen als im eigenleitenden Fall möglich wird. In der Oberfläche wird damit die nach wie vor allein mögliche p-Leitung gegenüber dem eigenleitenden Fall verringert. Das Volumen zeigt selbstverständlich die der Dotierung entsprechende n-Leitung, jedoch wird diese zur Oberfläche hin zu dieser (schwachen) p-Leitung invertiert; es liegt der Fall nach Bild 2.25a vor.

Bild 2.24 zeigt auf der unteren Skala die für die jeweilige Lage des Fermi-Niveaus an der Oberfläche erforderliche Oberflächenladung. Die Darstellung in Bild 2.25a - d scheint eine solche nicht zu enthalten, wiewohl diese Ladung bis auf den Flachband-Fall (Bild 2.25c) zur Kompensation der sich im Halbleiter an der Oberfläche auszubildenden Raumladung erforderlich ist. Da die Ladungswolken der Elektronen aus der Oberfläche herausgedrängt werden (fehlende Kompensation der Abstoßkräfte der Elektronen untereinander), tritt bereits im eigenleitenden Fall eine gewisse negative Oberflächenladung auf, wie in Bild 2.26 anhand der strichpunktiert eingetragenen "Oberfläche" einzusehen ist, über welche die Elektronen hinausschwingen. Im Fall des n-Materials ist dieser Effekt verstärkt (Bild 2.26c), im Fall des p-Materials hingegen immer weniger ausgeprägt. Jenseits des Flachbandfalles tritt sogar eine Vorzeichenumkehr auf, was mit Bild 2.26d so verstanden werden kann, daß nunmehr an sich den Oberflächenatomen zugehörende Elektronen zur Bindungsabsättigung tieferer Schichten herangezogen werden.

In der Sprache der Energieniveaus bedeutet diese Erklärung zusammengefaßt, daß bei Flachband-Einstellung in der Oberfläche - innerhalb des verbotenen Bandes - besetzte Terme vorhanden sind (Gruppe A in Bild 2.26), welche wie nicht ionisierte Donatoratome wirken. Sinkt bei hoher p-Dotierung das Fermi-Niveau etwas ab, werden gemäß Bild 2.26c solche Terme von Elektronen geleert, womit positive Ladungen übrig bleiben. Oberhalb der Flachbandlage von E_F sind die Terme in der Oberfläche im verbotenen Band gelegen, welche bei höherer n-Dotierung mehr und mehr besetzt werden. Es handelt sich um die den Atomen der Gruppe B zugehörenden Zustände. Bild 2.27 zeigt das entsprechende Schema, wo noch die Dotierungsatome und die beweglichen Träger im Halbleiter angedeutet sind.

Bei III-V-Verbindungen sind die Verhältnisse zwar ähnlich, aber wegen des ionogenen Bindungsanteils nicht gleich. Bei GaAs tritt an der Oberfläche eine räumliche Verschiebung der Ga- und As-Atome auf, welche bei reinstem

66 Grundmaterial-Eigenschaften und Analytik

Material zu praktisch keinen Oberflächenzuständen innerhalb der Bandlücke führt (siehe Bild 2.28); unbesetzte liegen oberhalb E_L, besetzte nur unterhalb E_V vor.

Technische Oberflächen verhalten sich nicht unbedingt den reinen Oberflächen gleich. Adsorbierte Fremdschichten bewirken Veränderungen, die sich in Bandverbiegungen auswirken. Sauerstoff-Adsorption bedingt in trockener Atmosphäre bereits eine geringfügige Verschiebung, und zwar entsprechend einer Belegung mit positiven Oberflächenzuständen, also einer negativen

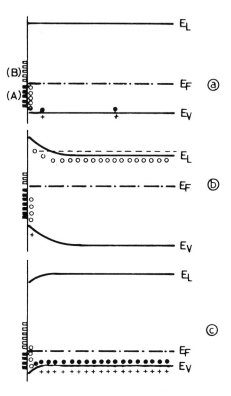

Bild 2.27: Energieniveaus an der Oberfläche (nach H. Beneking 1973)
◻ leerer Oberflächenterm, ■ mit Elektronen besetzter Term;
● negative, ○ positive feste Ladung; -Elektronen, + Löcher);
a) besetzte Donatoren unterhalb E_F (5), freie Zustande oberhalb E_F (5), Flachbandfall bei schwacher p-Dotierung, neutrale Oberfläche; b) bei n-Material negative Umladung der Oberflächenzustände, Auffüllen mit Elektronen (+3); c) bei p-Material Entleeren der Donatoren; Verbleiben einer positiven Oberflächenladung (+1) also einer negativeren Raumladung in der Oberflächenschicht des Halbleiters.

Raumladung in der Oberflächenschicht des Halbleiters. Auch bei III-V-Verbindungen tritt an Luft die spontane Bildung einer dünnen "Oxid"-Schicht auf.

Feuchter Sauerstoff führt bei Silizium zu einer starken und schnellen Bildung von SiO_2, womit eine erhebliche Verschiebung in dieser Richtung einsetzt. Bei technischen Si-Oberflächen, welche allgemein mit Siliziumdioxid (thermisch) bedeckt sind, entsteht damit im Gegensatz zur reinen Oberfläche eine Bandabsenkung, eine n-leitende Grenzschicht ("channel"). Die Ursache sind nicht voll abgesättigte Atome innerhalb der Deckschicht, teilweise auch darin eingebaute Fremdionen. Für Feldeffekt-Bauelemente hat diese n-Anreicherung hohe praktische Bedeutung. Auf die bewußte Oxidation der Silizium-Oberfläche wird im 5. Kapitel Abscheideverfahren näher eingegangen.

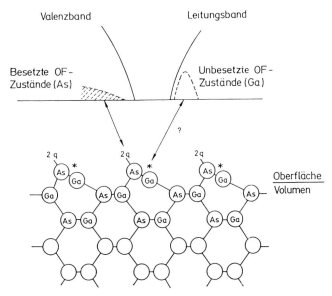

Bild 2.28: GaAs Oberfläche {110} mit Angabe der Verteilung der Oberflächen-Zustände (oben; nach W. E. Spicer u. a. 1979). Die nicht abgesättigten Elektronen-Bindungen sind den As-Rümpfen zugeordnet, die fehlenden (*) den Ga-Rümpfen.

Bei III-V-Verbindungen ist meist eine weitgehende Fixierung der Lage des Fermi-Niveaus an der technischen Kristall-Oberfläche gegeben (pinning). Dabei stellt sich unabhängig von der Dotierung eine Situation ähnlich Bild 2.24 ein, d. h. daß E_{FO} bei etwa 1/3 des Bandabstandes, mehr in Nähe des Valenzbandes, liegt. Die üblicherweise hohe Grenzflächendichte N_{SS} erlaubt dann im Gegensatz zur Si-Oberfläche keine von außen steuerbare Verschiebung, weswegen nur in Ausnahmefällen Inversions-Feldeffekt-Transistoren aus III-V-Materialien hergestellt werden können (siehe Teil II, Kapitel 12).

68 Grundmaterial-Eigenschaften und Analytik

Elektrisches Charakteristikum ist die Oberflächen-Rekombinationsgeschwindigkeit s, welche insoweit für MIS-Bauelemente so niedrig wie möglich sein sollte. Da die Träger-Lebensdauer in Oberflächennähe im allgemeinen gegenüber dem Volumen abgesenkt ist, tritt dort eine Senke für (Überschuß-)Ladungsträger auf, was einen Diffusionsstrom der Dichte S von Elektronen und Löchern zur Oberfläche hin bewirkt. Mit dem Dichte-Unterschied $n_V - n_S = \Delta n$ (n_V Dichte im Volumen, n_S Dichte an der Oberfläche) gilt vereinfacht $S = \Delta n \cdot s$. Bestwerte von $s \approx 10$ cm/s werden bei Si erreicht, während III-V-Materialien wesentlich höhere Werte zeigen. Für InP gilt $s \approx 10^3$ cm/s, für GaInAs, gitterangepaßt auf InP, $s \approx 10^4$ cm/s. Den höchsten Wert besitzt GaAs mit $s \approx 10^6$ cm/s. Eine Bestimmung von s ist z. B. mittels des photoelektromagnetischen Effekts (PEM) möglich, dazu sei auf Lehrbücher der Halbleiterphysik verwiesen. Die Größe von s ist verständlicherweise stark von der Oberflächen-Präparation abhängig, z. B. zeigen Ionenstrahl-geätzte Oberflächen wesentlich höhere Werte als oben angegeben.

2.4 Analytik

In diesem Abschnitt werden einige typische Material-Meßtechniken vorgestellt, welche sowohl für das Grundmaterial als auch für dotierte Strukturen von Bedeutung sind. Sie werden ebenfalls zur Charakterisierung von Epitaxieschichten herangezogen.

2.4.1 Charakterisierung des Grundmaterials

Die Kristallperfektion wird durch Anätzen der Oberfläche überprüft, wobei die die Oberfläche durchstoßenden Störungen (Versetzungen) zu schnellem Ätzangriff und damit Ätzgrubenbildung führen. Ist die Orientierung <100>, ergeben sich hierbei Ätzpyramiden längs der <111>-Richtungen. Unter dem Mikroskop zählt man dann die Dichte solcher Gruben (etchpits) aus. Eine gängige Strukturätze im Fall von Silizium ist hierfür die sog. Sirtl-Ätze mit der Zusammensetzung CrO_3-HF-H_2O. Mit einer Standardlösung 50 g CrO_3 und 100 ml H_2O kann unter Zugabe von 40% HF durch verschiedene Verhältnisse (3:1 groß bzw. 4:6 klein) die Größe der Ätzgruben eingestellt werden. Es gibt auch Ätzen, welche einen stark unterschiedlichen Ätzangriff bei verschiedenen Kristallorientierungen zeigen. So wirkt z. B. KOH in <100>-Richtung, Politur-Ätzen dagegen wirken isotrop. Auf solche Ätzen wird im zweiten Teil des Buches eingegangen; siehe auch Kapitel 7.

Bei GaAs nimmt man z. B. NaOH+H_2O_2 als Ätzmittel zur Erzeugung der Ätzgruben.

2.4.1.1 Kristall-Orientierung

Die Kristallorientierung bestimmt man mit Röntgenstrahlen, wobei man auch Auskunft darüber erhalten kann, inwieweit das Material überhaupt einkristallin ist. Es gibt aber auch ein einfaches optisches Verfahren der Orientierungs-Ermittlung, die Licht-Goniometrie. Dazu wird eine Strukturätze benutzt, um in der Oberfläche des zu untersuchenden Kristalls Ätzgruben zu erzeugen. Bei Silizium verwendet man dazu 10%ige Kaliumlauge, die bei etwa 80°C für 10 Minuten auf den Kristall einwirkt. Es bilden sich dann bei einkristallinem Material gleichorientierte Ätzgruben, die in Reflexion ein typisches Bild erzeugen. Bild 2.29 zeigt die Meßanordnung, Bild 2.30 den drei Hauptrichtungen zugeordnete Bilder, wie sie auf dem Schirm in Erscheinung treten.

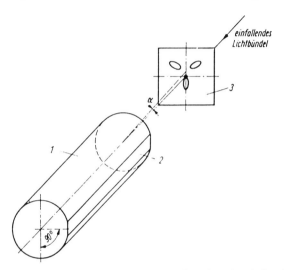

Bild 2.29: Lichtoptische Orientierung: Der Einkristallstab ist für eine Fehlorientierung von <100> in Richtung <110> um den Winkel α in der zum {110} Hauptanschliff (flat) parallelen Ebene ausgerichtet. 1. Kristallstab, 2. Hauptanschliff, 3. Schirm (nach K. Schade 1983)

Das Laue-Verfahren arbeitet in ähnlicher Anordnung, nur wird ein scharf gebündelter Röntgenstrahl als Primär-Lichtquelle benutzt. Die Netzebenen des Kristalls stellen dann, ohne daß man die Oberfläche strukturieren müßte, die Reflexionsebenen dar. Das in Bild 2.31 als Beispiel für das auf dem Schirm sichtbare bzw. in einer Photoplatte erzeugte Punktmuster eines <111>-orientierten Silizium-Einkristalls kommt dabei so zustande, daß aus dem polychromatischen Röntgenspektrum gemäß der Bragg-Beziehung die passenden Wellenlängen ausgesondert und reflektiert werden. In Bild 2.31 sind die drei-

70 Grundmaterial-Eigenschaften und Analytik

zählige Symmetrie des <111>-Siliziums sichtbar sowie die drei parallel zur Symmetrieachse liegenden <110>-Spiegelebenen. Eine Kristall-Orientierung ist damit auf ±0,5° möglich. Exakter arbeitet noch die Ausrichtung mittels "channeling", wo auf den Kristall Elektronen geschossen werden, deren Rückstreuungsverteilung ausgewertet wird; ferner arbeitet die Röntgenstrahl-Goniometrie auf etwa 1/100 Grad genau.

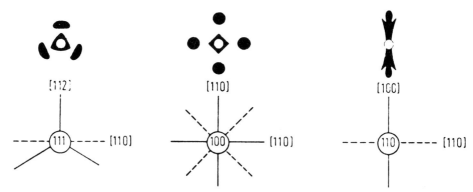

Bild 2.30: Lichtreflexionsbilder von verschieden orientierten Kristalloberflächen (nach I. Ruge 1975)

Bild 2.31: Laue-Aufnahme von <111>-Silizium

2.4.1.2 Röntgen-Diffraktometrie

Auch die Gitterkonstante läßt sich mittels Röntgenstrahlen feststellen. Dies ist insbesondere bei heteroepitaxialen Schichtfolgen wichtig, wo mechanische Spannungen durch unterschiedliche Gitterparameter tunlichst zu vermeiden sind, siehe Kapitel 3 Epitaxieverfahren. Hierzu wird insbesondere die hochauflösende Röntgen-Doppelkristall-Diffraktometrie eingesetzt, welche eine Auflösung von bis zu 10^{-5} besitzt; d. h., daß die Gitterkonstante relativ auf 1/100 000 genau bestimmt werden kann.

Gemäß Bild 2.32 wird ein Röntgenbündel an einem ersten (z. B. Germanium-) Einkristall R monochromatisch reflektiert. Der Probenkristall S wird geschwenkt, und es wird die winkelabhängige Intensität von einem empfindlichen Detektor D registriert; eine Halbwertsbreite kleiner 10 Winkelsekunden wird erreicht. Bild 2.33 zeigt ein Meßdiagramm, wo neben dem Substrat-Signal sechs Satelliten auftreten, die durch 6 übereinander abgeschiedene $Ga_{1-x}Al_xAs$-Schichten bedingt sind. Deren Gitterkonstante d ist nicht völlig identisch mit der des GaAs-Substrates, womit bei Kenntnis der d-Abhängigkeit von x auch eine Auswertung bezüglich der Zusammensetzung möglich wird.

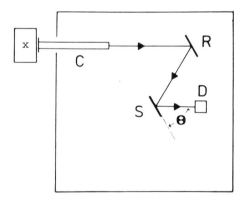

Bild 2.32: Prinzip der Röntgen-Doppelkristall-Diffraktometrie
(x Röntgenquelle, C Kollimator, R Monochromator, S Probe, Θ Braggwinkel, D Detektor)

72 Grundmaterial-Eigenschaften und Analytik

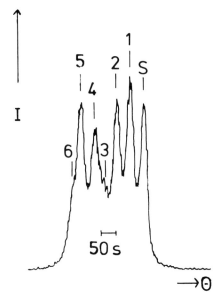

Bild 2.33: Spektrum einer GaAlAs/GaAs Sechsschichtstruktur

2.4.1.3 Röntgen-Topographie

Die Röntgen-Topographie ist eine zerstörungsfreie Methode zur Untersuchung von einkristallinen Proben auf Gitterfehler, insbesondere Versetzungen. Versetzungen entstehen beispielweise in Schichtstrukturen infolge mechanischer Spannungen bei Gitterfehlanpassung zwischen Schichten bzw. Schicht und Substrat. Auch z. B. vom Rand einer Scheibe her einwandernde Versetzungs-Netzwerke bei Temper-Prozessen können damit sichtbar gemacht werden.

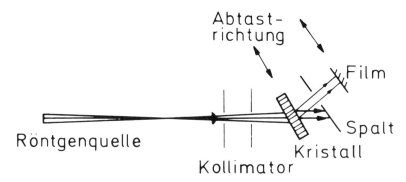

Bild 2.34: Meßanordnung der Transmissionstopographie

Das Prinzip der Messung sei anhand von Bild 2.34 erläutert. Ein geeignet ausgeblendetes Röntgenbündel trifft auf die zu untersuchende einkristalline, scheibenförmige Probe (z. B. Halbleiterwafer). Das Röntgenbündel durchdringt die Probe. Die Probe ist so justiert, daß dabei Braggsche Reflexion einer möglichst intensiven Linie des Spektrums des Röntgenbündels an einer Netzebenenschar, i. a. senkrecht zur Oberfläche, stattfindet. Der durch die Reflexion abgelenkte Teil des Röntgenbündels wird auf einem Film registriert. Der restliche Teil läuft entsprechend geschwächt in der ursprünglichen Richtung weiter und wird durch einen Spalt am Auftreffen auf dem Film gehindert. Zur Herstellung eines Topogramms wird die Probe zusammen mit dem Film, der mechanisch fest mit der Probe verbunden ist, in der Streuebene (Zeichenebene der Abbildung) in Richtung der Probenoberfläche vollständig durch das Röntgenbündel hindurchgeschoben. Senkrecht zur Streuebene ist das Röntgenbündel stark divergent, so daß die Verschiebung in der Streuebene genügt, um die ganze Probe auf dem Film abzubilden. Gitterfehler, wie z. B. Spannungen und Versetzungen, bewirken, daß das in Richtung Film laufende Röntgenbündel eine andere Intensität hat als das am ungestörten Gitter reflektierte. Damit wird die Defektstruktur auf den Film projiziert. Die laterale Auflösung des Verfahrens beträgt einige µm. Ein Beispiel ist in Teil II, Abschnitt 14.1.1 gezeigt.

2.4.1.4 Angeregte Lumineszenz

Eine Anregung des Halbleiters durch Lichtquanten als Photolumineszenz (PL) oder durch Elektronenstoß als Kathodolumineszenz (CL) ist ein wichtiges Analysemittel. Die nach einer solchen Anregung auftretenden Spektren, bedingt durch die ablaufenden strahlenden Rekombinationsprozesse, zeigen energetische Lage und Dichte von Störstellen an und erlauben aus ihrem zeitlichen Abklingen Schlüsse auf die Lebensdauer der Ladungsträger im Material. Da Intensität und Linienschärfe bei tiefen Temperaturen zunehmen, werden die Proben vorzugsweise bei einigen K in Helium-Thermostaten untersucht. Die optische Anregung erfolgt mittels eines intensiven Lasers, die Aufzeichnung der Spektren über einen Spektrographen. Neuartige Detektorsysteme (Optische Vielkanal-Analysatoren - OMA) erlauben die direkte Erfassung ganzer Spektren. Zur Auswertung der Zeitverläufe, die die Lebensdauer zu ermitteln gestatten, sind komplizierte Verfahren erforderlich. Im Prinzip wird der exponentielle Intensitätsabfall der Rekombinationsstrahlung ausgewertet, wobei das übliche Rasterscan-Verfahren Aufschluß über die räumliche Verteilung gibt. Bild 2.35 zeigt das Schema einer entsprechenden Lumineszenz-Meßanlage. Die Probe befindet sich zumeist in einem Kryostaten und wird auf etwa 4 K gekühlt, um die einzelnen Anregungs-Maxima besser hervortreten zu lassen.

74 Grundmaterial-Eigenschaften und Analytik

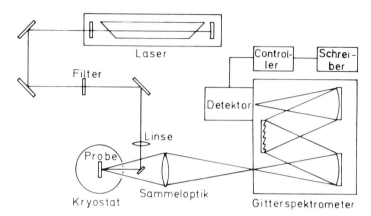

Bild 2.35: Meßaufbau für Photolumineszenz; Probe bei Kathodolumineszenz z. B. mit Kühl-Finger in modifiziertes Raster-Elektronen-mikroskop eingebaut.

Bild 2.36 zeigt als Beispiel das Photolumineszenzspektrum einer hochreinen LPE-GaAs-Probe. Die mit p bezeichneten Maxima rühren von Donator-Akzeptor Übergängen her (Paarbanden), die mit FB bezeichneten entsprechen Übergangen Leitungsband-Akzeptor; letztere können als Ge, Si und C identifiziert werden. Die Paarbanden treten bei höherer Temperatur nicht mehr in Erscheinung, wie allgemein dies Meßverfahren bei Untersuchungen im Bereich einiger Kelvin besonders aussagekräftig ist (Flüssigphasen-Epitaxie LPE siehe Kapitel 3).

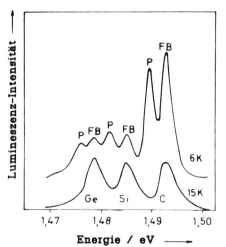

Bild 2.36: Photolumineszenzspektrum einer hochreinen GaAs-Probe bei verschiedenen Temperaturen.

Ein ebenfalls optisches Analyse-Verfahren ist die Raman-Spektroskopie, welche die inelastische Licht-Streuung als Sonde benutzt. Der Wellenlängen-Shift und die Winkelabhängigkeit der durch Kristallschwingungen bewirkten Wechselwirkung mit dem einfallenden Licht erlaubt wesentliche Rückschlüsse auf physikalische Material-Eigenschaften. Die bei Laser-Einstrahlung erzielbare hohe Empfindlichkeit ermöglicht entsprechende Messungen nicht nur im Volumen (Substrat, Epi-Schicht), sondern auch in der Gasatmosphäre, z. B. in einem MOVPE- Reaktor zur punktuellen Temperaturbestimmung. Bezüglich der Anwendung der Raman-Streuung muß auf die Literatur verwiesen werden.

2.4.1.5 Kapazitäts-Spektroskopie

Beim DLTS-Verfahren (deep level transient spectroscopy) werden Kapazitätsänderungen von Grenzflächen-Sperrschichten zur Bestimmung charakteristischer Störstellen-Daten herangezogen. Es ist ein insoweit tiefenauflösendes Verfahren, als innerhalb der Breite der Raumladungszone nach Dichte, Energieniveau und Einfangquerschnitt der Fangstelle unterschieden werden kann.

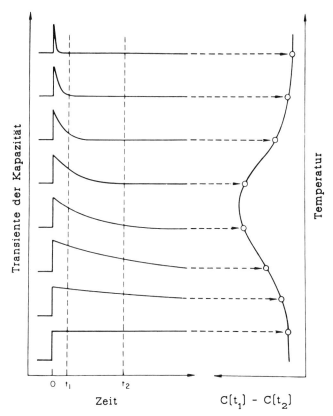

Bild 2.37: Funktionsprinzip der DLTS-Messungen

76   Grundmaterial-Eigenschaften und Analytik

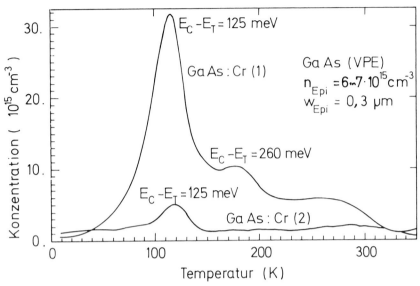

Bild 2.38: DLTS-Spektren von gleichzeitig, jedoch auf unterschiedlichem Substratmaterial GaAs:Cr (1) und GaAs:Cr (2) aufgewachsenen Epitaxieschichten

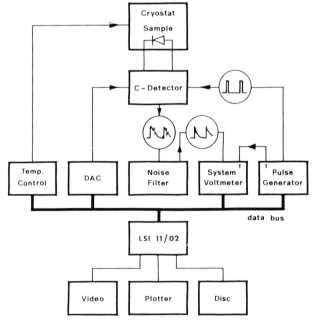

Bild 2.39: Blockschaltbild einer DLTS-Anlage (nach K.-A. Brauchle 1986)

Die Begrenzung liegt im überstreichbaren Energiebereich innerhalb der verbotenen Zone, da das Fermi-Niveau jeweils das energetische Störstellenniveau kreuzen muß, um eine Detektion zu ermöglichen. Bei dieser Methode wird eine Schottky-Diode oder ein pn-Übergang periodisch in Vorwärtsrichtung geschaltet, wobei Ladungsträger in die Raumladungszone injiziert und dort von Störstellen eingefangen werden. Die nachfolgende thermische Emission dieser Ladungsträger bei angelegter Sperrspannung bewirkt eine Veränderung der Ausdehnung der Raumladungszone. Dadurch wird eine Kapazitätsänderung der Diode meßbar. Das zeitliche Verhalten dieser

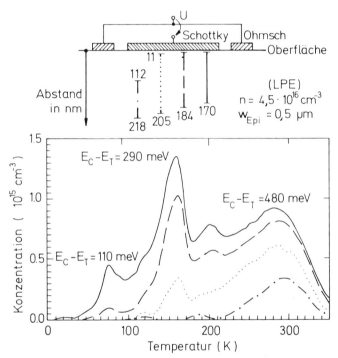

Bild 2.40: Mittels DDLTS ermittelte Lage von tiefen Störstellen bei $Ga_{0,47}In_{0,53}As$

Kapazitätsänderung ist charakteristisch für jede Störstelle. Aus der Zeitkonstanten τ_e und der Temperatur T wird die Energiedifferenz ΔE zwischen der energetischen Lage der Störstelle und der korrespondierenden Bandkante bestimmbar. Bei der DLTS-Messung wird die Kapazitätsänderung der Probe $\Delta C = C(t_1) - C(t_2)$ zu festgelegten Zeitpunkten t_1 und t_2 nach dem Störstellen-Füllpuls ermittelt. Die Emissionszeitkonstante (Zeitkonstante der Kapazitätsänderung) einer Störstelle ändert sich als Funktion der Temperatur über mehrere Größenordnungen (Bild 2.37). Bei einer für jede Störstelle charakteri-

78 Grundmaterial-Eigenschaften und Analytik

stischen Temperatur zeigt das Meßsignal bei vorgegebenen Meßzeit-Intervallen ein Maximum , siehe z. B. Bild 2.38. Mögliche andere Störstellen haben ihr Signal-Maximum bei einer anderen Temperatur. Auf diese Weise erhält man ein Temperaturspektrum für Störstellen und kann damit die Störstellen charakterisieren. Innerhalb des maximal von der Raumladungszone überstrichenen Bereichs gelingt sogar eine Tiefen-Zuordnung der Störstellen.

Hierzu werden die Signale für unterschiedliche Sperrspannung miteinander verglichen und die Differenz ausgewertet (DDLTS). Ein Beispiel zeigt Bild 2.40.

Den Aufbau einer modernen, rechnergesteuerten Anlage zeigt Bild 2.39, mit welcher die in den Bildern 2.38 und 2.40 gezeigten Ergebnisse gewonnen wurden.

2.4.2 Charakterisierung von Profilen

Neben der Analyse des homogenen Materials ist die Kenntnis lateraler und tiefenabhängiger Materialeigenschaften von hoher Bedeutung. So muß der Verlauf von Dotierungsprofilen bekannt sein oder die Nicht-Gleichmäßigkeit einer Implantation in lateraler Richtung. Bauelemente-bezogen existieren hierzu wesentliche elektrische Meßverfahren unter Einbeziehung des Raster-Elektronenmikroskops, es gibt aber auch spezielle physikalische Meßverfahren für diese Zwecke. Nachstehend sind solche dargestellt. Nicht hier behandelt sind Verfahren, welche Bauelemente-spezifische Daten zu ermitteln gestatten; solche sind im zweiten Teil des Buches zu finden.

2.4.2.1 Sekundärionen-Massenspektrometrie

Die Sekundärionen-Massenspektrometrie (SIMS) ist ein im nm-Bereich tiefenauflösendes Meßverfahren. Das Prinzip der im Höchstvakuum arbeitenden Apparatur zeigt Bild 2.41.

In einer SIMS-Anlage wird die Probenoberfläche durch Ionenbeschuß (Ar^+, O_2^+, Cs^-; Energie 1-12keV) zerstäubt. Ein Teil der zerstäubten Teilchen ist ionisiert (Sekundärionen). Diese werden im Massenspektrometer nach dem Verhältnis Masse/Ladung analysiert. Das Massenspektrum entspricht der chemischen Zusammensetzung der zerstäubten Schicht. Es können Verunreinigungskonzentrationen bis unter ppb (10^{-9}) bestimmt werden. Die zerstäubten Teilchen kommen aus einer Schicht von nur 1 - 3 Atomlagen, die sich kontinuierlich in die Probe hineinschiebt. Die momentane Intensität einer Massenlinie eines Dotierstoffes entspricht dem Dotierstoffgehalt der momentanen Oberflächenschichten. Zur exakten Bestimmung des Dotierstoff-Anteils ist allerdings ein Matrix-Effekt zu berücksichtigen, da die Ionisierungs-Ausbeute variiert. Damit können Konzentrationstiefenprofile von Dotierstoffen mit einer Tiefenauflösung bis zu einigen nm bestimmt werden. Das gleiche gilt für

Komponenten des Halbleiters selbst, also z. B. die Ermittlung der Abruptheit eines Überganges GaAs-AlAs mittels der Verfolgung des Al-Gehaltes.

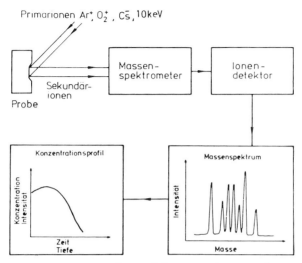

Bild 2.41: Prinzip der Sekundärionen-Massenspektrometrie

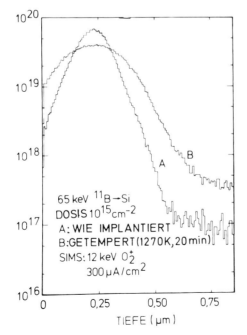

Bild 2.42: Dotierungsprofil von Bor in Silizium vor und nach dem Tempern

80   Grundmaterial-Eigenschaften und Analytik

Ein Beispiel ist in Bild 2.42 gezeigt. Die Abbildung zeigt das Profil von Bor, welches in Si implantiert ist, und zwar nach der Implantation und zum Vergleich nach dem Tempern. Die Verflachung des Profils durch Diffusion ist deutlich erkennbar. Die Auflösung ist auf > 1nm in der Hauptsache begrenzt durch eine mögliche zerstäubungsinduzierte Unebenheit der Probe im Krater sowie durch einen räumlichen Versatz der Gitteratome der Probe durch Kollision mit den auftreffenden Ionen, die sie in das Material-Innere treibt.

Eine Abwandlung des Verfahrens besteht in der Auswertung abgesputterter Neutralteilchen (SNMS, sputtered neutral mass spectroscopy), wo die erforderliche Nach-Ionisation bei ähnlicher Tiefenauflösung zu verbessertem Rauschabstand der Meßsignale führt.

2.4.2.2 Auger-Elektronen-Spektroskopie

Das Verfahren der Auger-Elektronen-Spektroskopie AES ist ein zerstörungsfreies Verfahren zur chemischen Analyse von Oberflächen. In Verbindung mit der Festkörperzerstäubung durch Ionenbeschuß (entsprechend SIMS) wird AES zur Bestimmung von Konzentrations-Tiefenprofilen verwendet.

Der AES liegt der Auger-Effekt zugrunde. Ist zum Beispiel die W-Schale eines Atoms ionisiert - in der AES durch Beschuß mit Elektronen - kann ein Elektron aus einer höheren Schale (X-Schale) den freien Platz einnehmen. Die dabei freiwerdende Energie kann ein weiteres Elektron (Y-Schale) befähigen, das Atom zu verlassen. Seine kinetische Energie beträgt näherungsweise $E = E_W - E_X - E_Y$. Das Energiespektrum der von einer Festkörperoberfläche emittierten Auger-Elektronen ist repräsentativ für die chemische Zusammensetzung.

Die Dicke der analysierten Schicht hängt von der Energie der emittierten Auger-Elektronen ab und beträgt 0,4 - 2,5 nm. Im Festkörper sind ab Li (Z=3) alle Elemente analysierbar. Die Nachweisgrenze liegt typisch im $^0/_{00}$-Bereich.

Die stoßenden Primärelektronen werden in einer im Energieanalysator integrierten Elektronenkanone erzeugt und beschleunigt. Zur Energieanalyse der Auger-Elektronen wird ein Zylinderanalysator verwendet. Die energetische Auflösung beträgt 0,3 - 1,2 %. Der Spannung am Zylinderkondensator kann eine kleine Wechselspannung überlagert werden, womit über einen Lock-in-Verstärker das differenzierte Energiespektrum der Auger-Elektronen erhalten werden kann. Es ist besonders aussagekräftig.

2.5 Röntgen-Mikroanalyse

Während die vorgenannten Verfahren tiefenauflösend sind, ist die Röntgen-Mikroanalyse ein lateral hochauflösendes Meßverfahren (Auflösung ≈ μm) für die Materialanalyse.

Bei der energiedispersiven Röntgen-Analyse (EDX, energy dispersive X-ray analysis) wird wie folgt vorgegangen. Ein feiner Elektronenstrahl (z. B. in

Bei der energiedispersiven Röntgen-Analyse (EDX, electron dispersive X-ray analysis) wird wie folgt vorgegangen. Ein feiner Elektronenstrahl (z. B. in einem Rasterelektronenmikroskop) wird auf eine Probe gerichtet; durch inelastische Stöße der hochenergetischen Primärelektronen werden - neben anderen Wechselwirkungsprozessen - Elektronen aus den inneren Schalen der Atome in der Probe "herausgeschlagen". Dieses Loch wird durch ein Elektron aus einer höheren Schale wieder aufgefüllt. Die Energiedifferenz (typisch keV) wird als elektromagnetische Strahlung abgegeben. Da die Energieniveaus und damit auch die Energien der Strahlung charakteristisch für jedes Atom des Periodensystems sind, kann aus der Energie bzw. Wellenlänge dieser charakteristischen Röntgen- Strahlung die Atomsorte und aus der Intensität der Linie seine Konzentration am Ort der Elektronenstrahlanregung bestimmt werden. Die Energie eines Röntgenquants ist $E = h\nu = hc/\lambda$; daher kann der Nachweis entweder wellenlängen-dispersiv gemäß der Bragg-Bedingung $n\lambda = Zd \sin \theta$ durch Drehung eines Analysatorkristalls mit Netzebenenabstand d (dies ist eine sequentielle Meßtechnik) oder energie-dispersiv durch Proportional-Zählrohr und Impulshöhenanalyse (simultane Registrierung eines Spektrums) erfolgen. Letzteres ermöglicht z. B. rechnerunterstützt die Zusammensetzungs-Darstellung auf einem Bildschirm.

Verwendet man statt Elektronen (EDX, AES) Photonen zur Anregung, kann man ähnlich AES die Energie der aus der Halbleiter-Oberfläche austretenden Elektronen analysieren. Der Energiebereich der verwendeten Photonen erstreckt sich dabei von 10 meV bis etwa 1 MeV. Die (kinetische) Energie der ausgelösten Elektronen wird mit hoher Auflösung gemessen. Abhängig von der verwendeten Primär-Photonenenergie erhält man Aussagen über Bandstruktur und Bindungszustände der Matrix-Elemente der zu analysierenden Substanz (ESCA, electron spectroscopy for chemical analysis; je nach verwendeter Wellenlänge der Primär-Strahlung gilt es spezielle Bezeichnungen wie z. B. XPS, X-ray photoelectron spectroscopy oder UPS, UV photoelectron spectroscopy).

2.6 Atom-Absorptions-Spektroskopie

Die Atom-Absorptions-Spektroskopie AAS ist eine Analysentechnik, bei welcher Proben z. B. mittels Funken-Anregung aktiviert und dann optisch vermessen werden. Hierbei dient die spezifische Absorption als Indikator für die betreffende Atomsorte und Menge. Eingesetzt wird das Verfahren, bei welchem eine hohe Auflösung von bis zu $\approx$ ng/g erreicht wird, für die Bestimmung von Verunreinigungen, z. B. in semiconductor-grade Metallen.

Literaturverzeichnis

Adachi, S., Material parameters of $In_{1-x}Ga As_y P_{1-y}$ and related binaries, J. Appl. Phys. **53**, 1982, 8775-8792

Adachi, S.: GaAs, AlAs, and $Al_xGa_{1-x}As$: Material parameters for use in research and device applications, J. Appl. Phys. **58**, 1985, R1-R29, Physikalische Materialdaten

Allen, F.G., Gobeli, G.W.: Work function, photoelectric threshold and surface states of atomically clean silicon Phys. Rev. **127**, 1962, 150-158, Spezialartikel zur Lage des Fermi-Niveaus an der Silizium-Oberfläche

Baginski, Th. A.: An introduction to goldgettering in silicon, Gold Bull. **20** (3), 1987, 47-53

Beneking, H.: Feldeffektransistoren, Halbleiterelektronik Bd. 7, Springer Verlag, Berlin 1973

Beneking, H.: Material engineering in opoelectronics, in: Festkörperprobleme Bd. XVI (J. Treusch, Hrsg.), 195-215, Vieweg Verlag, Braunschweig 1976

Blakemore, J. S.: Semiconducting and other major properties of gallium arsenide, J. App. Phys. **53**, 1982, R 123-R 181

Bonč-Bruevič, V. L., Kalašnikov, S. G.: Halbleiter-Physik, VEB Deutscher Verlag der Wiss., Berlin 1982

Brauchle, K.-A.: Kapazitive Störstellenspektroskopie an III-V-Verbindungshalbleiter-Schichten, Diss. RWTH Aachen 1986
Beschreibung eines hochauflösenden DLTS-System mit Anwendungen

Brümmer, O., Heydenreich, J., Krebs, K. H., Schneider, H. G. (Hrsg.): Festkörperanalyse mit Elektronen, Ionen und Röntgenstrahlen, VEB-Deutscher Verlag der Wissenschaften, Berlin 1980
Gründliche Darstellung vieler analytischer Verfahren der Festkörperanalyse

Buono, J. A., Wisniewski, A. W., Andrus, W. S.: Surface Science AnalysisTechniques, Solid-State Technol. **25(2)**, 1982, 95-101

Chelikowsky, J. R., Cohen, M. L.: Nonlocal pseudopotential calculations for the electronic structure of eleven diamond and zinc-blende semiconductors, Phys. Rev. **B14**, 1976, 556-582
Gründliche Behandlung der elektronischen und optischen Eigenschaften technisch relevanter Halbleiter

Deal, B.E.: Standardized terminology for oxide charge associated with thermally oxidized silicon IEEE Transact. Electron Devices **ED-27**, 1980, 606-608
Terminologie bei Grenzflächen-Ladungen im Si-SiO_2- System

Dean, P.I.: Photoluminescene as a diagnostic of semiconductors Prog. Crystal Growth Charact. **5**, 1982, 89-174
Auf spezielle Effekte eingehende, umfassende Darstellung mit Bezug auf weitere Halbleiter

Goetz, K.-H.: Charakterisierung von epitaktisch auf InP abgeschiedenen Ga_xIn_{1-x} As-Schichten (0,45 < x < 0,49) mittels Photolumineszenz und Doppelkristall-Röntgendiffraktometrie, Diss. RWTH Aachen 1984

Grimmeiss, H.G.: Deep Centers and Their Importance for Semiconductor Devices, Siemens Forsch. u. Entwick. Ber. **13**, 1984, 1-8

Hangleiter, A., Conzelmann, H: Untersuchung von Rekombinationsprozessen und "tiefen" Störstellen in Silizium, BMFT-Forschungsber. T 85-162, Bonn 1985

Harth, W.: Halbleitertechnologie, Teubner Studienskripten Bd. 54, 2. Aufl., Teubner Verlag, Stuttgart 1981

Heywang, W., Pötzl, H.W.: Bänderstruktur und Stromtransport Halbleiter-Elektronik Bd. 3, Springer Verlag, Berlin 1976
Darstellung grundlegender Halbleiter-Eigenschaften aus physikalischer Sicht

Hilsum, C., Rose-Innes, A. C.: Semiconducting III-V Compounds, Pergamon Press, Oxford 1961

Keenan, J.A.: The Characterization of Semiconductor Materials by
Backscattering Spectroscopy, Texas Instruments Engineering J.
March/April 1986, 66-73

Kitahara, K., Ozeki, M., Shibatomi, A.: Characterization of Uniformity in
Semi-Insulating GaAs by Optical and Electrical Methods
Fujitsu Sci. J. **19**(3), 1983, 279-306
Analyse von Einkristallen

Kittel, Ch.: Einführung in die Festkörperphysik, 6. Aufl.,
R. Oldenbourg Verlag, München 1983
Breite Einführung in die physikalischen Grundlagen

Koppitz, M., Richter, W., Bahnen, R., Heyen, M.: Light Scattering Diagnostics
of Gas-Phase Epitaxial growth (MOCVD-GaAs) in: Laser Processing and
Diagnostics, Hrsg. D. Bäuerle, Springer Series in Chemical Physics **39**,
Springer Verlag 1984, 530-535
Einführung in die Raman-Spektroskopie bei Halbleiter-Wachstumsprozessen

Krüger, H.-E.: Hochtemperatur Röntgentopographie an Silizium und
Galliumarsenid, Diss. RWTH Aachen 1976

Landoldt-Börnstein: Gruppe III: Kristall- und Festkörperphysik,
Bd 17a Semiconductors, Springer Verlag, Berlin 1982

London, R.:The Raman Effect in Crystals,
Advances in Physics **13**, 1964, 423-482

Madelung, O.:Grundlagen der Halbleiterphysik,
Heidelberger Taschenbücher Bd. 71, Springer Verlag , Berlin 1970
Knappe klare Darstellung

Matyi, R.: X-Ray Diffraction, Characterization of Semiconductor Material,
Texas Instruments Engineering J. Sept./Oct. 1986, 85-95

Miller,G. L., Lang, D. V., Kimerling, L. C.: Capacitance transient
spectroscopy, Annual Rev. Mater. Sci. 1977, 377-448
Breiter Grundlagenartikel zu DLTS

Neuberger, M.: Handbook of Electronic Materials, Bd.2, III-V Semiconductor Compounds, IFI/Plenum, New York 1971

Olego, D., Cardona, M., Rössler, U.: Intra- und inter-volume-band electronic Raman scattering in heavily doped p-GaAs
Phys. Rev. **B22**, 1980, 1905-1911

Paul, R.: Halbleiterphysik, Hüthig Verlag, Heidelberg 1975

Pearsall, T. P. (Hrsg): GaInAsP Alloy Semiconductors, J. Wiley & Sons, New York 1982

Queisser,J., Hartmann, W., Hagen, W.: Real-time x-ray topography: defect dynamics and crystal growth, J. Crystal Growth **52**, 1981, 897-906, Realzeit-Röntgenstrahl-Topographie

Ramamurty, C. K.: Determination of Al, Bi, Cd, Cr, Cu, Mn, Ni, Pb and Zn, in the ng/g range in high purity Gallium by electrothermal vaporization AAS after preconcentration, Microchimica acta (Wien) I 1980, 79-87

Reimer, L., Pfefferkorn, G.: Rasterelektronenmikroskopie, 2. Aufl., Springer Verlag, Berlin 1977
Wissenschaftliche Darstellung mit vielen Anwendungsbeispielen

Ruge, I.: Halbleitertechnologie, Halbleiterelektronik Bd. 4, Springer Verlag, Berlin 1975

Salow, H., Beneking, H., Krömer, H., Münch, W. v.: Der Transistor, Springer Verlag, Berlin 1963

Sasaki, A. Nishiuma, M., Takeda, Y.: Energy Band Structure and Lattice Constant Chart of III-V Mixed Semiconductors, and AlGaSb/AlGaAsSb Semiconductor Lasers on GaSb Substrates, Jap. J. Appl. Phys. **19**, 1980, 1695-1702
Wesentlicher Artikel mit Grundlagen zur Material-Komposition

Schade, K.: Halbleitertechnologie, VEB-Verlag Technik, Berlin 1981

Schneider, J., Kaufmann, V., Ennen, H., Wörner, R.:
Analyse tiefer Störstellen in III-V-Halbleitern,
BMFT Forschungsbericht T 81-197, Bonn 1981

Seeger, K.: Semiconductor Physics, 3. Aufl., Springer Verlag, Berlin 1985

Shaffner, T.: Semiconductor Material and Device Characterization,
Texas Instruments Engineering J. Nov./Dec. 1985, 50-68
Methoden, Anwendungen und Auflösung

Shockley, W., Read jr., W. T.: Statistics of the Recombinations of Holes and Electrons, Phys. Rev. **87**, 1952, 835-842,
Grundlagen-Artikel zu thermischer Generation und Rekombination

Spicer, W. E., Lindau, I., Pianetta, P., Chye, P. W., Garner, C. M.:
Fundamental Studies of III-V Surfaces and the (III-V)-Oxide Interface,
Thin Solid Films **56**, 1979, 1-18.
Im gleichen Heft mehrere Beiträge zum III-V MIS-System

Steckenborn, A.: Minority carrier lifetime mapping in the SEM,
J. of Microscopy 118, pt.3, 1980, 297-302

Steckenborn, A., Münzel, H., Bimberg, D.: Cathodoluminescene lifetime pattern of semiconductor surfaces and structures
Inst. Physics Conf. Ser. **60**, Sect. 4, Bristol 1981, 185-190

Sze, S. M.: Physics of Semiconductor devices, 2. Aufl.,
Wiley & Sons, New York 1981,
Umfassende Darstellung einschl. Bauelement-Eigenschaften

Tölg, G.: Methoden und Trends der Elementanalytik,
Nachr. Chem. Tech. Lab. **28**, 1979, 250-257
Allgemeine Betrachtungen mit Literaturnachweis

van der Pauw, L.J.: A method of measuring specific resistivity and Hall effect of discs of arbitrary shape, Philips Res. Repts. **13**, 1958, 1-9

Wang, F. F. Y. (Hrsg.): Materials Processing Theory and Practices,
North-Holland, Amsterdam 1980
Buchreihe mit kompetenten Beiträgen zu Prozeßtechniken
(z. B. Bd. 2 Dotierung von Silizium)

Willardson, R. K., Beer, A. C. (Hrsg.): Semiconductors and Semimetals
Academic Press Inc., London 1966
Buchreihe mit umfassenden Übersichtsbeiträgen zu Materialeigenschaften
und Prozeßtechniken (z. B. Bde. 1, 2, 4 Physikalische Eigenschaften)

Williams, E.W., Bebb, H.B.: Photoluminescence I, II, Kapitel 4 und 5 in:
Semiconductors and Semimetals, Bd. 8, Hrsg. R.K. Willardson, A.C.
Beer, Academic Press, New York 1972
Einführung mit Bezug auf strahlende Rekombination

Wolf, H. F.: Semiconductors, J. Wiley & Sons, New York 1971
Technologisch relevante Materialdaten

Yamasaki, K., Yoshida, M.: Deep level transient spectroscopy of bulk traps and
interface states in Si MOS diodes,
Jap. J. Appl. Phys. **18**, 1979, 113-122
DLTS-Anwendung auf das MOS-System

Zerbst, M.: Piezoeffekte in Halbleitern, in: Festkörperprobleme II
(F. Sauter, Hrsg.), 188-202, Vieweg Verlag, Braunschweig 1963

3 Epitaxie-Verfahren

Die Epitaxie (von gr. epi - (dar-)auf, (dar-)über, und gr. taxis - Ordnung) ist eine Modifikation von Kristallzucht-Verfahren, wobei auf flächigen Substraten Schichten abgeschieden werden. Sowohl die Substrate als auch die aufgewachsenen Schichten können amorph, polykristallin oder einkristallin sein. In der Halbleitertechnik sind Substrate und Flächen von etwa 1 cm^2 bis über 100 cm^2 üblich, z. B. einkristalline Wafer. Die Dicken der abgeschiedenen Schichten liegen bei unter 0,1 µm bis zu mm. Eingesetzt wird die Epitaxie in Fällen, in denen man Schichten mit gegenüber dem Substrat-Kristall verbesserter Kristallqualität herstellen möchte, in denen man eine andere Dotierung als die des Substrates wünscht, oder wo man, weitgehend gitterangepaßt, Schichten anderer Materialien aufwachsen möchte. Im Gegensatz zur Homo-Epitaxie (von gr. homos - gleichartig, ähnlich) bei gleichem Material, höchstens unterschiedlich in der Dotierung und Kristallinität (z. B. GaAs auf GaAs), spricht man beim Wachsen verschiedener Materialien aufeinander von Hetero-Epitaxie (von gr. heteros - Anderer, ungleich; z. B. GaP auf Si).

Das letztere ist beim SOS-Verfahren, Silizium auf einkristallinem Al_2O_3 (Saphir; silicon on sapphire),gegeben, was zu kapazitätsarmen integrierten Schaltungen führt, aber technologisch viele Probleme wegen der hohen Gitter-Fehlanpassung aufwirft. Die Verwendung von Einzelschichten mit kontinuierlicher Gitterkonstanten-Änderung oder auch Verspannungs-Übergitter-Strukturen erlaubt hetero-epitaxiales Wachstum von "fast allem auf allem", etwa GaAs auf Si (siehe Teil II), jedoch ist die Materialgüte der Deckschicht im allgemeinem durch eine sehr hohe Versetzungsdichte gekennzeichnet; lediglich kleine Insel-Bereiche erlauben eine qualifizierte Bauelement-Herstellung.

Die Epitaxie spielt als solche in der Technologie eine große Rolle. Für integrierte Schaltungen ist sie ebenso bedeutungsvoll wie für optoelektronische Bauelemente. Während sich Wafer mit gegebenen Daten für viele Bauelement-Typen einsetzen lassen, sind hingegen mit Epitaxie-Schichten oder -schichtenfolgen versehene Wafer bereits auf spezielle Klassen von Bauelementen zugeschnitten. Dies gilt insbesondere für Dünnschicht-Folgen, bei welchen Quanten-Effekte in Erscheinung treten sollen (siehe Teil II, Abschnitt 14.4). Die dafür benötigten perfekten Epitaxie-Schichten weisen Dicken von etwa 1 nm bis

30 nm auf und stellen erhebliche Anforderungen an das Herstellverfahren. Man verwendet hierfür MOVPE oder MBE (Abschnitte 3.7, 3.8), während z. B. für konventionelle optoelektronische Einzel-Bauelemente nach wie vor das klassische Verfahren der Flüssigphasen-Epitaxie LPE eingesetzt wird.

Sind hohe Dotierungsunterschiede bei abrupten Übergängen erforderlich, sind ebenfalls die Molekularstrahl-Epitaxie oder Niederdruck-Gasphasenverfahren prädestiniert, da die mögliche, relativ niedrige Epitaxie-Temperatur die Diffusion der Dotierungsstoffe zu vermeiden hilft. Dies gilt insbesondere für Dotierungs-Übergitter-Strukturen in Form der n-p-n-p-Schichtfolgen (nipi-Strukturen; doped superlattices). Bei Silizium ist bis auf die zunehmende Bedeutung des Hetero-Systems Si-Si$_{1-x}$Ge$_x$ die Vielschicht-Epitaxie von minderer Wichtigkeit. Dort werden vor allem hochdotierte, vergrabene Kontaktschichten (buried layer) eingewachsen. Zukunftsträchtige Si-Bauelemente wie Camel-Dioden oder spezielle Hf-Bauelemente benötigen allerdings ebenfalls komplizierte Schicht-Folgen, welche nur epitaktisch herzustellen sind.

3.1 Epitaxie

Das epitaktische Wachstum entspricht im Grundsatz dem Kristallwachstum ganz allgemein. Auf der Substrat-Oberfläche tritt eine Nukleation (von lat. nucleus - der Kern) der aus der Umgebung ausfallenden neutralen oder an der Oberfläche neutralisierten Atome auf. Entscheidend ist die Struktur der Unterlage. Entspricht die Morphologie (von gr. morph - Form) einer bestimmten Kristallorientierung, wird bei hinreichend hoher Temperatur die auf der Substrat-Oberfläche niedergeschlagene Menge von Atomen zusammenrücken und unter Abgabe der Vereinigungsenergie in genau der vorgegebenen Orientierung nukleieren. Insoweit geschieht das Gleiche wie beim Wachstum von Einkristallen, siehe Kapitel 1.1. Die passende Morphologie ist hierbei vom Substrat her vorgegeben, sei es, daß jenes einkristallin vorliegt, sei es, daß ein z. B. amorphes Substrat oberflächig passend strukturiert ist, also Kanten solcher Orientierung enthält, daß die scharfen Ecken als passende Nukleationszentren wirken. Im letzteren Fall spricht man von Grapho-Epitaxie (von gr. graphein - einritzen, schreiben), die auch dann zu einkristallinen Schichten führen kann, wenn ein artfremdes, amorphes Substrat benutzt wird, z. B. Quarz. Bild 3.1 deutet dies an.

Wichtig ist eine hinreichende Bewegungsmöglichkeit der anzulagernden Atome auf der Nukleations-Unterlage, wobei im Regelfall auch bei einkristallinen Substraten die Anlagerung an Kanten erfolgt. Insoweit ist die Bewegungsenergie der zu nukleierenden Atome von hoher Bedeutung, welche durch Temperatur oder auch lokale Beeinflussung, z. B. mittels Licht-Einstrahlung, aktiviert werden kann.

90 Epitaxie-Verfahren

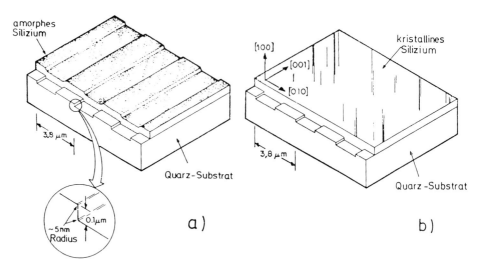

Bild 3.1: Grapho-Epitaxie a) Niederschlag ohne Einkristallbildung
b) Einkristalline Schichten (erzeugt bei höherer Temperatur als a)
oder nach zusätzlichem Kristallisationsschritt
(nach M. W. Geis u. a. 1975)

Je nach der Prozeßführung wird die aufwachsende Schicht amorph, polykristallin oder einkristallin; letzteres ist meist der erwünschte Fall. Amorphe Schichten (von griech. amorph - ungestalt, gestaltlos) besitzen zwar eine Nahordnung der Atome, haben aber keinerlei Fernordnung und zeigen daher röntgenographisch keine Struktur. Polykristalline Schichten sind aus regellos gegeneinander orientierten kleinen Kristalliten (einkristalline Bereiche) mit einer Ausdehnung von etwa 0,1 µm bis mm zusammengesetzt. Typische Röntgendiagramme zeigt Bild 3.2.

Statt Substrate ganzflächig zu bewachsen, ist es auch möglich, eine selektive Epitaxie durchzuführen. Hierzu werden solche Bereiche der Substrat-Oberfläche, welche nicht bewachsen werden sollen, mit einer die Epitaxie-Temperatur überstehenden Maskierung versehen. Hierzu eignet sich z. B. Siliziumdioxid SiO_2 (siehe Kapitel 5). Kritisch ist dann das flächig unterschiedliche Kristallwachstum der Epi-Schichten in den freigelegten Öffnungen, weil am Rand infolge des Kanten-Effektes ein schnelleres Wachstum erfolgt, siehe Bild 3.3.

Dies läßt sich vermeiden, wenn man bei einem Gas-Epitaxieverfahren (VPE, MOVPE) bei niedrigem Druck arbeitet, p ≈ 20 mbar. Es kann dann planes Wachstum innerhalb der Öffnung erreicht werden, wobei die Abdeck-Schicht nicht belegt wird, Bild 3.4 gibt hierfür ein Beispiel (siehe dazu Teil II, Abschnitt 8.3.5).

Epitaxie 91

Bild 3.2: Laue-Diagramme von Silizium-Material
a) amorph; b) polykristallin; c) einkristallin

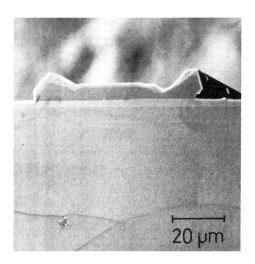

Bild 3.3: Inhomogenes Schichtwachstum bei der selektiven Epitaxie
(GaAs auf GaAs, SiO_2-Maskierung weggeätzt.)

92   Epitaxie-Verfahren

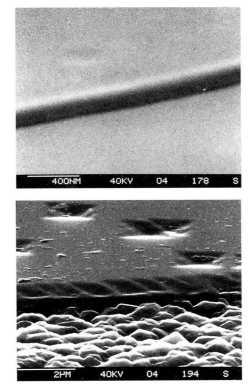

a.

b.

Bild 3.4: Silizium-Niederdruck-Epitaxie auf (100)-Material (Wachstumstemperatur 890°C, Druck 200 Pa) (nach L. Vescan u. a. 1986)
a) Epischicht-Kante nach Ablösen der Begrenzungs-Deckschicht (SiO$_2$), Wachstumsgeschwindigkeit r=8nm/min
b) Verhältnisse bei schnellerem Wachstum, Bildung von Poly-Si auf dem Oxid (r=60 nm/min)

Sind solche Maskierungen hinreichend dünn ($\approx$ 0,1 µm), ist auch ein flächiges Wachstum über der maskierenden Schicht möglich. In den Öffnungen besteht der Kontakt zum Substrat, so daß selbst einkristalline Schichten darüber gewachsen werden können. Bild 3.5 deutet als Beispiel den CLEFT-Prozeß an (CLEFT = cleavage of lateral epitaxial films for transfer), bei dem die überwachsende Epitaxieschicht vom Substrat gelöst werden kann. Eine Variante besteht in der Verwendung von AlAs an Stelle des veraschten Photolacks, wobei nach dem Epi-Wachstum des GaAs mittels einer hochselektiven Ätze (HF verdünnt) die AlAs-Zwischenschicht herausgelöst wird.

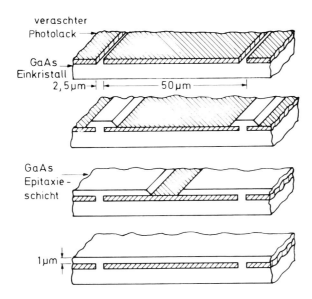

Bild 3.5: Laterales Überwachsen, Schema
(nach R. W. McClelland u. a. 1980)

Inwieweit die Epitaxieschicht amorph, poly- oder einkristallin wird, hängt außer von der gewählten Substrat-Oberfläche von der Führung des Prozesses ab. Auch gibt es prinzipielle Unterschiede bei den anschließend zu behandelnden Epitaxie-Verfahren. Die Wachstumsrate selbst ist von der Morphologie und Struktur der Substrat-Oberfläche beeinflußt. Dabei kann im einen Fall ein konstantes Dickenwachstum mit Reproduktion der Substratoberfläche selbst über Kanten, im anderen Fall ein unterschiedliches Dickenwachstum, ähnlich wie in Bild 3.4 gezeigt, auftreten.

Um ein einkristallines Wachstum zu erreichen, bemüht man sich im allgemeinen um eine möglichst exakte Gitteranpassung der Schicht an das Substrat, siehe Abschnitt 3.4. Für hinreichend dünne Epitaxieschichten, unterhalb von etwa 0,1 μm, gelingt jedoch ein einkristallines Wachstum auch bei Fehlanpassung, sofern das aufzuwachsende Material in seiner Gitterkonstante nicht um mehr als etwa 1% abweicht. Diese Verspannungs-Epitaxie (SLE, strained layer epitaxy) hat Bedeutung für gewisse hetero-epitaktische Verfahren, z. B. GaAs auf Si, siehe Abschnitt 3.9. Auch werden solche verspannten Schichten in Dünnschicht-Folgen zwischengeschaltet, um spezielle Effekte zu erzielen.

Die Schichteigenschaften werden grundsätzlich nach denselben Verfahren bestimmt wie in Kapitel 2 für Vollmaterial dargestellt. Jedoch macht die meist vorhandene Schichtdicken-Abhängigkeit eine Anpassung erforderlich. Solche modifizierten Meßverfahren werden ebenfalls zur Ermittlung von Eigenschaften flächig dotierter Bereiche herangezogen, wie etwa diffundierter oder implantierter Schichten. Deswegen werden diese speziell auf Dünnschicht-Strukturen und damit mehr auf Bauelemente ausgerichtete Meßverfahren in Kapitel 4 Dotierungsverfahren behandelt.

3.2 Wachstum amorpher Schichten

Ein amorphes Wachstum tritt auf, wenn den Atomen keine Gelegenheit gegeben wird, zu einer Kristallbildung zu kommen. Dies ist der Fall, wenn die Oberflächenbeweglichkeit der abgeschiedenen Atome zu niedrig für eine Nukleation ist, also bei einer für das Zusammenrutschen zu niedrigen Temperatur. Ähnlich wirkt ein Überangebot von Atomen, sofern ihnen keine Zeit zur Ordnung auf der Abscheidungsfläche verbleibt. Die Unterlage selbst hat nur sekundären Einfluß, wiewohl eine nicht der Gitterstruktur angepaßte Substrat-Oberfläche das amorphe Wachstum gegenüber einem einkristallinen begünstigt. Für die Herstellung amorphen Siliziums (α-Si) wird meist die Plasma-Deposition herangezogen. In einer Apparatur gemäß Bild 3.6 wird Silan SiH_4 durch Ionenstoß bei etwa 300°C zersetzt; das Plasma (0,1 mbar) wird dabei durch eine Hf-Beaufschlagung bei induktiver oder kapazitiver Ankopplung von z. B. 13,5 MHz erzeugt. Die Anwesenheit von Wasserstoff führt dabei zu einem hohen H-Einbau von über 10 % (α-Si: H), wobei die H-Atome die freien Bindungen absättigen; auch SiF_4 zur Bildung des stabilen α-Si:F wird benutzt. Eine Dotierung ist ebenfalls möglich, wie es Bild 3.6 mit der Zugabe von B_2H_6 für p- und PH_3 für n-Dotierung andeutet. (Die Anwendungen von Silan erfordert wegen der Selbst-Entzündung an Luft besondere Sicherheitsmaßnahmen; verdünnt in He oder N, SiH_4-Gehalt <3 %, ist es insoweit ungefährlich; Phosphin PH_3 ist hochtoxisch).

Schichten aus amorphem Silizium werden als Solarzellen-Material sowie wegen ihres hohen spezifischen Widerstandes bei Nichtdotierung als Schutzschichten eingesetzt, auch Dünnfilm-Transistoren können daraus hergestellt werden.

Angemerkt sei, daß eine Amorphisierung der Oberfläche von Halbleitern durch intensiven Ionenbeschuß, wie er auch bei der Ionenimplantation vorliegen kann, erfolgt. Wegen der hohen Aufnahmefähigkeit für Fremdatome kann eine solche Schicht als Getterschicht für Schwermetalle wirken (siehe Teil II).

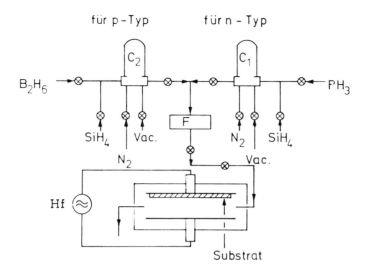

Bild 3.6: Anlageprinzip zur Herstellung amorpher Silizium-Schichten (nach R. G. LeComber u. a. 1979)

3.3 Wachstum polykristalliner Schichten

Polykristalline Schichten wachsen epitaktisch dann, wenn an sich die Bedingungen für ein einkristallines Wachstum von den Abscheidebedingungen her gegeben sind, die Unterlagen jedoch keine die Einkristallbildung begünstigende Struktur aufweist. Dies ist der Fall bei ungleicher Gitterkonstante a von Substrat und Aufwachsmaterial oder bei polykristallinen oder amorphen Substraten. Auch können selbst bei passend einkristallinem Substrat hinreichend viele Verunreinigungen als Maskierung der gebildeten Nuklei wirken, damit das Zusammenfließen verschiedener Mikro-Kristallite zu einem Einkristall verhindern, und auf diese Weise ein polykristallines Wachstum hervorrufen. Ebenso führt ein bei hinreichend niedriger Temperatur geführter Epitaxieprozeß zu polykristalliner Abscheidung selbst auf einkristalliner Unterlage, sofern die gewählte Temperatur höher bleibt als für amorphe Schichtbildung notwendig. Bild 3.7 zeigt den Wachstumsbereich im Falle polykristallinen Siliziums auf einkristallinem Silizium. Würde man bei dem verwendeten Silan-Prozeß die Temperatur unter 650°C absenken, wäre eine amorphe Abscheidung die Folge. Typische Daten für eine Polyschichtabscheidung sind $\vartheta_S = 950°C$, SiH_4-Gehalt 0,2 Mol.% im H_2-Trägergas, H_2-Flußrate technischer Anlagen zur Beschichtung von 10-cm-Scheiben etwa 10 l/min (Bild.3.8). Es tritt dann eine Wachstumsrate r von etwa r = 0,1 µm/min auf. Die Korngröße ist von der

96 Epitaxie-Verfahren

Flußrate und Abscheidetemperatur abhängig, sie steigt bis zur Einkristallinität mit wachsender Temperatur und niedrigerer Flußrate.

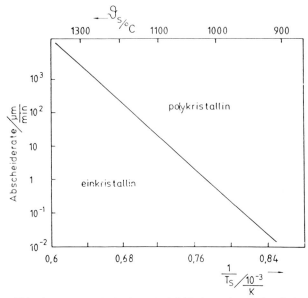

Bild 3.7: Wachstumsverhältnisse bei Silizium (nach K. Schade 1981)

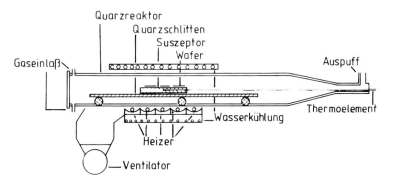

Bild 3.8: Ausführungsform einer Epitaxieanlage für Poly-Silizium (strahlungsbeheizter Kaltwand-Horizontal-Reaktor)

3.4 Wachstum einkristalliner Schichten

Abgesehen vom Spezialfall der Grapho-Epitaxie verlangt ein einkristallines Wachstum eine gitterangepaßte Substrat-Oberfläche. Sie muß rein sein und darf keine bei Epitaxie-Beginn unlöslichen Rückstände oder Deckschichten aufweisen. Da schon ein Liegen an Luft solche Veränderungen hervorruft, sind spezielle Reinigungsverfahren direkt vor der Epitaxie in situ (von lat. situ - befindlich, am gleichen Platz) erforderlich.

Am wichtigsten aber ist die Anpassung des Gitters an das des Substrates. Bild 3.9 deutet an, wie eine Fehlanpassung zu Spannungen führt, welche mit dicker werdender Epi-Schicht zu spannungsausgleichenden Versetzungsnetzwerken führen. In Bild 3.10 ist die kritische Dicke abhängig von der mechanischen Verspannung angegeben. Bild 3.11 zeigt das sich schließlich ausbildende Versetzungsnetzwerk im Fall von <111>-Silizium, worauf Galliumphosphid abgeschieden wurde; die Differenz der Gitterparameter beträgt 0,3% (a_{Si} = 0,5431 nm, a_{GaP} = 0,5450 nm).

Bleibt man unterhalb der kritischen Schichtdicke gemäß Bild 3.10, läßt sich entsprechend Bild 3.9a eine Verspannungs-Epitaxie durchführen. Sie wird für spezielle Bauelemente-Anwendungen bewußt eingesetzt, siehe dazu Teil II.

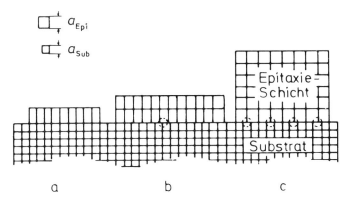

Bild 3.9: Entstehen von Versetzungen und Spannungsfeldern bei nichtangepaßter Epitaxie (Gitterabstand a_{Epi} > a_{Sub}) (nach G. H. Olsen u. a. 1979); a) Ausgleich durch Verspannung bei wenigen Atomlagen; b) Mitwirken von Versetzungen nach Gleiten; c) Übergang bei großer Schichtdicke (u. U. bis zur Rißbildung)

98   Epitaxie-Verfahren

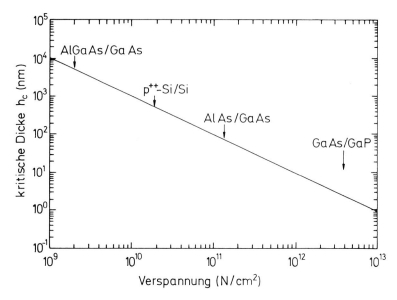

Bild 3.10: Kritische Schichtdicke für Versetzungsbildung in Abhängigkeit von der Verspannung (nach G. H. Olsen 1979)

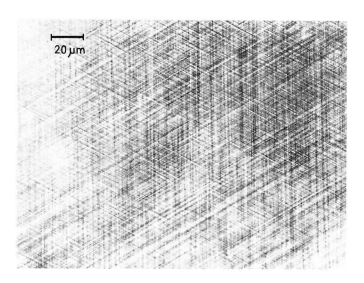

Bild 3.11: Mit einem Interferenzkontrastmikroskop sichtbar gemachtes Versetzungsnetzwerk bei nichtangepaßter Epitaxie (0,3 μm GaP auf <111> Si, 3° fehlorientiert) (nach H. Roehle 1982)

Im Fall von Silizium wird praktisch nur die Homo-Epitaxie durchgeführt, also Silizium auf Silizium. Lediglich dünne Zwischenschichten von Si-Ge mit entsprechender Bandabstands-Änderung könnten für moderne Bauelemente Bedeutung erlangen. Der Bandabstand wird durch die Ge-Zugabe verringert (Bild 3.13), was z. B. zur Erzeugung einer Si-Si$_{1-x}$Ge$_x$ Heteroverbindung benutzt werden kann, auch Anhebungen der Trägergeschwindigkeit sind möglich.

Bei den III-V-Verbindungen hingegen bestehen vielfältige Möglichkeiten einer Hetero-Epitaxie von unterschiedlich zusammengesetzten Schichten. Das System GaAs-AlAs ragt hier heraus, weil wegen nahezu des gleichen Atomradius von Al und Ga im Kristall jeder Mischkristall Ga$_{1-x}$Al$_x$As im Bereich $0 < x < 1$ praktisch dieselbe Gitterkonstante a aufweist. Eine exakte Übereinstimmung von a liegt bei der Herstelltemperatur vor, zur Raumtemperatur hin entsteht ein geringfügiger, tolerierbarer Unterschied, siehe Bild 3.12.

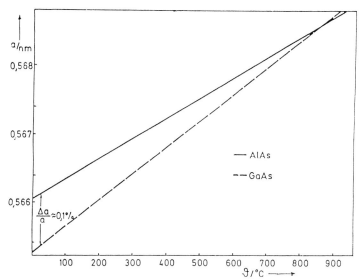

Bild 3.12: Temperaturabhängigkeit der Gitterkonstanten von GaAs und AlAs (nach M. Ettenberg u. a. 1970)

Eine weitere, hier nicht zu besprechende günstige Materialkombination liegt mit InP-Ga$_{0,47}$In$_{0,53}$As und Al$_{0,48}$In$_{0,52}$As-Ga$_{0,47}$In$_{0,53}$As oder auch mit quarternären Systemen des Typus Ga$_{1-x}$In$_x$As$_{1-y}$P$_y$ auf InP vor. Bild 3.14 zeigt Oberflächen-Morphologien, wie sie bei nicht exakter Gitteranpassung von Ga$_{1-x}$In$_x$As auf InP zu beobachten sind.

In Bild 3.13 sind Abhängigkeiten von Bandabstand E_g und Gitterkonstante a für verschiedene Materialien aufgetragen, woraus man mögliche Kombinationen erkennen kann. Jeweils senkrecht übereinander liegende Materialien sind

100 Epitaxie-Verfahren

aufeinander spannungsfrei zu wachsen. Die Angabe der Augenempfindlichkeitskurve deutet an, daß insbesondere für optoelektronische Bauelemente solche Mehrschichtstrukturen von Bedeutung sind; der jeweilige Bandabstand E_g ist ein Maß für die Emissionsenergie der Lichtquanten hv ≈ E_g bzw. für die Absorptionskante (siehe hierzu Teil II Abschnitt 13 Optoelektronische Bauelemente).

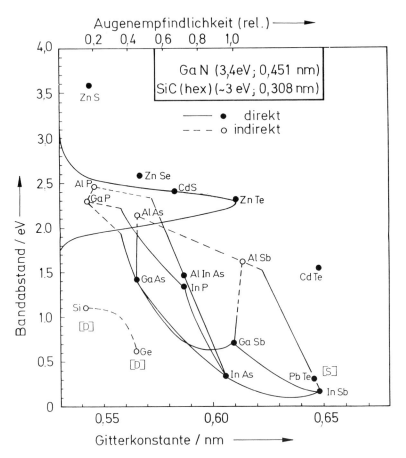

Bild 3.13: Materialschema mit Angabe des Bandabstandes und der Gitterkonstanten. Die mit [D] gekennzeichneten Materialien kristallisieren im Diamant-Gitter. [S] kennzeichnet die NaCl-Struktur. Alle anderen Materialien besitzen eine Kristallstruktur vom Typ Zinkblende.

Wachstum einkristalliner Schichten 101

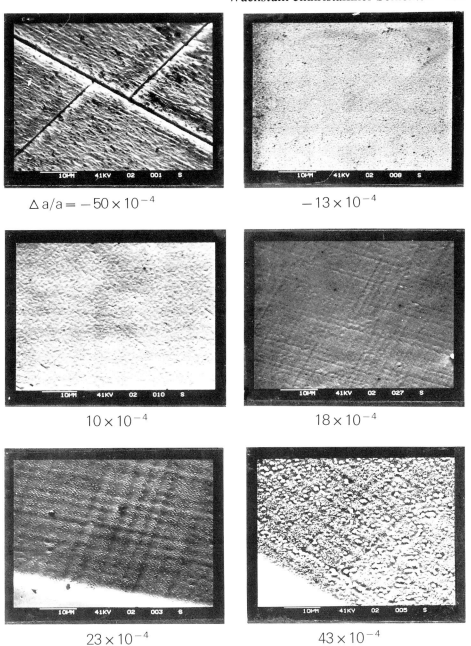

Bild 3.14: Morphologie von $Ga_{1-x}In_xAs$-Schichten auf InP, hergestellt mittels Gasphasenepitaxie (VPE, Halogentransport über Legierungsquellen) (nach P. Kordos u. a. 1981)

3.5 Flüssigphasen-Epitaxie

Die Flüssigphasen-Epitaxie (LPE, liquid phase epitaxy) ist ein insbesondere für Schichten optoelektronischer Strukturen aus III-V-Materialien eingesetztes Verfahren. Es ist ein Gleichgewichtsprozeß, welcher die temperaturabhängige Löslichkeit des abzuscheidenden Halbleitermaterials in einer Metallschmelze ausnutzt. Die Absenkung des Löslichkeitswertes bei Schmelzenabkühlung zwingt zu einer Auskristallisation, welche vorzugsweise und gewünscht auf einer mit der Schmelze in Kontakt stehenden Substrat-Oberfläche erfolgt. Ist das Substrat einkristallin und mit übereinstimmender Gitterkonstante, wächst die Epitaxieschicht einkristallin auf, je nach Prozeßführung mit spiegelnder oder leicht welliger Oberfläche wie eine Orangenschale (orange peel).

Zumeist wird ein exakt <100> orientiertes Substrat gewählt (Fehlorientierung kleiner 0,3°). Aber es können auch andere Substratorientierungen, z. B. <111>, benutzt werden. Die Metallschmelze wird vor der Sättigung mit dem Halbleitermaterial längere Zeit (bis zu 60 Stunden und mehr) auf hoher Temperatur, z. B. 800°C, gehalten. Währenddessen dampfen flüchtige Verunreinigungen ab, so daß aus der Schmelze, die während des Epitaxie-Prozesses dauernd mit dem Substrat in Berührung steht und dieses benetzt, weniger Verunreinigungen in die aufwachsende Schicht eingebaut werden als ohne einen solchen Vorreinigungsprozeß.

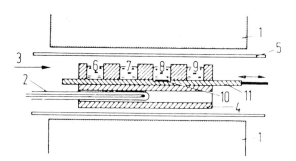

Bild 3.15: Schiebetiegel-Anordnung (1 Heizung, 2 eingeführtes Thermoelement, 3 Schutzgas- Strömung, 4 Graphittiegel, 5 Quarzglas-Reaktorwand, 6, 7, 8, 9 Schmelzen, 10 Substrat, 11 Schieber) (nach G. Winstel u. a. 1980)

Großtechnisch werden Anlagen eingesetzt, bei welchen mehr als 100 Substratscheiben auf einmal beschichtet werden können, z. B. durch Eintauchen in die Schmelze. Sind an die Qualität der Schichten (Gleichmäßigkeit von Dotierung und Schichtdicke) höhere Anforderungen zu stellen oder/und mehrere Schichten definiert abzuscheiden, wird ein Schiebetiegel-Verfahren benutzt, Bild 3.15. Nach Beendigung der Vorreinigung wird die Schmelze mit dem erforderlichen Halbleitermaterial beladen und auch das Substrat eingelegt. Die das Substrat tragende Zunge muß geometrisch exakt der Form und vor allem der Dicke der Subtrat-Scheibe angepaßt sein, damit bei Verschiebung der Zunge keine Schmelzenreste verschleppt werden.

Die mehrfach angeordneten Schmelzenaufnahmen erlauben auf einfache Weise eine Mehrfachepitaxie mit aufeinanderfolgenden Abscheidungen unterschiedlich zusammmengesetzter Schichten, siehe auch Kapitel 13, Optoelektronische Bauelemente. Zur Vermeidung von Ausdampfungen, welche z. B. zu einer Verarmung an beigefügten Dotierstoffen führen könnten, werden die Schmelzen-Behälter zuweilen noch mit einem Riegel abgedeckt, siehe Bild 3.17.

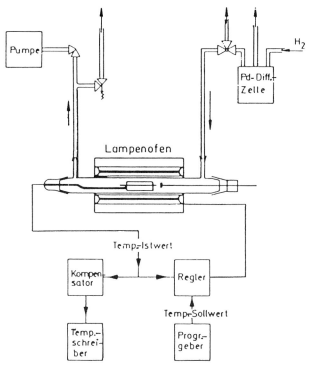

Bild 3.16: Schema einer LPE-Anlage. Eine Palladiumzelle ist zur H_2-Reinigung vorgeschaltet (nach U. König 1973)

104　Epitaxie-Verfahren

In Bild 3.16 ist der schematische Aufbau einer Laboranlage gezeigt. Nach einer Homogenisierungsphase von etwa 1 h Dauer wird bei passender Absenkung der Temperatur das Substrat unter die Schmelze geschoben und für die Wachstumszeit dort belassen; das Weiterschieben beendet den Epitaxie-Prozeß. In Bild 3.17 ist ein Zeitdiagramm mit eingetragenen Temperaturverläufen dargestellt. Als Öfen werden Rohröfen, z. B. Dreizonen-Öfen zur Einstellung eines auf +/- 0,5°C konstanten Temperaturprofils, oder auch Lampenöfen, also strahlungsbeheizte Anordnungen, benutzt. Im letzteren Fall ist die Regelmöglichkeit wegen der geringeren Wärmekapazität besser als bei Röhröfen, jene bieten dagegen den Vorteil eines ausgeglichenen Temperaturprofils, siehe Bild 3.18.

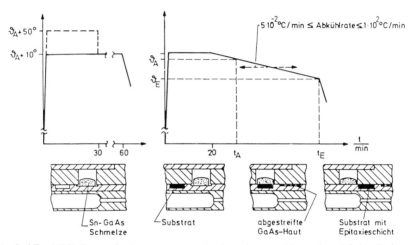

Bild 3.17: LPE-Prozeßschema am Beispiel einer n-Kontaktschicht-Epitaxie hoher Zinn-Dotierung (nach U. König 1973)

Enthält eine Schmelze leicht flüchtige Substanzen, muß z. B. durch einen mechanischen Abschluß ein Abdampfen verhindert werden, da die Epitaxietemperatur etwa 650°C bis 800°C beträgt. Praktisch tritt diese Gefahr bei Zn als der Schmelze beigegebenes Dotierungsmaterial auf (p-Dotierung). Kritisch ist auch die Homogenisierungsphase, als während dieser Zeit das Substrat auf Temperatur gehalten wird, ohne daß es mit Schmelze benetzt ist. Es kann dabei abhängig von der Prozeßführung zum Abdampfen von As bei GaAs oder von P bei InP kommen, so daß die zu belegende Oberfläche stark gestört und nicht mehr stöchimetrisch (von gr. Stoicheia - Grundstoff) ist. Bild 3.19 zeigt ein krasses Beispiel. In den wegen der {100}-Orientierung rechteckigen Löchern befinden sich In-Tröpfchen, das InP ist nur noch partiell an der Oberfläche vorhanden. Abhilfe schafft z. B. die Spülung mit Arsin AsH_3 bzw. Phosphin PH_3, indem diese Gase dem Trägergas zugemischt werden; als Trägergas wird zumeist mittels einer Palladiumzelle nachgereinigter Wasserstoff oder auch

Flüssigphasen-Epitaxie 105

Formiergas (10% H_2, 90% N_2) verwendet. Wasserstoff diffundiert durch heißes Pd hindurch ($\vartheta > 350°C$), während größere Atome zurückgehalten werden, siehe auch das Schema einer LPE-Anlage in Bild 3.16.

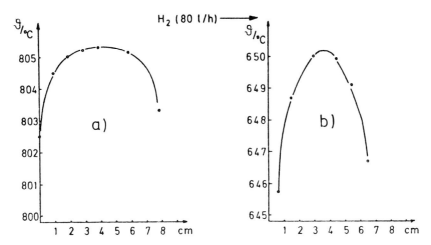

Bild 3.18: Temperaturprofile von LPE-Anlagen
a) Rohrofen b) Lampenofen (nach U. König 1973)

Bild 3.19: Oberflächen-Erosion bei Tempern von InP nach 1 h Temperaturbeaufschlagung von 650°C in H_2- Atmosphäre; a. Mit In gefüllte Löcher der InP-Scheibe (P- Abdampfung); b. Ungestörte Oberfläche bei PH_3-Spülung (100 Pa) (nach J. Selders 1986)

106   Epitaxie-Verfahren

3.5.1 Phasendiagramm

Ausgangspunkt der Überlegungen zur Flüssigphasen-Epitaxie ist das Phasendiagramm Schmelzenmaterial-Halbleiter. Es seien dazu einleitende Bemerkungen vorausgeschickt. Wichtige Begriffe sind:

Molarer Anteil, Molenbruch X.

Es ist X das Verhältnis der Anzahl n von Molen einer Komponente zu der in der betrachteten Gesamtmenge insgesamt vorhandenen Molen-Anzahl,

$$X = \frac{n}{\Sigma n_z},$$

$$z = 1 \ldots m.$$

X wird auch in Mol-% als X 100% angegeben.

Das Mol G ist das Gramm-Äquivalent des betreffenden Stoffes. Sei M dessen Atom- bzw. Molekulargewicht, gilt

$$G = M\, n$$

als Mol-Gewicht. Da ein Mol stets aus $L = 6 \cdot 10^{23}$ Molekülen besteht (Loschmidt'sche Zahl), stellt der Molenbruch auch den relativen Atom- bzw. Molekülanteil des betreffenden Stoffes im Gesamtverband dar.

Die Konzentration C ist die Anzahl Z der betreffenden Atome bzw. Moleküle im Volumen V, so daß

$$C = \frac{Z}{V} = X\, \frac{L}{V_m}$$

gilt. L/V_m ist hierin die Molekül-Anzahl pro Mol-Volumen V_M, welches vom Bindungsverhalten der gemischten Stoffe abhängt.

Im Gesamtsystem können verschiedene Phasen neben- bzw. miteinander auftreten. Ihre Zahl wird durch die Gibbs'sche Phasenregel festgelegt,

$$p + f = m + 2.$$

Hierin ist p die Zahl der im System vorhandenen Phasen, f die Zahl der
Freiheitsgrade, also die der unabhängigen Variablen (Druck, Temperatur,
Zusammensetzung der Schmelze), m die Zahl der Komponenten. Bei einem
binären System (Ga, As) ist m = 2.

Falls man als Freiheitsgrade die Temperatur T und die Konzentration x_B
zuläßt, verbleibt

$$p = m - f + 2 = 2 - 2 + 2 = 2;$$

es sind die Phasen GaAs als Kristall (fest) und Ga-Schmelze mit gelöstem
GaAs. Das jeweilige Phasendiagramm gibt im einzelnen über die Verhältnisse
Auskunft. Bild 3.20 zeigt eines im Fall vollständiger Löslichkeit zweier
Komponenten A, B ineinander. Die Schmelztemperaturen T_A von A und T_B
von B sind mit der Soliduskurve S und der Liquiduskurve L miteinander
verbunden.

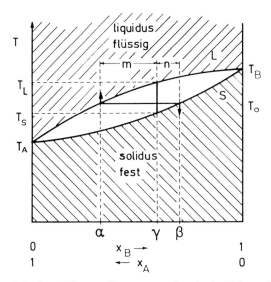

Bild 3.20: Beispiel eines Phasendiagramms (nach A. Prince 1966)

Sind Zusammensetzung und Temperatur so gewählt, daß der Phasenpunkt
oberhalb der Liquiduskurve liegt, ist alles flüssig, für einen Phasenpunkt unterhalb der Soliduskurve alles fest. Dazwischen gibt es den Bereich mit
gleichwertiger Verteilung auf Schmelze und Mischkristall. Bei T = T_0 wäre die
Schmelze gemäß α zusammengesetzt, der Mischkristall gemäß β. Die Abstände
m und n auf der Geraden bei der betrachteten Temperatur T_0 (Konode) geben
mit

108 Epitaxie-Verfahren

$$\frac{n}{m} = \frac{C^l(\alpha)}{C^s(\beta)}$$

die Konzentrationsverteilung auf Lösung und Feststoff an, wenn man bei der festgehaltenen Konzentration γ die Temperatur verändert; für $T_L > T > T_S$ existiert das mit n (T), m (T) angebbare Nebeneinander von Schmelze und Feststoff.

Für die hier interessierenden intermetallischen Verbindungen existiert in festem Zustand nur eine einzige Mischung, $A_{0,5}B_{0,5}$, während in flüssigem Zustand beide Teile voll mischbar sind. Das hierzu gehörende Phasendiagramm für GaAs zeigt Bild 3.21. Verwendet man bei der Flüssigphasenepitaxie, wie üblich, eine Ga-Schmelze, arbeitet man im Diagramm ganz links. Wegen des steilen Einlaufens der Liquiduskurve verwendet man dann besser die Löslichkeitskurve, siehe Bild 3.22. Prinzpiell liegt eine exponentielle Abhängigkeit der Form

$$C = C_0 e^{\frac{-E_A}{kT}}$$

vor, da die Lösung gewissermaßen im Widerstand gegen das Lösungsmittel Schmelze erfolgen muß. Der gelöste Atomanteil

$$X_{As} = \frac{n_{As}}{n_{Ga} + n_{As}}$$

ist näherungsweise mit

$$\ln X = 7{,}58 - \frac{12265}{T/K}$$

anzugeben, siehe auch Bild 3.22.

Für $\vartheta = 730°C$, eine übliche Epitaxie-Temperatur, sind etwa 10^{-2} Atom-Anteile von As in der Ga-Schmelze gelöst. Da 1 Mol As 74,92 g wiegt und 1 Mol Ga 69,72 g, sind dies pro Gramm Ga

$$\frac{74{,}92}{69{,}72} \cdot 10^{-2} \, g = 10{,}74 \text{ mg Arsen.}$$

Pro cm³ Ga (5,9 g) wären dies 63 mg Arsen. Dies führt man als GaAs (z. B. polykristallin) zu, das sich in der Schmelze (Volumen 1 cm³) entsprechend löst. **Man benötigt hierfür pro cm³ Schmelze**

$$G = 63 \text{ mg } \frac{M_{As}}{M_{Ga} + M_{As}} = 120 \text{ mg GaAs}.$$

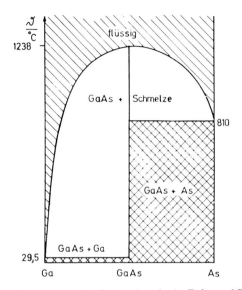

Bild 3.21: Phasendiagramm für GaAs (nach A. Prince 1966)

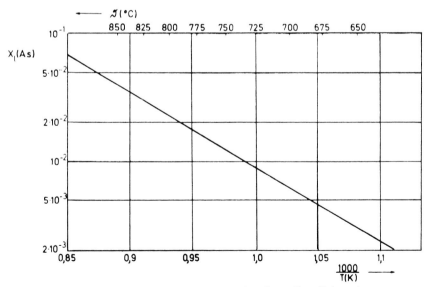

Bild 3.22: Löslichkeitsverhalten von As in einer Ga-Schmelze (nach L. M. F. Kaufmann 1976)

(M Atomgewicht). Üblicherweise setzt man etwas mehr ein, so daß einige Kristallite auf der Ga-Schmelze schwimmen bleiben und damit die vollständige Sättigung sichern.

3.5.2 Der Epitaxie-Prozeß

Der Epitaxie-Prozeß wird durch Temperaturabsenkung eingeleitet. Zwei Methoden werden angewandt: die zeitlineare Abkühlung $\vartheta = \vartheta_0 -$ at sowie die plötzliche Abkühlung um $\Delta\vartheta$ mit anschließender Haltezeit (step cooling). Absenken der Temperatur verschiebt die Löslichkeit in der Schmelze zu kleineren Werten. Hat man zuvor das Substrat unter die Schmelze geschoben, beginnt an Ober- und Unterfläche der Schmelze die Ausscheidung, siehe Bild 3.23. Damit ist im allgemeinen das Wachstum diffusionsbegrenzt, wobei die obere Schmelzenhälfte das Material zur Kristallisation an den Keimen an der Oberfläche liefert, die untere das für die Epitaxie auf dem Substrat.

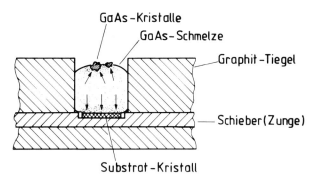

Bild 3.23: Modell zur Kristallisation

Mit der zugehörigen Differentialgleichung (Diffusionsgleichung)

$$\frac{dC^1}{dt} = D_{GaAs} \frac{d^2C^1}{dz^2}$$

und den Grenzbedingungen läßt sich das Wachstum mathematisch beschreiben und über den Konzentrationsgradienten am Ort der Substratscheibe auch die Wachstumsgeschwindigkeit v ermitteln. Die Bilder 3.24 bis 3.26 zeigen die Daten für Zinnschmelzen, wobei ein hoher Sn-Einbau in die Epitaxieschicht zu hoch n-dotierten Schichten führt (z. B. für Kontakte).

Bei der Flüssigphasen-Epitaxie gibt es zwei Stabilitätsprobleme. Die Wachstumsgeschwindigkeit v darf nicht zu groß sein, da die Kristallisationswärme hinreichend schnell abgeführt werden muß; letzteres geschieht weitge-

Flüssigphasen-Epitaxie 111

hend durch das Substrat. Damit gilt ein erstes Stabilitätskriterium (unter der Annahme konstanter Schmelztemperatur)

$$v_{max} \ll \frac{\sigma_s}{K} \frac{d\vartheta(z)}{dz}$$

mit K Kristallisationswärme, $\vartheta(z)$ Substrattemperaturverlauf und σ_s Substratwärmeleitfähigkeit. Als zweites gilt, daß innerhalb der Schmelze keine spontane Kristallisation auftreten soll. Dies kann verhindert werden, wenn der Materialfluß zum Substrat hin an jedem Ort der Schmelze eine Konzentration $C^l(z)$ hervorruft, die geringer als die Gleichgewichtskonzentration C^l bei der betreffenden Temperatur $\vartheta(z)$ ist. Dazu muß vor dem Substrat ein höherer Temperaturgradient entstehen als er den $C^l(z)$-Werten, als Gleichgewichtswert C^l_∞ aufgefaßt, entspricht. Als zweites Stabilitätskriterium gilt somit, daß vor dem Substrat

$$\frac{dC^l}{dt} = \frac{dC^l}{d\vartheta} \cdot \frac{d\vartheta}{dz} < \frac{dC^l_\infty}{d\vartheta} \frac{d\vartheta}{dz}$$

bleibt.

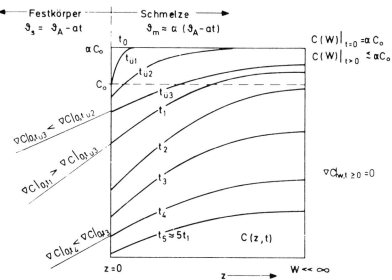

Bild 3.24: GaAs-Konzentration C(z,t) in der Sn-Schmelze für verschiedene Zeiten (gesättigte Schmelze, mit endlicher Ausdehnung Höhe W) $\nabla C/0,t_4$ bedeutet z. B. der Konzentrationsgradienten bei z = 0 und t = t_4 (nach U. König 1973)

112   Epitaxie-Verfahren

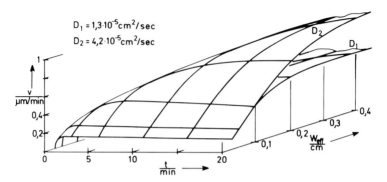

Bild 3.25: Zeitlicher Verlauf der Wachstumsgeschwindigkeit v bei verschiedenen Schmelzendicken W_{eff} (W_{eff} = W/2, da Kristallisation am Substrat und an der Schmelze) (nach U. König 1973)

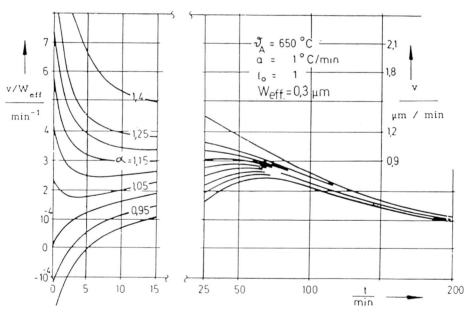

Bild 3.26: Berechnung der Wachstumsgeschwindigkeit v bei Diffusionsbegrenzung (nach U. König 1973) Parameter: Übersättigung α der Schmelze $C(z,t=0) = \alpha C_o$ (Deutlich erkennbar: diffusionsbegrenzte Wachstumgeschwindigkeit für große Zeiten unabhängig von der Übersättigung)

Ein typischer Temperatur-Zeit-Zyklus bei einer GaAs-LPE ist im Bild 3.17 dargestellt. Er berücksichtigt auch die letztgenannten Forderungen, wobei die Schiffchen-Größe bzw. das Schmelzenvolumen und die Substratfläche berücksichtigt sind.

3.5.3 Dotierung

Die Dotierung aus der Schmelze ist ein gängiges Verfahren bei der Flüssigphasen-Epitaxie. Man gibt eine passende Menge der Dotierungsubstanz in die Schmelze, welche dann gemäß dem Verteilungskoeffizienten

$$k = \frac{\text{Konzentration im kristallisierten Festkörper } K_S}{\text{Konzentration in der Schmelze } K_l}$$

eingebaut wird. In Tabelle 3.1 sind für gängige Dotierstoffe k-Werte angegeben. Der Verteilungskoeffizient hängt von der Temperatur ab, Bild 3.27 zeigt ein Beispiel. Bei gleichzeitiger Verwendung verschiedener Dorierstoffe treten Abweichungen auf.

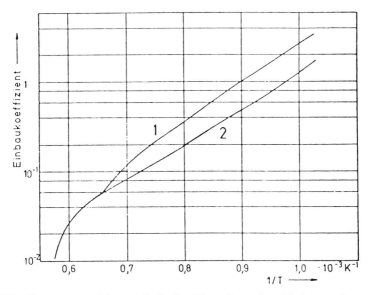

Bild 3.27: Temperaturabhängigkeit des Verteilungskoeffizienten k von Te in GaAs (1) und GaP (2) (nach G. Winstel u. a. 1980)

114   Epitaxie-Verfahren

Tabelle 3.1: Einbau verschiedener Dotierstoffe in GaAs aus der Ga-Schmelze

Dotierstoff	Al	Si	Zn	Ge	Sn
k =	100	0,05	$5 \cdot 10^{-7}$	0,05	$2 \cdot 10^{-4}$
Temperatur $\vartheta/°C$	800	800	850	900	700

Eine technisch bedeutungsvolle Variante liegt bei Silizium vor, einem wegen seiner Vierwertigkeit amphoteren Dotierstoff. Bei höheren Temperaturen wird Si bevorzugt auf Ga-Plätzen und damit als Donator, bei niedrigeren Temperaturen jedoch auf As-Plätzen als Akzeptor eingebaut. Damit läßt sich bei passender Prozeßführung in einem Abkühlgang eine n-p-Schichtfolge wachsen, siehe Bild 3.28.

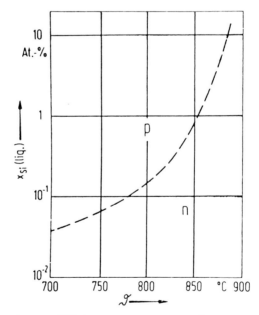

Bild 3.28: Amphotere Silizium-Dotierung von GaAs
(nach G. Winstel u. a. 1980)

Abschließend sei ein technischer Epitaxie-Prozeß, beginnend mit der Substrat-Vorbereitung, beschrieben.

Nachdem die Metallschmelze bei ca. 900°C vorgereinigt wurde und anschließend, nach Hinzufügen von GaAs und Dotierstoffen, die Schmelze noch einmal für etwa 3 h bei 850°C gehalten wurde, um eine gute Durchmischung der Schmelzenbestandteile zu erreichen, wird nun das Substrat kurz vor dem eigentlichen Epitaxie-Prozeß gereinigt. Dazu wird es zunächst in Aceton und Benzin gekocht, um evtl. vorhandene Fettspuren zu lösen. Anschließend erfolgt ein Ätzvorgang in heißer Salzsäure, um evtl. vorhandene Metallreste zu entfernen. In einer Mischung aus H_2SO_4, H_2O_2 und H_2O werden einige µm der GaAs-Oberfläche abgeätzt. Gespült wird jeweils in deionisiertem Wasser und getrocknet mit Stickstoff. Die so gereinigten Substrate sollten möglichst sofort in den Reaktor eingebracht werden, um eine erneute Kontamination an der Luft zu vermeiden. Nach Evakuieren und Spülen des Systems wird es noch einmal für etwa 1 h auf einer Temperatur gehalten, die etwa 5°C über der Wachstumstemperatur liegt. Nach dieser Homogenisierungsphase beginnt der Abkühlprozeß und - nachdem das Substrat unter die Schmelze geschoben wurde - das Wachstum (siehe auch Bild 3.17). Mittels eines Vor-Substrates wird zuweilen die Schmelzen-Sättigung sehr exakt eingestellt, siehe Teil II.

An dieser Stelle sei noch einmal auf ein Problem hingewiesen, welches die thermische Belastung des Substrates während des letzten Homogenisierungsschrittes mit sich bringt. Durch den recht hohen Dampfdruck der V-er Komponenten (z. B. As bei GaAs oder noch drastischer P bei InP, siehe auch Bild 1.21) dampft diese bevorzugt schon bei Wachstumstemperaturen ab. Dies führt zu einer erhöhten Anzahl von As-Leerstellen an der Substratoberfläche bis hin zu makroskopischen Löchern (s.a. Bild 3.19). Dieser so beschädigte Kristall ist Ursache für Kristallbaufehler in den aufwachsenden Schichten, die wesentlich auch die elektrischen Eigenschaften der Schichten beeinflussen. Vermeiden oder vermindern lassen sich diese Schäden durch ein Schutzgas aus AsH_3 und H_2 bzw. mittels PH_3 bei InP oder ein Rückschmelzen der beschädigten Oberflächenschichten, indem das GaAs-Substrat bei Wachstumstemperatur kurzzeitig mit einer reinen Ga-Schmelze in Kontakt gebracht wird. Die zerstörte Oberflächenschicht wird dabei abgetragen, bis die Ga-Schmelze gesättigt ist (bei der Anlage gemäß Bild 3.15 würde man z. B. das erste Schmelzvolumen 9 dafür verwenden). Auch wird ein erstes schmelzenfreies Kammervolumen benutzt, in welchem ein zweites Substrat dem anschließend zu bewachsenen gegenübersteht, um einen Gleichgewichts-Dampfdruck einzustellen.

3.6 Gasphasen-Epitaxie

Die anorganische Gasphasen-Epitaxie (CVD chemical vapor deposition; VPE vapor phase epitaxy) ist ein für große Halbleiterscheiben eingesetztes Epitaxieverfahren, welches sehr gleichmäßige Schichten liefert. Im Fall von GaAs wird ein Chlor-Transportsystem benutzt (Effer-Prozeß), welches hier nicht behandelt werden soll. Auf ein modifiziertes Effer-System wird in Abschnitt 12.3.2 hingewiesen. Hingegen sei auf die großtechnisch wichtige Silizium-Epitaxie eingegangen, welche vor allem zur Herstellung von inte-

116 Epitaxie-Verfahren

grierte Bauelemente aufnehmende Schichten verwendet wird. Da solche Schichten auf hochdotierte Schichten bzw. Zonen (z. B. buried collector) aufgewachsen werden müssen, ist ein wichtiges Kriterium die Vermeidung der Selbstdotierung (autodoping; siehe auch Teil II). Darunter versteht man den Übergang von Dotierstoffen aus dem ggf. hochdotierten Substrat in die Epi-Schichten. Da dieser Übergang bei der Epitaxie-Temperatur von etwa 1100°C weitgehend durch die Gasatmosphäre erfolgt, führt eine bei vermindertem Druck, also eine bei laufendem Abpumpen durchgeführte Epitaxie, zu wesentlich besseren Ergebnissen als eine Normaldruck-Epitaxie.

3.6.1 Der Epitaxie-Prozeß

Ausgangsmaterial ist Silan SiH_4 oder Dichlorsilan SiH_2Cl_2, welches bei Temperaturen um 1100°C zersetzt wird; dotiert wird wie bei der Polysilizium-Herstellung (siehe Kapitel 1) z. B. mit Diboran B_2H_6 für p- oder Phosphin PH_3 für n-Dotierung; Diboran erhöht und Phosphin erniedrigt die Abscheiderate. (Vorsicht, Silan entflammt an Luft oberhalb 3 % Verdünnung, PH_3 ist extrem toxisch).

Den Progammablauf für einen Standard-Epitaxieprozeß mit Ätzschritt zeigt Bild 3.29, der dazugehörige Temperaturzeitverlauf ist in Bild 3.30 dargestellt; das Schema der Anlage ist in Bild 3.31 zu sehen. (Die Angaben beziehen sich auf eine kommerzielle Anlage der Firma Applied Materials, Typ AMC 7000.)

Vor jedem Abscheideprozeß wird der beladene Reaktor (Kapazität 18 Si-Scheiben, Durchmesser 3"), jeweils drei Minuten mit N_2 und mit nachgereingtem H_2 (high purge) gespült. Die anschließende Aufheizphase ist in zwei Stufen aufgeteilt: Zuerst wird innerhalb von drei Minuten auf 900°C aufgeheizt, danach das Suszeptorsystem in zwei Minuten auf die eingestellte Ätztemperatur (1050°C - 1150°C) hochgefahren. Während des gesamten Epitaxie-Prozesses strömt die eingestellte H_2-Trägergasmenge durch den Reaktor. HCl bzw. die Si-Verbindung mit dem Dotierungsgas, die schon vorher zur Stabilisierung in den Abzug fließen, werden zum Ätz- bzw. Abscheideschritt in den Reaktor umgeschaltet. Nach dem Ätzschritt stellt sich innerhalb von einer Minute die gewünschte Abscheidetemperatur ein. Nach Beendigung der Abscheidung wird der Reaktor eine Minute bei der Reaktionstemperatur gespült, danach die Heizung ausgeschaltet. Die Suszeptoren mit den Si-Scheiben werden dann unter H_2 auf ca. 200°C abkühlt. Die anschließende N_2-Spülung drückt den Wasserstoff aus dem Reaktor, und die beschichteten Scheiben können entnommen werden.

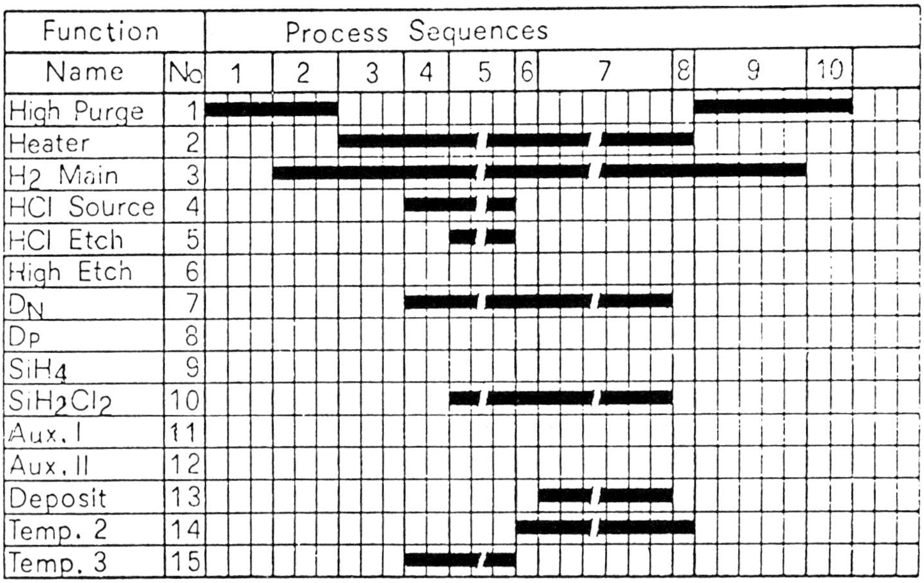

Function
Process Sequences
Name
No
1
2
3
4
5
6
7
8
9
10
High Purge 1
Heater 2
H2 Main 3
HCl Source 4
HCl Etch 5
High Etch 6
DN 7
DP 8
SiH4 9
SiH2Cl2 10
Aux. I 11
Aux. II 12
Deposit 13
Temp. 2 14
Temp. 3 15

Bild 3.29: Programmablauf einer Silizium-Epitaxie
(nach E. Krullmann 1981)

ϑ/°C
1200
1000
800
600
400
200
0
Ätzen
Abscheiden
0 2 4 6 8 10 12
t/min

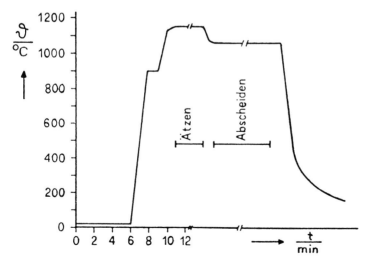

Bild 3.30: Temperaturverlauf bei der Silizium-Epitaxie
(nach E. Krullmann 1981)

118   Epitaxie-Verfahren

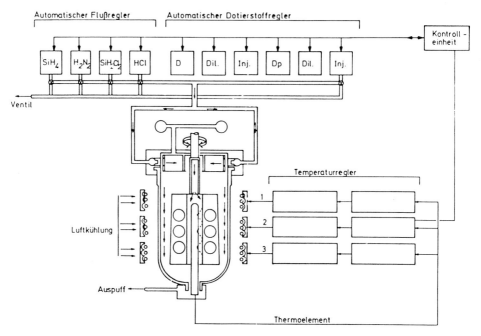

Bild 3.31: Prinzipbild eines Si-Epitaxie-Systems (nach E. Krullmann 1981)

Bei dem Ätzschritt mittels der HCl-Einwirkung wird eine definierte, dünne (0,5 - 1 µm) Si-Schicht von den Substraten abgetragen, um eine saubere, beschädigungsfreie Oberfläche für den anschließenden monokristallinen Aufbau der Epitaxie-Schicht zu erhalten. Dieser Prozeß verläuft umgekehrt wie die Dichlorsilan-Epitaxie,

$$SiH_2Cl_2 \longleftrightarrow Si + 2\ HCl.$$

Die Menge von HCl-Gas muß allerdings genau kontrolliert werden und darf bei Ätztemperaturen von max. 1200°C nicht mehr als 1 Mol-% des Trägergases betragen; es treten sonst Ätzgruben auf.

Die Dicke und die Dotierungskonzentration der Epitaxieschicht werden bestimmt durch die Reaktionstemperatur und die Dauer der Abscheidung, durch den Si-Träger-Durchfluß und den Dotiergasdurchfluß; Bild 3.32 zeigt übliche

Wachstumsraten. Wie allgemein erfolgt in <111>-Richtung ein langsameres Wachstum (- 20 %) als bei <100>-Substraten.

Der Programmablauf für die Normaldruck- und die Niederdruckabscheidung ist identisch. Bei der Niederdruckabscheidung wird während Schritt 1 im Programmablauf abgepumpt.

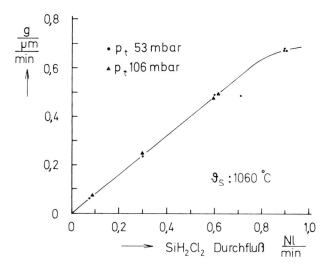

Bild 3.32: Wachstumsgeschwindigkeit g (1 Nl = Volumen von 1 dm³ bei p = 1 atm und T = 300 K) (nach E. Krullmann 1981)

Wie Bild 3.33 ausweist, läßt sich die Selbstdotierung (autodoping) bei Niederdruck erheblich reduzieren, gleichzeitig steigt die Gleichmäßigkeit der Abscheidung, siehe Bild 3.34 (p_t Gesamtdruck).

3.6.2 Dotierung

Die Dotierung erfolgt über eine dosierte Zugabe von Dotiergasen und bietet insoweit bei der Gasphasen-Epitaxie keine Probleme. Bild 3.35 gibt ein Beispiel im Fall der n-Dotierung mittels Phosphor. Es wird eine ausgezeichnete Gleichmäßigkeit über der Fläche und Tiefe erreicht, insbesondere bei der Niederdruck-Epitaxie. Senkt man den Druck noch weiter ab, wird perfekt einkristallines Wachstum und hohe Dotierung mit abrupten Dotierungsübergängen bei Wachstumstemperaturen um 800°C erzielbar. Dies ist für spezielle elektronische Bauelemente wie z. B. die Camel-Diode von Bedeutung, siehe Teil II.

120   Epitaxie-Verfahren

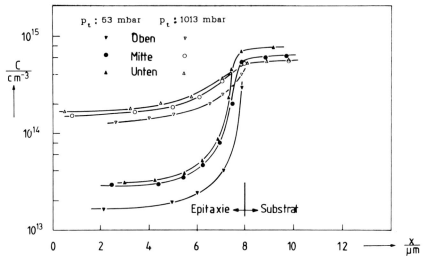

Bild 3.33: Selbstdotierung bei Normaldruck- und Niederdruck-Epitaxie für drei Positionen auf dem Suszeptor (C = Dotierstoffkonzentration) (nach E. Krullmann 1981)

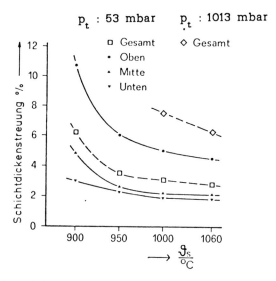

Bild 3.34: Schichtdicken-Streuung (nach E. Krullmann 1981)

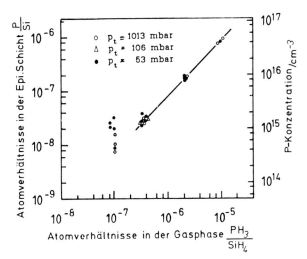

Bild 3.35: Dotierung durch Phosphin-Zugabe (nach E. Krullmann 1981)

3.7 Metallorganische Abscheidung

Die Abscheidung von Halbleiterschichten mit metallorganischen Verbindungen (MOCVD, MOVPE, OMVPE) ist ein Nichtgleichgewichtsverfahren wie die noch zu behandelnde Molekularstrahl-Epitaxie. Bei hinreichend hoher Temperatur oder durch Licht hinreichend kurzer Wellenlänge werden metallorganische Verbindungen aufgebrochen (gecrackt), so daß die Metallkomponenten, z. B. Gallium im Fall von $(CH_3)_3Ga$ (Trimethylgallium TMG), mit As-Atomen des dem Trägergas beigemischten Arsins AsH_3 unter Bildung von GaAs reagieren können. Diese Nukleation braucht nicht unbedingt auf der Substrat-Oberfläche zu geschehen, womit bei diesem Prozeß die Gefahr polykristalliner Ausfälle besteht. Neben Methyl-Verbindungen werden Ethylverbindungen, wie z. B. $(C_2H_5)_3Al$ (Triethylaluminium TEA) benutzt. Zur Dotierung werden auch sonst bei CVD-Verfahren eingesetzte Dotiergase verwandt, aber auch metallorganische Verbindungen, z. B. DEZ, Diethylzink $(C_2H_5)_2Zn$ für eine p-Dotierung mit Zink. Das MOVPE-Verfahren zeichnet sich durch eine relativ einfache Automatisierungsmöglichkeit aus und erfordert im Gegensatz zu sämtlichen anderen Epitaxieverfahren keine extrem gute Temperaturkontrolle. Die Verwendung der hochtoxischen Gase AsH_3 und PH_3 verlangt allerdings spezielle Sicherheitsmaßnahmen. Das Verfahren ist im übrigen prinzipiell zur Herstellung praktisch sämtlicher Schichtfolgen geeignet, sofern die Komponenten in gasförmigen Verbindungen vorliegen. Hinzuweisen ist lediglich auf den schädlichen Einfluß von Wasserdampf beim Epitaxieprozeß, insbesondere beim Wachstum Al enthaltender Schichten. Deren Güte steigt erheblich, wenn das benutzte Arsin oder/und Phosphin einen Trockner

122 Epitaxie-Verfahren

durchströmt (Metallschmelze, Molekularsieb) und die Apparatur ansonsten vakuumdicht aufgebaut ist.

Eine Variante des Verfahrens besteht in der Verwendung von ungiftigen Addukten, welche sowohl die III-er Komponente als auch die V-er Komponente enthalten, z. B. Trimethylgallium - Triethylphosphin (TMGTEP). In geringen Mengen ist allerdings im Regelfall Arsin oder Phosphin dann auch erforderlich, um ein qualifiziertes Schichtwachstum zu erreichen. Hier stehen zukünftige Ergebnisse aus. Erfolgversprechender könnten Alkyl-Derivate R_nAsH_{3-n} bzw. R_nPH_{3-n} als Ersatz von AsH_3 bzw. PH_3 sein, z. B. Et_2AsH, $tBuAsH_2$ (TBA), zyklisches $PhAsH_2$ oder $tBuPH_2$ (TBP) (Et Ethyl, Bu Butyl, Ph Phenyl).

3.7.1 Der Epitaxie-Prozeß

Da die meisten metallorganischen Verbindungen bei Raumtemperaturen flüssig sind, wird ein Teil des Trägergases - meist H_2 - zunächst durch die Flüssigkeit geleitet. Der Anteil der Verbindung im H_2 kann dabei durch die Temperatur und den damit verbundenen Dampfdruck über der Flüssigkeit eingestellt werden. In Bild 3.36 sind gebräuchliche Gase aufgeführt. Mit aufgenommen sind zwei As-Quellen, welche als Ersatz des hochgiftigen AsH_3 gedacht sind. Für PH_3 gibt es auch ungiftige Ausweich-Stoffe, jedoch wie bei Arsin mit schlechteren Wachstums-Resultaten.

Das Substrat wird auf einem Suszeptor, z. B. aus Graphit, auf die erforderliche Temperatur gebracht, um das Cracken der III-er und V-er Komponenten zu bewirken. Der Suszeptor wird z. B. rotiert, um eine gleichmäßige Abscheidung zu erzielen; die Gasführung und der Anströmwinkel sind hier entscheidend. Dicken- und Zusammensetzungs-Schwankungen von $\gtrsim 1\ \%$ über dem Wafer sind erreichbar.

Bild 3.37 zeigt gemessene Wachstumsprofile im Fall nicht rotierender und rotierender Substrate, welche bei Normaldruck-Epitaxie erhalten wurden. In diesem Fall wurde die Drehbewegung des Substrates durch eine von einem zusätzlichen Gasstrom im Reaktor bewirkte Rotation des Suszeptors erreicht. Verwendet man Niederdruck oder/und erhöht die Flußgeschwindigkeit der Gase (bis zu etwa 1 m/s), erhält man auch ohne Rotation sehr ebene Schichten (bis zu Einatomlagen-Schärfe).

In Bild 3.38 ist das Schema der Gasversorgung einer MOVPE Anlage gezeigt. Die zum Reaktor gelangenden Gase müssen extrem trocken (Wassergehalt!) und staubfrei sein. Hierzu sind entsprechende Filter zwischenzuschalten. Der Reaktor selbst kann vertikal oder horizontal aufgebaut sein, wobei die Temperatur- und Gasfluß-Steuerung zweckmäßigerweise mittels eines Prozeßrechners oder PCs erfolgt.

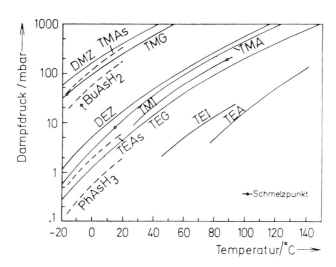

Bild 3.36: Dampfdruck gebräuchlicher metallorganischer Verbindungen unter Einschluß zweier weniger gefährlichen As-Quellen als Arsin (DMZ Dimethylzink, TMAs Trimethylarsen, TMG Trimetylgallium, t_{BuAsH2} Tertiär-butylarsin, DEZ Diethylzink, TMA Trimethylaluminium, TEAs Triethylarsen, TMI Trimethylindium, TEG Triethylgallium, PhAsH$_2$ Phenylarsin, TEI Triethylindium, TEA Triethylaluminium; teilweise nach Alfa Morton Thiokol 1983, O. Kayser u. a. 1988)

Meist wird eine Hf-Wirbelstrom-Erwärmung des Suszeptors eingesetzt, jedoch läßt sich auch eine einfache Strahlungsheizung mit einer Lampe durchführen, siehe Bild 3.39. Strahlungsbeheizte technische Anlagen verwenden entsprechend Vielfach-Strahler. Der Einsatz eines Liner-Rohres erleichtert das Reinigen des Reaktors.

Wachstumsbedingungen für GaAs sind z. B. durch die nachfolgenden Daten charakterisiert:

Trägergas (H$_2$)	0,5 - 1,5	l/min
Arsin (AsH$_3$)	39 - 160	ml/min
TMG ((CH$_3$)$_3$Ga) (H$_2$ Bubbler; -12°C)	1,8 - 7,0	ml/min
Dotierstoffe: DEZ ((C$_2$H$_5$)$_2$Zn) (H$_2$ Bubbler; +15°C)	0 - 50	ml/min
Schwefelwasserstoff (H$_2$Se)	0 - 90	ml/min
Wachstumstemperatur	600 - 800°C	
Wachstumsrate (für 1,3 l H$_2$/min; 1ml TMG/min; 78ml AsH$_3$/min)	0,5 µm/min	

124 Epitaxie-Verfahren

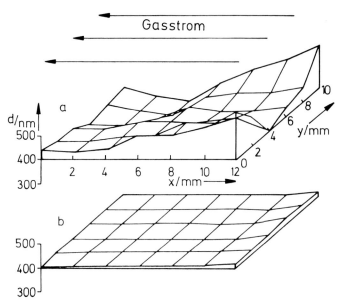

Bild 3.37: Vergleich der Wachstumsprofile von GaInAs auf InP bei nicht rotierendem (a) und rotierendem Substrat (b).
(nach E. Woelk u. a. 1988)

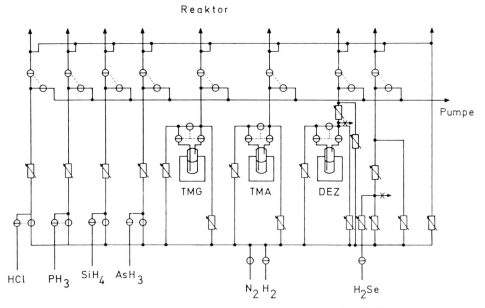

Bild 3.38: MOVPE-Anlage, Mischsystem (nach H. Roehle 1982)

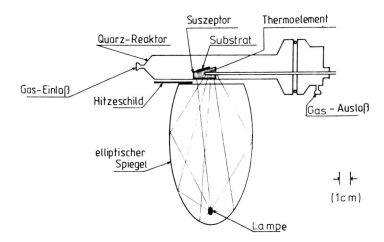

Bild 3.39: Anordnung mit Lampenheizung (nach A. Escobosa 1983)

Die Restverunreinigung gewachsener Schichten hängt wesentlich von der Reinheit der MO-Komponenten ab. Mit guten Ausgangsmaterialien erzielt man Werte $\mu_{n77} \gg 100\,000$ cm^2/Vs und $n_{77} < 10^{14}$ cm^{-3} schon bei Atmosphärendruck. Eine Nachdestillation (fraktionierte Destillation) erlaubt eine Reduktion vorhandener Verunreinigungen, die sich in verbesserter Schichtqualität äußert. Ohne diese aufwendige Nachreinigung erhält man im allgemeinen, temperaturabhängig, um etwa den Faktor 10 höhere Restverunreinigung als bei LPE, siehe Bild 3.40. Als Maß für die Schichtgüte gelten die Elektronenbeweglichkeitswerte bei 77 K, sie liegen für GaAs routinemäßig bei etwa 40000 cm^2/Vs ähnlich LPE und VPE.

Eine Verbesserung ist gemäß Bild 3.40 für niedrigere Wachstumstemperaturen gegeben, was bei Niederdruck zu sehr guten Ergebnissen führt.

Bei $p \approx 20$ mbar und hoher Gasgeschwindigkeit lassen sich kontinuierlich gute Werte erreichen, z. B. $\mu_{77} \gg 100\,000$ cm^2/Vs bei sehr niedrigen Netto-Dichten $n \approx 3 \cdot 10^{13}$ cm^{-3}.

Die Restverunreinigung ist im wesentlichen Kohlenstoff, der über das gebildete Radikal CH$_3$ eingebaut wird. Die Verwendung von Ethyl-Verbindungen statt Methyl-Verbindungen erlaubt jedoch eine Reduzierung um mehrere Größenordnungen bis zu 10^{14}cm^{-3}. Bei InP werden dann z. B. bei 650°C Wachstumstemperatur Werte von $\mu_{77} = 140\,000$ cm^2/Vs erreicht bei einer Hintergrund-Dotierung von etwa $5 \cdot 10^{14}$cm^{-3}. Reduziert man die Wachstumstemperatur bei Niederdruck (530°C, 100 mbar), lassen sich jedoch auch bei Verwendung von TMI Bestwerte von $\mu_{300} = 6000$ cm^2/Vs, $\mu_{50} = 200\,000$ cm^2/Vs, bei verbleibender Netto-n-Dotierung von nur $3 \cdot 10^{13}$cm^{-3} erhalten.

126   Epitaxie-Verfahren

Tiefe Wachstumstemperaturen sind auch wichtig zur Erzielung abrupter Übergänge an der Grenze Substrat/Epitaxieschicht oder von einer zur anderen Epitaxieschicht. Bild 3.41 zeigt hierzu SIMS-Messungen (siehe Teil II), welche die in dieser Hinsicht günstige Eigenschaften des Verfahrens demonstrieren. Dies gilt insbesondere für Niederdruck, wo niedrigere Wachstumstemperaturen erzielbar sind. Die zusätzliche Verwendung einer Plasma- oder Laser-Anregung erlaubt eine weitere Absenkung der Wachstumstemperatur, da trotz abgesenkter Substrat-Temperatur die Oberflächenbeweglichkeit der anzulagernden Komponenten erhalten bleibt und eine hinreichende Spaltung der eingesetzten Komponenten erfolgt.

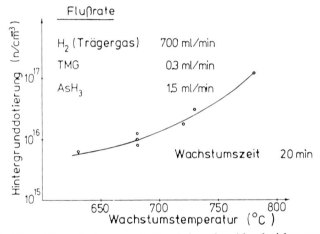

Bild 3.40: Rest-Nettodotierung als Funktion der Abscheidetemperatur (nach A. Escobosa 1983)

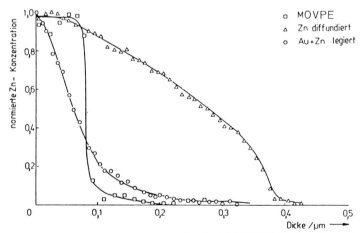

Bild 3.41: Vergleich von Profilverläufen bei MOVPE-Epitaxie und Legierung bzw. Diffusion (nach A. Escobosa u. a. 1982)

3.7.2 Sicherheitsmaßnahmen

Wegen der hohen Toxizität der verwendeten Gase sind bei MOVPE-Anlagen spezielle Sicherheitsvorkehrungen erforderlich. Gasdetektoren oberhalb der Apparatur sowie deren Einbau in einen gespülten Abzugsschrank sind Mindestvoraussetzungen, ebensowie die Verwendung geschweißter (Edelstahl-) Rohrverbindungen. Gasflaschen sind in ebenfalls gespülten und mit Gasdetektoren versehenen Schränken unterzubringen, möglichst außerhalb der Laborräume. Letzteres gilt auch für Silan, welches explosionssicher mit ohne Schrank-Öffnung betätigbaren Abschluß-Ventilen untergebracht werden muß, insbesondere bei unverdünntem SiH_4.

Kritisch ist die Entsorgung, da die lebensgefährlichen Gase bei den Prozessen nicht voll verbraucht werden und vom Trägergas mitgeführt werden. Zur Vernichtung bzw. Resorption der Schadstoffe (scrubbing) werden Aktivkohle-Filter, Pyrolyse und naßchemische Umsetzung eingesetzt. Z. B. erlaubt festes $CuSO_4$ Arsin chemisch zu zerlegen und As zu binden, während eine wässrige Lösung Phosphin zerlegt; in beiden Fällen wird eine hinreichende Reduzierung der toxischen Gase um den Faktor 100000 erreicht. Entsprechende kommerzielle Geräte werden angeboten, z. B. von der Firma AIXTRON, Aachen.

3.8 Molekularstrahl-Epitaxie

Die Molekularstrahl-Epitaxie (molecular beam epitaxy MBE) ist eine Höchstvakuum-Epitaxie, bei welcher Effusoren (auch als Knudsen-Zellen benannte, widerstandsbeheizte Öfen) verwendet werden, um einen gerichteten Strom thermisch aktivierter Atome auf ein Substrat zu strahlen. Ist jenes auf hinreichender Temperatur, können gemeinsam auftreffende bzw. als Monolage adsorbierte Atome miteinander reagieren und homo- oder heteroepitaktisch in ausgezeichneter einkristalliner Qualität Schichten bilden.

Da das Angebot an Atomen niedrig ist, wächst eine Schicht extrem langsam mit z. B. 1 µm/h gegen 1 µm/min bei anderen Epitaxieverfahren; aber auch äußerst scharfe Gradienten von Schichtzusammensetzung und Dotierung sind wegen der relativ niedrigen Nukleationstemperatur möglich. Dies prädestiniert das MBE-Verfahren zur Herstellung von extrem abrupten Übergängen (innerhalb von 1 bis 2 Monolagen) und Übergittern (superlattices), siehe Teil II. Entsprechende Wachstumsbedingungen können auch bei MOVPE eingestellt werden, was die Frage aufwirft, welchem Verfahren zur Herstellung solcher extrem dünner Schichtfolgen der Vorzug zu geben ist. Da die Höchstvakuum-Apparatur extrem wasserfrei betrieben wird, ist MBE für Aluminium enthaltende Schichten prädestiniert; die gefürchtete Oxidation des Al unterbleibt. Beim MOVPE-Verfahren läßt sich hingegen Phosphor pro-

128 Epitaxie-Verfahren

blemlos verarbeiten, womit ganz abgesehen von der freizügigeren Wahl von Dotierstoffen und den Vorteilen für eine Produktion diese Technik für die Herstellung von auf InP abzuscheidenden Schichten (z. B. gitterangepaßtes GaInAs, GaInAsP) besonders geeignet ist.

3.8.1 Der Epitaxie-Prozeß

Eine MBE-Anlage zeigt Bild 3.42. Die Substrate werden durch eine Schleuse (air lock) eingeführt und können in den gängigen Apparaturen an ihrer Oberfläche mit verschiedenen physikalischen Verfahren, wie z. B. LEED (low energy electron diffraction) untersucht werden. Die Effusor-Zellen sind mit fernbedienbaren Blenden (shutter) versehen, um abrupte Wechsel zu ermöglichen.

Oberhalb von 480°C wird Ga auf einer {100}-GaAs-Oberfläche ad- und desorbiert, As_2 benötigt jedoch Ga-Partner zur Kondensation. Zwei Schemata des MBE-Wachstums zeigt Bild 3.43.

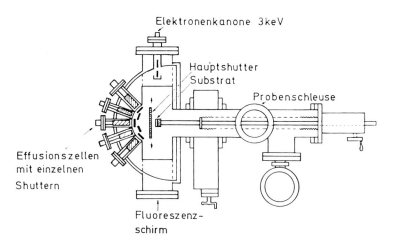

Bild 3.42: Schema einer kommerziellen MBE-Anlage

An Dotiersubstanzen wird für p-Dotierung vornehmlich Beryllium Be verwandt, die Verdampfungstemperatur liegt bei 700°C. Für die n-Dotierung wird Sn eingesetzt, jedoch ist die Verdampfungstemperatur mit etwa 1000°C relativ hoch.

Wenn auch einkristalline GaAs-Filme bei 100°C Substrattemperatur abgeschieden werden können, sind die Schichten unterhalb 400°C hochohmig und stark kompensiert; ihre elektrischen und Lumineszenz-Daten sind schlecht. Insoweit ist der nutzbare Substrat-Temperaturbereich 450°C - 650°C; oberhalb 630°C beginnt GaAs abzudampfen. Eine Verbesserung der Schichtqualität gelingt durch zwischengeschaltete Temper-Phasen (interrupt growth).

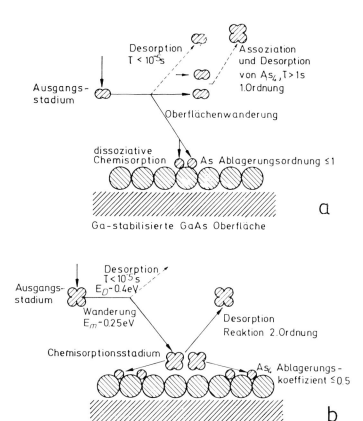

Bild 3.43: Wachstumsvorgang schematisch; a) mit auftreffenden As_2-Molekülen; b) mit auftreffenden As_4-Molekülen
(nach C. T. Foxton 1978)

Kritisch ist beim MBE-Verfahren die Befreiung der Substrat-Oberfläche von störenden Deckschichten vor dem Epitaxie-Prozeß, da keine sonst üblichen Ätzverfahren (z. B. mittels HCl) eingesetzt werden können. Es verbleibt die Aufheizung der Substrate, was u. U. wegen einer Störung der Stöchiometrie zu Problemen führen kann. Im übrigen liefert das Verfahren jedoch sehr reine Schichten weitgehend beliebiger Zusammensetzung mit vor allem abrupten Verläufen von Zusammensetzung und Dotierung, was lediglich beim MOVPE-Verfahren ebenfalls erreicht wird. Ein Nachteil der MBE ist das Auftreten von Defekten in den Epi-Schichten (oval defects), welche mit Pertuburanzen der Metall-Quellen im System zusammenhängen, und außerdem die Unmöglichkeit, mit Phosphor zu arbeiten.

130 Epitaxie-Verfahren

Insoweit ist eine Variante des MBE-Verfahrens von Bedeutung, bei welchem Metall-Alkyle für die III-er Komponenten Verwendung finden, wobei Arsin (AsH_3) und Phosphin (PH_3) über Kapillaren zugeführt werden. Deren Spitzen werden geheizt und erlauben ein Cracken in Substrat-Nähe. Dieses MOMBE-Verfahren, auch mit CBE, chemical beam epitaxy, bezeichnet, stellt damit eine Kombination der Niederdruck-MOVPE mit MBE dar. Weitere Abwandlungen sind Verfahren, wo lediglich die III-er Komponente gasförmig zugeführt wird, oder die Gas-MBE (GSMBE) mit Effusionszellen für die III-er Materialien und gasförmigen V-er Komponenten.

3.9 Dünnstschicht-Epitaxie

Insbesondere für die Herstellung von Hot-electron-Strukturen und Quanteneffekt-Bauelementen werden extrem dünne, mehrlagige Schichten im nm-Bereich bei sowohl heteroepitaxialem Aufbau (z. B. $Ga_{0,7}Al_{0,3}As/GaAs$) oder /und abruptem Dotierungswechsel (n = $10^{19} cm^{-3}$ zu p = $10^{18} cm^{-3}$ innerhalb weniger Monolagen) verlangt (siehe Teil II). Hierfür eignen sich insbesondere MBE und MOVPE, wo sehr geringe Wachstumsraten r < 1 µm/h erzielbar sind; auch die Kombination beider in Form der MOMBE, wobei die III-er Komponente als metallorganische Verbindung in das UHV-System eingeführt wird, ist günstig einzusetzen.

Zumeist wird ein zweidimensionales Wachstum angestrebt, was bis zu Mono-Lagen herunter gelingt. Eine Analyse-Möglichkeit besteht dabei in der in situ Beobachtung von RHEED-Oszillationen (reflection high-energy electron diffraction), deren Periode mit dem Monolagen-Schichtaufbau korreliert ist und deren nichtoszillatorisches End-Signal ein Maß für die schließliche Oberflächen-Rauhigkeit ist.

Bei Silizium läßt sich für die Dünnschicht-Epitaxie außer MBE die LPCVD einsetzen, im Druckbereich um 200 Pa (2 mbar). Dotierungsprofil-Verschmierungen werden dabei praktisch vollständig vermieden, weil die Epitaxie-Temperatur auf um 800°C abgesenkt werden kann. Bild 3.44 zeigt eine entsprechende Anlage schematisch. Verwendet man Si-MBE, sind die erforderlichen extrem hohen Dotierungen nicht erreichbar, man verwendet dann die Festphasen-Epitaxie (solid phase epitaxy), wo in amorphes Material eingebrachte Dotieratome durch eine, vom einkristallinen Substrat ausgehende, Rekristallisation mit eingebaut werden.

In allen Fällen ist der 'memory effect' kritisch, die Nachwirkung von zuvor vorgenommnenen Dotierungen während des Wachstums der Schicht. An Innenwänden der Epitaxie-Apparatur adsorbierte Dotierungskomponenten werden später wieder frei gesetzt und führen u.U. zu unkontrolliertem Einbau. Abhilfe schafft die Verwendung von Kaltwand-Reaktoren mit Strahlungsheizung und die Verwendung von Dotiersubstanzen mit möglichst niedrigem Dampfdruck. So lassen sich z. B. beim MOVPE-Verfahren memory-freie

Schichtfolgen n⁺-p⁺-n⁺-p⁺ ... wachsen, wenn statt DEZ als p-Dotierstoff M₂Cp₂Mg (Bimethylcyclopentadienylmagnesium) Verwendung findet. In Bild 3.45 ist ein entsprechendes Profil gezeigt, während Bild 3.46 die Verhältnisse bei Si-LPVCD und der Festphasen-Epitaxie demonstriert.

Ähnliche Probleme treten grundsätzlich bei abruptem Wechsel der Material-Zusammensetzung auf, z. B. bei Quantentopf-Strukturen.

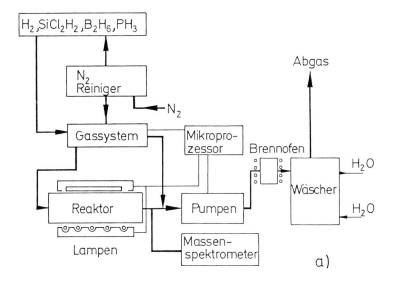

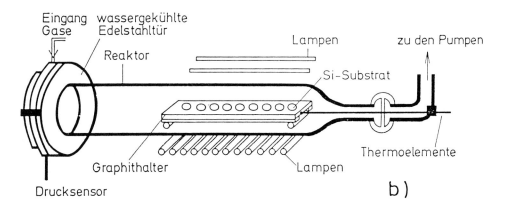

Bild 3.44: Schema (a) und Reaktor-Aufbau (b) eines Kaltwand-Systems für Si-LPCVD (nach L. Vescan 1987, u. a. 1986)

132 Epitaxie-Verfahren

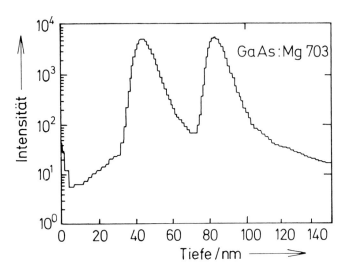

Bild 3.45: SIMS-Profil von mit 0,2 µm/h bei 600°C gewachsenem GaAs, p^+-n^+-Folge (die tatsächliche Schärfe des Profils liegt unterhalb der Auflösungsgrenze der SIMS-Messung) (nach P. Roentgen u. a. 1985)

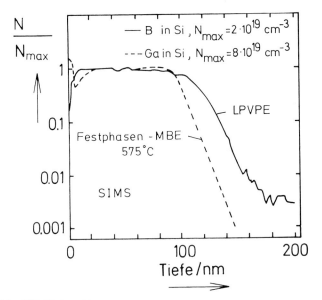

Bild 3.46: SIMS-Profile einer B dotierten Si-Epitaxieschicht im Vergleich zur Festphasen-Epitaxie (nach L. Vescan u. a. 1986)

3.10 Epitaxie nicht gitterangepaßter Schichten

Zwei unterschiedliche Anwendungen einer Epitaxie von Schichten bzw. Substrat und Epi-Schicht unterschiedlicher Gitterkonstanten sind von Bedeutung, unabhängig vom eingesetzten Epitaxie-Verfahren. Eine Verspannungs-Epitaxie (SLE strained layer epitaxy) wird zur gewollten Bildung von Zonen hoher mechanischer Spannung vorgenommen, was zu einer Verringerung durchstoßender Versetzung und Getterung von Verunreinigungen (tiefe Störstellen) führt oder für eine Modifizierung der elektronischen Eigenschaften herangezogen wird. Die zweite Anwendung ist die Hetero-Epitaxie zur Abscheidung von zur Bauelemente-Herstellung geeigneten Epitaxieschichten aus anderem Material als dem des Substrat-Kristalls.

Im ersteren Fall wird durch eine hohe isoelektronische Dotierung mit Atomen anderen Durchmessers als denen des Wirtskristalls, welche nicht im Sinne einer zusätzlichen n- bzw. p-Dotierung wirkt, eine mechanische Verspannung erzeugt. Im Falle von Silizium kann dafür Ge verwendet werden, bei GaAs Indium und bei InP z. B. Ga oder As. In besetzt einen Ga-Platz, Ga einen In- und As einen P-Platz, wodurch wegen der unterschiedlichen Atom-

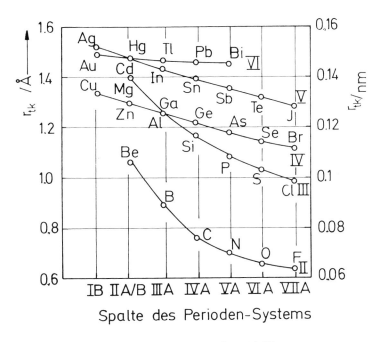

Bild 3.47: Kovalente Radien (nach L. Pauling 1968)

134   Epitaxie-Verfahren

Radien (r_{Ga}=0,125 nm, r_{In}=0,144 nm, r_P=0,108 nm, r_{As}=0,117 nm) bei GaAs(In) eine Druckspannung in der dotierten Schicht auftritt, ebenso wie bei InP(As), während InP(Ga) wegen seiner geringeren Gitterkonstanten unter Zugspannung steht. Für die Änderung der elektronischen Eigenschaften im Sinne eines bandstructure-engineering wird auch die pseudomorphe Einbettung der betreffenden Schicht in Material abweichender Gitterkonstanten verwendet.

Die betreffenden Atom-Radien sind Bild 3.47 zu entnehmen; auch für normale, hohe Dotierungen im 10^{19}cm^{-3}-Bereich ist auf den unterschiedlichen Radius Rücksicht zu nehmen, siehe Kapitel 4.

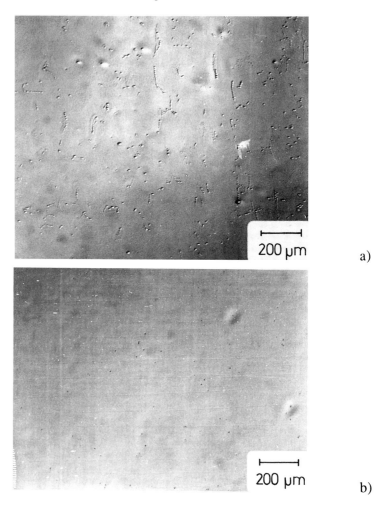

Bild 3.48: Morphologie einer GaAs-Epischicht (5 μm dick); a. ohne In-Dotierung, b. mit In-Dotierung ($4 \cdot 10^{19}$cm^{-3})

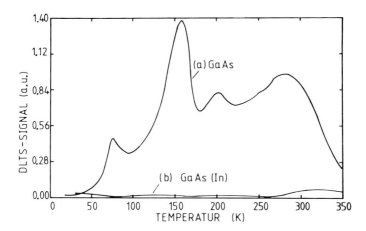

Bild 3.49: DLTS-Spektrum für (a) undotierte und (b) In-dotierte GaAs-Epischicht (nach H. Beneking u. a. 1986)

Bild 3.48 zeigt die verbesserte Morphologie der In-dotierten GaAs-Schicht, wo bereits ein Versetzungs-Netzwerk zu erkennen ist, siehe Abschnitt 3.4. Bild 3.49 zeigt den Unterschied im DLTS-Spektrum; praktisch keinerlei tiefe Störstelle ist mehr erkennbar (außer einer schwachen Andeutung des Fangstellen-Niveaus EL4, welches auf den Antisite-Effekt zurückgeführt wird). In Bild 3.50 sind die Verhältnisse bei InP dargestellt, wenn man mit As verspannungsdotiert. Die erzielte Materialgüte-Verbesserung, z. B. eine vierfache Minoritätsladungsträger-Lebensdauer-Erhöhung, ist insbesondere für bipolare Bauelemente von Bedeutung, wirkt sich aber z. B. beim Rauschen auch positiv bei unipolaren Bauelementen aus. Die starke Reduktion der Versetzungsdichte verhindert bei optischen Emittern (Laser, Lumineszenzdiode) die schnelle Degradation der Lichterzeugung, da an den Versetzungen tiefe Störstellen angereichert werden, welche die nichtstrahlende Rekombination erhöhen. Der Einsatz einer entsprechenden Verspannungsepitaxie bringt somit eine wesentliche Materialgüte-Verbesserung.

Ein Beispiel für die zweite Form der Hetero-Epitaxie ist die Epitaxie vom GaAs auf Si. Während bei GaP noch einigermaßen Anpassung vorliegt, siehe Abschnitt 3.4, ist dies bei GaAs keineswegs mehr der Fall (Bild 3.13). Zuweilen gelingt ein direktes Wachstum bei Wahl spezieller Kristall-Orientierungen, so im erstgenannten Fall GaAs auf Si für die {211} Ebene von Si, jedoch versagt ein solches Verfahren bei Abweichungen von mehreren Prozent. Man verwendet dann Adaptierungsschichten, zweckmäßigerweise in Form von Vielschicht-Strukturen in Form eines Übergitters (superlattice) mit unterschiedlicher Zusammensetzung und damit Gitterkonstanten. Auf diese Weise gelingt ein einigermaßen befriedigendes Wachstum, und die erzeugte Epi-Schicht kann für Bauelemente Verwendung finden. Zur Vermeidung von

136 Epitaxie-Verfahren

Rissen wegen der hohen lateralen Spannung (siehe Bild 3.14a) ist es dabei zweckmäßig, lediglich Inseln, z. B. 0,1 · 0,1 mm² zu wachsen, also eine selektive Hetero-Epitaxie vorzunehmen. Bild 3.51 zeigt entsprechende Schicht-Folgen und gibt für verschiedene Wachstumsfolgen Photolumineszenz-Daten. Da die Schmalheit eines PL-Signals ein Maß für die Schicht-Güte darstellt, ist ersichtlich, daß die im Bild 3.51 angegebene Schicht-Folge mit FWHM = 41 meV der direkten Epitaxie von GaAs auf GaAs (FWHM = 33 meV) recht nahe kommt (FWHM full width half maximum, Halbwertsbreite). Nichtsdestotrotz besitzen solche Hetero-Epitaxieschichten relativ hohe Versetzungsdichten, was ihre tatsächliche Anwendbarkeit relativiert.

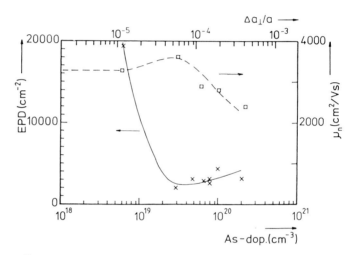

Bild 3.50: Ätzgrubendichte und Elektronen-Beweglichkeit von InP in Abhängigkeit vom As-Gehalt (nach H. Beneking u. a. 1986)

Eine schwächere Form von nicht-gitterangepaßter Epitaxie liegt beim pseudomorphischen Wachstum von z. B. $Ga_{0,9}In_{0,1}As$ auf GaAs vor. Bei Beachtung der Ausführungen in Abschnitt 3.4 gelingt bei hinreichend dünnen Schichten eine einkristalline Abscheidung, welche wegen der inhärenten Verspannung vom Substratmaterial abweichende physikalische und elektronische Eigenschaften besitzen. Diese Modifikation der Bandstruktur (bandstructure engineering) ist für gewisse Bauelement-Anwendungen interessant, siehe auch Abschnitte 12.3.4 und 14.3.2.

Das Übereinander-Wachsen von nutzbaren, getrennten Schichten erlaubt, wenigstens prinzipiell, eine 3D-Integration, also die Anordnung aktiver Bauelemente übereinander. Hieran besteht technisches Interesse, um die Packungsdichte von ICs zu erhöhen. Den grundsätzlichen Aufbau entsprechender Schicht-Folgen zeigt Bild 3.52 (siehe dazu Teil II Abschnitt 9.8). Auch ist es möglich, Wafer beidseitig epitaxial zu beschichten, z. B. für spezielle optoelektronische III-V Komponenten (siehe Abschnitt 13.5).

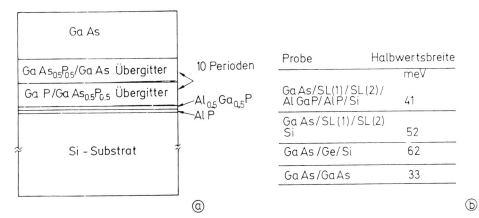

Bild 3.51: Hetero-Epitaxie; a. Schichtfolge zur Herstellung von GaAs auf Si, b. Vergleich von Photolumineszenz-Halbwertsbreiten (150 K) für verschiedene Schicht-Kombinationen (nach T. Soga u. a. 1987)

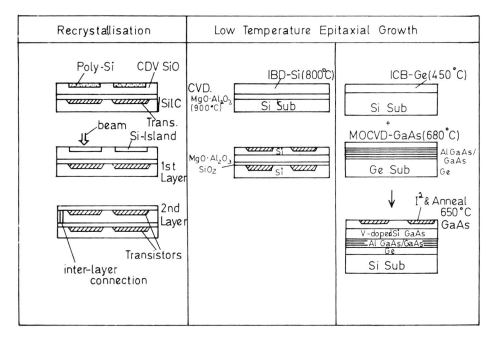

Bild 3.52: Grundsätzliche Schichtfolgen für eine dreidimensionale Integration (3D) (nach Unterlagen der R+D Assoc. Japan 1984)

Literaturverzeichnis

Alfa Organometallics for vapor phase epitaxy, Morton Thiokol. Inc., Danvers MA 1983

Balk, P., Heinecke, H., Pütz, N., Plass, C., Lüth, H.: Ultraviolet induced metalorganic chemical vapor deposition growth of GaAs, J. Vac. Sci. Technol. **A4**, 1986, 711-715

Beneking, H. , Narozny, P., Roentgen, P., Yoshida, M.: Enhanced carrier lifetime and diffusion length in GaAs by strained layer MOCVD, IEEE Electron Dev. Lett. **EDL-7**, 1986, 101-103

Beneking, H., Emeis, N.: Minority carrier lifetime improvement by single strained layer epitaxy of InP, IEEE Electron Dev. Lett. **EDL-7**, 1986, 98-100

Beneking, H., Escobosa, A., Kräutle, H.: Characterization of GaAs epitaxial layers grown in a radiation heated MO-CVD reactor, J. Electronic Mat. **10**, 1981, 473-480
Einfacher Aufbau einer MOCVD-Anlage

Beneking, H., Narozny, P., Emeis, N., Goetz, K.-H.: Reduction of dislocations in GaAs and InP epitaxial layers by quasi ternary growth and its effect on device performance, J. Electronic Mat. **15**, 1986, 247-250

Beneking, H., Narozny, P., Emeis, N.: High quality epitaxial GaAs and InP wafers by isoelectronic doping, Appl. Phys. Lett. **47**, 1985, 828-830

Beneking, H., Narozny, P., Emeis, N.: Single strained layer epitaxy of GaAs and InP for material and device improvement, Inst. Phys. Conf. Ser. **79**, London 1985, 403-408

Beneking, H., Roehle, H., Mischel, P., Schul, G.: GaP liquid phase epitaxial layers on Si substrates, Inst. Phys. Conf. Ser. **33a**, London 1977, 51-57

Beneking, H.: Laser deposition of single crystalline GaAs and stimulated sheet doping, in: Springer Series in Chemical Physics **39**, 188-196, Hrsg. D. Bäuerle, Springer-Verlag, Berlin 1984,

Brauchle, K.A., Bimberg, D., Goetz, K.-H., Jürgensen, H., Selders, J.: High resolution capacitance spectroscopy of LPE $In_{0,53}Ga_{0,47}As$ grown on Fe-doped InP-substrate and VPE GaAs grown on Cr-doped GaAs-substrate Physica **129B**, 1985, 426-429
Anwendungen eines hochauflösenden DLTS-Systems

Chatterjee, A. K., Faktor, M. M., Lyons, M. H., Moss, R. H.:
Vapour Phase Hetero-Epitaxy: Growth of GaInAs Layers,
J. Cryst. Growth **56**, 1982, 591-604

Chiao, S. H., Moon, R. L.: LPE growth of quaternary $Ga_yIn_{1-y}As_xP_{1-x}$ alloys
Prog. Crystal Growth Charact. **2**, 1979, 251-268

Cho, A. Y.: Growth of III-V Semiconductors by Molecular Beam Epitaxy and Their Properties, Thin solid Films **100**, 1983, 291-317
Grundlagen-Darstellung mit praktischen Hinweisen

Davies, G. J., Andrews, D. A.: Metal-organic molecular beam epitaxy (MOMBE), Chemtronics **3**, 1988, 3-16
Review-Artikel

Escobosa, A., Kräutle, H., Beneking, H.: Non-alloyed ohmic contacts on p-GaAs and p-GaAlAs using MO-CVD contact layers,
J. Cryst. Growth **56**, 1982, 376-381

Escobosa, A.: Mittels metallorganischer Gasphasenepitaxie hergestellte nicht legierte ohmsche Kontakte auf GaAs und GaAlAs,
Diss. RWTH Aachen 1983

Ettenberg, M., Pfaff, R. J.: Thermal Expansion of AlAs,
J. Appl. Phys. **41**, 1970, 3926-3927

Forte-Poisson, di, M. A., Brylinski, C.: LP-MOCVD growth of InP and GaInAs for microwave applications, Chemtronics **4**, 1989, 3-7
Epitaxie-Ergebnisse von Schichten für spezielle Bauelemente

Foxton, C. T.: Molecular Beam Epitaxy, Acta Electronica **21**, 1978, 139-150

Fraas, L. M., Cape, J. A., McLead, P. S., Partain, L. D.: Measurement and reduction of water content in AsH3 and PH3 source gases used in epitaxy, J. Vac. Sci. Technol. **B3**, 1985, 921-922

Geis, M. W., Flanders, D. C., Smith, H. I.: Crystallographic Orientation of Silicon on an amorphous substrate using an artificial surface relief grating and laser crystallization, Appl. Phys. Lett. **35**, 1979, 71-74

Gerrard, N. D., Nicholas, D. J., Williams, J. O., Jones, A. C,: Metal organic vapour phase epitaxy (MOVPE) of high purity InP and the role of residual impurities, Chemtronics **3**, 1988, 17-30

Gorelenok, A. T., Mdivani, V. N., Moskvin, P. P., Sarokin, V. S., Ksikov, A. S.: Phase Equilibria in the In-Ga-As-P System, J. Crystal Growth **60**, 1982, 355-362

Grüter, K., Deschler, M., Jürgensen, H., Beccard, Balk, P.: Deposition of high quality GaAs films at fast rates in the LP-VPE system, J. Cryst. Growth **94**, 1989, 607-612
Anomal schnelles Schichtwachstum beim Niederdruck-Halogentransportverfahren

Herman, M. A., Sitter, H.: Molecular Beam Epitaxy (Springer Series in Material Science Bd. 7), Springer-Verlag, Berlin 1989

Heyen, M., Balk,P.: Epitaxial growth of GaAs in chloride transport systems, Progress in Crystal Growth and Characterization **6**, 1983, 265-303
Detaillierte Behandlung der GaAs-VPE mit Varianten des Effer-Verfahrens

Heyen, M.: Wachstum dotierter GaAs-Schichten aus der Gasphase, Diss. RWTH Aachen 1978
Effer-Verfahren mit Varianten

Hunt, N., Williams, J. O.: Growth of high purity GaAs by atmospheric pressure metal-organic vapour phase epitaxy (MOVPE): The role of Zn and Si residual impurities assessed by electrical measurements, photoluminescence (PL) and secondary ion mass spectroscopy (SIMS) Chemtronics **2**, 1987, 165-171

Iwamoto, T., Mori, K., Mizuta, M., Kukimoto, H.: Organometallic Vapor
Phase Epitaxial Growth of $In_{1-x}Ga_xAs_yP_{1-y}$ on GaAs,
Jap. J. Appl. Phys. **22**, 1983, L191-L193

Jürgensen, H., Korec, J., Heyen, M., Balk, P.: Vapour Phase Growth of InP
from the $In-PH_3-HCl-H_2$ System, J. Cryst. Growth **66**, 1984, 73-82
Anorganische VPE von InP

Jürgensen, H.: Wachstumsuntersuchungen für $Ga_xIn_{1-x}As/InP$ Mehrschichtstrukturen aus der Gasphase, Diss. RWTH Aachen 1985

Kasper, E., Herzog, H.-J., Daembkes, H., Abstreiter, G.: Equilly strained
Si/SiGe Superlattices on Si Substrates, Proc. MRS Fall Meeting,
Boston/USA, Dez. 1985

Kasper, E., Herzog, H.-J.: UHV-Epitaxie von Si und SiGe auf Si-Substraten,
Wiss. Ber. AEG-Telefunken **49**, 1976, 213-228

Kasper, E., Herzog, H.-J., Kibbel, H.: A One-Dimensional SiGe Superlattice
Grown by UHV Epitaxy, Appl. Phys. **8**, 1975, 199-205

Kaufmann, L. M.F.: Zum Einfluß der Schmelze und der semiisolierenden
Substrate auf die morphologischen und elektrischen Eigenschaften niedrig
dotierter GaAs-Flüssigepitaxieschichten,
Diss. RWTH Aachen 1976

Kayser, O., Heinecke, H., Brauers, A., Lüth, H., Balk, P.: Vapour pressures of
MOCVD precursors, Chemtronics **3**, 1988, 90-93
Untersuchung des Dampfdruckes von MOCVD-Quellenmaterialien

Kendall, D. L.: Diffusion (Kap. 3, Bd. 4 Semiconductors and Semimetals,
Hrsg. R. K. Willardson, A. C. Beer), Academic Press Inc., London 1968
Daten zur Diffusion von Dotierstoffen

Klem, J., Huang, D., Morkoç, H., Ihm, Y. E., Otsuka, M.: Molecular beam
epitaxial growth and low-temperature optical characterization of
$GaAs_{0,5}Sb_{0,5}$ on InP, Appl. Phys. Lett. **50**, 1987, 1364-1366

Knight, J. R., Effer, D., Evans, P. R.: The Preparation of High Purity Gallium Arsenide by Vapor Phase Epitaxial Growth,
Solid-State Electron. **8**, 1965, 178-180

König, U.: Epitaxie aus der Sn-reichen GaAs-Schmelze, Wachstumsprozeß und Einbaumechanismus, Diss. RWTH Aachen 1973
Grundsätzliche Behandlung der LPE am Beispiel der GaAs (Sn)-Epitaxie

Kordos, P., Schumbera, P., Heyen, M., Balk, P.: Vapor growth of $Ga_xIn_{1-x}As$ using an In/Ga alloy source, Inst. Phys. Conf. Ser. **63**, London 1981, 131-136

Korec, J.: Modeling of chemical vapor deposition, III Silicon epitaxy from chlorsilanes J. Cryst. Growth **61**, 1983, 32-44

Kräutle, H., Roehle, H., Escobosa, A., Beneking, H.: Investigations on low temperature MO-CVD growth of GaAs,
J. Electronic Mat. **12**, 1983, 215-222
Niedertemperatur-Epitaxie bei Normaldruck

Kroemer, A.: MBE Growth of GaAs on Si: Problems and Progress,
Proc MRS Sympos. **67**, 1986, 3-14

Krullmann, E.: Epitaktische Abscheidung von monokristallinem Silizium bei reduziertem Totaldruck, Diss. RWTH Aachen 1981

Kuo, C. P., Vong, S. K., Cohen, R. M., Stringfellow, G. B.: Effect of mismatch strain on band gap in III-V semiconductors,
J. Appl. Phys. **57**, 1985, 5428-5432

Landolt-Börnstein: Zahlenwerte und Funktionen aus Naturwissenschaft und Technik, Group II Vol. 17, Springer-Verlag, Berlin 1982

Laurenti, J. P., Roentgen, P., Wolter, K., Seibert, K., Kurz, H., Camassel, J.: Improvement of GaAs Epitaxial Layers by Indium Incorporation,
Journal de Physique **49(9)**, 1988,
C4-693-C4-696

LeComber, P. G., Spear, W. E.: Doped Amorphous Semiconductors,
Topics in Appl. Phys. Vol. **36**, Springer-Verlag, Berlin 1979

Li, A. Z., Kim, H. K., Jeong, S. C., Wong, D., Schlesinger, T. E., Milnes, A. G.: Trap suppression by isoelectronic In or Sb doping in Si-doped n-GaAs grown by molecular-beam epitaxy, J. Appl. Phys. **64**, 1988, 3497-3504

Lum, R. M., Klingert, J. K., Dütt, B. V.: An intergrated laboratory-reactor MOCVD safety system, J. Cryst. Growth **75**, 1986, 421-428
Sicherheitsvorkehrungen bei MOVPE

Madhukar, A., Lee, T. C., Yen, M. Y., Chen, P., Kim, J. Y., Ghaisas, S. V., Newman, P. G.: Role of surface kinetics and interrupted growth during molecular beam epitaxial growth of normal and inverted GaAs/AlGaAs (100) interfaces: A reflection high-energy electron diffraction intensity dynamics study, Appl. Phys. Lett. **46**, 1985, 1148-1150
RHEED-Anwendung

Manasevit, H. M.: Recollections and Reflections of MO-CVD , J. Cryst. Growth **55**, 1981, 1-9
MOVPE-Prozeßbeschreibung

Maurel, Ph., Defour, M., Grattepain, C., Omnes, F., Acher, O., Timms, G., Razeghi, M., Portal, J. C.: Low pressure metal organic chemical vapour depositon of heterojunctions, quantum wells and superlattices of III-V compounds for photonic and electronic devices, Chemtronics **4**, 1989, 40-43
Epitaxie-Ergebnisse bei Dünnschicht-Strukturen

McClelland, R. W., Boxler, C. O., Fan, J. C. C.: A Technique for producing epitaxial films on reuseable substrates,
Appl. Phys. Lett. **37**, 1980, 560-562

Miller, G. A.: Arsine and Phospine Replacements for Semiconductor Processing, Solid State Technol. **32(8)**, 1989, 59-60

Minagawa, S., Nakamura, H., Sano, H.: OMVPE growth of Gallium-Indium-Phosphide on the <100> Gallium-Arsenide using Adduct Compounds, J. Crystal Growth **71**, 1985, 377-384
Addukt-MOVPE mit vielen Literaturstellen

Neff, H.: Grundlagen und Anwendung der Röntgen-Feinstruktur-Analyse, R. Oldenbourg, München 1962

Nishizawa, J.-I., Abe, H., Kurabayashi, T.: Molecular Layer Epitaxy, J. Electrochem. Soc.: Solid-State Sci. Technol. **132**, 1985, 1197-1200
Wachstum monoatomarer Schichten

Nissim, Y. I., Rosencher (Hrsg.), E.: Heterostructures on Silicon: One Step Further with Silicon (NATO ASI series E Appl. Sci. 160), Kluwer Academic Publ., Dordrecht/Niederlande 1989

Ohlsen, G. H., Zamerowski, T. J.: Cystal growth and properties of binary, ternary and quaternary (In,Ga) (As,P) alloys grown by the hydride vapor phase epitaxy technique, Prog. Crystal Growth Charact. **2**, 1979, 309-375
Breiter Grundlagen-Artikel mit über 100 Zitaten

Onabe, K.: Thermodynamics of Type $A_{1-x}B_xC_{1-y}D_y$, III-V Quaternary Solid Solutions, J. Phys. Chem. Solids **43**, 1982, 1071-1086

Panish, M. B.: The system Ga-As-Sn: Incorporation of Sn into GaAs, J. Appl. Phys. **44**, 1973, 2659-2666
Gründliche Untersuchung zum Dotierstoff-Einbau bei Flüssigphasen-Epitaxie

Panish, M. B.: Phase equilibria in the system Al-Ga-As-Sn and electrical properties of Sn-doped liquid phase epitaxial $Al_xGa_{1-x}As$,
J. Appl. Phys. **44**, 1973, 2667-2675
Gründliche Untersuchung zum Dotierstoff-Einbau bei Flüssigphasen-Epitaxie

Panish, M. B.: The Ga-As-Ge-Sn system: 800°C liquids isotherm and electrical properties of Ge-Sn doped GaAs, J. Appl. Phys. **44**, 1973, 2676-2680
Gründliche Untersuchung zum Dotierstoff-Einbau bei Flüssigphasen-Epitaxie

Panish, M. P.: Ternary Condensed Phase Systems of Gallium and Arsenic with Group IB Elements, J. Electroch. Soc. **114**, 1967, 516-521
Cu-, Ag- und Au-Einbau in GaAs

Paude, K. P., Seabaugh, A. C.: Low temperature plasma-enhanced epitaxy of GaAs, J. Electrochem. Soc. **131**, 1984, 1357-1359

Pauling, L.: Die Natur der chemischen Bindung, 3. Aufl.,
  Verlag Chemie, Weinheim 1968
  Wesentliche Darstellung der atomaren Wechselwirkung

Pichler, P., Ryssel, R.: Trends in Practical Process Simulation,
  Archiv Elektr. Übertr. **44**, 1990, 172-180
  Zusammenfassende Darstellung zum Stand der Prozeß-Simulation

Ploog, K.: Molecular Beam Epitaxy of III-V-Compounds, in: Crystals,
  Growth, Properties and Applications 3, Hrsg. H.C. Freyhardt, Springer-
  Verlag, Berlin1980, 73-163
  Ausführliche Beschreibung der MBE

Prince, A.: Alloy Phase Equilibria, Elsevier Publ. Co., Amsterdam 1966
  Gut verständliche Darstellung von Phasendiagrammen

Pütz, N., Veuhoff, E., Bachem, K.-H., Balk, P., Lüth, H.: Low Pressure Vapor
  Phase Epitaxy of GaAs in a Halogen transport System,
  J. Electrochem. Soc.: Solid-State Sci. Technol. **128**, 1981, 2202-2206

Pütz, N., Veuhoff, E., Heinecke, H., Heyen, M., Lüth, H., Balk, P.:
  GaAs Growth in metal-organic MBE, J. Vac. Sci. Technol. **B3**, 1985,
  671-673
  MOMBE-Verfahren

Razeghi, M., Maurel, Ph., Defour, M., Omnes, F., Neu, G., Kozacki, A.: Very
  high purity InP epilayer grown by metalorganic chemical vapor
  deposition, Appl. Phys. Lett. **52**, 1988, 117-119

Razeghi, M.: The MOCVD challenge, Vol. 1: A Survey of GaInAsP-InP for
  Photonic and Electronic Applications, A. Hilger, Bristol 1989

Roehle, H., Beneking, H.: GaP:N for LEDs grown by MO-CVD,
  Inst. Phys. Conf. Ser. No. **63**, London 1982, 119-124

Roehle, H.: Metallorganische Epitaxie von GAP:N, Schichteigenschaften und
  pn-Elektrolumineszenz, Diss. RWTH Aachen, 1982

Roentgen, P., Goetz, K.-H., Beneking, H.: Metalorganic chemical vapor deposition and photoluminescence of nm GaAs doping superlattices, J. Appl. Phys. **58**, 1985, 1696-1697
Herstellung von nipi-Strukturen mittels MOVPE

Schade, K.: Halbleitertechnologie, VEB Verlag Technik, Berlin 1981
Ausführliche Beschreibung der konventionellen Silizium-Technologie

Selders, J.: Zur Stabilität von MIS-Feldeffektransistoren aus GaInAs vom n-Kanal Inversionstyp, Diss. RWTH Aachen 1986

Shealy, J. R., Kreismanis, V. G., Wagner, D. K., Woodall, J. M.: Improved photoluminescence of organometallic vapor phase epitaxial AlGaAs using a new gettering technique on the arsine source, Appl. Phys. Lett. **42**, 1983, 83-85
Anwendung des Metallschmelze-Verfahrens nach Shealy u. a. für AsH_3 bei LP-MOVPE

Shealy, J. R., Woodall, J. M.: A new technique for gettering oxygen and moisture from gases used in semiconductor processing, Appl. Phys. Lett. **41**, 1982, 88-90
Verwendung einer Metallschmelze zur Gas-Trocknung

Soga, T., Hattori, S., Sakai, S., Takeyasu, M., Umeno, M.: MOCVD Growth of GaAs on Si Substrates with AlGaP and Strained Superlattice Layers, Electronics Lett. **20**, 1984, 916-918

Soga, T., Sakai, S., Umeno, M., Hattori, S.: Selective MOCVD growth of GaAs on Si substrate with superlattice intermediate layers, Jap. J. Appl. Phys. **26**, 1987, 252-255

Sonomura, H., Horinaka, H., Miyauchi, T.: Composition Deviation and Its Effect on Lattice Constant in Pseudoquaternary Compund Alloy Systems, Jap. J. Appl. Phys. **22**, 1983, L689-L691
Grundsätzliche Überlegungen mit Anwendung auf GaInAsP

Steckenborn, A., Münzel, H., Bimberg, D.: Cathodoluminescence lifetime pattern of GaAs surfaces and structures, Inst. Phys. Conf. Ser. **60**, London 1981, 185-190

Stringfellow, G. B.: Organometallic Vapor-Phase Epitaxy Theory and
   Practice, Academic Press, New York 1989

Tagungsband "Metalorganic Vapour Phase Epitaxy 1984",
   J. Cryst. Growth **68** No.1, 1984, 1-501

Takagishi, S., Mori, H.: Effect of Operating Pressure on the Properties of
   GaAs Grown by Low-Pressure MOCVD, Jap. J. Appl. Phys. **22**, 1983,
   L795-L797

Tilly, T., Schummers, R., Narozny, P., Emeis, N., Beneking, H., Klapper, H.:
   Impurity gettering and dislocation reduction by GaAs (In) and InP (As)
   strained layer epitaxy and related device effects,
   Inst. Phys. Conf. Ser. **83**, London 1987, 147-152

Tmar, M., Gabriel, A., Chatillon, C., Ansara, I.: Critical Analysis and
   Optimization of the Thermodynamic Properties and Phase Diagrams in
   the III-V Compounds: The In-P and Ga-P Systems,
   J. Cryst. Growth **68**, 1984, 557-580
   Grundlegende Materialdaten

Tmar, M., Gabriel, A., Chatillon, C., Ansara, I.: Critical Analysis and
   Optimization of the Thermodynamic Properties and Phase Diagrams of
   the III-V Compounds II. The Ga-As and In-As Systems, J. Crystal
   Growth **69**, 1984. 421-441
   Grundlegende Materialdaten

Tsang (Hrsg.), W. T.: Lightwave Communications Technology-Part A,
   Material Growth Technologies, Bd. 22, Semiconductors and Semimetals
   (Hrsg. R. K. Willardson, A. C. Beer),
   Academic Press Inc., London 1985
   Kompetente Darstellung der wesentlichen Epitaxie-Verfahren

Tsang, W. T.: Chemical Beam Epitaxy,
   IEEE Circuits and Devices Magazine **4(5)**, 1988, 18-24

Tsuchiya, M., Sakaki, H.: Precise control of resonant tunneling current in
   AlAs/GaAs/AlAs double barrier diodes with atomically-controlled
   barrier widths, Jap. J. Appl. Phys. **25**, 1986, L185-L187

Uppal, P. N., Kroemer, H.: Molecular beam epitaxial growth of GaAs on Si (211), J. Appl. Phys. **58**, 1985, 2195-2203

Vescan , L., Kasper, E., Meyer, O., Maier, M.: Characterization of Ga-doped solid phase - MBE silicon, J. Cryst. Growth **73**, 1985, 482-486
Festphasen-Epitaxie bei Silizium

Vescan, L., Beneking, H., Meyer, O.: Submicron highly doped Si layers grown by LPVPE, J. Cryst. Growth **76**, 1986, 63-68
Dünnschicht-Si-Epitaxie bei niedrigen Temperaturen

Vescan, L., Beneking, H.: LPVPE of Silicon for HIGH SPEED DEVICES, Abstract 1065, Fall meeting Honolulu, Hawaii Oct. 1987, Electrochem. Soc. Extended abstr. 87-2, 1987, 1478-1489

Vescan, L., Beneking, H.: Effectiveness of silicon low pressure vapor phase epitaxy for narrow, highly doped multilayers, Proc. Second Internat. Sympos. Silicon Molecular Epitaxy, Honolulu/Hawai 1988, 549-558 (Proc. Vol. 88-8, Electrochem. Soc)

Vescan, L., Bomchil, G., Halimaoui, A., Perio, A., Herino, R.: Low-Pressure Vapor-Phase Epitaxy of Silicon on Porous Silicon, Materials Lett. **7(3)**, 1988, 94-98

Vescan, L., Breuer, U., Werres, Ch., Beneking, H.: Sharp Doping Profiles in Silicon Grown by Advanced LPVPE, Proc. Internat. Sympos. Trend and New Applications in Thin Films, Straßburg, Frankreich, März 1987, **1**, 1987, 217-221

Vescan, L.: Silizium-Schichtstrukturen für neuartige ultrahochfrequente Bauelemente, BMFT-Bericht NT 2672 0, 1987

Voss, H.-J., Kürten, H.: Selektive-Silizium-Niederdruckepitaxie, BMFT Forschungsbericht T85-133, 1985

Westphalen, R., Jürgensen, H., Balk, P.: Epilayers with extremly low dislocation densities, grown by isoelectronic doping of hydride VPE grown InP, J. Cryst. Growth **96**, 1989, 982-984

Weyers, M.: MOMBE and MOVPE - a comparison of growth techniques, Prog. Crystal Growth and Charact. **19**, 1989, 83-96

Winstel, G, Weyrich, C.: Optoelektronik I, 1980; II, 1986,
   Springer-Verlag Berlin
   Herstellung, Eigenschaften und Anwendung von III-V-Bauelementen der Optoelektronik

Woelk, E., Beneking, H.: A novel MOVPE reactor with a rotating substrate, J. Cryst. Growth **93**, 1988, 216-219

Woelk, E., Beneking, H.: OMVPE of GaInAs on a spinning substrate, J. Cryst. Growth **87**, 1988, 201-204

Wu, K.-C., Dutton, R. W., Johnson, N. M.: Ebic measurements and grain boundary recombination in SOI polycrystalline silicon, IEEE Transact. Electron Dev. **ED-33**, 1986, 1020-1027

4 Dotierungsverfahren

In der Halbleitertechnik werden Bauelemente benötigt, welche in unterschiedlich dotierten Schichten bzw. Schichtfolgen konfiguriert sind. Das bedeutet, daß entsprechende Schichten groß- und kleinflächig reproduzierbar und mit gezielten Daten hergestellt werden müssen. Während die Epitaxie (Kapitel 3) die Schichten durch Aufwachsen bereitstellt, sind die hier dargestellten Verfahren solche, die im Kristall (Substrat) in Oberflächennähe eine gezielte Veränderung, insbesondere der Dotierung, hervorrufen. Ihre Anwendung ist sowohl großflächig, über die gesamte Substratscheibe, als auch selektiv konfiguriert, auf die schließlichen Bauelement-Bereiche bezogen, zu sehen.

In diesem Abschnitt werden drei Dotierungsverfahren behandelt. Dabei stellt die Legierungstechnik, eigentlich eine Spezialform der Flüssigphasen-Epitaxie, das älteste Umdotierungsverfahren dar, welches jedoch bei Silizium in seiner Bedeutung stark hinter Diffusionstechnik und Ionenimplantation zurücktritt. Für Kontakte bzw. Kontaktierungsschichten wird die Legierungstechnik auch dort noch eingesetzt.

Das technisch ausgereifteste Verfahren ist das Diffusionsverfahren. Es wird sowohl die Diffusion aus der Gasphase als auch Feststoffdiffusion verwendet.

Das dritte Verfahren ist die Ionenimplantation, welches schon wegen der einfachen Handhabung wesentliche Bedeutung sowohl bei Silizium wie bei III-V Verbindungen besitzt. Der technische Einsatz ist einfach, und mit Hochstrom- Implantationsanlagen erhält man hohen Durchsatz (throughput). Für gleichmäßigen Einschuß der Dotier-Atome muß ein "channeling" vermieden werden, also ein Eindringen der Ionen in exakt eine Gitter-Richtung; andernfalls treten tiefe Ausläufer auf ("spikes"). Hier werden erhebliche Störungen des Kristallgitters verursacht, da die mit hoher Beschleunigungsspannung von zumindest 10 keV eingeschossenen Ionen Kaskaden von Gitterdefekten hervorrufen. Deswegen sind implantierte Schichten zur Wiederherstellung der Kristallperfektion zu tempern, was bei III-V-Verbindungen schwieriger zu bewerkstelligen ist als bei Silizium. Auf die hierdurch bedingte Umverteilung der Dotierungsatome durch Diffusion wird ebenfalls eingegangen. Im Sonderfall sehr niederer Implantationsenergie, kleiner 10 keV, lassen sich oberflächennahe Schichten im 10 nm-Bereich erhalten, was für unkonventionelle Bauelemente von Bedeutung ist, siehe Teil II, Kapitel 14.

Ist eine strukturierte Dotierung erforderlich, kann mit einem lateral begrenzten Einbau-Prozeß auch maskenlos gearbeitet werden. Man verwendet dazu Licht-Aktivierung zum Eintreiben zuvor adsorbierter Dotier-Atome, z. B. mittels eines Lasers, oder die örtlich begrenzte Direkt-Implantation mittels eines fokussierten Ionenstrahls.

Mit dem Einbau von Fremd-Ionen in das Wirtsgitter ist die Bildung von mechanischen Spannungen verbunden, sofern nicht das Dotieratom exakt das gleiche Gitter-Volumen beansprucht wie das ersetzte des Grundgitters. Bild 3.47 zeigt nach Pauling die Radien der einzelnen Atome, womit man die erzeugte Störung abschätzen kann; bei niedrigen Dotierungen, unterhalb von $10^{18} cm^{-3}$, ist der Effekt meist zu vernachlässigen. Bei hohen Dotierungen ist eine Zweifach-Dotierung vorzuziehen, um bei gleichzeitiger Verwendung eines kleineren und größeren Dotieratoms derselben Spalte des Periodensystems die erzeugte Verspannung zu minimieren. In Sonderfällen, siehe Abschnitt 3.10, wird hingegen bewußt eine solche Gitterstörung eingebracht.

Schließlich werden die zugehörenden analytischen Verfahren besprochen, welche zur Charakterisierung der Schicht-Eigenschaften dienen. Erleichtert wird das Verständnis durch theoretische Modelle, auf welche jeweils hingewiesen wird.

4.1 Dotierung mittels Legierung

Das Legierungsverfahren nutzt den endlichen Verteilungskoeffizienten k zwischen Schmelze und Feststoff aus. Man bringt dazu das als Dotierstoff dienende Material in Form einer aufgedampften Schicht, als Teil einer solchen oder mittels einer Folie auf die Oberfläche des zu dotierenden Halbleiters auf. Einfachere Verfahren benutzen Metallpillen, die den Dotierstoff enthalten. Zuvor muß in jedem Fall die Oberfläche von kritischen Fremdstoffen und einer (durch Lagerung an Luft natürlich entstandenen) Oxidschicht befreit werden. Hierzu dienen ein oder mehrere Reinigungsschritte, welche möglichst kurz vor der Belegung vorzunehmen sind.

Bei Temperaturerhöhung wird dann das Legierungsmetall geschmolzen, es benetzt (eventuell unter Benutzung eines Flußmittels) die Halbleiteroberfläche und löst diese schließlich an. Die Schmelze enthält dann entsprechend der Löslichkeitskurve (Liquiduskurve im Phasendiagramm Legierungsmetall-Halbleiter, siehe hierzu auch Abschnitt 3.5) sowohl Halbleitermaterial als auch Dotieratome.

Kühlt man bei Beibehaltung des Gleichgewichts (quasi-statische Abkühlung) wieder ab, verschiebt sich das Gleichgewicht längs der Löslichkeitskurve, und das notwendigerweise ausfallende Halbleitermaterial rekristallisiert auf der angelösten Substratoberfläche. Hierbei wird entsprechend dem Verteilungskoeffizienten k das Dotierungsmaterial mit eingebaut. Da eine scharfe Lösungsfront existiert, erhält man mit diesem Verfahren, im Gegensatz zum Diffusionsverfahren, abrupte Übergänge. Nur bei sehr langsamem Abkühlen

152 Dotierungsverfahren

werden diese durch Diffusion verschliffen. Das sich bei der Rekristallisation einstellende Tiefenprofil hängt davon ab, inwieweit die Schmelzzone an Dotierungsatomen verarmt. Im Regelfall ist ein solch großes Reservoir vorhanden, daß eine praktisch konstante Dotierung erzeugt wird.

Ein schließliches schnelles Abkühlen bewirkt ein Ausfallen des im Schmelzenrest verbliebenen Halbleiter-Materials in Form von Kristalliten, womit ein räumlich kurzer Bereich den Übergang zu der metallenen Deckschicht bildet, aus welcher die Legierungsdotierung erfolgte. Diese wird zur Kontaktierung ausgenutzt, wie in Teil II dargestellt ist.

Da üblicherweise bei Legierung Temperaturen vorliegen (500°C), bei denen Oxidationsvorgänge ablaufen, wird der Prozeß unter Schutzgas durchgeführt. Man kann Stickstoff, Wasserstoff oder Formiergas (80% N_2, 20% H_2) verwenden. Bei leicht flüchtigen Bestandteilen ist dem Abdampfen vorzubeugen, z. B. durch Einhaltung des Partialdruckes der flüchtigen Komponente in der umgebenden Atmosphäre.

4.1.1 Der Legierungsprozeß

Das Modell des Prozesses folgt mit Bild 4.1, wo als Beispiel ein binäres System mit Eutektikum vorausgesetzt ist. Das Dotiermaterial ist als Metallschicht der Höhe h auf die Halbleiteroberfläche aufgebracht. Schmelz- und Rekristallisationszonen sind rechteckig gezeichnet, um den Rechengang zu vereinfachen. Tatsächlich tritt, abhängig von der Kristallorientierung, auch ein seitliches Anlösen auf.

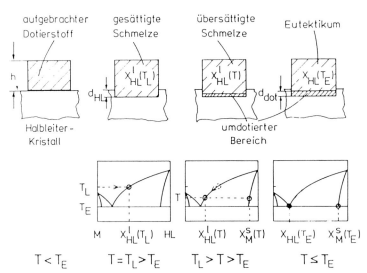

Bild 4.1: Legierungsvorgang in schematischer Darstellung und zugehöriges Phasendiagramm

Nach dem Aufschmelzen des Metalls und Anlösen der Halbleiteroberfläche verteilt sich das Halbleitermaterial für $T_L > T_E$ mit einer Diffusionskonstanten von etwa $D_{HL} \approx 10^{-4} cm^2/s$ in der Schmelze (T_E eutektische Temperatur Halbleiter-Dotiermetall). Es gilt dann

$$\frac{d_{HL}}{h} \approx \frac{V_{HL}^l}{V_M^l} = \frac{X_{HL}^l(T_L)}{1-X_{HL}^l(T_L)},$$

wo der Anteil $X_{HL}(T_L)$ aus der Liquiduskurve des entsprechenden Phasendiagramms folgt (V_{HL}^l, V_M^l Volumen der flüssigen Phase).

Die Dicke der schließlich rekristallisierten Schicht d_{dot} folgt aus dem Verhältnis des abgeschiedenen Halbleitervolumens zu dem der Schmelze,

$$\frac{d_{dot}}{d_{HL}} = \frac{V_{HL}^s}{V_{HL}^l} = \frac{n_{HL}^s}{n_{HL}^l},$$

mit

$$\frac{n_{HL}^s}{n_{HL}^l} = \frac{X_{HL}^l(T_L) - X_{HL}^l(T_E)}{X_{HL}^l(T_L)}.$$

Der Dotierungsverlauf folgt direkt aus dem Gang der Soliduskurve, wo an der jeweiligen Rekristallisationsfront $X_M(T)$ eingebaut wird. Bei gegebenem (temperaturabhängigen) Verteilungs-Koeffizienten zwischen Halbleiter und

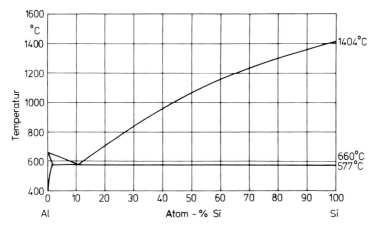

Bild 4.2: Binäres Phasendiagramm Al-Si (nach M. Hansen 1958)

154 Dotierungsverfahren

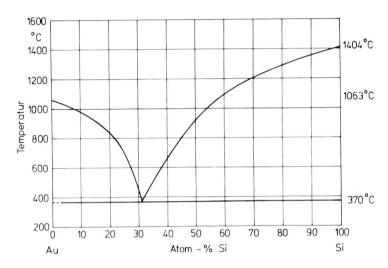

Bild 4.3: Binäres Phasendiagramm Au-Si (nach M. Hansen 1958)

Schmelze kann man den Dotierungsverlauf mit $k(T) \cdot X_M(T)$ auch aus dem Gang der Liquiduskurve bestimmen. Die Dotierung ändert sich stetig bis zu $k(T_E) \cdot X_M(T_E)$, von wo ab dann die Schmelze erstarrt und den eutektisch-metallischen Belag an der Oberfläche des rekristallisierten Halbleiters bildet.

Als Beispiel sind in Bild 4.2 das Phasendiagramm Al-Si und in Bild 4.3 das Phasendiagramm Au-Si gezeigt.

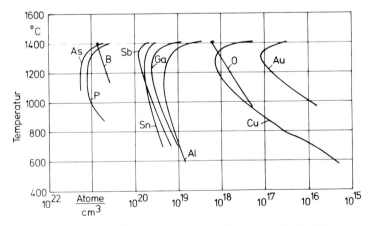

Bild 4.4: Festkörperlöslichkeit wichtiger Dotierstoffe in Si
(nach I. Ruge 1975)

Wegen der meist geringen Löslichkeit von Dotierstoffen in Halbleitern, die sich in den Diagrammen als praktisch vertikale Soliduskurve ausdrückt, gibt man die Löslichkeit von Dotierstoffen im festen Halbleiter noch gesondert an, Bild 4.4.

Hier sind die Soliduskurven der für Silizium wichtigsten Dotierstoffe auf der Si-Seite hochaufgelöst dargestellt und direkt in Form der Störstellen-Konzentration angegeben.

War der Dotierungsstoff nur ein Legierungsbestandteil der Deckschicht (z. B. 10% Be in einer Au-Be-Folie), hängt es vom Dreistoff-Phasendiagramm HL-Au-Be ab, wie die Einbaurate ist. In erster Näherung kann jedoch wie vor von der jeweiligen Konzentration ausgegangen werden. Um bei Si ebene Legierungsfronten zu erhalten, verwendet man z. B. Gold-Legierungsfolien, die dann angepreßt werden. Auch die Legierung durch Legierformen wird benutzt, um die laterale Geometrie festzulegen.

4.2 Dotierung mittels Diffusion

Beim Diffusionsverfahren werden an der Kristalloberfläche Dotierstoffatome angeboten, die dann bei erhöhter Temperatur in den Kristall eindiffundieren können. Dies ist bei Silizium neben der Ionenimplantation das großtechnisch meist eingesetzte Dotierungsverfahren zur Umdotierung von Bereichen der Halbleiterscheibe. Es führt zu definierten Schichtdicken, ist auch auf großen Substratscheiben reproduzierbar und im Vergleich zu Epitaxie und Ionenimplantation relativ preiswert. Etwa 200 Scheiben können dem Prozeß auf einmal unterzogen werden.

Bei III-V Verbindungen ist kein Ofen mit Atmosphärendruck verwendbar, es sei denn, daß die Halbleiteroberfläche mit undurchlässigen Deckschichten versehen ist. Der Dampfdruck der V-er Komponente (P, As, Sb) ist bei den erforderlichen Temperaturen (>700°C) zu hoch (vergleiche Abschnitt 1.6, Bild 1.18), das Material degradiert. In solchen Fällen wird unter passendem Partialdruck, also in einem geschlossenen System gearbeitet (closed tube oder sealed tube diffusion).

4.2.1 Der Diffusionsmechanismus

Beim Diffusionsprozeß müssen räumlich unterschiedliche Dichten der zu diffundierenden Atome vorliegen. Der Diffusionsstrom besitzt dann nach dem 1. Fick'schen Gesetz eine Teilchen-Stromdichte

```
S = -D·grad N
```

156 Dotierungsverfahren

(D Diffusionskonstante, N Dichte der Diffusanten). Als wesentliche Mechanismen der Diffusion im Festkörper sind erstens Diffusion über Zwischengitterplätze und zweitens Diffusion über Leerstellen zu nennen.

Da die Raumausfüllung im Diamant-bzw. Zinkblende-Gitter nur etwa 34% beträgt, können bei hinreichender Temperatur Fremdatome relativ schnell zwischen den Gitteratomen wandern. Die in der Temperaturabhängigkeit mit

$$D = D_o e^{\frac{-E_a}{kT}}$$

zum Ausdruck kommende Aktivierungsenergie E_a ist niedriger als die im Fall einer Diffusion über Leerstellen des Gitters selbst, wo ein jeweils höherer Potentialberg zu überwinden ist. Bei Si diffundieren die meisten Schwermetalle schnell, und zwar über Zwischengitterplätze (D_Z), Elemente der III. und V. Spalte langsam über die Leerstellen (D_L). Es gibt aber auch Fälle, wo konzentrations- oder temperaturabhängig mit $D = a \cdot D_L + (1 - a) D_Z$ beides zu berücksichtigen ist.

Zur Ermittlung von D_o und E_a bedient man sich eines sog. "Arrhenius-Plot's", der halblogarithmischen Auftragung gemessener D-Werte über 1/T. Bild 4.5 zeigt entsprechende Verläufe für langsame und schnelle Diffusanten in Silizium.

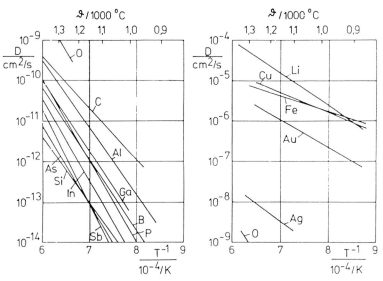

Bild 4.5: Diffusionskonstanten von langsam und schnell diffundierenden Elementen in Silizium (nach I. Ruge 1975)

Tabelle 4.1: Parameter zur Bestimmung der Diffusionskonstanten für wichtige Dotierelemente in Silizium (nach I. Ruge 1975)

Element	D_0 in cm^2/s	E_a in eV
B	14	3,7
Al	5,5	3,4
Ga	4,0	3,5
P	10	3,5
As	0,55	3,6
Sb	10	4,0

Die daraus zu erhaltenden Parameter D_0 und E_a sind in Tabelle 4.1 für die wichtigsten Diffusanten in Silizium angegeben. Bei üblichen Diffusionstemperaturen von 800°C bis 1200°C besitzen schnelle Diffusanten D-Werte von 10^{-9} bis 10^{-4} cm^2/s, langsame 10^{-15} bis 10^{-9} cm^2/s.

Die Leerstellenkonzentration, die Voraussetzung für eine Diffusion über Leerstellen ist, ist über die statistische Schwankung der Gitterplatzbesetzung temperaturabhängig.

Man unterscheidet hierbei zwei Effekte. Es sind dies die Schottky'sche Fehlordnung und die Frenkel'sche Fehlordnung. Erstere bedeutet die Schaffung einer Leerstelle durch Verlagerung des Gitteratoms nach außen an die Oberfläche. Der Frenkel-Defekt hingegen besteht in der Verlagerung auf einen Zwischengitterplatz. Beide Effekte nehmen mit erhöhter Temperatur zu.

Die Gleichgewichtsdichte der Schottky-Leerstellen beträgt

$$N_L = N \cdot e^{\frac{-E_{aS}}{kT}}$$

mit E_{aS} Aktivierungsenergie und N Atomdichte im idealen Gitter. Bei den Frenkel-Leerstellen geht auch die Zahl der Zwischengitterplätze (Dichte N_Z) in die Rechnung ein, und es folgt

$$N_L = \sqrt{N\ N_Z}\ e^{\frac{-E_{aF}}{kT}}\ .$$

Die hier eingehende Aktivierungsenergie E_{aF} hat wie E_{aS} größenordnungsmäßig einen Wert von 1 eV, wo bei technischen Halbleitern meist $E_{aF} < E_{aS}$ gilt. Im übrigen sind bei Raumtemperatur meist mehr Leerstellen vorhanden als 300 K entspricht, da sie bei zu schnellem Abkühlen eingefroren werden.

158 Dotierungsverfahren

Eine Leerstellen-Diffusion selbst existiert ebenfalls; bei hoher thermischer Anregung wird, anschaulich gesprochen, die Schwingungsamplitude eines angrenzenden Gitteratoms so groß, daß es in die benachbarte Lücke springt - die Leerstelle ist gewandert.

Hinsichtlich der Störstellendiffusion ist weiter zu beachten, daß unter Umständen Komplexe gebildet werden, z. B. von zwei unabhängig voneinander eingebrachten Diffusanten, welche dann gemeinsam diffundieren und eine relativ niedrige Diffusionskonstante besitzen. Auch makroskopische Ansammlungen (cluster) können auftreten. Bei sehr hohen Konzentrationen kann andererseits eine vergrößerte Diffusionkonstante auftreten, bedingt z. B. durch eine Verspannung des Gitters.

Als Dotiersubstanzen werden bei Silizium zur n-Dotierung P, As und Sb, zur p-Dotierung B, Ga, Al und In eingesetzt. Die Wahl hängt von der gewünschten Dotierungstiefe (Diffusionskonstante!) sowie der Bevorzugung festen, flüssigen oder gasförmigen Quellenmaterials ab. Durch passende Mischung verschiedener Dotierstoffe läßt sich auch bei hoher Einbaurate ($> 10^{18} cm^{-3}$) eine Gitterverspannung weitgehend reduzieren, welche sonst aufgrund unterschiedlicher kovalenter Atomradien aufträte.

Die gängigsten Dotierstoffe bei Silizium sind die hochgiftigen Gase Diboran B_2H_6 für p- und Phosphin PH_3 für n-Dotierung. Bei III-V-Verbindungen wird, wenn überhaupt, eine Zn-Diffusion im Ampullenverfahren, also im abgeschlossenen Volumen durchgeführt. Hier wird auch die Feststoffdiffusion, eine Diffusion aus einer aufgebrachten dichten Deckschicht, angewendet.

Ein wichtiger Punkt ist die maximal erzielbare Dotierung, also die maximal mögliche Besetzung von Gitterplätzen durch Dotieratome. Diese ist durch die maximale Festkörperlöslichkeit von Dotierstoffen im Halbleiter gegeben. Bild 4.4 gibt diese Löslichkeit im Falle von Silizium an. Zu beachten ist hier allerdings, daß unter Umständen Störstellen sowohl aktiv auf Gitterplätzen als auch aktiv oder nicht aktiv auf Zwischengitterplätzen sitzen können. Letzteres tritt z. B. bei der nicht vollständigen Aktivierung implantierter Störstellen auf; die erzielbare Dotierung ist geringer als die implantierte Dichte, siehe Abschnitt 4.3. Es kann aber auch sein, so z. B. bei Zn in GaAs, daß das Zwischengitteratom als Donator und nur das auf einem Gitterplatz sitzende Atom als Akzeptor wirkt; es ist dann das - im Fall von Zn in GaAs - p-dotierte Material teilweise kompensiert. Dies führt wegen der erhöhten Coulomb-Streuung zu entsprechend reduzierter Trägerbeweglichkeit.

4.2.2 Die Diffusionsgesetze

Die Kontinuitätsgleichung

$$\frac{dN}{dt} = G - R - div\ S$$

ist als Differentialgleichung auf den Diffusionsprozeß in der vereinfachten Form des 2. Fick`schen Gesetzes

$$\frac{dN}{dt} = -\text{div } S$$

anzuwenden, da Generation G sowie Rekombination R für die diffundierenden Störstellen keine Rolle spielen und mit Null anzusetzen sind.

Im Regelfall ist eine Oberfläche ($x = 0$) des in +x-Richtung unendlich ausgedehnten Kristalls der Diffusionsquelle ausgesetzt. Letztere kann, wie im Fall einer kontinuierlichen Beströmung mit dem Diffusanten der Oberflächenkonzentration $N_o \neq f(t)$, als unerschöpfliche Quelle (1) angesehen werden, oder, falls eine bestimmte Menge in einer Oberflächenschicht zu Beginn des Diffusionsvorganges deponiert wurde, mit $N_o = f(t)$ eine erschöpfliche Quelle (2) darstellen. In beiden Fällen ist das sich ergebende Diffusionsprofil in der Tiefe ähnlich, jedoch prinzipiell, vor allem in Oberflächennähe, unterschiedlich.

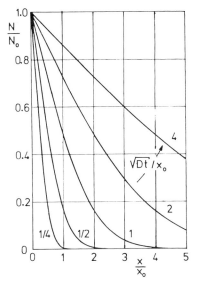
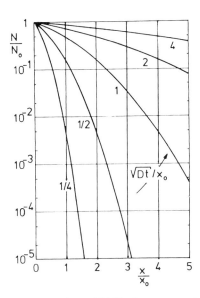

Bild 4.6: Das erfc-Profil für verschiedene normierte Diffusionsparamter $\sqrt{Dt}/x_o$ über der normierten Tiefe x/x_o (x_o beliebige Normierungslänge, z. B. $x_o = 1$ μm)

160 Dotierungsverfahren

Im Fall (1) gilt für die orts- und zeitabhängige Dichteverteilung im Kristall

$$N(x,t) = N_0 \, \text{erfc} \, \frac{x}{2\sqrt{Dt}},$$

wo

$$\text{erfc}(z) = 1 - \frac{2}{\sqrt{\pi}} \int_0^z e^{-\xi^2} d\xi$$

die komplementäre Fehlerfunktion darstellt; t Diffusionszeit.

In Bild 4.6 sind entsprechende Dotierungsverläufe für verschiedene Diffusionszeiten bzw. Diffusionskonstanten in linearer und halblogarithmischer Darstellung gezeigt.

Bei einer Belegung N_{oo} der Höhe $h \ll \sqrt{Dt}$, womit die Menge M der zur Verfügung stehenden Diffusanten pro Flächeneinheit auf

$$M = h \, N_{oo}$$

begrenzt ist, sinkt im Fall (2) die Oberflächenkonzentration mit

$$N_0(t) = \frac{M}{\sqrt{\pi Dt}}$$

ab. Die exakte Lösung der Kontinuitätsgleichung für eine anfängliche Belegung von $x = 0$ bis $x = h$,

$$N(x,t) = \frac{N_{oo}}{2} \left(\text{erfc} \, \frac{x-h}{2\sqrt{Dt}} - \text{erfc} \, \frac{x+h}{2\sqrt{Dt}} \right),$$

geht für hinreichend dünne Belegung $h \ll \sqrt{Dt}$ in die Gaußverteilung

$$N(x,t) = N_0(t) \cdot e^{\frac{-x^2}{4Dt}} = \frac{M}{\sqrt{\pi Dt}} e^{\frac{-x^2}{4Dt}}$$

über. Bild 4.7 zeigt Normkurven, die auch das starke Absinken der Oberflächenkonzentration deutlich machen. Ein Vergleich mit Bild 4.6 zeigt, daß sich die Dotierungsverläufe für große Eindringtiefen ähneln, jedoch in Oberflächennähe große Unterschiede aufweisen.

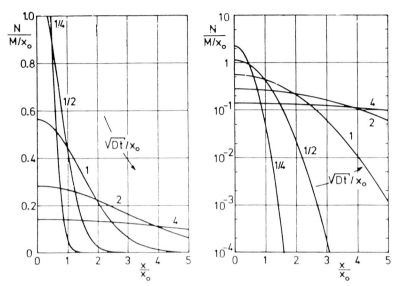

Bild 4.7: Gaußprofile für verschiedene normierte Diffusionsparameter $\sqrt{Dt}/x_0$ über der normierten Tiefe x/x_0 (Oberflächenbelegung $M = N_{00} \cdot h$, $h \ll x_0$, x_0 beliebige Normierungslänge, z. B. $x_0 = 1$ μm)

Bild 4.8 zeigt noch einmal die Diffusionsprofile in normalisierter Darstellung (Konzentration bezogen auf Oberflächenkonzentration gegen normalisierten Abstand), wie zuvor links in linearer und rechts halblogarithmischer Darstellung.

Beim normierten erfc-Profil ist dabei die Oberflächenkonzentration $N_0 = $ const., und die gesamte Menge der Dotieratome

$$M = \frac{2}{\sqrt{\pi}} \cdot \sqrt{Dt} \cdot N_0,$$

beim normierten Gauß-Profil ist

$$M = \text{const} \quad \text{und} \quad N_0 = \frac{M}{\sqrt{\pi Dt}}.$$

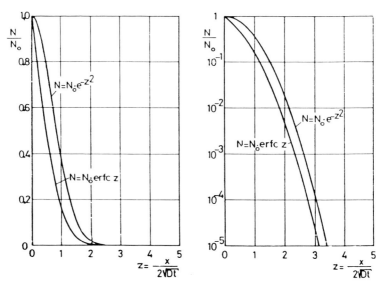

Bild 4.8: Diffusionsprofile in normalisierter Darstellung

Um die, für gegebenen Dotierungsverlauf in der Tiefe, hohe Oberflächenkonzentration der Diffusion aus unerschöpflicher Quelle zu vermeiden (dies kann für Bauelement-Anwendungen wichtig sein), wird die Diffusion auch in zwei Schritten durchgeführt: Vorbelegung einer dünnen Oberflächenschicht mit relativ hoher Dotierung (erfc-Profil) und anschließendes Eintreiben (Gauß-Profil). Daraus folgen in der Tiefe Konzentrationsgradienten wie beim erfc-Profil bei entsprechend dem Gauß-Profil erniedrigten Oberflächenkonzentrationen. Hierauf wird genauer im zweiten Teil eingegangen.

4.2.3 Der Diffusionsprozeß

Diffusionen können im abgeschlossenen Volumen zur Einhaltung bestimmter Partialdampfdrucke, im offenen System unter Atmosphärendruck oder auch aus aufgebrachten Deckschichten als Feststoffdiffusion erfolgen.

4.2.3.1 Diffusion im abgeschlossenen Volumen (closed tube diffusion)

Bild 4.9 zeigt schematisch die Diffusion im abgeschlossenen Volumen (closed tube diffusion). Der erforderliche Partial-Dampfdruck des Diffusanten wird durch die Temperatur T_1 eingestellt. Aus der Gasphase diffundiert der Dotierstoff dann in den Halbleiter, wobei das sich ergebende Dotierprofil durch die Diffusionszeit und die Temperatur T_2 bestimmt wird.

Da im allgemeinen der Partialdruck des Diffusanten konstant gehalten wird, ergibt sich hier der Fall der Diffusion aus unerschöpflicher Quelle. Die Oberflächenkonzentration hängt über den Partialdruck des Diffusanten von der Temperatur T_1 ab oder ergibt sich für höhere Partialdrucke aus der maximalen Festkörperlöslichkeit.

Bei Halbleitermaterialien mit leicht flüchtigen Komponenten, z. B. GaAs, sorgt eine Zugabe der V-er Komponenten, hier As, für eine Aufrechterhaltung des entsprechenden Dampfdruckes. Ein Abdampfen der flüchtigen Komponenten aus der Halbleiteroberfläche wird so verhindert. Diffusant und flüchtige Komponenten können durchaus in der gleichen Substanz zugesetzt werden, z. B. mit $ZnAs_2$ bei der Zn-Diffusion in GaAs.

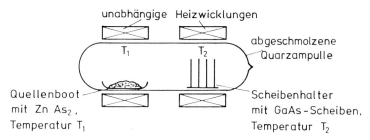

Bild 4.9: Zn-Diffusion in GaAs

4.2.3.2 Diffusion im offenen System (open tube diffusion)

Als Beispiel einer Diffusion im offenen System sei eine Anlage zur B-Vorbelegung in Silizium dargestellt, Bild 4.10. Reaktor und Scheibenhalter bestehen meist aus Quarzglas oder Polysilizium. Letzteres kann hochrein hergestellt werden und hat den Vorteil, sich (thermisch) gleich wie die eingesetzten Halbleiterscheiben zu verhalten.

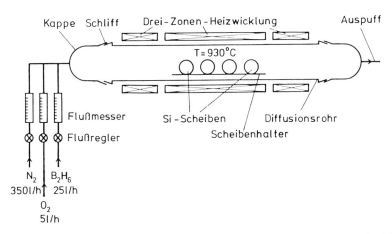

Bild 4.10: Diffusion im offenen System (Beispiel: B-Vorbelegung in Si)

164 Dotierungsverfahren

Im angegebenen Beispiel wird als Quelle ein Dotiergas (B_2H_6) benutzt, man verwendet aber auch Flüssigkeiten und feste Substanzen. Bei Flüssigkeiten (z. B. BBr_3) leitet man das Trägergas durch eine temperierte Gaswaschflasche, wo sich das Trägergas mit dem Dotierstoff anreichert. Feste Quellen (z. B. P_2O_5) werden auf eine Temperatur gebracht, wo über ausreichenden Dampfdruck genügend Dotierstoff an das Trägergas abgegeben wird. An Luft selbstentzündliche Gase, wie z. B. PH_3, werden im allgemeinen nur stark verdünnt eingesetzt.

Um gleichmäßig dotierte Scheiben einer Charge zu erhalten, muß der Partialdruck des Diffusanten an der Si-Oberfläche überall gleich groß sein. Daraus folgen bestimmte Forderungen an Temperaturprofil, Substratlagerung und Gasdurchfluß. Die Durchflußrate wird so eingestellt, daß sich bei ausreichenden Einzelpartialdrücken eine laminare, wirbelfreie Strömung einstellt. Die im Bild 4.10 angegebenen Durchflußraten beziehen sich auf eine typische Diboran (B_2H_6)-Vorbelegung für eine Bor-Basisdiffusion in einem Diffusionsrohr mit 100 mm Durchmesser. Die Scheiben werden parallel zur Strömung ausgerichtet, um Störungen zu vermeiden. Wegen der starken Temperaturabhängigkeit der Diffusion ist die Temperatur des Ofens genau zu kontrollieren. Um möglichst viele Scheiben gleichzeitig diffundieren zu können, muß das Temperaturprofil sehr flach sein. Hierzu werden elektrisch beheizte Drei-Zonen-Rohröfen benutzt, wo drei getrennte Heizwicklungen derart geregelt werden, daß sich über eine Länge von ≥ 80 cm die Temperatur zu $\pm 0,1°C$ einstellt, die Temperaturdrift beträgt $< 0,5°C/$Monat.

Die Durchmesser der Diffusionsrohre technischer Anlagen betragen, abhängig von dem zu prozessierenden Scheibendurchmesser, z. B. 200 mm. Damit kein Materialabrieb beim Be- und Entladen entstehen kann, werden die Horden mit den Wafern berührungslos geführt. Dies muß relativ langsam geschehen, um keine thermischen Spannungen zu erzeugen, welche sich später als vom Scheibenrand ausgehende Versetzungsnetzwerke manifestieren könnten.

4.2.3.3 Dotierung mittels Feststoff-Diffusion (solid to solid diffusion)

Anstatt eine Dotierstoff-enthaltende Gasatmosphäre zu verwenden, ist es auch möglich, eine feste Quelle auf die Halbleiteroberfläche aufzubringen und die Eindiffusion von Störstellen von da aus vorzunehmen. Man verwendet hierzu Dotieremulsionen, welche als Feststoff-Trägermaterial SiO_2 enthalten. Nach einem gleichmäßig dicken Aufbringen, z. B. durch Schleudern wie beim Photolack (siehe Teil II) werden die Schichten getrocknet. Im Diffusionsofen entsteht dann bei ausreichend hohen Temperaturen eine hinreichend dichte Silikatglasschicht zur Verhinderung einer Ausdiffusion von z. B. As im Fall von GaAs, womit ein solches Verfahren selbst bei III-V-Verbindungen eingesetzt werden kann.

Typische Emulsionen enthalten alkoholische Lösungen von organischen Siliziumverbindungen (z. B. Kieselsäureester in Ethanol) und die entsprechenden Dotiermaterialien (z. B. Zinnchlorid), die aufgebrachte Schichtdicke beträgt bis 0,5 µm. Diffusionszeit und Temperatur richten sich nach gewünschter Dotierungshöhe und -tiefe, insoweit liegen die gleichen Verhältnisse vor wie bei der Gasdiffusion. Die Schicht fungiert meist als erschöpfliche Quelle, da während des Diffusionsvorganges keine Nachlieferung erfolgt und meist auch Dotieratome in die Gasphase abdampfen.

Im Falle von Si wird dies Verfahren für hochdotierte vergrabene Schichten (buried layer, siehe auch Teil II) eingesetzt, wo es auf eine ganz exakte Einhaltung der Werte nicht ankommt; die zur Verfügung stehenden Emulsionen bzw. Schichten streuen ziemlich in ihrer Zusammensetzung.

4.3 Dotierung mittels Ionenimplantation

Ein in der Technik weit verbreitetes und die Diffusion ergänzendes Dotierungsverfahren ist die Ionenimplantation (I^2 ion implantation). Das Grundprinzip besteht darin, mittels einer Massenspektrometer-Anordnung (Magnetfeld) ausgesonderte Ionen eines Dotierungsmaterials in einem elektrischen Feld zu beschleunigen (Beschleunigungsspannung 10 kV bis 400 kV) und in die Halbleiterscheibe zu schießen. Bild 4.11 zeigt eine solche Anlage schematisch. Rastert man den Ionenstrahl, kann man eine sehr gleichmäßige Belegung erhalten. Damit kommt die Ionenimplantation gütemäßig der Diffusionstechnik gleich.

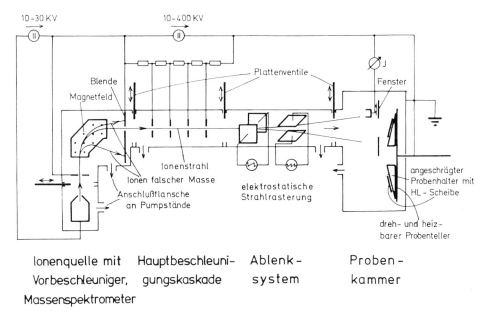

Bild 4.11: Ionenimplantationsanlage, schematisch

166 Dotierungsverfahren

Die Dosierung kann relativ einfach vorgenommen werden, da man den Ionen-Strom bzw. die Ionen-Stromdichte mittels eines Faraday-Käfigs direkt messen kann (pA/cm^2 bis mA/cm^2). Damit eignet sich dieses Verfahren sehr gut für eine exakte Festlegung der Dotierung in Oberflächennähe; davon wird z. B. bei der Einstellung der Schwellspannung von Feldeffekttransistoren Gebrauch gemacht (siehe Teil II).

Zur Charakterisierung der Größe des Ionenflusses dient die Dosis G (cm^{-2}) sowie die Dosisleistung L ($cm^{-2}s^{-1}$). Letztere ist der Ionen-Stromdichte J = vqL proportional (v Ladungszahl des Ions, meist gilt v=1), erstere ist die Gesamtmenge, welche im unendlich ausgedehnten Volumen unterhalb der betreffenden Einschußstelle vorliegt. Es gilt damit

$$G = \int_0^{t_I} L\,dt = \int_0^{\infty} N(x)\,dx$$

mit t_I Implantationszeit und N(x) tiefenabhängige Dichte der eingeschossenen Störstellen. Die Dichteverteilung N(x) ist zusammen mit der schließlichen Dotierungsverteilung N*(x) die letztlich relevante Größe.

Die Abbremsung der eingeschossenen Ionen geschieht durch Gitteratome und Elektronen als Coulomb-Wechselwirkung. Bei Dosen oberhalb etwa $10^{16} cm^{-2}$ wird im allgemeinen der Gitterverbund total gestört, das Material wird amorph. Einer praktischen Anwendung steht dies jedoch nicht entgegen, da sowieso im Anschluß an die Ionenimplantation ein Temperprozeß erfolgen muß. Dieser soll zur elektrischen Aktivierung der Störstellen führen, da sie zuvor an nicht aktiven Stellen im Gitter, meist Zwischengitterplätze, eingebaut worden sind. Bei hinreichender Ausheiltemperatur (> 800°C) tritt eine Rekristallisation der teilweise amorphen Oberflächenschicht ein.

4.3.1 Verteilung implantierter Ionen

Die Theorie zur Abbremsung und Verteilung der eingeschossenen Ionen wurde von Lindhard, Scharff und Schiott erarbeitet (LSS-Theorie). Sie gilt für den Fall des amorphen Festkörpers bei Eindringen niederenergetischer Ionen, welche nur mit dem Elektronengas wechselwirken. Das Ergebnis, welches in praxi selbst bei einkristallinem Material erfüllt ist, zeigt eine Abhängigkeit der Abbremsung proportional zu $\sqrt{E}$, wenn E die Energie E = vqU der eingeschossenen Ionen ist (U Beschleunigungsspannung).

Nach der LSS-Theorie ergibt sich für die abgebremsten Ionen eine Gaußverteilung mit einer Breite, die mit zunehmender Eindringtiefe der Ionen, also höherer Beschleunigungsspannung U, zunimmt, Bild 4.12.

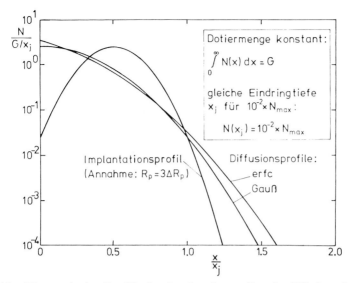

Bild 4.12: Theoretische Profile für implantiertes Bor in Silizium bei verschiedenen Implantationsenergien (Ionendosis 10^{15}cm^{-2})

Tabelle 4.2: Mittlere Reichweite R_p (in µm) und Standardabweichung ΔR_p (in µm) nach der LSS- Theorie (nach J. F. Gibbons u. a. 1975)

Substrat	Ion	30 KeV R_p	30 KeV ΔR_p	100 KeV R_p	100 KeV ΔR_p	200 KeV R_p	200 KeV ΔR_p	300 KeV R_p	300 KeV ΔR_p
Si	B	0.099	0.037	0.299	0.071	0.530	0.092	0.725	0.104
	N	0.066	0.025	0.230	0.060	0.457	0.091	0.676	0.113
	Al	0.048	0.024	0.188	0.079	0.427	0.153	0.677	0.214
	P	0.037	0.017	0.124	0.046	0.254	0.078	0.381	0.102
	Ga	0.022	0.008	0.061	0.022	0.118	0.040	0.178	0.057
	As	0.022	0.008	0.058	0.021	0.111	0.037	0.167	0.053
Ge	Al	0.028	0.018	0.092	0.048	0.189	0.081	0.285	0.107
	P	0.025	0.016	0.079	0.041	0.162	0.071	0.246	0.095
	Ga	0.015	0.008	0.040	0.020	0.076	0.035	0.113	0.049
	As	0.014	0.008	0.038	0.019	0.072	0.033	0.106	0.046
	In	0.012	0.005	0.029	0.013	0.052	0.022	0.074	0.031
	Sb	0.012	0.005	0.029	0.013	0.051	0.021	0.072	0.030
GaAs	H	0.307	0.119	0.886	0.181	1.607	0.225	2.423	0.262
	Si	0.026	0.017	0.085	0.044	0.177	0.075	0.263	0.100
	S	0.023	0.015	0.074	0.039	0.151	0.067	0.229	0.090
	Zn	0.015	0.008	0.041	0.021	0.078	0.036	0.117	0.050
	Se	0.014	0.007	0.037	0.018	0.070	0.031	0.103	0.044
	Sn	0.012	0.005	0.029	0.013	0.051	0.022	0.073	0.030

168 Dotierungsverfahren

Die Gaußverteilung ist dabei gegeben durch

$$N(x) = \frac{G}{\sqrt{2\pi}\,\Delta R_p} \exp\left\{-\frac{(x-R_p)^2}{2\Delta R_p^2}\right\} .$$

Hierbei kennzeichnet R_p (projected range) die Eindringtiefe durch Angabe des Ortes der maximalen Dichte, wobei für die Standardabweichung näherungsweise $\Delta R_p \approx 0.4 R_p$ gilt. Für die maximale Dichte gilt

$$N_{max} = \frac{G}{\sqrt{2\pi}\,\Delta R_p} .$$

Werte für R_p und ΔR_p in Si, Ge und GaAs sind für übliche Ionen und Beschleunigungsenergien der Tabelle 4.2 zu entnehmen.

Während an sich die Verhältnisse bei einkristallinem Material denen bei amorphem Material entsprechen, gibt es einen Unterschied dann, wenn das Auftreffen und damit die Eindringungsrichtung exakt (Fehlwinkel < 5°) mit einer ausgezeichneten Kristallrichtung (Hauptachse) übereinstimmt. Die Ionen dringen dann zwischen den Gitterebenen relativ weit in den Kristall ein (channeling), da nur eine rein elektronische Wechselwirkung auftritt. Oberflächeneffekte, wie z. B. dünne Oxidschichten, und Störungen des Einkristalls, wie z. B. Versetzungen, beeinflussen Channeling-Effekte stark, weiter hängen sie von der genauen Ausrichtung des Kristalls zur Einschußrichtung ab.

Technisch vermeidet man sie durch hinreichende Kippung des Substrates gegen den Ionenstrahl. Hier tritt dann noch channeling auf, wenn ein hinreichend großer Teil der Ionen während des Abbremsens in eine Hauptkristallrichtung gestreut wird. Entgegen wirkt dem eine vorherige Amorphisierung, z. B. bei Si durch eine elektrisch nicht aktive Stickstoffimplantation, welche dann zu einer LSS-gemäßen Verteilung führt.

Bild 4.13 zeigt zum Vergleich noch theoretische Diffusionsprofile für eine Diffusion aus erschöpflicher und unerschöpflicher Quelle und ein Implantationsprofil bei jeweils gleicher Dotiermenge und gleicher Eindringtiefe für $N(x_j) = 0.01\, N_{max}$ in halblogarithmischer Darstellung.

Man erkennt deutlich die wesentlichen Unterschiede: Bei den Diffusionsprofilen sinkt die Konzentration von der Oberfläche stetig ab, während bei der Ionenimplantation in der Tiefe des Kristalls (bei R_p) die Konzentration am größten ist.

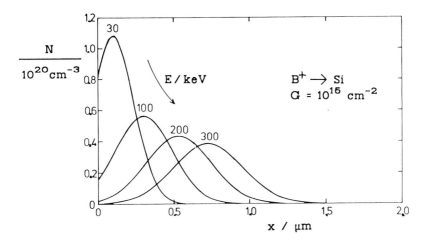

Bild 4.13: Theoretische Dotierprofile im Vergleich

4.3.2 Ausheilen

Das Ausheilen (annealing) des durch die Ionenimplantation strahlungsgeschädigten Kristalls soll zweierlei bewirken. Zum einen müssen die auf Zwischengitterplätzen steckengebliebenen Atome auf Gitterplätze gebracht werden, um elektrisch aktive Störstellen ohne wesentliche Einbuße der Trägerbeweglichkeit zu schaffen. Zum anderen muß das Kristallgefüge selbst restauriert werden.

Das letztere geschieht durch Festkörperdiffusion schon bei Temperaturen oberhalb 500°C, wobei der ungestört gebliebene Grundkristall die einkristalline Reorganisation des zuvor gestörten Bereichs bewirkt. Gleichzeitig, und dies stärker bei erhöhter Temperatur, wird durch Abbau der durch besetzte Zwischengitterplätze erhöhten Kristallenergie die Gitterenergie-Minimierung fortgesetzt. Dabei werden die Dotieratome elektrisch aktiv auf Gitterplätzen eingebaut, die Aktivierung kann bei hinreichender Temperatur und Temperzeit fast 100 % betragen. Im allgemeinen verbleiben aber etwa 20 % der eingeschossenen Störstellen inaktiv, siehe auch Abschnitt 4.4.2.

Störend ist in den meisten Fällen eine mit dem Ausheilvorgang einhergehende Umverteilung durch gleichzeitige Diffusion, so daß das Profil $N^*(x)$ flacher und verschmierter als das der ursprünglichen implantierten Verteilung $N(x)$ wird. Bild 4.14 zeigt ein Beispiel.

Abhilfe kann nur durch sorgfältige Prozeßführung und Wahl langsam diffundierender Störstellen getroffen werden. Lediglich bei einer sehr oberflächennahen Implantation gelingt eine Verhinderung durch äußerst kurzzeitige

170 Dotierungsverfahren

Ausheilung (≈ ms) mittels einer energiereichen, oberflächennah absorbierten Strahlung. Eine Quelle hierfür kann ein Elektronenbeschuß oder ein Laser sein, wobei die Ausheilung z. B. mittels einer Rasterung auch großflächig möglich ist. Bild 4.15 zeigt entsprechende Profile im Vergleich.

Mittels einer starken Lichtquelle gelingt eine Schnell-Ausheilung (RTA, rapid thermal annealing, flash annealing) selbst für einen ganzen Wafer auf einmal. Dies Verfahren ist insbesondere dann wichtig, wenn für unkonventionelle Bauelemente extrem dünne kontradotierte Schichten erzeugt werden müssen (Bild 4.16, siehe auch Teil II).

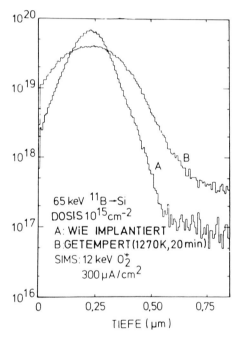

Bild 4.14: Profil von implantiertem Bor vor und nach der Ausheilung

Bei III-V-Verbindungen mit ihrem hohen Dampfdruck kann ein Tempervorgang nicht ohne spezielle Vorsichtsmaßnahmen durchgeführt werden, weil das Substrat oberflächig durch Verlust der V-er Komponente degradiert.

Zwei Verfahren werden zum Schutz vor dieser Degradation verwendet. Und zwar kann eine dichte Deckschicht die Ausdiffusion weitgehend verhindern; etwa 1 µm dickes Siliziumnitrid Si_3N_4 oder auch SiO_2 wird für diesen Zweck verwendet, wobei schon bei der Implantation eine solche Deckschicht als Schutz benutzt werden kann.

Auch kann man die Ausheilung in einer As-Atomsphäre durchführen, wenn es sich um ein Arsenid handelt. Hierzu wird im "open tube" Verfahren dem den Reaktor durchströmenden Schutzgas ein As-haltigen Gas, z. B. AsH_3, in

Dotierung mittels Ionenimplantation 171

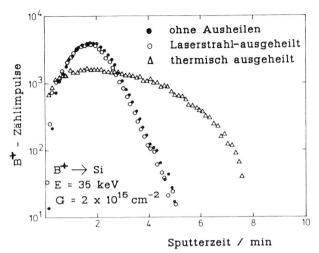

Bild 4.15: Dotierungsprofile von Bor in Silizium im Vergleich. Sie sind mit der SIMS-Technik gemessen, die Sputterzeit läßt sich in Tiefe und die Anzahl der Zählpulse in Konzentration umrechnen.
(nach A. Gat u. a. 1979)

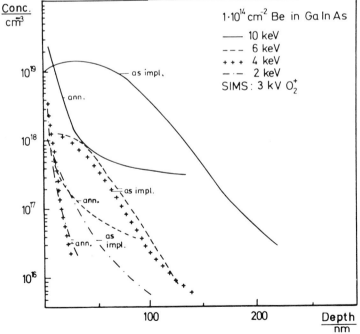

Bild 4.16: Beryllium-Verteilung in GaInAs bei niederenergetischer Implantation und RTA 800°C, 1s. (nach G. Fernholz u. a. 1988)

172 Dotierungsverfahren

genügender Menge beigemischt. Eine weitere einfache Möglichkeit, den Dampfdruck an der Oberfläche des implantierten Substrates aufrechtzuerhalten, besteht in der Verwendung je zweier Substrate, die mit den implantierten polierten Oberflächen einander gegenübergestellt bzw. aufeinandergelegt werden. Geringste verdampfte Mengen As sorgen dann in dem engen Zwischenraum zwischen den Scheiben für die Aufrechterhaltung des As-Partialdruckes, worauf in Abschnitt.3.5 bereits hingewiesen wurde.

4.3.3 Dünnschicht-Implantation

Da die Reichweite der implantierten Ionen von der Beschleunigungsspannung abhängt, kann mit extrem niedrigen Spannungen (einige kV) eine sehr oberflächennahe Verteilung erzeugt werden. Allerdings sind kommerzielle Anlagen im allgemeinen nicht für solch niedrige Spannungen ausgelegt, so daß eine Gegenfeld-Linse Verwendung finden muß. In Bild 4.16 sind entsprechende, mit SIMS gemessene Verteilungen dargestellt.

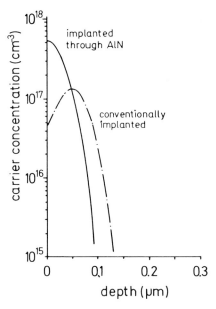

Bild 4.17: Dotierungsprofil in GaAs bei Implantation durch eine AlN-Schicht (nach H. Onodera u. a. 1984)

Dotierung mittels Ionenimplantation 173

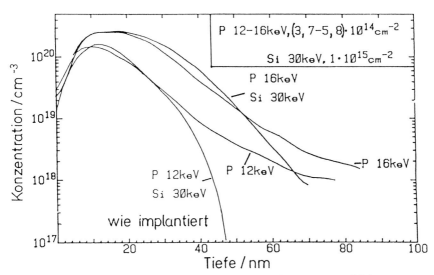

Bild 4.18: Phosphor-Verteilung in Si ohne und mit Voramorphisierung (nach L. Vescan u. a. 1985)

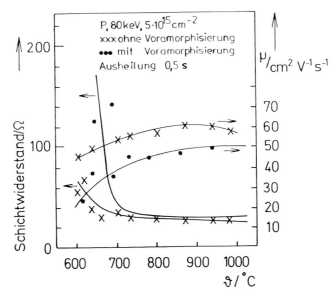

Bild 4.19: Spezifischer Flächenwiderstand und Elektronen-Beweglichkeit nach 0,5 s RTA in Abhängigkeit von der Spitzentemperatur für Schichten nach Bild 4.18 ohne (x) und mit (•) Voramorphisierung (nach L. Vescan u. a. 1985)

174 Dotierungsverfahren

Eine Verbesserung der oberflächennahen Profilschärfe läßt sich auch bei Implantation durch eine anschließend wieder abgelöste Deckschicht, z. B. Al_2O_3 oder AlN erzielen, siehe dazu Bild 4.17.

Soll ein scharfes Profil bei hoher Dotierung erzielt werden, kann man auch zunächst eine Amorphisierung vornehmen, z. B. mittels hochdosiger Si-Implantation. Bei Anwendung der Schnell-Ausheilung RTA erhält man nach Implantation dünne hochdotierte Schichten. Bild 4.18 zeigt die Veränderung des Profils durch das verhinderte Channeling im amorphisierten Substrat, Bild 4.19 die zugehörende Erhöhung der Schichtleitfähigkeit.

4.4 Messtechnik

Die beschriebenen Dotierungsverfahren beinhalten eine Vielzahl von Parametern, die jeder für sich die Ergebnisse (Tiefe von pn-Übergängen, Ladungsträgerkonzentrationen, Trägerbeweglichkeit, Profile) ganz wesentlich beeinflussen. Um die erhaltenen Schichten zu kontrollieren, wurden Meßverfahren entwickelt, die unterschiedlichen Anforderungen genügen müssen. Zur Kontrolle von Standardprozessen dienen neben Teststrukturen auf Produktionsscheiben, die eine Auswertung an Testbauelementen ermöglichen (z. B. Widerstände, Dioden nach Sperrstrom und Durchbruchsspannung, Bipolartransistoren nach Stromverstärkung, Feldeffekttransistoren nach Sättigungsströmen, siehe Teil II), auch Testscheiben. Diese werden ebenfalls bei der Entwicklung von Prozessen eingesetzt. Zur schnellen Kontrolle der Dotierungsverfahren dienen dabei die Bestimmung der Tiefe x_j von pn-Übergängen und die Messung des Schichtwiderstandes; bei III-V-Materialien, speziell bei Epitaxieschichten, auch die Bestimmung der Hallkonstante.

Dabei wird die Tiefe von pn-Übergängen meist durch Spalten bzw. Anschleifen einer Bruchkante, Anätzen der Spaltfläche bzw. des Schliffs in selektiven Ätzlösungen, die p- und n-Gebiete unterschiedlich schnell ätzen, und anschließendem mikroskopischen Ausmessen bestimmt. Typische Ätzlösungen bei Si sind z. B. 98 Vol.-% HNO_3 (konz.) und 2 Vol.-% HF (20%ig) und bei GaAs z. B. 250 g CrO_3, 1,2 g $AgNO_3$, 160 ml HF in 410 ml H_2O. Das Ausmessen geschieht über einen Okularmaßstab, über einen Vergleich mit Interferenzlinien bekannter Wellenlänge oder über elektronische Marken, falls ein Mikroskop mit Fernsehkamera benutzt wird.

Zur Kontrolle der elektrischen Parameter Schichtwiderstand und Schicht-Hallkonstante dienen die schon in Kapitel 2 angegebenen Meßverfahren, speziell bei Si die einfache Vierspitzenmeßmethode. Bei III-V-Verbindungen wird, da meist ein Einlegieren von Kontakten nötig ist (sperrfreie Kontakte) und auch die Bestimmung der Trägerbeweglichkeit ein wesentliches Maß für die Schichtqualität ist, die van der Pauw-Hall-Messung bevorzugt.

4.4.1 Profilmessung

Die Bestimmung des Dotierungsprofils N(x) ist eine wichtige Grundlage für die Neuentwicklung von Dotierprozessen und Beschreibung von Prozeßmodellen. Unterschieden werden muß hier zwischen Meßverfahren, die die Tiefenprofile der Dotieratome bestimmen und solchen, die nur die Verteilung der elektrisch aktivierten berücksichtigen, d. h. die im Prinzip das Profil der freien Ladungsträgerdichte bestimmen.

Zu den ersten Verfahren, die für die Prozeßmodellierung wichtiger sind, gehören z. B. die Sekundärionenmassenspektroskopie SIMS und die Auger-Elektronen- Spektroskopie AES, diese Verfahren wurden in Abschnitt 2.4 behandelt.

Die zweiten Verfahren sind für die Bauelementeentwicklung wichtiger, da damit die Profile der schließlich elektrisch wirksamen freien Ladungsträgerdichte oder zumindest Leitfähigkeitsprofile bestimmt werden können. Diese Methoden basieren auf den schon in Kapitel 2 angesprochenen Verfahren zur Messung der spezifischen Leitfähigkeit und Hallkonstante bzw. auf der CV-Methode.

4.4.1.1 CV-Methode

Dies zerstörungsfreie Verfahren benutzt die Spannungsabhängigkeit der Sperrschichtkapazität C_S zur Bestimmung der Nettodotierung $N^*(x)$. Hierzu ist ein Sperrkontakt aufzubringen, vor welchem sich im zu messenden Halbleiter eine von beweglichen Trägern freie Raumladungszone ausbildet, deren Tiefe x von angelegter Sperrspannung U_S und Dotierung abhängt (depletion layer approximation, d. h. bis zur Tiefe x der Raumladungszone völlige Verarmung, jenseits davon Ladungsneutralität).

Der Sperrkontakt kann als Schottky-Kontakt oder mittels einer Quecksilber-Kapillare realisiert werden. Auch eine kontra-dotierte Zone kann benutzt werden, jedoch muß diese viel höher als der zu messende Bereich dotiert sein, damit die Ausdehnung der Raumladungszone in die Kontaktschicht das Meßergebnis nicht verfälscht (pn-Verbindung). Insbesondere bei dünnen Epitaxie-Schichten (Dicke < 5 μm) und Kontakten auf der Oberfläche besteht eine weitere Fehlermöglichkeit. Es bildet sich dann ein spannungsabhängiger Zuleitungswiderstand R aus, womit die eigentliche Kapazität C_S am äußeren Klemmenpaar nur verringert in Erscheinung tritt, und zwar mit

$$C_S^* = C_S \frac{1}{1+\omega^2 R^2 C_S^2} ,$$

176 Dotierungsverfahren

wenn $f = \frac{\omega}{2\pi}$ die Meßfrequenz ist.

Der Sperrschichtrand im Halbleiter (Ort x, $U_S = U_{SO}$) bildet mit der Oberfläche die Kapazität

$$C_S(U_{SO}) = \frac{\varepsilon_0 \varepsilon_r \cdot A}{x},$$

womit bei bekannter Fläche A der Ort zu ermitteln ist. Die dort vorhandene Nettodotierung N*(x) folgt aus

$$N^*(x) = \frac{C_S^3(U_{SO})}{q\varepsilon_0\varepsilon_r A^2} \left(\frac{dC_S}{dU_S}\bigg|_{U_{SO}}\right)^{-1}.$$

Wesentliche Einschränkungen dieser Methode liegen in der durch den schließlich Diodendurchbruch begrenzten maximalen Sperrschichtbreite (siehe Abschnitt 2.2.3.3, Bild 2.21), die sich für gleichmäßig dotiertes Material näherungsweise zu

$$W_{Br} \approx 3 \cdot \frac{10^{16}}{N \cdot cm^3} \, \mu m$$

ergibt. Die zweite Einschränkung ist durch den entsprechend der Debyelänge L_D verschmierten Rand der Raumladungszone gegeben, d. h., Dotierungssprünge werden nur entsprechend der Debyelänge L_D ortsaufgelöst. Diese charakteristische Länge ist ein Maß für Raumladungs-Ausdehnungen, wie sie bei nicht zu flachen Dotierungsgradienten bzw. an Grenzflächen auftreten (siehe Teil II). Bild 4.20 zeigt die Größenordnung. Im übrigen kann sich auch die wirksame Sperrschichtfläche mit U_S ändern.

Für entsprechende Tiefenprofil-Messungen bei dickeren Schichten als direkt wegen des elektrischen Durchbruchs meßbar, wird ein CV-Meßverfahren eingesetzt, bei welchem in einem Elektrolyten die Probe definiert gedünnt wird (elektrochemische Ätzung). Im selben Elektrolyten kann dann auch ohne weitere Präparation die Messung erfolgen, indem die Sperrspannung über die Elektrode im Elektrolyten angelegt wird, mittels derer auch die Ätzung erfolgt (Kolonel-, Platin- oder Kohle-Elektrode). Dies Prinzip ist im sog. Polaron-Profiler der Firma BIO-RAD (Dachauerstr. 511, 8000 München 50) verwirklicht, einem insbesondere für III-V Verbindungen vielfach eingesetzten Gerät; bezüglich der elektrochemischen Ätzung siehe Kapitel 7.

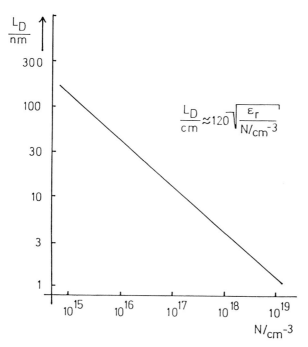

Bild 4.20: Debye-Länge für Silizium

4.4.1.2 Differentielle van der Pauw-Hall-Messung

Bei dieser Methode wird die jeweilige Meßstruktur, meist eine kleeblattförmige van der Pauw-Struktur, sukzessive abgeätzt. Es werden jeweils Schichtleitfähigkeit σ_S und Schicht-Hallkonstante R_{Hs} gemessen und daraus Leitfähigkeit, Ladungsträgerdichte und Beweglichkeitsprofil berechnet (siehe auch Kapitel 2).

Im folgenden sei beispielhaft ein Halbleiter mit reiner Elektronenleitung betrachtet. Um das Trägerkonzentrationsprofil

$$n(x) = [qR_H(x)]^{-1}$$

und Beweglichkeitsprofil

$$\mu(x) = \frac{\sigma(x)}{qn(x)} = \sigma(x) \cdot R_H(x)$$

in einer Schicht der Dicke $d \geq \sigma$ zu erhalten, benutzt man die analytischen Ausdrücke für die meßbare Schichtleitfähigkeit σ_s (Leitwert der Schicht pro

178 Dotierungsverfahren

Flächeneinheit) und Schicht-Hallkonstante R_{Hs} der auf die Dicke s gedünnten Schicht. Es gilt

$$\sigma_s = \int_0^s \sigma(x)\, dx,$$

und

$$R_{Hs} = \frac{1}{\sigma_s^2} \int_0^s R_H(x)\, \sigma^2(x)\, dx = \frac{R_H}{s}.$$

Die Ableitungen führen, unter Einsetzen von Differenzen für die Differentiale, auf

$$\sigma(x) = \frac{\Delta \sigma_s}{\Delta x},$$

$$n(x) = \frac{\sigma^2(x)}{q \cdot \Delta(R_{Hs}\sigma^2_s)/\Delta x} = \frac{\sigma(x)}{q \cdot \mu(x)},$$

$$\mu(x) = \frac{1}{\sigma(x)} \cdot \frac{\Delta(R_{Hs}\sigma^2_s)}{\Delta x} = \frac{\Delta(R_{Hs}\sigma^2_s)}{\Delta \sigma_s}.$$

Die Werte an der Stelle x erhält man also, indem man Schichtleitwert und Schicht-Hallkonstante vor und nach Abätzen einer dünnen Schicht der Dicke Δx mißt und die angegebene Berechnung durchführt.

Dabei ergibt sich die Leitfähigkeit $\sigma(x)$ erwartungsgemäß einfach aus dem Leitwertprofil durch Differentiation, die Ausdrücke für n(x) und $\mu(x)$ sind etwas komplizierter.

Die abgeätzte Dicke Δx der Schicht muß genau kontrolliert werden, da für gute Ortsauflösung Δx sehr klein sein muß, andererseits die Meßgenauigkeit von Δx stark in die gesamte Meßgenauigkeit eingeht. Hierzu sind spezielle Verfahren entwickelt worden.

Zum Schichtabtrag wird z. B. die anodische Oxidation des Halbleiters eingesetzt, bei der die umgesetzte Ladung direkt proportional zu Δx ist.

Ein zweites Verfahren besteht im Einsatz einer extrem langsamen chemischen Ätzlösung mit konstanter Ätzrate. Hier kann während des Ätzens gemessen werden, wenn die Meßzeit für die van der Pauw- und Hallmessungen klein ist gegenüber der Wiederholzeit der Messung für die Differenzbildung. Die Dicke Δx wird dabei über die Ätzrate (gesamte Ätztiefe / gesamte Ätzzeit für eine Profilmessung) und die Wiederholzeit bestimmt. Als Beispiel dieser Methode ist in Bild 4.21das Profil einer n⁺n⁻ GaAs-Epitaxieschicht gezeigt.

Als Ätzlösung wurde dabei 4 ml H_2O_2 und 2 g NaOH in 200 ml H_2O_2 benutzt, die bei 5°C auf {100}-GaAs-Oberflächen ungefähr 30 nm/min ätzt.

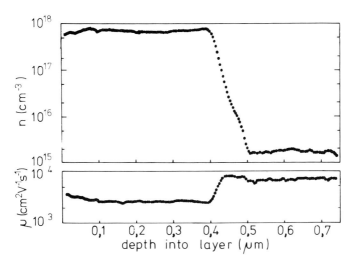

Bild 4.21: Profilmessung an einer n⁺n⁻-GaAs-Epitaxieschicht
(nach J. Esteve u. a. 1981)

Eine weitere Möglichkeit, Δx genau zu bestimmen, besteht darin, die Schicht "elektrisch" zu dünnen. Dies geht einfach über einen Schottky-Kontakt, wo die Modulation der Raumladungszone in eine Modulation der leitenden Schichtdicke umgesetzt wird. Hier ist dann auch eine Kombination mit CV-Messungen möglich, und bei Einsatz eines Elektrolyten als Schottky-Kontakt, der erst bei Lichteinfall anodisch ätzt, ist eine Kopplung der Meßverfahren erzielbar. Eine Verwendung der abgewandelten Corbino-Struktur, die schon in Kapitel 2 angesprochen wurde, erlaubt schließlich zusammen mit der Raumladungszone eines Schottky-Kontaktes die Bestimmung von Trägerdichte- und Beweglichkeitsprofilen, selbst bei Bauelementen wie z.B. Feldeffekt-Transistoren (siehe Teil II).

4.4.2 Bestimmung des Ausheilgrades nach Implantation

Die implantierten Ionen werden im Festkörper vornehmlich Zwischengitter-Plätze einnehmen. Auch Gitteratome selbst werden durch die Kollision mit den energiereichen Partikeln auf solche gelangen; das Material wird schließlich amorphisiert.

Zur Feststellung, inwieweit bei einem Tempervorgang die Grundgitter-Konfiguration wieder hergestellt ist, dient die Reflexion hochenergetischer Elektronen. Bei einem solchen Rückstreu-Experiment (Rutherford backscattering) wird der Kristall bezüglich des Elektronenstrahls (Energie ≈ MeV) so ausgerichtet, daß er in Richtung einer Kristall-Hauptachse auftrifft. Je weniger Störatome in einer solchen channeling-Richtung im Wege sind, desto geringer ist das Rückstreu-Signal. Bild 4.22 zeigt entsprechende Ergebnisse im Fall einer Sauerstoff-Implantation in GaAs zur Herstellung elektrisch isolierender Schichten.

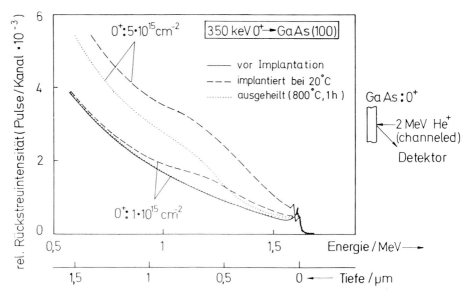

Bild 4.22: Rutherford-backscattering (nach N. Grote u. a. 1979)

Literaturverzeichnis

Esteve, J., Ponse, F., Bachem, K.-H: Simple and Rapid Determination of Carrier Concentration and Mobility Profiles in GaAs, Thin Solid Films **82**, 1981, 287-292

Fernholz, G, Breuer, U., Beneking, H.: Annealing Behaviour of Extremely Low Energy Beryllium Implantation into $Ga_{0,47}In_{0,53}As$, Thin Solid Films **156**, 1988, 239-242

Gat, A., Magee, T. J., Peng, J., Deline, V. R., Evans jr., C. A.: CW Laser Annealealing of Boron and Arsenic-Implanted Silicon; Electricial Properties, Crystalline Structure and Limitations, Solid State Technol. **22(11)**, 1979, 59-68

Gibbons, J. F., Johnson, W. S., Mylroie, St. W.: Projected Range Statistics, Semiconductors and Related Materials, Dowden, Hutchinson & Ross, Stroudsburg/PA 1975

Grote, N., Kräutle, H., Beneking, H.: Oxygen implantation in GaAs substrates: effect on LPE growth and electrical properties, Inst. Phys. Conf. Ser. **45**, London 1979, 484-491

Grove, A.S.:Physics and Technology of Semiconductor Devices, J. Wiley & Sons, New York 1967
Diffusionstechnik mit Anwendung auf Si

Hansen, M.: Constitution of Binary Alloys, McGraw-Hill, New York 1958
Sammlung von Zweistoff-Phasendiagrammen

Kräutle, H., Roentgen, P., Maier, M., Beneking, H.: Laser induces doping of GaAs, Appl. Phys. **A38**, 1985, 49-56

Münch, W. v.: Technologie der Galliumarsenid-Bauelemente Technische Physik in Einzeldarstellung **16**, Springer Verlag, Berlin 1969

Onodera, H., Yokoyama, N., Kawata, H., Nishi, H., Shibatomi, A.: High transconductance self aligned GaAs MESFET using implantation through AlN layer, Electronics Lett. **20**, 1984, 45-47

Pichler, P., Ryssel, R.: Trends in Practical Process Simulation,
Archiv Elektr. Übertr. **44**, 1990, 172-180
Zusammenfassende Darstellung zum Stand der Prozeß-Simulation

Ruge, I.: Halbleitertechnologie, Halbleiter-Elektronik, Bd. 4,
Springer Verlag, Berlin 1975

Ryssel, H., Ruge, I.: Ionenimplantation, Teubner Verlag, Stuttgart 1978
Standardwerk über Ionenimplantation

Vescan, L.: Solid Phase Epitaxy of Ga and P Implanted Silicon by Rapid
Thermal Annealing, Posterpresent. 5th General Conf. Condensed matters
Division, 18-22, Berlin März 1985

Wieder, H.H.: Electrical and Galvanometric Measurement on Thin Films and
Epilayers, Thin Solid Films **31**, 1976, 123-138
Näheres Eingehen auf van der Pauw-Hall-Messungen

5 Abscheideverfahren

In diesem Abschnitt werden Verfahren zur Herstellung von nicht-epitaktischen Schichten und die entsprechenden Schichteigenschaften behandelt. Im Unterschied zu epitaxialem Wachstum handelt es sich hier um Schichten, welche nicht in kristallinem Zusammenhang mit dem Substrat stehen. Lediglich die hier auch dargestellte thermische Oxidation des Siliziums macht insoweit eine Ausnahme, als die Substratoberfläche oxidiert wird, also Si-Atome des Substrates beim Wachstum der SiO_2-Schicht mitwirken.

Die Schichten werden zu verschiedenen Zwecken aufgebracht. Eine Gruppe dient zum Schutz der Substratoberfläche gegen äußere Einflüsse, wobei die gleichen Materialien auch die Ausdiffusion aus dem Substrat vermeiden helfen, oder, strukturiert, als Masken für technologische Prozesse, welche das Substrat nur an den freiliegenden Stellen beeinflussen. Diese erste Gruppe besteht im allgemeinen aus Isolatoren. Die zweite Gruppe besteht aus elektrisch gut leitenden Materialien, die zur Kontaktierung, zur elektrischen Verbindung oder als Steuerelektroden Verwendung finden.

Eine Sonderstellung nimmt das Gate-Oxid ein, die bei MOS-Elementen verwendete Isolatorschicht zwischen dem Leitungskanal an der Halbleiter-Oberfläche und der Gate-Elektrode. Hierauf wird gesondert eingegangen.

Vor dem Aufbringen solcher Schichten ist im allgemeinen ein eingehender Reinigungsprozeß der Substrat-Oberfläche vorzunehmen. Verbleibende Fremdstoffe, insbesondere Schwermetall-Atome, können die Eigenschaften des Systems Substrat-Deckschicht stark negativ beeinflussen. Zum Gesamt-Herstellungsprozeß gehört somit diese Präparation wesentlich hinzu.

In diesem Abschnitt wird auf die gesamten Probleme eingegangen, und es wird auch die zugehörende Meßtechnik kurz behandelt.

5.1 Siliziumdioxid-Schichten

Siliziumdioxid SiO_2 ist die wesentlichste Isolator-Deckschicht der Halbleitertechnik. Die Bedeutung des SiO_2 liegt sowohl in der einzigartigen Möglichkeit, SiO_2 durch thermische Oxidation der Silizium-Scheibe direkt zu erzeugen, als auch in der hervorragenden Isolations- und Schutzeigenschaft. Letztere kann

184 Abscheideverfahren

auch bei III-V-Halbleitern genutzt werden, erstere, die thermische Oxidation und damit der direkte Übergang Substrat-Deckschicht, allein bei Silizium. Hiermit ist eine hervorragende Passivierung der Silizium-Oberfläche gegeben, und die Dichte verbleibender Grenzflächenzustände ist minimal (siehe auch Teil II). Gewisse Misch-Oxide lassen sich auch auf III-V-Oberflächen erzeugen, doch verbieten deren stark streuende Eigenschaften einen technischen Einsatz.

Damit bildet gerade das thermische Oxid die Basis der Silizium-Planartechnik, siehe Teil II. Auch bei anderen Materialien ist die Planartechnologie grundsätzlich möglich, jedoch sind bei andersartigen MIS-Systemen Langzeit-Stabilität und Güte nicht denen von Silizium-MOS-Systemen gleichwertig.

5.1.1 Thermisches SiO_2

Das thermisch gewachsene SiO_2 läßt am einfachsten die Isolator- und Grenzschicht-Qualität erreichen, welche für das MIS-System insbesondere in Form des Gate-Oxids wesentlich ist. Unter der Gate-Elektrode ist der Isolator sowohl wechselnden hohen elektrischen Feldstärken ausgesetzt als auch hinsichtlich der Grenzflächen-Zustände kritisch.

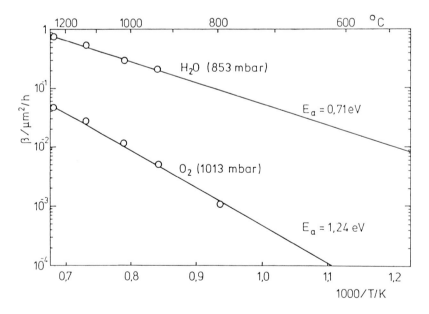

Bild 5.1: Wachstumskonstante ß in Abhängigkeit von der Temperatur. Angegeben sind die jeweiligen Aktivierungsenergien E_a.

Thermisches Oxid wird in zwei Varianten in der Halbleitertechnik eingesetzt. Das mittels trockener Oxidation hergestellte, sehr langsam wachsende SiO_2 besitzt die obengenannten Eigenschaften in besonderem Maße und wird deswegen als Gate-Oxid verwendet (Dicke < 0,1 µm). Das in feuchter Atmosphäre schneller wachsende Oxid ist hierfür weniger geeignet, dient jedoch zur Passivierung und als Maske für technologische Prozesse (Feld-Oxid, Dicke ≳ 1µm).

Entsprechend den obigen Ausführungen werden die folgenden beiden Prozesse angewandt:

1. Si (fest) + O_2 → SiO_2 (fest)
(trockene Oxidation, dry)

2. Si (fest) + $2H_2O$ → SiO_2 (fest) + $2H_2$
(feuchte Oxidation, steam oxidation, wet).

Diese chemischen Reaktionen, welche üblicherweise oberhalb 1000°C durchgeführt werden, verbrauchen bei einer SiO_2-Dicke von x_o eine Si-Schicht von 0,45 x_o.

Die Oxidation von Silizium ist (für größere Oxidationszeiten) diffusionsbegrenzt. Sie findet an der Grenze Si-SiO_2 statt, wobei Zwischen-Oxidationsstufen SiO_x durchlaufen werden; der Sauerstoff muß dazu das bereits gebildete SiO_2 durchdringen. Die Lösung der betreffenden Differentialgleichung führt zu der allgemeinen Oxidationsbeziehung von Silizium (t = Oxidationszeit)

$$x_o^2 + \alpha x_o = \beta t,$$

welche zu einem Wurzelgesetz für den Aufbau der Oxiddicke als Funktion der Zeit führt.

Für relativ lange Zeiten stabilisiert sich das Wachstum damit gemäß $x_o = \sqrt{\beta t}$, während für die Anfangsphase mit $x_o = \dfrac{\beta t}{\alpha}$ ein lineares Wachstum vorliegt.

Die Temperatur-Abhängigkeiten der die Dicke bestimmenden Konstanten sind in den Bildern 5.1. und 5.2 dargestellt. Gemessene Dicken zeigen die Bilder 5.3 und 5.4 für trockene und feuchte Oxidation. Die Bestimmung der Schichtdicke ist in Abschnitt 5.9.3 erläutert.

186 Abscheideverfahren

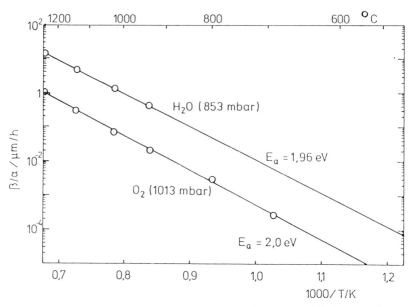

Bild 5.2: Lineare Wachstumskonstante ß/α in Abhängigkeit von der Temperatur

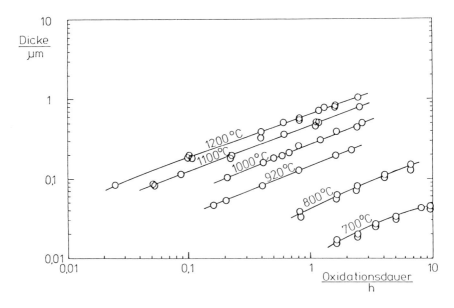

Bild 5.3: Trockene Oxidation von Silizium (1013 mbar, O_2)

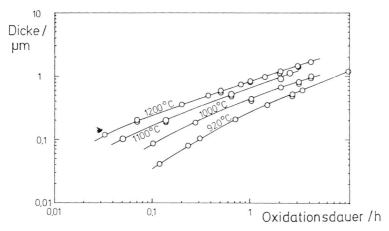

Bild 5.4: Feuchte Oxidation von Silizium (H_2O, 95°C)

5.1.2 Gesputtertes SiO_2

Unter Sputtern versteht man das Aufbringen (Aufsputtern) von Schichten durch Kathodenzerstäubung, aber auch für das Abtragen der Oberfläche durch Teilchenbeschuß (Absputtern) wird dieser Begriff verwendet. Das Aufsputtern geschieht entweder so, daß das Kathoden-Material als solches auf das Substrat übertragen wird, oder, beim reaktiven Sputtern, daß Schichten niedergeschlagen werden, deren Moleküle sich erst durch eine Reaktion des abgesputterten Materials der Kathoden-Elektrode (target) mit der Gasatmosphäre bilden.

Anstelle einer Gleichspannungs-Kathodenzerstäubung (DC sputtering) wird meist eine Wechselspannungsmethode (RF sputtering) eingesetzt. In Bild.5.5 ist das Schema einer solchen Anlage dargestellt (Diodenreaktor).

Die Sputter-Technik läßt sich allgemein für die Beschichtung einsetzen, es können also auch Metalle und Legierungen mittels dieses Verfahrens aufgebracht werden.

Substrat und Target befinden sich im Vakuum. Über ein Ventil wird ein inertes Gas, in der Regel Argon, eingelassen. Dessen Druck liegt zwischen 1 mbar und 5 mbar. Die mittleren freien Weglängen der Ar-Atome liegen dabei in der Größenordnung der Target-Substrat-Abstände, so daß zwischenatomare Stöße weitgehend ausgeschlossen sind.

Das Substrat befindet sich auf einem in der Regel geerdeten Substrathalter, der jedoch durch Zwischenschaltung eines variablen LC-Gliedes auch auf ein bestimmtes Potential gelegt werden kann (Bias-Sputtering). Über ein Anpassungsnetzwerk wird die Hochfrequenz auf das Target gegeben. Durch die natürliche Strahlung, z. B. Höhenstrahlung, zündet das Plasma. Vor den Elektroden bilden sich Raumladungszonen aus, die sogenannten Dunkelräume, in denen die Hauptionisierung und die Beschleunigung der Ionen und Elektronen stattfinden.

188 Abscheideverfahren

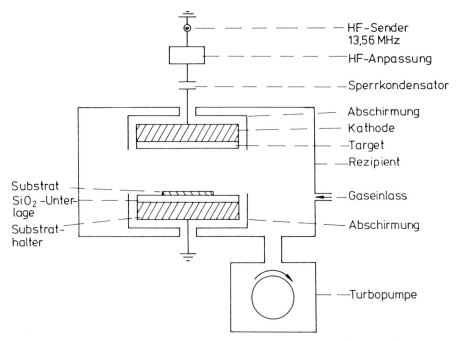

Bild 5.5: Schematischer Aufbau einer Hf-Dioden-Zerstäubungsanlage

Liegt die positive Halbwelle der Hochfrequenz am Target an, so werden die Elektronen im targetseitigen Dunkelraum beschleunigt. Dabei ionisieren sie Argonatome und gelangen auf das Target. In der nachfolgenden negativen Halbwelle gelangen jedoch kaum positiven Ar-Ionen dorthin, wenn die Frequenz hoch genug ist ($\gtrsim$ 3 MHz). Ursache ist die sehr unterschiedliche Beweglichkeit von Elektronen und Ionen. Dadurch ergibt sich ein Diodeneffekt. Wegen der unterschiedlich großen Elektrodenflächen von Kathode (Target) und Anode (Substrathalter + Rezipient) lädt sich die ungeerdete Elektrode (Target) stark negativ auf. Dies führt dazu, daß vermehrt Argon-Ionen das Target erreichen. Die Aufladung ist beendet, wenn im Zeitmittel gleich viele Ionen und Elektronen das Target erreichen. Die Gleichspannung ist nahezu gleich der Amplitude der angelegten Hf- Spannung (üblicherweise 2 - 3 kV).

Der Zerstäubungsprozeß beginnt, wenn die Ionen eine Schwellenenergie von etwa 10 eV (abhängig von der Sublimationsenergie) erreicht haben. Sie hängt vom Targetmaterial und den Beschußteilchen ab.

Die Zerstäubungausbeute S, das Verhältnis von emittierten zu einfallenden Teilchen, ist außer von der Beschußenergie noch vom Target- und Beschußmaterial und dem Beschußwinkel abhängig. Die Zerstäubungsausbeuten als Funktion der Beschußteilchenenergie durchlaufen ein Maximum bei ca. 10 keV, wobei Ausbeuten von S $\gtrsim$ 1 bei Energien über 200 eV erreicht werden.

Die Winkelverteilung der emittierten Teilchen bei Beschlußenergien von einigen keV läßt sich für polykristallines und amorphes Material näherungsweise durch eine Kosinusverteilung beschreiben. Bei einkristallinen Materialien treten dagegen starke Anisotropien auf.

Die mittlere Emissionsenergie des abgestäubten Materials beträgt 5 bis 10 eV und ist damit höher als bei der thermischen Verdampfung. Daraus resultiert die gute Haftung aufgestäubter Schichten, aber auch die Möglichkeit einer Störung der getroffenen Oberfläche.

Die meisten handelsüblichen Kathodenzerstäubungs-Anlagen beruhen auf dem beschriebenen Diodenprinzip, da es einfach in Konstruktion, Herstellung und Anwendung ist. Ein modifiziertes Verfahren besteht in der Verwendung von Diodenanlagen, bei denen sich unter dem Target Magnete befinden, um die Ionisationswahrscheinlichkeit der Plasmaelektronen bei geringerem Gasdruck durch spiralige Bewegungen und damit letztlich die Sputterrate zu erhöhen (Magnetron- Sputtergeräte).

Verwendet man ein SiO_2-Target, wird direkt SiO_2 abgesputtert und als Schicht niedergeschlagen. Die Gasentladung in Argon (z. B. Druck 3 mbar, erzeugt mit einer der zugelassenen Industriefrequenzen von z. B. 13,56 MHz) führt dann bei hinreichender Hf-Leistung von z. B. 300 W zu einem Schichtwachstum (Sputterrate) von 15 nm/min. Wegen der hohen Grenzflächendichte von $N_{ss} > 10^{12} cm^{-2}$ ist solches Material als Gate-Oxid unbrauchbar, wird aber als Deckoxid zur Isolation verwendet. Das reaktive Verfahren, bei dem ein Si-Target verwandt wird und eine O_2-Atmosphäre, führt zu wesentlich günstigeren Werten der Grenzflächenladungen, insbesondere nach Tempern (annealing). Verwendet man z. B. 40% O_2 in der Sputteratmosphäre und wächst langsam auf (etwa 5 nm/min), erhält man nach dem Tempern SiO_2 mit MOS-Qualität, also geeignet als Gate-Oxid bei MOS-Feldeffekt-Transistoren. Das Tempern hat bei 1050°C in N_2 20 min lang zu erfolgen, anschließend nach der Metallisierung (Al) nochmals 15 min bei 500°C (siehe dazu Teil II).

5.1.3 CVD-SiO$_2$

Speziell als Gate-Isolator bei III-V-Materialien (InP, GaInAs, siehe Teil II) wird ebenfalls SiO_2 eingesetzt. Dieses muß bei relativ niedriger Temperatur abgeschieden werden (etwa 250°C), um Störungen der Substrat-Oberfläche und Eindiffusion von Substrat-Komponenten zu vermeiden. Das gelingt mit hinreichender Schichtqualität durch Niedertemperatur-Crackprozesse, etwa bei Verwendung von Silan in einer Sauerstoff-Atmosphäre. Der anschließende Tempervorgang ist dann besonders sorgfältig vorzunehmen (siehe Teil II, Kapitel 12).

5.2 Siliziumnitrid-Schichten

Siliziumnitrid Si_3N_4 ist eine sehr dichte Deckschicht, welche sowohl zum Schutz der Oberfläche gegen Ausdiffusion beim Tempern von Silizium und vor allem Galliumarsenid verwandt wird, als auch zum Schutz gegen eindringende Fremdstoffe. Im letzteren Fall wird bei Si im allgemeinen zunächst thermisches Oxid gewachsen und dann Si_3N_4 aufgebracht. Eine weitere Verwendung neben der als spezielle Ätzmaske ist die als Isolatorschicht bei nichtflüchtigen Speichern, wo Ladungen an Grenzflächen zwischen unterschiedlichen Isolatoren angesammelt werden (siehe Teil II, Kapitel 12, Feldeffekt-Transistoren).

Hier sei die Plasma-Deposition dargestellt, wie sie z. B. zur Beschichtung von GaAs als Schutz gegen das Abdampfen von As aufgrund seines hohen Dampfdruckes beim Ausheilen nach der Ionenimplantation verwendet wird. Nach einer Beschichtung mit Si_3N_4 ist das Ausheilen ohne Schwierigkeiten bei bis zu 900°C möglich.

Das Prinzip einer Anlage zur Nitrid-Abscheidung zeigt Bild 5.6. Nach Abpumpen des Systems bis auf $p < 10^{-8}$ bar wird Stickstoff in die Anlage eingelassen und ein Plasma gezündet; ionisierter Stickstoff reagiert dann im System mit dem verbleibenden Wasser unter Bildung von Stickoxiden, welche abgepumpt werden. Das Substrat ist während dieses Vorganges vom Plasma getrennt, wird aber kurzzeitig durch eine Substratheizung bis auf 300°C aufgeheizt. Erst danach werden die Flüsse von Silan SiH_4 und N_2 auf den Arbeitsdruck von 0,4 mbar eingestellt, und das Substrat wird wieder auf 300°C gebracht. Für ein Flußverhältnis von N_2 zu SiH_4 von 250 erhält man stöchiometrisch Si_3N_4, was an der Größe des optischen Brechungsindex zu verfolgen ist, siehe Bild 5.7.

Zu beachten ist, daß bei der Deposition von Si_3N_4 oftmals Eigenspannungen entstehen, welche einen relativ hohen thermischen Ausdehnungskoeffizienten bewirken, z. B. $4 \cdot 10^{-6} K^{-1}$ gegenüber $2,6 \cdot 10^{-6} K^{-1}$ bei Silizium. Dies bedingt u. U. kritische Spannungen an der Grenzfläche, die sich sogar in einem merklichen elastischen Verzug der gesamten Halbleiter-Scheibe äußern können (siehe Abschnitt 5.10). Da sich SiO_2 gegenläufig verhält, kann das Aufbringen entsprechender Doppelschichten hier Verbesserungen bringen.

Siliziumnitrid-Schichten 191

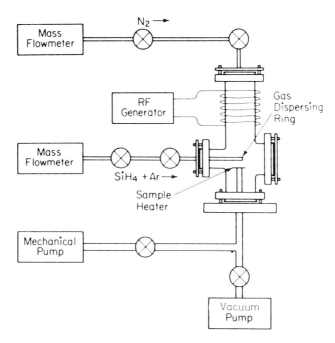

Bild 5.6: Schematische Darstellung einer Anlage zur Siliziumnitrid-Abscheidung (nach M. J. Helix u. a. 1978)

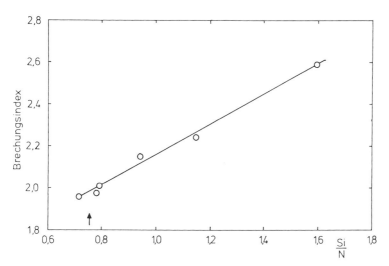

Bild 5.7: Abhängigkeit des Brechungsindex von der Schichtzusammensetzung (markiert ist der Wert für stöchiometrisches Si_3N_4)

5.3 Aluminiumdioxid-Schichten

Al_2O_3 ist ein guter Isolator und wird zur Abdeckung oder sogar als Gate-Isolator eingesetzt. Die Herstellung erfolgt z. B. pyrolytisch, was nicht zu hohe Temperaturen erfordert. Ausgehend von $AlBr_3$, NO und H_2, wird z. B. in einem Rohrofen bei 700°C bis 950°C die Abscheidung gemäß

$$4AlBr_3 + 6NO + 6H_2 \rightarrow 2Al_2O_3 + 12HBr + 3N_2$$

vorgenommen. Unterhalb 800°C ist die Schicht amorph, oberhalb 850°C kristallin. Die Brechungsindizes nehmen hierbei von 1,66 auf oberhalb 1,75 zu. Die bei höherer Temperatur abgeschiedenen Schichten zeigen besseres Isolationsverhalten, z. B. 0,2 mA/cm^2 bei 300 K für angelegte Felder von etwa 2,5 MV/cm; amorphe Schichten dagegen 10^4-fach höhere Sperr-Ströme.

5.4. Aluminiumnitrid-Schichten

AlN kann gemäß der Beziehung

$$AlBr_3 + NH_3 \rightarrow AlN + 3HBr$$

mittels Ammoniak als Stickstoff-Quelle hergestellt werden. Die relativ hohe Dielektrizitätskonstante von etwa 10 (bei 1 kHz gemessen) und der Brechungsindex von 2 machen Schichten von AlN technolgisch interessant (z. B. für nichtflüchtige Speicher), wenn auch die technische Verwendung derzeig gering ist.

Das flüssige $AlBr_3$ wird dabei auf 115°C gehalten und vom Trägergas N_2 durchströmt. Das Substrat liegt auf einem z. B. durch Hf-Wirbelstrom-Erwärmung geheizten Halter, welcher einige Grad gegen den Gasstrom gekippt angeordnet ist, um eine gleichmäßige Schichtdicke zu erzielen.

Die Korngröße solcher Schichten ist wie bei anderen Materialien abhängig von Depositionsrate und Temperatur. Bei einem Verhältnis $NH_3:AlBr_3$ von 90:1 erhält man z. B. bei 900°C eine Wachstumsrate von etwa 30 nm/min und Korngrößen von 10 bis 100 nm, während bei reduzierter Rate von etwa 3 nm/min nur 8 bis 20 nm große Kristallite wachsen. Die Durchbruchsfeldstärken liegen bei 4 bis 8 MV/cm (300 K).

5.5 Tempern

Unter Tempern (annealing) versteht man eine thermische Behandlung zur Stabilisierung oder/und Verbesserung gewünschter Eigenschaften. Ein solcher Tempervorgang wird bei Temperaturen ϑ_T vorgenommen, welche oberhalb der späteren Betriebstemperaturen liegen ($\vartheta_T \approx 300°C$ bis $1100°C$ bei Si). Meist werden spezielle Gasatmosphären verwendet, z. B. Ar, O_2, N_2 oder/und H_2, in denen der Tempervorgang mit einer Dauer von etwa 15 min abläuft.

Es werden bei einem solchen Tempern mechanische Spannungen ausgeglichen sowie Änderungen im Bindungsverhalten, z. B. Anlagerungen an offene Bindungen (dangling bonds) ermöglicht, welche zu verbesserter Langzeitstabilität oder speziell gewünschten Eigenschaften führen.

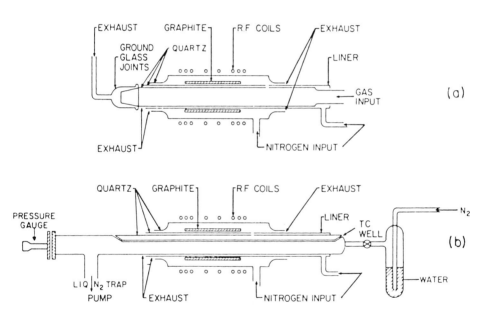

Bild 5.8: Stickstoff- (a) und Vakuum-Temperofen (b) (nach J. F. Montillo u. a. 1971)

Insbesondere können Störungen direkt an der Grenzfläche Halbleiter/Deckoxid (fast states) weitgehend ausgeheilt werden, während die Beseitigung von im Oxid liegenden Zuständen (slow states) schwieriger ist und nicht vollständig gelingt (die Bezeichnung "langsame" und "schnelle" Zustände rührt daher, daß letztere vom Halbleiter her schnell umgeladen werden können und somit eine

194 Abscheideverfahren

wesentlich kürzere Zeitkonstante aufweisen als die ersteren; dies macht sich entsprechend im Frequenzverhalten bemerkbar).

In Bild 5.8 sind schematisch Apparaturen zum N_2- und Vakuum-Tempern von thermisch oxidierten Siliziumscheiben dargestellt. Der Tempervorgang ist gerade bei solchen Scheiben bedeutungsvoll, da speziell das spätere Gate-Oxid, die dünne Isolatorschicht zwischen Steuerelektrode und dem Halbleiter-Leitungskanal bei Feldeffekt-Transistoren, stabilisiert sein muß. Wichtig sind die Reduzierung vorhandener Grenzflächen-Zustände N_{SS} sowie von Ladungen im Oxid Q_{ox}, worauf in Teil II eingegangen wird.

Die Verbesserung der Eigenschaften ist aus Bild 5.9 für ein Beispiel klar zu erkennen. Man entnimmt der Darstellung auch, daß der Vorgang stark temperaturabhängig ist; Bild 5.10 zeigt, daß in diesem speziellen Fall 1100°C erforderlich sind, um eine praktische Eliminierung von Q_{ox} und N_{SS} zu erreichen.

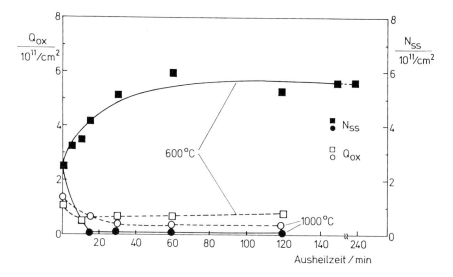

Bild 5.9: Abhängigkeit der Grenzflächen-Zustände N_{SS} und Oxidladung Q_{ox} von der Temperzeit in N_2 bei 600°C und 1000°C

Da insbesondere Na-Ionen zu Q_{ox} beitragen, wird durch Zugabe von Phosphin zu Ende des Oxidationsprozesses eine Phosphorglas-Schicht erzeugt, welche als Getterschicht für Natrium wirkt; auch wird die Oxidation selbst in einer Cl-haltigen Atmosphäre durchgeführt, was die Grenzflächen-Eigenschaften verbessert. Auf solche speziellen Verfahren wird hier nicht näher eingegangen, es sei dazu auf das Schrifttum verwiesen.

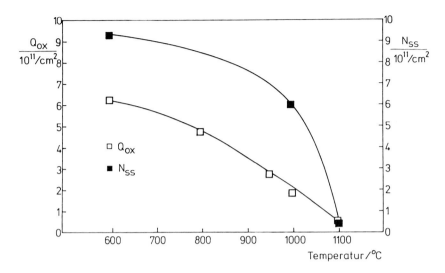

Bild 5.10: Sättigungwerte für die Grenzflächenzustände N_{ss} und Oxidladung Q_{ox} nach Temperung in O_2 bei verschiedenen Temperaturen (nach J. F. Montillo u. a. 1971)

5.6 Polysilizium-Schichten

Polykristallines Silizium in Form einer flächigen Abscheidung wird entsprechend der Silizium-Epitaxie hergestellt, siehe Kapitel 3. Man benutzt Silan SiH_4 in einem Trägergas (H_2 oder/und N_2) und arbeitet bei Temperaturen von 600°C bis 800°C. Die Dotierung erfolgt während der Abscheidung durch Zugabe von AsH_3, PH_3 für n- und von B_2H_6 für p-Dotierung. Die Apparatur besteht aus einem Quarz-Reaktor.

Als Suszeptor wird z. B mit SiC beschichteter Graphit verwendet, der auf einem Quarz-Schlitten ruht. Mittels einer Strahlungsbeheizung wird die erforderliche Temperatur eingestellt, siehe das Anlagenschema in Bild 3.8. Eine Wasser- oder Luftkühlung sorgt dabei für hinreichend kühle Reaktorwände. Die Gasversorgung ist im allgemeinen automatisiert und besteht aus Gasreinigungsanlage und einem programmgesteuerten System für die Steuerung der verschiedenen Gasflüsse.

Das Reaktionsgas wird stark verdünnt dem Trägergas beigefügt, z. B. 0,01-0,5 % SiH_4 in H_2. Dotiergase werden im Verhältnis etwa 1:100 beigemischt. Die Strömungsgeschwindigkeit beträgt dabei ungefähr 10 cm/s. Für einen Reaktor gemäß Bild 3.8 gilt z. B. das nachfolgend angegebene Ablaufschema für die Herstellung einer n- dotierten Polysiliziumschicht:

196 Abscheideverfahren

    Depositionstemperatur   640°C
    Trägergas N_2 1000 l/h
    Reaktionsgas SiH_4 2 l/h
    Dotiergas PH_3 0,02 l/h
    Depositionsrate   17 nm/min .

Anschließend werden die (auf Silizium-Substraten niedergeschlagenen) Schichten z.B. 30 min bei 1000°C getempert. Man erhält dann Schichten mit Korngröße der Kristallite von 10 nm. Mit dem angegebenen Fluß des Dotierstoffes ergibt sich dabei für eine 0,5 µm dicke Schicht, also nach 30 min Abscheidezeit, ein Flächenwiderstand $R_\square < 20\ \Omega$; unter $R_\square$ versteht man allgemein den Widerstand einer lateralen, gleich langen wie breiten Struktur vorgegebener Dicke (hier 0,5 µm).

Polysilizium ist wichtig u.a. für selbstjustierende Strukturen, als Gate-Material sowie zur Bildung des Emitters bei Si-Bipolartransistoren, siehe Teil II.

5.7 Silizid-Schichten

Die Verkleinerung der Bauelemente-Dimensionen bedingt schmalere Leiterbahnen. Dies bedeutet höhere ohmsche Widerstände. Insbesondere stößt die Verwendung hochdotierten Polysiliziums an ihre Grenzen wegen der begrenzten Löslichkeit von Dotiersubstanzen. Eine n-Dotierung ist bis maximal $5 \cdot 10^{20} cm^{-3}$ möglich, was spezifische Widerstände von minimal $5 \cdot 10^{-4}\ \Omega cm$ zu erreichen gestattet. Für einen Kontaktstreifen von 0,5 µm mal 0,5 µm Querschnitt und 50 µm Länge bedeutet dies 1 kΩ (Flächenwiderstand 10 Ω). Damit müssen andere Kontaktmaterialien gesucht werden, welche mit der Planar-Technologie kompatibel sind.

Das ist mit der Klasse der Silizide gegeben. Es sind dies Metall-Silizium-Verbindungen, welche sich bei hohen Temperaturen bilden. Wegen der erforderlichen Sinterung kommen nur schwerschmelzbare Metalle in Frage.

Günstig ist Titansilizid $TiSi_2$ einzusetzen. Hierzu wird Ti mittels einer Elektronenstrahl-Verdampfung (siehe Abschnitt 5.8) im Vakuum auf das Silizium aufgebracht. Da üblicherweise das Silizid zur Widerstandserniedrigung von Poly- Silizium dient, besteht das Substrat aus mit bereits stark dotiertem Poly- Silizium beschichteten Material. Die Formierung des Silizids tritt oberhalb 700°C ein, verwendet wird z. B. eine Temperatur von 800°C bis 900°C. In He-Atmosphäre erhält man besonders niedrige ohmsche Widerstände, z. B. einen Flächenwiderstand von nur 0,6 Ω für eine 0,5 µm dicke in $TiSi_2$ umgewandelte Schicht. Ein Beispiel für das Eindringen der Schicht in das Poly-Silizium ist in Bild 5.11 gezeigt. Falls eine Leiterbahn mit Silizium (selbst einkristallin) überwachsen werden soll, kann z. B. $CoSi_2$ Verwendung finden.

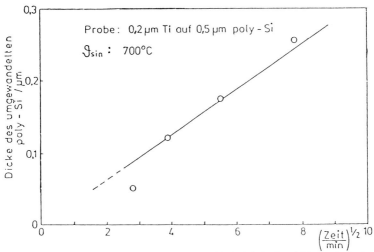

Bild 5.11: Dicke der umgewandelten Poly-Si-Schicht in Abhängigkeit von der Sinterzeit

5.8 Metallisierungen

Metallisierungen werden im wesentlichen für Kontaktflecken, Elektroden-Flächen, elektrische Leiterbahnen und für Metall-Halbleiter-Kontakte vorgenommen. Die Abscheidung der öfters mehrlagigen Metallschichten geschieht durch Aufdampfen im Vakuum oder auch mittels der Sputtertechnik (siehe Abschnitt 5.1.2).

Hier sei die Vakuum-Verdampfung beschrieben, wobei in einem Rezipienten (meist aus Edelstahl) das betreffende Metall mittels einer Heizwendel aus Wolfram thermisch verdampft wird. Verwendet man statt dessen eine Elektronenkanone und nutzt die Verlustleistung Elektronenstrom mal Beschleunigungsspannung aus, kann man wendelfrei, also sehr sauber arbeiten; es wird dabei nur die Umgebung der vom Elektronenstrahl getroffenen Stelle des zu verdampfenden Materials erwärmt. In Sonderfällen wird auch die elektrolytische Abscheidung, z.B. zur Verstärkung von Leiterbahnen, eingesetzt, siehe Abschnitt 5.8.1. Hierbei können in der Galvanotechnik übliche Bäder Verwendung finden, z. B. "Pur-A-Gold 401" der Firma Blasberg, Oberflächentechnik (Postfach 130251, 5650 Solingen 13).

Es wird zunächst eine kurze Zeit auf eine Blende aufgedampft, welche dann aus dem Atomstrahl herausgedreht wird. Das Substrat ist vorgereinigt eingebracht worden, um störende Oxidschichten, welche sich beim Liegen an Luft bilden, möglichst zu entfernen. In der Apparatur wird z. B. mittels einer Gasentladung nochmals oberflächig gereinigt, ehe dann aufgedampft wird; zuweilen wird das Substrat dabei auf erhöhter Temperatur (z. B. 300°C) gehalten.

198 Abscheideverfahren

In der Halbleitertechnik meist verwendete Metalle sind Aluminium und Gold. Während bei Au keinerlei Probleme auftreten, stören bei Al geringste Mengen an Feuchtigkeit oder Rest-Sauerstoff in der Apparatur. Al oxidiert sofort, und es bilden sich hochohmige Zwischenschichten.

Auf die Anwendung der Aufdampftechnik zur Kontakt-Metallisierung, der Leiterbahn-Herstellung usw. wird hier nicht weiter eingegangen, dies ist Teil II an der jeweiligen Stelle vorbehalten. Zwei Sätze zu den Pumpensystemen seien jedoch noch angeschlossen.

Die verwendeten Pumpensysteme sollten einen möglichst geringen Restdampfdruck, z. B. des Pumpenöles, besitzen. Empfehlenswert sind trockene Systeme, z. B. Turbomolekularpumpen und Adsorptionspumpen (Ti-Getterpumpen). Der Druck während des Aufdampfens muß $< 10^{-5}$ mbar betragen, jedoch ist oftmals sogar Ultrahochvakuum notwendig ($< 10^{-10}$ mbar).

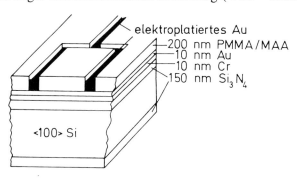

Bild 5.12: Herstellung von Metallisierungen auf Isolatorschicht mittels Elektroplatierung (nach E. Kratschmer u. a. 1984)

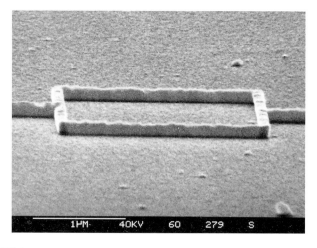

Bild 5.13: Elektrolytisch abgeschiedene Leiterbahnen mit 80 nm x 80 nm Querschnitt (nach E. Kratschmer u. a. 1984)

Metallisierungen 199

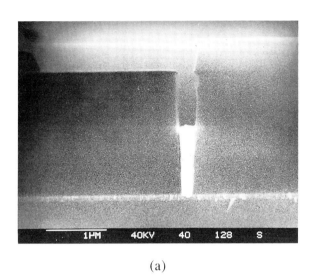

(a)

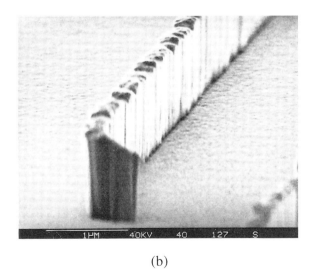

(b)

Bild 5.14: REM-Aufnahme einer Goldlinie mit hohem "aspect ratio", $J = 20\ \mu A/mm^2$, $r_{Au} = 125$ nm/min; a) vor , b) nach der Entfernung der Lackmaske und Ätzen der Platierungsbasis (nach G. Romero 1984)

200 Abscheideverfahren

5.8.1 Elektrolytische Abscheidung

Das Elektroplatieren verlangt eine elektrisch leitfähige Unterlage, welche zuvor z. B. mittels eines der vorherigen Verfahren aufgebracht wird. Eine exakte Seiten-Definition gelingt beim Platieren durch Abscheidung in von Resist-Wällen begrenzten Kanälen. Wegen der in den Öffnungen parallelen Äquipotential-Flächen ist ein sehr sauberes, ebenes Wachstum möglich, insbesondere bei geringen Abscheidungs-Stromdichten. Die zuvor gezeigten Strukturen sind bei 60°C Badtemperatur mit einer Stromdichte von 2 mA/cm² abgeschieden, womit eine Wachstumsrate von etwa 5 nm/s erhalten wird. Bild 5.12 zeigt eine entsprechende Anordnung zum Aufwachsen in Gräben mit Au-Cr Platierungsbasis, Bild 5.13 ein praktisches Ergebnis einer Submikron-Metallisierung. Da die Resistwälle hoch gewählt werden können, lassen sich extrem große aspect-ratios (Verhältnis der Höhe zur Breite) solcher elektrolytisch aufgebrachten Metallschichten erzielen, siehe Bild 5.14. Nur bei dünnen Schichten ist auch eine stromlose Abscheidung (electroless plating) möglich.

5.9 Bestimmung der Schichteigenschaften

Die jeweils wichtigen Parameter sind von der Art der Schicht sowie deren späterer Verwendung abhängig. Speziell werden an Isolatorschichten und Leitschichten unterschiedliche Anforderungen gestellt.

Im ersteren Fall ist neben der Dicke, abgesehen von der Langzeitstabilität, das Isolationsvermögen bzw. die minimale Durchschlagsfeldstärke wichtig. Bei späterer Verwendung als Gate-Isolation kommt neben der Reinheit die äußerst exakt einzuhaltende Schichtdicke hinzu; sie beeinflußt wesentlich das spätere Bauelement-Verhalten. Bei Leitschichten ist das elektrische Leitvermögen das Wichtigste, aber auch die Haftung auf dem Substrat ist von Bedeutung. Dies gilt insbesondere für den Kontaktfleck, wo die Verbindung zur äußeren Schaltung bzw. der Sockel-Durchführung vorgenommen werden soll. Bei hoher Strombelastung, wie sie bei im µm-Bereich strukturierten Leiterbahnen auftritt, muß der Materialtransport (electromigration) beachtet werden. Dies ist die durch Elektronenstoß initiierte Verschiebung von Atomen der Leitbahn in Richtung des Elektronenflusses, welche bei Stromdichten von MA/cm² zur Auftrennung des Strompfads zu führen vermag; darauf wird im Teil II Bezug genommen.

5.9.1 Isolatorschichten

Durch Belegen mit einer Elektrode gemäß Bild 5.15 lassen sich die Durchbruchspannung U_{Br} sowie das Isolationsvermögen, also der spezifische

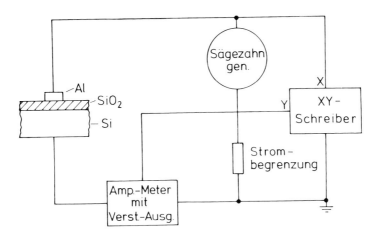

Bild 5.15: Meßaufbau zur Bestimmung der Durchbruchsfeldstärke und des Isolationsvermögens dünner Isolatorschichten

Isolationswiderstand einer Isolator-Deckschicht, bestimmen. Als Meßelektroden werden aufgedampfte Metallflecken (Durchmesser z. B. 1 mm) oder auch die "Quecksilber-Probe" benutzt. Letzteres ist eine mit Hg gefüllte Kapillare, auf welche die Probe aufgesetzt wird, und wo durch Variation des Füllstandes ein dem Kapillaren-Innendurchmesser entsprechender Kontakt hergestellt werden kann, siehe Bild 5.16 (auch eine kommunizierende Röhre wird zur Justierung des Füllstandes benutzt).

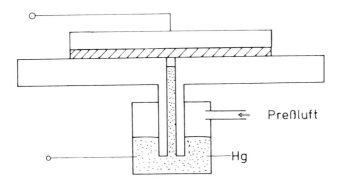

Bild 5.16: Quecksilber-Probe

202 Abscheideverfahren

Die Messung selbst kann statisch (DC) erfolgen, wie in Bild 5.15 angedeutet. In Bild 5.17 ist als Beispiel die Verteilung von Meßwerten der Durchbruchsfeldstärke dargestellt. $E_{Br} > 1$ MV/cm ist für technische Anwendungen im allgemeinen erforderlich (Feldstärke $E_{Br} = U_{Br}/d$, d Isolatorschichtdicke).

Das Isoliervermögen der Schichten entspricht weitgehend dem großvolumiger Isolatoren, ist aber stark von der gewählten Präparationstechnik abhängig.

Die Verlustströme sind im allgemeinen durch Volumeneffekte bedingt, z. B. Poole-Frenkel-Effekt (feldunterstützte thermische Emission an Störstellen eingefangener Ladungsträger) oder, bei sehr hohen Feldstärken, durch Tunneln. Mittels zeitabhängig angelegter Spannungen (z. B. Rampe mit 0,3 V/s) lassen sich die I-U-Verläufe bestimmen; für gute SiO_2-Schichten erhält man Werte von etwa 1 mA/cm^2 bei 5 MV/cm. Auch werden kapazitive Meßverfahren angewandt, indem die Entlade-Zeitkonstante der Meßelektrode-Substrat-Kapazität ausgewertet wird. Mit wachsender Temperatur steigt die Leitfähigkeit wie bei Volumenmaterial an.

Spezielle Meßtechniken werden zur Untersuchung von Gate-Isolatoren verwendet, die nicht hier, sondern in Teil II, Kapitel 12 Feldeffekt-Transistoren, behandelt werden.

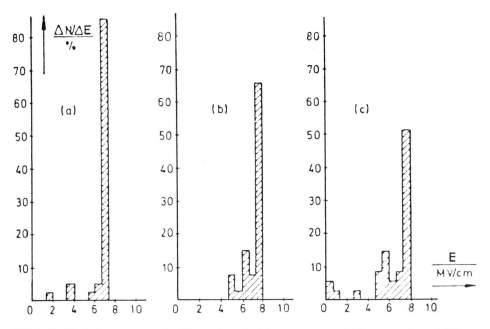

Bild 5.17: Histogramm der Durchbruchsfeldstärke von 150 nm dickem SiO_2, reaktiv auf Si abgeschieden a) ungetempert, b) 20 min 1050°C in N_2, c) 20 min 1050°C in N_2, 15 nm Oxidätzung, Aluminiumtemperung 10 min 500°C in N_2 (nach H.-U. Schreiber 1973)

5.9.2 Leitschichten

Bei Leitschichten interessiert neben der Dicke ($\gtrsim$ 1 µm) die elektrische Leitfähigkeit bzw. der Flächenwiderstand. Diese Größen können durch einfache Gleichstrom-Messungen bestimmt werden. Gemessene Werte ergeben im allgemeinen eine etwas geringere Leitfähigkeit als sie das betreffende Schichtmaterial als Vollmaterial zeigt. Ein Tempervorgang verbessert u. U. die Leitfähigkeit, aber auch die Haftung auf der Scheibe merklich; letztere ist insbesondere bei Kontaktflecken kritisch.

5.9.3 Schichtdicken-Messung

Die einfachste Methode der Schichtdickenmessung besteht im mechanischen Abtasten der Stufe am Rand Schicht-Substrat. Hierzu gibt es spezielle Geräte mit Auflösungen bis herab zu 10 nm. Bei optisch transparenten Schichten kann auch ein Interferenz-Mikroskop eingesetzt werden. Im übrigen treten bei Weißlich-Beleuchtung bei hinreichend dünnen Schichten von < 1 µm Dicke Interferenzfarben auf, welche direkt zur visuellen Ermittlung der Dicke und insbesondere der Abschätzung der Gleichmäßigkeit herangezogen werden können. Die Tabelle 5.1 gibt einen Anhaltspunkt.

Tabelle 5.1: Farben dünner SiO_2- Schichten zur visuellen Dickenabschätzung

Farbe	Dicke/µm	Farbe	Dicke/µm
braun-gelb	0,06	helles orange	0,41
dunkelviolett-rotviolett	0,11	blau-grün	0,50
helles gold, leuchtendgelb (metallisch)	0,21	fleischfarben blau	1,00 1,50
blauviolett-blau	0,30		

Für sehr dünne transparente Schichten unterhalb 1 µm verwendet man ein Ellipsometer, mit welchem die Phasendifferenz des reflektierten Lichts an den Grenzen Luft-Schichtoberfläche und Schicht-Substrat gemessen wird. Man kann zur Auswertung Rechnerprogramme heranziehen, womit man bequem sowohl die Dicke als auch den Brechungsindex ermitteln kann; erforderlich sind dazu mehrere Messungen bei verschiedenen Polarisatorstellungen. Bild 5.18 zeigt eine solche Apparatur schematisch.

204 Abscheideverfahren

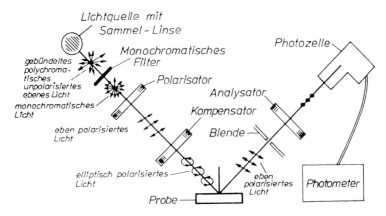

Bild 5.18: Schematischer Aufbau des Ellipsometers

5.10 Scheibenverzug

Wenn eine Beschichtung vorgenommen wird, ist bei unterschiedlicher Temperatur von Aufbringung auf das Substrat und Benutzung mit mechanischen Spannungen an der Grenzfläche zu rechnen. Solche können sogar auftreten, wenn Abscheidungen bei der späteren Betriebstemperatur, z. B. bei Raumtemperatur, vorgenommen werden.

Eine in-situ-Methode der Beobachtung des Auftretens solcher Spannungen ist die Röntgentopographie, siehe Abschnitt 2.4.1.3 Es bilden sich z. B. Spannungsfelder und schließlich ein Versetzungsnetzwerk an Ätzkanten von SiO_2 auf Si aus, wodurch Diffusionen dort schneller als in störungsfreiem Volumen erfolgen. Sind Scheiben einseitig ganzflächig beschichtet, tritt eine konkave oder konvexe kalottenartige Verbiegung der gesamten Scheibe auf. Wird eine solche Scheibe glattgezogen, was für technologische Bearbeitungsgänge erforderlich ist, wandelt sich die Krümmung in eine laterale Dilatation oder Kontraktion um. Da dies die Überlagerungsgenauigkeit von Mehrmasken-Prozessen der Bauelemente-Technologie beeinträchtigt, müssen diese Veränderungen bei der Festlegung der Masken-Geometrie berücksichtigt werden. Die relative Längenänderung der glattgezogenen Scheibe beträgt

$$\frac{\Delta l}{l} = \frac{1}{6} \cdot t_s \cdot \frac{1}{R},$$

wenn die Scheibe der Dicke t_s bei der einseitigen Beschichtung den Krümmungsradius R zeigt. Die Krümmung ist der Dicke t_f des Substrates umgekehrt proportional. Für bei 1050°C thermisch gewachsenes SiO_2 auf Si gilt z. B.

$$\frac{1}{\frac{R}{m}} \approx 9{,}8 \cdot 10^3 \cdot \frac{t_f}{\mu m} \cdot \left(\frac{\mu m}{t_s}\right)^2$$

bei < 100 > - Scheiben und

$$\frac{1}{\frac{R}{m}} \approx 7{,}9 \cdot 10^3 \cdot \frac{t_f}{\mu m} \cdot \left(\frac{\mu m}{t_s}\right)^2$$

bei < 111 > - Scheiben.

Dies bedeutet bei flach gezogenen Scheiben von 0,4 mm Dicke und 1 μm Oxidschicht eine Dilatation der Scheibe von etwa 40 nm/cm auf der Wafer-Oberfläche. In Bild 5.19 sind (1/R)-Abhängigkeiten von t_f angegeben. Bild 5.20 zeigt, daß diese Abhängigkeit proportional der Flächenbedeckung ist, eine nur 50%ige SiO$_2$-Belegung also nur zur halben Längenänderung führt.

Im Falle von SiO$_2$ auf Si ist die nicht glattgezogene Scheibe konvex (beschichtete Seite oben), da der thermische Ausdehnungskoeffizient von SiO$_2$ etwa TK = $0{,}5 \cdot 10^{-6} K^{-1}$ beträgt und der von Si $2{,}6 \cdot 10^{-6} K^{-1}$; bei Si$_3N_4$-Schichten tritt dagegen eine konkave Verbiegung auf, da dort der effekte TK der Deckschicht meist größer als der von Si ist, z. B. $4 \cdot 10^{-6} K^{-1}$. Insoweit läßt eine Zweifach-Beschichtung u. U. eine gewisse Kompensation zu.

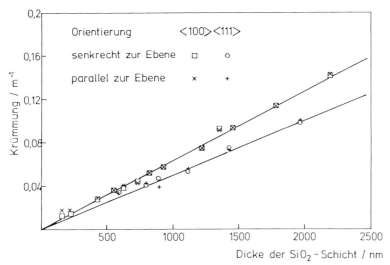

Bild 5.19: Krümmung in Abhängigkeit der SiO$_2$-Schichtdicke (Waferdicke 385 μm) (nach N. Gellrich 1983)

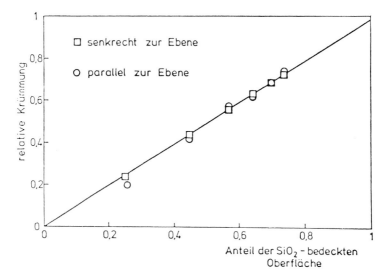

Bild 5.20: Krümmung in Abhängigkeit der Flächenbedeckung (Waferdicke 385 µm) (nach N. Gellrich 1983)

Wie die obigen Werte andeuten, ist bei Submikron-Strukturen dieser Waferverzug unbedingt einzubeziehen, bei üblichen Scheibengrößen und -strukturen oberhalb 2 µm aber zu vernachlässigen. Voraussetzung dafür ist selbstverständlich eine sorgfältige Behandlung der Scheiben (wafer handling) und Verwendung spannungsfreier Wafer.

Literaturverzeichnis

Chow, T. P., Steckl, A. J.: Refractory Metal Silicides: Thin-Film Properties and Processing Technology, IEEE Transact. Electron Dev. **ED-30, 1983,** 1480-1497

Deal, B.E., Grove, A.S.: General Relationship for thermal oxidation of silicon, J. Appl. Phys. **36,** 1965, 3770-3778
Grundsatzartikel zur thermischen Oxidation

Eldridge, J.M., Kerr, D.R.: Sodium Ion Drift through Phosphosilicate Glass-SiO_2 Films, J. Electrochem. Soc. **118,** 1971, 986-991
Phosphorsilikatglas-Passivierung

Gellrich, N: Prozeßinduzierte topologische Veränderungen einkristalliner Siliziumscheiben, Diss. RWTH Aachen 1983

Helix, M. J., Vaidyanathan, K. V., Streetman, B. G.: R. F. Plasma Deposition of Silicon Nitride Layers, Thin Solid Films **55**, 1978, 143-148
Abhängigkeit des Brechungsindex von der Schichtzusammensetzung

Kratschmer, E., Erko, A., Petrashov, V. T., Beneking, H.: Device fabrication by nanolithography and electroplating for magnetic flux quantization measurements, Appl. Phys. Lett. **44**, 1984, 1011-1013

Montillo, J. F., Balk, P.: High - Temperature Annealing of Oxidized Silicon Surfaces, J. Electrochem. Soc. **118**, 1971, 1463-1468

Nicollian, E.H., Brews, J. R.: MOS physics and technology, J. Wiley & Sons, New York 1982
Umfassende Darstellung aller mit dem MOS-System zusammenhängenden Probleme

Poate, J.M., Tu, K. N., Mayer,J.M.: Thin Films - Interdiffusion and Reactions, J. Wiley & Sons, New York, 1978
Mehrere Beiträge zu metallurgischen Problemen bei Kontaktschichten und Siliziden

Richter, P., Ryssel, R.: Trends in Practical Process Simulation, Archiv Elektr. Übertr. **44**, 1990, 172-180
Zusammenfassende Darstellung zum Stand der Prozeß - Simulation

Rohatgi, A., Butler, S.R., Feigl,F.J.: Mobile sodium ion passivation in HCl oxides, J. Electrochem. Soc. **126**, 1979, 149-154
Chlor-Mitwirkung bei der Passivierung

Romero, G.: Leitungsverluste von Submikronstrukturen und deren Verringerung durch elektrolytische Leitschicht-Verstärkung, Diss. RWTH Aachen 1984

Schade, K.: Halbleitertechnologie 1, VEB Verlag Technik, Berlin 1981
U. a. Beschreibung der Verfahren zur Beschichtung von Substraten mit Leit- und Isolatorschichten

Schreiber, H.-U.: Herstellung und Eigenschaften hochdurchschlagfester aufgestäubter SiO_2-Schichten, Diss. RWTH Aachen 1973

Widmann, D., Mader, H., Friedrich, H.: Technologie hochintegrierter Schaltungen, Halbleiter-Elektronik, Bd. 19, Springer-Verlag, Berlin 1988

Wolters, D.R.: Behaviour of the oxide film in MOS devices, Philips Tech. Rev. **43**, 1987, 330-342

6 Lithographie

Die in diesem Abschnitt behandelte Lithographie (von gr. lithos - Stein und gr. graphein - einritzen, schreiben) dient der Erzeugung von Strukturen auf bzw. in der Halbleiterscheibe. Die Festlegung der lateralen (von lat. latus - Seite) Geometrie der auf dem Wafer herzustellenden Bauelemente ist im allgemeinen der erste Schritt der Bauelemente-Herstellung. Insoweit ist dieser Abschnitt mit dem nachfolgenden, wo Ätz- und Trennverfahren behandelt werden, als Übergang zur auf Bauelemente bezogenen Technologie zu sehen.

Die hier behandelten lithographischen Verfahren sind im Grundsatz von der Klischee-Herstellung der Drucktechnik abzuleiten, wo eine vorgegebene, gewünschte Struktur in die Druckplatte übertragen wird. Dabei bedient man sich optischer Übertragungstechniken, welche denen der Halbleitertechnik entsprechen. Ein Unterschied jedoch ist wesentlich. Während man in der Drucktechnik Minimal-Geometrien der Größenordnung Millimeter zu übertragen hat (z. B. Rasterpunkte von > 0,2 mm), sind es in der Halbleitertechnik Mikrometer-Strukturen.

Neben der Übertragungstreue der lateralen Auflösung (pattern fidelity) ist in der Halbleiter-Technologie die exakte Passung mehrerer (bis zu > 10) aufeinander folgender Strukturierungsschritte wesentlich. Wiederum vergleichbar der Drucktechnik, und zwar hinsichtlich des Mehrfarbendruckes, ist die geforderte Paßgenauigkeit, die exakte Justierung, hier besonders wichtig. Sie geht direkt in die Ausbeute (yield) an brauchbaren Elementen ein und bestimmt damit wesentlich die Konkurrenzfähigkeit eines Produktes insbesondere bei komplexen integrierten Schaltungen.

Die Lithographie basiert auf dem Zusammenwirken der zur Strukturierung verwendeten Strahlung (elektromagnetisch oder korpuskular) mit - falls vorhanden, einer Maske und - einem strahlungsempfindlichen Lack (resist), der auf der Halbleiterscheibe dünn ($\approx$ 1 µm dick) und gleichmäßig aufgebracht werden muß. Belichtung und Entwicklung stehen in Wechselwirkung, womit die Strukturtreue, die Einhaltung der vorgebenen Strukturgeometrie (z. B. die Breite einer Leiterbahn) vom Gesamtübertragungsprozeß abhängt.

In diesem Abschnitt wird auf diese Fragen eingegangen, und es werden praktisch benutzte Anordnungen besprochen.

210 Lithographie

6.1 Masken- und maskenlose Übertragungsverfahren

In Bild 6.1 sind Schemata von Lithographiesystemen dargestellt. Bild 6.1a zeigt das primitivste Verfahren, die Schattenprojektion. Die angedeutete Strahlführung bei räumlich ausgedehnter Quelle deutet die zu erwartende Randunschärfe an, während die Strukturgröße von den Abständen 1, g beeinflußt ist. Ein entsprechendes Verfahren wird bei der Röntgen-Lithographie mit 1 >> g benutzt (siehe Abschnitt 6.4).

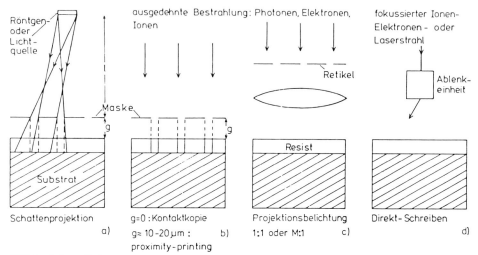

Bild 6.1: Schemata von Lithographiesystemen

In Bild 6.1 (b) ist das meist verwendete Verfahren dargestellt. Die Maske liegt direkt auf der photoempfindlichen Schicht auf (Kontaktkopie). Falls sie sich im Abstand einiger 10 µm davor befindet, spricht man von "Proximity-Printing". Die Standzeit der Maske ist dann wesentlich erhöht (praktisch beliebig viele Benutzungen statt nur 10 - 150), da weniger Beschädigungen (Löcher, Kratzer) auftreten können als bei direktem Kontakt mit dem beschichteten Wafer. Eine gleichmäßige Übertragung ist nur bei ebener Maske und planparallelem Wafer möglich.

In Bild 6.1 (c) ist die Projektionstechnik angedeutet, welche insbesondere für kleine Strukturen (< 2 µm) Eingang in die Praxis gefunden hat. Ein Vorteil ist die kontaktlose Strukturübertragung und die Möglichkeit der Verwendung einer größeren Maske als die zu erzeugende Struktur; 5:1 oder auch 10:1 ein gebräuchlicher Verkleinerungsmaßstab dieser Mikroprojektion. Bild 6.1 (d) schließlich zeigt das Prinzip des Direktschreibens, wo ein Lichtstrahl, Laser- oder Elektronen- bzw. Ionenstrahl feinfokussiert die Halbleiterscheibe überstreicht. Die gewünschte Struktur ist hierbei nicht in einer Maske fixiert, sondern als Datensatz zur Steuerung der Ablenkeinheit in einem Rechner gespeichert. Solche Systeme sind damit sehr flexibel und frei von mechanischen Maskenfehlern (Staubpartikel, Löcher), aber wegen der sequentiellen Strukturübertragung im Gegensatz zu den integralen Verfahren relativ langsam. Da die Ablenkung des Elektronenstrahls auf einige mm² begrenzt ist, muß zur Ortsdefinition auf der gesamten Scheibe auch die Position

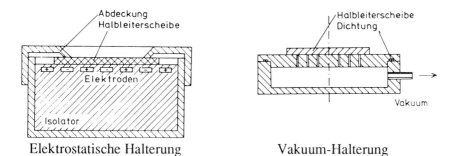

Bild 6.2: Halterungen für Halbleiterscheibe

des X-Y-Kreuztisches herangezogen werden, auf welchem die Halbleiterscheibe aufliegt. Die Position des Kreuztisches wird hierbei mittels eines Laser-Interferometers bestimmt, was auf $\lambda/64$ genau möglich ist.

Da insbesondere nach Beschichtungs-Prozeßschritten Verbiegungen der Halbleiterscheiben vorliegen, müssen diese glattgezogen werden. Dies ge-

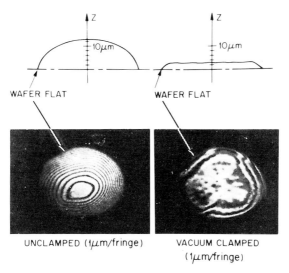

Bild 6.3: Wirkung einer Vakuumhalterung auf die Ebenheit der Waferoberfläche (nach T. E. Saunders 1982)

schieht durch Ansaugen oder mittels elektrostatischer Halterungen (chuck). Bild 6.2 zeigt solche Halterungen schematisch, deren Wirkung aus Bild 6.3 zu entnehmen ist. Um eine exakte Planizität zu erreichen, wird u. U. differentiell angesaugt, d. h. mit mehreren, voneinander unabhängigen Pumpsträngen.

Die zu erzeugenden Strukturen dienen der Herstellung von Einzelbauelementen oder integrierten Schaltungen, deren Abmessungen in der Regel wesentlich kleiner als die der Halbleiterscheibe sind.

Jede Struktur wird damit vielfach benötigt, da auf der Halbleiterscheibe bis über Tausend gleicher Systeme anzuordnen sind. Beim manuellen Strukturentwurf (design) wird die Vorlage auf einem Koordinatographen mit einem Tisch von etwa 1 m^2 Größe, z. B. im Maßstab 1:200, in eine Doppelschichtfolie (Handelsname: Rubylith RM3) mechanisch übertragen. Nach dem Schneiden der lichtundurchlässigen (roten) Deckfolie längs der Strukturkanten kann diese an den unerwünschten Stellen von der transparenten, äußerst maßhaltigen Trägerfolie abgezogen werden. Die Genauigkeit der Werkzeugpositionierung beträgt ± 50 µm, die Schnittlinienbreite etwa 10 µm und die Schnittkantenbreite 2 µm. Ein erster optischer Verkleinerungsschritt (z. B. Reduktion 20:1) mit einer Reprokamera erzeugt ein Bild der Vorlage z. B. in Form einer 2" x 2" Photoplatte (retikel). In einem zweiten Schritt wird das Retikel passend verkleinert (z. B. 10:1) und zu einer Matrixordnung auf der Muttermaske (master plate) vervielfacht. Dies erfolgt mit dem Photorepeater (step-and-repeat camera), einem exakt arbeitenden optischen Verkleinerungsgerät mit gesteuertem X-Y Kreuztisch, auf welchem sich die herzustellende Muttermaske temperaturgeregelt befindet. Durch Kontaktkopie werden dann von der Muttermaske die Arbeitsmasken hergestellt, welche im allgemeinen chrombeschichtete Glasplatten sind. Auf diese Maskentechnik wird in Teil II, Kapitel 8, näher eingegangen.

Der automatisierte Strukturentwurf erfolgt mit Rechnerunterstützung (Computer Aided Design CAD), wobei der generierte Datensatz direkt zur Herstellung eines Retikels mittels eines optischen Patterngenerators verwendet wird. Die Größe und Form eines jeden Elementes der Struktur wird hierbei durch elektromechanisch gesteuerte Blenden eingestellt und verkleinert auf das Retikel abgebildet. Damit entfällt der erste der oben beschriebenen Verkleinerungsschritte; die Herstellung der Maske erfolgt wieder mit dem Photorepeater.

Um eine bessere Justierung der aufeinander folgenden Strukturierungsschritte für jede einzelne Struktur auf der Halbleiterscheibe zu erreichen, wird bei der Projektionsbelichtung das Retikel selbst auf den Wafer verkleinert abgebildet. Damit entfällt die Herstellung der Maske, und es kann jede einzelne Struktur auf die bereits vorhandenen Strukturen auf der Halbleiterscheibe justiert werden (die by die alignment). Ferner ist durch einen Wechsel des Retikels die Herstellung verschiedener Bauelemente oder integrierter Schaltungen bei ansonsten gleicher Technologie auf einem Wafer möglich, ein für die Herstellung kundenspezifischer Schaltungen wichtiger Aspekt.

Im Fall der maskenlosen Strukturerzeugung wird das Ergebnis des automatisierten Strukturentwurfs, der generierte Datensatz, unmittelbar zur Steuerung der Belichtung beim Direktschreiben auf der Halbleiterscheibe verwendet. Damit erlaubt dieses Verfahren, eine Strukturänderung schnell vorzunehmen, und einen schnellen Durchlauf bei notwendig werdenden Entwurfsänderungen (redesign). Hierzu wird in der Entwicklung komplexer ICs speziell die Elektronenstrahl-Lithographie herangezogen, welche im übrigen zur hochpräzisen Herstellung von Retikeln und Muttermasken verwendet wird. Sie ersetzt damit den optischen Patterngenerator und den Photorepeater. Ein Ausdruck solcher elektronisch erzeugten Maskensätze kann jederzeit mittels eines Plotters erfolgen.

6.2 Resist-Verhalten

Die Wechselwirkung der strahlungsempfindlichen Lacke (Resists; Photo-, Elektronen-, Röntgen- oder Ionenresist) mit der auftreffenden bzw. absorbierten Strahlung ist für den Lithographieprozeß von entscheidender Bedeutung. Von der Bestrahlungsbeeinflussung her gibt es zwei Typen von Resists: Positivresists und Negativresists. Ein Positivresist bildet nach Belichten und Entwickeln die Maske positiv ab, d. h. die verbleibende Reststruktur entspricht den nichttransparenten Gebieten auf der Maske. Für maskenlose Übertragungsverfahren bedeutet dies, daß der Positivresist bei der Entwicklung dort gelöst wird, wo belichtet wurde. Bei den in der Halbleitertechnik weniger eingesetzten Negativresists sind nach der Belichtung die bestrahlten Gebiete im Entwickler unlöslich; auf diese Weise entsteht bei der Belichtung im Resist ein Negativbild der Maske. Bedingt durch das Zusammenwirken von Strahlung und Resist (Absorption!) tritt im allgemeinen bei Negativresist eine Verbreiterung der geöffneten Resist-Struktur mit der Tiefe auf, bei Positivresist eine Verschmälerung; das erstere ist z. B. für Lift-off-Prozesse erwünscht. In Bild 6.4 sind diese Kanten-Abschrägungen punktiert angedeutet.

Neben dieser groben Einteilung der Resists gemäß Bild 6.4 dienen spezielle physikalische Parameter zur Charakterisierung eines Resist, auf sie wird nachstehend eingegangen. Dabei liegen prinzipiell unterschiedliche Eigenschaften vor, je nachdem, ob es sich um einen Einkomponenten-Resist, einen Zwei-Komponenten- oder Dreikomponenten-Resist handelt. Bei einem Einkomponenten-Lack müssen die Matrix-Funktion (Filmbildung, Ätzresistenz, Entwicklungsvorgang), die Licht-Beeinflussung (Änderung des Lösungsverhaltens bei Belichtung) sowie die Bestrahlungs-Empfindlichkeit von dem eingesetzten Polymer allein erfüllt werden. Bei den zweikomponentigen Resists werden die Matrix-Funktion durch eine Komponente (novolak) und das Bestrahlungsverhalten mit der Photoempfindlichkeit durch eine zweite Komponente

214 Lithographie

eingestellt. Weitgehende Unabhängigkeit aller drei Funktionen bietet nur der (bisher kaum eingesetzte) Dreikomponenten-Lack, wo z. B. die Bestrahlungs-Empfindlichkeit durch halogenierte Phenole bewirkt wird.

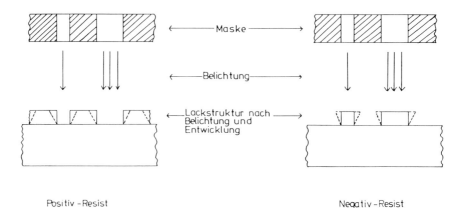

Bild 6.4: Positiv- und Negativresist

Die in der Halbleitertechnik verwendeten Lacke werden von den Herstellerfirmen i.a. als Lösung des eigentlichen Resistmaterials in einem geeigneten Lösungsmittel geliefert. Zur Belichtung der Substrate können dann die Tauch-, Roll- oder Schleuderbeschichtung eingesetzt werden. Die Beschichtung der Masken- und Halbleitersubstrate erfolgt nahezu ausschließlich mittels der Schleuderbeschichtung, ebenfalls analog zur Klischee-Herstellung. Nach dem Aufsprühen einer genau dosierten Menge von Resist rotiert das Substrat für einige 10 s bei einer Drehzahl im Bereich von 1000 U/min bis 10 000 U/min. Durch die Zentrifugalkräfte wird der Resist über das gesamte Substrat verteilt und bildet dabei eine gleichmäßige, dünne Schicht. Bei sorgfältiger Kontrolle der Beschleunigung und der Drehzahl, der Viskosität des Resist (welche korreliert ist mit dem Gehalt an Lösungsmittel), der Temperatur, der Luftfeuchtigkeit und evtl. auch der chemischen Zusammensetzung der umgebenden Atmosphäre ist es möglich, reproduzierbar homogene Resistschichten mit vorgegebener Dicke (üblicherweise ≈ 1 µm) herzustellen. Nach dem Aufschleudern des Resist wird die Schicht unter Zufuhr von Wärme getrocknet, wobei das Lösungsmittel verdampft (prebake).

Nach dem prebake wird der Resist belichtet. Die Dauer der Belichtung ist abhängig von der Empfindlichkeit des Resist für die gewählte Bestrahlungsart (Photonen, Elektronen oder Ionen). Bei einer gegebenen Bestrahlungsart ist die Empfindlichkeit abhängig von der Energie der Strahlung, also bei der optischen Belichtung von der Wellenlänge des Lichtes. Diese Abhängigkeit wird als spektrale Empfindlichkeit bezeichnet. Die Empfindlichkeit ist nur dann unabhängig von der Dicke des Resists, wenn der Resist eine hohe Transparenz für die zur Belichtung verwendete Strahlung hat. Letztere ist bei Röntgenstrahlung extrem hoch, was die Erzeugung sehr tiefer, paralleler Strukturen begünstigt (hohes aspect-ratio).

Da bei einer optischen Belichtung die Justierung ebenfalls mit Licht erfolgt, werden Resists benötigt, welche bei Gelb- oder Rotlicht ($\lambda > 500$ nm) unempfindlich sind. In Bild 6.5 ist die relative spektrale Empfindlichkeit einiger handelsüblichen Resists bei optischer Belichtung dargestellt. Der Abfall in der Empfindlichkeit bei den AZ-Resists unterhalb von $\lambda = 340$ nm ist korreliert mit der in diesem Bereich kleinerwerdenden Transmission dieser Resists.

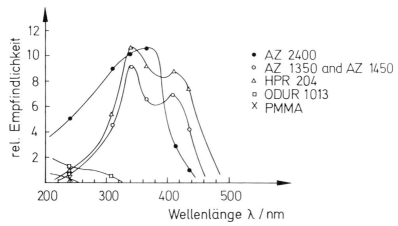

Bild 6.5: Relative spektrale Empfindlichkeit einiger handelsüblicher Resists (AZ 2400, AZ 1350, AZ 1450 Firma Hoechst, Wiesbaden; HPR 204 Firma Hunt Chemicals, Sint Niklaas/B; ODUR 1013 Firma Tokyo Ohka Kogyo/Dynachem, Dreieich-Sprendlingen, PMMA; KTI Chemicals, Sunnyvale/Ca., USA)
(nach D. Stephani u. a. 1983)

Die unterschiedliche spektrale Empfindlichkeit der in Bild 6.5 gezeigten Lacke legt bereits nahe, daß es grundsätzlich verschiedene Arten von Resist gibt. Die Diazo-Resists AZ 1350, AZ 1450 und AZ 2400 sowie HPR 204 sind positiv arbeitende Photoresists, während ODUR 1013 und PMMA zu den Polymer-Resists gehören, welche insbesondere in der Elektronen- und Röntgenstrahllithographie verwendet werden.

Viele der eingesetzten positiv als auch negativ arbeitenden Photoresists bestehen aus zwei Komponenten: einer photoaktiven Komponente (sensitizer) und einem Lack (resin), welcher als Filmbildner wesentlich zur chemischen Beständigkeit des Resists z. B. beim Ätzen beiträgt. Bei einem negativ arbeitenden Photoresist reagiert die photoaktive Komponente nach ihrer Aktivierung durch Energieaufnahme von den einfallenden Photonen mit dem Lack. Das hierbei gebildete Reaktionsprodukt ist im Entwickler unlöslich. Diese Reaktion findet bei positiv arbeitenden Photoresists nicht statt. Vielmehr ändert bei Bestrahlung mit Photonen die photoaktive Komponente ihre chemische Struktur, so daß sie im Entwickler, meist eine wäßrige alkalische Lösung, löslich wird. Während früher in der Halbleitertechnik zumeist Negativresists benutzt wurden, werden heute überwiegend die später entwickelten Positivresists verwendet, da sie ein besseres Auflösungsvermögen haben und technologisch einfacher zu verarbeiten sind.

Bei den negativ arbeitenden Photoresists ist die Erhöhung des Molekulargewichts bei der Reaktion der photoaktiven Komponente mit dem Lack von wesentlichem Einfluß auf die Unlöslichkeit im Entwickler. Dieser Effekt ist noch ausgeprägter bei den Polymer-Resists. In Abhängigkeit von den chemischen Eigenschaften des Monomers, welches zu Ketten vernetzt das Polymer aufbaut, wird das Molekulargewicht des Polymers durch die Bestrahlung infolge eines weitergehenden Molekül-Aufbaues vergrößert (cross-linking) oder aber durch Auftrennung verkleinert (chain scission). Da die Löslichkeit des Polymers im Entwickler vom Molekulargewicht abhängt, liegt im ersten Fall ein Negativresist vor, im anderen Fall ein Positivresist. In Bild 6.6 ist schematisch die Änderung der Kettenstruktur und damit des Molekulargewichtes durch die Bestrahlung dargestellt. Im übrigen ist ein Polymer mit hohem Molekulargewicht empfindlicher als einer mit niedrigem, siehe das Beispiel in Abschnitt 14.5.1.

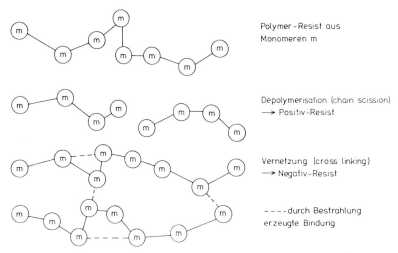

Bild 6.6: Schema eines Polymer-Resist aus Monomeren m und Änderung des Molekulargewichtes durch Bestrahlung (nach N. D. Wittels 1980)

Die Angaben zur absoluten Empfindlichkeit eines Resists müssen stets in Zusammenhang mit dem Belichtungsprozeß und der Entwicklung betrachtet werden. Bei vorgegebenem Entwickler und fester Entwicklungszeit ist die Empfindlichkeit definiert durch die minimale Bestrahlungsdosis E_0, bei der der Resist gerade durchentwickelt wird. Bei einer geringeren Bestrahlungsdosis wird zunächst der Resist in der angegebenen Entwicklungszeit nicht mehr in seiner gesamten Dicke durchentwickelt, bis schließlich bei sehr kleinen Bestrahlungsdosen nur noch der sogenannte Dunkelabtrag auftritt. Der Dunkelabtrag ist im Idealfall nahezu Null, d. h. der unbelichtete Positivresist ist im Entwickler unlöslich. Um eine bestmögliche Auflösung, d. h. Strukturen bestehend aus sehr schmalen Linien und Resist-Stegen, zu erhalten, sollte der Übergangsbereich zwischen der Bestrahlungsdosis E_0 und der Bestrahlungsdosis E_1, bei der keine deutliche Belichtung des Resists mehr erfolgt, möglich klein sein. Als Maß hierfür wird der Kontrast γ mit

$$\gamma = \left| \log_{10} \left(\frac{E_0}{E_1} \right) \right|^{-1}$$

benutzt. In Bild 6.7 sind für verschiedene Positivresists die Gradationskurven, d. h. die relative verbleibende Resistdicke über der Bestrahlungsdosis, aufgetragen. Aus den Gradationskurven können, wie angedeutet, direkt die Werte für die Empfindlichkeit E_0 und die extrapolierten Werte für die Bestrahlungsdosis E_1 entnommen werden. Der Kontrast ist dann gemäß der obigen Formel zu berechnen.

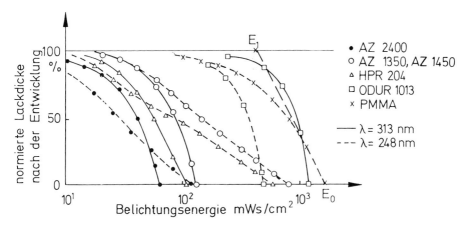

Bild 6.7: Gradationskurven einiger handelsüblicher Resists bei optischer Belichtung (nach D. Stephani u. a. 1983)

So wie bei gleicher Belichtung eines Resists die Empfindlichkeit E_0 in einem gewissen Bereich von der Wahl des Entwicklers abhängt, ist der Kontrast nicht nur von der spezifischen Art des Resistmaterials und der Effektivität der Löslichkeitsveränderung durch die gewählte Bestrahlungsart abhängig, sondern auch wieder vom Entwickler. Betrachtet man einen Positivresist, welcher in

218 Lithographie

zwei großen, eng nebeneinanderliegenden Strukturelementen belichtet wird, so ist insbesondere in der optischen Belichtung aufgrund von Beugungseffekten die resultierende Belichtung E_S in dem engen Spalt größer als null, jedoch kleiner als die resultierende Belichtung E_0 in den großen Strukturelementen. In solchen Fällen kann nur dann nach dem Entwickeln ein Resist-Steg verbleiben, wenn der Konstrast des Resists so hoch ist, daß der Energiekonstrast

$$K = \frac{E_0 - E_S}{E_0 + E_S}$$

mit einer hinreichenden Differenz in den Löslichkeiten des Resist im Entwickler verbunden ist. Allgemein ist die Maßhaltigkeit der entwickelten Resiststrukturen umso besser, je höher der Konstrast γ des Resists ist.

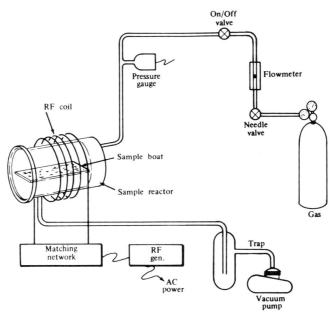

Bild 6.8: Plasma-Ätzanlage zum Veraschen von Resist (nach P. E. Gise u. a. 1979)

Bedeutsam ist auch der zulässige Toleranz-Bereich im Hinblick auf Belichtungs-Schwankungen, Dicken-Einfluß und Entwicklungs-Prozedur (process latitude).

Im Anschluß an das Entwickeln wird zur Verbesserung der Haftung des Resists und zur Erhöhung seiner chemischen Widerstandsfähigkeit der Resist nochmals erwärmt (postbake), wobei ein "Fließen" des Resists unbedingt vermieden werden muß.

Nach seiner Zweckerfüllung muß der Resist wieder vom Substrat entfernt werden. Da die Löslichkeit des getrockneten und ausgehärteten Resists sehr gering ist, müssen hierzu spezielle Lösungsmittel (stripper) verwendet werden, oder der Resist wird in einem Plasma-Reaktor, wie ihn Bild 6.8 schematisch zeigt, verascht; siehe auch Abschnitt 7.2.1. Dabei reagieren die im Plasma angeregten Gasteilchen (O_2 oder N_2 und O_2) mit dem Resist unter Bildung flüchtiger Reaktionsprodukte, welche aus dem Reaktor abgepumpt werden.

6.3 Optische Lithographie

Die optische Strukturübertragung ist für Geometrien oberhalb von 1 µm das einfachste und wirtschaftlichste Verfahren. Für technische Bauelemente handelt es sich jeweils um mehrere nacheinander zu übertragende Masken (Ebenen oder level). Hierbei wird das proximity-printing oder die Projektionsbelichtung wegen der Maskenschonung und der damit verbundenen geringen Defektdichte gegenüber der Kontaktkopie bei komplexen Schaltungen bevorzugt. Bei der Projektionsbelichtung kann in Form des step- and repeat-Verfahrens, wobei nicht die gesamte Scheibe, sondern jeweils ein Teilbereich von bis 10 x 10 mm² Größe belichtet wird, die bereits erwähnte Justierung von Feld zu Feld vorteilhaft eingesetzt werden. Jedoch ist damit auch ein geringerer Durchsatz an Scheiben verbunden (throughput); ca. 60 Stück 4"-Scheiben/h gegenüber ca. 120 bei Ganzscheiben-Verfahren.

Die Arbeitsmasken sind Chrommasken, auf denen, ebenfalls photolithographisch, die Strukturen in der ca. 800 nm dicken Chromschicht erzeugt werden. Für eine erhöhte Genauigkeit bei kleinsten zu übertragenden Geometrien von < 2 µm empfiehlt sich die Herstellung der Retikel oder auch ganzer Masken mittels der Elektronenstrahl-Lithographie.

Neben den Chrommasken werden auch mit Eisenoxid beschichtete Glasscheiben, Eisenoxid-Masken, benutzt, welche für das zur Justierung verwendete Gelb- oder Rotlicht auch an den Stellen durchsichtig bleiben, wo das zur Belichtung verwendete blaue Licht (λ < 500 nm) absorbiert wird. Dies erleichtert die manuelle Justierung solcher Masken auf die Strukturen auf den Scheiben.

Die Justierung erfolgt in der optischen Lithographie entweder manuell mit Hilfe eines Mikroskopes oder anhand spezieller Marken auf dem Retikel bzw. der Maske und der Scheibe, welche automatisch aufeinander justiert werden; z. B. mit Hilfe einer Fernsehkamera und anschließender Auswertung des Bildsignales, siehe Abschnitt 6.7.1.

Die bei der Projektionsbelichtung verwendeten hochwertigen Linsen sind hinsichtlich ihrer Abbildungsfehler nur für zwei oder drei Spektrallinien korrigiert, z. B. für eine zur Justierung verwendete Spektrallinie (λ > 500 nm) und eine zur Belichtung (λ < 500 nm). Bei monochromatischer Belichtung des Resists treten durch Reflexion der einfallenden Welle an der Grenzfläche

220 Lithographie

Resist/Substrat oder an der Grenzfläche zur Deckschicht (z. B. SiO$_2$-Substrat) Interferenzen auf. Wie in Bild 6.9 dargestellt, zeigen die Ränder der entwickelten Resiststrukturen deutlich das periodische Muster der im Abstand von λ/(2 n*) (n* Brechungsindex) auftretenden Minima bzw. Maxima der resultierenden Belichtungsverteilung (AZ 1350 : n* 1,68, SiO$_2$: n* = 1,46; Si : n* = 4,75 bei λ = 436 nm). Unter der Annahme eines Minimums der Belichtungsverteilung an der Grenzfläche SiO$_2$/Si zeigt Bild 6.9 weiterhin, daß die Breite der entwickelten Resiststruktur und damit die Maßhaltigkeit der Strukturen stark von der Dicke der SiO$_2$-Schicht abhängt. Abhilfe schafft hierbei entweder die Verwendung von polychromatischem Licht zur Belichtung, oder wie in Bild 6.10 dargestellt, eine Nachbehandlung des belichteten Resists. Diese Nachbehandlung besteht in einem Tempern des Resists bei 80°C für 25 min in einer Stickstoff-Atmosphäre. Dabei findet ein Ausgleich der Minima und Maxima durch Diffusion bzw. Fließen statt. Das anschließende Entwickeln des Resists liefert dann eine sehr gute Strukturdefinition mit hinreichender Strukturtreue.

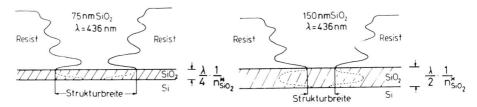

Bild 6.9: Profile von Photolackkanten für gleiche nominelle Breite der Photolacklinie

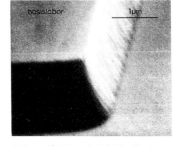

Quelle: HBO 200 Lampe, λ=436nm   nachbehandelte projektionsbelichtete Photolackstruktur

Bild 6.10: Resistkanten bei monochromatischer Belichtung

6.3.1 Kontaktkopie

In Bild 6.11 ist das Schema einer Kontaktkopie-Anlage gezeigt, wie sie großtechnisch verwendet wird. Wenn der Abstand g zwischen Substrat und Maske einstellbar ist, kann mit der gleichen Anlage auch das proximity-printing durchgeführt werden. Die minimal übertragbare Linienbreite l_m ist vom Abstand g und der Belichtungswellenlänge abhängig:

$$l_m \approx \sqrt{g\,\lambda}.$$

Wird eine Xe-Hg Höchstdrucklampe ($\lambda = 0{,}2 - 0{,}3$ µm) als Quelle benutzt, so können kleinste Linienbreiten von 2 µm übertragen werden, bei einem Abstand von 10 - 20 µm zwischen Maske und Substrat. Praktisch wird der Abstand g so klein gewählt, daß bei Berücksichtigung von Unebenheiten des Substrates und Ungenauigkeit der Mechanik zur Justierung gerade kein Kontakt zwischen der Maske und dem Substrat auftritt.

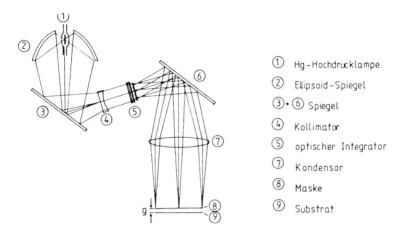

① Hg-Hochdrucklampe
② Ellipsoid-Spiegel
③ + ⑥ Spiegel
④ Kollimator
⑤ optischer Integrator
⑦ Kondensor
⑧ Maske
⑨ Substrat

Bild 6.11: Kontaktkopie-Anlage; für g > 0: proximity printing

Durch die Verwendung von Masken mit geringer Reflexion (Schwarzchrom) wird der Einfluß von Streulicht zwischen den absorbierenden Teilen der Maske und dem Substrat minimiert und damit der Kontrast verbessert.

6.3.2 Projektionsbelichtung

Die Projektionsbelichtung bietet eine höhere Auflösung als das proximity-printing. Wenn das Abbildungssystem als verzeichnungsfrei angenommen wird (keine sphärischen, chromatischen und sonstigen Fehler der Projektionslinse), dann ist die minimal übertragbare Linienbreite durch die Beugung begrenzt und beträgt nach Rayleigh

$$l_m = 0{,}61\,\frac{\lambda}{NA}$$

mit der numerischen Apertur NA = n*sinα , siehe Bild 6.12 (n* = 1 Brechungsindex in Luft und α halber Öffnungswinkel oder Aperturwinkel). Für die Schärfentiefe z gilt dann

$$z = \pm \frac{\lambda}{2(NA)^2},$$

so daß ein Gewinn an Auflösungsvermögen durch Vergrößerung von NA mit einem deutlichen Verlust an Schärfentiefe verbunden ist. Bild 6.13 deutet dieses Problem bei einem 1,7 μm dicken Resist zur Bedeckung von 1μm tief in Silizium geätzten Stufen an; der Resist wurde in einer Projektionsbelichtungsanlage belichtet.

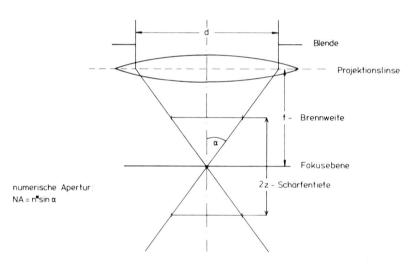

Bild 6.12: Zur Definition der numerischen Apertur

Allgemein kann für die Auflösungsgrenze geschrieben werden

$$l_m = k \cdot \frac{\lambda}{NA} \quad \text{(resolution r)}$$

und für die Schärfentiefe

$$z = \pm k \frac{\lambda}{(NA)^2} \quad \text{(depth of focus DOF)},$$

Optische Lithographie 223

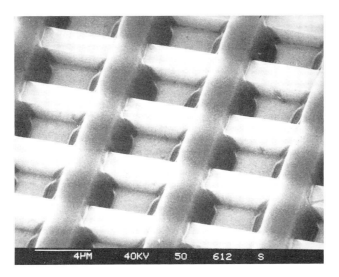

Bild 6.13: Projektionsbelichtung von 1,7 µm dickem Resist bei NA = 0,65 und λ = 436 nm

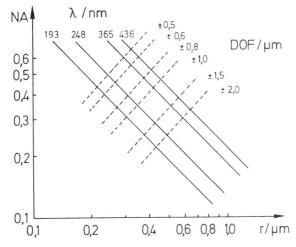

Bild 6.14: Numerische Apertur und Auflösung für verschiedene Belichtungs-Wellenlängen (nach K. Eden 1990)

224 Lithographie

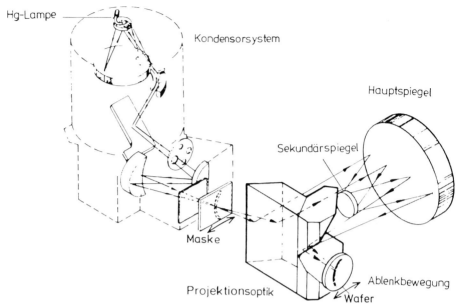

Bild 6.15: Schema einer 1:1 Ganzscheiben-Projektionsbelichtungsanlage (Firma Perkin-Elmer)

wo k = 0,5 ... 0,7 system - bzw. prozeßabhängig ist. Bild 6.14 stellt den Zusammenhang graphisch dar, welcher deutlich zeigt, daß bei höheren Anforderungen an die laterale Auflösung zum Erhalt hinreichender Tiefenschärfe die Belichtungswellenlänge verkürzt werden muß; von der G-Linie der Quecksilber - Strahlung (λ = 436 nm) über die I-Linie (λ = 365 nm) zu Excimer-Lasern (siehe Abschnitt 14.5.1).

Bild 6.15 zeigt eine technische Anlage, bei der mit Hilfe eines komplizierten Strahlenganges durch eine Reflexionsoptik auf das Substrat abgebildet wird. Die numerische Apertur ist NA = 0,16, wobei ein Auflösungsvermögen von l_m = 1,4 µm bei einer Schärfentiefe von z = ± 5,6 µm erzielt wird. Die hohe Auflösung wird durch Ausleuchten eines Schlitzes auf der Maske erzielt, so daß zur Belichtung die Maske und das Substrat auf einem Tisch durch den ca. 1 mm breiten, bogenförmigen Strahl geführt werden müssen. Da keine Linsen benötigt werden, kann eine polychromatische Belichtung im tiefen UV ($\lambda \approx$ 240 nm) durchgeführt werden. Der telezentrische Strahlengang ergibt eine präzise 1 : 1 Abbildung auch dann, wenn die Maske nicht absolut eben und perfekt justiert ist.

Bild 6.16 zeigt prinzipiell eine Projektionsbelichtungsanlage, bei der die Maske durch eine Projektionslinse auf das Substrat abgebildet wird. Die Abbildung erfolgt im Maßstab 1:1 oder m:1; so daß auch Masken bzw. Retikel verwendet werden können mit Strukturen, die um den Faktor m größer sind

Optische Lithographie 225

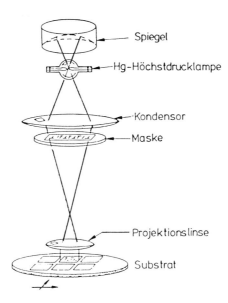

Bild 6.16: Schema einer Projektionsbelichtungsanlage mit Verkleinerung der Maske um einen Faktor m:1 (nach A. N. Broers u. a. 1980)

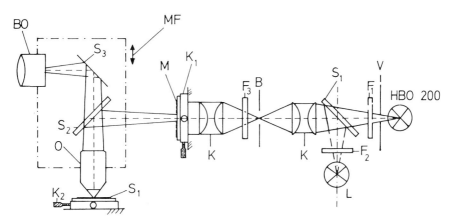

Bild 6.17: Schema einer Labor-Mikroprojektionsanlage; K_1, K_2 - Kreuztisch für Substrat bzw. Maske, Si - Siliziumsubstrat, O - Mikroprojektionsobjektiv, MF - Fokussierung, BO - Binokular für manuelle Justierung, S_1, S_2 - halbdurchlässige Spiegel, S_3 - Vollspiegel, M - Maske, K - Kondensoren, B - Aperturblende, L - Glühlampe, HBO-Hg - Höchstdrucklampe, F_1 - Interferenzfilter für 436 nm, F_2 - Gelbfilter, F_3 - Graufilter

als die zu belichtenden Geometrien. Bei der Belichtung wird das vom Mikroskop her bekannte Köhler'sche Beleuchtungsprinzip angewandt, wobei die Quelle durch einen Kondensor in die Eintrittspupille EP der Projektionslinse abgebildet wird. Das Bild der Quelle gibt dann die effektive Größe der Quelle an. Das Objekt, d. h. die Maske, welches sich direkt hinter dem Kondensor befindet, wird durch die Projektionslinse auf das Substrat abgebildet.

Dieses Prinzip wird auch bei der in Bild 6.17 dargestellten Labor-Mikroprojektionsanlage benutzt. Für die Justierung und das anschließende Belichten werden zwei getrennte Beleuchtungsquellen verwendet. Die Bewegung des Substrates entsprechend dem step-and-repeat-Verfahren zur Belichtung aller Teilfelder erfolgt mit dem Kreuztisch K_2, welcher auch zur Grobjustierung dient. Die Feinjustierung wird mit dem Kreuztisch K_1, welcher die Maske trägt, durchgeführt, da seine Bewegungen um den Abbildungsmaßstab m verkleinert abgebildet werden. Mit einem solchen System lassen sich mühelos 1 µm-Strukturen erzeugen, wobei bei großem Abbildungsmaßstab (bis zu m = 25) relativ grobe Masken-Strukturen Verwendung finden können.

Ist die Leistungsfähigkeit der Optik nur durch Beugung begrenzt, so ist der in Abschnitt 6.2 definierte Kontrast K der Beleuchtungsstärke in der Bildebene von der Kontrastübertragungsfunktion MTF (modulation transfer function) abhängig. Die Kontrastübertragungsfunktion gibt für jede räumliche Frequenz u das Verhältnis der Kontraste im Bild zu denen im Objekt an. Bei einem Gitter entspricht die räumliche Frequenz u der Anzahl von Linienpaaren (schwarzen und weißen Balken) pro Längeneinheit. Für die maximal übertragbare räumliche Frequenz einer Struktur gilt im Falle inkohärenter Beleuchtung

$$u_{max} = \frac{2NA}{\lambda}$$

und für kohärente Beleuchtung

$$u_{max} = \frac{NA}{\lambda}.$$

Die Kontrastübertragungsfunktion MTF(u) ist über der räumlichen Frequenz u in Bild 6.18 dargestellt. Für gemischt kohärent-inkohärente Beleuchtung liegen die Funktionen zwischen diesen beiden Grenzfällen. Damit sind die MTF bzw. das Auflösungsvermögen, der Kontrast K und die Schärfentiefe stark von der Kohärenz σ der Beleuchtung abhängig. Für Produktionsanlagen wird üblicherweise ein Wert von σ = 0,7 gewählt, welcher einen Kompromiß zwischen Auflösungsvermögen und Beleuchtungsstärke, und damit der erforderlichen Belichtungszeit, darstellt, während für höchste Auflösung, ca. 0,7 µm, ein Wert von σ = 0,3 benutzt wird.

Im Gegensatz zum menschlichen Auge, welches Kontraste von einigen Prozent noch erkennt, ist in der Halbleitertechnologie bei den verwendeten Resists für eine zuverlässige Abbildung eines Strukturelementes ein Mindestkontrast von ca. 60 % erforderlich. Nach Bild 6.18 wäre demnach die Verwendung einer kohärenten Beleuchtung besonders geeignet. Dem steht zunächst praktisch entgegen, daß die erforderliche Punktquelle außer bei Verwendung eines Lasers eine sehr geringe Leuchtdichte hat und damit zu langen Belichtungszeiten führt. Zusätzlich treten bei kohärenter Beleuchtung in der Bildebene Interferenzen auf, welche die Qualität der Abbildung stark herabsetzt (siehe Bild 6.9). Bei nur teilweise Kohärenz ($\sigma > 0$) gelingt eine Aussonderung höherer Beugungsordnungen durch eine räumliche Strahlbegrenzung,

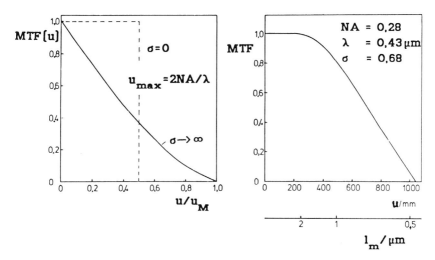

Bild 6.18: Kontrastübertragungsfunktion (MTF) in Abhängigkeit von der räumlichen Frequenz für kohärente ($\sigma = 0$) und inkohärente ($\sigma = \infty$) Beleuchtung sowie MTF für eine kommerzielle Linse der Firma Zeiss (nach R. K. Watts u. a. 1981)

z. B. beim Köhler'schen Beleuchtungsprinzip mittels der Begrenzung der Eintrittspupille der Projektionslinse; auf diese Weise lassen sich hinreichend hohe Kontrastwerte ohne Interferenz-Pattern erzielen. In Bild 6.19 ist die Abbildung eines Objektes bei kohärenter und teilweiser kohärenter Beleuchtung dargestellt. Bei kohärenter Beleuchtung werden neben der nullten Ordnung auch höhere Beugungsordnungen abgebildet, welche dann in der Bildebene zur Interferenz kommen. Bei teilweise kohärenter Beleuchtung werden die höheren Beugungsordnungen durch die Eintrittspupille EP der Projektionslinse begrenzt. Die Kohärenz σ ist dann das Verhältnis des Durchmessers der effektiven Größe der Quelle in EP zum Durchmesser der Eintrittspupille.

Tabelle 6.1: Zusammenstellung optischer Stepper (nach P. Burggraaf 1990)

Lens designation	Lens manufacturer	Reduction ratio (X:1)	Maximum rectangular image field (mm x mm)	Numerical aperture (NA)	Exposure wavelength (nm)	Calculated resolutions (μm)[1] K=0.5	K=0.6	K=0.7	Vendor specified production resolution (μm)	Theoretical[2] depth of focus range (μm)
American Semiconductor Equipment Technologies Corp. (ASET)										
10-87-34	Zeiss	10	8.2 x 8.2	0.32	365	0.57	0.68	0.80	0.9	3.56
10-78-45	Zeiss	10	10 x 10	0.38	436	0.57	0.69	0.80	0.9	3.02
10-78-46	Zeiss	5	14.1 x 14.1	0.38	436	0.57	0.69	0.80	0.9	3.02
10-78-48	Zeiss	10	10 x 10	0.42	365	0.43	0.52	0.61	0.7	2.07
10-78-52	Zeiss	5	16.3 x 16.3	0.32	365	0.57	0.68	0.80	0.9	3.56
10-78-58	Zeiss	5	14.1 x 14.1	0.40	365	0.46	0.55	0.64	0.7	2.28
10-78-61	Zeiss	5	15 x 15	0.43	436	0.51	0.61	0.71	0.8	2.36
ASM Lithography Inc.										
10-78-46	Zeiss	5	14.1 x 14.1	0.38	436	0.57	0.69	0.80	0.9	3.02
10-78-58	Zeiss	5	15 x 15	0.40	365	0.46	0.55	0.64	0.7	2.28
10-78-61	Zeiss	5	15 x 15	0.43	436	0.51	0.61	0.71	0.8	2.36
10-78-65	Zeiss	5	15 x 15	0.48	365	0.38	0.47	0.53	0.5	1.58
Canon Inc. (Canon USA Inc.)										
UL-10 III	Canon	5	15 x 15	0.43	436	0.51	0.61	0.71	0.80	2.36
UL-11	Canon	5	15 x 15	0.48	436	0.45	0.54	0.64	0.70	1.89
UL-20	Canon	5	20 x 20	0.45	436	0.49	0.58	0.68	0.75	2.15
UL-21	Canon	5	20 x 20	0.55	435	0.40	0.47	0.55	0.60	1.44
Electrografics International Inc.										
10-78-46	Zeiss	5	14.1 x 14.1	0.38	436	0.57	0.69	0.80	0.9	3.02
10-78-48	Zeiss	10	10 x 10	0.42	365	0.43	0.52	0.61	0.7	2.07
10-78-61	Zeiss	5	15 x 15	0.43	436	0.51	0.61	0.71	0.8	2.36
GCA										
2040i	GCA Tropel	5	14.1 x 14.1	0.40	365	0.46	0.55	0.64	0.70	2.28
2142g	GCA Tropel	5	15 x 15	0.42	436	0.52	0.62	0.73	0.75	2.47
2145i	GCA Tropel	5	15 x 15	0.45	365	0.41	0.49	0.57	0.65	1.80
Hitachi Semiconductor Equipment Instrument Div.										
10-78-46	Zeiss	5	14.1 x 14.1	0.38	436	0.57	0.69	0.80	0.90	3.02
10-78-48	Zeiss	10	10 x 10	0.42	365	0.43	0.52	0.61	0.70	2.07
10-78-58	Zeiss	5	15 x 15	0.40	365	0.46	0.55	0.64	0.70	2.28
10-78-61	Zeiss	5	15 x 15	0.43	436	0.51	0.61	0.70	0.75	2.36
Nippon Kogaki KK (Nikon Precision Inc.)										
g.45	Nikon	5	15.0 x 15.0	0.45	436	0.48	0.58	0.68	0.75	2.15
g.54	Nikon	5	15.0 x 15.0	0.54	436	0.40	0.48	0.56	0.65	1.50
i.45	Nikon	5	15.0 x 15.0	0.45	365	0.41	0.48	0.57	0.65	1.20
g.17.5	Nikon	5	17.5 x 17.5	0.54	436	0.40	0.48	0.56	0.65	1.50
i.17.5	Nikon	5	17.5 x 17.5	na[2]	365	—	—	—	0.58	na[3]
Ultratech-Stepper										
3145gn	Ultratech Stepper	1	30 x 15	0.31	390-450	0.68	0.81	0.94	1.00	4.37
3540gh	Ultratech Stepper	1	32 x 12	0.35	390-450	0.60	0.72	0.84	0.80	3.42
4035gh	Ultratech Stepper	1	31 x 11	0.40	390-450	0.53	0.63	0.74	0.70	2.63

Notes:
1. Resolution = K times exposing wavelength divided by numerical aperture.
2. Depth of focus range = exposing wavelength divided by numerical aperture squared.
3. na - specification not announced prior to completion of this table.

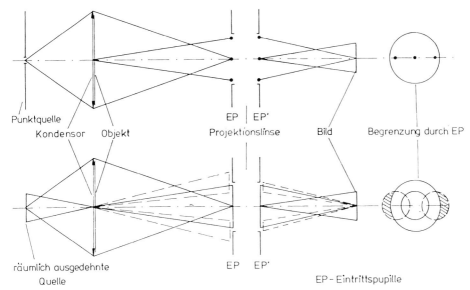

Bild 6.19: Köhler'sches Beleuchtungsprinzip für kohärente ($\sigma = 0$) und teilweise kohärente ($\sigma > 0$) Beleuchtung (nach A. Recknagel 1986)

Technische Anlagen zeigen unterschiedliche Bauprinzipien, in Tabelle 6.1 sind Daten kommerzieller optischer Stepper aufgeführt.

6.4 Röntgenstrahl-Lithographie

Die Auflösung der Optik ist umso besser, je kürzer die Wellenlänge des zur Beleuchtung verwendeten Lichtes ist. Der Verwendung immer kürzerer Wellenlängen sind jedoch dadurch Grenzen gesetzt, daß für $\lambda \gtrsim 200$ nm die Absorption aller Materialien so groß ist, daß keine dem Glas oder Quarz vergleichbaren Trägermaterialien mehr zur Verfügung stehen. Erst bei Verkleinerung der Wellenlänge um einen Faktor 100 oder mehr gibt es im Bereich der weichen Röntgenstrahlen wieder transparente Maskenträgermaterialien.

Der für die Röntgenstrahl-Lithographie benutzte Spektralbereich liegt bei 0,4 - 5 nm. Bei kürzeren Wellenlängen ist die Transmission der Resists so hoch, daß die Belichtungszeit zu lang wird. Gleichzeitig wird die Transmission der Absorberstrukturen größer und nähert sich in ihrem Wert der Transmission des Trägermaterials. Bei Wellenlängen größer als 5 nm ist dagegen die Absorption des Trägermaterials zu groß.

Die als Röntgenstrahlquellen verwendeten Materialien und ihre charakteristische Strahlung sind: Pd (L-Linie, 0,437 nm), Mo (L-Linie, 0,54 nm), W (M-Linie 0,74 nm), Si (K-Linie, 0,71 nm), Al (K-Linie, 0,83 nm), Cu (L-Linie, 1,31 nm) und C (K-Linie, 4,48 nm). Bei den letzten beiden Strahlungen wird

230 Lithographie

die Beleuchtung im Vakuum durchgeführt, während sich Maske und Substrat sonst in einer mit He gefüllten Kammer bei Normaldruck befinden.

Bild 6.20 zeigt eine konventionelle Röntgenstrahl-Belichtungsanlage. Das Belichtungsprinzip entspricht dem des proximity-printing in der optischen Belichtung. Als Strahlungsquelle wird eine wassergekühlte Drehanode verwendet. Mit einem Elektronenstrahl (ca. 10 kV, 1 A) wird ein wenige Quadratmillimeter großer Punkt der Anode (target) so stark aktiviert, daß Röntgenstrahlen emittiert werden. Die Effektivität solcher Quellen ist sehr gering. Bei einer Leistung von ca. 10 kW des Elektronenstrahls werden nur 1 - 10 W Röntgenstrahlungen erzeugt. Die Strahlung tritt durch ein wenige Mikrometer dickes Be-Fenster in die offene Belichtungskammer ein. Maske und Substrat befinden sich in einer Helium-gespülten Kammer, um Temperaturprobleme zu vermeiden (He besitzt hohe Wärmeleitfähigkeit und kaum Röntgenabsorption). Man versucht auch, kleinvolumige Plasma-Entladungen als punktförmige Röntgenquelle einzusetzen. Wegen der praktisch punktförmigen Quelle darf der Abstand zwischen Maske und Substrat nur so groß sein, wie es zur Vermeidung eines Kontaktes erforderlich ist, da sonst die in Bild 6.1 a) dargestellten Abbildungsfehler der Schattenprojektion zu groß werden. Dabei muß der Abstand sehr genau eingehalten werden, da jede Veränderung des Abstandes mit einer Größenänderung der belichteten Strukturen verbunden ist. Gleiche Bedeutung hat das exakt parallele Ausrichten von Maske und Substrat.

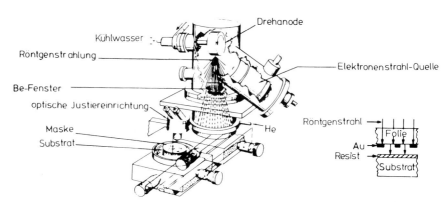

Bild 6.20: Konventionelle Röntgenstrahl-Belichtungsanlage
(nach D. Aydan u. a. 1977)

Eine Röntgenstrahlquelle, welche bei einem Divergenzwinkel der Strahlung von nur wenigen Grad eine wesentlich höhere Strahlungsleistung liefert, ist in Bild 6.21 dargestellt. Ein Synchrotron ist an einen Speicherring angeschlossen, in dem hochenergetische Elektronen (bis 1 GeV) mit Hilfe von Magneten geführt werden. Bei der Ablenkung der Elektronen in den Magnetfeldern wird Röntgenstrahlung emittiert, deren Wellenlänge von der Energie der Elektronen abhängt. Hierbei handelt es sich jedoch um eine sehr aufwendige Technik. Bild 6.22 zeigt den äußeren Aufbau eines Kompakt-Speicherringes, etwa 20 Belichtungs-Stationen sind daran anschließbar.

Die UHV-Kammer des Speicherringes wird dabei z. B. mittels einer dünnen Si-Scheibe vom Grobvakuum des Strahl-Rohres (beam line) getrennt, welche durch ein Be-Fenster von z. B. 10 µm Stärke abgeschlossen wird. Der hindurchtretende flache Strahl muß gewobbelt (oszillatorisch abgelenkt) werden, um ein hinreichendes Belichtungsfeld zu erhalten.

Die Röntgenstrahl-Lithographie ist ein Maskenverfahren und insoweit nicht so flexibel wie die Elektronenstrahl-Lithographie. Unter den Maskenverfahren ragt sie jedoch hervor, weil neben der Unempfindlichkeit gegenüber Staubpartikel auf der Maske oder dem Resist die Röntgenstrahlen praktisch keine Beugung und Streuung zeigen. Lediglich Sekundär-Elektronen führen zu einer geringfügigen Aufweitung des Belichtungsfeldes. Deswegen können mit Synchrotron-Strahlung feinste Strukturen in relativ dicken Resists belichtet werden. Das "aspect-ratio" der Resiststrukturen, das Verhältnis der Resistdicke zur kleinsten lateralen Abmessung, kann wegen der geringen Absorption der Strahlung den Faktor 100 erreichen. Die Probleme liegen, abgesehen von der schwierigen Justierung, primär bei den Masken; darauf wird anschließend eingegangen.

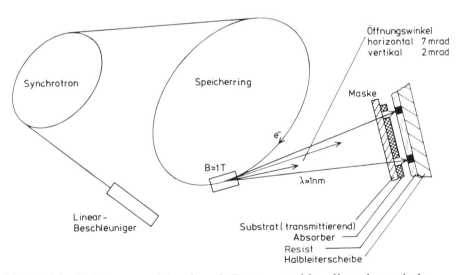

Bild 6.21: Elektronenspeicherring als Röntgenstrahlquelle, schematisch

232 Lithographie

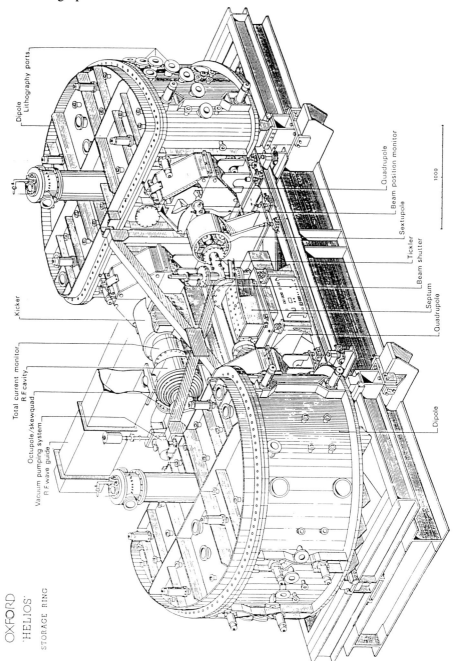

Bild 6.22: Äußerer Aufbau eines Kompakt-Speicherringes (nach M. N. Wilson 1990)

6.4.1 Röntgenmasken

Die Maskentechnologie ist das Hauptproblem der Röntgenstrahl-Lithographie. Das Verhältnis zwischen der Transmission des Trägermaterials und der Transmission der Absorberstruktur sollte möglichst groß sein (> 10:1). Dies erfordert sehr dünne Trägerfolien, welche eine hohe mechanische Stabilität haben müssen. Anorganische Folien wie Si und SiO_2/Si_3N_4 sind leicht zerbrechlich. Organische Folien sind dagegen stabiler, haben jedoch eine geringe Steifigkeit und verziehen sich daher leicht. Mit gutem Erfolg kann eine Kombination von beiden in Form einer Zweischichtstruktur aus Bornitrid (BN) und Polyimid angewendet werden. Für die Absorberstruktur wird ein Material mit großer Ordnungszahl und dementsprechend starker Absorption der Röntgenstrahlung benötigt. In den meisten Fällen wird Gold verwendet; auch Wolfram auf SiC wird benutzt.

Die Herstellung der Maske ist für den Fall eines Si-Trägers in Bild 6.23 dargestellt. Auf der Vorderseite der Halbleiterscheibe wird eine stark mit Bor dotierte Schicht (ca. $10^{19} cm^{-3}$) erzeugt. Auf dieser Schicht wird der Absorber aufgebracht. Für seine Strukturierung wird die Elektronenstrahlbelichtung eingesetzt, wenn feinste Strukturen mit höchster Genauigkeit hergestellt werden sollen. Die Strukturierung des Gold-Absorbers kann durch Ionenätzung oder Abhebetechnik (lift off) erfolgen. Eine dünne Schicht Chrom verhindert die Diffusion des Goldes in das Siliziumsubstrat. Anschließend werden in das SiO_2 auf der Rückseite des Substrates ein oder mehrere Fenster geätzt, je nach Stabilität der Folie. Durch diese Fenster kann das Siliziumsubstrat (Orientierung der Oberfläche muß <100> sein) anisotrop geätzt werden. Die Ätzung stoppt zum einen auf den <111>-Flächen, so daß ein Stützrahmen für die Folie entsteht, zum anderen stoppt sie an der Diffusionsfront, womit eine ca. 3 µm dicke Folie verbleibt.

Verbleibende mechanische Spannungen begrenzen Maßhaltigkeit und Standzeit der im Maßstab 1:1 zu konfigurierenden Röntgenmasken, abgesehen von der Schwierigkeit einer Reparierbarkeit. Insoweit besteht Interesse an Röntgen-Projektionssystemen mit verkleinernder Abbildung, was möglicherweise mit Hilfe spezieller Spiegel-Optiken zu realisieren ist.

Erste Ansätze liegen dazu vor, es wurden mit einer solchen Schwarzschild-Optik bereits Strukturgrößen von 0,2 µm erreicht, bei einer Verkleinerung von 20:1; als Strahlungsquelle diente Synchrotron-Strahlung langer Wellenlänge (soft X-ray, $\lambda = 36$ nm).

234 Lithographie

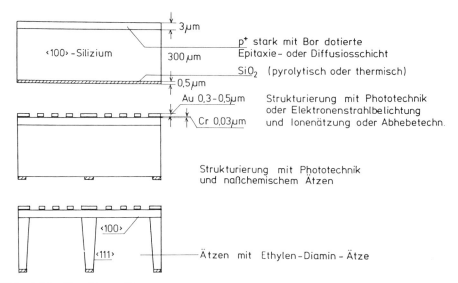

Bild 6.23: Zur Herstellung von Röntgenmasken durch Dünnätzen von Silizium

6.5 Elektronenstrahl-Lithographie

Ein Rasterelektronenmikroskop bietet die Möglichkeit, einen feinfokussierten Elektronenstrahl zu erzeugen und damit das Substrat nach dem Prinzip der Fernsehröhre abzurastern. Wird ein solches Elektronenmikroskop mit einer Möglichkeit zur Austastung des Elektronenstrahls (beam blanking) versehen, einem genauen und elektrisch stabilen Ablenkgenerator und einem präzise positionierbaren Tisch, so kann eine solche Anlage zur Belichtung eingesetzt werden. Die Steuerung des Ablenkgenerators, welche gewissermaßen die Maske ersetzt, muß dabei mit Hilfe präziser Digital-Analog-Wandler geschehen; das Schreibprogramm wird in einem Rechner gespeichert und von dort abgerufen. Ein entsprechendes Zusatzsystem ist auch kommerziell erhältlich (ELPHY-Gerät, Firma Raith K. G., Dortmund).

Wegen der für Lithographieanlagen geforderten Genauigkeit der Positionierung des Elektronenstrahls von ± 20 nm, falls Strukturen mit kleinsten Abmessungen von 0,1 μm hergestellt werden sollen, ist die maximale Ablenkung des Elektronenstrahls auf ein Gebiet von etwa 1 mm^2, bis maximal 25 mm^2 für gröbere Strukturen, begrenzt. Zur Belichtung der gesamten Halbleiterscheibe wird das Substrat auf einem Tisch verfahren, um wie beim step-and-repeat-Verfahren alle Teilfelder zu belichten. Die Position des Tisches wird dabei mit einem Laser-Interferometer bis auf einige Nanometer genau gemessen. Abweichungen der Istposition des Tisches gegenüber einer vorgegebenen Sollposition von bis zu 20 μm müssen nicht mechanisch korrigiert werden, sondern können elektrisch durch Rückführung eines Korrektursignales vom Lasermeßsystem auf das Ablenksystem des Elektronenstrahls korrigiert werden. Kritisch ist dabei nur der Anschluß der belichteten Teilfelder untereinander (stitching); siehe dazu auch Abschnitt 6.7.1.

Die genaue Positionierbarkeit des Elektronenstrahls auf dem Substrat macht dieses Verfahren für die exakte Definition von Strukturen über größere Flächen sehr geeignet. Technisch wird es zur präzisen Herstellung von Muttermasken eingesetzt. Aufgrund der mehrfach höheren Anlagekosten und des geringeren Durchsatzes als bei optischen bzw. full-wafer-Systemen ist ein Direktschreiben der Strukturen auf dem Wafer im allgemeinen zu teuer. Immerhin ist auch hierbei ein Durchsatz von 5 Stück 5"-Scheiben pro Stunde bei feinsten Linienbreiten von unterhalb 1 µm und einem Bedeckungsgrad an zu belichtenden Strukturen von gut 20 % erreicht.

Der grundsätzliche Strahlengang sowie Kathoden-Konfigurationen einer solchen Anlage sind in Bild 6.24 gezeigt. Das System besteht aus dem Kathodenraum, der Säule und der Kammer. Um Rest-Kohlenwasserstoffe zu vermeiden, welche auf der Substrat-Oberfläche unter Einwirkung des Elektronenstrahles gecrackt würden, werden ausschließlich ölfreie Pumpen verwendet. Das Vakuum in der Kathodenkammer ist entscheidend für die Standzeit der Kathode. Sie besteht in kommerziellen Anlagen entweder aus Wolfram oder einkristallinem Lanthanhexaborid LaB_6, wobei letzteres Material eine höhere Standzeit und vor allem mehr als zehnfach höhere Stromdichte gestattet. Höchste Ströme bei punktförmiger Quelle lassen sich mit Feldemittern erreichen, welche allerdings nur im UHV befriedigend arbeiten.

Die Säule enthält die magnetischen Linsen, sie ist magnetisch abzuschirmen, um die Einwirkung von Störfeldern zu minimieren. Die Zufuhr (Laden/Entladen) der Wafer in der Kammer ist meist automatisiert, wobei z. B. Kassetten-Einschübe mit 20 Substraten Verwendung finden. Ein zugeordnetes Airlock-System erlaubt zugleich die temperaturmäßige Angleichung der Wafer an das Schreibsystem.

Vom Steuerungsprinzip des Elektronenstrahls her unterscheidet man zwei Schreibverfahren: das Vektor-Schreibverfahren (vector scan) und das Raster-Schreibverfahren (raster scan). Bei ersterem wird, wie in Bild 6.25 schematisch gezeigt, mit dem Elektronenstrahl die Fläche eines zu bildenden Strukturelementes durch Abrasterung belichtet. Anschließend springt der Elektronenstrahl zur Belichtung des nächsten Strukturelementes. Beim Raster-Schreibverfahren wird der Elektronenstrahl über das gesamte Ablenkfeld geführt, jedoch nur an den zu belichtenden Stellen vom Austastsystem eingeschaltet; damit werden die Einzelstrukturen schließlich rastermäßig zusammengesetzt, siehe auch Bild 6.28. Abhängig von der Strahlführung (flying spot) kann der Tisch dabei kontinuierlich verfahren werden.

236 Lithographie

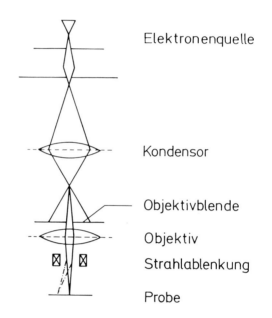

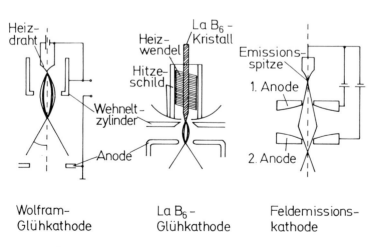

Bild 6.24: Schematischer Aufbau einer Elektronenstrahl-Anlage; typischer Strahlengang und Kathoden-Typen (nach V. Bögli 1988)

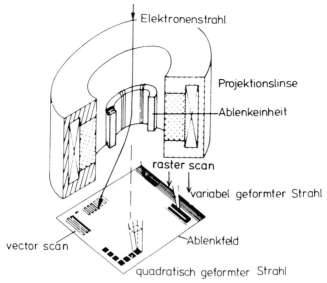

Bild 6.25: Schreibverfahren bei Elektronenstrahl-Belichtungsanlagen (nach A. Oelmann u. a. 1977)

Beim Vektor-Schreibverfahren wurde anfangs ein runder Elektronenstrahl mit Gauß'scher Intensitätsverteilung verwendet, was sich durch verkleinerte Abbildung der Elektronenquelle auf das Substrat ergibt. Statt dessen wird heute in den speziell für Lithographiezwecke entwickelten Anlagen meist das Bild einer Blende auf das Substrat abgebildet. Damit kann die Form des Strahlquerschnittes durch geeignete Wahl der Blende beeinflußt werden. Wie in Bild 6.25 gezeigt, kann auch ein quadratisch geformter Strahl zur Belichtung verwendet werden. Die Intensitätsverteilung in einem solchen Strahl ist im Idealfall homogen mit einem steilen Abfall am Rand, dessen Breite sehr klein im Verhältnis zum Strahlquerschnitt sein muß. Durch zwei im Strahlengang aufeinanderfolgende Blenden kann der Querschnitt des Elektronenstrahls variabel geformt werden (variable shaped beam), so daß ganze Strukturelemente auf einmal ohne Abrasterung ihrer Fläche belichtet werden können. Durch diese Parallelbelichtung von z. B. allen Punkten eines kleinen Strukturelementes ergibt sich ein deutlicher Zeitgewinn, auch wenn die bei diesem Verfahren erzielten Elektronenstrahl-Stromdichten auf dem Substrat meist geringer sind als bei Anlagen, bei denen die Elektronenquelle abgebildet wird.

Das Gegenstück zur Elektronenstrahlbelichtung mit einem durch eine Ablenkeinheit geführtem Strahl stellt die Elektronenstrahl-Projektions-Lithographie dar. Bild 6.26 zeigt das Prinzip einer (1:1)-Projektionsanlage für eine Ganzscheibenbelichtung mit Elektronen. Die Elektronen treten aus einer Photokathode nach Anregung durch UV-Bestrahlung aus. Die Photokathode besteht aus einem Quarzträger, auf dem zunächst eine Maske, z. B. aus 0,1 μm

238 Lithographie

dickem Titan, hergestellt wird, die dem Negativ der zu übertragenden Struktur entspricht. Die eigentliche Photokathode stellt dann eine durch Bedampfen aufgebrachte, ca. 3 nm dicke Schicht aus z. B. Palladium oder Cäsiumjodid dar. Das Material muß einen hohen Photoemissionsstrom liefern und eine sehr geringe mittlere kinetische Energie bzw. Energiebreite der emittierten Elektronen haben. Dies verlangt eine Anpassung der Wellenlänge der auslösenden Strahlung an die Austrittsarbeit der Photokathode.

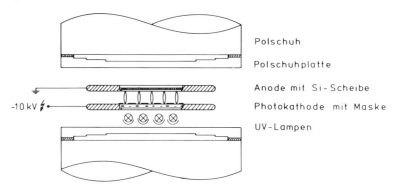

Bild 6.26: Elektronenoptischer Maskenprojektor nach Speidel

Die Energieverteilung der emittierten Elektronen stellt den begrenzenden Faktor in der erzielbaren Auflösung dar, aber auch die Ebenheit der Feldelektroden (Halbleiterscheibe!) bildet ein Problem. Die Parallel-Belichtung der gesamten Halbleiterscheibe macht dies Verfahren dennoch attraktiv. Daten einer technischen Anlage (Firma Toshiba, Kawasaki/Japan) sind in Tabelle 6.2 aufgeführt.

Auch sind Projektionssysteme mit Verkleinerung möglich, sogar Durchstrahlungssysteme mit Masken. Diese bestehen dann aus feinen Gittern, auf welchen die abzubildenden Strukturen aufgebracht werden. Eine praktische Bedeutung haben letztere jedoch bisher nicht erlangt.

Bild 6.27 zeigt abschließend die Ansicht einer großtechnisch eingesetzten Rasterscan-Belichtungsanlage vom Typ MEBES (ETEC Corp, Hayward/Ca). Bei dieser Anlage erfolgt die Ablenkung des Elektronenstrahls zur Belichtung nur in einer Richtung, wie in Bild 6.28 dargestellt. Die zu belichtende Scheibe befindet sich auf einem Tisch, welcher kontinuierlich in der zur Ablenkrichtung senkrechten Richtung verfahren wird. Aufgrund der hohen Ablenkfrequenz von bis zu 20 MHz ist die Breite des Ablenkfeldes auf 512 Punkte begrenzt, bei einer Schrittweite von wahlweise 0,5 µm oder 0,25 µm. Die Halbleiterscheibe oder zu schreibende Maske wird daher belichtungsmäßig in Streifen zerlegt. Bei einem Durchlauf über die Scheibe wird jeweils ein solcher Streifen in allen Bauelementen belichtet, bevor in einem weiteren Durchlauf der nächste Streifen belichtet wird. Während die Ablenkung den Strahl kontinuierlich über die Streifenbreite hin und her bewegt, wird der

Tabelle 6.2: Daten eines elektrooptischen 1:1 Projektionsgerätes mit supraleitendem Magneten. (nach Unterlagen der Firma Toshiba)

Wafer-Größe	5"	Technisch erziele Auflösung	0,5 µm
Masken-Größe	6"	Überlagerungsgenauigkeit	3 σ = 0,14 µm
Beschleunigungsspannung	50 kV	Durchsatz	36 WAFER/h
Abstand Maske-Wafer	6 mm	Belichtungszeit	30 (sec)
Magnetisches Feld	0,4 T	Justierzeit	30 (sec)
Magnetische Fokussierung	Supraleitender Magnet	Wafer-Transportzeit	40 (sec)
Beleuchtungs-Wellenlänge	185 nm	Photokatoden-Material	CsJ

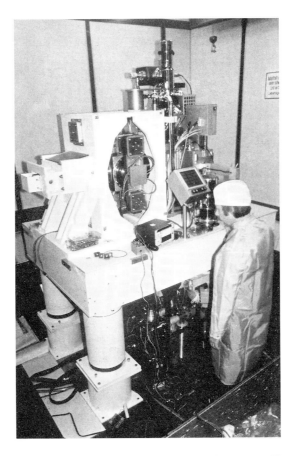

Bild 6.27: Ansicht einer Rasterscan-Belichtungsanlage vom Typ MEBES (nach M. Baute u. a. 1982)

240 Lithographie

Elektronenstrahl nur an den zu belichtenden Punkten jeder Zeile vom Austastsystem eingeschaltet. Anlagen solcher Art haben weitgehend den optischen Pattern-Generator bei der Maskenherstellung verdrängt. Auch werden Elektronenstrahl-Systeme zum Direkt-Schreiben auf dem Wafer in der Produktion eingesetzt, z. B. für ASICs, wie etwa das flying-spot-System AEBLE, ebenfalls von ETEC Corp.

Die Aufstellung entsprechender Anlagen verlangt spezielle Vorkehrungen hinsichtlich der Vibrationsfreiheit und der Kompensation magnetischer Streufelder.

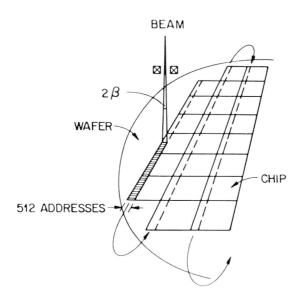

Bild 6.28: MEBES-Schreibverfahren (nach R. K. Watts u. a. 1981)

6.5.1 Proximity-Effekt

Durch die Wechselwirkung der Elektronen mit den Atomen des Resists und des Substrates werden die einfallenden Elektronen gestreut. Die elastischen Wechselwirkungen der einfallenden Elektronen mit den Atomen führen zu einer Änderung ihrer Fortbewegungsrichtung. Als Ergebnis dieser Streuprozesse wird der einfallende Elektronenstrahl im Resist verbreitet. In Bild 6.29 ist diese Verbreitung des Elektronenstrahls in einem ca. 10 μm dicken Resist in Abhängigkeit von der Energie der einfallenden Elektronen gezeigt. Die sich nach dem Entwickeln des Resists ergebende Struktur wird auch als Streukeule bezeichnet. Während ihre Form durch die elastische Streuung der Elektronen bestimmt wird, ist ihre Größe vom Energieverlust der Elektronen bei den inelastischen Streuprozessen abhängig. Der Energieverlust bewirkt die Belichtung des Resists und begrenzt die Länge der Flugbahn des Elektrons, seine Reichweite.

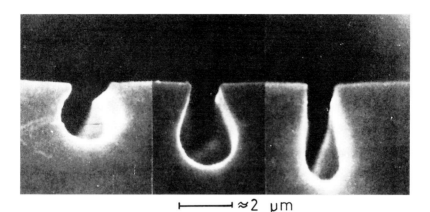

Bild 6.29: Resistprofile im PMMA belichtet bei 10, 15 und 25 keV Strahlenergie (Dosis 10^{-4} C cm^{-2}; nach M. Hatzakis u. a. 1974)

Beim Eindringen der Elektronen in das Substrat, dessen Atome im Vergleich zu einem organischen Resist meist eine höhere mittlere Ordnungszahl haben, nimmt die Wahrscheinlichkeit für eine Streuung der Elektronen in größere Winkel zu, so daß einige der in das Substrat eindringenden Elektronen in den Resist zurückgestreut werden. In Bild 6.30 sind Elektronen-Trajektorien gezeigt, wie sie durch Modellierung des Problems durch Monte-Carlo-Simulation berechnet werden können. Die mit einer Energie von 20 keV in das Si-Substrat eindringende Elektronen werden gestreut, und einige der Elektronen (ca. 17 %) werden aus dem Substrat zurückgestreut. Dadurch können sie an einem der Eintrittsstelle benachbarten Punkt noch einmal zur Belichtung des Resists beitragen. Bei einer Energie der einfallenden Elektronen von 20 keV ist dieser Bereich bei Siliziumsubstraten ein Kreis von etwa 5 μm Radius um die Eintrittsstelle. Dieser Effekt, daß die an einem Ort P auf dem Substrat einfallenden Elektronen nicht nur dort selbst, sondern auch in der Umgebung von P zur Belichtung des Resist beitragen, wird als Proximity-Effekt bezeichnet. Bei der Belichtung eines Punktes fällt die sich hierbei ergebende Belichtungsverteilung radial entsprechend einer Gauß-Verteilung ab. Durch diese Aufweitung des Elektronenstrahls im Resist ist insbesondere bei dicken Resists die minimal herstellbare Linienbreite begrenzt.

Eine Korrektur des Proximity-Effektes kann jedoch durch eine geeignete Variation der Bestrahlungsdosis zur Belichtung der einzelnen Strukturelemente erzielt werden. Hierbei werden die Strukturelemente in einer Vektorscan-Belichtungsanlage nicht mehr mit einer konstanten Ablenkfrequenz belichtet,

242 Lithographie

sondern es werden Korrekturwerte für die Belichtung der einzelnen Elemente berechnet, und die Ablenkfrequenz wird entsprechend moduliert. Hierdurch gelingt bis herab zu Strukturen von 0,5 µm eine hinreichende Korrektur. In Bild 6.31 ist ein Vergleich zweier entwickelter Resiststrukturen mit minimalen Abmessungen von 0,5 µm dargestellt. Der Proximity-Effekt ist in seiner Auswirkung im oberen Bild deutlich zu sehen. Durch eine geeignete Variation der Bestrahlungsdosis werden alle Elemente mit wesentlich besserer Maßhaltigkeit gleichzeitig durchentwickelt, wie das untere Bild erkennen läßt.

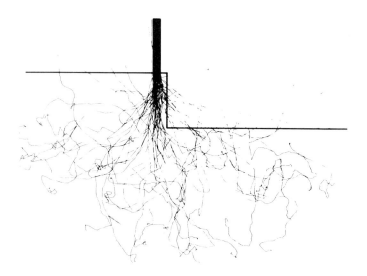

Bild 6.30: Modellierung einiger Trajektorien an einer Silizium-Substratstufe. Die Stufenhöhe beträgt 1 µm, die Strahlenergie 20 keV.
(nach D. Stephani 1981)

Bei einer Belichtung des Resists durch Elektronen mit einer Energie von 20 keV, einem häufig verwendeten Energiewert, kann der Proximity-Effekt bei minimalen Strukturgrößen von größer als 2 µm vernachlässigt werden. Wenn jedoch höhere Anforderungen an die Maßhaltigkeit der belichteten und entwickelten Strukturen gestellt werden, oder Strukturen mit minimalen Abmessungen von weniger als 1 µm hergestellt werden sollen, sind Maßnahmen zur Reduzierung des Proximity-Effektes erforderlich.

Für höchste Auflösung und Strukturen unterhalb 0,5 µm müssen entweder dünne Resists oder Elektronen mit wesentlich höherer Energie von z. B. 100 keV zur Belichtung verwendet werden. Auch müssen dann u. U. sehr dünne Substrate Verwendung finden, um die Rückstreuung zu verringern. Bis zu Linienbreiten von 0.1 µm kann auf Vollmaterial mit 50 kV Beschleunigungsspannung noch gearbeitet werden.

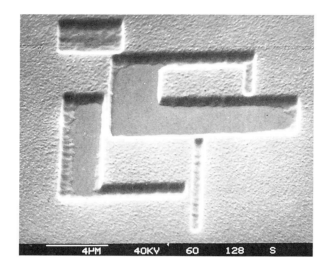

Bild 6.31: Korrektur des Proximity-Effektes in der Elektronenstrahl-Lithographie durch Variation der Bestrahlungsdosis (oben unkorrigiert, unten korrigiert; nach E. Kratschmer 1982)

6.6 Ionenstrahl-Lithographie

Die Ionenstrahl-Lithographie ist eine Alternative zur Elektronenstrahl-Lithographie. Wie dort sind zwei Belichtungstechniken möglich: die Ionen-Projektionsbelichtung und das Schreiben mit einem fokussierten Ionenstrahl.

244 Lithographie

Bei der Projektionsbelichtung wird eine Maske (stencil mask), welche die Ionen nur in genau definierten Gebieten hindurchläßt, auf das Substrat im Maßstab 1:1 oder m:1 abgebildet. Bei der 1:1-Abbildung ist das Prinzip ähnlich dem der Röntgenlithographie mit dem wichtigen Unterschied, daß mit Hilfe einer elektrostatischen Linse ein paralleler Strahl erzeugt werden kann.

Beim Schreiben mit einem fokussierten Ionenstrahl (FIB focused ion beam), wie es in Bild 6.32 dargestellt ist, wird eine elektrostatische Linse zur Erzeugung eines Ga-Ionenstrahls mit etwa 0,1 µm Durchmesser benutzt. Dieser Strahl kann dann mit Hilfe eines elektrostatischen Ablenksystems wie ein Elektronenstrahl zur Belichtung des Resists auf dem Substrat eingesetzt werden. Dabei verwendet man für die im Resist einfallenden Ga-Ionen eine Energie von etwa 50 keV. Verwendet man höhere Beschleunigungs-Spannungen, lassen sich wie bei der Elektronenstrahl-Lithographie noch feinere Strahldurchmesser (spot size) an der Schreib-Stelle erreichen.

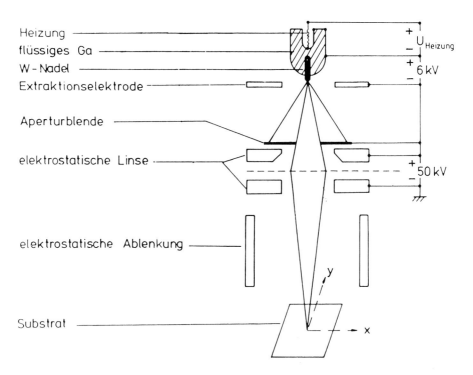

Bild 6.32: Ionenstrahl-Schreibsystem mit 56 keV Ionenenergie (nach R. L. Seliger u.a. 1979)

Interessant ist die Ionenstrahl-Lithographie erstens wegen der hohen Empfindlichkeit der Resists. Im Vergleich zur Elektronenstrahl-Lithographie ist die Empfindlichkeit bis zu einem Faktor 100 höher. Wenn also Ionenquellen zur Verfügung stehen, welche eine den Elektronenstrahlquellen vergleichbare Helligkeit (brightness) haben, sind die Belichtungszeiten äußerst kurz. Zweitens tritt bei der Belichtung des Resists mit Ionen nahezu kein Proximity-Effekt auf. Die Aufweitung des einfallenden Ionenstrahl im Resist beträgt nur wenige Nanometer, da die Ionen vorwiegend mit den Elektronen wechselwirken. Bei den inelastischen Wechselwirkungen mit den Elektronen geben die Ionen einen Teil ihrer Energie an den Resist ab und bewirken damit die Belichtung, wohingegen relativ wenige strahlaufweitende Stöße mit den Atomkernen auftreten.

Die praktische Bedeutung dieser Technologie liegt jedoch eher bei der Masken-Reparatur und einer adressierbar schreibenden Ionen-Implantation bzw. - Ätztechnik als der Lithographie.

6.7 Auflösung und Strukturtreue

Unter der Auflösung wird in der Lithographie die geringste Linienbreite verstanden, welche für eine Struktur vorliegt, die aus gleichbreiten entwickelten Linien und Resiststegen besteht. Wird bei einem Energiekontrast von K=1 ein ideales Auflösungsvermögen der Belichtungsanlage vorausgesetzt, so ist die Auflösung durch den Resist bestimmt. Sie wäre begrenzt durch Effekte wie z. B. der Korngröße bei den Silberhalogeniden in der Photographie bzw. der Molekülgröße bei den organischen Resists in der Halbleitertechnik. Es stehen jedoch heute kommerziell erhältliche Resists zur Verfügung, für die diese Begrenzung bis herab zu Linienbreiten von etwa 10 nm nicht zutrifft. Werden nun reale Belichtungsanlagen betrachtet, so ist die Auflösung im Resist zum einen vom Auflösungsvermögen der Belichtungsanlage abhängig, zum anderen von der Streuung der zur Belichtung eingesetzten Strahlung im Resist und dem darunterliegenden Substrat. Für die Beurteilung der Strukturtreue ist dann die Berücksichtigung des Kontrastes γ des Resists erforderlich, abgesehen von der mechanischen Stabilität der extrem schmalen Resist-Stege.

Bei optischen Belichtungsanlagen wird das Auflösungsvermögen durch die Beugung begrenzt. In Bild 6.33 sind die Beugungsbilder gezeichnet, die zwei dicht nebeneinanderliegende leuchtende Punkte in der Brennebene der Linse bewirken. Die Summe der beiden Bestrahlungsstärken hat nur dann zwei deutlich getrennte Maxima, wenn das zentrale Maximum der einen Beugungsfigur gerade in das erste Minimum der zweiten fällt (Bild 6.33b.). Andernfalls entsteht ein einziger leuchtender Fleck (Bild 6.33a.). Daraus ergibt sich für den kleinsten Abstand der beiden leuchtenden Punkte die Beziehung $l_m = 0{,}61\,\lambda/NA$, siehe Abschnitt 6.3.2. Die praktische Grenze liegt zuweilen höher, wenn der zugehörige Wert der MTF, die den Energiekontrast bestimmt, für die Lithographie sonst zu klein ist.

246 Lithographie

Bei der Röntgenstrahl-Lithographie ist ebenfalls eine Begrenzung der Auflösung durch Beugung gegeben, wenn auch die Wellenlänge der eingesetzten Strahlung um etwa einen Faktor 100 kleiner ist. Die Begrenzung ergibt sich entsprechend den Ausführungen in Abschnitt 3 über das proximity-printing, da für die praktische Anwendung keine Belichtung im Kontaktkopie-Verfahren in Frage kommt. Auf ihrem Weg durch den Resist lösen die Röntgenstrahlen durch Wechselwirkung mit den Atomen des Resists Photoelektronen aus, welche ihrerseits wieder zur Belichtung des Resists beitragen. Die Verbreiterung der Strukturen durch die Photoelektronen ist jedoch mit etwa 5 nm sehr gering.

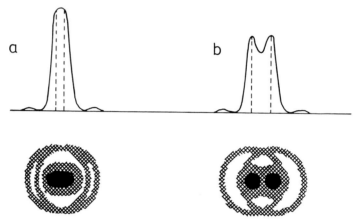

Bild 6.33: Zur Auflösung zweier Beugungsmaxima bei Fresnelscher Beugung an einem Kreisloch

Bei der Elektronenstrahl-Lithographie ist es der Proximity-Effekt, welcher als wesentliche Begrenzung der Auflösung angesehen werden muß. Da die de Broglie-Wellenlänge der Elektronen mit z. B. 0,0086 nm bei 20 keV bzw. 0,004 nm bei 100 keV sehr klein ist, liegt keine primäre Begrenzung durch Beugung vor. Auch sind mit Feldemissionskathoden minimale Durchmesser des Elektronenstrahls von etwa 1 - 2 nm auf der Oberfläche des Resists erreichbar. Aufgrund des Proximity- Effektes ist eine hohe Auflösung jedoch nur in sehr dünnen Resists bei hoher Energie der einfallenden Elektronen, z. B. 100 keV, gegeben. Um die hohe Auflösung auch in dickeren Resists zu erzielen, muß ein gedünntes Substrat verwendet werden, so daß der Beitrag der rückgestreuten Elektronen an der Belichtung vernachlässigbar wird.

Bei der Ionenstrahl-Lithographie ist der Proximity-Effekt bei gleicher Resistdicke wie in der Elektronenstrahl-Lithographie erheblich kleiner. Dagegen ist ein vergleichbar kleiner Durchmesser eines Ionenstrahls zur Belichtung bisher nicht erreicht worden. Die minimale Auflösung wird auch durch Sekundärelektronen beeinflußt, welche die Ionen auf ihrem Weg durch den Resist bei Wechselwirkungen mit den Atomen auslösen. Diese Sekundärelektronen tragen wie die Photoelektronen in der Röntgenstrahl-Lithographie wieder zur Belichtung des Resists bei. Damit dürfte die Auflösungsgrenze der Ionenstrahl-Lithographie mit etwa 10 - 20 nm derjenigen der Elektronenstrahl-Lithographie entsprechen.

Diese Grenzauflösung bestimmt aber nur dann die tatsächlich herstellbaren kleinsten Strukturen, wenn die anschließende Übertragung in das Substrat ohne Geometrie-Veränderung erfolgt, ein prinzipiell noch kritischerer Punkt als die Lithographie (siehe Kapitel 7). Als tatsächliche Begrenzung wirkt bei der technischen Anwendung aber meist nicht einer der zuvor diskutierten Punkte, sondern die Überlagerungsgenauigkeit bei den zur Herstellung tatsächlicher Bauelemente erforderlichen vielen Maskierungs-Schritten, welche zu den einzelnen Prozeßschritten gehören. Hierauf wird im folgenden Abschnitt noch eingegangen.

Hinzuweisen ist in diesem Zusammenhang auch noch auf die Ausbeute-Begrenzung durch Staubpartikel, siehe auch Teil II, Kapitel 7. Ablagerungen auf einer Maske z. B. sind dann kritisch, wenn sie die Dimension der feinsten, zu übertragenden Linienbreite erreichen. Man vermeidet deren Auswirkungen durch Verwendung von mit einer Folie geschützten Maske (pellicle, siehe Teil II, Abschnitt 1.1). Bei der Röntgenlithographie sind solche Störungen unkritisch, weitgehend auch bei der Elektronenstrahl-Lithographie, wo der Belichtungsvorgang im Vakuum abläuft.

6.7.1 Registrierung und Positionierung

Die Verwendung nur einer Maske bzw. eines Prozeßschrittes ist die Ausnahme. Etwa 10 Masken bzw. Prozeßschritte haben sequentiell aufeinander zu folgen, um eine komplette integrierte Schaltung fertigzustellen. Die genaue Passung einer neuen Lage bezüglich der bereits prozessierten Strukturen ist das kritischste Erfordernis, aber auch das Verfahren des Tisches (Substrat-Halter) muß mit reprodzierbarer Wiederkehr erfolgen. Die hierbei gegebenen Abweichungen σ (Standardabweichung) vom Mittelwert der angesteuerten Koordinaten dürfen nur Bruchteile des Soll-Wertes der kleinsten zu realisierenden Geometrie (Streifenbreite) betragen, andernfalls ist keine operable Struktur herstellbar.

Die exakte Tisch-Positionierung wird über Laser-Interferometer erreicht, welche in x- und y-Koordinate eine Wiederkehr-Genauigkeit von minimal $\lambda/64$ der eingesetzten Laser-Wellenlänge λ erreichen lassen, also bis zu etwas mehr als 10 nm. Voraussetzung ist eine Einhaltung der Temperatur besser als ± 1°C und eine Anordnung der Spiegel in Waferhöhe ohne Verkippungsmöglichkeit des Wafer-Tisches. Bild 6.34 zeigt den Aufbau eines mit zusätzlicher Piezo-Steuerung versehenen Systems, wie es für die höchste Genauigkeiten erfordernde Röntgen-Lithographie Verwendung findet; im allgemeinen wird eine waagerechte Lagerung bevorzugt.

248 Lithographie

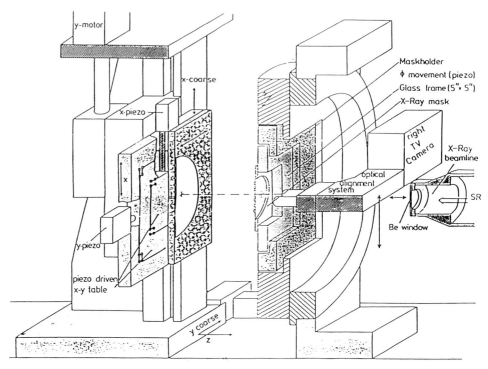

Bild 6.34: Aufbau eines Tisches für Röntgen-Lithographie
(nach A. Heuberger 1985)

Die Markenerkennung zur automatischen Registrierung (alignment) bestimmt die Positionierung der Einzel-Strukturen, etwa in einem step-and-repeat-Prozeß, wo die gleiche Strukturmenge vervielfacht auf dem Wafer gebracht werden muß. Der 3σ-Wert sollte 20 % der feinsten Struktur nicht überschreiten, eine kritische Forderung an die Masken selbst, welche den technologischen Verfahrensschritten unterliegen und insoweit modifiziert werden können.

Zwei Möglichkeiten bestehen, solche Marken zu erzeugen. Die erste besteht in Sonderstrukturen auf der Wafer-Oberfläche, welche bei z. B. optischer Abtastung eine vom Wafer selbst unterschiedliche Reflexion zeigen. Hierfür werden Metall-Marken verwandt, welche jedoch den Nachteil besitzen, daß sie nach jedem (Hochtemperatur-) Prozeßschritt neu generiert werden müssen.

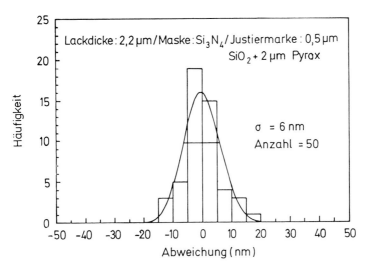

Bild 6.35: Histogramm einer optischen Marken-Erkennung bei einem Piezo-Tisch nach Bild 6.34 (nach A. Heuberger 1985)

Auch eine SiO_2-Marke ist verwendbar, Bild 6.35 zeigt ein Beispiel der erzielbaren Positionierungsgenauigkeit. Günstiger sind topologische Marken, welche als Vertiefungen im Substrat erzeugt werden und keine Regeneration verlangen. Kritisch ist hier der Kontrast im Marken-Signal, insbesondere bei Bedeckung mit relativ dickem Photolack. Spezielle Algorithmen werden eingesetzt, die Position einer solchen Marke möglichst exakt zu erkennen. Man bestimmt z. B. rechnerisch den geometrischen Schwerpunkt der Marke, oder man mittelt zumindest über sehr viele Beobachtungen. Prozeßbedingte Veränderungen können insoweit vernachlässigt bleiben.

Die erzielbaren Genauigkeiten liegen minimal im Bereich von ± 10 nm. Damit bedeutet das alignment die tatsächliche, praktische Grenze für die Herstellung von Submikron-Strukturen.

Bild 6.36 zeigt noch eine topologische Marke in Silizium und das zugehörende Signal, welches in einer Elektronenstrahl-Anlage von einem Rückstreu-Detektor erhalten wird und zur Nachsteuerung der Position dient.

250 Lithographie

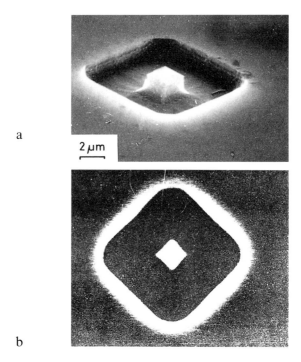

a

b

Bild 6.36: Topologische Justiermarke (nach D. Stephani u. a. 1983)
a: REM-Aufnahme (Sekundärelektronenbild)
b: Markensignal bei Abtasten mittels Elektronenstrahl

6.8 Submikron-Lithographie

In den vorhergehenden Abschnitten wurden die verschiedenen Lithographie-Verfahren erläutert und deren Grenzen aufgezeigt. Hier sind die speziellen Erfordernisse und Gegebenheiten bei einer Übertragung kleinster Strukturen zusammengestellt, wobei auch auf den Einsatz einer Mehrlagen-Resisttechnologie eingegangen wird.

Die verkleinernde optische Lithographie verlangt bei Auflösungen unterhalb von 1µm extreme Planizität der Photolack-Schicht, um innerhalb der Tiefenschärfe des abbildenden Objektivs zu bleiben. Die Kontaktkopie benötigt entsprechend einen exakt plangezogenen Wafer, was nur mittels eines Chucks mit differentieller, also von Ort zu Ort unabhängiger Ansaugung der Scheibe möglich ist; hinzu kommt die Vermeidung von Interferenzen durch nicht voll anliegende Maske, was einen hohen Anpreß-Druck und damit kurze Standzeit der Maske bedeutet. Die Röntgen-Lithographie verlangt extreme Maßhaltigkeit der Masken, deren Prüfung auf Fehlerfreiheit neben den Verzügen das eigentliche Problem darstellt. Insoweit ist die maskenlos arbeitende Elektronenstrahl-

Lithographie das eigentliche Werkzeug zumindest bei der Entwicklung von Bauelementen und integrierten Schaltungen im Submikrometer-Bereich, wenn auch die sequentielle Arbeitsweise einen relativ geringen Durchsatz bedingt. Damit wird dies elegante Verfahren nur für spezielle Schritte in einer Produktion eingesetzt, etwa zur Definition schmaler Gate-Streifen von Feldeffekt-Transistoren. Der Proximity-Effekt wird durch zwei Maßnahmen in seiner Auswirkung reduziert. Zum einen arbeitet man mit höheren Beschleunigungsspannungen (labormäßig bis 200 kV, bei Produktions- Systemen 50 kV), zum anderen verwendet man eine sehr dünne Resist-Schicht, so daß die eigentliche Streu-Keule der Elektronen für den Lithographie-Prozeß unberücksichtigt bleiben kann. Diese Resist-Technologie ist nachstehend in Abschnitt 6.8.3 beschrieben, nachdem zuvor die Anwendung tiefen UVs in der optischen Lithographie und der Einsatz der Elektronenstrahl-Technik behandelt werden.

6.8.1 Hochauflösende Elektronenstrahl-Lithographie

In den Bildern 6.37 und 6.38 sind Strukturen gezeigt, welche bei 100 keV Strahl-Energie erzeugt wurden. Das erste zeigt "mushroom"-Strukturen, wie sie für schmale Gate-Streifen zur Verringerung des Gate-Bahnwiderstandes und zur Selbstjustierung bei FETs von Interesse sind. Bei den Zonenplatten handelt es sich um trockengeätzte konzentrische Metall-Ringstrukturen variierender Abmessungen auf einer Trägerfolie, welche als Linsen-Ersatz bei Röntgenstrahlen (Röntgen-Mikroskop) Verwendung finden können.

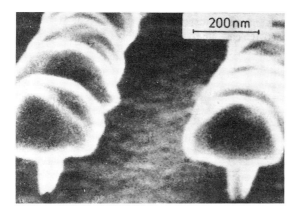

Bild 6.37: Elektroplatierte Goldstege von 30 nm Breite, durch Überwachsen der Strukturierungsschicht pilzförmig verbreitert.
(nach E. Kratschmer 1982)

252 Lithographie

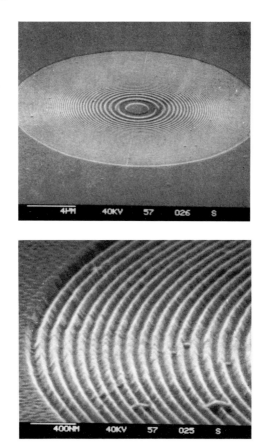

Bild 6.38: Fresnel-Zonenplatte für ein Röntgen-Mikroskop. Breite der äußersten Ringzone 50 nm. (nach V. Bögli u. a. 1985)

Das verwandte Experimental-System (modifiziertes STEM der Firma VG Microscopes) besitzt eine Strahlstromstärke von 0.1 nA in einer Spot-Fläche von weniger als 3 nm Durchmesser, was einer Stromdichte von etwa 1,5 kA/cm^2 entspricht. Der Patterngenerator ist auf diese Auflösung hin ausgelegt, er ist im 3 nm-Raster adressierbar. Ein Schema des Aufbaus ist in Bild 6.39 gezeigt.

Die technisch erreichbare Grenze der Elektronenstrahl-Lithographie ist damit aufgezeigt, 10 nm-Strukturen sind noch handhabbar, allerdings begrenzt der zumeist verwandte Resist PMMA schließlich die Auflösung; anorganische Resists dürften feinere Strukturen erreichen lassen. Die Elektronenstrahl-Systemen eigene Drift kann grundsätzlich beherrscht werden, wobei im vorliegenden Fall die Probleme durch die Verwendung eines Feldemitters entschärft sind. Bei thermischen Kathoden (W) wird wegen deren geringer

Stromstärke die Schreibdauer feiner Strukturen untolerierbar lang. Selbst bei LaB$_6$-Kathoden ist sie um den Faktor 100 größer als hier; dabei ist allerdings kein UHV im Kathodenbereich erforderlich wie beim Feldemitter.

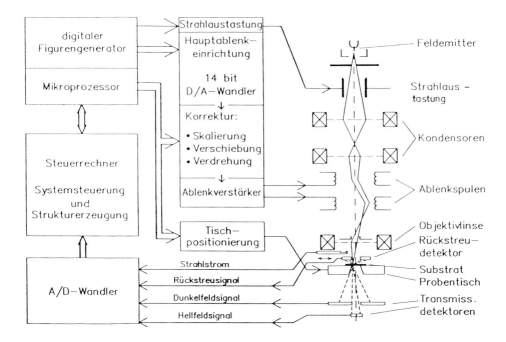

Bild 6.39: Prinzip-Aufbau des 100 keV Elektronenstrahl-Systems (nach V. Bögli 1988)

6.8.2 Anwendung ultravioletter Strahlung

In der optischen Lithographie erlaubt der Übergang zu Wellenlängen im UV-Bereich eine Verbesserung der Auflösung, siehe Bild 6.14. Insoweit wird technisch die Hg-Linie $\lambda = 313$ nm (mid UV) bei der Kontaktkopie eingesetzt, womit bei Anwendung der Dreilagen-Resisttechnik, Abschnitt 6.8.3, Strukturen bis herab zu 0,4 μm erzeugt werden können. Bild 6.40 gibt ein Beispiel.

254 Lithographie

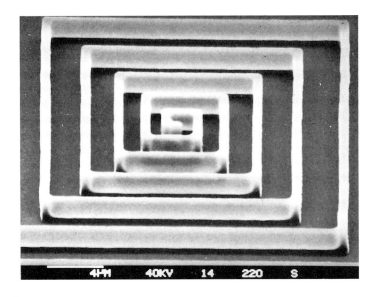

Bild 6.40: 0,4 µm breite Streifen in der Strukturierungsschicht (P.C. protective coating) eines Dreilagen-Systems (AZ 4040 top resist, SiO Zwischenschicht) bei der UV-Kontaktkopie (λ = 313 nm). (nach H. Beneking u. a. 1986)

Noch kürzere Wellenlängen stehen bei Einsatz von Excimer-Lasern zur Verfügung, welche den Vorteil hoher Strahlintensität und nicht vollständiger Kohärenz miteinander verbinden. Das letztere ist wichtig, um Stehwellen-Phänomene zu vermeiden. Kritisch ist das Design hochauflösender Projektions-Objektive, da wenig strahlresistente, optisch transparente Materialien mit unterschiedlichem Brechungsindex im tiefen UV zur Verfügung stehen. Die Linsen, z. b. aus synthetischem Quarz, müssen absolut lunkerfrei sein. Die Wellenlängen λ = 248 nm (KrF-Laser) sowie auch noch λ = 193 nm (ArF-Laser) sind prinzipiell gut geeignet, die letztere speziell wegen der Überdeckung des Absorptionsmaximums von PMMA.

Den Aufbau eines entsprechenden Lithographie-Systems für Minimal-Geometrien von 0,2 µm zeigt Bild 6.41. Der gewählte Abbildungsmaßstab von 5:1 erlaubt Masken-Geometrien von minimal 1 µm, welche noch relativ leicht maßhaltig herzustellen sind. Daten eines kommerziellen Excimer-Laser-Systems für λ = 248 nm sind in Tabelle 6.3 im Vergleich zu Projektions-Systemen längerer Wellenlänge (G-Linie, λ = 436 nm; I-Linie, λ = 365 nm) aufgeführt; letztere verwenden Quecksilber Hochdruck-Lampen.

Submikron-Lithographie 255

Tabelle 6.3: Daten verschiedener optischer Projektionssysteme

	Excimer Laser (GCA)	Canon UL1011	Zeiss 10-78-48	Zeiss 10-78-58
Verkleinerung	5x	5x	10x	5x
Wellenlänge	248 nm	436 nm	365 nm	365 nm
num. Apertur	0,2-0,38	0,43	0,42	0,4
Bildfelddurchmesser	14,5-20 mm	21,2 mm	14,1 mm	20 mm
Auflösung: k = 0,5	0,62-0,33 µm	0,51 µm	0,43 µm	0,46 µm
k = 0,8	0,99-0,52 µm	0,81 µm	0,70 µm	0,73 µm
Tiefenschärfe k = 0,5	±3,1-0,86 µm	±1,18 µm	±1,04 µm	±1,14 µm

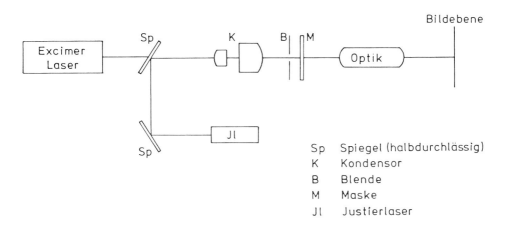

Sp Spiegel (halbdurchlässig)
K   Kondensor
B   Blende
M   Maske
Jl Justierlaser

Bild 6.41: Schema einer Projektionslithographie mit Excimer-Laser. Der bandförmige Laserstrahl wird durch eine Zylinderlinse aufgeweitet. (nach K. Eden 1988)

256 Lithographie

In der nachfolgenden Tabelle 6.4 sind kommerziell verfügbare DUV-Systeme aufgeführt.

Tabelle 6.4: Tief-UV-Lithographie-Systeme
(Excimer 248 nm KrF-Laser; nach P. Burggraaf 1989)

	ASM Lithography	Canon	GCA	Nikon	Perkin-Elmer	Ultratecl Stepper
System	PAS 2500-70	FPA-4500	ALS Laser-Step	Prototype	Micrasan I	1500DUV
Source	Excimer	Excimer	Excimer	Excimer	Mercury arc	Mercury arc
Reduction ratio	5:1	5:1	5:1	5:1	4:1	1:1
Numerical aperture NA	0.42	0.37	0.35	0.42	0.357	0.35
Resolution [µm]	0.47	0.54	0.5	0.5	0.5	0.5
Depth of focus [µm]	1.4	1.8	1.0	--	1.5	1.5
Exposure area [mm^2]	15x15	15x15	15x15	15x15	20x32.5	3 cm
Alignment accuracy [µm 3σ]	0.10	0.15	0.15	0.15	0.10	0.15

Eine Variante des Einsatzes von Excimer-Lasern stellt die Ablation dar, die Auflösung der Bindungen im organischen Resist. Diese ist bedingt durch die hohe Quanten-Energie der UV-Strahlung und geht mit einer explosionsartigen Verdampfung der Komponenten einher, siehe Bild 6.42.

In Bild 6.43 ist die Abtragstiefe in Abhängigkeit von der Puls-Energie dargestellt, während Bild 6.44 die Anwendung in der Nanometer-Lithographie zeigt.

Dies Verfahren scheint allerdings mehr zur Strukturierung von Deckschichten geeignet als zur Übertragung feinster Strukturen im Submikrometer-Bereich.

Submikron-Lithographie 257

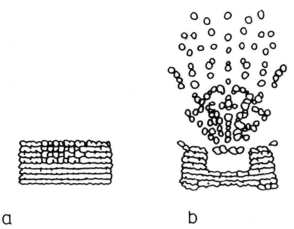

Bild 6.42: Schematischer Aufbau des Ablationsprozesses (photochemisches Modell mit 6,4 eV pro Monomer) (nach B. J. Garrison u. a. 1985) a. zu Beginn der Laser-Einwirkung; b. nach 3,6 ps.

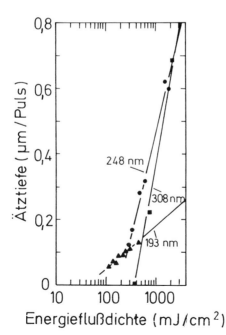

Bild 6.43: Ätztiefe in Polycarbonat bei Excimer-Laser-Ablation (nach T. A. Znotis u. a. 1987)

258 Lithographie

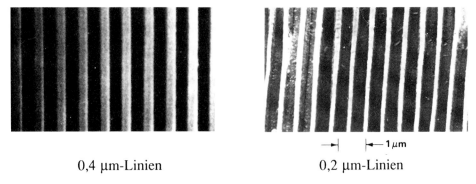

0,4 µm-Linien   0,2 µm-Linien

Bild 6.44: Strukturierung von 1,5 µm dickem PMMA durch induzierte Photoreaktion bei Bestrahlung mit einem Excimer-Laser ($\lambda = 193$ nm) (nach D. J. Ehrlich u. a. 1985)

6.8.3 Mehrlagen-Resist

Die Mehrlagen-Resisttechnik erlaubt den Anforderungen an Strukturtreue und hohem Aspect-ratio, dem Verhältnis von Höhe zu lateraler Ausdehnung auf der Halbleiter-Oberfläche erzeugter Strukturierungs-Elemente, in besonderem Maße Rechnung zu tragen. In Bild 6.45 ist eine entsprechende Schichtfolge dargestellt, wobei die Verwendung findenden Materialien variieren können.

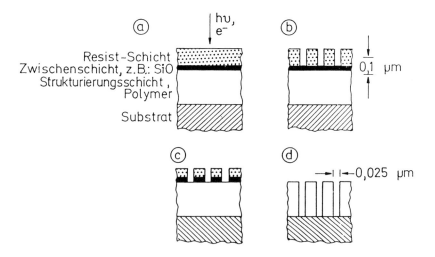

Bild 6.45: Prozessierung eines 3-Lagen-Resists (nach D. M. Tennant u. a. 1981) a. Belichtung; b. Entwicklung des (Photo)-Resists); c. Ätzen der Zwischenschicht; d. Anisotropes Trockenätzen der Strukturierungsschicht

Submikron-Lithographie 259

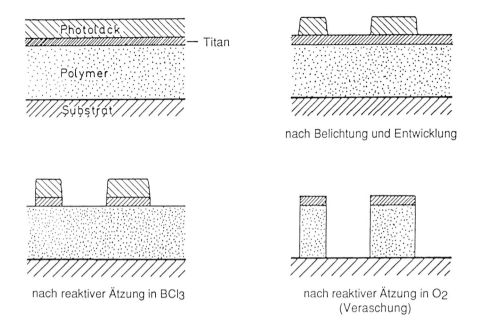

Bild 6.46: Dreilagen-Trockenätzprozeß mit Ti als Zwischenschicht

Bild 6.46 zeigt ein weiteres Beispiel, welche Schichtfolge bei Hinzunahme einer weiteren PMMA-Schicht zwischen Polymer und Substrat auch zur nm-Lithographie auf isolierenden Substraten Verwendung finden kann.

Die Eigenschaften der Resist-Schicht können bei diesen Mehrlagen-Systemen unabhängig von einer Ätz-Resistenz optimiert werden, während die strukturgetreue Übertragung der lithographischen Struktur, zumeist durch anisotropes Trockenätzen, durch passende Wahl der Strukturierungsschicht optimierbar ist. Die Zwischenschicht wird als trockenätz-resistente Hilfsschicht benutzt, jedoch sind auch Zweilagen-Systeme verwendbar. Der große Vorteil des Mehrlagensystems ist jedoch nicht nur die Möglichkeit der unabhängigen Optimierung, sondern auch der Planarisierung, welche durch die relativ dicke Strukturierungsschicht erreicht wird. Diese gleicht Unebenheiten prozessierter Wafer, die während der Herstellung der Bauelemente auftreten (z. B. Mesa-Strukturierungen), weitgehend aus. Die darüberliegende lithographisch wirksame Schicht ist damit eben, und Probleme der Tiefenschärfe sind vermieden, verbunden mit dem Vorteil der exakten Einhaltung lateraler Geometrien bei unterschiedlichster Topologie der Unterlage. Die Bilder 6.47 und 6.48 demonstrieren die Vorteile eindrucksvoll, siehe auch Bild 6.40. Die Anwendung solcher Mehrlagen-Systeme zur Herstellung spezieller, vertikal aufgeweiterter Strukturen (mushroom gates) wird in Teil II, Abschnitt 14.5, besprochen.

260 Lithographie

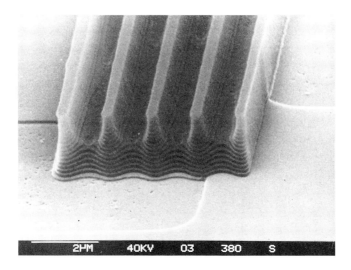

a

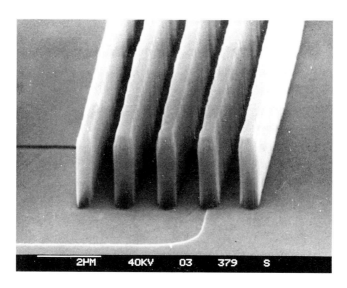

b

Bild 6.47: Projektionslithographie bei 10facher Verkleinerung, Vergleich von Einlagen-Resist (a) mit Dreilagen- System (b) bei optischer Lithographie (nach H. Beneking u. a. 1986)

Submikron-Lithographie 261

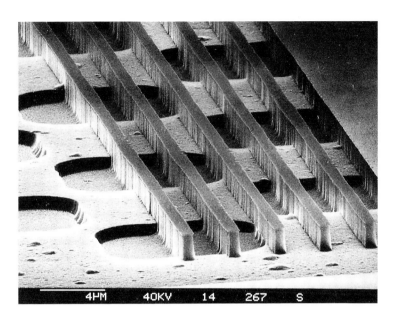

Bild 6.48: Strukturtreu übertragene Al-Leiterbahnen auf nichtplanem Si-Substrat (nach H. Beneking u. a. 1986)

Als Zwischenschicht können verschiedene Materialien Verwendung finden, sofern sie spannungsarm aufgebracht werden können und hinreichend resistent gegen die Sputter-Ätzung sind. Bild 6.49 zeigt das Titan-System nach Bild 6.46, mit welchem z. B. GaAs mit extrem hohem aspect-ratio geätzt werden kann. Die Polymerschicht wird dabei 1 h bei 200°C ausgehärtet, wobei sie ihre Photoempfindlichkeit verliert. Die Material-Ätzung geschieht nach der reaktiven O_2-Ätzung der Resist-Struktur mittels $SiCl_4$.

262 Lithographie

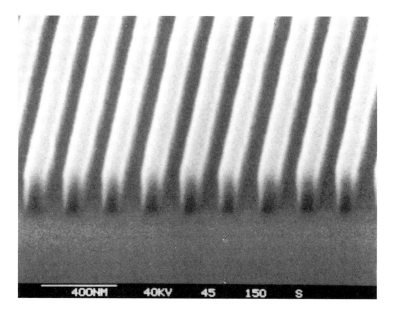

Bild 6.49: Geätztes Dreilagen-Resistsystem mit Titan als Zwischenschicht.

Bild 6.50 gibt einen Eindruck von der Leistungsfähigkeit dieses Resist-Systems, eine GaAs-Struktur mit über 6 µm hohen Stegen von 0,6 µm Breite (60' geätzt bei 4 Pa, 100 W und einem $SiCl_4$-Fluß von 15 sccm, Polymer-Schicht 2 µm AZ 4210).

Insoweit ist die Dreilagen-Resisttechnik zur Erzeugung feiner Strukturen prädestiniert. Ihr Nachteil ist das Erfordernis der definierten Mehrlagen-Aufbringung, welche man in einer Produktion zu vermeiden sucht. Deswegen werden Verfahren untersucht, welche aus Zweilagen- oder selbst Einlagen-Systemen bestehen, und welche mittels (chemischer) Prozesse die Konfigurierung ähnlich Dreilagen-Systemen erreichen sollen. Diesbezüglich muß auf die Literatur verwiesen werden.

6.9 Praktische Resist-Systeme

In diesem Abschnitt sind in knapper Form einige Resist-Systeme für die optische und die Elektronenstrahl-Lithographie aufgeführt. Es sind jeweils die Verarbeite-Bedingungen sowie die Art der Entwicklung genannt.

Praktische Resist-Systeme 263

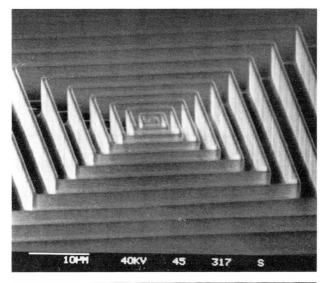

Bild 6.50: Mittels Dreilagen-Resistsystem reaktiv geätzte GaAs-Submikronstruktur (nach P. Unger u. a. 1988)

Für optische Belichtung, auch bei mittlerem UV, eignet sich gut Lack der Gruppe AZ 4000. Ein Aufschleudern (300 K, 25s) bei etwa 4000 Umdrehungen pro Minute ergibt Schichtdicken von 0,4 µm bei AZ 4040 und 2,1 µm bei AZ 4210.

Die Trocknung erfolgt bei 90°C ±5°C, Dauer 15 - 30 Minuten. Zur Entwicklung wird der AZ-Entwickler AZ 400 K benutzt. Zur Erzielung hohen

Kontrasts wird er 1:4 mit H_2O verdünnt, für hohe Empfindlichkeit wird 1:3 mit H_2O verdünnt. Nach der Entwicklung erfolgt intensives Spülen mit deionisiertem Wasser und Trocknen unter N_2.

Zum Lift-off (strippen) wird ebenfalls ein AZ 4000 verwendet. Falls ein Aushärten des Lacks unterhalb 120°C erfolgt, kann mittels Aceton (oder ähnlichen, polaren Lösungsmitteln) der Lack abgehoben werden. Nach einer Härtung bei oberhalb 120°C muß entweder ein oxidierendes Plasma zur Veraschung oder eine Säure zur Ablösung verwandt werden. Man benutzt dazu H_2SO_4 (96 %) und H_2O_2 (30 %) im Verhältnis 4:1 bei 300 K (Vorsicht, III-V-Halbleiter werden angegriffen).

Für die Elektronenstrahl-Lithographie wird bei Strukturen bis 0,1 µm lokaler Ausdehnung z. B. der Tokyo Ohka Elektron Beam Resist OEBR 1010 eingesetzt; prozeßabhängig sind auch 50 nm - Strukturen damit noch aufzulösen. Als Verdünnungsmittel wird Cyclohexanol verwendet, die Trocknung des Lackes erfolgt bei 160°C 20 - 30 Min. Zur Entwicklung wird eine Mischung von 40 % Ethylacetat und 60 % Ethylenglycolmonobuthyläther benutzt, Bad-Temperatur 21°C. Dieser Lack besitzt eine höhere Widerstandsfähigkeit gegenüber Trockenätzprozessen als Polymethylmetaacrylat PMMA, welches Material jedoch eine noch günstigere Auflösung besitzt (herunter bis ≈ 20 nm).

PMMA ist zur Hoch-Auflösung vorzugsweise mit eingeschränkter Molekulargewichts-Verteilung zu verwenden, z. B. der Lack der Firma KTI mit einem Molekulargewicht von etwa 500 000. Zur Verdünnung wird Chlorbenzol benutzt, wenn man für Zwecke der Hoch-Auflösung sehr dünne Resist-Schichten benötigt. Die Trocknung wird bei 170°C längere Zeit durchgeführt (1-24 h). Als Entwickler wird bei 21°C Bad-Temperatur eine Mischung von 30 % Ethylenglycolmonoethyläther und 70 % Methanol (bevorzugt) oder 1:3 MIBK/IPA (25 % Methylisobuthylketon, 75 % Isopropanol) benutzt.

Eine Mischung von PMMA mit Methacrylsäure-Methacrylat, PMMA/MA, besitzt eine etwa fünffach höhere Empfindlichkeit als PMMA alleine, allerdings auf Kosten der Auflösung. Verdünnungsmittel ist 2-Methoxyethylacetat, als Entwickler bei 21°C dient ein Gemisch von 20 % Ethylenglycolmonoethyläther und 80 % Ethylenglycolmonobuthyläther.

Die Entwicklung neuer Lacke und zugeordneter Verfahren wird seitens der Hersteller in enger Anlehnung an die Halbleiter-Firmen vorgenommen, da viele technologische Details für die Verwendbarkeit eines Resists bedeutsam sind. Ein Beispiel dafür ist u. a. ein neuer, hochempfindlicher Röntgen-Resist RAY-PU (Firma Hoechst). Insoweit stellen die hier genannten Materialien einen temporären Ausschnitt dar, bezogen auf die in einem Halbleiter-Labor anstehenden Probleme.

Literaturverzeichnis

Arden, W., Müller, K.-H., Limits in optical and X-ray lithography, Microelectron. Engineering **6**, 1987, 53-60
Vergleich erzielbarer Auflösung im Sub-µm-Bereich

Arden, W.: Submicron Photolithography with 10:1 Printing, Siemens Forsch.- u. Entwickl.-Ber. **11**, 1982, 169-173
0,7 µm - Strukturen, Linsensystem 10-78-02 von Zeiss

Baute, M., Demuschewski, H., Müller, A., Oelmann, A., Sofronijevic, D.: Einführung eines Elektronenstrahl-Maskenschreibers für LSI-gerechte Strukturerzeugung, BMFT-Forschungsbericht T 82-110, 1982
Aufbau und Umfeld eines MEBES-Elektronenstrahlschreibers zur Maskenerzeugung

Beneking, H., Gellrich, N., Eden, K., Krings, A. M.: Mehrlagen-Resistsysteme für optische und Elektronenstrahl-Lithographie, BMFT-Forschungsbericht FB-T 86-045, 1986

Beneking, H.: A field emission e-beam system for nanometerlithography, Microelectronic Eng. **2**, 1984, 65-73

Beneking, H.: Feinstrukturierung in der Mikroelektronik, Mikrowellen-Magazin **6**, 1979, 368-373
Einführungsartikel in die Strukturierung und Strukturübertragung

Berremann, D. W., Bjorkholm, J. E., Eichner, L., Freeman, R. R., Jewell, T. E., Mansfield, W. M., MacDowell, A. A., O´Malley, M. L., Raab, E. L., Silfvast, W. T., Szeto, L. H., Tennant, D. M., Waskiewicz, W. K., White, D. L., Windt, D. L., Wood II, O. R., Bruining, J. H.: Soft-x-ray projection lithography: printing of 0,2 µm features using a 20:1 reduction, Optics Lett. **15**, 1990, 529-531

Bögli, V., Beneking, H.: Nanometer scale device fabrication in a 100 keV E-beam system, Microcircuit Eng. **3**, 1985, 117-123

Bögli, V.: Hochauflösende Elektronenstrahl-Lithographie zur gezielen Herstellung lateraler Strukturen unterhalb 100 nm,
Diss. RWTH Aachen 1988

Brewer (Hrsg.), G.R.: Electron-beam technology in microelectronic fabrication, Academic Press, New York 1980
Grundlegende Beiträge zur Elektronenstrahl-Lithographie

Broers, A. N., Chang, T. H. P.: High resolution lithography for microcircuits, in: Microcircuit Engineering (Hrsg. H. Ahmed, W. C. Nixon), Cambridge University Press, Cambridge 1980, 1-73

Broers, A. N.: Resolution, Overlay and Field Size for Lithography Systems, IEEE Trans. Electron Dev. **ED-28**, 1981, 1268- 1278
Grundlegende Diskussion der Möglichkeiten und Grenzen verschiedener Lithographie-Verfahren

Burggraaf, P.: Deep-UV Lithography: Crossing the half-Micron Threshold, Semicond. Internat. **(8)**, 1989, 62-69

Burggraaf, P.: Optical Lithography: Staying Alive,
Semicond. Intern. **(2)**, 1990, 58-63

Craighead, H., G.: 10-nm resolution electron-beam lithography,
J. Appl. Phys. **55**, 1984, 4430-4435

Csepregi, L., Heuberger, H.: Fabrication of silicon oxynitride masks for x-ray lithography, J. Vac. Sci. Technol. **16**, 1979, 1962-1964
Herstellverfahren für Röntgenmasken

DeForest, W.S.: Photoresist, materials and processes,
McGraw-Hill, New York 1975
Physik, Chemie und Technologie von Photoresists

Deguchi, K., Komatsu, K., Horiuchi, T., Hirata, K.: Overlay Accuracy Evaluation in Step- and Repeat X-Ray Lithography,
Jap. J. Appl. Phys. **27**, 1988, 1275-1280
Begrenzung der Minimal-Strukturen durch Masken-Verspannung

Eden, K.: Application of Optical Lithography and DUV, Vortrag Euroform-Seminar 14.-16.5.1990, Institut für Halbleitertechnik, RWTH Aachen

Eden, K.: Excimer Laser-Lithographie bei λ = 193 nm, Probleme und Lösungen, Diss. RWTH Aachen 1988

Ehrlich, D. J.: Early Application of Laser Direct Patterning: Direct Writing and Excimer Laser Projection, Solid State Technology **28(12)**, 1985, 81-85
Übersicht über verschiedene Laser-Anwendungen in der Strukturübertragung und Technologie

Ehrlich, D.J., Tsao, J. Y., Bozler, C. O.: Submicrometer patterning by projected excimer-laser-beam induced chemistry,
J. Vac. Sci. Technol. **B3**, 1985, 1-8
Excimerlaser-Lithographie mittels Spiegeloptik

Fallmann, W., Paschke, F., Stangl, G., Buchmann, L.-M., Heuberger, A., Chalupka, A., Fegerl, J., Fischer, R., Löschner, H., Malek, L., Nowak, R., Stengl, G., Traher, Ch., Wolf, P.: Ion Projection Lithography: Electron Alignment and Dry Development of IPL Exposed Resist Materials, Archiv Elektr. Übertr. **44**, 1990, 208-216

Garrison, B. J., Srinivasan, R.: Ablative photodecomposition of polymers,
J. Vac. Sci. Technol. **A3**, 1985, 746-748
Modellhafte Darstellung des Ablationsprozesses

Gellrich, N., Beneking, H., Arden, W.: An improved trilevel resist system for submicron optical lithography, J. Vac. Sci, Technol. **B3**, 1985, 335-338
Spin-on-Glas als Zwischenschicht, Erzeugung von 0,5 µm Linien mit Zeiss-Linse

Gise, P. E., Blanchard, R.: Semiconductor and Integrated Circuit Fabrication Techniques, Reston Publ. Comp., Reston/Va

Greeneich, J., Wittekoek, S., Katz, B., Brink, van den, M.: Progress in I-line Stepper Technology, SPIE 1088 Optical/Laser Microlithography **II**, 1989, 194-207

Griffing, B. F., West, P. R.: Contrast Enhanced Lithography,
   Solid State Technol **28(5)** 1985, 152-157
   Kontrasterhöhung bei Photoresists

Haberger, K., Ryssel, H., Kranz, H., Ionenstrahllithographie,
   BMFT Forschungsber., T 84-182, 1984

Hatzakis, M., Ting, L. H., Viswana, N.: Fundamental aspects of electron beam
   exposure of polymeric resist systems, Proc. 6th Int. Conf. on Electron &
   Ion Beam Science & Technology, 1974, 542-549

Heuberger, A., Buchmann, L.-M., Csepregi, L., Müller K. P.:
   Open Silicon Stencil Masks for Demagnifying Ion Projection,
   Microelectronic Eng. **6**, 1987, 333-342

Heuberger, A.: X-Ray Lithography, Microelectronic Eng. **5**, 1986, 3-38
   Breite Darstellung der Röntgen-Lithographie

Heuberger, A: X-Ray Lithography,
   Microelectronic Eng. **3**, 1985, 535-556

Hirose, R.: New g-line Lens for Next Generation, SPIE 1088 Optical/Laser
   Microlithography II, 1989, 178-186

Kratschmer, E., Erko, A., Petrashov, V. T., Beneking, H.: Device fabrication
   by nanolithography and electro-plating for magnetic flux quantization
   measurements, Appl. Phys. Lett. **44**, 1984, 1011-1013
   Herstellung von nm-Strukturen

Kratschmer, E.: Ein Beitrag zur automatischen Korrektur des Proximity-
   Effekts in der Elektronenstrahl-Lithographie, Diss. RWTH Aachen 1982

Lee, J.: Multilayer Resist Processing: Economic Considerations,
   Solid State Technol. **29(6)**, 1986, 143-148
   Praktische Erwägungen mit Kosten-Abschätzungen und experimentelle
   Ergebnisse verschiedener Resist-Systeme

Leers, D., Bolsen, M.: Computer Controlled Optical Microprojection System
   for One Micron Structures, Solid State Technol. **22(6)**, 1979, 80-83

Leers, D.: Investigation of Different Resists for Far and Deep UV-Exposure, Solid State Technol. **24(4)**, 1981, 90-92
Resist-Verhalten bei UV

Lin, B.J.: Deep-UV Conformable-Contact Photolithography for Bubble Circuits, IBM J. Res. Develop. **20**, 1976, 213-221
Eigenschaften der optischen Lithographie mittels Kontaktkopie bei UV

Maydan, D., Coquin, G. A., Maldonado, J. R., Moran, J. M., Somekh, S., Taylor, G. N.: X-ray lithography: one possible solution to VLSI device fabrication, Proc. Internat. Conf. Microlithography, Paris 1977, 195-199

Meingailis, J.: Critical Review: Focused ion beam technology and application, J. Vac. Sci. Tech. **B5**, 1987, 469-495
Breiter Grundlagen-Artikel zur FIB-Anwendung

Miller, V., Stover, H. L.: Submicron Optical Lithography: I-Line Wafer Stepper and Photoresist Technology, Solid State Technol. **28 (1)**, 1985, 127-136
Untersuchungen zur optischen Verkleinerung bei $\lambda = 365$ nm mit Linsen-Daten und praktischen Ergebnissen

Nakagawa, H., Sasago, M., Endo, M., Hirai, Y., Ogawa, K:
An advanced KrF excimer laser stepper for production 16MDRAMs, SPIE proc. **922**, 1988, 400-409

Nakase, M., Utsugi, Y., Yoshikawa, A.: Exposure characteristics and proximity effect in $Ag_2Se/GeSe_4$ inorganic photoresists, J. Vac. Sci. Technol. **A3**, 1985, 1849-1854
Untersuchung anorganischer Resists für die optische Lithographie

Newman (Hrsg.), R.: Fine line lithography (Bd.1, Materials processing, theory and practices, F. F. Y. Wang, Hrsg.), North-Holland, Amsterdam 1980
Breite Darstellung zur Einführung und Weiterbildung mit vielen wichtigen Einzelheiten

Oelmann, A., Lischke, B., Kutzer, E., Machine time calculations of electron beam pattern generators, Proc. Internat. Conf. Microlithography, Paris 1977, 171-174

Okamura, S., Taguchi, T.:, Hiyamizu, S.: Direct fabrication of submicron pattern on GaAs by finely focused ion beam system, Fujitsu Sci. Techn. J. **22**, 1986, 98-105

Oldham, W. G., Arden, W., Binder, H., Ting, C.: Contrast Studies in High-Performance Projection Optics, IEEE Transact. Electron Dev. **ED-30**, 1983, 1474-1479

Olson, S. G.: New I-Line Lenses, SPIE 1088 Optical/Laser Microlithography **II**, 1989, 187-193
Vergleich verfügbarer Linsen-System und Resists

Ozaki, Y., Takamoto, K., Yoshikawa, A.: Effects of temporal and spatial coherence of ligth source on patterning characteristics in KrF excimer laser lithography, SPIE proc. **922**, 1988, 444-448

Pol, V., Bennewitz, J. H., Escher, G. C., Fieldman, M., Virton, V. A., Jewell, T. E., Wilcomb, B. E., Clemens, J. T.: Ecximer laser-based lithography: a deep ultraviolet wafer stepper, SPIE proc. **633**, 1987, 6-16

Politycki, A. Meyer, A.: Demagnifying Electron Projection with Grid Masks, Siemens Forsch. u. Entwickl.-Ber. **7**, 1978, 28-33

Proc. 1989 Internat. Symp. Micro Process Conf., Kobe/Japan, 2.-5.7.1989, Publ. Office Jap. J. Appl. Phys. 1989
Wesentliche Beiträge zu Lithographie und Struktur-Übertragung

Recknagel, A.: Physik, Optik, 12. Aufl., VEB-Verlag Technik, Berlin 1986

Rothschild, M., Ehrlich, D. J.: A review of excimer laser projection lithography, J. Vac. Sci Technol. **B6**, 1988, 1-17

Sato, T., Nakase, M., Nonaka, M., Higashikawa, I., Horiike, Y.:
KrF Excimer Laser Projection Lithography: 0,35 µm Minimum Space VLSI Pattern Fabrication by a Tri-Level Resist Process,
Jap. J. Appl. Phys. **27**, 1988, 323-327

Saunders, T. E.: Wafer Flatness Utilizing the Pin-Recess Chuck, Solid State Technol. **25(5)**, 1982, 73-76

Seliger, R. L., Ward. J. W., Wang, V., Kubena, R. L.:
A high-intensity scanning ion probe with submicrometer spot size,
Appl. Phys. Lett. **34**, 1979, 310-312

Srinivasan, R., Braren, B., Dreyfus, R. W.: Ultraviolet laser ablation of
polyimide films, J. Apl. Phys. **61**, 1987, 372-376

Stengl, G., Löschner, H., Muray, J. J.: Ion Projection Lithography,
Solid State Technol. **29**(2) 1986, 119-126

Stephani, D., Kratschmer, E., Gellrich, N.: Experimentelle und theoretische
Untersuchung der Elektronenstrahldirektbelichtung zur Herstellung von
Halbleitersubmikronstrukturen - Waferverzüge - Resistvergleich,
BMFT Bericht FB-T 83-088, 1983
Darstellung technischer Probleme und deren Lösung bei der Elektronen-
strahl-Lithographie unter Einschluß des Resist-Verhaltens bei optischer
und Elektronenstrahl-Belichtung

Stephani, D.: Ein Beitrag zur automatischen Markenerkennung in der
Elektronenstrahl-Lithographie, Diss. RWTH Aachen 1981

Tagungsband ME-Konferenz 1986:
Microelectronic Engineering **5**, 1986, 1-605
Insgesamt wesentliche Beiträge zur Lithographie, zu Resists und
Schichtenübertragung sowie zum Testen

Taylor, G. N.: Guidelines for Publication of High-Resolution Resist
Parameters. Review Paper, J. Molecular Electronics **1**, 1985, 85-92
Regeln zur Definition von Resist-Eigenschaften und deren Messung

Tennant, D. M., Jackel, L. D., Howard, R. E., Hu, E. L. Grabbe, P., Capik, R.
J.: Twenty-five nm features patterned with trilevel e-beam resist, J. Vac.
Sci. Technol. **19**, 1981, 1304-1307

Unger, P., Beneking, H., Reactive Ion Etching of GaAs Using Chlorine
Compounds, Proc. 1st Micro Process Conf., Tokyo 1988, 4.-6.7

Unger, P.: Herstellung von Fresnel-Zonenplatten für die Röntgenmikroskopie
durch Strukturierung im Nanometerbereich, Diss. RWTH Aachen 1989

Ushida, K., Kameyama, M., Anzai, S.: New Projection Lenses For Optical Stepper, SPIE 633 Optical Microlithography **V**, 1986, 17-23

VDI/VDE-Richtlinien für Maskentechnik, VDI/VDE 3717
Definitionen und Güteklassen lithographischer Masken

Virton, V. A., Jewell, T. E., Wilcomb, B. E., Clemens, J. T.: Excimer laser-based lithography: a deep ultraviolet laser-based stepper, SPIE proc. **633**, 1987, 6-16

Watts, R. K., Bruning, J. H.: A Review of Fine-Line Lithographic Techniques: Present and Future, Solid State Technol. **24(5)**, 1981, 99-105
Artikel zum Stand der Lithographie-Verfahren

Wilson, M. N.: X-ray Sources, Vortrag Euroform-Seminar 14.-16.5.1990, Institut für Halbleitertechnik, RWTH Aachen

Wittekoek, S.: Optical aspects of the Silicon Repeater, Philips Tech. Rev. **41**, 1983/84, 268-278
Beschreibung und technische Daten eines optischen 5:1 Projektions-Systems

Wittels, N. D.: Fundamentals of electron and X-ray lithography, in: Fine line lithography, Material processing, theory and practices, Bd. 1, (R. Newman, Hrsg.), North-Holland, Amsterdam 1980

Znotis, T. A., Poulin, D., Reid, J.: Excimer Lasers: An emerging technology in materials processing, Laser Focus/Electro Optics **23(5)**, 1987, 54-70

7 Ätz- und Trennverfahren

Das Ätzen ist ein wesentlicher Technologieschritt im Verlauf des Herstellprozesses von Halbleiterstrukturen. Insoweit ist es berechtigt, den Ätztechniken breiteren Raum in einer auf die Technologie bezogenen Darstellung zu geben. Die mit Ätzen anzugehenden Probleme sind vielseitig. Vor einer Beschichtung von Halbleiterscheiben mit Epitaxieschichten, mit Metallisierungen oder mit anderen Deckschichten, vor einer Kontaktierung oder dem Einlöten der Chips in eine Fassung, stets wird zuvor geätzt. Spezielle Ätzmittel erlauben Versetzungen zu erkennen, andere sind zur Sichtbarmachung von Schichtfolgen geeignet; wieder andere dienen einer Strukturierung für Bauelemente. Hierbei ist. u. U. eine hohe Selektivität erwünscht, also stark unterschiedlicher Ätzabtrag bei Schichtfolgen verschiedener Zusammensetzung. Chemische Ätzmittel wirken oft spezifisch, der Ätzangriff ist meist temperatur- oder auch lichtabhängig und unter Umständen kristallorientierungsabhängig. Physikalische Ätzverfahren sind meist anisotrop, doch gibt es auch Ausnahmen.

Die letzteren werden speziell zur Bauelemente-Strukturierung her angezogen, insbesondere bei feinen Geometrien. Die chemischen Ätzmittel dienen dagegen mehr zur Säuberung vor weiteren Prozeßschritten, z. B. zur Entfernung von Adsorptionsschichten. Jedoch verbleibt oft, auch nach mehrmaligen Reinigungsschritten in reinstem Wasser, welches seinerseits Veränderungen der Substratoberfläche bewirken kann, ein Einfluß auf spätere Behandlungsgänge zurück, ein Memory-Effekt, welcher nie völlig auszuschließen ist.

Während die chemischen Ätzen, meist als Flüssigkeit, aber auch gasförmig (z. B. in Form von HCl-Dampf), relativ milde einwirken, sind physikalische Ätzverfahren mechanisch destruktiv. Dies ist u. a. deutlich an stark verringerten Photolumineszenz-Signalen trockengeätzter Strukturen zu erkennen. Es verbleibt eine Kristallstörung, welche toleriert oder ausgeheilt bzw. mittels chemischer Ätze abgetragen werden muß. Für letzteres verwendet man z. B. ein nur kurzes Eintauchen in die Ätzlösung (dip etch).

Die Ätztechnik stellt sich damit als ein schwieriges Kapitel der Halbleitertechnologie dar, und es nimmt nicht Wunder, daß in verschiedenen Laboratorien unterschiedliche Ergebnisse mit dem angeblich gleichen Ätzmittel gewonnen werden.

Besondere Bedeutung besitzt die Trockenätztechnik in ihrer Anwendung bei feinen Strukturen im Submikrometer-Bereich, wo insbesondere ein anisotropes Ätzen wichtig ist. Durch Anwendung einer örtlich begrenzten Ätz-Stimulierung gelingt auch eine definierte lokale Ätzung, z. B. durch Licht-Einwirkung, oder auch direkt mittels eines fokussierten Ionenstrahls.

Eine weitere Möglichkeit besteht in der Zuhilfenahme elektrolytischer Vorgänge, wo abhängig von Stromdichte und -richtung unterschiedliche Ätzvorgänge ablaufen können. Speziell wird das elektrochemische Ätzen zum definierten Abtrag dünner Schichten an der Substrat- bzw. Epitaxieschicht-Oberfläche eingesetzt, wie es z. B. für eine tiefenaufgelöste CV-Messung erforderlich ist (Abschnitt 4.4.1.1). Als Elektrolyte dienen z. B. die anschließend angegebenen Reagenzien.

Für Silizium verwendet man eine Mischung von 50 ml HNO_3 und 50 ml HF (40%). Bei GaAs, GaAlAs ätzt man unter Lichteinwirkung (Weißlicht, 6 mW/cm^2) in Tiron (Brenzkatechin-3,5 Disulfonsäure Binatriumsalz Monohydrat $C_6H_2(OH)_2(SO_3Na)_2 H_2O$). Die Ätzrate beträgt dabei etwa 3 µm/h. Ebenfalls unter Lichteinstrahlung werden InP, GaInAs und GaInAsP elektrochemisch geätzt, wobei man als Lösung 0,5 Mol HCl (33 ml HCl 37%) in 967 ml H_2O verwendet; die Ätzrate beträgt dann auch etwa 3 µm/h. Die jeweils erforderliche elektrische Stromdichte liegt bei etwa 10 mA/cm^2.

Nachfolgend werden die wichtigen Verfahren des naßchemischen und trokkenen Ätzens besprochen; Beispiele sind der eigenen Laborerfahrung entnommen.

Die Technik des Trennens ist ein ebenfalls nur scheinbar einfacher Prozeß, notwendig beim Vereinzeln von Chips, und zwar beim Sägen der Halbleiter-Scheiben aus dem Einkristall oder beim Brechen.

Die entstehenden mechanischen Belastungen an ausbrechenden Rändern führen zu Verspannungen, welche bei späteren Hochtemperatur-Schritten durchaus zum Auftreten von Versetzungsnetzwerken führen können. Wenn schon der Druck einer Pinzette solche Folgen haben kann, um wieviel mehr sind dann Ritzen, Brechen und Sägen kritisch.

Auch auf diese Verfahrensschritte wird in dem vorliegenden Kapitel eingegangen, welches den Teil I abschließt und zum Teil II überleitet.

7.1 Chemische Ätzverfahren

Der Vorgang beim chemischen Ätzen von z. B. Silizium besteht im allgemeinen aus einem Oxidationsvorgang und einer Abtragung dieses Oxids nach Überführung in eine lösliche Form. Spezielle Zusätze verändern den Ätzangriff beträchtlich, z. B. hinsichtlich erhöhter Anisotropie bezüglich unterschiedlicher Kristallrichtungen. Im allgemeinen wirken chemische Ätzen isotrop ein, es gibt aber auch Ausnahmen. Grundsätzlich sind Politur- und Strukturätzen zu unterscheiden, je nachdem, ob eine Einebnung erfolgt oder Selektivität vorliegt.

Der Ätzangriff selbst wird von Temperatur, evtl. Beleuchtung (Erhöhung der Trägerdichte) und der Verdünnung des Ätzmittels bestimmt.

7.1.1 Chemisches Polieren

Das chemische Polieren mittels Ätzlösungen dient speziell zur Entfernung von Zerstörungszonen an der Probenoberfläche als Folge der mechanischen Bearbeitung wie Sägen, Läppen und Polieren. Politurätzlösungen haben eine einebnende Wirkung, unabhängig vom Leitungstyp (n- oder p-Material), der Orientierung und der Dotierung der Probe. Typische Politurätzlösungen für Silizium bestehen aus einem Oxidationsmittel (z. B. Salpetersäure HNO_3), einem Komplexbildner (z. B. Flußsäure HF) zur Auflösung des Oxids und einem Inhibitor (z. B. Eisessig) zur bremsenden Regulierung der Abtragungsgeschwindigkeit.

Verbrauchtes Ätzmittel muß ständig durch frisches ersetzt werden, was z. B. mit einem Quirl erreicht wird. Die Abtragungsgeschwindigkeit liegt in der Größenordnung von einigen μm/min. Sie ist von Parametern wie Temperatur, Konzentrationen der Komponenten des Ätzmittels usw. abhängig.

Eine anschließende Inspektion der Halbleiterscheibe bei spiegelndem Licht-Einfall gibt Hinweise auf die erhaltene Perfektion, auch die Planarität ist damit überprüfbar. Im übrigen zeigt bereits das Verhalten ablaufenden Wassers (rinse test) die Sauberkeit und Gleichförmigkeit einer Wafer-Oberfläche an (Fett- und Partikel-Freiheit).

7.1.2 Anisotrope Ätzmittel

In III-V-Materialien bewirkt die Zusammensetzung des Gitters aus zwei stark unterschiedlichen Komponenten oft ausgeprägte Unterschiede des Ätzangriffs in verschiedenen Kristallrichtungen. So kann im Fall von GaAs in der <111>-A- Richtung (Ga-reiche Oberfläche) ein bis zu 100mal geringerer Ätzangriff vorliegen als in der schwach vernetzten <110>-Richtung. Ätzt man in <110>-Richtung, ist jedoch auch die stark angegriffene <111>-B-Richtung involviert, womit eine stark unsymmetrische Ätzfigur resultiert. Bild 7.1 zeigt den Effekt bei InP.

Doch auch bei Silizium, wo beide Untergitter mit derselben Atomsorte besetzt sind, gibt es bei speziellen Ätzmitteln starke Ätzunterschiede. So ätzt KOH:H_2O (Gewichtsverhältnis 0,44:1) bei etwa 100°C (Siedepunkt 120°C) die Ebenen {110} : {100} : {111} im Verhältnis 600:300:1. Man vermutet, daß der extrem schwache Ätzangriff in <111>-Richtung durch eine sofort auftretende SiO_2-Bildung zu erklären ist; allgemein oxidiert eine {111}-Ebene schneller als die übrigen Orientierungen (auf eine spezielle anisotrope Ätztechnik wird in Teil II, Kapitel 12, näher eingegangen).

276 Ätz- und Trennverfahren

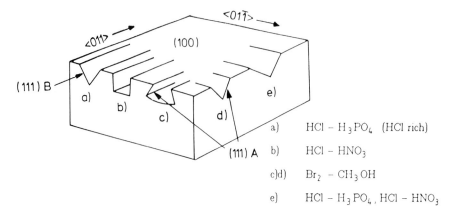

Bild 7.1: Anisotrope Einwirkung unterschiedlicher Ätzlösungen bei InP (nach H. Imai u. a. 1982)

7.1.3 Gängige Ätzlösungen

Unter Beachtung der eingangs dieses Abschnittes gemachten Ausführungen lassen sich eine Vielzahl von Ätzlösungen zusammenstellen. Durch systematische Veränderung des Anteils an Pufferkomponenten für langsamen Ätz-Angriff und Aufteilung auf Ätze und Oxidationsmittel können auch spezifisch wirkende Reagenzien gefunden werden; je niedriger die Temperatur des Ätzbades, um so weniger stürmisch ist der Ätz-Angriff. Hier seien mit Tabelle 7.1 gängige Ätzlösungen aufgeführt, welche praktisch erprobt sind. Der Verwendungszweck ist jeweils angegeben.

Für die praktische Handhabung ist zu beachten, daß unter Abzug gearbeitet wird, Augen- und Handschutz sind obligatorisch. Insbesondere beim Ätzen von III-V-Verbindungen treten giftige Reaktionsprodukte auf (z. B. Phosphin beim Ätzen von InP), was besondere Sicherheitsvorkehrungen verlangt. Das nachfolgende Schema zeigt diesen Ätzvorgang.

$$\begin{array}{c} \text{Cl-H} \\ \text{-In-P-} \\ | \quad | \end{array} \Rightarrow \begin{array}{c} \text{Cl H} \\ \text{-In P-} \\ | \quad | \end{array} \Rightarrow +2\text{HCl} \Rightarrow \text{InCl}_3 + \text{PH}_3\uparrow.$$

Im Detail benötigt man weitergehende Angaben, wie für einige Ätzlösungen nachfolgend dargestellt. Wie zuvor bedeuten Verhältnisse wie 1:3:2 Volumen-Mengen der betreffenden Stoffe. H_2O_2 wird, falls ohne Angabe, als 33%ig eingesetzt, H_2SO_4 in konzentrierter Form.

Chemische Ätzverfahren

Tabelle 7.1: Übersicht über gängige Ätzlösungen für Si, Ge und III-V-Verbindungen

Name	Zusammensetzung (Volumina)	Material, Abtrag Ätzbedingungen	Verwendung
CP-4-Lösung	5 HNO_3, konz. 3 Hf, 40%ig 3 Eisessig, 98ig, und 0,5 ml Brom auf 100 ml Ätzlösung	Si: 0,15 µm/min bei 23°C Ge: 10 µm/min bei 30°C	Politurbeize
Sirtl.-Ätzgrubenbeize	1 einer Lösung aus 50 g CrO_3 100 ml H_2O 1 HF, 40%ig	Si: 15 min bei 23°C Ge: 30 min bei 20°C	Strukturbeize, es entstehen Ätzgruben an Versetzungen (besonders wirksam in <111>Richtung)
Wright-Ätzgrubenbeize	1 einer Lösung aus 60 ml HF 30 ml HNO_3 30 ml (1g CrO_3 in 2ml H_2O) 60 ml Eisessig 1 einer Lösung Cu $(NO_3)_2$ 3 H_2O in 60 ml H_2O	Si 1 µm/min (bei Verdünnung) bis 5:1 mit H_2O 0,1 µm/min	Strukturbeize, für <100> und <111> (n, p 0,02-20 Ωcm)
Staining-Etch (mit Lichteinstrahlung)	1 HNO_3, konz. 199 HF, 48%ig	Si	Sichtbarmachung von p-n-Übergängen
Brom-Methanol Beize	1-2 Br_2 99-98 Methanol	GaAs, InP GaP, GaSb	Politurbeize
3:1:1 H_2O_2 Beize	3 H_2SO_4 1 H_2O_2 (33%) 1 H_2O	GaAs 1 µm/5min 60°C GaP 1 µm/5min 60°C GaInAs 3 µm/min 21°C InP 50 nm/min 40°C	Politurbeize
A-B-Ätze	1 A: 40 ml H_2O + 40 ml HF 0,3 g $AgNO_3$ 1 B: 40 g CrO_3 40 ml H_2O	III-V-Verbindungen	zur Sichtbarmachung von p-n-Übergängen u. Versetzungen
	5 Zitronensäure (50 wt%) 1 H_2O_2	GaInAs selektiv auf InP 100 nm/min	(InP ~ 1 nm/min)
	1 H_2SO_4 1 H_2O_2 10 H_2O	GaInAs selektiv auf InP 1 µm/min	(InP ~ 2 nm/min)
	1 H_3PO_4 1 H_2O_2 10 H_2O	GaInAs selektiv auf InP 500 nm/min	(InP ~ 5 nm/min)
	1 HCl 1 H_2O	InP 400 nm/min	selektiv auf GaInAs
	1 H_3PO_4 1 HCl	InP 4200 nm/min	selektiv auf GaInAs
	H_2O_2 NH_4OH	GaAs-Ätzrate und Selektivität abhängig vom NH_4OH-Gehalt	selektiv auf $Ga_{1-x}Al_xAs$ für $x > 0.1$

Für die A-B-Ätze gilt, z. B., daß vorab zwei Lösungen erstellt werden:

Lösung A: 40 ml H_2O + 40 ml HF + 0,3 g $AgNO_3$
Lösung B: 40 g CrO_3 auf 40 ml H_2O

Es ist hierbei darauf zu achten, daß die Flüssigkeiten B in Glas- und A in Plastikflaschen aufbewahrt werden müssen, da sonst die Aufbewahrungsgefäße zerstört würden. Die beiden Lösungen werden kurz vor der Benutzung im Verhältnis 1:1 gemischt und möglichst direkt angewendet.

Der Einsatz dieser Mischung liegt in der Dickenbestimmung von epitaxial aufgebrachten Schichten, da sie die Schichtgrenzen durch Grubenbildung sichtbar werden läßt. Dazu werden dann Spaltflächen der zu untersuchenden Proben mit obiger Lösung behandelt und anschließend ausgemessen. Richtwerte für die notwendigen Einwirkzeiten sind bei Raumtemperatur:

- für GaAs: ca. 10s
- für GaAlAs: ca. 5s.

Zur Bestimmung der Versetzungsdichte bei GaAs kommt geschmolzenes KOH in Frage, welches in einem Kohletiegel knapp oberhalb seiner Schmelztemperatur gehalten wird. Die Betonung liegt hierbei auf "Kohle"-Tiegel, da z. B. Graphittiegel ungeeignet sind. Der Ätzprozeß erfolgt an den Defekten (Versetzungen, dislocations) schneller als an ungestörten Stellen, so daß erstere sichtbar werden. Zur Bestimmung der Versetzungsdichte bei InP nimmt man:

1. Schritt: H_2SO_4 : H_2O_2 : H_2O 35 sec, Verhältnisse 5:1:1
2. Schritt: HF : HBr 15 sec, Verhältnis 1:1.

Für geringste Abtragungen ist der zur Strukturierung nötige Photolackentwickler (KOH-Lösung) bei GaAs und anderen III-V-Halbleitern einsetzbar. Bei richtiger Anwendung sind damit geringste Anätzungen möglich, die Ätzrate beträgt ca. 1 nm/min.

Ein Problem stellt die stets vorhandene Schicht aus natürlichem Oxid und Adsorbaten dar, die unvorhersehbare Oberflächeneigenschaften hervorrufen. Nun ist eine Oxidschicht prinzipiell nicht zu vermeiden, jedoch kann man die unkontrolliert entstandene Schicht durch eine saubere und reproduzierbare ersetzen (die zudem dünner sein kann).

Für GaAs und GaInAs kommen drei Verfahren zur Anwendung:

1) Lösung H_2SO_4 : H_2O_2 : H_2O
   1   1   100
2) "T-Lösung" NH_4F : HF : H_2O
   19g   7ml   25ml
3) NH_4OH : H_2O
   1   25, mit 15 sec Einwirkzeit.

Vor einer Überalterung der Mischungen ist generell zu warnen, da z. B. die unten genannten sauren Lösungen zur Zersetzung neigen (wegen des H_2O_2). Insbesondere bei den alkalischen Ansätzen ist, falls der Wafer mit Resist bedeckt ist, eine vorherige Aushärtung des Photolacks durchzuführen, da der Entwickler für diesen Lack ebenfalls alkalischer Natur ist. Eine Aushärtung erfolgt durch Erhitzen der Lackschicht auf ca. 120°C für 20 min. Dauer. Um einen Angriff des Lackes generell zu vermeiden, ist diese Vorbehandlung auch bei anderen Ätzmitteln anzuraten.

Im folgenden seien einige gängige Ätzlösungen für III-V Halbleiter näher beschrieben.

GaInAs

Für GaInAs werden vor allem saure Ätzen benutzt, die sich aus den drei Bestandteilen Säure, H_2O_2 und Wasser zusammensetzen.

		H_2SO_4 :	H_2O_2 :	H_2O
Verhältnisse:	I)	1 :	1 :	100
	II)	1 :	1 :	10
Ätzrate:	I)	50 nm/min		
	II)	2500 nm/min, jeweils bei 25°C.		

Auffallend ist hierbei die starke Abhängigkeit der Ätzrate von dem Wasseranteil; so ist Lösung I insbesondere für die Reinigung von Oberflächen geeignet.

Der Vorteil der schwefelsäurehaltigen Ätzlösung ist bei gleichmäßiger Abtragung das Erreichen einer blanken, glatten Oberfläche, wohingegen der Nachteil in einer unsicheren Ätzrate zu suchen ist. H_2O_2 wird auch alleine als Ätzmittel benutzt (z. B. bei 60°C Badtemperatur); wie zuvor ist die Ätzrate nicht eindeutig anzugeben, weswegen diese Ätze nur zur Reinigung der Substratoberfläche eingesetzt wird.

Eine weitere oft verwendete Ätzlösung ist Phosphorsäure, H_2O_2 und Wasser.

280   Ätz- und Trennverfahren

	H_3PO_4 :	H_2O_2 :	H_2O
Verhältnisse:	1 :	1 :	40
Ätzrate:		100 nm/min.	

Beide oben angegebenen Ätzen sind stark selektiv gegenüber InP.

GaAs, GaAlAs

Als saure Ätze für GaAs kann ebenfalls die schwefelsäurehaltige Lösung verwendet werden:

$H_2SO_4 : H_2O_2 : H_2O$
Verhältnisse: 1 : 1 : 3
Hohe Ätzrate: 20 - 30 µm/min bei 40°C

Als alkalische Lösung für eine GaAs-Ätzung wird eingesetzt:

NaOH (s) : H_2O_2 : H_2O
Verhältnisse: 3g : 6ml : 300ml
Ätzrate: 100 nm/min bei 5°C
260 nm/min bei 21°C und Ultraschallanregung der Lösung

Diese Lösung ergibt (sehr) gute Oberflächen mit hoher Sicherheit bzgl. der Reproduzierbarkeit der Ätzrate. Dabei ist anzumerken, daß diese Raten für frisch zubereitete Lösungen gelten, was wegen der schlechten Haltbarkeit von Wichtigkeit ist. Aus diesem Grunde ist auch die Rate bei 5°C angeführt; eine Lagerung der Flüssigkeit im Kühlschrank ist für deren Haltbarkeit (max. 2 Wochen) erforderlich.

Eine weitere alkalische Lösung ist die folgende:

H_2O_2 mit NH_4OH-Lösung
auf pH=7,05(!) eingestellt.

Mit dieser Zusammensetzung ergibt sich eine Lösung von unbeständiger Ätzrate und rascher Alterung; es nimmt mit steigendem pH-Wert die Ätzrate und die Unterätzung von Lackschichten zu.

Der Vorteil dieser Mischung liegt in der Möglichkeit der selektiven Ätzung von GaAs gegenüber $Ga_{1-x}Al_xAs$ (mit x > 10 %), welches nur schwach angegriffen wird. Die GaAlAs-Schichten fallen beim Ätzvorgang durch eine charakteristische Braunfärbung auf.

Mit steigendem pH-Wert nimmt die Selektivität gegenüber $Ga_{1-x}Al_xAs$ (mit x > 10%) ab und die Ätzrate beider Materialien zu.

Bei GaAlAs kann für unkritische (und starke) Abtragungen HCl(konz.) verwendet werden, wobei die Einwirkdauer Sekunden beträgt. Beträgt der Al-Gehalt mehr als ca. 40 %, so ist die Ätzrate gegenüber reinem GaAs so erhöht, daß ein selektives Ätzen möglich wird.

Ein weiteres Mittel stellt Flußsäure dar, dessen Eigenschaften den bei GaAs aufgeführten entsprechen. Dabei erlaubt verdünnte Flußsäure eine stark selektive Ätzung von $Ga_{1-x}Al_xAs$ für $x > 0.6$ gegenüber GaAs und $Ga_yAl_{1-y}As$ mit $y < 0.4$. Bei einen GaAlAs-Abtrag von > 1 mm/h bzw. < 0,1nm/h für GaAs beträgt die Selektivität $> 10^7$.

InP

Eine saure Lösung zum Ätzen von InP ist folgende:

                  6 ml $K_2Cr_2O_7$-Lösung
                  1 ml HBr
                  1 ml CH_3COOH
Ätzrate: ca. 250 nm/min bei Raumtemperatur.

Die benötigte $K_2Cr_2O_7$-Lösung entsteht durch Zugabe von 15 g $K_2Cr_2O_7$ zu 1 Liter H_2O.

Eine weitere Möglichkeit liegt in der Verwendung von in Methanol gelöstem Brom, und zwar in einer Konzentration von 0,5 Vol. %.

Bei Raumtemperatur ergibt sich damit eine Ätzrate von 4 µm/min. Dieser hohe Wert läßt direkt erkennen, daß die Anwendung dieser Mischung in unkritischen Strukturierungen liegt, bei denen die Oberflächengüte weniger wichtig ist.

Metallätzen

Gold

Gold ist eines der wichtigsten Kontaktmaterialien, so daß dafür zuerst Ätzmethoden aufgeführt werden. Zur Anwendung kommt z. B. folgende Lösung:

        100g J_2 + 150g KJ + 100 ml H_2O.

Bei Raumtemperatur ergibt sich eine Ätzrate von ca. 6µm/min. Dabei wird allerdings GaAs schwach und GaInAs stark angegriffen. Da bei reinem Wasser als Lösungsmittel oft eine Filmbildung auftritt, ist dann eine Abhilfe durch Verwendung von Propanol als Lösungsmittel anzuraten.

Der starke Angriff des GaInAs kann durch eine schwächere Ätzlösung umgangen werden:

282 Ätz- und Trennverfahren

$$0,5g\ J_2 + 5g\ KJ + 100\ ml\ H_2O\ .$$

Die Ätzrate ist zwar kleiner, jedoch ist die Abtragung des GaInAs ungleich geringer. Bei diesen Mischungen ist wieder darauf zu achten, daß vorhandene Lackschichten vorher gehärtet worden sind (z. B. 20 min. bei 120°C), da diese sonst ebenfalls angegriffen werden. Die Möglichkeit, Gold auf GaAs ohne Abtragung des Halbleiters zu ätzen, besteht in der Verwendung einer gebrauchsfertigen Lösung, die unter dem Namen "Examet 2000" gewerblich vertrieben wird (Firma DODUKO KG, Dr. E. Dürrwächter, Postfach 480, 7530 Pforzheim).

Titan

Titan auf GaAs läßt sich mittels Flußsäure entfernen, die wie folgt Anwendung findet: $HF : H_2O$, Verhältnis 1:50, Ätzrate: ca. 100 nm/sec (!).

Aluminium

Dieses Metall läßt sich durch erhitzte Phosphorsäure (H_3PO_4) rasch entfernen. Die benutzte Temperatur beträgt 50-60°C, und die Geschwindigkeit der Abtragung liegt bei 3µm/min. Eine weitere (bessere) Ätze ist $H_3PO_4 : HNO_3 : H_2O$, Verhältnisse 20 : 1 : 4, Ätzrate ca. 1 µm/min bei 35°C, 70 nm bei 20°C, gegen SiO_2 selektiv.

SiO_2 und Si_3N_4

Die Materialien SiO_2 und Si_3N_4 werden bei der Strukturierung häufig benutzt, weshalb deren Ätzung hier auch dargestellt sei.

Verwendet man gepufferte Flußsäure in der Zusammensetzung 40 g NH_4F+60 ml H_2O + 15 ml HF (48%), wird das Substrat (Si, GaAs, GaInAs) nicht angegriffen. Bei SiO_2 bewirkt diese T-Ätzlösung einen Abtrag von etwa 50 nm/min. Da für Si_3N_4 die Ätzrate zu gering ist, wird dort konzentrierte Flußsäure (HF 48 %) verwendet; dies führt zu einem Abtrag von 20 - 30 nm/min. Der Nachteil liegt in beiden Fällen in einer unkontrollierten Unterätzung.

Wegen der genannten Unterätzung wird für SiO_2 und Si_3N_4 eine Trockenätzung in CH_4 - oder CHF_3 - Plasma angewendet. Mit CHF_3 als Ionenbildner werden für einen Abtrag von 20 nm/min z. B. folgende Vorgaben gemacht:

	SiO_2	Si_3N_4
Verhältnis CHF_3/O_2:	100:0	95:5
Gesamtdruck:	0,7 Pa	1,4 Pa
Hf-Leistung:	50 W	50 W .

Um das Substrat nicht zu schädigen, wird dabei üblicherweise die Deckschicht nicht vollständig abgetragen; der Rest wird naßchemisch entfernt.

Polyimid

Neben Photolacken ist Polyimid ein Hilfsmittel zur Strukturierung (z. B. zur Planarisierung), dessen Bearbeitung hier der Vollständigkeit halber aufgenommen wird. Ein weiterer Grund ist die etwas kompliziertere Handhabung als bei den Lacken.

Die Anwendung beginnt mit dem Aufschleudern des Imids, welches in einer Grundlösung vorliegt. Danach erfolgt eine Vorpolymerisierung (Teilpolymerisation) bei 120°C für 20 min, um eine Unlösbarkeit der Schicht in Lösungsmitteln - wie z. B. Aceton - zu erreichen.

Anschließend wird die notwendige Photolackschicht aufgebracht und der erforderliche Lithographieprozeß durchgeführt. Bei der Entwicklung dieser Lackschicht muß die übliche Entwicklungszeit um ca. 15 s verlängert werden, um das darunterliegende Polyimid strukturieren zu können. Dies ist möglich, weil der Photolackentwickler auch das freiliegende - teilpolymerisierte - Imid angreift.

Nachdem auf diese Art und Weise an den beseitigten Photolackstellen auch das Imid entfernt worden ist, können die übriggebliebenen Lackreste mittels Aceton abgewaschen werden. Zurück bleibt eine strukturierte Polyimidschicht, welche nun noch durch Aushärtung stabilisiert und damit unlöslich gemacht werden muß.

Diese Aushärtung beginnt durch langsames Aufheizen auf 250°C, wobei die Differenz zwischen 80°C und 250°C in ca. einer halben Stunde durchfahren werden sollte. Die Stabilisierung der Schicht erfolgt dann während einer Stunde bei einer Temperatur von 250°C; damit ist die Polyimidmaske zur Strukturierung des Substrates fertig.

Die letztendliche Entfernung der ausgehärteten Imidschicht muß - wegen ihrer Unlöslichkeit - durch Plasmaätzung im Reaktor erfolgen.

7.2 Physikalische Ätzverfahren

Physikalische Ätzverfahren bewirken durch Ionenbeschuß einen Materialabtrag. Je nach Prozeß kann eine ungerichtete Einwirkung (isotrop) oder eine gerichtete (anisotrop) erfolgen. Die Ionen werden im allgemeinen in einem Hf-erregten Plasma erzeugt, wobei reaktive Komponenten aus der verwendeten Gasatmosphäre zu zusätzlichen Effekten führen können. Insbesondere dieses reaktive Ionenätzen (RIE reactive ion etching) ist zur Strukturierung ein wichtiges Verfahren, da es stark anisotrop einzuwirken vermag. Hingegen wird der reine Plasma-Ätzprozeß in isotroper Form fast nur zur Veraschung von Photolack eingesetzt, meist in einem Gerät gemäß Bild 7.2. Dabei sind je nach Anordnung mehr oder weniger nichtgeladene Partikel am Ätzprozeß beteiligt.

284 Ätz- und Trennverfahren

Die grundsätzliche Bedeutung der Trockenätztechnik im Submikrometer-Bereich erhellt Bild 7.3. Beim naßchemischen Ätzen (a) tritt Unterätzen auf, was bei kleinen Strukturen zu einer untolerierbaren Geometrie-Änderung führt (b). Eine tatsächliche strukturgetreue Übertragung (pattern fidelity) ist dann nur bei einem Trockenätz-Verfahren möglich (c), wobei überdies ein sehr großes Verhältnis a = h/W (aspect ratio) zu erhalten ist. (siehe z. B. Bild 6.50).

7.2.1 Plasma-Ätzen

Eine typische Anordnung zum Plasma-Ätzen ist schematisch in Bild 7.2 gezeigt (siehe auch Bild 6.8). Charakteristisch ist die Abschirmung des Wechselfeldes im Bereich der Halbleiterscheiben, welche sich innerhalb eines Faraday-Käfigs befinden (etch tunnel). Man verwendet eine der höheren Industriefrequenzen, z. B. 13,56 MHz, zur Anregung des Plasmas. Die im Plasma erzeugten Radikale dringen in den inneren Faraday-Käfig ein und führen zu einem weitgehend isotropen Ätzen.

Durch Wahl des Druckes (30 bis 300 Pa) und der Gaszusammensetzung läßt sich ein unterschiedlicher Ätzangriff auf z. B. Photolack, Polysilizium und Silizium erzielen. Zu beachten ist das Aufheizen der Scheiben beim Plasmaprozeß, welches, abhängig von der eingestellten Hf-Leistung (bei technischen Reaktoren 100 W bis 500 W), zu Temperaturwerten bis zu etwa 300°C führen kann; die Bearbeitungszeit beträgt etwa 20 Minuten je nach Prozeß.

Zum Veraschen von Photolack wird ein reines Sauerstoffplasma < 1 mbar (= 100 Pa) verwendet. Hierbei wird zum schnelleren Ätzen zuweilen der Faraday-Käfig entfernt.

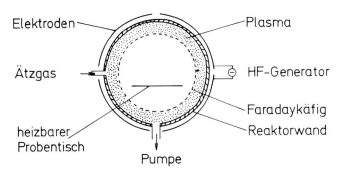

Bild 7.2: Schema einer Plasma-Ätzanlage (Tunnel- Reaktor, Barrel-Typ)

Physikalische Ätzverfahren 285

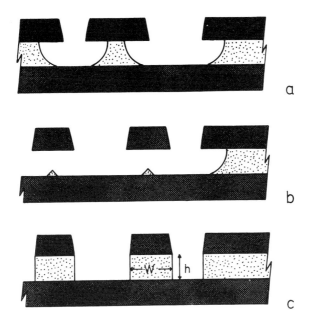

Bild 7.3: Grundsätzlicher Vergleich naßchemischen Ätzens mit anisotropem Trockenätzen (siehe Text)

Das Ätzen der Strukturen auf der Halbleiterscheibe (z. B. Si_3N_4, maskiert mit Photolack) geschieht mit Radikalen, die im Plasma aus CF_4, CHF_3, CCl_4 oder ähnlichen Verbindungen entstehen und eine hinreichende Lebenschance haben, um innerhalb des Faraday-Käfigs aktiv zu sein. Der Ätzprozeß ist damit im Gegensatz zum Ionen-Ätzen primär nicht mechanisch, sondern chemisch. Bild 7.4 zeigt im Fall einer abgedeckten Kante den Ätzangriff schematisch.

In Bild 7.5 ist der tatsächliche Ätzangriff zu sehen, wie er beim Ätzen mit 70 Pa CF_4 bei 4 % O_2 in Silizium vorliegt. Man erkennt deutlich den isotropen Ätzangriff, welcher gemäß

$$2CF_4 + O_2 \Rightarrow 2COF_2 + 4F°, \quad Si + 4F° \Rightarrow SiF_4$$

erfolgt. Photolack und SiO_2 werden praktisch überhaupt nicht angegriffen, weswegen Deckschichten auf Si günstig geätzt werden können. Bei einem Parallelplatten-Reaktor, welcher in Bild 7.6 schematisch dargestellt ist, dominieren bei der Ätzung Ionen. Hier wird in einem CF_4/O_2 Gemisch SiO_2 stärker geätzt als Si, wie aus Bild 7.7 hervorgeht.

286 Ätz- und Trennverfahren

Auch Aluminium kann geätzt werden, jedoch maskiert die stets vorhandene Al_2O_3-Oberflächenschicht. Der Ätzangriff ist damit verzögert, siehe z. B. Bild 7.8.

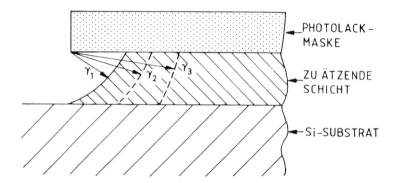

Bild 7.4: Schema des isotropen Ätzangriffs bei längeren Zeiten bzw. mit wachsender Hf-Leistung $r_1 < r_2 < r_3$
(nach R. L. Maddox u. a. 1980)

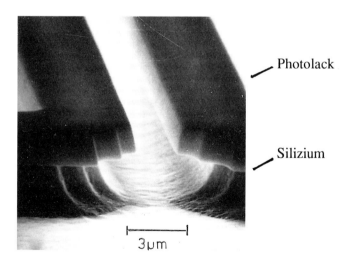

Bild 7.5: Rasterelektronenmikroskop-Aufnahme einer durch ein Photolack-Fenster in Silizium geätzten Grube (<111>-Si, CF_4+4% O_2-Plasma, 300 W) (nach B. Meusemann 1979)

Physikalische Ätzverfahren 287

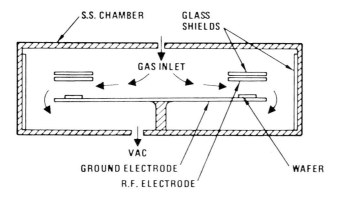

Bild 7.6: Prinzip des Parallelplatten-Reaktors (Die Edelstahlkammer ist teilweise mit Glas ausgekleidet, um den Angriff reaktiver Gase, wie z. B. HCl, zu mildern. Druckbereich 10-100 Pa, Betriebsfrequenz 20-200 kHz) (aus R. L. Maddox u. a. 1980)

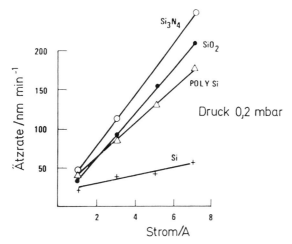

Bild 7.7: Ätzraten für Silizium, Polysilizium, Siliziumdioxid und Siliziumnitrid in einem Parallelplatten-Reaktor (nach R. L. Maddox u. a. 1980)

Diese Daten wurden in einem Parallelplatten-Reaktor erhalten (Bild 7.6), dessen eine Elektrode im Gegensatz zum Barrel-Reaktor direkt mit dem Wafer belegt wird. Abhängig vom System und der Hf-Beschaltung ergeben sich in diesem Fall spezielle Ätzeigenschaften. Die stark unterschiedlichen Ätzraten von SiO_2 und Si zeigt Bild 7.9.

288 Ätz- und Trennverfahren

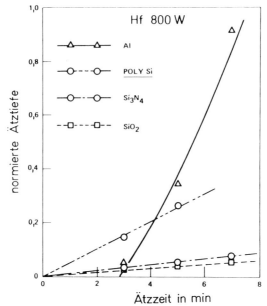

Bild 7.8: Verzögerter Ätzangriff bei Aluminium
(nach R. L. Maddox u. a. 1980)

Zum Ätzen von III-V-Verbindungen werden chlorhaltige Ätzgase verwendet, ebenso bei Siliziden oder Metallen. Die Absaug-Pumpen müssen dann besonders geschützt (ausgekleidet) sein, um nicht zu korrodieren.

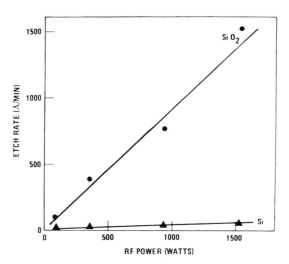

Bild 7.9: Ätzraten von SiO_2 und Si in Abhängigkeit von der Hf-Leistung (13,56 MHz) (nach R. L. Maddox u. a. 1980)

7.2.2 Ionen-Ätzen

Das Ionen-Ätzen erlaubt als weitgehend anisotropes Verfahren eine exakte Geometrieübertragung und ist deswegen insbesondere bei kleinen Strukturen im Bereich um 1 µm und darunter von Bedeutung. Bild 7.19 zeigt, wie durch Wahl des Druckes und der Hf-Leistung die Geometrie variiert. Es werden hierfür zwei Anordnungen eingesetzt. Das eigentliche Ionen-Ätzen besteht in einer Ionenstrahl-Ätzung (ion milling), wo die Ionen mit einer vom Reaktionsraum getrennten Anordnung erzeugt werden. Das auch benutzte System einer Sputter-Anordnung ist einfacher und verwendet z. B. zwei parallele Elektroden ähnlich Bild 7.6.

In Bild 7.10 ist eine Ionenstrahl-Ätzanlage schematisch dargestellt. Mit 0,5 keV bis 5 keV auf das Substrat auftreffende Ionen eines inerten Gases (Edelgas, meist Ar) übertragen einen Teil ihrer Bewegungsenergie auf Atome der Substratoberfläche und befreien sie aus dem Kristallverband. Die Ionenquelle muß eine hohe Stromstärke liefern; das Substrat wird gekühlt, um die Verlustwärme abzuführen. Zur effektiven Ionenerzeugung wird ein Diodensystem benutzt, wo der Elektronenweg durch ein magnetisches Feld verlängert ist. Hierdurch kann in einer Niederdruck-Atmosphäre (10-20 mPa Ar) eine starke Ionisierung stattfinden. Die erzeugten Ionen werden dann mit Spannungen von etwa 1 kV in den Ätzraum großflächig eingeschossen, siehe Bild 7.10.

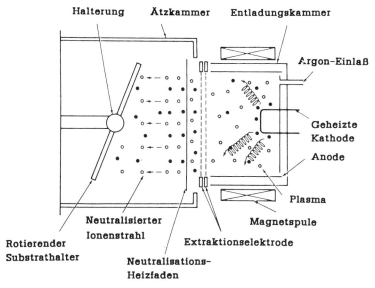

Bild 7.10: Schema einer Ionenstrahl-Ätzanlage (nach R. L. Maddox u. a. 1980)

290 Ätz- und Trennverfahren

Tabelle 7.2: Ätzraten einiger Materialien für 500 eV Argonionen bei 1 mA/cm² und senkrechtem Einfall

Material	Ätzrate in nm/min
Si	21- 37
SiO_2	28- 40
GaAs	65-150
GaP	140
Ge	90
C	50
Au	140
Al_2O_3	83
Al	30
Edelstahl 304	25
Photolack AZ 1350	20 - 30
Photolack PMMA	56

Der Ätzangriff ist der Sublimationswärme des betreffenden Materials umgekehrt proportional. Bei nichtleitenden Materialien sorgt eine zusätzliche Zufuhr von Elektronen im Reaktionsraum für eine Neutralisation, womit auch solche Materialien gerichtet gesputtert werden können. Typische Abtragsraten sind in Tabelle 7.2 aufgeführt.

Da ein echter Materialabtrag erfolgt, besteht die Gefahr der Ablagerung der abgesputterten Partikel an benachbarten Orten, wie es in Bild 7.11 veranschaulicht ist.

Bild 7.11: Redeposition geätzten Materials (nach Plasmaveraschen der zur Maskierung verwendeten Lackschicht, an deren Seitenkanten die Ablagerung stehen bleibt).

Um dies zu vermeiden, setzt man reaktive Gase zu, wie sie beim Plasma-Ätzen Verwendung finden (RIE reactive ion etching). Man verwendet Freone, z. B. CF_4, CHF_3, SF_6 zum Ätzen von Si, SiO_2, Si_3N_4. In diesem Fall werden die abgesputterten Atome direkt in gasförmige Verbindungen überführt, welche abgepumpt werden. Bild 7.12 zeigt den prinzipiellen Aufbau eines solchen RIE- Systems. Man verwendet im Druckbereich von 0.5 - 10 Pa eine Frequenz oberhalb 1 MHz, z. B. f = 13,56 MHz. Die das Substrat aufnehmende "Kathode" lädt sich dabei auf 50 V bis etwa 1 kV statisch auf (floating), was für diesen Ätzvorgang Bedeutung besitzt. In Bild 7.13 ist die Übertragung einer Linienstruktur in Silizium gezeigt, während Bild 7.14 ein weiteres Ergebnis hinsichtlich eines großen Höhen-zu-Breiten-Verhältnisses (aspect ratio) zeigt. Dies wurde durch Verwendung einer Mehrlagen-Resist-Technik erreicht, siehe dazu das vorige Kapitel.

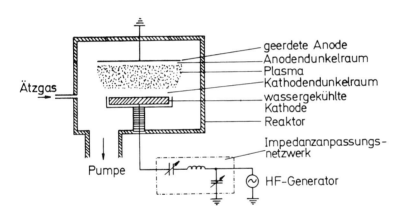

Bild 7.12: Reaktives Ionenätzen

Da die beteiligten chemischen Reaktionen vom geätzten Material abhängen, kann auch mit RIE selektives Ätzen erzielt werden. Z. B. wird in CCl_2F_2 + He Galliumarsenid schneller als GaAlAs (5x) oder GaInAs (10x) geätzt. Reicht die Selektivität zum Ätzstop an einer extrem dünnen Zwischenschicht nicht aus, besteht die Möglichkeit, eine spezielle, das spätere Bauelement-Verhalten nicht störende Stop-Schicht in die zu ätzende Schichtfolge einzubauen, dies ist auch bei Anwendung chemischer Ätzen möglich. Hierzu genügen u. U. wenige Atomlagen einer passend gewählten, zwischengeschobenen einkristallinen Schicht.

292 Ätz- und Trennverfahren

Bild 7.13: Mit CCl$_4$ geätztes Silizium (gleiche Struktur wie Bild in 6.40)

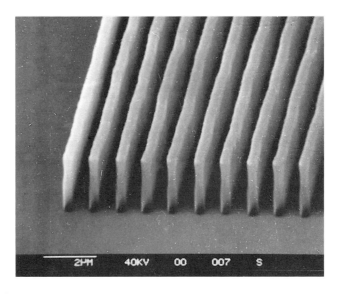

Bild 7.14: In Photoresist (AZ 1450) auf Silizium erzeugte Linienstruktur, mit reaktivem Ionenätzen hergestellt.

Physikalische Ätzverfahren 293

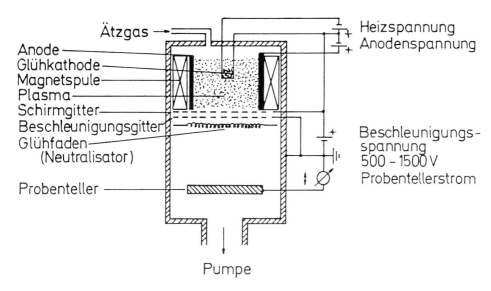

Bild 7.15: Ionenstrahl-Ätzanlage

Eine Variante ist die Verwendung gebündelt gerichteter Ionenstrahlen (RIBE, reactive ion beam etching), wozu ein System schematisch in Bild 7.15 gezeigt ist. Im Druckbereich von nur 0,01 - 0,02 Pa betrieben erlaubt es extrem anisotropen senkrechten Ätzangriff. Allerdings ist wegen der reaktiven Partikel die Standzeit von Kathode und Gittern kritisch, für letztere verwendet man z. B. Graphit. Der Einsatz fokussierter Ionenstrahlen schließlich (Focused Ion Beam Etching FIBE) erlaubt einen differenzierten Abtrag mit hoher lateraler Definition ($\gtrsim 1$ μm), siehe auch Abschnitt 6.6.

Abschließend zeigt Bild 7.16 den unterschiedlichen Angriff von CF_4 enthaltendem Ätzgas bei mit SiO_2 bedecktem Silizium, wenn lediglich der Anteil der reaktiven Komponente (freies Fluor) geändert wird.

Die Bildung senkrechter Ätzkanten wird, abhängig von der Zusammensetzung der reaktiven Komponenten, durch Polymer-Bildung unterstützt, wie Bild 7.17 nach Entfernung der lateral begrenzenden Deckschicht zeigt. Hierdurch wird eine Ätz-Abschirmung an den Seitenflächen erreicht. Das Polymer muß anschließend abgelöst werden (z. B.mittels kochenden Acetons); siehe auch die schematische Darstellung in Bild 7.18. Grundsätzlich gehen mehrere Paramter in den Kantenverlauf der geätzten Struktur ein, wie Bild 7.19 zu entnehmen ist.

294 Ätz- und Trennverfahren

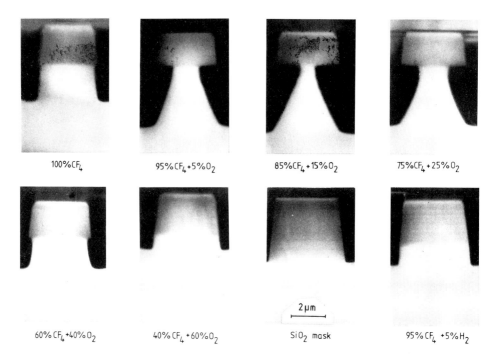

Bild 7.16: Einfluß der Gaszusammensetzung auf den Ätzprozeß
($P_L = 0,3$ W/cm^2, p = 1,7 Pa, t=30 min)
(nach M. Bolsen u. a. 1981)

Bild 7.17: Polymer-Bildung beim reaktiven Ionenätzen
(nach P. Unger u. a. 1988)

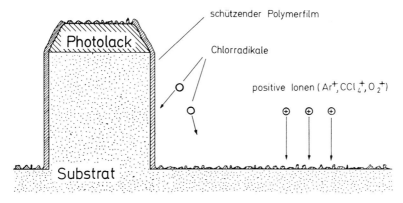

Bild 7.18: Schema der Polymerbedeckung, welche auf der senkrechten Kante wesentlich stärker in Erscheinung tritt als bei der der Bestrahlung stärker ausgesetzten Substratfläche (nach P. Unger 1989)

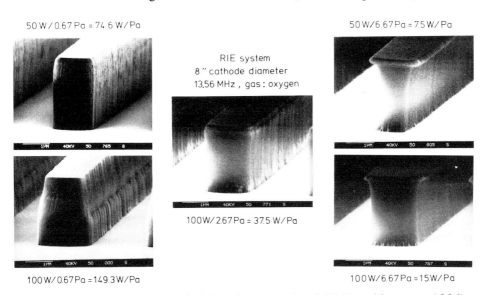

Bild 7.19: Profileinstellung bei Trockenätzen (nach H. Beneking u. a. 1986)

7.3 Läppen und Polieren

Gesägte Scheiben müssen geglättet und schließlich von den durch die mechanische Bearbeitung aufgetretenen Schäden befreit werden. Zur mechanischen Glättung wird geläppt. Darunter wird ein schwach einwirkender Schleifvorgang verstanden, bei welchem die Scheibe lose auf einer mit dem Läppkorn belegten Schleifunterlage liegt, welche sich bewegt. Es entsteht hierbei eine ebene, matte Oberfläche der Halbleiterscheibe.

Das Läppen ist an sich ein spanabhebender Prozeß zur Erzielung spezieller Formen oder von Scheiben definierter Dicke. Geläppte Flächen erscheinen schon wegen des relativ groben Polierkorns von einigen 10 µm Größe matt, weisen aber keine gröberen Unebenheiten mehr auf. Demgegenüber wirkt der Poliervorgang primär einebnend, d. h. Grate und Riefen werden unter dem Druck der einzelnen Körner des Poliermaterials (Korngröße < 1 µm) ausgeglichen. Hier wird eine spiegelnde Oberfläche erhalten.

Zur Beseitung der vom Sägevorgang herrührenden Rauhzone wird vorzugsweise erst Läppen und anschließend mechanisches Polieren verwendet. Man beginnt im allgemeinen beim Vorläppen mit grobem Korn, z. B. Siliziumkarbid oder Korund der Korngröße 150 - 25 µm. Das Läppmittel kann lose zwischen dem Wafer und der Läppunterlage liegen oder auch in der Läppscheibe gebunden sein. Durch ständigen Richtungswechsel der Probe relativ zur Unterlage wird eine Verteilung der Vertiefungen erzielt, die homogen über die Oberfläche ist. Durch Reduktion der Korngröße wird die Rauhtiefe der Oberfläche schrittweise verringert. Man beendet die mechanische Bearbeitung im allgemeinen mit Feinpolieren mit 0,25 µm Diamantpaste. Die Diamantpaste wird auf Poliertücher (z. B. aus Nylon) aufgestrichen. Der Anpreßdruck bestimmt die Materialabtragungsgeschwindigkeit beim Läppen und Polieren und kann durch das Eigengewicht der Probenhalterung aufgebracht werden. Beim Vorläppen von Silizium beispielsweise beträgt die Abtragsrate bei einem Anpreßdruck von 40 g/cm^2 etwa 1,25 µm/min. Dieser relativ geringe Materialabtrag erlaubt die Herstellung definierter Waferdicken. Der Abtrag der folgenden, jeweils mehrstündigen Polierschritte muß dabei noch berücksichtigt werden.

Bild 7.20 zeigt eine universelle Läpp- und Poliermaschine für Laborbetrieb. Zum Polieren z. B. wird die Polierscheibe mit dem Poliertuch bespannt. Die Probe ist an den Halter gekittet, der einen variablen Anpreßdruck sowie noch eine Winkeljustierung der Probe relativ zur Polierplatte erlaubt. Die ganze Probenhalterung wird periodisch mittels eines Schwenkarmes über die rotierende Polierplatte geschwenkt. Der Schwenkprozeß erfolgt asymmetrisch zur Mitte der Polierplatte, so daß die drehbar aufliegende Halterung in Rotation gerät. Dadurch wird einerseits eine gleichmäßige Nutzung der Polierscheibe sowie anderseits ein ständig die Richtung wechselnder Angriff des Polierkorns erzielt.

In Bild 7.21 ist eine Produktionsanlage gezeigt, welche über 50 Halbleiterscheiben auf einmal aufnehmen kann, der Vorgang als solcher läuft wie oben beschrieben ab.

Läppen und Polieren 297

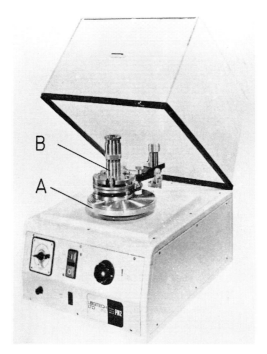

Bild 7.20: Universelle Läpp- und Poliermaschine (Firma Logitech, Alexandria/Schottland); A Läpp- bzw. Polierunterlage, B schwenkbarer Probenhalter

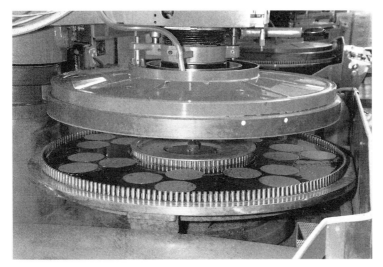

Bild 7.21: Technische Läppmaschine (nach Unterlagen der Firma Wacker Chemitronic)

298 Ätz- und Trennverfahren

Das Polieren, bei welchem anstelle von Diamantpaste auch Al_2O_3 (von z. B.2 µm Korngröße) und Zinkoxid (Korngröße < 1 µm) verwendet wird, führt schließlich zu bestem Oberflächenfinish von mittleren Rauhtiefen kleiner 50 nm bei maximalen Rauhigkeiten von etwa 0,2 µm.
 Eine mechanisch polierte Scheibe besitzt jedoch nur scheinbar eine perfekte Oberfläche. Bedingt durch die rein mechanische Abtragung sind Gleitungen erfolgt und Spannungsfelder entstanden, welche bei technologischen Verfahrensschritten zu schwerwiegenden Störungen führen können. Die Störung der Oberfläche ist zwei Korngrößen tief noch deutlich vorhanden, man rechnet sogar sechs Korndurchmesser bis zum Verschwinden der Spannungszone.
 Die zerstörte Oberflächenschicht ist u. U. als Getterschicht für störende Verunreinigungen brauchbar (siehe Teil II), muß aber in jedem Fall abgetragen werden, wenn auf ihr Bauelemente hergestellt werden sollen. Dies geschieht vorzugsweise durch chemisches Ätzen bzw. Ätzpolieren.

7.4 Trennverfahren

Trennverfahren werden zum Zerteilen größerer Halbleiterblöcke (Guß-Stücke, Polykristall-Stäbe, Einkristalle) sowie zur Vereinzelung der Chips auf der prozessierten Halbleiterscheibe benötigt. Die Unterteilung der nicht prozessierten Scheibe für eine anschließende Einzelelement-Fertigung ist seit Einführung der Planartechnik die Ausnahme.

7.4.1 Sägen

Es werden in der Halbleitertechnik Drahtsägen und Scheibensägen benutzt, siehe die Bilder 7.22 - 7.25. Als Trennmittel dient eine Diamant- oder Korund-Aufschwemmung (Borkabid) in Öl oder Wasser, auch Siliziumkarbid (Carborundum) wird verwendet.
 Um hohen Durchsatz zu erreichen, werden Drahtsägen und Innenlochsägen als Gattersägen ausgeführt. Bei Drahtsägen sorgt die mögliche Zugspannung der Drähte für scharfen Schnitt mit begrenzter Schnittbreite, während die Innenlochsäge eine steifere Sägeblatt-Führung besitzt als die Außensäge und somit zu minimalem Schnittverlust führt. Dennoch ist die Materialausbeute an gesägten Scheiben der üblichen Dicke von etwa 0,5 mm nur 60 %, da ungefähr 0,4 mm Schnittverlust auftritt. Die Drehzahlen solcher Sägen betragen etwa 3000 - 5000 Umdrehungen pro Minute.

Trennverfahren 299

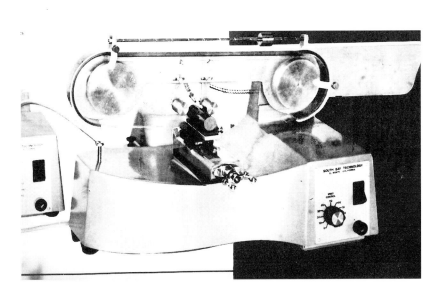

Bild 7.22: Labor-Drahtsäge (Modell 850, South Bay Techn., Inc.)

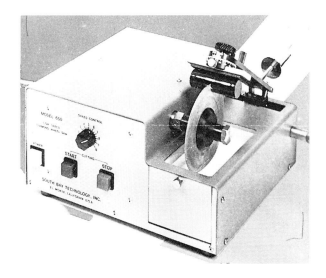

Bild 7.23: Laboraußensäge (Modell 650, South Bay Techn., Inc.)

300 Ätz- und Trennverfahren

Bild 7.24: Innenlochsägen

Bild 7.25: Technische Innenlochsäge (Firma Capco / Roditi, Hamburg)
  A Sägeblatt (Einspannung am Außenrand)
  B Probe (zu schneidener Kristall)
  C Schwalbenschwanzführung
  D Drehachsen zum Justieren der Probe
  E Einstellung der Scheibendicke
  F Gewicht für Vorschub

Die in Bild 7.25 gezeigte Innenlochsäge verwendet mit Diamantstaub belegte Sägeblätter (Innenlochdurchmesser z. B. 15 cm, Scheibendicke 0,25 mm), womit eher von einem Trennschleifen als von einem Sägen zu sprechen ist; die verbleibende Rauhigkeit beträgt dabei nur etwa 5 µm. Die Schnittgeschwindigkeit ist dabei ungefähr 0,3 mm/s und wird durch eine Gewichtsbelastung eingestellt. Zum Sägen wird der Kristall auf die Schwalbenschwanzführung geklemmt. Die gleiche Führung ist an einem Röntgengoniometer vorhanden, so daß die dort vorgenommene Kristallorientierung auch auf der Säge reproduziert werden kann; hierzu dient die Bewegungsmöglichkeit um die zwei im Bild angedeuteten Achsen; dabei ist eine exakte Schnittrichtungseinstellung (mit Nonius) möglich.

Wird eine Scheibe zur Vereinzelung mittels einer Säge gerastert, wird eine Außensäge geringeren Durchmessers benutzt. Man verwendet z. B. Scheiben von 5 cm Durchmesser und sägt mit 30 000 Umdrehungen pro Minute. Der Wafer muß dabei aufgeklebt sein, damit die gesägten Einzelstücke nicht weggeschleudert werden. Da Halbleiter mechanisch sehr spröde sind, was insbesondere für III-V- Verbindungen gilt, muß im übrigen mit geringem Druck gearbeitet werden, um ein Springen der Scheibe zu vermeiden.

Neben dem Sägen wird zum Vereinzeln insbesondere spezieller Meßstrukturen, die nicht einfache Rechtecke darstellen, das Ultraschall-Bohren eingesetzt. Hierbei wird ein mit einer Frequenz von z. B. 20 KHz vibrierender, passend geformter Stempel verwendet, der sein Kantenmuster bei Anwesenheit eines Trennmittels (Borkarbid-Aufschlämmung, Korngröße etwa 50 µm) in die Scheibe einarbeitet.

7.4.2 Ritzen und Brechen

Ritzen mit einem Diamantgriffel ist ein übliches, leicht automatisierbares Verfahren zum Vereinzeln.

Bild 7.26 zeigt ein System, Bild 7.27 die Diamantspitze im Detail. Es entsteht ähnlich wie beim Glasschneiden ein V-förmig aufgerissener Graben mit einem Tiefenriß, der bei dem anschließenden Brechen zu den gewünschten Einzelstrukturen führt. Die Vereinzelung geschieht so, daß man den Wafer vor dem Ritzen auf eine Klebefolie legt und nach dem Ritzen über einen Kugelkopf zieht; die durch dessen Krümmung hervorgerufene mechanische Verspannung der Scheibe läßt diese dabei an den geritzten Stellen springen.

Bei eventuell noch erforderlichen Temperatur-Prozessen ist auf das Einwandern von Versetzungen von den ausgebrochenen Rändern der Chips zu achten, insoweit ist das Diamant-Ritzen ein kritischer Vorgang. Günstiger ist in dieser Hinsicht das Laser-Ritzen, was in einem Durchschmelzen der Scheiben infolge der hohen absorbierten Lichtleistung des fokussierten Schreibstrahles besteht. Dies Verfahren ist gut automatisierbar und erlaubt hohen Durchsatz. Bei fehlender Relativbewegung Halbleiterscheibe-Trennstrahl sind Loch-Muster zu erzeugen, welche zur Durch-Kontaktierung (via hole, elektrische Verbindung

302 Ätz- und Trennverfahren

von chip-Oberseite und -Unterseite) Verwendung finden können, siehe auch Abschnitt 12.3.2.

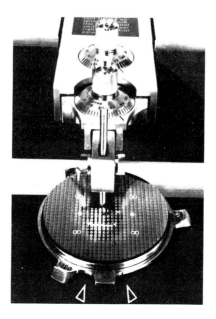

Bild 7.26: Ritzapparatur (Firma Tempress Industries Inc., Los Gatos/CA)

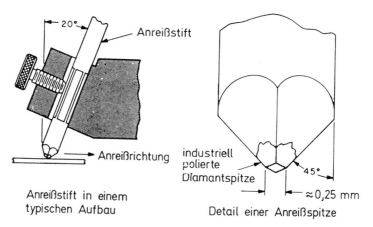

Bild 7.27: Diamantgriffel (nach M. Fogiel 1972)

Ein mechanisch sauberes Brechen gelingt unter Umständen auch längs spezieller Kristallrichtungen. Da die {110}-Ebene in sich abgesättigte Bindungen enthält, ist die Bindung von Atomlage zu Atomlage, z. B. bei GaAs, dort relativ schwach. Es gelingt in passend orientierter Halterung beim Abschlagen eines überstehenden Teils eine glatte Kante mit <110>-Orientierung zu erreichen. Technisch benutzt man dies Verfahren im Rahmen der Einzelfertigung von Laserdioden, welche parallele Spiegelendflächen benötigen, um als optischer Resonator zu wirken. Bei integrierten Laserdioden wird hingegen von Ätzverfahren Gebrauch gemacht (siehe dazu Teil II, Kapitel 13 Optoelektronische Bauelemente).

Literaturverzeichnis

Barker, R. A., Mayer, T. M., Burton, R. H.: Surface composition and etching of III-V semiconductors in Cl_2 ion beams,
Appl. Phys. Lett. **40**, 1982, 583-586
Untersuchung des Ätzprozesses an InP und GaAs

Becker, R.: Sperrfreie Kontakte an Indiumphosphid, Solid-State Electronics **16**, 1973, 1241-1249
Gründlicher Artikel mit Detail-Angaben zu chemischem Ätzen

Beinvogel, W., Mader, H.: Reactive Dry Etching for Fabrication of Very-Large-Scale Integrated Circuits, Siemens Forsch. Entw. Ber. **11**, 1982, 180-182

Ben Assayag, A., Sudraud, P., Gierak, J., Remiens, D., Menigaux, L., Dugrand, L.: Focused Ion Beam Machining of Mirror Facets of a Monolithically Integrated GaAs/GaAlAs Double Heterojunction (DH) Laser and its Optical Waveguide, Proc. Microcircuit Engineering Conf., Cambridge Sept. 1989, Microelectronic Eng. **11**, 1990, 413-416

Beneking, H., Gellrich, N., Eden, K., Krings, A. M.: Mehrlagen-Resistsysteme für optische und Elektronenstrahl-Lithographie, BMFT-Bericht FB-T86-045, 1986

Bogenschütz, A. F.: Ätzpraxis für Halbleiter, Hanser Verlag, München 1967
Breite Darstellung der chemischen Ätztechnik

Bollinger, L. D.: Ion Beam Etching with Reactive Gases,
Solid State Technol. **26**(1), 1983, 99-108
Praxisnahe Einführung in die RIBE - Technik

Bolsen, M., Stephani, D.: Reactive ion etching of silicon and silicon dioxide using CF4 - an investigation on selectivity and anisotropy, Proc. Microcircuit Engineering **81**, Swiss Federal Inst. Technol., Lausanne 1981, 467-476

Bösch, M. A., Coldren, L. A., Good, E.: Reactive ion beam etching of InP with Cl_2, Appl. Phys. Lett. **38**, 1981, 264-266

Brewer, P. D., Reksten, G. M., Osgood jr., R. M.: Laser-Assisted Dry Etching, Solid State Technol. **28(4)**, 1985, 273-278

Broydo, S.: Important Considerations in Selecting Anisotropic Plasma Etching Equipment, Solid State Technol. **26(4)**, 1983, 159-165
Vergleich verschiedener kommerzieller Geräte

Chow, T. P., Steckl, A. J: Plasma etching of sputtered Mo and $MoSi_2$ in NF_3 gas mixtures, J. Appl. Phys. **53**, 1982, 5531-5540

Clawson, A. R.: Reference Guide to Chemical Etching of InGaAsP and $In_{0,53}Ga_{0,47}As$ Semiconductors, Naval Ocean Systems Center NOSC TN 1206, San Diego/Ca 1982

Eden, K., Krings, A. M., Beneking, H.: Etch Behaviour and Lateral Etch Rates of Trilevel Resist Systems in an RIE-System using SOG and Ti Intermediate Layers, Microelectronic Eng. **3**, 1985, 483-489

Fonash, S. J.: Damage Effects in Dry Etching, Solid State Technol. **28(4)**, 1985, 201-205

Fonash, S. J.: Advances in Dry Etching Processes - A Review, Solid State Technol **28(1)**, 1985, 150-158
Zusammenfassende praxisnahe Darstellung

Gamo, K., Moriizumi, K., Ochiai, Y., Takai, M., Namba, S., Shiokawa, T., Minamisono, T.: Maskless submicrometer pattern formation of Cr films by focused Sb ion implantation, Jap. J. of Appl. Phys. **23**, 1984, L642-L645

Gellrich, N., Kratschmer, E., Stephani, D.: Bauelemente-Technologie im Submirkonbereich, BMFT-Forschungsber., 1984, T 84-212

Waferverzug, Proximity-Effekt-Korrektur, Resist- und Trockenätz-Techniken

Harper, J. M. E., Cnomo, J. J., Leary, P. A., Summa, G. M., Kaufmann, H. R., Bresnock, F. J.: Low Energy Ion Beam Etching,
J. Electrochem. Soc., Solid-State Sci Technol. **128**, 1981, 1077-1083
RIBE von Si und SiO_2

Heath, B. A.: Etching SiO_2 in a Reactive Ion Beam, Solid State Technol. **24(10)**, 1981, 75-79

Hermann, H., Herzer, H., Sirtl, E.: Modern Silicon Technology, Festkörperprobleme **XV**, 1975, 279-316
Speziell auf Silizium ausgerichteter Artikel

Hill, M. L., Hinson, D. C.: Advantages of Magnetron Etching, Solid State Technol. **28(4)**, 1985, 243-246

Imai, H., Ishikawa, H., Hori, K: V-Groved-Substrate Buried Heterostructure InGaAsP/InP Laser Diodes, Fujitsu Sci. Tech. J. **18**, 1982, 541-561

Itakura, T., Horiuchi, K., Yamamoto, S.: Design and fabrication of 50-kV ion beam column, Fujitsu Sci. Tech. J. **20**, 1984, 447-465
Anlage für direktes Ionenätzen

Kelly, J. J., Meerakker, v.d., J. E. A. M., Notten, P. H. L., Tijburg, R. P.: Wet-chemical etching of III-V semiconductors,
Philips Tech. Rev. **44**, 1988, 61-74
Probleme beim (elektro-) chemischen Ätzen, Temperatureinfluß

Kendall, D. L.: Vertical Etching of Silicon at very high aspect ratios, Ann. Rev. Material. Sci., **9**, 1979, 373-403

Kotani, T., Komiya, S., Nakai, S., Yamaoka, Y.: Etching Characteristics of Defects in the InGaAsP-InP LPE layers, J. Electrochem. Soc.: Solid-State Sci. Technol. **127**, 1980, 2273-2277

Krings, A. M., Eden, K., Beneking, H.: RIE etching of deep trenches in Si using $CBrF_3$ and SF_6 plasma, Microelectronic Eng. **6**, 1987, 553-558
Gräben-Ätzen zur vertikalen Strukturierung

Maddox, R. L., Splinter ,M.R.: Dry processing methods, Kap. 4 in: Fine Line Lithography (Hrsg. R. Newman); Materials processing theory and practice, Bd. 1 North-Holland, Amsterdam 1980

Mathad, G. S.: Review of Single Wafer Reactor Technology for Device Processing, Solid State Technol. **28(4)**, 1985, 221-225
Charakterisierung unterschiedlicher Trockenätzgeräte

Meusemann, B.: Reactive sputter etching and reactive ion milling-selectiveity, dimensional control, and reduction of MOS-interface degradation, J. Vac. Sci Technol. **16**, 1979, 1886-1891

Mucha, J. A.: The Gases of Plasma Etching: Silicon-Based Technology, Solid State Technol. **28(3)**, 1985, 123-127
Ätz-Eigenschaften verschiedener Gas-Zusammensetzungen

Okamura, S., Taguchi, T., Hiyamizu, S.: Direct Fabrication of Submicron Pattern on GaAs by Finely Focused Ion Beam System, Fujitsu Sci. Tech. J. **22**, 1986, 98-105
Anwendung der FIB-Technik

Olsen, G. H., Ettenberg, M.: Universal stain/etchant for interfaces in III-V compounds, J. Appl. Phys. **45**, 1974, 5112-5114
Ergebnisse der A-B-Ätze bei unterschiedlichen Homo- und Hetero-Übergängen

Paraszczak, J., Hatzakis, M.: Comparison of CF_4/O_2 and CF_2Cl/O_2 plasmas used for the reactive ion etching of single crystal silicon, J. Vac. Sci. Technol. **19**, 1981, 1412-1417

Pichler, P., Ryssel, R.: Trends in Practical Process Simulation, Archiv Elektr. Übertr. **44**, 1990, 172-180
Zusammenfassende Darstellung zum Stand der Prozeß-Simulation

Proc. 1989 Internat. Symp. MicroProcess Conf., Kobe/Japan, 2.-5.7.1989, Publ. Office, Jap. J. Appl. Phys. 1989
Wesentliche Beiträge zu Lithographie und Struktur-Übertragung (Trockenätzen u.a.)

Ryssel, H.: Prozeßsimulation für die Submikrontechnologie, CAD-VLSI Sommerschule, Darmstadt 1986 (Lehrstuhl f. Elektron. Bauel., Univ. Erlang

Sawin, H. W.: A Review of Plasma Processing Fundamentals,
  Solid State Technol. **28(4)**, 1985, 211-216
  Einfache technisch relevante Einführung

Schneider-Gmelch, B., Tischer, P.: Ion-beam etched multi-level resist
  technique for electroplating of submicron gold absorber patterns,
  Microelectronic Eng. **2**, 1984, 227-243

Srinivasan, R., Braren, B., Dreyfus, R. W., Ultraviolet laser ablation of
  polyimide films, J. Appl. Phys. **61**, 1987, 372-376

Srnánek, H., Šatka, A., Seidel, K.: The K_3 [Fe(CN)$_6$]-KOH-H_2O Photoetchant
  for InP, Cryst. Res. Technol. **23**, 1988, K81-K83

Sugano, T. (Hrsg.): Application of Plasma Processes to VLSI Technology,
  J. Wiley & Sons, New York 1985
  Theorie, Systeme und experimentelle Daten

Sugata, S., Asakawa, K.: Investigation of GaAs Surface Morphology Induced
  by Cl_2 Gas Reactive Ion Beam Etching,
  Jap. J. Appl. Phys. **22**, 1983, L813-L814
  Untersuchung zum Trockenätzen von Laser-Endflächen

Takahashi, S., Murai, F., Kodera, H.: Submicrometer Gate Fabrication of
  GaAs MESFET by Plasma Etching,
  IEEE Transact. Electron. Dev. **ED-25**, 1978, 1213-1218

Thompson, C. F., Willson, C. G., Bowden, M. J. (Hrsg.):
  Introduction to Microlithography,
  ACS Sympos. Ser. **219**, American Chemical Soc., Washington 1983
  Breite, klare Behandlung von Lithographieverfahren unter Einbezug der
  Strukturübertragung

Thompson, L. F., Willson, C. G., Fréchet, J. M. J. (Hrsg.):
  Materials for Microlithography, ACS Sympos. Ser. **219**,
  American Chemical Soc., Washington 1984
  Sammlung von Beiträgen zu Resist-Problemen

Unger, P., Bögli, V., Beneking, H.: Application of Titanium RIE to the
  Fabrication of nm-Scale Structures, Microelectronic Eng. **5**, 1986, 279-286

Unger, P., Beneking, H., Anisotropic Dry Etching of GaAs and Silicon using CCl4, Microelectronic Eng. **3**, 1985, 435-442

Unger, P., Beneking, H.: Reactive Ion Etching of GaAs using Chlorine Compounds, Proc. 1st Microprocess Conf., Tokyo 1988, 64-65

Ven, van der, J.; Meerakker, v. d., J. E. A. M., Kelly, J. J.: The Mechanism of GaAs Etching in CrO_3-HF Solutions (Teil I und Teil II), J. Electrochem. Soc.: Solid-State Sci. Technol **132**, 1985, 3020-3033
Theorie und grundlegende Experimente zum Anätzen von Defekten

Wang, F. F. Y. (Hrsg.): Materials Processing Theory and Practices, North-Holland, Amsterdam 1980
Buchreihe mit wesentlichen, speziell auf die Halbleitertechnologie ausgerichteten Abhandlungen

Watkins, R. E. J., Rockett, P., Thoms, S., Clampitt, R., Syms, R.: Focused ion beam milling, Vacuum **36**, 1986, 961-967
Allgemeine Anwendung des maskenlosen Ätzens

Weyher, J. L., Giling, L. J.: Selective Photoetching as a Tool to study Distribution, Origin and Properties of Defects in Bulk and Epitaxial III-V Compounds in: Defect Recognition and Image Processing in III-V Compounds (Hrsg. J. P. Fillard), Elseviers Sci. Publ., Amsterdam 1985, 63-71

Wolf, E. D., Adesida, I., Chinn, J. D., Dry etching for submicron structures, J. Vac. Sci. Technol. A2, 1984, 464-469

Teil II   Bauelemente

Der zweite Teil behandelt die Anwendung technologischer Verfahren, die im ersten Teil eingeführt wurden.

Er umfaßt die auf die Bauelementeherstellung bezogene, spezifische Technologie einschließlich der Strukturübertragung und die erforderlichen lateralen und vertikalen Strukturierungen. Ein Hinweis auf die Integration wird jeweils vorgenommen, jedoch stehen Einzel-Bauelemente (discrete devices) im Vordergrund; sie bilden zusammen mit den Verbindungs-Leitungen die eigentlichen Bausteine auch des IC (integrated circuit). Dessen ständig wachsende Komplexität ist eine Herausforderung an Entwurf, Herstellung und Testen in ganz besonderem Maße. Mit Strukturen von oberhalb 2 μm konnten erste LSI-Schaltungen konzipiert und gefertigt werden (LSI large scale integration, mehr als 10 000 aktive Bauelemente pro Chip), während der derzeitige Stand der Silizium-Technologie bei typischen lateralen Dimensionen von 1 bis 2 μm durch mehr als 10^5 aktive Bauelemente auf einer Fläche von etwa 1 cm^2 charakterisiert ist (VLSI very large scale integration). 4 Mbit-Speicher werden bereits in 0,8 μm-Technologie hergestellt, und bei Übergang zu 0,5 μm-Strukturen ist der Schritt zu ULSI nicht fern (ULSI ultra large scale integration, mehr als 10^6 aktive Bauelemente pro Chip). Demgegenüber erscheint der Integrationsgrad bei III-V-Schaltungen bescheiden, SSI- und MSI-Schaltkreise sind dort machbar, ein Indiz für die insgesamt unvollkommenere und komplexere Technologie (SSI small scale integration, etwa bei optoelektronischen IC's; MSI medium scale integration mit einer Bauelement-Dichte oberhalb 1000 pro Chip).

Entwurf und Simulation komplexer Schaltkreise werden damit immer bedeutungsvoller, um die Durchlaufzeit (turn around time) zu verkürzen und Klarheit über die Schaltungsfunktion schon vor einem technologischen Prozessieren zu gewinnen. Auf das wichtige Gebiet des rechnergestützten Entwurfs (CAD computer aided design) kann hier allerdings über eine knappe Einführung hinaus nicht eingegangen werden.

Bei Leistungsbauelementen der Energieelektronik besteht ein einzelnes Bauelement aus einer ganzen Scheibe, z. B. ein Thyristor für Ströme in kA- und Sperrspannungen im kV-Bereich. Bauelemente der Nachrichten- bzw.

Digitaltechnik, wie sie in diesem Teil im wesentlichen angesprochen sind, sind Einzelelemente oder integrierte Schaltungen. Deren Flächenbedarf (unterhalb 1 mm^2 bis oberhalb 1 cm^2) ist erheblich kleiner als eine übliche Waferfläche. Scheiben mit großem Durchmesser, 5 Zoll und darüber, sind aber aus Kosten- und Handhabungsgründen zweckmäßig. Deswegen enthält eine Halbleiterscheibe eine Vielzahl von Elementen, z. B. mehr als 5000 Dioden oder 250 Schaltkreise.

Sowohl die Herstellkosten als auch die Signalverarbeitungsgeschwindigkeit verlangen einen gedrängten Aufbau der Elemente. Das stellt hohe Anforderungen an die Lithographie, die Übertragungstechnik und die vielfach durchzuführenden Prozeßschritte.

Im vorliegenden zweiten Teil werden zunächst allgemein die Bauelementebezogenen Verfahrensschritte behandelt und die kritischen Probleme realer Strukturen angesprochen. Es folgt die Darstellung der spezifischen Anforderungen der verschiedenen Bauelemente und die zugehörende Technologie. Da die Verfahren zwar weitgehend auf denselben Prinzipien beruhen, aber doch bauelementspezifisch angewandt werden müssen, werden die einzelnen Klassen von Bauelementen getrennt behandelt. Zunächst werden Dioden dargestellt. Ausgehend davon wird die Technologie der aktiven Schaltelemente behandelt. Ein besonderer Abschnitt ist optoelektronischen Bauelementen gewidmet, da hier zusätzliche technologische Probleme vorliegen. Den Abschluß bildet ein Abschnitt über anwendungsbezogene Fragen, z. B. sind Verbindungstechniken und Gehäuse technologisch ebenfalls bedeutungsvoll. Sie bestimmen u. U. den Preis und die Lebensdauer eines Bauelementes mehr als der eigentliche Halbleiter-Chip. Ferner ist dort auch die zukünftige Technologie-Entwicklung zu Nanometer-Strukturen hin angesprochen.

In den ersten Abschnitten werden die wesentlichen technologischen Verfahrensschritte behandelt sowie eine Reihe wichtiger Einzeltechniken. Speziell wird auf Prozeßschritte der Abhebetechnik (lift off) und der Planartechnik eingegangen. Bei letzterer existiert eine Reihe von Modifikationen, welche zum Teil firmenspezifisch ausgestaltet sind und mit unterschiedlichen Abkürzungen bezeichnet werden. In der vorliegenden Einführung wird das Verfahren der lokalen Oxidation von Silizium (LOCOS) näher dargestellt, weil damit der Stand der Technik am besten charakterisiert werden kann.

Ein Ausblick auf zukünftige Entwicklungen rundet die Darstellung ab, nachdem auf die physikalischen Grenzen der Bauelemente-Verkleinerung eingegangen wurde.

Nicht behandelt werden spezielle Hf-Bauelemente wie IMPATT-Dioden oder Gunn- Elemente. Das gleiche gilt für Sensoren, ein ebenfalls wesentliches Gebiet der Halbleitertechnik. Im Zusammenhang mit der Automatisierung von Prozessen und der Steuerung von Maschinen sind Sensoren zur Wandlung chemischer und physikalischer Eingangsgrößen erforderlich, die zum Teil unter sehr kritischen Betriebsbedingungen zu funktionieren haben. Oftmals sind sie in einen IC eingebettet, mittels dessen eine erste Signal-Verarbeitung- und

Verstärkung erfolgt, wie etwa bei einem Lichtschranken-Photodetektor mit integriertem Schwellwert-Schalter (intelligenter Sensor, clever sensor). Bild II.1 zeigt als Beispiel eines Einzel-Elements einen Druck-Sensor, der als kapazitiver Wandler eine Si-Membran enthält. Die Technologie solcher Sonder-Bauelemente entspricht weitgehend der hier dargestellten, jedoch müssen z. B. bei chemischen Sensoren spezielle Grenzflächen-Effekte an der Halbleiteroberfläche-Umgebungsmedium realisiert werden, auf welche hier nicht eingegangen wird.

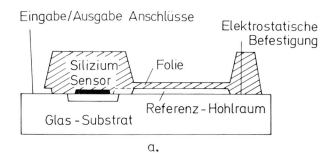

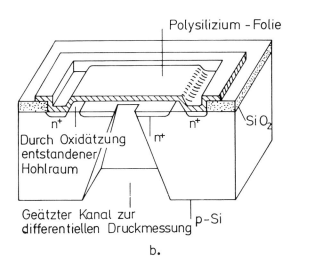

Bild II.1: Kapazitiver Wandler als Drucksensor; a. Hybrider Aufbau, b. Silizium-System (nach H. L. Chau u. a. 1987)

8 Bauelement - spezifische Arbeitsschritte

Dies Kapitel führt in Bauelement-bezogene Techniken ein, welche in der Fabrikation wichtig sind. Dabei wird auch, soweit erforderlich, auf das Umfeld eingegangen, wie die Bereitstellung von deionisiertem Wasser oder Reinraum-Klassen. Sofern solche Fragen für sämtliche Arten von Bauelementen wichtig sind, werden diese hier angesprochen; die detaillierte, den einzelnen Bauelement-Typen zugehörenden Probleme werden in den anschließenden Kapiteln behandelt.

8.1 Entwurf, Auslegung, Fabrikation

Entwurf (design) und Auslegung (layout) der zu realisierenden Bauelemente stehen am Anfang einer Entwicklung. Die Herstellung der Bauelemente (Einzelhalbleiter bzw. integrierte Schaltungen) geschieht nach einem allgemeinen Bearbeitungsschema. Dies ist mit geringfügigen Modifikationen für die meisten Typenklassen ähnlich, da die zur Anwendung kommende Planartechnik **das** technologische Herstellverfahren darstellt. Die Vorzüge der Planartechnik liegen dabei in der Möglichkeit der gleichzeitigen Bearbeitung der gesamten Halbleiterscheibe von jeweils der Oberseite her, so daß in einem Verfahrensschritt sämtliche auf der Scheibe enthaltenen Bauelemente auf einmal strukturiert werden können. Das spart Zeit und Kosten; der Durchsatz (throughput) ist hoch, wobei bei vielen Verfahrensschritten sogar mehrere Wafer auf einmal prozessiert werden können (z. B. 50 oder mehr Scheiben von 6-Zoll-Durchmesser in einem Reaktor).

Das Bearbeitungsschema für den ersten Teil der erforderlichen Arbeitsschritte ist in Bild 8.1 dargestellt. Es bezieht sich auf den nichttechnologischen Teil der Systemarchitektur und der Software bis hin zu den Maskensätzen für die einzelnen Prozeßschritte, also die vorbereiteten Arbeiten. Für die Masken-Erstellung selbst gibt es spezialisierte Firmen (mask shops), welche aus den Datensätzen in kürzester Zeit z. B. Retikel für den Einsatz in step-and-repeat-Systemen erstellen.

Kern eines entsprechenden Layout-Systems ist ein Arbeitsplatz für den rechnergestützten Schaltungsentwurf, wie ihn beispielhaft Bild 8.2 zeigt (CAD computer aided design). Hierzu gehört vor allem eine umfassende Bibliothek von typischen Bauelementstrukturen, deren Plazierung mittels des CAD-Systems in variabler Größe und Verdrahtung, letztere ggf. in mehreren Ebenen, erfolgen kann.

Insbesondere bei Kunden-spezifischen Schaltungen ist der zugehörende Entwurf (custom design) schnell abzuwickeln, wegen der zumeist relativ geringen Stückzahl dieser anwendungsspezifischen Schaltkreise (ASIC, application specific IC) überdies möglichst kostengünstig.

Eine spezielle Form der Arbeitsteilung besteht in der Einbeziehung von unabhängig arbeitenden Firmen, welche ihre Prozeßlinien mit spezifischen Daten verfügbar machen (Foundry). Schaltungsentwurf und Layout sind dabei Sache des Kunden, während die Herstellung bei der Technologie-Firma liegt. Neben einer rationellen Bearbeitung ist dabei von Vorteil, daß die Anonymität der verschiedenen Auftraggeber bezüglich ihrer Schaltungskonzepte gewahrt ist. Hierbei werden Durchlaufzeiten von nur einigen Wochen selbst bei relativ komplexen Schaltungen erreicht.

Die Organisation eines Layout-Systems ist Bild 8.2 zu entnehmen. In Bild 8.3 ist an einer einfachen Struktur angedeutet, wie das Arbeiten am Bildschirm erfolgt. Dies ist nicht nur für den Chip selbst von Bedeutung, sondern auch z. B. für die Plazierung und Verdrahtung auf einer Leiterplatte; dies sei kurz erläutert.

Der Konstrukteur gibt über ein interaktives Terminal den vom Entwickler ausgearbeiteten Strukturenplan ein. Er erhält nicht nur die Ausgabe einer einfachen Stromlaufplan-Zeichnung, sondern hat gleichzeitig alle erforderlichen Daten über Bauteile und Verbindungen erstellt, die für einen übergangslosen Eintritt in die nächste Phase erforderlich sind - z. B. dem automatischen Plazieren.

Der Rechner optimiert automatisch die Zuweisungen von Gatter und Pin sowie die Anordnung von Bauteilen. In der Datenbank werden alle erforderlichen Informationen für das Autoroute-Programm gespeichert. Mit dem Autoroute-Programm wird eine Entflechtung vorgenommen unter Einhaltung der vom Benutzer vorgegebenen Bedingungen.

Wenn diese automatischen Arbeitsvorgänge abgeschlossen sind, benutzt der Bearbeiter das interaktive Terminal zur Überprüfung und Nachlegung der fehlenden Verbindungen, die möglicherweise nicht automatisch bestimmt worden sind.

Am Ende dieses Prozesses bieten sich dem Bearbeiter eine Vielfalt von Prüffunktionen: z. B. funktionelle Übereinstimmung des Stromlaufplanes mit der Leiterplatte, Überprüfung der konstruktiven Vorgaben (Leiterbahnbreiten, Leiterbahnabstände zu Leiterbahn / Bondfleck, Einhaltung sonstiger Designregeln usw.).

314 Bauelemente

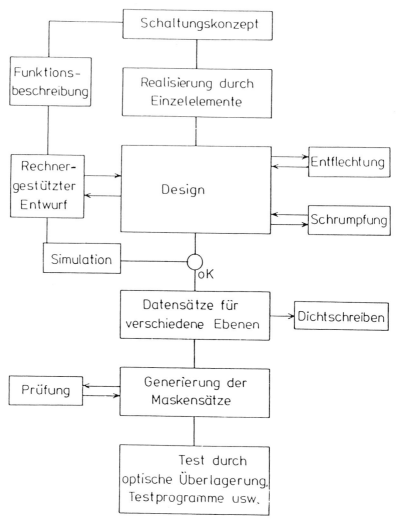

Bild 8.1: Bearbeitungsschema der Systemarchitektur

All diese Informationen, die in der Datenbank gespeichert sind, ermöglichen die Ausgabe von Bauteillisten, Verbindungslisten, Artwork, Bohrlochstreifen und Steuerlochstreifen für Kontaktierautomaten sowie von Daten zur Prüfung der Chips auf einem Prüfautomaten.

Zusätzlich garantiert die Struktur der Datenbank vollständige Kompatibilität zwischen allen Arbeitsgängen der am System vorgenommenen Unterlagen-Erstellung, wenn an irgendeiner Stelle Änderungen vorgenommen werden; ein für das meistens erforderliche Redesign (Änderung nach Auftreten einer Änderungsnotwendigkeit) sehr wichtiger Punkt.

Entwurf, Auslegung, Fabrikation 315

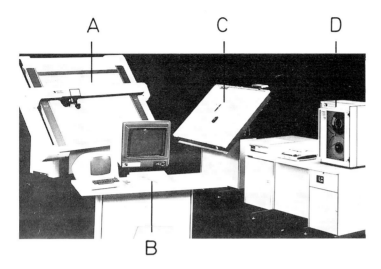

Bild 8.2: Arbeitsplatz für Schaltungsentwurf (Firma Computervision, München) A: Automatisches Zeichengerät (plotter), B: Arbeitsplatz mit Sichtgerät und Lichtgriffel für die Konstruktion, C: Gerät zur Koordinatenermittlung (digitizer) D: Speicher

Komplexe Schaltungen werden in ihrem Verhalten zunächst auf einem Rechner simuliert, um ihre Eigenschaften funktionsmäßig, aber auch bezüglich eventueller Toleranzen zu überprüfen. Dies ist im allgemeinen billiger als eine Hardware-Realisation und kann schneller erfolgen. Hierzu stehen Netzwerkanalyse-Programme zur Verfügung, welche meist auf den speziellen Schaltungstyp zugeschnitten sind, um spezifische Aussagen zu ermöglichen.

Nach positivem Ergebnis werden nach den gespeicherten Daten die Masken erstellt, die dann gemäß den Ausführungen Teil I, Kapitel 6 Lithographie, zu Arbeitsmasken für die Technologie führen. Da schon geringste Fehler in den Masken zu Fertigungsverlusten führen, werden die Masken im Detail überprüft; vollständige Fehlerfreiheit ist erforderlich. Hierzu werden spezielle Maskenvergleichsgeräte eingesetzt, welche z. B. mittels Laserabtastung eine effektive Kontrolle ermöglichen.

Insbesondere bei kundenspezifischen Schaltungen ist eine kostensparende und effektive Bearbeitung wichtig, da die nur kleine Serie keine hohen Entwicklungskosten verträgt. Unter Umständen kann dabei auf die Erstellung von Maskensätzen verzichtet werden und zu einem Direkt-Schreiben auf den Wafern übergegangen werden; bei Elektronenstrahl-Systemen ist dabei ein Durchsatz von z. B. sechs 5-Zoll-Scheiben pro Stunde erreichbar. Auch stehen

316 Bauelemente

Schaltungskonzepte auf vorgefertigten Chips zur Verfügung, wo baukastenmäßig gegebene Schaltungen allein durch passende Verdrahtung zur speziell gewünschten Schaltungskonfiguration verdrahtet werden können; es genügt dann, ggf. mittels Mehrlagenverdrahtung, die Leiterbahnen passend zu konfigurieren. Schaltzeiten sind dann allerdings meist nicht optimal, da die Plazierung der Bauelemente nicht frei wählbar ist. Bild 8.4 zeigt ein Bearbeitungsschema für analoge Kundenschaltungen einer Halbleiterfirma.

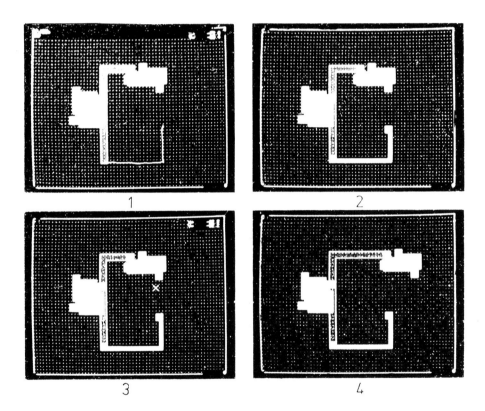

Bild 8.3: Arbeiten am Bildschirm (nach Unterlagen der Firma Applicon)
1. Zu ergänzende Zeichnung. Orientierung und Größe der einzufügenden Elemente ist durch Freihandlinien vorgegeben worden;
2. Das System hat die Zeichnung anhand der Linien und der abgespeicherten Strukturdaten fertiggestellt;.3. Die Struktur oben rechts soll von der Position des Punktes zur Position des Kreuzes verschoben werden; 4. Das System hat die Verschiebung durchgeführt und die Zeichnung entsprechend geändert.

Entwurf, Auslegung, Fabrikation 317

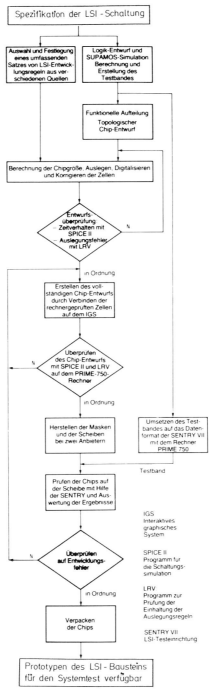

Bild 8.4: Schema für die Entwicklung eines Kundenschaltkreises (nach J. Cornu u. a. 1981)

318 Bauelemente

Der Zeitaufwand von der konzipierten Schaltung bis zum fertigen Arbeitsmaskensatz ist nach wie vor beträchtlich, trotz weitgehenden Rechnereinsatzes. Die Erstellung der verschiedenen Arbeitsmasken für die erforderlichen Einzelprozesse aus dem Layout ist dabei abhängig von der gewählten Technologie (n-MOS-Prozeß, Bipolar-Prozeß, Planar- oder Mesa-Strukturen usw.). Für eine Schaltung mittlerer Komplexität, z. B. von mehreren 1000 Gatterfunktionen pro Chip, ist eine Durchlaufzeit bei konventionellem Vorgehen von bis zu mehreren Monaten bis zur Auslieferung der ICs erforderlich. Moderne Design-Systeme mit Zugriff zu internen Datenbanken, wo Bauelemente- und Baugruppen- Daten abgespeichert sind, verkürzen diese Zeiten erheblich.

Mit dem ersten Arbeitsmaskeneinsatz kann die Herstellung der Bauelemente beginnen, zunächst in einer Pilot-Linie, einer Fertigungsstraße zur Prozeßerprobung unter Großserien-Fertigungsbedingungen. Nach dem ersten Durchlauf wird gemessen, die Funktion überprüft, und die Ausfälle werden charakterisiert. Scheint eine Änderung erforderlich, z. B. ein größerer Minimalabstand einzelner Strukturen, wird ein Redesign vorgenommen, und alles läuft nochmals von vorne ab. Eine schnelle Korrektur ist bei Anwendung des Elektronenstrahl-Direktschreibens möglich, da die jeweiligen neuen Maskensätze entfallen; allein Software-Änderungen sind erforderlich. Bis zur Fabrikationsreife vergeht eine Zeit von wiederum etwa 12 Wochen.

Die Fabrikation geschieht in speziell hergerichteten Räumen, welche unterschiedlichen Anforderungen genügen müssen. Auch das Bedienungspersonal muß den hohen Reinheitsforderungen Rechnung tragen. Wesentlich ist die Staubfreiheit, für welche ein außerordentlich hoher Aufwand erforderlich ist. Zur Charakterisierung dienen die Partikelzahlen und deren Durchmesser. In Bild 8.5 sind die Norm-Reinraumklassen aufgeführt. Die jeweilige Reinraumklasse gilt als nachgewiesen, wenn die entsprechende Grenzkurve nicht überschritten wird.

- für den kritischsten Schritt der Masken-Herstellung und der Lithographie Reinraumklasse 1 mit weniger als 40 Staubteilchen pro m^3 oberhalb einer Partikelgröße von 0,5 µm
- für die eigentlichen Prozeßschritte Reinraumklasse 2 mit weniger als 400 Staubteilchen größer als 0.5 µm pro m^3,
- für das Testen auf dem Chip Reinraumklasse 2-3 mit etwa 400 bzw. 4000 zulässigen Staubteilchen pro m^3 der gleichen Größe,
- für die Verkapselung Reinraumklasse 3 mit weniger als 4000 solcher Staubteilchen pro m^3.

Bei einer Submikron-Technologie müssen noch schärfere Forderungen eingehalten werden. Außer der Temperatur muß selbst der Luftdruck kontrolliert werden: Raumtemperatur z. B. 23°C ± 0,02°C, Druck 1030 bis 1040 mbar, bei einer Störpartikel-Dichte (Größe ab 0,05 µm) von unterhalb einem Staubteilchen pro Kubikfuß (etwa 40 pro m^3). Andernfalls ist eine hinreichende Ausbeute bei ULSI-Schaltkreisen (ULSI ultra large scale integration) nicht zu erwarten. Die exakte Einhaltung der Temperatur und deren Konstanz über der Scheibe ist u. a. wegen sonst auftretender Abstandsänderungen wichtig, ein stärker variierender Luftdruck bedingt Änderungen des optischen Brechungsindex in für die Lithographie eingesetzten Geräten und führt damit zu Abbildungsfehlern.

Beim Eintritt in die Reinraum-Zone sind besondere Maßnahmen erforderlich, um nicht Staubpartikel zu verschleppen. Nach dem Kleiderwechsel bzw. dem Anlegen der Schutzkleidung durchläuft man eine Schleuse (oder auch zwei) in welcher durch einen starken Luftstrom (Luft-Brause) eine oberflächige Säuberung erfolgt. Das Personal muß abriebfeste Spezialkleidung (z. B. aus Nylon) tragen, Kopfhaar und Schuhe sind gesondert mit Hauben gesichert. Zusätzlich wird zuweilen noch ein Gesichtsschutz gefordert, da die Partikel-Emission freiliegender Haut eine wesentliche Störungsquelle darstellt, oder es muß an besonders kritischen Stationen ein weitgehend geschlossener Anzug getragen werden. Mehrere Millionen Staubteilchen von oberhalb 0,3 µm werden pro Minute vom Menschen gemäß Tabelle 8.1 abgegeben, was die Wichtigkeit eines Fernhaltens des Bearbeitungspersonals von kritischen Fertigungsschritten unterstreicht.

Tabelle 8.1: Staubemission des Menschen (nach VDI Richtlinien 2083 Reinraumtechnik, Blatt 2)

Partikelemission in Millionen pro Minute (> 0,3 µm)	Bewegungsart
0,1	Stehen oder Sitzen - ohne Bewegung
0,5	Sitzen mit leichter Kopf-, Hand- oder Unterarmbewegung
1	Sitzen mit mittlerer Körper- und Armbewegung und etwas Fußbewegung
2	Aufstehen mit voller Körperbewegung
5	langsames Gehen - ca., 3,5 km/h
7,5	Gehen - ca. 6 km/h
10	Gehen - ca. 9 km/h
15 bis 30	Freiübungen und Spiele

Insbesondere an den Ätzbädern sind zum Schutz Brillen und gegebenenfalls Atemmasken erforderlich. Nicht nur müssen Gesichtsverätzungen (Augen!) vermieden werden, sondern es treten, wie in Kapitel 7 dargestellt, z. B. beim Ätzen von III-V-Verbindungen hochgiftige Gase auf. Verwendetes Papier muß speziell präpariert sein, usw. Wesentliche Bedeutung besitzt in diesem Zusammenhang auch der mechanische Abrieb bzw. die Staubfreiheit der im Fabrikationsprozeß eingesetzten Geräte.

320 Bauelemente

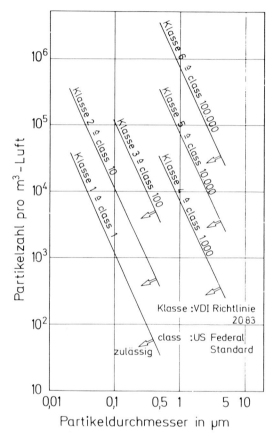

Bild 8.5: Größe und Dichte zulässiger Staubpartikel bei den einzelnen Reinraumklassen

In Kapitel 14 sind Fragen der Qualitätssicherung behandelt, wozu allgemein verbindliche Beurteilungsregeln aufgestellt wurden. Die Normierung hat sich mit den Richtlinien VDI 2083 auch der Reinraumtechnik angenommen, wobei insbesondere die folgenden drei Schriften zu nennen sind:

        Blatt 1:   Grundlagen, Definitionen und
                           Festlegung der Reinheitsklassen;
        Blatt 5:   Behaglichkeitskriterien (Entwurf);
        Blatt 7:   Reinheit in Prozeßmedien (in Vorber.).

Auch bezüglich der zum Staubschutz der Wafer eingesetzten Folien-Verpackung (pellicles), auf welche nachstehend hingewiesen wird, ist die Normung tätig geworden. Die VDI/VDE - Richtlinien 3717 (Blatt 6) legen in Anlehnung an US-amerikanische Vorschläge z. B. die entsprechenden Grenzdaten fest.

Der erforderliche technische Aufwand zur kontinuierlichen Aufrechterhaltung des erforderlichen Reinraum- und Sauberkeits-Status ist erheblich. An kritischen Fertigungsstellen werden zusätzlich Laminarflußboxen eingesetzt; das sind Arbeitstische mit z. B. perforierten Ab- und Zuluftkanälen, die mit weiteren Filtern und Luftumwälzung versehen sind. Bild 8.6 zeigt einen üblichen Arbeitsraum schematisch. Bei höheren Anforderungen ist eine vollständige Trennung des Bewegungsbereichs der Bearbeiter vom Materialfluß vorzunehmen; automatische Fertigungslinien werden zwingend, und Laminarfluß-Räume (Decke Zuluft, Boden Abluft) sind erforderlich.

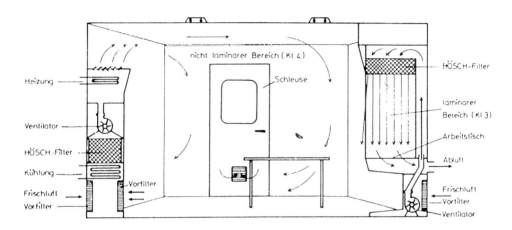

Bild 8.6: Funktionsbild eines reinen Raumes (Staubklasse 4; max. pro m^3 $4 \cdot 10^4$ Partikel von 0,5 µm, $1 \cdot 10^4$ von 1 µm, $13 \cdot 10^2$ von 5 µm) mit reiner Arbeitsbank (Staubklasse 3: max. pro m^3 eine Zehnerpotenz weniger Partikel zugelassen) (nach P. Tschöpel u. a. 1980)

Wie in Teil I, Kapitel 7, dargestellt, sind viele Reinigungsschritte während des Herstellungsganges der Halbleiter-Bauelemente erforderlich. Hierzu werden spezielle Reagenzien benutzt, die nicht nur eine für übliche chemische Arbeiten ausreichende Reinheit p.a. (Spurenkonzentration) unterhalb 1 ppm besitzen müssen, sondern eine höchstwertige Halbleiterqualität (semiconductor grade: gesamte Spurenkonzentration viel kleiner als 0,1 ppm).

Dies gilt auch für das an vielen Stellen erforderliche Wasser. Spezialanlagen gemäß Bild 8.7 sorgen für eine kontinuierliche Bereitstellung von deionisiertem Wasser, dessen spezifischer Widerstand laufend kontrolliert wird und speziell in der MOS-Technologie oberhalb 10 MΩ cm liegen muß.

Ein typisches Reinigungssystem besteht aus vier Stationen.

322 Bauelemente

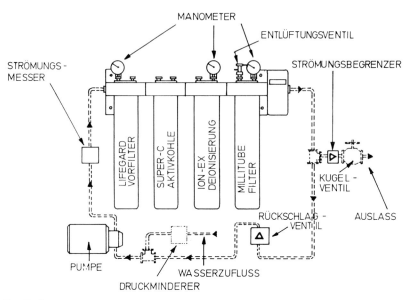

Bild 8.7: Reinstwasser-Reinigungssystem mit Zirkulation
(nach Unterlagen der Firma Millipore, Eschborn)

An ein Vorfilter (z. B. aus kunststoffgebundenen Asbestfasern) schließt sich eine Adsorptionsstation organischer Verunreinigungen mittels feinporiger Kohle an. Es folgt ein Ionenaustausch, welcher sowohl negative (Anionen) als auch positive (Kationen) neutralisieren muß. Dies geschieht an Harzgranulaten, welche mit reaktionsfähigen Partnern (H$^+$- bzw. OH$^-$-Ionen) besetzt sind. Der schließlich eingesetzte Feinfilter hält Abrieb der vorherigen Stationen zurück und garantiert je nach Porenweite eine maximale Teilchengröße von etwa 1 µm bis minimal 0,2 µm. Das in Bild 8.7 noch angedeutete Zirkulationssystem sichert u.a. die Freiheit von Mirkoorganismen, welche sonst, insbesondere bei intermittierendem Wasserabfluß, in einer solchen Anlage auftreten können.

Um auch geringste Oxidationen der Reinst-Wasser-gespülten Halbleiterscheiben durch Spuren von Sauerstoff zu vermeiden, wird über injizierten Wasserstoff mittels Pd-Zellen Rest-Sauerstoff in H$_2$O überführt. Damit gelingt eine O$_2$-Reduktion im deionisierten Wasser auf unterhalb 10 ppb. Entsprechende Forderungen sind auch an die vielfältig eingesetzten Prozeß-Träger- und Spülgase zu stellen, bis hin zu dem in Trockenpistolen verwendeten Stickstoff. Dazu werden Feinfilter-Patronen eingesetzt, die mit hydrophoben Membranfiltern ausgestattet sind. Partikel bis unterhalb von 0,05 µm

Entwurf, Auslegung, Fabrikation 323

Größe werden in ihrem Durchfluß auf 10^{-9} verringert, und auch Wasserdampf-Sperren sind möglich (z. B. im System Waferpuregas Purification der Firma Millipore, GmbH, 6236 Eschborn, Hauptstr. 71-79).

Das Schema einer Fertigunglinie in einfachster Form ist in Bild 8.8 dargestellt. Wichtig sind die Schleusen für Material und Personen, aber auch die Zugänglichkeit der Versorgungseinrichtungen (Gase, Flüssigkeit, Energie) ohne Störungen des Betriebes. Hierzu haben sich Versorgungstrakte zwischen den Produktionstrakten bewährt, wie in Bild 8.8 angedeutet. Hingewiesen werden muß an dieser Stelle auf die erhebliche Gefährdung durch entflammbare Materialien (z. B. Phosphor, Silan), explosive Gemische (mit H_2) und gesundheitsgefährdende Stoffe (z. B. Berylliumoxid, Arsin, Phosphin). Für letztere sind ergänzbare Sicherheits-Unterlagen verfügbar, welche unabdingbar zu Arbeiten auf Halbleiter-technologischem Gebiet gehören. Im Literaturverzeichnis ist eine solche Gift-Liste aufgeführt. Die Beachtung der entsprechenden Vorschriften ist ebenso zwingend wie die Installation von Gas-Warn-Anlagen.

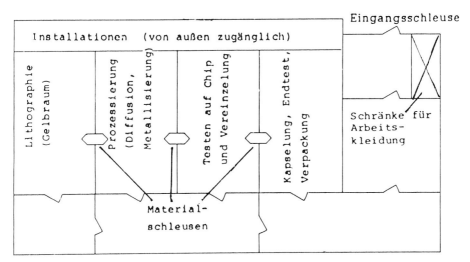

Bild 8.8: Räumliche Anordnung einer Bauelemente-Fertigungslinie

Die Photolithographie ist in einem Gelbraum untergebracht, da gelbes Licht Photolack nicht beeinflußt. Die technische Ausgestaltung eines solchen Raumes zeigt Bild 8.9. Im übrigen ist das Schema in Bild 8.8 für sich verständlich.

Um die lichtoptische Übertragung der Strukturen in die Photoresist-Schicht auf dem Wafer ohne Beeinflussung durch Staubteilchen zu ermöglichen, werden "pellicles" verwendet, dies sind µm starke transparente Folien (Nitrozellulose), welche zuvor in einem Abstand von > 1 mm über die sauberen Photomasken gespannt werden. Darauf sich ablagernde Partikel liegen außerhalb der Tiefenschärfe der verwendeten optischen Projektions-Objektive und stören damit nicht, siehe Bild 8.10.

324 Bauelemente

Bild 8.9: Maskentechnologie; Auf der rechten Seite befindet sich ein Aufheizofen (prebake) und dahinter abgedeckt eine Lackschleuder. Links sind zwei Sprühentwicklungsgeräte, ein Kontroll- und Meßplatz, ein Ausheizofen (postbake) und anschließend weitere Geräte angeordnet. Vorne links auf dem Tisch liegt eine Luftpistole (trockener Stickstoff) zum Absprühen. (nach M. Baute u. a. 1982)

Die Masken selbst haben enge Toleranz-Forderungen zu erfüllen. Für eine 1:1 Projektionstechnik auf 5" Wafern (125 mm Durchmesser) werden z. B. 3 mm starke, 150 mm x 150 mm große Quarzscheiben mit 80 nm dicken Schwarzchrom-Schichten als Retikel eingesetzt. Für kleinste Strukturen von 1 µm muß die Paßgenauigkeit 0,2 µm betragen, der 3σ-Wert der Strukturbreiten-Streuung ist auf 0,1 µm festgelegt. Selbst eine Dickenvariation der Nitrozellulose-Haut des Pellicles ist kritisch; ± 60 nm Dickenschwankung ist nur zugelassen. Im übrigen muß vollständige Fehlerfreiheit garantiert sein.

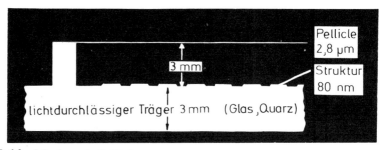

Bild 8.10: Maske mit Pellicle

8.2 Technologische Verfahrensschritte

Die einzelnen Verfahrensschritte sind prozeßabhängig. Bipolartransistoren bzw. Bipolar-ICs verlangen eine andere Technologie als Feldeffekttransistoren oder MOS-Schaltungen, beginnend (bei Si) mit einer anderen Kristallorientierung, {111} bzw. {100}. Selbst die MOS-Strukturen sind nicht in einem einheitlichen Prozeß herzustellen, CMOS-Herstellverfahren sind nicht identisch mit solchen für p-MOS- oder n-MOS-Strukturen. Will man bipolare Transistoren gemeinsam mit FETs intergrieren z. B. BICMOS (bipolar und MOS), sind wiederum andere Prozesse erforderlich.

In den nachfolgenden Kapiteln sind die speziellen Gegebenheiten jeweils dargestellt. Hier werden die grundsätzlichen bauelementbezogenen Verfahrensschritte eingeführt, soweit sie nicht im ersten Teil bereits behandelt wurden und welche in wechselnder Kombination bei allen Bauelementen wiederkehren.

Diese Verfahrensschritte sind vom gewählten Herstellprinzip abhängig. Während bei Einzelelementen, vor allem für Hochfrequenzstrukturen, die Mesa-Technik (span. mesa Tafelberg, so genannt wegen der Form der stehenbleibenden Struktur mit flacher Oberfläche, siehe Bild 8.11) verwendet wird, steht für integrierte Schaltungen und sonstige Bauelemente die Planartechnik an erster Stelle. Trotz der fehlenden Möglichkeit der thermischen Oxidation kann letztere auch bei GaAs eingesetzt werden, wobei allerdings dort von der Mehrschicht-Epitaxie Gebrauch gemacht wird; bei Silizium werden Mehrschichtfolgen meist durch Diffusion bzw. Ionenimplantation hergestellt. Bild 8.11 zeigt das Herstellprinzip einer Mesa-Diode, wie es im einzelnen näher in Kapitel 10 Dioden beschrieben ist, als Beispiel der Mesa-Technik. Das prinzipielle Schema der Arbeitsschritte bei der Planartechnik ist aus Bild 8.12 zu entnehmen, wo als Beispiel eine Planar-pn-Diode gewählt ist. Über zwölf unterschiedliche Verfahrensschritte mit jeweils ähnlichem Ablauf sind zur Bauelementeherstellung erforderlich, wobei deren räumliche Kongruenz sichergestellt sein muß. Dies bedeutet eine jeweils aufwendige Justierung (alignment), welche von Hand oder (zumeist) automatisch vorgenommen wird.

Zur Hauptjustierung benutzt man meist ineinanderliegende Kreuze gemäß Bild 8.13, was unter dem Mikroskop eine Routinegenauigkeit von etwa 2 µm ermöglicht. Für eine lichtoptische automatische Justierung benutzt man z. B. Streifenmuster, deren Moiree-Bild ausgewertet wird. Im Fall der Elekronenstrahl-Lithographie verwendet man z. B. in das Substrat eingeätzte Löcher (siehe Bild 8.13), deren Rand ein spezielles Signal an Rückstreuelektronen ergibt. Bei multipler Auswertung wird hier labormäßig ± 20 nm an Überlagerungsgenauigkeit erreicht, im Produktionsbetrieb ± 0,1 µm.

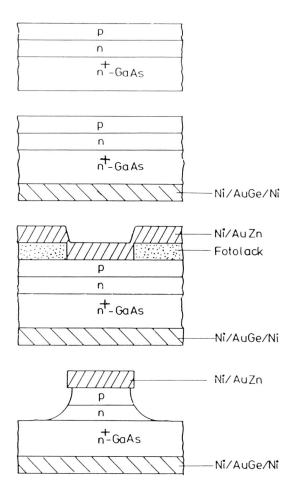

Bild 8.11: Schema der Herstellung einer Mesa-Diode: a. Wachstum einer n- und schließlich einer p-Epitaxieschicht durch Flüssigphasenepitaxie, b. Aufdampfen und Legieren des unteren Kontaktes, c. Aufdampfen des oberen Kontaktes auf dem im Photolack geöffneten Fenster, d. Lift-off und Legieren des oberen Kontaktes und anschließende Mesa-Ätzung, wobei der obere Kontakt als Maske dient.

Technologische Verfahrensschritte 327

Halbleiterwafer, sauber naß-chemisch geätzt

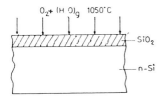

ganzflächig feucht oxidiert (etwa 0,3-0,5µm dick)

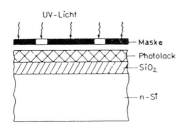

Photolack aufgeschleudert z.B. Positivresist Shipley AZ1350H und (z.B. bei 80°C) gehärtet;Dicke etwa 1,2µm Projektionsbelichtung mit Quecksilberdampf-Lampe

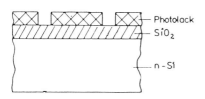

Entwicklung (z.B. in AZ-Entwickler 1:1 mit H_2O verdünnt)

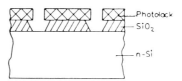

SiO_2 chemisch geätzt mit z.B. Ätzlösung T 15gNH_4F, 25ccm H_2O, 7ccm HF oder ionenstrahlgeätzt für gerade Flanken

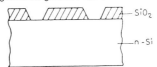

Veraschung des Photolacks in einem Plasma-(Tunnel-)Reaktor

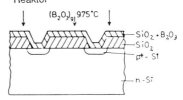

Diffusion bei 975°C durch die Öffnung im Oxid. Angedeutet ist die Diffusion auch seitlich

Entfernung der Borsilikatschicht in Ätzlösung P (HF:HNO_3:H_2O = 1,8:1:30)

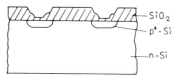

Nachdiffusion, Feuchtoxidation und Trockenoxidation bei 1050°C

Bild 8.12: Bearbeitungsschema zur Herstellung einer planaren p^+-n Struktur

328 Bauelemente

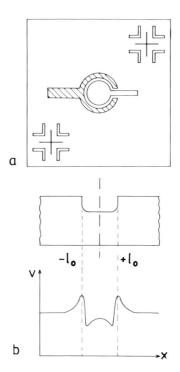

Bild 8.13: Registriermarke: a) für Handjustierung (Licht), + projizierte Marke, ✥ Struktur auf Wafer; b) für automatische Justierung (Elektronenstrahl), Ätzgrube im Wafer und Detektorsignal (Rückstreuelektronen) beim Abrastern der Marke

8.3 Einzeltechniken

In diesem Abschnitt werden die Techniken besprochen, welche bei Einzelbauelementen und integrierten Schaltungen gleichermaßen Bedeutung besitzen.

8.3.1 Ätzstufen

Für die strukturgetreue Übertragung mittels einer Maske bei einem Lithographie-Schritt ist der Kantenwinkel von Stufen von ausschlaggebender Bedeutung. Gleiches gilt für Stufen, die z. B. mit Leitbahnen überdeckt werden sollen. Gewünschte Formen sind in Bild 8.14 dargestellt. Auch die Halbleiterscheibe selbst bzw. die Epitaxieschichten müssen u. U. eine definierte Abschrägung besitzen, so z. B. bei Hochvolt-Gleichrichtern, um das elektrische Randfeld zu verringern (siehe Kapitel 10 Dioden).

Einzeltechniken 329

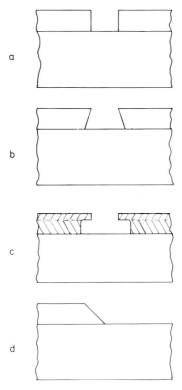

Bild 8.14: Ätzstufen, prinzipiell; a) senkrechte Wand für definierte Strukturübertragung, b) unten breiteres Loch für die Abhebetechnik, c) Zweilagenstruktur mit extremem Unterschied, d) Schrägkante für nichtabreißende Überdeckungen

Eine Berandung gemäß Bild 8.14a ist für den Photolack und die Oxid- (bzw. Nitrid-) Maskierung erwünscht, da hiermit eine exakte Geometrieerhaltung beim Ätzen der Unterlage (z. B. Lack auf SiO_2-Deckschicht) bzw. bei der Diffusion (durch Öffnungen der strukturierten maskierenden Deckschicht) erfolgt. Eine Form nach Bild 8.14b ist beim Lift-off-Prozeß (strippen) erwünscht, da bei einer Metallbedampfung der deponierte Film an den Kanten abreißt und damit leicht mit dem strukturierten Photolack abgeschwemmt werden kann. Die Form von Bild 8.14c kann bei spezieller Behandlung der Maskierungsschicht (oberflächiges Aushärten) erhalten werden oder bei einer Mehrlagentechnik. Sie ist interessant für die Abhebetechnik aufgebrachter dicker Schichten. Eine Kante nach Bild 8.14d schließlich ist für nichtabreißende Bedeckungen wichtig, deren Dicke am Übergang möglichst wenig verringert sein soll. Hierbei ist weniger an Photolack als an Oxid oder Poly-Silizium gedacht, über welche z. B. aufgedampfte Leitbahnen zu führen sind.

Nachstehend sind entsprechende Strukturierungsverfahren für diese Formen angegeben.

Fast senkrechte Wände können in SiO_2 durch reaktives Ionenätzen erzielt werden. Als ätzendes Gas hat sich CHF_3 bewährt, wobei SiO_2 selektiv gegenüber Si geätzt wird. Die Erosion findet nur dort statt, wo die Oberfläche von den reaktiven Ionen bombardiert wird. Da diese gerichtet ankommen, ist die Ätzung anisotrop. Somit sind die resultierenden Wände steil. Übliche Ätzbedingungen sind f = 13,56 MHz, p = 10-40 µbar, 0,6 W/cm^2, einige hundert Volt Spannung. Es ergeben sich Ätzraten von etwa 20 nm/min. Als Ätzmaske wird PMMA-Lack benutzt.

Um senkrechte Kanten in Photolack zu erzeugen, müssen Mehrschichtsysteme angewandt werden. Eine Dreischichttechnik besteht aus folgenden Schritten: Das zu strukturierende Substrat wird mit einem 2-3 µm dicken Polymer (z. B. HPR 204) bedeckt, danach mit einer 0,1 µm starken anorganischen Zwischenschicht (z. B. SiO_2) und zum Schluß mit einer dünnen (0,3 µm) Photoresistschicht (AZ 1350); siehe dazu auch Kapitel 6 Lithographie.

Die Übertragung der Struktur kann z. B. durch Elektronenstrahl-Lithographie erfolgen. Nach Belichtung und Entwicklung des oberen Lackes wird das Pattern in die SiO_2-Schicht durch reaktives Ionenätzen in einem Hf-System eingebracht. Solche Mehrlagen-Resistsysteme besitzen auch bei der optischen Lithographie zunehmende Bedeutung in der Submikron-Technologie, da ihre planarisierende Wirkung den Einsatz hochauflösender Objektive mit geringer Tiefenschärfe erlaubt (siehe auch Kapitel 14).

Die Erzeugung einer zum Substrat hin aufgeweiteten Spaltbreite gemäß Bild 8.14b ist relativ einfach mit einem Negativ-Resist zu realisieren, da die Resist-Oberseite bei Belichtung eine höhere Dosis erhält als in der Tiefe. Dies führt am oberen Rand zu einer Verbreiterung des gehärteten Resist-Materials, siehe Kapitel 6 Lithographie.

Untergeätzte Kanten in Photolack, so wie in Bild 8.14c angedeutet, können z. B. mittels Elektronenstrahl-Lithographie hergestellt werden. Ein 0,5 µm dicker Resist wird mit 20 keV Elektronen belichtet. Die vom Substrat rückgestreuten Elektronen verursachen eine verbreiterte Belichtung im unteren Teil des Resist. Durch Entwickeln in 1:3 MIBK:IPA, 150 s, entsteht eine Unterätzung (laterale Verbreitung an der unteren Seite der Kante) von etwa 0,2 µm. Zum Prozeß siehe Teil I, Kapitel 6; MIBK Methylisobutylkaton, IPA Isopropanol.

Eine andere Methode zur Herstellung von untergeätzten Kanten beruht auf der Behandlung des Photolackes in einer Lösung, die die Entwicklungsrate des Photolacks mit der Tiefe vergrößert, während der Entwickler nach unten ätzt. Hierzu kann z. B. Photolack AZ 1350 verwendet werden, der nach Aufbringen bei 75°C 10 min getrocknet wird. Die belackte Scheibe wird anschließend noch 5 min in Chlorbenzol getaucht, bei Zimmertemperatur getrocknet und anschließend noch 25 min bei 75°C getempert. Nach Belichtung mit einer hohen UV-Dosis wird der Photolack im unverdünnten AZ-Entwickler entwickelt.

Ein Photolackprofil gemäß Bild 8.14c kann z. B. auch durch ein Zweischichtensystem erzeugt werden. Eine 2 μm dicke AZ 1350-Schicht wird nach dem Aufschleudern und Trocknen in CF4-Plasma Fluor-behandelt und anschließend mit Photolack AZ 2400 (< 0,5 μm) bedeckt. Es folgt Belichten mittels Elektronenstrahl und Entwickeln in AZ 2401, welches die obere Schicht strukturiert. Nach Behandeln in O_2-Plasma entsteht durch einen weiteren Entwicklungsschritt eine wie in Bild 8.14c dargestellte Struktur.

Naßchemisches Ätzen von Poly-Si oder Oxid erzeugt schräge Stufen, doch die sich ergebende Steilheit ist zu groß, um problemlose Leiterbahnen-Überdeckungen zu ermöglichen.

Hingegen erlaubt die Ionenstrahlätzung, die Substrate unter flachen Winkel mit Ionen zu beschießen und damit entsprechend flache Kantenprofile zu erzeugen. Für schräge Kanten ist ein Winkel von 30° üblich, welcher bei einer rotierenden Scheibe überall auf dem Wafer erzeugt werden kann.

8.3.2 Abhebetechnik

Die Abhebetechnik (lift off, stripping technique) wird vielfach zur Metallisierung eingesetzt, sowohl für Leitbahnen wie Kontaktflecken. Das Prinzip ist in Bild 8.15 dargestellt. Eine ablösbare Maske wird bedampft, die darin enthaltenen Öffnungen ergeben die gewünschte Metallisierung auf der Unterlage. Bild 8.15 macht die Bedeutung einer Ätzstufe nach Bild 8.14b deutlich; die Metallisierung ist nur dann störungsfrei und formgerecht abzulösen, wenn keine feste Verbindung längs der Seitenkanten besteht. Übliche Dicken des Metallfilms liegen unterhalb von 1 μm. Die Metallisierung geschieht dabei meist im Hochvakuum, wobei speziell bei Al-Bedampfung auf gutes Vakuum (< 10^{-4} Pa) Wert gelegt werden muß. Aluminium reagiert mit Wasserdampf und Rest-Sauerstoff, was zu hohen Bahnwiderständen führt. Es werden auch Mehrschichtsysteme verwandt, die entweder die Haftung auf dem Substrat verbessern sollen, Diffusionsbarrieren bilden oder eine niederohmige Kontaktierung ermöglichen sollen.

Als Beispiel sei ein Lift-off-Prozeß für GaAs beschrieben, welcher zur Herstellung von Schottky-Kontakten Verwendung findet. Zunächst wird durch einen Photoschritt Photolack so strukturiert (Bild 8.16), daß er als Maske bei der naßchemischen Ätzung dient. Durch die chemische Ätzlösung (NaOH-H_2O_2-H_2O, 2mg:4ml:194ml) wird GaAs untergeätzt. Der Photolack ragt über die Mesakante hinaus und legt sich auf den oberen Teil der Flanke. Nach dem Aufdampfen des Metalls und dem Abhebeschritt ist nur der untere Teil der Flanke mit Schottky-Metall bedeckt. Als eigentliche Diode verbleibt der schmale (< 1 μm) mit dem Metall belegte Streifen der Epitaxieschicht, wodurch eine sehr geringe Kapazität (≈ fF) erzielt wird. Die Kontaktierung des n-Materials hat dann anschließend noch zu erfolgen (siehe Kapitel 9).

332 Bauelemente

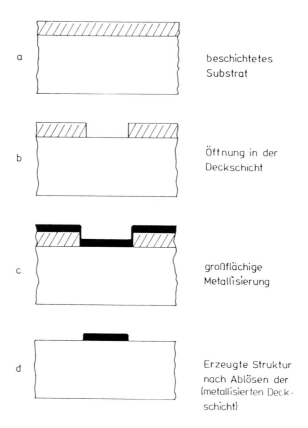

Bild 8.15: Abhebetechnik

8.3.3 Aufgestäubte Deckschichten

Sowohl Isolator- als auch Leitschichten werden aufgestäubt, wenn deren Qualität für den betreffenden Zweck ausreicht. Die verwendeten Techniken sind im ersten Teil, Kapitel 5 Abscheideverfahren, beschrieben. Z.B. kann man für eine Mehrlagenverdrahtung gesputterte oder pyrolytisch abgeschiedene Zwischenschichten einsetzen, oder zur Herstellung kapazitätsarmer Podeste aufgedampftes SiO_2 oder SiO. Auch ist es möglich, für die im vorherigen Abschnitt beschriebene Abhebetechnik aufgesprühte Schichten zu verwenden.

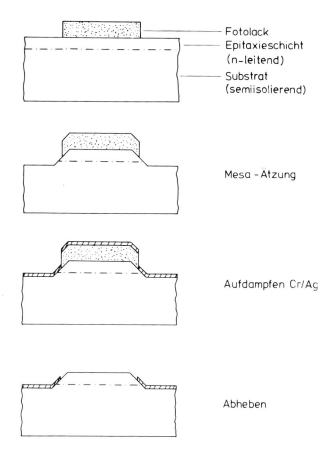

Bild 8.16: Schema der Herstellung von Schottky-Kontakten auf GaAs (Beispiel einer zweiseitigen Flankendiode)

8.3.4 Leiterbahnen

Leiterbahnen sind zur elektrischen Verbindung auf einem Chip und zur niederohmigen Belegung von Anschlüssen sowie als Schottky-Kontakt erforderlich. Im allgemeinen sind zumindest längere Verbindungen metallisch, jedoch werden auch hochdotierte Poly-Siliziumschichten und (darüber) Silizid-Schichten verwendet (siehe Teil I, Kapitel 5 Abscheideverfahren). Üblicherweise werden die benötigten Metallschichten aufgedampft, teilweise in Spezialfällen elektrolytisch verstärkt. Liegen besondere Reinheitsforderungen vor, wie z. B. bei Gate-Elektroden von Feldeffekttransistoren mit isoliertem Gate (MISFETs), erfolgt die Aufdampfung mittels einer Elektronenstrahl-Verdampfung.

334 Bauelemente

Das Prinzip einer Anlage zeigt Bild 8.17. Zur automatischen Dickenkonrolle wird ein Schwingquarz benutzt, dessen gleichzeitige Bedampfung zu einer Änderung der Eigenfrequenz führt, die zur Steuerung des Aufdampfvorganges verwendet werden kann. Als Pumpen werden mehr und mehr ölfreie Systeme (Turbomolekularpumpe) eingesetzt, um das Pumpenöl vollständig fernzuhalten; es führt u. U. zu schwerwiegenden Störungen beim Aufdampfprozeß.

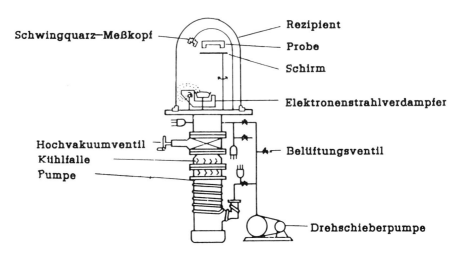

Bild 8.17: Schematische Darstellung einer konventionellen Aufdampfanlage

Als Material für metallische Leiterbahnen wird allgemein das auf Silizium und SiO_2 gut haftende Aluminium verwandt, in Spezialfällen auch Gold. Als Haftschicht verwendet man dann z. B. Titan, welches gleichzeitig eine Diffusionsbarriere für Au in Si darstellt. Neben dem grundsätzlichen Problem des strominitiierten Materialtransports bei extrem hohen Stromdichten (Elektromigration) ist bei Al-Schichten die Vermeidung der sog. "Purpurpest" wichtig, einer Bildung intermetallischer Au-Al-Verbindungen, falls Al mit Au in Kontakt kommt. Da deren Bildung nur oberhalb 200°C auftritt, darf beim Ultraschallbonden von Al-Zuleitungen auf Au-Kontaktflecken 150°C nicht überschritten werden. Als Mittel gegen die Elektromigration hat sich ein Zusatz von 1-2% Si zum Al bewährt; es werden deshalb entsprechend legierte Bonddrähte verwandt anstelle von solchen aus Reinaluminium.

Mit geringer werdender lateraler Geometrie steigt der Widerstand von Leitbahnen erheblich an, da das Verhältnis von Höhe zu Breite (aspect ratio) meist eins nicht überschreitet. Mit dem Wert des spez. Widerstandes von Al, $\rho = 2{,}7\ \mu\Omega\mathrm{cm}$, wird für einen 2 µm breiten und 1 µm hohen Streifen ein Widerstand von 13 Ω/mm erhalten; praktisch ist jedoch der Widerstand gegenüber Vollmaterial noch erhöht. Um bei noch kleineren lateralen Abmessungen hinreichend niedrige Verbindungswiderstände zu erhalten und um eine möglichst hohe Grenzfrequenz der RC-Kombination Leitung-Streukapazität zu erzielen, kann man Leitungen elektrolytisch verstärken. Verwendet man beidseitige Photolackwälle, kann man Höhen-Breiten-Verhältnisse von oberhalb fünf erreichen. Für Streifen im Submikrongebiet sind dazu Mehrlagenresists erforderlich, siehe Bild 8.18.

Prinzipiell wäre der Einsatz von Supraleitern möglich, was das Problem der Leitungslängen in einem IC sowohl bezüglich der ohmschen Verluste als auch hinsichtlich der Übertragungszeit (transit time) entschärfen würde. Neuartige keramische Supraleiter mit Sprungtemperaturen oberhalb 77 K könnten hierfür vielleicht Verwendung finden.

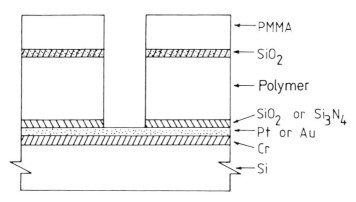

Bild 8.18: Beispiel eines Mehrlagenresists für Leiterbahn-Elektroplatierung

Zur Leiterstrukturierung kann das in Abschnitt 8.3.2 beschriebene Abhebeverfahren verwendet werden. Oder es wird eine Ganzscheiben-Bedampfung mit anschließendem Photolackschritt zum Abätzen der nicht mit dem Metall zu belegenden Stellen benutzt; bei Al wird als Ätzmittel $H_3PO_4:H_2O:HNO_3$, 20:4:1 bei 35°C (Ätzrate etwa 0,1 µm/min), benutzt. Bei Temperaturen von 400° bis 500°C (30 min bis 60 min unter Schutzgas) wird anschließend die sperrfreie Verbindung Leiterbahn- n^+- bzw. p^+-Kontaktstelle vorgenommen (eutektische Temperatur Si/Al 576°C).

8.3.5 Selektive Epitaxie und Strukturverschiebung

Selektive Epitaxie ist ein Mittel, um trotz mehrlagiger Schichtfolgen eine plane Oberfläche zu erhalten, sie ist ferner für eine Bauelemente-Separierung von Interesse. Dazu werden Gruben geätzt, die dann aufgefüllt werden. Diesem Auffüllverfahren steht die ganzflächige Beschichtung mit anschließender Inselbildung durch Ätzen gegenüber, wobei Tafelberg-artige Strukturen (span.

mesa) auf dem Substrat verbleiben. Eine Planarisierung ist dann nur mittels einer Auffüll-Technik (z. B. mit Polyimid) möglich. Bild 8.19 zeigt die Verfahren nebeneinander. Würde man die in Bild 8.19 angedeutete Epitaxieschicht gegenüber dem Substrat kontradotieren, erhielte man in beiden Fällen pn-Dioden mit gewachsenem Übergang.

Die Methode der selektiven Epitaxie vermeidet zwar die Mesa-Flächen, welche für darüber verlaufende Verbindungen kritische Stellen darstellen, jedoch ist meist die Qualität der Epitaxieinseln schlechter als die einer Vollbelegung. Außerdem tritt ein ungleiches Wachstum auf, da Randeffekte die Nukleation und damit das Wachstum längs der Kanten bevorzugen. Hierbei bildet sich ein Wulst aus, der die gewünschte Planarität der Oberfläche in Frage stellt, siehe Bild 3.3. Bei Si wird dies Verfahren somit weniger eingesetzt, wohl aber bei III-V-Verbindungen, z. B. bei speziellen optoelektronischen Strukturen, siehe Kapitel 13. Ein gleichmäßiges Wachstum bei sehr guter Material-Qualität gelingt bei Gasphasen-Niederdruckverfahren ($p < 20$ mbar), wie es Bild 3.4 für Silizium dokumentiert, siehe Teil I, Kapitel 3.

Es sei hier jedoch auf ein Problem hingewiesen, welches bei der Epitaxie auf strukturierten Substraten bzw. der selektiven Epitaxie auftritt. Da sowohl die Ätzrate als auch die Abscheidung von der Kristallorientierung abhängt, treten unerwünschte Verschiebungen und laterale Größenänderungen bei der Epitaxie über strukturierten Bereichen auf, wie etwa nach der Herstellung einer vergrabenen Leitschicht, Kapitel 9. Dies ist besonders ausgeprägt bei einer Abscheidung mit gleichzeitiger Ätzung, was im Fall von Silizium beim $SiCl_4$-H_2-Prozeß vorliegt (Teil I, Kapitel 3 Epitaxieverfahren). Bild 8.20 zeigt schematisch, wie die spätere auf die Strukturkanten bezogene Herstellung der Isolierwanne zu Bauelement-Ausfällen führen kann. Abhilfe schafft nur eine exakte Substratorientierung, siehe Bild 8.21, jedoch steht dem die für eine gute Prozeßführung bei der Gasepitaxie erforderliche Fehlorientierung des Substrates entgegen.

Bei der selektiven Gasphasen-Epitaxie, z. B. von Si in SiO_2-Öffnungen, macht sich das richtungsabhängige Wachstum auch bei Niederdruck durch eine Facettierung bemerkbar, während ansonsten eine ausgezeichnete Oberflächen-Morphologie erreichbar ist, siehe Bild 3.4. Bild 8.22 zeigt die Facettierung für den Fall einer <110>-Kantenorientierung bei einem <100>-Substrat (Wachstum auf {100}-Ebene). Verwendet man bei gleicher Kristallorientierung Kanten längs der <100>-Richtung, erhält man demgegenüber ein an die Seitenwände ohne Facettierung anschließendes Wachstum, jedoch mit verbleibenden dreieckigen unbewachsenen Bereichen an den Ecken.

Bei der Konfigurierung von Bauelementen in solchen Inseln ist der Seitenkanten-Böschungswinkel insoweit von Bedeutung, als dort Leckströme auftreten können, welche z. B. den Sperrstrom vertikal aufgebauter pn-Verbindungen um Größenordnungen erhöhen. Diese Störung ist um so geringer, je steiler die Kanten der Epitaxie-Insel verlaufen.

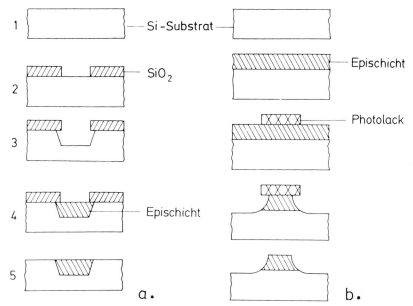

Bild 8.19: Vergleich von selektiver Epitaxie und Mesa-Technik: a) Die Si-Scheibe (1) wird oxidiert, an der Stelle der künftigen Epitaxie wird ein Loch in das Oxid geätzt (2). An dieser Stelle wird selektiv durch Gasphasenätzung in HCl geätzt, so daß eine Grube in Si entsteht (3). Durch selektives epitaktisches Wachstum von Si wird die Grube mit Si von gewünschter Dotierung gefüllt (4). Durch das Entfernen des Oxids ist die Scheibe wieder (ungefähr) plan (5). b) Auf der ganzen Si-Scheibe (1) wird eine epitaktische Schicht von gewünschter Dotierung aufgewachsen (2). Nach einem Photoschritt (3) und Ätzen (4) bleibt die Epischicht nur an der gewünschten Stelle stehen (5)

Der Einsatz entsprechender Inseln für Bauelemente liegt u.a. in deren möglichen Separation im Sinne einer SOS-Technik (Abschnitt 12.8). Hierzu läßt sich z. B. poröses Silizium als einkristallines Substrat für das Inselwachstum heranziehen, welches anschließend durch Oxidation zu SiO_2 und damit einer Isolator-Umhüllung der Epitaxie-Inseln umgeformt werden kann. Die durch eine spezielle Ätztechnik erzielbare Porösität kann dabei so eingestellt werden, daß der Volumenzuwachs von 56% bei der Oxidation zu keiner mechanischen Verspannung führt. Hierzu wird eine anodische Ätzung in einer Ethanol-HF-Lösung durchgeführt. Bezüglich Einzelheiten muß auf die Literatur verwiesen werden. Da eine mehrere µm dicke Schicht umgewandelt werden kann, ist dies Verfahren auch für einen Einsatz bei monolithischen Mikrowellen-Schaltungen (MMIC monolithic microwave integrated circuit) interessant; es lassen sich

338 Bauelemente

dann z. B. Koplanarleitung mit ähnlichen Eigenschaften wie auf semiisolierendem GaAs oder InP aufbringen.

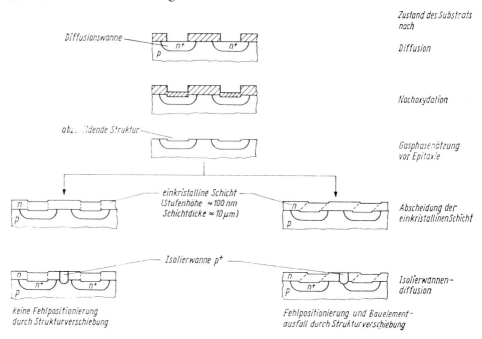

Bild 8.20: Strukturverschiebung bei der Epitaxie (nach K. Schade 1981)

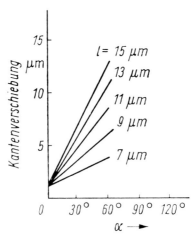

Bild 8.21: Abhängigkeit der Kantenverschiebung bei {100}-Substraten von der Fehlorientierung <) α und Schichtdicke l (nach K. Schade 1981)

Einzeltechniken 339

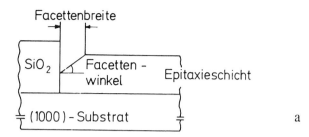

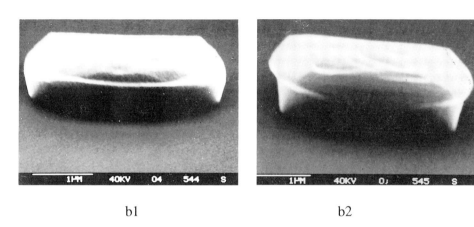
b1　　　　　　　　　　　b2

Bild 8.22: Facettenbildung während der Epitaxie: a) Prinzip und b) REM-Bilder (3x3 μm²-Struktur); b1) Si-Wachstum niedriger als SiO₂-Begrenzung; b2) Si-Wachstum höher als SiO₂-Begrenzung

8.3.6 Feldoxid

Das thermisch gewachsene Oxid ist bei Silizium die meist verwendete Maskierung. Über eine Zwischenschicht von SiO_x bildet sich an der Grenze zum Si das Oxid aus, durch welches bei der Herstellungstemperatur von etwa 1000°C der Sauerstoff diffundiert und die Oxidation bewirkt. Das Feldoxid ist im Gegensatz zum Gate-Oxid eine relativ schnell wachsende Isolatorschicht, welche zur Maskierung bei der Diffusion oder allgemein zur Passivierung und Isolation der Oberfläche eingesetzt wird. Die Aufbringung von Feldoxid ist somit ein wesentlicher Bestandteil der Planartechnik mit allen ihren Varianten (LOCOS/Philips, siehe Abschnitt 8.3.7; PLANOX/SGS; ISOPLANAR/Fairchild; SATO/TI; u.a.).

Ein relativ schnelles Wachstum von SiO_2 gelingt durch Verwendung feuchten Sauerstoffs, wobei der Sauerstoff heißes Wasser durchströmt und die Oxidation dann gemäß

340 Bauelemente

$$Si + 2H_2O \longrightarrow SiO_2 + 2H_2$$

erfolgen kann (siehe Teil I Kapitel 5). Dies bedeutet, daß bei der Ofentemperatur von bis zu 1200°C die Wassermoleküle selbst durch das wachsende Oxid diffundieren. Zur Einstellung des erforderlichen Partialdruckes von etwa $5 \cdot 10^4$ Pa ist bei einem O_2-Fluß von 1 l/min eine Verdampfertemperatur $\vartheta_{H_2O} \approx 90°C$ erforderlich.

Wie Bild 8.23 zeigt, ist das Wachstum bei feuchter Oxidation etwa zehnmal schneller als bei trockner, wobei das übliche Wurzelgesetz bei Diffusionsbegrenzung, Dicke proportional zu $\sqrt{t}$, nicht erfüllt ist.

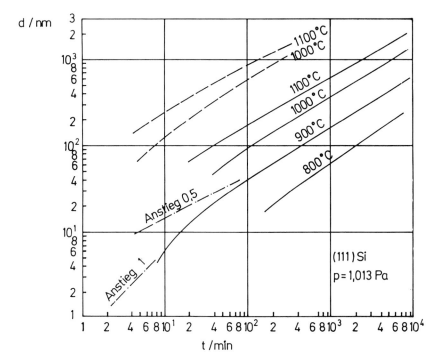

Bild 8.23: Dicke der Oxidschicht für die Oxidation in trockenem und in feuchtem Sauerstoff (nach K. Schade 1981)
——————— trockener Sauerstoff
- - - - - - - - - - feuchter Sauerstoff
($p_{H_2O} = 8,5 \cdot 10^4$ Pa, $p_{O_2} = 1,013 \cdot 10^5$ Pa)

Eine Standardoxidation zur Herstellung von Maskierungsoxiden läuft z. B. wie folgt ab: Die gereinigten Scheiben werden in den Oxidationsofen eingeschoben, während das auf 1050°C gehaltene Quarzrohr mit N_2 durchflutet wird. Feuchter Sauerstoff wird dann bei Normaldruck und mit einem Fluß von 120 l/min in das Quarzrohr geleitet, nachdem er ein auf 95°C thermostatiertes Wasserbad passiert hat. Bei 1050°C wächst dann in etwa 6 h eine SiO_2-Schicht von 2,1 μm Dicke. Nach Ablauf dieser Zeit werden die Scheiben noch 1 h in N_2, 140 l/min, getempert.

Die Isolationsfestigkeit solcher Oxidschichten beträgt mehrere MV/cm, also für 2 μm Schichtdicke etwa 500 V. Kritisch ist die vollständige Oxidbedeckung; bei Spuren von Verunreinigungen verbleiben nichtoxidierte Stellen (pin holes), die bei Metallisierung zu Kurzschlüssen führen können.

8.3.7 Lokale Oxidation

Das LOCOS-Verfahren (local oxidation of silicon) ist eine Oxidationstechnik, welche u.a. eine ebenere Oberfläche des Wafers zu erhalten gestattet als die konventionelle Planartechnik. Während bei letzterer die gesamte Halbleiterscheibe (thermisch) oxidiert wird und Diffusionsbereiche durch Ätzen des SiO_2 an der betreffenden Stelle der Oberfläche geöffnet werden,

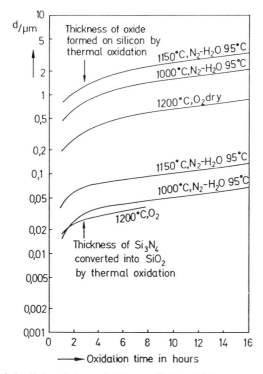

Bild 8.24: Schichtdicke d der gebildeten Oxidschicht (nach J. A. Appels u. a. 1970)

342 Bauelemente

werden beim LOCOS-Prozeß mittels Si3N4 die Oberflächenbereiche vor einer thermischen Oxidation geschützt, wo Diffusion- oder Kontaktfenster vorliegen sollen. Zwar wird auch Si3N4 in Oxid umgewandelt; jedoch viel schwächer als Si, so daß die maskierende Wirkung beim Prozeß verbleibt. Bild 8.24 zeigt den Unterschied deutlich.

Das Nitrid ist hierbei aus SiH4 und NH3 bei 900°C aufgewachsen, siehe Teil I Kapitel 5 Abscheideverfahren; die Oxidation erfolgt gemäß

$$Si_3N_4 + 3O_2 \longrightarrow 3SiO_2 + 2N_2$$

bzw.
$$Si_3N_4 + 6H_2O \longrightarrow 3SiO_2 + 4NH_3.$$

Das Si3N4 kann zuvor in heißer Phosphorsäure (80°C) geätzt und strukturiert werden, wobei pyrolytisches SiO2 als Maske dienen kann.

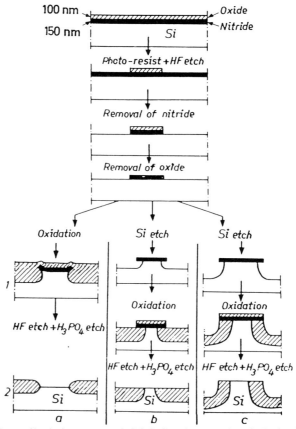

Bild 8.25: Herstellschritte von LOCOS-Strukturen (nach J. A. Appels u. a. 1970); a) Tiefe Oxidation ,b) Flache Struktur, c) Mesa-Struktur

Wie Bild 8.25 zeigt, gelingt mit diesem Verfahren eine technologisch günstige Strukturierung insbesondere für die Herstellung planer Dotierungsübergänge.

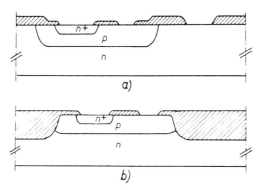

Bild 8.26: Bipolartransistor-Schema (nach J. A. Appels u.a. 1970)
 a) Konventionelle Struktur,
 b) mit Basisdiffusion nach LOCOS-Schritt

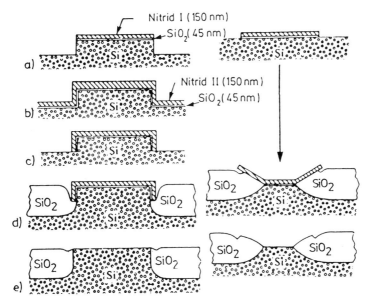

Bild 8.27: Gegenüberstellung der ursprünglichen LOCOS- Technik mit einem modifizierten Prozeß zur Eliminierung des Vogelschnabels (links SWAMI, rechts LOCOS) (nach K. Y. Chio u. a. 1982)
 a) Nach Inselstrukturierung und Ätzung, b) Nach zweiter Si_3N_4-Abscheidung, c) Nach Ätzung, d) Nach Feldoxidation,
 e) Planare isolierte Struktur.

344 Bauelemente

Während bei der konventionellen Planartechnik die seitliche Unterdiffusion der begrenzenden Deckschicht zu einer stark gekrümmten Grenzfläche z. B. des damit hergestellten pn-Überganges führt, ist dies hier nicht der Fall. Damit sind höhere Sperrspannungen anlegbar, die Stabilität auch gegenüber dem Auftreten von Mikroplasmen ist erhöht. Bild 8.26 zeigt die günstigere Konfiguration am Beispiel des Basiskollektor-Übergangs eines diffundierten Bipolartransistors.

Bei feinen Geometrien (< 5 µm) macht sich jedoch nachteilig bemerkbar, daß unter der Nitridbegrenzung ein seitliches Einwachsen der Oxidation erfolgt, verbunden mit einem Aufbäumen der Nitridschicht. Dem kann mit verfeinerten Technologieverfahren begegnet werden, z. B. mit dem SWAMI-Prozeß (sidewall masked isolation). Bild 8.27 zeigt dieses Verfahren im Vergleich zum LOCOS-Prozeß schematisch, wo nach Plasmaätzen des Si eine seitliche Nitridschicht die Vogelschnabel (birds beak) genannte Störung des LOCOS-Prozesses vermeidet. Bild 8.28 zeigt am Schliffbild die wesentlich verbesserte Struktur-Definition.

Beim Übergang zur Submikron-Technologie stößt man damit wieder an eine Grenze, weswegen das selektive Wachstum von Bauelemente-Bereichen auf einem Isolator zunehmend Interesse gewinnt. In Abschnitt 14.3 wird darauf eingegangen, siehe auch Abschnitt 8.3.5.

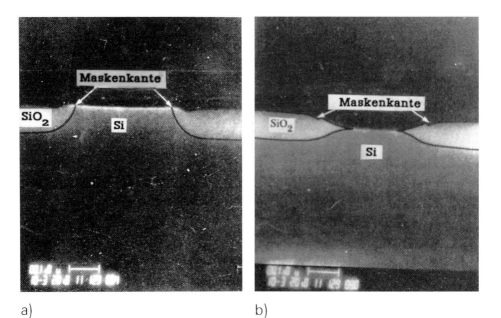

a)   b)

Bild 8.28: Schliffbilder zum LOCOS-Prozeß (nach K. Y. Chio u. a. 1982)
           a) SWAMI, b) LOCOS

Literaturverzeichnis

Appels, J. A., Kooi, E., Paffen, M. M., Schatorjé, J. J. H., Verkuylen, W. H. C. G.: Local oxidation of silicon and its application in semiconductor-device technology, Philips Res. Repts. **25**, 1970, 118-132
Originalarbeit zum LOCOS-Prozeß

Barabash, P. R., Cobbold, R. S. C., Wlodarski, W. B.: Analysis of the threshold voltage and its temperature dependence in electrolyte-insulator-semiconductor field effect transistors (MISFET's)
IEEE Transact. Electron Dev. **ED-34**, 1987, 1271-1282

Barla, K., Bomchil, G., Herino, R., Monvoy, A., Gris, Y.: Characteristics of SOI CMOS circuits made in $N/N^+/N$ oxidized porous silicon structures, Electronics Lett. **22**, 1986, 1291-1292

Baute, M., Demuschewski, H., Müller, A., Oelmann, A., Sofronijevic, D.: Einführung eines Elektronenstrahl-Maskenschreibers für LSI-gerechte Strukturerzeugung, BMFT Forschungsbericht T 82-110, 1982
Aufbau und Umfeld eines MEBES-Elektronenstrahlschreibers zur Maskenerzeugung

Beale, M. I. J., Benjamin, J. D., Uren, M. J., Chew, N. G., Cullis, A. G.: The formation of porous silicon by chemical stain etches,
J. Crystal Growth **75**, 1986, 408-414

Beinvogel, W., Mader, H.: Reactive dry etching for fabrication of very- large-scale integrated circuits, Siemens Forsch.- und Entwickl.-Ber. **11**, 1982, 180-189
Ätztechnische Verfahrensschritte für die Großintegration

Binder, J., Poppinger, M.: Material- und Verfahrensentwicklung für μC-kompatible Druck-, Temperatur- und Positionssensoren, BMFT-Forschungsber. T85-024, Bonn 1985

Birzele, P., Horninger, K., Mitterer, R: Entwicklung von CMOS-Gate Arrays und Zellenbausteinen mit den dazu gehörigen Entwurfsverfahren, BMFT-Bericht T86-076, Bonn 1986

Brodie, I., Muray, J. J.: The Physics of Microfabrication, Plenum Press,
New York 1982
Umfassende Darstellung von Strukturerzeugung und Strukturübertragung

Chau, H. L., Wise,K. D.: Scaling limits in Batch-Fabricated Silicon Pressure
Sensors, IEEE Transact. Electron Dev. **ED-34**, 1987, 850-858

Chiu, K. Y., Moll, J. L., Manoliu, J.: A bird's beak free local oxidation
technology feasible for VLSI circuits fabrication, IEEE Solid-State
Circuits **SC-17**, 1982, 166-170
Verbesserung des LOCOS-Verfahrens mit exakter Strukturdefinition

Cornu, J., Meinck, M.: System 12 Moderne Halbleitertechnik,
Elektr. Nachrichtenwesen **56**, 1981, 161-172
Entwicklung kundenspezifischer integrierter Schaltkreise

Einspruch (Hrsg.), N. G.: VLSI Electronics, Microstructure science,
Academic Press New York 1981
Buchreihe moderner Verfahren der Halbleitertechnik unter dem Aspekt
komplexer, feiner Strukturen; einschließlich spezieller Bauelemente

Gise, P. E., Blanchard (Hrsg.), R.: Semiconductor and Integrated Circuit
Fabrication Techniques, Reston Publ. Comp., Reston/Va 1979
Nach Unterlagen der Firma Fairchild zusammengestellte Darstellung der
erforderlichen Verfahrensschritte mit praxisnahen Angaben

Huff, H. R., Shimura, F.: Silicon Material Criteria for VLSI Elektronics,
Solid State Technol. **28(3)**, 1985, 103-118

Khurana, A.: Superconductivity seen above the boiling point of nitrogen
Physics Today, 1987, 17-23
Darstellung neuerer Ergebnisse bei supraleitenden Keramiken

Pichler, P., Ryssel, R.: Trends in Practical Process Simulation,
Archiv Elektr. Übertr. **44**, 1990, 172-180
Zusammenfassende Darstellung zum Stand der Prozeß-Simulation

Roth, L., Daunderer, M.: Giftliste, eukomed verlagsgesellschaft, Justus-von-Liebig-Str. 1, 8910 Landsberg/Lech
Umfassende ergänzbare Zusmmenstellung von Giften, krebserzeugenden, gesundheitsschädigenden und reizenden Stoffen einschließlich einschlägiger Vorschriften

Schade, K., Köhler, R., Theß, D.: Fertigung integrierter Schaltungen, VEB Verlag Technik, Berlin 1988
Knappe klare Einführung in die Si-Integration

Schade, K.: Halbleitertechnologie, Bd. 1, VEB Verlag Technik, Berlin 1981

Schwärtzel (Hrsg.), H. G.: CAD für VLSI, Rechnergestützter Entwurf höchstintegrierter Schaltungen, Springer-Verlag, Berlin 1982
Beiträge zu CAD-Verfahren

Silberherr, S., Hänsch, W., Seavey, M., Slotboom, J.: The Evolution of the MINIMOS Mobility Model, Archiv Elektr. Übertr. **44**, 1990, 161-172
Grundlagenartikel zur zweidimensionalen Simulation von MOSFETs

Sinha, A. K.: Metallization technology for very-large-scale integration circuits, Thin Solid Films **90**, 1982, 271-285
Herstellung und Eigenschaften von elektrisch leitenden Verbindungen auf Chips

Sonderheft: IEEE J. Solid State Circuits 25(1), 1990
Beiträge zu VLSI-Speichern und -Schaltungen (1989 Sympos. on VLSI Circuits, Kyoto/Japan)

Tolliver, D. L.: Contamination control: New Dimension in VLSI Manufacturing, Solid State Technol. **27(3)**, 1984, 129-137
Probleme und mögliche Lösungen

Tschöpel, P., Kotz, L., Schulz, W., Veber, M., Tölg, G.: Fresenius Zs. Analyt. Chem. **302**, 1980, 1-14
Zur Ursache und Vermeidung systematischer Fehler bei Elementbestimmungen in wäßrigen Lösungen im ng/ml- und pg/ml-Bereich

Widmann, D., Mader, H., Friedrich, H.: Technologie hochintegrierter Schaltungen (Halbleiter-Elektronik Bd. 19), Springer-Verlag, Berlin 1988

Wiele, F. v. d., Engl., W. L., Jespers (Hrsg.), P. G.: Process and Device Modeling for integrated circuit design, Noordhoff Int. Publ., Leyden 1977
Zusammenfassung von Beiträgen zur Simulation von Prozessen und Bauelementen

9 Reale Strukturen und Integration

Dieses Kapitel ergänzt Kapitel 8 bezüglich der allgemeinen, bei sämtlichen Klassen von Bauelementen wiederkehrenden Probleme; die eigentliche Bauelement-Technologie tritt hierbei zurück.

Zunächst wird auf Materialeigenschaften eingegangen, welche über Volumen- und Grenzflächeneffekte das Bauelementverhalten mitbestimmen. Die Verfahrensschritte zur Integration von Einzelkomponenten werden anschließend behandelt, bis hin zu Leiterbahnkreuzungen und Mehrlagenverdrahtungen. Das Auftreten parasitärer Komponenten wird erläutert. Der Frage der Kontaktherstellung und -messung ist breiter Raum gewidmet, da gerade die Eigenschaften ohmscher Kontakte von wesentlicher Bedeutung für die Gesamtfunktion sind. Abschließend ist die Kapselung behandelt, ein für Preis und Dauerhaftigkeit der Bauelemente entscheidender Prozeß. Nicht eingegangen wird hier auf die dreidimensionale Integration, dies ist Kapitel 14 vorbehalten. Auch wird die Mikrowellen-Integration (MMIC monolithic microwave integrated circuit) nicht näher behandelt, dazu wird auf die Literatur verwiesen.

9.1 Eigenschaften realer Bauelemente

Ein reales Bauelement unterscheidet sich von einer Idealstruktur in zweierlei Weise.

Die einzelnen, die Funktion des Bauelementes mitbestimmenden Bereiche innerhalb der Struktur sind unvollkommen und entsprechen nicht völlig den Annahmen. Dies betrifft z. B. den Kristallaufbau, welcher partiell gestört ist (Fehlstellen, ungewollte Verunreinigungen, mechanische Verspannungen und Versetzungen), oder die angestrebte Schichtenfolge (Interdiffusion, Grenzflächeneffekte) und nicht-ideale Übergänge sowie parasitäre Komponenten. Die zweite Verschiedenheit ist durch die endliche Ausdehnung des Bauelementes bedingt, durch seine Oberfläche und die Einflüsse des Substrates, abgesehen von den die Eigenschaften modifizierenden, aber notwendigen Verbindungen zur äußeren Schaltung.

Auf eine Reihe solcher Störeffekte wird im folgenden eingegangen.

9.1.1 Grenzflächeneffekte und Substrateinflüsse

In Teil I, Kapitel 2, wurde die Oberfläche prinzipiell behandelt. Die Oberfläche ist durch Adsorbate modifiziert, was zu Grenzflächenzuständen unterschiedlicher Dichte und energetischer Lage im Bänderdiagramm sowie zu Fluktuationen in der Lage der Bandkanten gegenüber E_F an der Oberfläche führt. Generell ergibt sich eine weitgehend von den Volumeneigenschaften unabhängige Situation. Bringt man z. B. eine Metallelektrode auf, kann das System zumeist nur so beschrieben werden, daß eine (extrem dünne) isolierende Zwischenschicht existiert, welche bei Stromdurchgang von den Ladungsträgern durchtunnelt wird. Bild 9.1 zeigt die komplizierte Situation in der Energiebänderdarstellung. Der gravierende Einfluß der Grenzflächenzustände und Zwischenschicht - technisch gesprochen der technologischen Behandlung der Oberfläche vor Kontaktbelegung - ist eindeutig.

Die Ladungsdichte Q_{SS} kann mit der Oberflächenzustandsdichte D_S als $Q_{SS} = -qD_S\{E_g-(\emptyset_o+\emptyset_{Bn}+\Delta\emptyset)\}$ ausgedrückt werden, wo $\emptyset_o$ der Energiewert ist, von wo an bis E_{FO} alle Akzeptorzustände besetzt sind. Technisch stellen sich näherungsweise jeweils ähnliche Werte des Oberflächenpotentials ein, wobei eine schwache Abhängigkeit von der Austrittsarbeit des Metalls verbleibt. In Bild 9.2 ist diese Abhängigkeit im Fall von n-Silizium zu sehen; der Schwächungsfaktor beträgt 0,27, und für $\emptyset_o$ wird in Übereinstimmung mit den Ausführungen im Teil I ein Wert von $\emptyset_o \approx 0.3eV$ erhalten. Dies bestätigt die allgemeine Regel, wonach an der Oberfläche der Halbleiter zumeist $\emptyset_o \approx E_g/3$ erhalten wird. Ferner ergibt sich eine Zustandsdichte D_S von etwa $D_S = 10^{12}...10^{14}$ $(eV)^{-1}cm^{-2}$.

Bei III-V-Verbindungen ist die Barrierenhöhe von der (Metall-)Belegung praktisch völlig unabhängig, es stellen sich typische Werte von z. B. $E_{FO}-E_V \approx 0,8eV$ bei n-GaAs und $E_{FO}-E_V \approx 0,5eV$ bei p-GaAs ein. Eine Annahme ist, daß die Nukleationswärme bei der Metallbelegung eine spezifische Oberflächenstörung hervorruft, z. B. Verdampfung der V-er-Komponente, womit der Halbleiter voll das thermische Grenzflächenverhalten bestimmt.

Die nichtbeschichtete Oberfläche zeigt wie vor die Fixierung von E_{FO} bei etwa 1/3 des Bandabstandes, womit sich ähnlich dem (metall-)belegten Halbleiter eine Grenzschicht ergibt, welche eine Raumladungszone darstellt (siehe Bild 9.1). Dies bedeutet z. B. für eine dünne leitfähige Epitaxieschicht eine Reduzierung des leitfähigen Querschnittes. Bei Belichtung trennt das in dieser Schicht vorhandene elektrische Feld die erzeugten Ladungsträgerpaare, wodurch faktisch eine Verringerung dieser Grenzschichtdicke eintritt; bei Messungen an dünnen Leitschichten ist dies zu beachten (siehe auch Kapitel 13 Optoelektronische Bauelemente). Die Grenzschichtdicke d selbst ist im thermischen Gleichgewicht von der jeweiligen Diffusionsspannung V_D bzw. der Volumendotierung n_{HL} abhängig. Mit der Debye-Länge

$$L_D = \sqrt{\frac{\varepsilon U_T}{q n_{HL}}} \text{ gilt } d = L_D \sqrt{\frac{2|V_D|}{U_T}}$$

($U_T = kT/q$ Temperaturspannung, $U_T \approx 26\text{mV}$ bei Raumtemperatur) ist d Bruchteile von μm groß, siehe auch Bild 14.76.

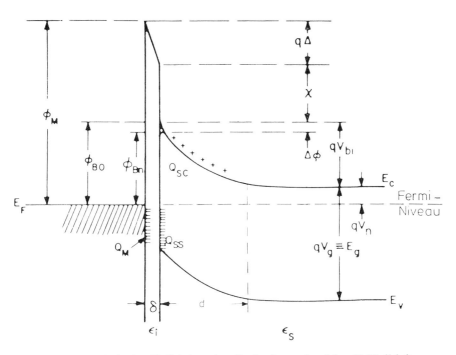

Bild 9.1: Die technische Halbleiteroberfläche bzw. der Metall-Halbleiterübergang in der Energiebänder-Darstellung (nach S. M. Sze 1981)
Φ_M = Austrittsarbeit des Metalls, Φ_{Bn} = Barrierenhöhe unter Einfluß des Schottky-Effektes, Φ_{Bo} = Barrierenhöhe mit vernachlässigtem Schottky-Effekt, $\Delta\Phi$ = Barrierenerniedrigung durch Bildkraft, Δ = Spannungsabfall längs Zwischenschicht, χ = Elektronenaffinität des Halbleiters, V_{bi} = Diffusionsspannung (Betrag), ε_s = Dielektrizitätskonstante des Halbleiters, ε_i = Dielektrizitätskonstante der Zwischenschicht, δ = Dicke der Zwischenschicht, Q_{SC} = Raumladungsdichte im Halbleiter, Q_{SS} = Flächenladungsdichte auf der Halbleiteroberfläche, Q_M = Flächenladungsdichte auf der Metalloberfläche, d = Schichtdicke der Raumladungsgrenze im Halbleiter

352 Reale Strukturen und Integration

Die Beschichtung der Oberfläche mit einer Isolatorschicht, was technisch oft vorliegt, führt bei GaAs zu praktisch keiner Veränderung des beschriebenen Verhaltens. Lediglich eine einkristalline Fortsetzung, z. B. mittels gitterangepaßtem GaInP, ZnSe, kann unter Umständen Abhilfe schaffen. Bei Silizium ist gemäß Teil I, Kapitel 2, dagegen eine starke Einwirkung der in einer Deckschicht inkorporierten Ladungen oder durch Feldeffekt festzustellen, da bei SiO_2-beschichtetem Si an der Grenze zum Oxid eine n-(Inversions-)Schicht auftritt. Hierauf muß bei dem Entwurf der Bauelemente stets Rücksicht genommen werden; u. U. werden Guardring-Strukturen (starke p-Diffusionen) zur Abtrennung von n-Bereichen erforderlich. Die hierdurch gegebenen Stabilitätsprobleme bei MOS-Strukturen werden in Kapitel 12 Feldeffekttransistoren behandelt; die im Oxid inkorporierten Ladungen können wandern und damit das Oberflächenpotential verschieben.

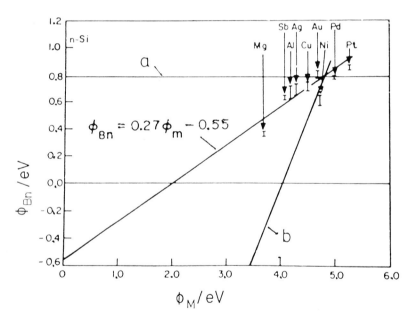

Bild 9.2: Barrierenhöhe bei technischen Metall-Silizium-Kontakten. Gerade a deutet Grenzfall völliger Unabhängigkeit von $\emptyset_M$ an, Gerade b den idealen Verlauf (nach S. M. Sze 1981)

Bei InP und auch $Ga_{0,47}In_{0,53}As$ ist im Gegensatz zu GaAs eine Beeinflussung der Grenzfläche festzustellen, weil der höhere ionogene Bindungsanteil dieser Materialien die Zustände an der Halbleiter-Oberfläche aus der verbotenen Zone E_g herauswandern läßt und damit sogar eine MOS-Transistor-artige Steuerung ermöglicht, siehe Abschnitt 12.

Oft weniger beachtet, aber ähnlich wichtig ist der Übergang Bauelement-struktur-Substrat, etwa der Grenzbereich epitaxialer Kanal eines lateralen Baulementes, z. B. eines Feldeffekt-Transistors, und Substrat. Auszugehen ist dort vom Bändermodell eines idealen Isotyp- oder Anisotyp-pn-Überganges, und ob eine homoepitaktische Schicht gewachsen oder eine Heteroepitaxie durchgeführt wurde. Ähnlich wie zuvor bei der Oberfläche beschrieben und mit Bild 9.1 verdeutlicht, treten an dieser Grenzfläche Störungen auf. Insbesondere sind inkorporierte Fangstellen (traps) kritisch, welche vom Substrat her einwandern können oder im Substrat selbst über diesen Schicht-Substrat-Übergang mit dem Leitungskanal wechselwirken können. Im Ergebnis treten je nach Potentiallage Umbesetzungen auf, welche sich technisch in langzeitig wirksamen Stromänderungen bzw. in Schleifen bei der Kennlinien-aufnahme (Strom-Spannungs-Darstellung) oder Rauschen äußern.

So ist z. B. der Kink-Effekt, der Übergang des Drainstroms I_D in einen Bereich größerer Steigung im $I_D(V_{DS})$-Verlauf von GaAs-Feldeffekt-Transistoren, weitgehend auf entsprechende Störungen zurückzuführen. Auch treten bei höheren Feldstärken zu Beginn des elektrischen Durchbruchs längs des Übergangs Kanal-Substrat Mikroplasmen mit hohem Rauschanteil auf; das Zünden und Verlöschen dieser Leitungspfade äußert sich in abrupten Stromänderungen (telegraph noise).

Beispielhafte Ergebnisse zum Rauschverhalten von GaAs-Epitaxieschichten auf semiisolierendem Substrat zeigen die Bilder 9.3 und 9.4, wo der Eigenrauschfaktor δ ein Maß für das überthermische Rauschen bei höheren Feldstärken ist; es gilt

$$T_{eff} = T_O \cdot \left\{1 + \delta \left(\frac{E}{E_S}\right)^\nu\right\}$$

mit E_S, ν als charakteristischen Parametern. Die benutzten Substrate wurden den folgenden Reinigungsschritten unterzogen:

1. Spülen in siedendem Aceton und mechanische Reinigung mit Q-Tips (Wattestäbchen);
2. Spülen im siedenden Trichlorethylen und mechanische Reinigung mit Q-Tips, nachher im siedenden Propanol spülen;
3. Spülen mit heißem, deionisiertem Wasser;
4. Kochen in konzentrierter Salzsäure;
5. Abspülen mit heißem, deionisiertem Wasser;
6. Ätzen in $3H_2SO_4$ (95-97%)+H_2O_2 (30%) + H_2O bei 50°C für 3 Minuten (Abtragung 12 ... 15 µm);
7. Abspülen mit heißem, deionisiertem Wasser;
8. Spülen in siedendem Propanol;
9. Abspülen mit heißem Chloroform.

354 Reale Strukturen und Integration

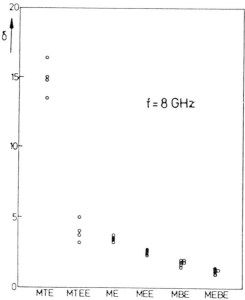

Bild 9.3: Substratvorbehandlungseinfluß auf den Eigenrauschfaktor einer Gasphasen-epitaktischen GaAs-Schicht (nach M. K. Ahmed u. a. 1980)

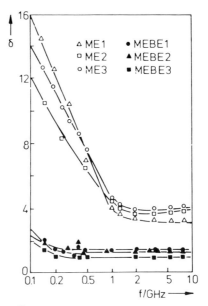

Bild 9.4: Einfluß des Ätzens und einer Gasphasen- Pufferschicht auf den Eigenrauschfaktor (nach M. K. Ahmed 1982)

Die unterschiedlichen Behandlungen, welche das Rauschen der Deckschicht über die Grenzflächeneffekte stark beeinflussen, sind in den Bildern jeweils eingezeichnet; es bedeutet:

1. ME: Nach dem Abkühlen der Ga-Quelle wird die Epitaxieschicht unmittelbar aufgewachsen.
2. MEE: Nach dem Abkühlen der Quellen beginnt die Gasätzung der Substratoberfläche durch HCL, das durch die Reaktion zwischen H_2 und $AsCl_3$ entstanden ist.
3. MBE: Aufwachsen einer Pufferschicht (Dicke = 3 µm, $N = 10^{15} cm^{-3}$) vor der Epitaxie der aktiven Schicht.
4. MEBE: Nach dem Abkühlen der Quellen beginnt die Gasätzung der Substratoberfläche vor dem in 3. beschriebenen Prozeß.
5. MTE: Vor der Durchführung des in 1. beschriebenen Prozesses ist das Substrat bei 750°C unter H_2-Atmosphäre für 30 min getempert worden.
6. MTEE: Nach dem Tempern, wie in 5. beschrieben wurde, beginnt der in 2. beschriebene Prozeß.

Ersichtlicherweise ergibt die Substrat-Temperung (MTE) eine kritische Oberflächenstörung, welche durch Ätzen (MEE) beseitigt werden bzw. durch eine zwischengeschaltete Pufferschicht (MBE, MEBE) in ihrem Einfluß verringert werden kann. Speziell bei Kurzkanal-FETs ist damit auch das Auswandern von Trägern aus dem Leitungskanal zu vermeiden, welches zu schlechtem pinch-off-Verhalten und niedrigem dynamischen Ausgangswiderstand führt, siehe Kapitel 12.

Auf die entsprechende Bedeutung der Präparation der (freiliegenden) Oberfläche wurde bereits in Teil I, Abschnitt 2.3.2 bei der Behandlung der Oberflächen-Rekombinationsgeschwindigkeit hingewiesen.

9.1.2 Volumen- und Durchbruchseffekte

Vom Volumen her ist bei technischen Bauelementen die zumeist störende und oft unkontrollierte Mitwirkung tiefer Störstellen zu beachten. Tiefe Störstellen, wie z. B. Au in Si, verringern die effektive Trägerlebensdauer. Man nutzt dies durch entsprechende Dotierung aus, falls man Zonen hoher Rekombinationswahrscheinlichkeit schaffen möchte; im allgemeinen jedoch stören solche Verunreinigungen, welche überdies zu Langzeit-Instabilitäten im elektrischen Verhalten der Bauelemente (bis zu Stunden!) führen können. Bild 9.5 zeigt als Beispiel die Einstellung der Erholzeit einer Diode, also der Dauer der Wiederherstellung der Gleichgewichts-Trägerdichte nach einem Strom in Flußrichtung. Bei höherem Gold-Einbau sinkt die Trägerlebensdauer und damit auch die Erholzeit.

356 Reale Strukturen und Integration

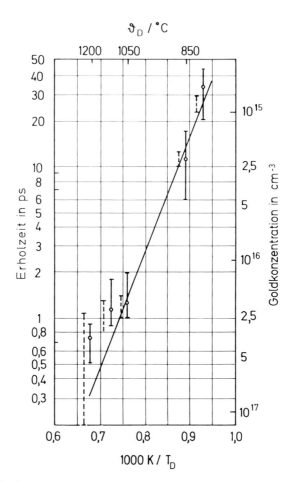

Bild 9.5: Erholzeit einer Si-pn-Diode nach verschieden starker Golddiffusion (T_D, ϑ_D Gold-Diffusionstemperatur) (nach W. M. Bullis 1966)

Ein weiterer Substrateffekt liegt darin begründet, daß die Substrate nicht völlig homogen sind und Trägerlebensdauer, Dotierung sowie weitere charakteristische Größen naturgemäß schwanken. Bild 9.6 zeigt den Widerstandsverlauf bei einem chromdotierten semiisolierenden GaAs-Substrat, während für Silizium relevante Angaben in Teil I, Kapitel 2 zu finden sind. Bild 9.7 zeigt dazu durch Anätzen sichtbar gemachte Dotierungsschwankungen (striations).

Eigenschaften realer Bauelemente 357

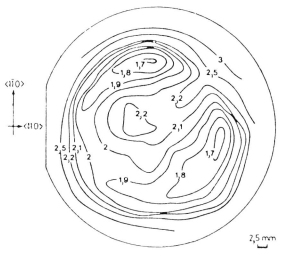

Bild 9.6: Verteilung des Schichtwiderstandes auf einer hochohmigen GaAs-Scheibe in $10^7 \, \Omega_\square$ (nach R. T. Blunt 1982)

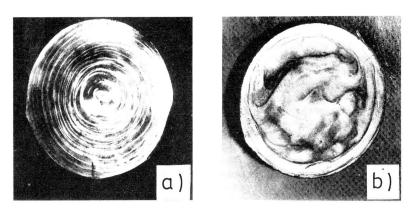

Bild 9.7: Dotierungsstörungen in Silizum-Einkristallen (nach H. Hermann u. a. 1975): a) übliche Ziehtechnik, b) verbesserter Prozeß

Insbesondere bei Mitverwendung des Substrates, wie z. B. bei Flächengleichrichtern, ergeben sich Auswirkungen auf die maximal anlegbare Sperrspannung.

Sehr empfindlich reagiert die Bildung von Mikroplasmen im Knie der Durchbruchkennlinie auf entsprechende Dotierungsschwankungen. Dies zeigt sich bei Avalanche-Detektordioden besonders deutlich, bei welchen gerade die Durchbruchseigenschaften zur Signalverstärkung herangezogen werden (siehe Kapitel 13 Optoelektronische Bauelemente).

358 Reale Strukturen und Integration

Auch Randeffekte sind zu beachten, wie sie z. B. bei einer nichtgeschützten Halbleiteroberfläche längs eines pn-Überganges auftreten können. Die extrem hohe Feldstärke von $> 10^5$ V/cm bedingt durch elektrostatische Anziehung Anlagerungen und damit eine instabile Durchbruchskennlinie des elektrischen Bauelementes. Abhilfe schafft die Verwendung von Deckschichten (SiO_2, Si_3N_4, Al_2O_3) oder eine Verringerung der Feldstärke durch Verlängerung des kritischen Überganges an der Chip-Oberfläche durch Anschleifen bzw. Anätzen eines flachen Winkels (bevelling). In Bild 9.8 ist eine solche technisch benutzte Lösung im Fall eines Ganzflächen-Thyristors gezeigt.

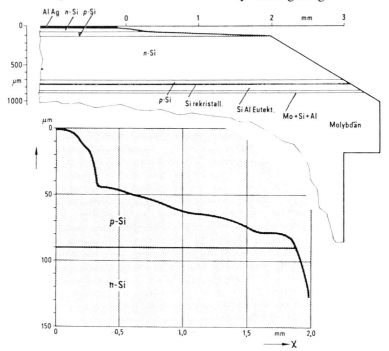

Bild 9.8: Randabschrägung bei einem Silizium-Leistungsbauelement (nach E. Spenke 1979)

Der Durchbruch im Volumen ist mit solchen Maßnahmen nicht zu umgehen. Er basiert weitestgehend auf der Trägermultiplikation (avalanche) als Folge einer hohen Feldstärke von $E_{Br} > 10^5$ V/cm. Bei extrem hohen Feldstärken, wie sie bei beidseitig sehr hoch (entartet) dotierten Zonen eines pn-Überganges vorliegen können, wirkt die innere Feldemission mit (Zener-Effekt). Der Temperaturkoeffizient der Durchbruchsspannung gibt über die Art des Durchbruches Auskunft; in Bild 9.9 ist der Übergang vom Zener- Durchbruch ($U_Z < 6V$) zum Avalanche-Durchbruch ($U_Z > 6V$) durch den Nulldurchgang angezeigt. Der Gang mit der Durchbruchsspannung, in Bild 9.9 als

Nennspannung U_Z von Spannungsregulator-Dioden (Zener-Dioden) aufgefaßt, ist wegen der Korrelation

Hohe Durchbruchsspannung ←→ große Weite des Überganges ←→ Niedrige Dotierung

bzw.

Niedrige Durchbruchsspannung ←→ geringe Weite des Überganges ←→ hohe Dotierung

einsichtig.

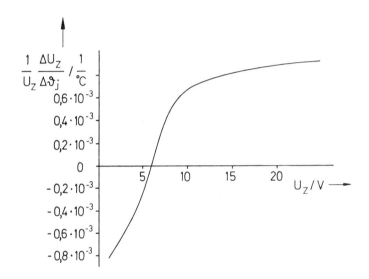

Bild 9.9: Temperaturgang der Dioden-Durchbruchspannung U_Z von Silizium-Dioden

9.2 Aufbautechniken

Unter Aufbautechnik sind hier die Verfahren zusammengefaßt, welche die gemeinsame Einbettung einer Vielzahl von Einzelstrukturen in einen Chip ermöglichen. Bei passender Kontaktierung und Leiterbahnanordnung entsteht hieraus die Integrierte Schaltung (IC), welche insoweit aus einer Zusammenschaltung von Einzelelementen (Dioden, Transistoren, Widerstände, Kapazitäten, Induktivitäten) besteht. Daß hierbei Strukturen mit elektrisch verteilten

360 Reale Strukturen und Integration

Elementen, also mit Leitungscharakter, auftreten können, kann an dieser Stelle außer acht bleiben.

Für die gegenseitige Isolation werden in der Siliziumtechnik vornehmlich Isolationswannen benutzt, bei welchen die Separation mittels kontradotierter Wälle erfolgt, wie es Bild 9.10 andeutet.

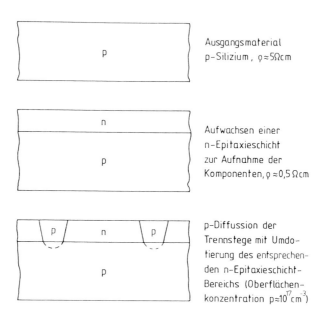

Bild 9.10: Isolationswanne in Silizium

Dadurch werden Sperrschichtzonen erzeugt, die der Trennung der Einzelstrukturen dienen. Gleichzeitig werden hierdurch, insbesondere im Zusammenwirken mit den später eingebrachten Bauelementen, parasitäre Dioden und Transistoren geschaffen, die zu einer Störung der gewünschten Schaltungseigenschaften führen können (siehe Abschnitt 9.2.1). Deswegen versucht man, die p-Diffusionen direkt durch SiO_2 zu ersetzen, siehe auch Abschnitt 14.3.

Eine wesentlich aufwendigere Separationstechnik besteht im Einbringen von Oxidstegen, wodurch sowohl parasitäre Komponenten ausgeschaltet als auch die kapazitiven Belastungen verringert werden können. Bild 9.11 zeigt prinzipiell das Herstellverfahren, welches jedoch nur in Spezialfällen zur Anwendung kommt. Dabei kann, wie auch bei den isolierten Wannen gemäß Bild 9.10 möglich, eine vergrabene Leitschicht eingebaut werden, siehe Abschnitt 9.2.3.

Aufbautechniken 361

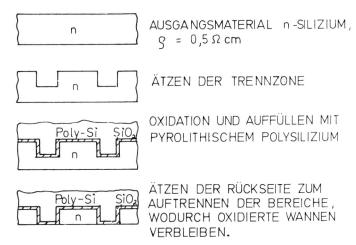

Bild 9.11: Oxid-Isolation

Als drittes Verfahren ist die SOS-Technik zu nennen (Silicon on Sapphire; auch Spinell wird benutzt), wo auf eine einkristalline Saphir-Scheibe Silizium heteroepitaxial aufgewachsen wird. Da Saphir einkristallines Al_2O_3, $\varepsilon_r \approx 10$, ein hervorragender Isolator ist, können auf diese Weise perfekt isolierte Si-Inseln zur Aufnahme von parasitätenarmen Bauelementen geschaffen werden. Da die Grenzfläche zum Substrat keine exakte Gitteranpassung besitzt, treten schwer beherrschbare Störungen auf (siehe Teil I Kapitel 3 Epitaxie). Das aufwendige und teure Verfahren wird somit nur in Spezialfällen benutzt.

Eine weitere Methode besteht im Inselwachstum (selective growth) der aktiven einkristallinen Bereiche auf dem isolierenden Substrat. Dies gelingt nicht nur im Sinne der SOS-Technik oder auf sonstigen einkristallinen Unterlagen, sondern auch als einkristalline Zone auf einem amorphen Isolator, wobei die Kristallorientierung der wachsenden Schicht entweder durch entsprechend strukturierte Oberfläche des Isolators erzwungen wird (Grapho-Epitaxie, siehe Teil I) oder von einem kristallinen Bereich aus in einkristalliner Schicht über eine angrenzende isolierende Zone gewachsen wird.

Auch gelingt es, durch eine tiefe Implantation eine vergrabene Isolationsschicht (buried insulating layer) unterhalb der Halbleiteroberfläche zu erzeugen, was die Strukturierung separierter Elemente in der darüberliegenden Schicht ermöglicht. Dies erfolgt z. B. mittels einer hochenergetischen Sauerstoffimplantation in Silizium, was bei Ausheilung bei hoher Temperatur ($\vartheta = 1300\text{-}1400°C$) zu einer SiO_2-artigen Zwischenschicht führt. Bei diesem SIMOX-Verfahren sind allerdings sehr hohe O_2-Dosen von $10^{18} cm^{-2}$ erforderlich, womit diese Implantation bei üblichen Ionenstromdichten viele

Stunden dauert. Auf die Verwendung porösen Siliziums zur kapazitätsarmen Bauelemente-Isolation wurde in Abschnitt 8.3.5 bereits hingewiesen.

Als Beispiel für ein spezielles Verfahren bei III-V-Verbindungen sei das selektive Wachstum von GaAs auf semiisolierendem GaAs mittels der metallorganischen Gasphasenepitaxie beschrieben. Hierbei wird von einer räumlich begrenzten Temperaturerhöhung des Substrates durch Lichteinstrahlung Gebrauch gemacht.

Für das Wachstum von GaAs mit Hilfe metallorganischer Verbindungen werden i. a. Prozeßtemperaturen von oberhalb 450°C benötigt, um die Gasmoleküle zur Einleitung des Wachstumsprozesses in genügender Anzahl zu zersetzen. Jedoch adsorbieren auch bei niedrigen Temperaturen genügend Moleküle auf einer Substratoberfläche, die durch kurze Aufheizung, z. B. durch Bestrahlung mit einem gepulsten intensiven Laserblitz, zersetzt werden können. Bei örtlich begrenzter Bestrahlung wachsen kristalline Inseln (mit Wachstumsraten von etwa 2,5 µm/h bei 10 Hz Blitzfolge von 3ns-Laserblitzen von 120 mJ/cm^2 Puls). Ähnlich wirken resonante Quanten-Absorptionen, z. B. einer Excimerlaser-Bestrahlung.

In gewissen Fällen ist eine solche Trennung in Einzelbereiche nicht erforderlich, was zu einer höheren Packungsdichte integrierter Schaltungen führen kann. Dies ist z. B. der Fall bei p-MOS-Schaltungen, wenn normally-off-Elemente benutzt werden. Dann kann längs der unter dem Oxid n-leitenden Oberfläche keine Stromleitung von Element zu Element erfolgen, und eine besondere Isolation ist unnötig (siehe dazu Kapitel 12).

Bei III-V-Material sind zwei Verfahren in Gebrauch. Man geht dabei in jedem Fall von einem semiisolierenden Substrat aus ($\rho > 10^7$ Ωcm). Hierbei werden die Einzelstrukturen entweder mittels Ionenimplantation eingebracht, oder es wird nach epitaxialem Aufbau der Elemente eine Separierung durch Ätzen vorgenommen. Hierbei entstehen Mesa-Inseln, welche jeweils eine einzelne Struktur enthalten. Bei integrierten Schaltungen müssen dann die Kontaktbahnen über Mesa-Kanten geführt werden, weswegen man, falls möglich und elektrisch äquivalent, die planare Ausführungsform bevorzugt; man füllt allerdings auch die Ätzgruben auf, z. B. mit Polyimid. Zur Trennung wird deswegen auch bei epitaxialem Aufbau die Ionenimplantation eingesetzt, indem Isolationsbereiche implantiert werden. Dies geschieht durch Protonen-Implantation als Gitterzerstörung. Die erzeugte Gitterstörung (damage) heilt bei höheren Temperaturen ($\vartheta > 300$°C bei GaAs) wieder aus, so daß kein Temperschritt nach dieser Art von Isolationsimplantation mehr folgen darf. Man verwendet statt dessen eine Sauerstoffimplantation, worauf in Kapitel 13 eingegangen wird. In diesem Fall kann ohne Verlust der Isolationsfähigkeit die implantierte Schicht z.B. epitaktisch überwachsen werden.

In Bild 9.12 ist die Mesa-Separierung dargestellt, in Bild 9.13 die planare Einbettung aktiver Bereiche in das semiisolierende Grundmaterial. Letzteres kann auch epitaxial belegt sein, um von Störungen im Substrat freizukommen.

Aufbautechniken 363

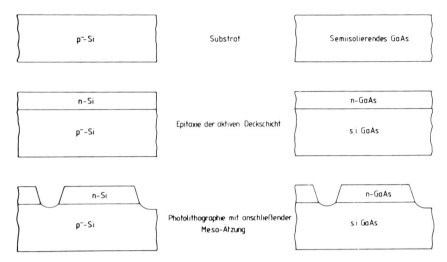

Bild 9.12: Mesa-Separierung

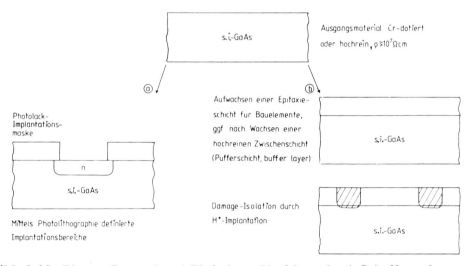

Bild 9.13: Planare Separation; a) Einfachstes Verfahren durch Schaffung aktiver Inseln mittels Implantation, b) Separation nach Epitaxie

9.2.1 Parasitäre Effekte

Bei der laufend vorgenommenen Verkleinerung der Bauelementedimension muß auch die Breite der Isolationsstege (etwa 25 µm) verringert werden. Dies schafft Probleme, abgesehen von den immer kleiner werdenden Ausdehnungen der aktiven Bereiche selbst, mit parasitären Dioden und Transistoren.

364 Reale Strukturen und Integration

Bild 9.14a deutet an, daß neben dem Substrattransistor ein lateraler Transistor auftritt, sofern die Breite W_I der kontradotierten Schicht in die Größenordnung der Diffusionslänge kommt. Bei hinreichend kleinen Bauelementen kann auch parallel zu diesen ein parasitärer Transistor vorliegen, wie Bild 9.14b zeigt.

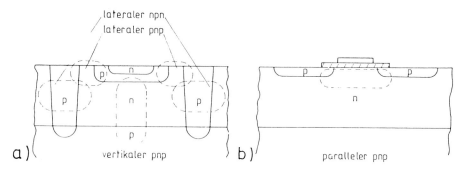

Bild 9.14: Parasitäre Komponenten; a) Bipolartransistor (npn), b) Feldeffekttransistor (p-Kanal Anreicherungstyp)

Abhilfe schafft neben zweckmäßig gewählten Potentialen der einzelnen Strukturteile eine gezielte zusätzliche Dotierung, die die Effektivität der parasitären aktiven Elemente verringert. Dies wird durch eine passende Ionenimplantation bewirkt (Abschnitt 12.3.1), aber auch "Lebensdauer-Killer" werden eingesetzt, wie z. B. bei Si ein Gold-Einbau an passender Stelle.

Bedingt durch die Modifikation der Oberfläche wirkt bei Si der dort vorliegende Leitungskanal (channel) je nach Art des eingebetteten Bauelementes ebenfalls als parasitäre Belastung. Unter dem thermisch gewachsenen Oxid bildet die auftretende n-Schicht bei einer n-dotierten Insel eine vergrößerte Leitungsfläche und damit parasitäre Kapazität oder aber einen Leitungskanal zu anderen, benachbarten Bauelementen. Nur mittels eines das kritische Element umgebenden, geschlossenen "channel stoppers" läßt sich dem begegnen, einer ringförmig ausgeführten hohen p-Dotierung - sofern man nicht die Oxidschicht entfernt.

9.2.2 Passive Komponten

Im Prinzip ist es sehr einfach, einen ohmschen Widerstand herzustellen. Bild 9.15 zeigt eine entsprechende Konfiguration.

Um bei einer integrierten Schaltung keine zusätzlichen Prozeßschritte über die für die aktiven Bauelemente hinaus erforderlichen vorsehen zu müssen, wird meist die Basisdiffusion auch für die Widerstände benutzt; bei Flächenwiderständen von $R_\square \lesssim 100\,\Omega_\square$ ergibt sich ein praktikabler Widerstandsbereich von bis zu einigen kΩ, abhängig von der Geometrie.

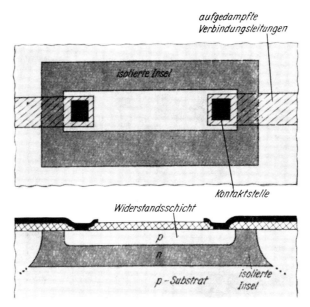

Bild 9.15: Aufsicht und Schnittbild eines diffundierten Widerstandes (nach A. Möschwitzer u. a. 1973)

Verwendet man übliche Emitter-, Basis- und Kollektordotierungen, erhält man Daten für damit konfigurierte Widerstände entsprechend Tabelle 9.1. Die entsprechenden Bauformen zeigt Bild 9.16.

Tabelle 9.1: Zusammenstellung integrierter Widerstands-Anordnungen (nach A. Möschwitzer u. a. 1973)

Widerstandstyp	Basis	Emitter	Eingeengte Basis	Kollektor
Bereich in Ohm	50-50K	5-100	10K-500K	1K-10K
Toleranz in %	20	20	50	50
Temp.-Koeff. in %/°C	0,1	0,2	0,5	0,8
Durchbruchs-Spannung in Volt	40	6	6	70

366 Reale Strukturen und Integration

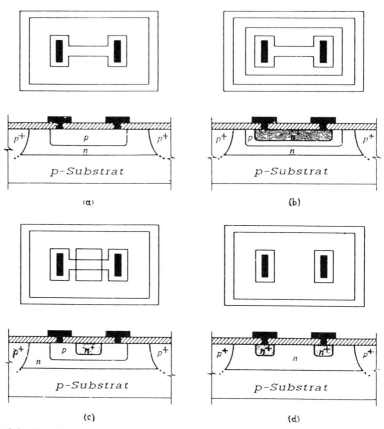

Bild 9.16: Bauformen für integrierte Widerstände (nach A.Möschwitzer u. a. 1973); Verwendung der a) Basisschicht, b) Emitterschicht, c) durch Sperrschichten eingeengten Basiszone, d) Kollektorschicht

Wegen der bei der Technologie vorliegenden Toleranzen ist es äußerst schwierig, einen gewünschten Widerstandswert reproduzierbar einzustellen. Die Schaltungsauslegung muß darauf Rücksicht nehmen. Es gelingt aber auch mittels Ionenimplantation für hochohmige Widerstände spezifische Flächenwiderstände von bis zu 100 k$\Omega_\Box$ einzustellen, was exakter möglich ist.

Wünscht man wie z. B. bei Hf-Abschlußwiderständen eine sehr exakte Festlegung des Ohmwertes, ist es günstiger, anstelle eines eingebetteten Widerstandes einen Dünnschicht-Widerstand (NiCr-,Ti- oder Ta-Schicht) auf der (SiO$_2$)Deck-Isolatorschicht oberhalb des Substrates anzuordnen. Hierzu lassen sich die bekannten Verfahren der Aufdampftechnik mit Festlegung der Geometrie durch eine Aufdampfmaske heranziehen. Man kann dabei Flächenwiderstände von einigen Ohm bis kΩ erzielen, wobei die Toleranz nicht abgeglichener Widerstände bei einigen Prozent liegt; ein exakter Abgleich gelingt z. B. mittels einer Laser-induzierten Abtragung.

Anstelle echter Ohmwiderstände werden vielfach "Aktive Lasten" eingesetzt, weil bei einer Integration die Zahl der zu strukturierenden aktiven Bauelemente, zumindest innerhalb gewisser Grenzen, nicht kritisch ist. Insbesondere bei Feldeffekttransistoren ist dies gebräuchlich, weil mit diesen sehr einfach symmetrisch aussteuerbare und praktisch lineare "Widerstandsgeraden" zu realisieren sind. Darauf wird in Kapitel 12 Feldeffekttransistoren eingegangen.

Kapazitäten können als Sperrschichtkapazitäten oder mittels der Isolator-Deckschicht realisiert werden, wie es Bild 9.17 andeutet. In Kapitel 10 Dioden sind die verschiedenen Möglichkeiten der Verwendung von Bipolartransistoren-Strukturen als Diode erläutert; jene Anordnungen können bei Sperrbelastung auch als Kapazität eingesetzt werden. Die bei großer Aussteuerung merkliche Nichtlinearität des Kapazitätswertes der gesperrten Diode kann problematisch sein, wie auch große Kapazitätswerte C > 100 pF nicht hergestellt werden können; die Toleranzen liegen ähnlich wie bei den Ohmwiderständen bei etwa 20%.

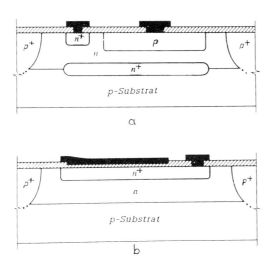

Bild 9.17: Beispiele integrierter Kapazitäten (nach A. Möschwitzer u. a. 1973); a) Kollektor-Basis-Diode, b) Oxid-Kapazität

Zu kleineren Werten hin ($\approx$ pF) werden "echte" Kapazitäten in Form von mit Dielektrikum (z. B. SiO_2) belegten interdigitalen Kammanordnungen oder in Mehrlagentechnik als Sandwichstruktur realisiert. Gütewerte bis etwa Q = 50 sind erzielbar. Auch werden, z. B. für dynamische Speicher, Kapazitäten platzsparend vertikal angeordnet, siehe Abschnitt 14.3 (Bild 14.45). Die

368 Reale Strukturen und Integration

Nichtverfügbarkeit von Kapazitäten der Größenordnung nF und größer verlangt weitgehend die Schaltungsauslegung als Gleichstromverstärker, um Koppelkondensatoren zu vermeiden.

Induktivitäten sind im Höchstfrequenzbereich durch ≳ 1mm lange Bonddrähte zu realisieren. Eine echte Integration gelingt nur mittels schneckenförmig aufgebrachter Leiterbahnen, welche eine Flachspule darstellen. Die erzielbaren Gütewerte sind allerdings sehr gering, $Q_L \approx 5$. Die Mittenzuleitung wird z. B. mittels Luftbrücken (air bridges) überkreuzt Bild 9.18 zeigt eine solche freitragende Überkreuzung am Beispiel eine Mehrfinger-FETs zur kapazitäts- und induktivitätsarmen Verbindung der Source-Elektroden.

Angemerkt sei, daß für Höchstfrequenz-Hybrid-Schaltungen kompakte Miniaturwiderstände und Kondensatoren Verwendung finden, welche direkt auf die Streifenleitungsschaltung aufgesetzt werden können.

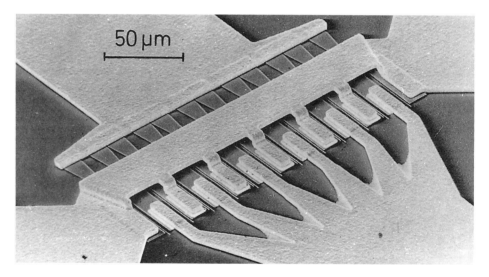

Bild 9.18: Luftbrücken-Verbindung (Source-Kontaktierung bei GaAs-MESFET; nach Telefunken electronic, Heilbronn)

9.2.3 Vergrabene Leitschichten und Leiterbahnkreuzungen

Leitbahnkreuzungen können auf der Oberfläche im Sinne einer Mehrlagenverdrahtung realisiert werden. Dazu wird z. B. gesputtertes SiO_2 als Zwischenlage verwandt. Eine weitere Möglichkeit besteht in Metallbrücken (air bridges), die auf eine herauslösbare Zwischenschicht aufgedampft werden. Nach herausgelöster Unterlage bleibt die Metallisierung als Leitbahn frei stehen, siehe Bild 9.18. Solch aufwendige Technik wird z. B. bei Höchstfrequenz-Leistungstransistoren zur Verbindung der einzelnen Kontaktfinger eingesetzt, bei integrierten Schaltungen werden jedoch trotz der größeren parasitären Kapazitäten meist vergrabene Leitbahnen benutzt. Sie werden mittels hoch dotierter Streifen realisiert, wobei vorhandene Bauelementbereiche herangezogen werden, um die zusätzlichen Kapazitäten beim Einbetten in kontradotiertes Grundmaterial zu verringern. Bild 9.19 deutet entsprechende Lösungen an.

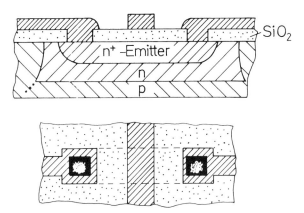

Bild 9.19: Leitbahnkreuzung mit vergrabener Schicht (nach A. Möschwitzer u. a. 1973)

Bei Mehrlagenverdrahtungen werden jeweils isolierende Zwischenschichten eingesetzt, welche z. B. aus pyrolytisch abgeschiedenem SiO_2 bestehen. Auf die Porenfreiheit ist verständlicherweise hoher Wert zu legen. Die Strukturierung darüberliegender Metall-(Al-)-Leitschichten geschieht z. B. nach einem Photolackschritt mittels Ätzen. Die kapazitive Belastung von Kreuzungen ist relativ hoch, bei 1 µm SiO_2-Dicke sind es etwa 30 pF/mm² Überdeckung oder mehr als 10 fF für zwei 20 µm breite Leitungen. Die Leitungen selbst besitzen (Al, 1 µm dick) einen Flächenwiderstand von 40 mΩ◻, der für vergrabene Leitbahnführungen noch erhöht ist. Insoweit sind kurze und möglichst kreuzungsfreie Verbindungen anzustreben.

In der Planartechnik sind alle wesentlichen Anschlüsse an der Oberseite angeordnet. Dies erfordert bei vertikal strukturierten Bauelementen u. U. die Verwendung einer vergrabenen Leitschicht (buried layer), um den Zuleitungswiderstand zu der vergraben liegenden inneren Anschlußstelle des aktiven Bauelementes nicht zu hoch werden zu lassen; der dortige Schichtwiderstand ist bezüglich der Funktion des Bauelementes zu wählen und kann nicht beliebig gering gemacht werden. Abhilfe schafft die vergrabene, hochdotierte Schicht, welche die Stromzuführung von der Seite her übernimmt. In Bild 9.17a ist dies

370   Reale Strukturen und Integration

angedeutet; die Herstellung der vergrabenen Schicht wird in Kapitel 11 Bipolartransistoren behandelt, weil sie hauptsächlich bei vertikalen Bipolartransistoren zur Verringerung des Kollektorbahnwiderstandes eingesetzt wird.

Bild 9.20: Schnitt-Photo einer geätzten GaAs-Durchverbindung (nach E. Kohn 1975)

Bild 9.21: Laser-erzeugte Durchverbindung (nach E. Kohn 1975)

Eine Sonderform einer Leiterbahnkreuzung stellt eine Durchkontaktierung durch das Substrat dar (via hole). Bohren oder Stanzen wie bei den Verbindungen durch Leiterplatten ist wegen der Sprödheit der Wafer nicht möglich. Deswegen wird dafür Ätzen oder Laser-Ausdampfen benutzt. Die

Bilder 9.20 und 9.21 zeigen Beispiele. Nach der Öffnung werden die Seitenwände metallisiert, wobei bei Au wegen der Kapillarwirkung u. U. die übliche Legiertemperatur der ohmschen Kontakte auf dem Wafer eine hinreichende elektrische Verbindung hervorruft.

9.3 Ohmsche Kontakte

Ohmsche Kontakte stellen die elektrische Verbindung der Halbleiterstrukturen mit der äußeren Schaltung dar. Sie sollen "rein ohmsch" sein, also weder stromrichtungsabhängig unterschiedliche Widerstandswerte zeigen, noch eine nichtlineare Stromspannungs- Charakteristik besitzen. Dies ist insbesondere bei Tieftemperatur-Betrieb schwierig zu ereichen, abgesehen von dann auftretenden mechanischen Spannungen.

Als Regel gilt, daß der spezifische Kontaktwiderstand $\rho_c = R_c \cdot A$ (A Kontaktfläche, R_c Widerstand des Überganges, gemessen bei Strom → 0 und für f → 0) um so niedriger ist, je niedriger der Bandabstand des kontaktierten Halbleiters ist. Ferner ist es umso leichter, ohmsche Kontakte zu erhalten, je höher der Halbleiter dotiert ist. Wichtig ist die Vermeidung einer isolierenden Zwischenschicht; deswegen wird die Halbleiter-Kontaktfläche direkt vor der Metallisierung kurz geätzt, um z. B. eine gebildete dünne Oxidhaut zu entfernen.

Zwei Arten von Kontakten finden Verwendung. Es sind dies Rekombinationskontakte und Tunnelkontakte. Die ersteren basieren auf der praktisch unendlich kurzen Lebensdauer τ der Träger an der Halbleiteroberfläche, wenn diese wie z. B. nach einem Sandstrahlen mechanisch stark gestört ist. In einem solchen Fall stellen sich an der Grenze Gestörter Halbleiter-Metall stets die Gleichgewichtsdichten n_0, p_0 des Halbleiters ein, unabhängig von fließenden Strömen. Diese werden im Metall von Elektronen geführt, die an der Grenzschicht durch Rekombination bzw. Paarerzeugung ihre Ladung mit den Trägern im Halbleiter austauschen. Dieserart ist ein unbehinderter Stromfluß möglich. Beim Tunnelkontakt bewirkt eine extrem hochdotierte Zwischenschicht wegen der dünnen Sperrschicht zwischen hoch (entartet) dotiertem Halbleiter und Metall das Tunneln von Trägern aus dem Halbleiter direkt in das Leitungsband des Metalls, siehe Bild 9.22. Dabei ist generell der Kontaktwiderstand bei n-Material unter sonst gleichen Bedingungen um etwa den Faktor 10 niedriger als bei p-Material.

Gemäß dem in Bild 9.1 gezeigten Schema ist direkt an der Grenze Metall-Halbleiter immer eine störende Barriere anzunehmen, welche im Energiebänder-Modell zu einer Bandverbiegung führt (band bending); das Fermi-Niveau liegt dort stets bei etwa $E_g/3$ oberhalb der Valenzbandkante. Die Breite d des Übergangs ist wie bei einer Schottky-Diode von der Dotierung abhängig; je höher die Dotierung, desto dünner die Übergangszone. Da der Tunnelstrom durch die Barriere mit verringerter Schichtdicke stark ansteigt,

372 Reale Strukturen und Integration

ist der Kontaktwiderstand von der Dotierung im eingangs genannten Sinne abhängig, Bild 9.23 zeigt Messungen an einem Au-GaAs-Kontakt. Ist die Dotierung niedriger als für einen effektiven Tunnelstrom erforderlich, tritt - bei entsprechender Vergrößerung von ρ_c - zunächst thermi(oni)sche Feldemission und schließlich reine thermische Emission über die Potentialbarriere auf; lediglich die Bildkraftwirkung bedingt eine Barrierenabsenkung (Schottky-Effekt).

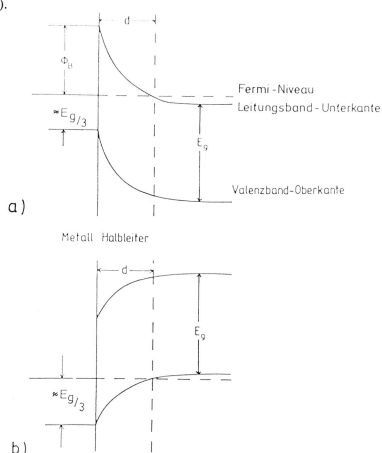

Bild 9.22: Tunnelkontakt; a) n-Halbleiter, b) p-Halbleiter

Zur Erzielung niedriger Kontaktwiderstände sind damit eine hohe Dotierung und eine möglichst niedrige Barrierenhöhe Φ_B (Bild 9.22) wichtig; letzteres läßt sich z. B. mittels einer zwischengeschalteten Schicht von Material niedrigeren Bandabstandes realisieren, ersteres durch Ionenimplantion oder Eindiffusion zusätzlicher Dotieratome in den Kontakt-Bereich, abgesehen vom Einsatz einer n^+- bzw. p^+-Kontaktschicht.

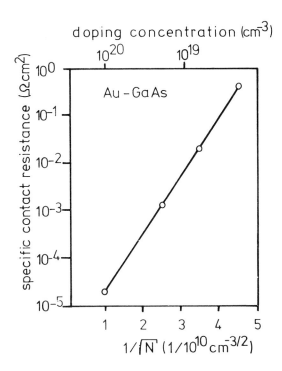

Bild 9.23: Spezifischer Kontaktwiderstand eines Au/GaAs-Kontaktes als Funktion der Dotierung (nach S. A. Mead 1969)

9.3.1 Kontaktherstellung

Der erste Präparationsschritt besteht im Anätzen der zu kontaktierenden Halbleiteroberfläche. Dann wird das Metall oder die gewählte Schichtenfolge verschiedener Metalle aufgebracht, wozu im allgemeinen eine Verdampfung im Vakuum herangezogen wird. Anschließend sorgt ein Tempervorgang für eine Stabilisierung mit Erniedrigung des Kontaktwiderstandes; Werte um $\rho_c \approx 10^{-6}\ \Omega\text{cm}^2$ werden erreicht.

Bei extrem hoch dotierten Deckschichten gelingt es, gutes Kontaktverhalten ohne einen Legiervorgang zu erzielen. Gut bedeutet hierbei einen Kontaktwiderstand von $\rho_c \gtrsim 10^{-4}\ \Omega\text{cm}^2$. Bedeutsam sind solche Kontakte speziell bei Dünnschicht-Bauelementen wie z. B. Quantenstrukturen (Abschnitt 14.4.2), wo ein Einlegieren mit Zerstörung der Schichtfolgen vermieden werden muß. Im allgemeinen wird jedoch die Halbleiteroberfläche

374   Reale Strukturen und Integration

kurz angelöst, wodurch sich eine stark vernetzte Zwischenschicht bildet; der Kontakt kann dann allerdings nicht mehr eindeutig physikalisch charakterisiert werden.

Bei immer kleiner werdenden Bauelementstrukturen muß auch die Tiefe des Kontaktbereichs reduziert werden. Statt eines zumindest Minuten dauernden thermischen Stabilisierens wird deswegen auch das Laserausheilen (laser annealing) oder die Formierung in einem Lampen-Ofen (RTA rapid thermal annealing, flash annealing) eingesetzt, um kurzzeitig (ms) bzw. in Sekunden und diffusionsfrei formieren zu können.

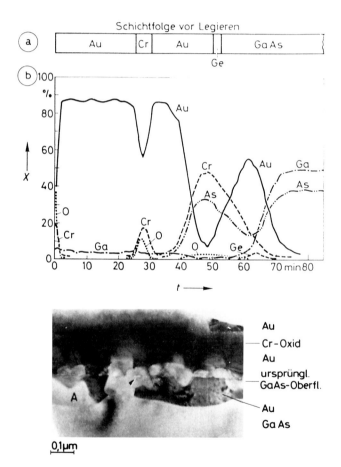

Bild 9.24: Ohmsche Metallisierung auf GaAs: (a) Au-Cr- Au-Ge-Schichtfolge vor dem Legieren, (b) Auger-Tiefenprofile/Atomzahlanteil X in Abhängigkeit von der Sputterzeit t der legierter Probe, (c) TEM-Querschnittsabbildung von legierter Probe (nach H. Oppolzer u. a. 1985)

Eine Untersuchungsmöglichkeit der realisierten Kontakte besteht in der Anwendung der Auger-Spektroskopie bzw. in der SIMS-Technik (siehe Abschnitt 2.4.2.1), um das Tiefenprofil der Kontaktstruktur zu erkennen; eine noch höhere Tiefenprofil-Auflösung liefern TEM-Bilder (Transmissions-Elektronenmikroskop) von gedünnten Schichten, siehe Bild 9.24.

Bild 9.25 zeigt wie Bild 9.24, daß das Kontaktmetall in den Halbleiter relativ weit einzudringen vermag; außerdem kann bei III-V-Halbleitern die V-er-Komponente auswandern. Verhindern läßt sich dies durch das Aufbringen einer diffusionshemmenden Schicht, wozu z. B. im Fall eine Au-Kontaktes bei GaAs Chrom verwandt wird. Schwierig ist es, hochtemperaturfeste Kontakte herzustellen. Anstelle von Au wird dann auch Ag eingesetzt.

Da bei dem Legiervorgang die benutzte Metallisierung zuweilen zu Tropfen zusammenläuft, wird darüber noch eine weitere Deckschicht gelegt; im Fall von Gold z. B. Nickel.

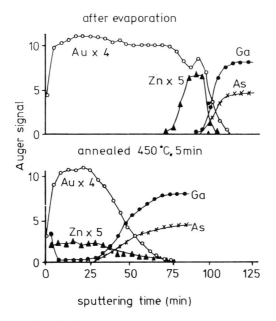

Bild 9.25: Auger-Profil einer Kontaktstruktur (Au 30 nm/Zn 37 nm/Au 233 nm auf p-GaAs) (nach T. Sanada u. a. 1980)

Bild 9.26 zeigt beispielhaft die Kontaktherstellung bei einer Silizium-p^+n-Diode. Nach kurzer Anätzung in T-Lösung (4,5 Mol/l 40% HF und 9 Mol/l NH$_4$F in deionisiertem Wasser) zur Entfernung der bei Zimmertemperatur gewachsenen Oxidschicht in den Kontaktfenstern wird die Si-Scheibe in die Hochvakuumanlage eingesetzt. Ist der Restgasdruck auf ca. $2 \cdot 10^{-6}$ mbar gesunken, kann mit der Aufdampfung begonnen werden. Al mit etwa 1% Si wird

376 Reale Strukturen und Integration

aus einer W-Wendel verdampft. Bei einer Schichtdicke von 0,3 - 1 µm wird das Aufdampfen beendet. Zur Erzeugung eines ohmschen Kontaktes und zur Haftungsverbesserung muß die Al-Schicht 30 min bei 450°C in N_2 oder N_2+10% H_2 getempert werden. Durch einen Photolithographieschritt und Ätzen des Al in einer Al-Ätzlösung wird das Al strukturiert, siehe Bild 9.26b.

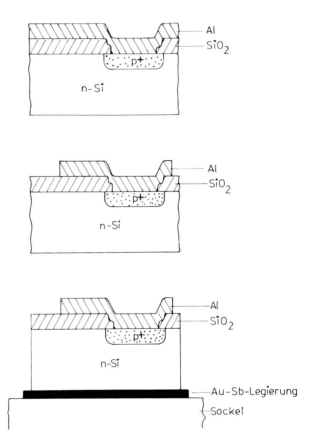

Bild 9.26: Kontaktherstellung bei einer Silizium-p⁺n-Diode (Planardiode)

Nach dem Zerteilen der Si-Scheibe in Einzelchips wird die pn-Diode (z. B. auf TO-18-Sockel) aufgelötet. Dafür wird auf den vergoldeten Sockel ein kleines Stück einer ca. 50 µm dicken Folie (Au + 1% Sb) gelegt. Der Chip wird angedrückt, und das gesamte System wird bei 350°C in N_2-Schutzatmosphäre legiert.

Solche Kontakte überstehen keine weiteren Hochtemperatur-Prozeßschritte und sind insoweit am Schluß des Herstellungsganges zu preparieren. Die zunehmende Verkleinerung der Strukturen verlangt zur Erzielung einer hinreichenden Ausbeute selbstjustierende Verfahren (entsprechende Bipolartransistoren siehe Bilder 11.52, 11.53; Feldeffekttransistoren Abschnitt 12.6), womit auch hochtemperaturfeste Kontakte erforderlich werden. Deren Herstellung gelingt durch Verwendung von Siliziden bzw. hochschmelzender Metalle (W, Ti, Mo; refractory metals).

In Bild 9.27 ist die Kontaktherstellung bei einer GaAs-pn-Diode veranschaulicht. Hierbei wird zur Kontaktstrukturierung die Abhebetechnik angewendet. Auf einem n+-GaAs-Substrat werden z. B. durch Flüssigphasenepitaxie eine n-GaAs-Schicht und anschließend eine p-GaAs-Schicht gewachsen.

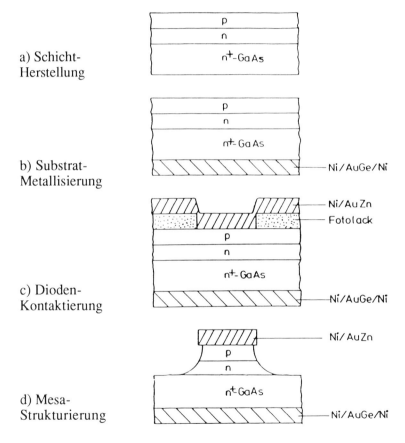

Bild 9.27: Kontaktaufbau bei einer Diode aus Galliumarsenid (Mesa-Diode)

Zum Kontaktieren des n-Gebietes wird die GaAs-Scheibe in eine Hochvakuumanlage eingesetzt. Für einen guten ohmschen Kontakt werden von der n+-Seite etwa 10 nm GaAs durch Ionenätzung abgetragen. Diese Ätzung wird in derselben wie zur späteren Aufdampfung benutzten Anlage bei 2kV, 0,2 mA, 1,4 Pa (10 mTorr) mit Ar-Ionen durchgeführt. Dann wird eine Ni-Schicht von 5 nm als Haftschicht aufgedampft. Darauf wird eine 130 nm eutektische Au-Ge-Mischung (12%) aufgedampft, Bild 9.27b.

Anschließend wird Photolack auf der Epitaxieseite aufgetragen, und in einem photolithographischen Schritt werden die Fenster für die p-Kontakte erzeugt. Nach der Reinigungsätzung in einer Argon-Atmosphäre (wie oben) werden die p-Kontakte aufgedampft. Sie bestehen aus einer Lage von 100 nm Au-Zn (3% Zn). Zum Schluß werden die Kontakte bei ca. 460°C 2 min in N_2-Atmosphäre einlegiert, Bild 9.27c, und die Mesa-Strukturierung wird vorgenommen.

Der erzielbare Kontaktwiderstand hängt zumeist kritisch von der Art (Dauer, Temperatur, Schutzgas) der Temperung ab. In den Bildern 9.28 und 9.29 sind Kurven gezeigt, die dies für einen Ni/AuGe/Ni-Kontakt deutlich demonstrieren (aufgedampfte Schichtenfolge 5 nm Ni / 70 nm 88:12 Au:Ge / 30 nm Ni). Die mit dieser Schichtfolge erzielbaren minimalen Kontaktwiderstände zeigt Bild 9.30.

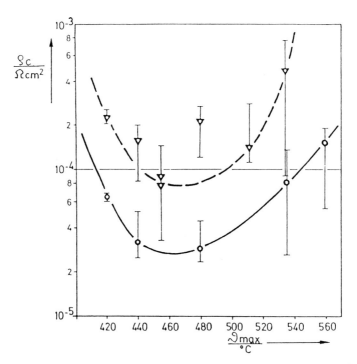

Bild 9.28: Kontaktwiderstandsverhalten nach 4 min Legierzeit. Substrat <100> GaAs, $n = 2 \cdot 10^{16} cm^{-3}$. ∇ Oberfläche chemisch geätzt, o Sputter-geätzt. (nach K. Heime u. a. 1974)

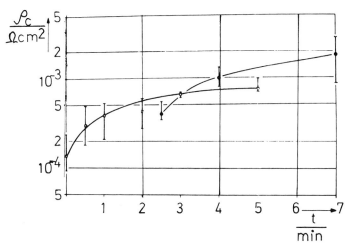

Bild 9.29: Abhängigkeit des spez. Kontaktwiderstands ρ_C von der Legierdauer nach Erreichung der Legiertemperatur für zwei Beispiele (nach K. Heime u. a. 1974)

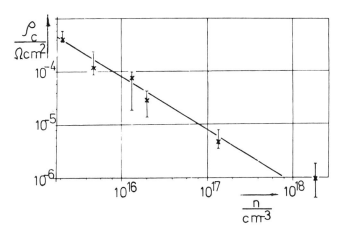

Bild 9.30: Erzielbare spez. Kontaktwiderstände auf n-GaAs (nach K. Heime u. a. 1974)

Die weitere Bauelemente-Verkleinerung verlangt entsprechend verringerte ρ_C-Werte, da die nutzbaren Kontakt-Flächen immer kleiner werden. Minimale Werte von einigen $10^{-7}\,\Omega\text{cm}^2$ bei n-Material und etwa $10^{-6}\,\Omega\text{cm}^2$ bei p-

380 Reale Strukturen und Integration

Material sind mit aufwendigen Methoden erzielbar, etwa mit ionenimplantierten Kontaktbereichen. Auch eine zusätzliche Diffusion kann eingesetzt werden, jedoch erhält man dann relativ weit ausgedehnte Kontaktzonen.

Bei planaren Bauelementen wird neben ρ_C als Kenngröße auch der längenbezogene Wert ρ_{cc} (Dimension Ωmm) verwendet. Er gibt den pro mm Breite des kontaktierten Leitungskanals gegebenen ohmschen Kontaktwiderstand an. Eine direkte Umrechnung von ρ_C in ρ_{cc} ist nur möglich, wenn die Tiefenausdehnung des Kontaktbereichs bekannt ist. Typisch erreichbare Werte bei n-Kanal GaAs-Feldeffekttransistoren sind $\rho_{cc} < 0,1$ Ωmm.

9.3.2 Elektrische Eigenschaften

Neben den technologischen Kontakteigenschaften, wie Planizität, Migrationsverhalten und Temperaturstabilität ist für ein elektrisches Bauelement der schließlich vorliegende Kontaktwiderstand R_C, den die Anschlußflecken zwischen der Metallisierung und der kontaktierten Halbleiterschicht bilden, von wesentlicher Bedeutung. Zu seiner Messung bedient man sich spezieller Meßstrukturen, welche auf die Art der erforderlichen Kontaktierung abgestimmt sind.

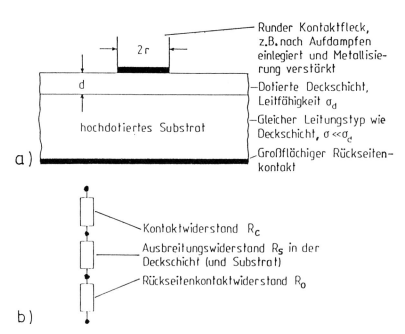

Bild 9.31: Meßanordnung nach Cox und Strack,
a) Anordnung, b) Ersatzschaltung

Das erste zu beschreibende Verfahren bezieht sich gemäß Bild 9.31 auf dotierte Schichten, welche auf einem hochdotierten Substrat vorliegen (z.B. Epitaxieschicht bei vertikal struktiertem Bauelement).
Der Kontaktwiderstand beträgt (ρ_c spezifischer Kontaktwid.)

$$R_C = \rho_c \frac{1}{\pi \cdot r^2},$$

während der Ausbreitungswiderstand (spreading resistance) näherungsweise mit

$$R_S = \frac{1}{2\pi r \sigma_d} \arctan\left(\frac{2d}{r}\right)$$

gegeben ist; nur für $d \ll 2r$ gilt die einfache Formel

$$R_S = \frac{d}{\sigma_d \pi r^2}.$$

Schreibt man allgemein

$$R_S = \frac{B}{4 r \sigma_d},$$

kann man den Wert von R_S mit Bild 9.32 für beliebige Verhältnisse $\frac{d}{2r}$ einfach ermitteln. Verwendet man mehrere Kontaktflecke unterschiedlichen Durchmessers und wertet die Ausdrücke für den verschiedenen Gesamtwiderstand aus, lassen sich auch R_0 und σ_d mit dieser Methode bestimmen; die Genauigkeit liegt bei etwa 10 % (Verfahren nach Cox und Strack).
Eine andere Meßstruktur ist in Bild 9.33 dargestellt. Sie ermöglicht ebenfalls neben der Ermittlung von Kontaktwiderständen R_C eine Bestimmung des Flächenwiderstandes $R_\square$ der betreffenden Schicht. Diese Meßstruktur muß im Substrat gegenüber anderen leitfähigen Bereichen hinreichend isoliert sein; sie ist insoweit für die Untersuchung an Epitaxieschichten auf isolierendem Substrat und kontradotiert-diffundierten Bereichen besonders geeignet, also bei lateralen Bauelementen.
Bei einem Strom I durch die Klemmen 1,4 tritt am Klemmenpaar 2,3 eine Leerlaufspannung $U = R_\square \cdot I/0,46$ auf, die direkt $R_\square$ zu ermitteln gestattet (siehe auch Teil I, Kapitel 2).

382 Reale Strukturen und Integration

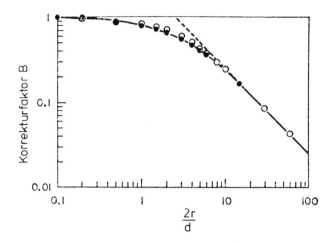

Bild 9.32: Korrekturfaktor (nach R. H. Cox u. a. 1967)

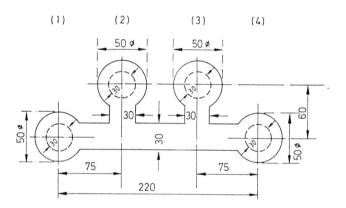

Bild 9.33: Maße der Meßstruktur in µm (gestrichelt: Kontaktflecken, ausgezogen: z. B. Mesa-Meßstruktur auf isolierendem Substrat) (nach H. Beneking u. a. 1969)

Die Widerstände R_{Mkl} in der Meßstruktur hängen zwischen den Anschlußflächen 1-4 nur von $R_\square$ ab, wobei für die gewählte Geometrie die Beziehungen

$$R_{M12} = R_{M34} = 3{,}2\, R_\square;\ R_{M14} = 6{,}3\, R_\square;$$
$$R_{M23} = 4{,}5\, R_\square;\ R_{M13} = R_{M24} = 5{,}4\, R_\square$$

gelten. Mit den von außen zwischen den Kontaktflächen meßbaren Widerständen R_{kl} gilt damit für die einzelnen Kontaktwiderstände

Ohmsche Kontakte 383

$R_{C1} = R_{14} + R_{13} - R_{34} - 8{,}5\,R_\square$
$R_{C2} = R_{12} + R_{23} - R_{13} - 2{,}3\,R_\square$
$R_{C3} = R_{34} + R_{23} - R_{24} - 2{,}3\,R_\square$
$R_{C4} = R_{14} + R_{24} - R_{12} - 8{,}4\,R_\square$.

Bild 9.34: Mikrophotographie eines Testwiderstandes (nach H. Berger 1970)

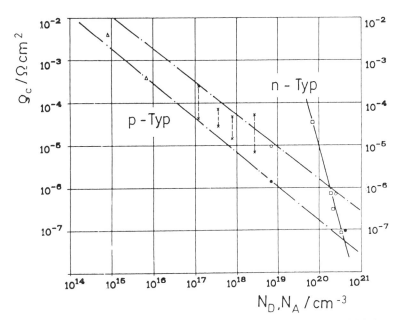

Bild 9.35: Spezifische Kontaktwiderstände von Aluminium auf Silizium in Abhängigkeit von der Dotierung (nach H. Berger 1970)

384 Reale Strukturen und Integration

In zur Technologie integrierter Schaltungen kompatibler Weise ist zur Bestimmung von Kontaktparametern eine Leitungsmeßstruktur gemäß Bild 9.34 nach Berger heranzuziehen. Der Testwiderstand fungiert als Transmissionsleitung, und aus den elektrischen Daten des zugeordneten Leitungsmodells folgen die interessierenden Werte.

Bild 9.35 zeigt Meßergebnisse, die mit diesem Verfahren gewonnen wurden. Die Kontakte entsprechen heutigem IC-Standard. Es sind Al-Kontakte, die auf das Si in gutem Vakuum aufgedampft werden. Wichtig ist eine effektive Ätzung des Substrates direkt vor der Bedampfung, um das oberflächig vorliegende Oxid zu entfernen. Verbleibende Reste werden bei dem nach der Aufdampfung vorgenommenem Tempern (400°C bis 500°C) des Al reduziert, und es bildet sich auch ohne Erreichung der eutektischen Temperatur (577°C für das System Si-Al) und starke Interdiffusion ein guter Kontakt.

9.4 Kontaktiertechniken

Die übliche Kontaktierung der Chips besteht im Bonden, der Thermokompression. Auf einem metallisierten Kontaktfleck (Größe z. B. 50 µm x 50 µm bis 100 µm x 100 µm) wird hierzu ein Draht (Durchmesser z. B. 25 µm) bei einer Temperatur von etwa 350°C unter hohem Druck aufgedrückt. Die hierdurch erniedrigte Schmelztemperatur führt zu einer oberflächigen Legierung und damit Fixierung des Kontaktdrahtes. Üblicherweise wird Gold als Kontaktfleck- und Drahtmaterial verwandt, doch ist auch Aluminium möglich. In diesem Fall benötigt man bei der Kontaktierung eine Ultraschallbewegung der Kontaktstelle, um die bei Al gegebene Oxidhaut aufzureißen und einen tatsächlichen Kontakt zu ermöglichen. Bei III-V-Verbindungen ist wegen deren Sprödheit Vorsicht geboten, auch treten u. U. elektrische Veränderungen (erhöhte Sperrströme) nach der Druck-Beanspruchung auf.

Beim Nagelkopfverfahren (Bild 9.36.a) wird ein Golddraht, 25 µm im Durchmesser, durch eine Wolfram-Kapillare geführt und mit Hilfe einer Knallgasflamme zu einer kleinen Kugel geschmolzen. Der Kugeldurchmesser hat jetzt einen größeren Durchmesser als die Kapillare und kann mit dieser auf die vorgesehene Kontaktfläche des Halbleiterchips gedrückt werden; gleichzeitig wird die Kapillare während des Andrückvorganges (etwa 1 sec) impulsmäßig beheizt. Damit werden die Kontaktstelle und die Kugel fest miteinander verbunden. Nach der Kontaktierung wird die Kapillare gehoben; der Golddraht bleibt dabei mit dem Plättchen fest verbunden. Der Draht wird zum vorgesehenen isolierten Sockelstift geführt und dort ebenfalls nach dem Thermokompressionsverfahren (z. B. bei schräggestellter Kapillare) angeheftet. Durch die Schrägstellung wird der Draht beim Bondvorgang unterschiedlich gedünnt, so daß an der dünnsten Stelle das nicht benutzte Drahtende entfernt (abgerissen) werden kann.

Kontaktiertechniken 385

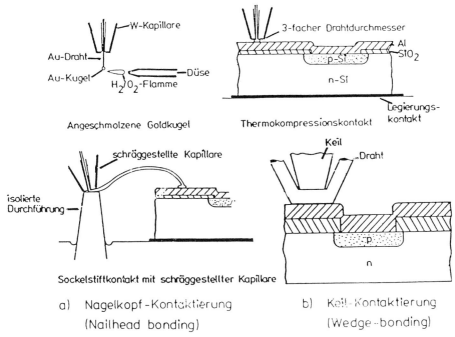

Bild 9.36: Verschiedene Bond-Versionen

Eine weitere Variante der Thermokompression ist das Keilverfahren (Bild 9.36.b), bei welchem kleinflächigere Kontaktflecken möglich sind. Hierbei sind Drahtdurchführung und Aufdruckschneide voneinander getrennt. Bei diesem Verfahren kann man auch Al-Drähte verwenden, da der Druck des Keils die Oxidhaut aufreißt und das Aluminium freilegt (für letzteres wird gleichzeitig eine Ultraschall-Vibration vorgenommen, Ultraschall-Bonden).

Die Befestigung des Kontaktdrahtes - oder mehrerer zur Induktivitätserniedrigung - auf der Sockel-Durchführung geschieht in ähnlicher Weise, wie bereits beschrieben, siehe auch Bild 9.37.

Bei integrierten Schaltungen wird statt Einzeldrähten eine vorgefertigte Kontaktierspinne aus einer Metallfolie verwandt, welche automatisch gebondet wird; auch eine Montage auf einer Kunststoffolie mit metallisierten Leiterbahnen ist möglich. Die Verbindungen werden dabei meist durch Löten hergestellt.

Zur induktivitätsarmen und leicht automatisierbaren Kontaktierung wird ferner eine upside-down-Montage eingesetzt. Hierbei sind die Chip-Kontaktflecken erhaben, und der Chip wird direkt mit der Kontaktseite nach unten auf den Leitbahnträger aufgesetzt. Durch kurzes Erwärmen werden dann die Lötkontakte hergestellt. Aus Bild 9.38 ist dies Verfahren ersichtlich.

386 Reale Strukturen und Integration

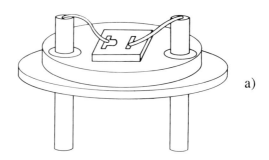

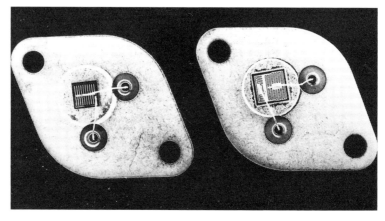

Bild 9.37: Chips auf Gehäusesockel; a) Aufbau-Schema,
b) Leistungstransistor in TO3-Gehäuse (Kollektoranschluß = Gehäuse, Emitter oben rechts, Basis unten links

Eine weitere, nur bei Spezialschaltungen und Höchstfrequenz-Bauelementen eingesetzte Kontaktiertechnik ist die Stege-Technik (beam lead, Bild 9.39). Hierbei werden elektrolytisch verstärkte Leiterbahnen (Ti/Pt/Au) vom Substratmaterial durch Ätzen befreit, womit das kontaktierte Bauelement bzw. die integrierte Schaltung, eingebettet in das verbleibende Substratmaterial, an den Verbindungen frei hängt und dieserart kapazitäts- und induktivitätsarm kontaktiert werden kann. Andernfalls könnten selbst bei den Bond-Drähten geringsten Durchmessers von z.B. 8 µm die Bondfleck-Kapazitäten stören, wenn extrem gutes Hf-Verhalten verlangt ist.

Die Chips selbst sind meist substratseitig ebenfalls elektrisch angeschlossen, schon um eine gute Wärmeableitung zu ermöglichen. Dies geschieht bei Einzelelementen im allgemeinen über eine sperrfreie Rückseitenmetallisierung oder einen sperrfreien Oberflächenbondkontakt. Im ersteren Fall wird der

Kontaktiertechniken 387

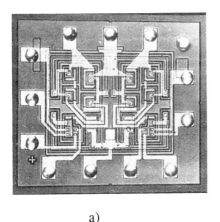
a)
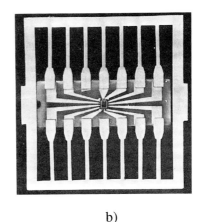
b)

Bild 9.38: Kontaktierung integrierter Schaltungen (nach I. Ruge 1975)
a)Erhöhte Kontakte (solder-bumps) für die gleichzeitige Lötung auf einen(Keramik-) Träger mit passend angeordneten Leiterbahnen (upside down-Montage), b)Keramik-Gehäuseunterteil mit Leiterbahnen und montiertem Chip (Dual-in-Line-Gehäuse)

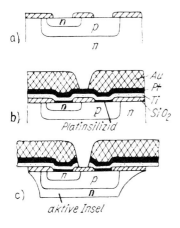
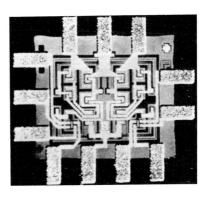

Bild 9.39: Stege-Technik (nach I. Ruge 1975 u. A. Möschwitzer u. a. 1973)
a) zu kontaktierendes Bauelement, b) Kontaktverstärkung,
c) abgeätztes Substrat, d) ECL-Gatter mit beam leads

Chip angelötet (Weichlot, z. B. Sn oder Pb-Sn-Legierung) oder auch geklebt. Das letztere Verfahren wird bei Hf-Bauelementen eingesetzt, wobei ein Leitkleber (Silber-Kunstharzdispersion) benutzt wird. Hierbei ist allerdings der Wärmekontakt Chip - Gehäuse verringert, weswegen für Leistungsbauelemente ein Kleber weniger in Frage kommt. Das Beispiel in Bild 14.18, Abschnitt 14.4.2, zeigt den Fall einer Wärme-Abfuhr nach außen vornehmlich durch Wärmeleitung. Luftkühlung kann Ventilator-forciert über Rippen-Kühlkörper erfolgen, oder bei Leistungs-Bauelementen mittels Siedekühlung. Rippt man die Wafer-Rückseite selbst, lassen sich Bipolar-ICs hoher Leistungsdichte direkt kühlen; auch "Heat-pipes" werden angewandt. Auf die entsprechenden Fragen wird hier nicht eingegangen, weswegen diese Hinweise genügen sollen.

9.5 Kapselung

Die Oberfläche der Elemente muß vor Wasserdampf und Schmutz geschützt werden, um eine Langzeitstabilität zu sichern, siehe Kapitel 14. Hochwertige Chips werden in Keramikgehäuse vakuumdicht eingelötet, doch ist für übliche Bauelemente diese Technik zu teuer. Metallgehäuse bei Leistungselementen und kunststoffumpresste sonstige Chips sind die Regel. Für letztere Bautechnik verwendet man z. B. ein mit Füllstoffen versetztes Epoxidharz, welches beim Umhüllvorgang auf etwa 175°C erwärmt wird. Übliche Anordnungen für integrierte Schaltungen sind in Bild 9.40 dargestellt, während Bild 9.41 eine Auswahl von Gehäusen für Einzeltransistoren zeigt. Metallgehäuse ergeben einen besseren Wärmeübergang, während der erforderliche mechanische Schutz auch mit Kunststoffumhüllung gewährleistet ist; lediglich der Feuchteinfluß ist dort u. U. kritisch. Die Oberflächenmontage (Gehäuse gemäß Bild 9.40d) erlaubt Kleben statt Löten und ist damit für eine automatische Bestückung besonders geeignet. Bei Einbiegen der Anschlüsse unter das Gehäuse läßt sich damit eine sehr dichte Packung erreichen.

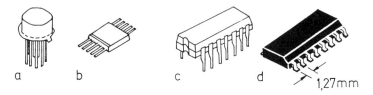

Bild 9.40: Verschiedene Gehäuseformen für integrierte Schaltungen:
a) Metallgehäuse: TO-5, b) Keramikgehäuse: Flat-pack,
c) Kunststoffsteckgehäuse: Dual-in-line, d) Gehäuse für Oberflächenmontage (surface mounting)

Die Verwendung von Gehäusen limitiert naturgemäß die Anwendbarkeit der Elemente bei hohen Frequenzen. Bauelemente für Frequenzen oberhalb 10 GHz werden deswegen meist direkt z. B. mittels beam-lead-Kontaktstreifen in die Schaltung eingesetzt, welche als Streifenleitung (strip line), koplanare Leitung oder als Fin-line konzipiert ist. Auf entsprechende Anordnungen kann hier nicht eingegangen werden; bis etwa 15 GHz lassen sich noch Fassungen gemäß Bild 9.42 bzw. 9.43 verwenden.

Kapselung 389

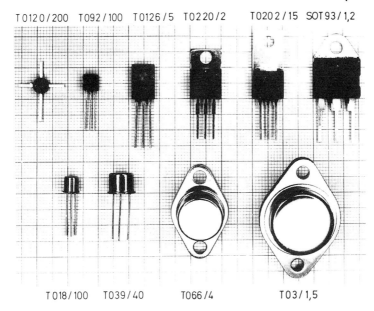

Bild 9.41: Gehäuse für Einzeltransistoren mit Angabe des Typs und ungefährer Sperrschicht-Gehäuse-Wärmewiderstände R_{thJG} in K/W

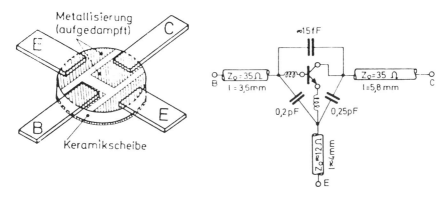

Bild 9.42: Prinzipieller Aufbau und Ersatzschaltbild (gültig bis 6 GHz) eines Mikrowellenstreifenleitungsgehäuses (nach U. Piller 1973); Durchmesser der Keramikscheibe 3,7 mm. Je nach Erdung weist das Gehäuse um 6 GHz eine Eigenresonanz auf. Die Kapazitäten wurden in Leergehäusen gemessen. Für die Bestimmung der Induktivitäten und Wellenwiderstände der Anschlußleitungen wurden entsprechende Golddraht-Kontaktierungen in den Leergehäusen vorgenommen.

390 Reale Strukturen und Integration

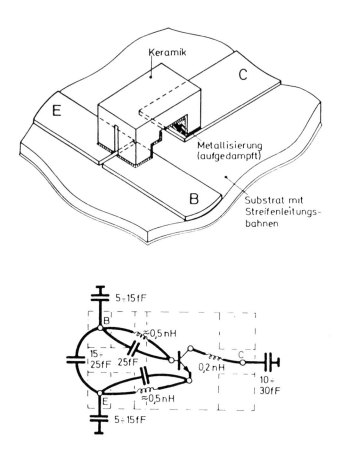

Bild 9.43: Einbau und Ersatzschaltung eines LID-Gehäuses. Die Kapazitäten gegen Masse hängen stark vom Substratmaterial und den Streifenleitungsbreiten ab. (nach U. Piller 1973)

9.5.1 Parasitäre Komponenten

Beim Einbau des Chips in ein Gehäuse ist nicht zu vermeiden, daß Induktivitäten (Bonddrähte) und Kapazitäten hinzutreten. Diese parasitären Komponenten bewirken bezüglich der äußeren Anschlüsse ein anderes und im allgemeinen ungünstigeres elektrisches Verhalten bei höheren Frequenzen bzw. im Schaltverhalten als der Chip. Insoweit wird die upside-down-Montage ohne Verpackung bei Höchstfrequenz-Bauelementen vorteilhaft eingesetzt.

Die parasitären Komponenten der Fassung sind durch elektrische Messungen bestimmbar. Die Bilder 9.42 und 9.43 geben Beispiele.

Ganz allgemein sind entsprechende Untersuchungen der Bauelemente entwicklungsbegleitend und in der Produktion, letztlich als Endkontrolle, von wesentlicher Bedeutung, siehe auch Kapitel 14. Auf Detail-Angaben zur elektrischen Meßtechnik muß im vorliegenden Rahmen verzichtet werden, doch sei ausdrücklich betont, daß für sämtliche Bauelemente, seien es Einzel-Elemente (discrete devices) oder integrierte Schaltungen (ICs), das schließliche elektrische Verhalten das Wesentliche ist. Damit sind elektrische Test-Verfahren wichtig, abgestimmt auf die zu erfüllende Funktion des betreffenden Bauelementes. Einen ersten wesentlichen Anhaltspunkt geben Gleichstrom-Messungen, welche ebenso wie Hf-Tests in der Fabrikation mittels Prüf-Automaten durchgeführt werden. Als Labor-Geräte sind individuelle Meß-Aufbauten in Gebrauch. Kommerziell sind hervorragende Geräte erhältlich, genannt seien beispielhaft der Halbleiterparameter-Analysator und der Vierpol-Meßplatz der Firma Hewlett-Packard, beides unabdingbare Meßsysteme für Forschung und Entwicklung. Für Zeitbereichs-Messungen bis zu einigen ps herab sind optoelektronische Korrelations-Techniken einsetzbar, wozu ebenfalls auf die Literatur verwiesen werden muß.

Literaturverzeichnis

Ahmed, M. K., Beneking, H.: Interface effects on noise temperature of ungated GaAs-MESFET in: Proc. Conf. on Semi-insulating III-V Materials, Nottingham 1980 (Hrsg. G. J. Rees), Shiva Publ. 1980

Ahmed, M. K.: Zwischenschichteinfluß auf das Rauschverhalten epitaxialer GaAs-Schottky-Gate-Feldeffekttransistoren, Diss. RWTH Aachen 1982

Allevato, C. E., Selders, J., Schulte, F., Beneking, H.: Ohmic contacts to p-type $Ga_{0.47}In_{0.53}As/InP$, Solid-State Electron. **30**, 1987, 1039-1042

Anderson, W. T., Christou, A., Davey, J. E.: Smooth and continuous ohmic contacts to GaAs using epitaxial Ge-films, J. Appl. Phys. **49**, 1978, 2998-3000

Batra (Hrsg.), I. P.: Metallization and Metal-Semiconductor Interfaces (NATO ASI Series B: Physics Vol. **195**), Plenum Press, New York 1989
Sammlung kompetenter Beiträge

Becker, J. A.: Silizium-Planartechnologie mit Dotierlösungen, Diss. RWTH Aachen 1973
Dotierverfahren mittels Emulsionen

Beneking, H., Fröschle, E., Naumann, J.: Struktur zur Messung von Flächenwiderständen beim Planarverfahren, Solid-State Electron. **12**, 1969, 407-409

Berger, H.: Modellbeschreibung planarer ohmscher Metall-Halbleiterkontakte, Diss. RWTH Aachen 1970
Spezielle Meßtechnik für laterale Kontakte

Blunt, R. T.: Electrical Uniformity Measurements on Semi-Insulating GaAs wafers, Proc. Semi-Insulating III-V Materials, Evian 1982, (Sh. Makram-Ebeid, B. Tuck, Hrsg.), Shiva Publ. Ltd., Nantwich, England, 107-112

Brooks, A. C., Chen, C. L., Chu, A., Mahoney, L. J., Mavroides, J. G., Manfra, M. J., Finn, M. C.: Low-resistance ohmic contacts to p-type GaAs using Zn/Pd/Au metallization, IEEE Electron Dev. Lett. **EDL-6**, 1985, 525-527

Bullis, W. M.: Properties of gold in silicon, Solid-State Electron. **9**, 1966, 143-168
Grundsatzartikel zu Au in Si

Coombs, Cl. F.: Printed Circuits Handbook, 3. Aufl., McGraw-Hill, New York 1988
Praxisbezogene, breite Darstellung der Einbau- und Leiterplatten-Probleme

Cox, R. H., Strack, H.: Ohmic contacts for GaAs devices, Solid-State Electron. **10**, 1967, 1213-1218
Meßstrukturen zur Kontaktwiderstandsbestimmung

Dubon-Chevallier, C., Duchenois, A. M., Bresse, J. F., Ankri, D.: Reproducible low-resistivity AuZn ohmic contact for p-type GaAs, Electronics Lett. **21**, 1985, 614-615

Ferry (Hrsg.), D. K.: Gallium Arsenide Technology, H. W. Sams & Co, Indianapolis/Indiana 1985
Praxisnahe Beschreibung

Frey (Hrsg.), J.: Microwave Integrated Circuits, Artech. House Inc., Dedham/MA 1975
Zusammenstellung relevanter Zeitschriften-Artikel

Frey, J., Bhasin (Hrsg.), K.: Microwave Integrated Circuits,
   Artech. House Inc., Dedham/MA 1985
   Zusammenstellung relevanter Zeitschriften-Artikel

Fukui, H.: Low-Noise Microwave Transistors and Amplifiers,
   IEEE Press, New York 1981
   Zusammenstellung relevanter Zeitschriften-Artikel

Grove, A. S., Fitzgerald, D. J.: Surface effects on pn-junctions: Characteristics of surface space charge regions under non-equilibrium conditions, Solid-State Electron. **9**, 1966, 783-806
   Oberflächeneffekte bei pn-Übergängen

Heiblum, M., Nathan, M. I., Chang, C. A.: Characterization of AuGeNi ohmic contacts to GaAs, Solid-State Electron **25**, 1982, 185-195

Heime, K., König, U., Kohn, E., Wortmann, A.: Very low resistance Ni-AuGe-Ni contacts to n GaAs, Solid-State Electron. **17**, 1974, 835-837
   Spezielle Verfahren zur GaAs-Kontaktierung

Heinemeyer, P., Lukanz, W., Steinweg, M., Oswald, D.: Siedekühlung für Leistungshalbleiter, Wiss. Ber. AEG Telefunken, 1978, 30-39

Hermann, H., Herzer, H., Sirtl, E.: Modern Silicon Technology, Festkörperprobleme **XV**, 1975, 279-316

Kock, de, A. J. R.: Charakterization and Elimination of defects in silicon Festkörperprobleme **XVI**, 1976, 179-193, Vieweg Verlag 1976
   Erkennung und Beseitigung von Materialdefekten im Silizium-Einkristall

Kohn, E.: Dimensionierung und Technologie integrationsfähiger GHz-MESFETs aus Galliumarsenid, Diss. RWTH Aachen 1975

Kräutle, H., Wachenschwanz, P.: Ohmic contacts on n- and p-layers of GaAs using laser-induced diffusion ,Solid-State Electron. **28**, 1985, 601-603

Kräutle, H., Woelk, E., Selders, J., Beneking, H.: Contacts on GaInAs, IEEE Transact. Electron Dev. **ED-32**, 1985, 1119-1123

Kuan, T. S., Batson, P. E., Jackson, T. N., Rupprecht, H., Wilkie, E. L.:
Electron microcope studies of an alloyed Au/Ni/Au-Ge ohmic contact to
GaAs, J. Appl. Phys. **54**, 1983, 6952-6957

Lindmayer, J.: Field effect studies of the oxidized silicon surface,
Solid-State Electron. **9**, 1966, 225-235
Verhalten der Grenzfläche Si/SiO_2

Majidi-Ahy, R., Auld, B. A., Bloom, D. M., 100 GHz On-Wafer S-parameter
Measurements by Electrooptic Sampling, IEEE MTT-S Digest 1989,
299-302

Marvin, D. C., Ives, N. A., Leung, M. S.: In/Pt ohmic contacts to GaAs,
J. Appl. Phys. **58**, 1985, 2659-2661

Mead, C. A.: Metal-semiconductor surface barriers,
Solid-State Electron. **9**, 1966, 1023-1033
Grundlagen des MS-Kontaktes

Mead, C. A.: Physics of Interfaces, in: Ohmic contacts to Semiconductors
(Hrsg. B. Schwarz), The Electrochem. Soc., Princeton/N J, 1969, 3-16

Möschwitzer, A., Lunze, K.: Halbleiterelektronik,
VEB Verlag Technik, Berlin 1973
Einführung in die Schaltungslehre und Technologie

Mourou, G. A.: Picosecond Electro-Optic Sampling in: High-Speed Elctronics
(Hrsg. B. Källbäck, H. Beneking), Springer Series in Electronics and
Photonics **22**, Springer-Verlag, Berlin 1986, 191-199

Naguib, H. M., Hobbs, L.H.: Al/Si and Al/Poly-Si contact resistance in
integrated circuits, J. Electrochem. Soc. **124**, 1977, 573-577
Kontaktwiderstände von Al-Kontakten auf n- und p-Si Material

Nittono, T., Ito, H., Nakajima, O., Ishibashi, T.: Non-Alloyed Ohmic Contacts
to n-GaAs Using Compositionally Graded $In_xGa_{1-x}As$ Layers,
Jap. J. Appl. Phys. **27**, 1988, 1718-1722

Oppolzer, H., Rehme, H.: Abbildung und Analyse von Grenzflächen mit dem
Transmissions-Elektronenmiskroskop, Siemens Forsch.- u. Entwickl.-
Ber. **14**, 1985, 184-192

Piller, U.: Transistor-Verbundschaltungspaare und ihre Meßtechnik im
   Mikrowellenbereich, Diss. RWTH Aachen 1973

Piotrowska, A., Auvray, P., Guivarc'h, A., Pelous, G., Henoc, P.:
   On the formation by binary compounds in Au/InP system,
   J. Appl. Phys. **52**, 1981, 5112-5117

Pucel (Hrsg.), R. A.: Monolithic Microwave Integrated Circuits,
   IEEE Press, New York 1985
   Zusammenstellung relevanter Zeitschriften-Artikel

Ruge, I.: Halbleiter-Technologie, Springer-Verlag, Berlin 1975
   Lehrbuch der Technologie

Salz, U.: Zeitbereichsmessungen im ps-Bereich mittels optisch aktivierter
   Photoleitungsschalter, Diss. RWTH Aachen 1989

Sanada, T., Wada, O.: Ohmic contacts to p-GaAs With Au/Zn/Au Structure,
   Jap. J. Appl. Phys. **19**, 1980, L 491-L 494

Schlachetzki, A., Münch, v., W.: Integrierte Schaltungen, Teubner Verlag,
   Stuttgart 1978
   Studienskript zur Einführung in integrierte Schaltungen und deren
   technologischer Realisierung

Schwartz (Hrsg.), B.: Ohmic contacts to semiconductors,
   The Electrochemical Society, Princeton N.J. 1969
   Tagungsband mit vielen Beiträgen über ohmsche Kontakte

Seeger, A.: Atomic defects in metals and semiconductors,
   Festkörperprobleme **XVI**, 1976, 149-178
   Grundsätzlicher Beitrag zu Defekten

Shur, M.: GaAs Devices and Circuits, Plenum Press, New York 1986
   Gründliche Darstellung unter Einschluß der Technologie

Sinha, A. K.: Metallization technology for very-high-scale integration circuits,
   Thin Solid Films **90**, 1982, 271-285

Sonderheft Electrical Testing, IBM J. Res. Dev. **34(2/3)**, 1990
   On-chip-Testverfahren für VLSI einschließlich elektro-optischer
   Sampling-Technik

Spenke, E.: pn-Übergänge, Springer Verlag, Berlin 1979

Sze, S. M., Gibbons, G.: Effect of junction curvature on breakdown voltage in semiconductors, Solid-State Electron. **9**, 1966, 831-845
Geometrieeinflüsse bei Sperrschichten

Sze, S.M.: Physics of semiconductor devices, 2. Aufl. J. Wiley & Sons, 1981
Breite fundierte Darstellung von Halbleiter-Bauelementen

Vorhaus, J. L., Pucel, R. A., Tayima, Y.: Monolithic Dual-Gate GaAs FET Digital Phase Shifter, IEEE Transact. Microwave Theory Tech. **MTT-30**, 1982, 982-992

Woelk, E. G., Kräutle, H., Beneking, H.: Measurement of low resistive ohmic contacts on semiconductors, IEEE Trans. Electron Dev. **ED-33**, 1986, 19-22

10 Dioden

Dioden sind Bauelemente mit nichtlinearer Strom-Spannungs-Charakteristik, welche als gesteuerte Widerstände (Schalter), zur Gleichrichtung oder Mischung, als Pegelverschieber zur Potentialangleichung, als Varaktoren (Kapazitäts-Variations-Dioden), als Rauschquellen, sowie als Spannungsstabilisatoren (sog. Zener-Dioden) eingesetzt werden.

MOS-Kapazitäten, welche ebenfalls als Dioden aufgefaßt werden können, dienen als Steuerstrecke von Feldeffekt-Transistoren (siehe Kapitel 12) oder zur Ladungsspeicherung in integrierten dynamischen Speichern. Um Platz zu sparen, wird eine "dreidimensionale Integration" angewandt, indem der Kondensator in geätzte Gruben (trench) des Substrates verlegt wird, siehe Kapitel 14.

Sonderformen dienen zur Schwingungserzeugung bzw. Verstärkung von hochfrequenten Signalen (z. B. Tunneldiode, IMPATT-Diode "impact avalanche transist time") oder auch zur Frequenzvervielfachung oder Impulsversteilerung (z. B. Speicher-Schalt-Diode "step recovery diode").

Diese unterschiedlichen Anwendungen bedingen spezielle Herstellverfahren, was beim Vergleich einer 50 Hz Leistungs-Gleichrichterdiode im kW-Bereich und einer rauscharmen Kleinsignal-Gleichrichterdiode für 30 GHz besonders einsichtig ist.

In dem vorliegenden Kapitel werden zunächst die Grundprinzipien der Herstellung von pn-Dioden und ihrer Varianten, der Metall-Halbleiter-Dioden, sowie von Dünnfilm-Dioden dargelegt. Die daraus ableitbaren Sonderformen werden dann, falls erforderlich, jeweils einzeln behandelt. Neuartige Dioden-Strukturen, wie z. B. "Bulk barrier"-Dioden, sind in Kapitel 14 zu finden.

Die Funktion der verschiedenen Bauelemente ist stark von der Technologie geprägt, wie umgekehrt die gewünschten elektrischen Eigenschaften spezielle Herstellverfahren verlangen. Es ist hier nicht die Aufgabe, die Theorie der Bauelemente darzulegen, jedoch wird ein kurzes Eingehen darauf im Einzelfall erforderlich, um ein Verständnis für den gewählten Prozeßschritt zu erlangen. Auf die Einbeziehung eines Driftfeldes wird nicht eingegangen, wiewohl auch diese von Bedeutung ist. Einige Hinweise darauf sind Abschnitt 11.6.1 zu entnehmen.

10.1 Dioden-Klassifizierung

Dioden werden ebenso wie andere Halbleiterstrukturen in Bipolarbauelemente und Unipolarbauelemente unterteilt. Bipolare Elemente basieren auf der Mitwirkung sowohl von Majoritätsladungsträgern als auch von Minoritätsladungsträgern, wobei letztere mit ihrem Verhalten die Bauelementeigenschaften wesentlich bestimmen. Da die Minoritätsträger-Lebensdauer nur in einkristallinem Grundmaterial hinreichend groß ist, scheiden bei bipolaren Strukturen amorphe oder polykristalline Substanzen als Werkstoff weitgehend aus. Bei unipolaren Bauelementen hingegen bestimmen die Majoritätsladungsträger die Bauelementeigenschaften, weswegen man Unipolarstrukturen auch in nichteinkristallinem Material realisieren kann.

Bipolare Dioden benötigen einen pn-Übergang als wesentlichen Bestandteil. Zur Erzielung höherer Sperrspannungen sowie geringerer Sperrschichtkapazitäten können sie als pin-Dioden mit hochohmiger (i = intrinsic) Zwischenschicht konfiguriert sein. Zweckmäßiger, da hierbei der Dotierungstyp der niedrig dotierten Zone zum Ausdruck kommt, sind die Bezeichnungen ps_nn bzw. pvn oder ps_pn bzw. $p\pi n$-Dioden; s_n,v bedeutet schwach n-leitend, s_p,π schwach p-leitend.

Bei der Herstellung von Bipolardioden wird meist von einem Grundkristall ausgegangen, dessen Dotierung von der Oberseite her durch Legierung, Diffusion oder Implantation invertiert, oder bei dem eine kristalline Schicht entsprechender Dotierung epitaktisch abgeschieden wird.

Das Epitaxieverfahren erlaubt ebenfalls die Herstellung von niedrigdotierten Schichten auf hochdotierten (niederohmigen) Substraten. Der pn-Übergang kann dann mit den zuvor angegebenen Methoden erzeugt werden. Hiermit lassen sich durch die Verwendung von hochdotierten Substraten Dioden mit relativ niedrigen Bahnwiderständen realisieren.

Unipolare Dioden sind Metall Halbleiter-Übergänge (Schottky-Dioden), bei welchen die Potentialbarriere Metall-Halbleiteroberfläche für die Bauelementeigenschaften relevant ist. Da es sich hierbei um keine Gitterfortsetzung wie bei den bipolaren Bauelementen handelt, sind wegen Zwischenschicht-Einflüssen die Charakteristiken solcher Schottky-Dioden nicht so exakt vorhersagbar wie bei pn-Dioden. Jedoch erlaubt eine weitere Unipolarstruktur die Verschiebung der kritischen Potentialbarriere in den einkristallinen Halbleiter hinein. Diese "modulationsdotierte" Diode benötigt dünnste ($\approx$ 10 nm) hochdotierte Schichten, was derzeit nur mit ganz speziellen Techniken (z. B. MBE, MOVPE, siehe Teil I, Kapitel 3) möglich ist; auch die sogenannte "Camel-Diode" gehört zu dieser neuen Gruppe von Bauelementen der Bulkbarrier-Dioden, auf welche in Kapitel 14 eingegangen wird.

In Bild 10.1 sind die einzelnen Dioden stichwortartig angegeben und in ihrer Zuordnung dargestellt, die Gruppe der neuartigen Majoritätsträger-Dioden ist darin mit MDB (modulation doped barrier) bezeichnet.

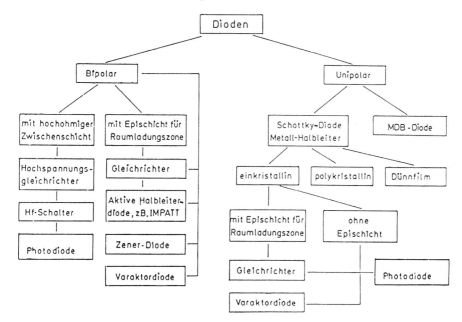

Bild 10.1: Dioden-Klassifizierung

10.2 Punktkontakt-Dioden

Dioden mit auf einem Halbleiter-Grundkörper aufgesetzten Metallspitzen (Spitzendiode) werden als preiswerte Nf- und Hf-Gleichrichter sowie in spezieller Ausführungsform als Detektor bis oberhalb 1000 GHz benötigt. Eine scharfe Metallspitze (z. B. W-Draht) sitzt auf der Halbleiteroberfläche auf und bildet den Metallkontakt der Schottky-Diode. Wird dagegen "formiert", was mittels einer elektrischen Entladung über die Diodenstrecke möglich ist, so wird im Halbleiter in der unmittelbaren Umgebung der Metallspitze eine p-n-artige Struktur erzeugt, siehe Bild 10.2.

Hierbei verwendet man Kontaktdrähte, welche als Legierungsbestandteil Dotiermaterial enthalten (z. B. Au-Be auf einem n-Kristall). Die zuvor schlechte IU-Kennlinie wird dann sehr verbessert, siehe Bild 10.2. Allerdings sind solche Dioden oft elektrisch instabil und zeigen hohes (1/f)-Rauschen.

Die für Zwecke der Radioastronomie gebauten Punktkontakt-Dioden sind im Prinzip ähnlich aufgebaut, besitzen aber einen hochdotierten (z. B. GaAs-) Grundkristall n > 10^{18}cm^{-3} mit dünner Epischicht (n ≈ 10^{16}cm^{-3}), um den Bahnwiderstand so niedrig wie möglich zu halten. Auch werden dafür Dioden-

400 Dioden

raster hergestellt, wo der Anwender den für seine Belange günstigsten Punkt mittels eines Manipulators aussuchen kann.

Die Verwendung von Punktkontakt-Dioden geht im übrigen stetig zurück, da entsprechend kleine Kontaktflächen inzwischen auch lithographisch definiert werden können, so daß die Planartechnik eingesetzt werden kann.

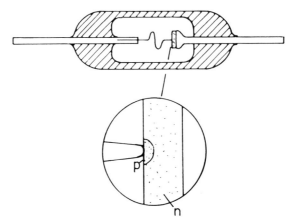

Bild 10.2: Punktkontakt-Diode in Glaskörper (unten: vergrößerter Ausschnitt der aufgesetzten Metallspitze (whisker) nach der Formierung) (nach P. Klamm 1965)

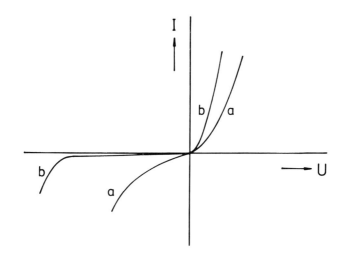

Bild 10.3: IU-Kennlinien einer Punktkontakt-Diode (a) vor und (b) nach Formierung

10.3 Legierte Dioden

Da mittels des Legierungsverfahren sehr ebene Fronten und abrupte Dotierungsübergänge zu erzielen sind, lassen sich bei Kontradotierung des rekristallisierten Bereichs (siehe Teil I, Kapitel 4 Dotierungsverfahren) relativ einfach pn-Dioden herstellen.

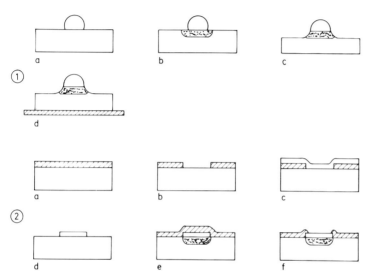

Bild 10.4: Herstellungsschritte für legierte pn-Dioden
  1. Ge-Legierungsdiode; a Aufgesetzte In-Pille auf n-Ge-Kristall,
     b Legierte Diode, c Abätzung der Oberflächenschicht,
     d Aufgelötet auf Halter
  2. GaAs-Legierungsdiode; a Photolackbeschichtetes Substrat,
     b Photolithographisch definierte Diodenfläche,
     c Legierungsmetallisierung,
     d Mittels Abhebetechnik strukturiert,
     e Pyrolytische SiO_2-Bedeckung und Legierung,
     f Kontaktloch-Ätzung

Das Legierungsverfahren wird bei Germanium und III-V-Verbindungen technisch eingesetzt. Bei letzteren ist, wie in Teil I mehrfach beschrieben, auf den hohen Dampfdruck der V-er-Komponente Rücksicht zu nehmen. Da die pn-Verbindung grundsätzlich an der Kristalloberfläche freiliegt, wird diese Grenze durch eine temperaturresistente Maske, z. B. aufgesputtertes SiO_2, geschützt, oder es wird nach Herstellung des Bauelementes und anschließendem, meist chemischem Ätzen zum Abtrag einer bei der Legierung verunreinigten

402 Dioden

Oberflächenschicht ein direkt anschließendes Isolationsmaterial aufgebracht. In Bild 10.4 sind die Verfahren schematisch dargestellt. Bei Silizium gelingt ein sauberes, flächiges Einlegieren nur unter Verwendung von angepreßten Metallfolien, jedoch wird die Legierungstechnik praktisch nicht verwendet.

Eine spezielle Eigenschaft der legierten Dioden, die sie mit epitaxialen Dioden teilen, ist die Abruptheit des pn-Überganges und damit die Art der Abhängigkeit der Sperrschichtkapazität C_S von der angelegten Spannung. Wegen der im allgemeinen örtlich konstanten Dotierung beiderseits der pn-Verbindungen ist für hinreichend hohe Sperrspannung U_S die Kapazität $C_S \sim \sqrt{\frac{1}{U_S}}$, da die Sperrschichtweite $\sim \sqrt{U_S}$ verläuft.

Wählt man eine räumlich unterschiedliche Substratdotierung, so lassen sich Kapazitätsdioden mit hyperabruptem Übergang und damit noch stärkerer Spannungsabhängigkeit herstellen ("superabrupt diodes"). Solche Dioden werden speziell für Abstimmzwecke von Schwingkreisen in Superhet-Empfängern eingesetzt (Eingangs- und Oszillatorkreis).

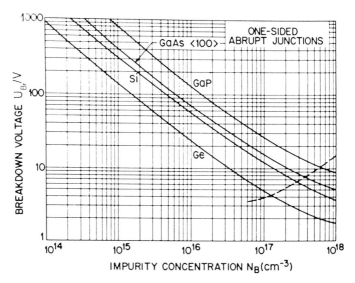

Bild 10.5: Durchbruchsspannung als Funktion der Dotierungskonzentration für abrupte Dioden. Oberhalb der gestrichelten Linie ist der Lawinendurchbruch der beherrschende Durchbruchsmechanismus, unterhalb der Tunneleffekt. (nach S. M. Sze 1981)

Für hohe Sperrspannungen müssen niedrige Substratdotierungen verwandt werden, wobei wegen des abrupten Überganges zum einlegierten und damit meist sehr hoch dotierten Bereich die erzielbaren Durchbruchspannungen jedoch niedriger liegen als bei diffundierten Dioden. Speziell als Hf-Gleichrichter-Dioden sind jedoch legierte Dioden günstig. Bild 10.5 zeigt die Dotierungsabhängigkeit der Sperrspannung, während in Bild 10.6 die Sperrschichtweite bei der Durchbruchspannung sowie die dann vorliegende maximale Feldstärke angegeben sind; letztere tritt direkt am pn-Übergang auf.

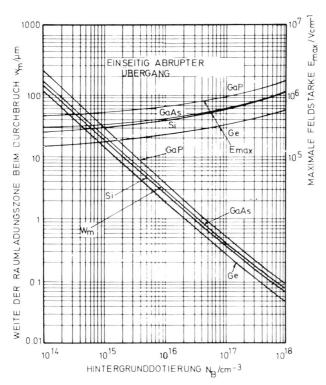

Bild 10.6: Maximale Sperrschichtweite und Feldstärke abrupter Dioden (nach S. M. Sze 1981)

10.4 Diffundierte Dioden

Insbesondere bei Silizium verwendet man die Diffusionstechnik (Teil I, Kapitel 4 Dotierungsverfahren), wobei die Anwendung der Planartechnik eine exakte Definition der Geometrie bei gleichzeitigem Schutz der an die Halbleiteroberfläche tretenden pn- Verbindungen erlaubt.

Die im Volumeninnern erzeugte pn-Verbindung folgt bezüglich ihrer Lage aus der gegebenen Kompensation von Substratdotierung und eindiffundierten, kontradotierenden Dotieratomen. Insoweit liegt kein abrupter, sondern ein mehr oder weniger linearer Übergang vor (graded junction), als die Nettodotierung $|N^*|$ beiderseits zunächst praktisch linear ansteigt.

404 Dioden

Die Eigenschaften solcher pn-Strukturen sind gegenüber den abrupten, legierten Dioden modifiziert. Dies ist aus den Bildern 10.7 und 10.8 ersichtlich, in denen jeweils die Durchbruchspannung und Grenzwerte von Feldstärke und Sperrschichtweite in Abhängigkeit vom Gradienten $a = \left|\dfrac{dN^*}{dx}\right|$ der Nettodichte $N^* = N_D - N_A$ angegeben sind.

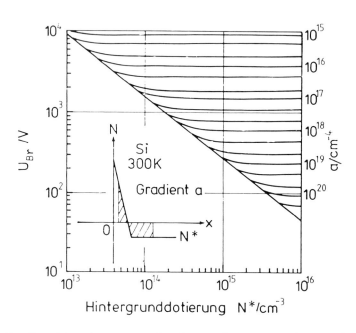

Bild 10.7: Durchbruchspannung für lineare Übergänge als Funktion der Dotierung und des Gradienten (nach S. M. Sze 1981)

Die Bilder 10.9 und 10.10 geben einen Begriff vom Aufbau technischer Dioden. In Bild 10.9 ist eine Mesa-Diode gezeigt, wo die Tafelberg-artige Struktur deutlich zu erkennen ist. Die Passivierung ist hier mit einem niedrigschmelzenden Glas vorgenommen. Die diffundierte n⁺-Schicht ist in eine epitaxiale n⁻-Schicht eingebracht, womit die maximale Sperrschichtweite auf praktisch deren Dicke festgelegt ist; der hochdotierte p-Teil (Grundkristall) sorgt für niedrigen Bahnwiderstand. Bild 10.10 zeigt dagegen eine planare Diode, welche ebenfalls eine epitaxiale n-Schicht benutzt, aber im Beispiel aufgewachsen auf einen hochdotierten n⁺-Grundkristall.

Diffundierte Dioden 405

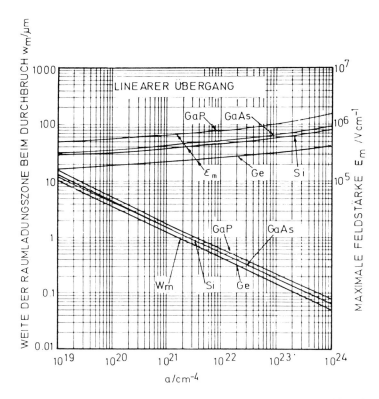

Bild 10.8: Maximale Sperrschichtweite und Feldstärke für diffundierte Dioden (linearer Übergang; nach S. M. Sze 1981)

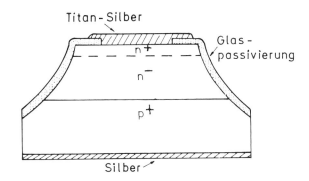

Bild 10.9: Schnitt durch eine Mesa-Diode (nach VALVO - Unterlagen 1981)

406 Dioden

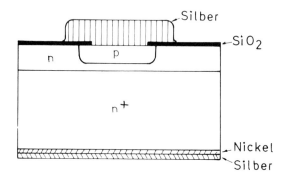

Bild 10.10: Schnitt durch Planar-Diode (Ausführungsform nach VALVO)

Die beim Planarprozeß erforderliche Oxidation muß sehr sorgsam durchgeführt, der Kristall zuvor gereinigt werden. Praktisch geht man z. B. gemäß des nachstehend aufgeführten Schemas vor. Elf Reinigungsschritte sind hierbei vorgesehen, siehe Tabelle 10.1. Die Oxidation selbst wird z. B. bei 1050°C durchgeführt, wobei O_2 und H_2O mit etwa 1 cm/s den Ofen durchströmen (siehe dazu Teil I, Kapitel 5 Abscheideverfahren).

Tabelle 10.1:   Reinigungsschritte

Nr.	Lösungsmittel	Temp.	Zeit (min)	Lösungmittel für:
1.	Aceton	RT	5	Harz
2.	Petroleumäther	RT	5	Fett
3.	Methanol	RT	1	Petroleumäther
4.	deionisiertes H_2O	RT	5	organische Verunreinigung
5.	HF	RT	1/6	SiO_2
6.	deionisiertes H_2O	RT	5	H_2O
7.	$NH_4OH + H_2O_2 + H_2O$ (1 : 1 : 5)	80°C	5	organische Verunreinigung (Oxidation)
8.	deionisiertes H_2O	RT	5	
9.	$HCl + H_2O_2 + H_2O$ (1 : 1 : 5)	80°C	5	metallische Verunreinigung (Komplexbildung)
10.	deionisiertes H_2O	RT	5	
11.	N_2-Gas	RT	5	H_2O

Die einzelnen Verfahrensschritte zur Diodenherstellung im Planarprozeß sind in den folgenden Teilbildern (Bild 10.11) schematisch angedeutet, die technologischen Details folgen aus den Ausführungen in Teil I.

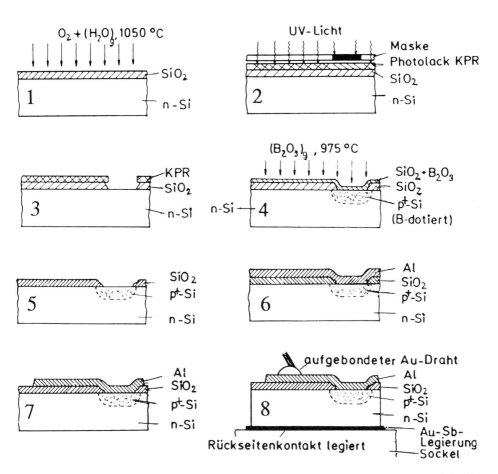

Bild 10.11: Herstellungsschritte einer Si-Planar-Diode, Ausgangsmaterial: Si-Scheibe, Phosphor-dotiert n=10^{14}cm^{-3}, 1. Thermische Oxidation (Dauer des Oxidationsvorganges etwa 60 min), 2.Öffnung des Diffusionsfensters, Photolithographischer Prozeß, 3. Strukturierung (SiO$_2$-Ätzung mit T-Lösung), 4. Eindiffusion von Bor (Dauer des Prozesses etwa 180 min), 5. Öffnung des Kontaktfensters (photolithographischer Prozeß und Strukturierung wie beim 2. Schritt), 6. Aluminium-Bedampfung, 7.Metallisierungsstrukturierung (durch photolithographischen Prozeß und Al-Ätzung mit H$_3$PO$_4$:H$_2$O:HNO$_3$; 20:4:1), 8. Kontaktierung (Legierungstemperatur ϑ = 350°C)

408 Dioden

Im Fall von III-V Verbindungen ist die Diffusionstechnik auch anzuwenden, z. B. in der Form einer Zinkdiffusion in n-GaAs. Entsprechende Verfahren, welche auf den hohen Partikaldruck des As und das Abdampfen von Zink Rücksicht nehmen müssen, sind im Teil I, Kapitel 4 Dotierungsverfahren, dargestellt.

10.5 Dioden hoher Sperrspannung

Die maximal zulässige Durchbruchfeldstärke begrenzt die anlegbare Sperrspannung einer Diode. Bezogen auf die angelegte Spannung kann die zugehörende Feldstärke am Übergang durch Zwischenschaltung einer (fast) intrinsischen Zone verringert und die maximal anlegbare Sperrspannung damit beträchtlich erhöht werden, wie aus Bild 10.12 hervorgeht. Diese ps$_n$n bzw. ps$_p$n-Dioden werden bevorzugt in der Leistungselektronik eingesetzt. Bei Polung der Dioden in Flußrichtung wird das hochohmige s$_n$- bzw. s$_p$-Gebiet mit freien Ladungsträgern überschwemmt und damit gut leitend. Bei Sperrpolung hingegen ist dieser Bereich vollständig an Ladungsträgern verarmt, und die Weite der Raumladungszone wird in erster Linie durch die Breite W der Zwischenschicht bestimmt. Bei voll ausgeräumter Schicht (punch through) wird schließlich U$_{Bmax}$ erreicht.

Da hierbei die Sperrschichtkapazität ebenfalls wesentlich verringert wird, werden solche Dioden (bei hinreichend kleinen Diodenflächen) auch als Schalter im Hochfrequenzbereich eingesetzt.

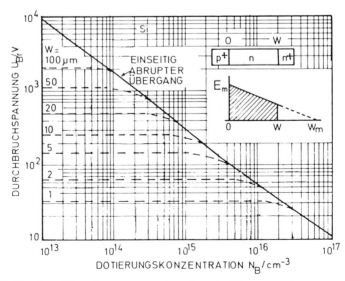

Bild 10.12: Durchbruchspannung für p$^+$s$_n$n$^+$-Dioden und p$^+$s$_p$n$^+$-Dioden (nach S. M. Sze 1981)

Der Unterschied zwischen ps$_n$n- und ps$_p$n-Dioden ist bei den statischen Kennlinien weniger ausgeprägt, beim Schaltverhalten zeigt sich jedoch bei der ps$_p$n-Struktur eine weitaus stärker ausgeprägte Speicherphase.

Kritisch ist bei Hochvolt-Gleichrichtern der an die Oberfläche tretende pn-Übergang mit seiner hohen Feldstärke. Um einen Durchbruch oder sogar Überschlag dort zu vermeiden, wird das Substrat an dieser Stelle abgeschrägt (bevelling), um so eine längere Überschlagsstrecke zu erhalten. In Bild 10.13 ist dies für ein Leistungselement (5 kV Sperrspannung) angedeutet, wobei die Breite der Feldzone d_o gegenüber der eigentlichen Sperrschichtweite d_i um den Faktor $\frac{1}{\sin \alpha} \gg 1$ erhöht ist ($\alpha \approx 2°$).

Eine weitere, hier nicht behandelte Gruppe von Leistungs-Bauelementen der Energie-Elektronik sind Thyristoren, welche in der Form des GTO (gate turn off) auch unter Last ausgeschaltet werden können. Hierzu sei auf die Spezial-Literatur verwiesen.

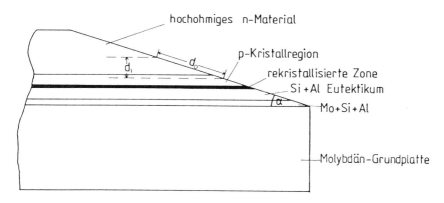

Bild 10.13: Randgeometrie eines 5kV-Leistungsgleichrichters

10.6 Implantierte Dioden

Die Herstellung von Dioden mittels Implantation durch kontradotierend wirkende Störstellen ist ein sowohl für Silizium als auch für III-V-Verbindungen gängiges Verfahren. Allerdings führen nicht voll ausgeheilte Störungen nach der Implantation leicht zu höheren Sperrstromdichten (bis zu zwei Größenordnungen) als im Fall andersartig dotierter Dioden.

Als Beispiel sei eine Be-implantierte Struktur, eine $Ga_{0.47}In_{0.53}As$-Diode behandelt. Wegen des geringen Bandabstandes von $E_g = 0{,}75$ eV bei Raumtemperatur ist bei diesem Material ein Schottky-Kontakt nicht praktikabel. Das

410   Dioden

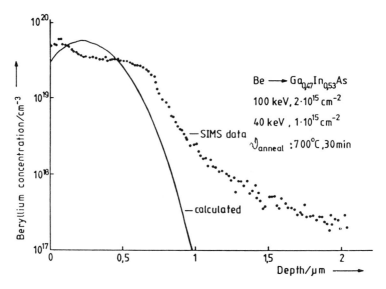

Bild 10.14: Berechnete und durch SIMS-Messung bestimmte Beryllium-
konzentration in GaInAs (nach L. Vescan u. a. 1982)

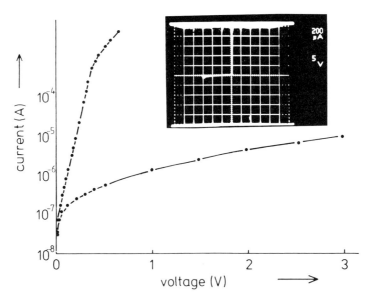

Bild 10.15: IU-Charakteristik einer Be-implantierten GaInAs-Diode (300K)
(nach L. Vescan u. a. 1982)

Grundmaterial besteht aus einer 2 µm dicken Epitaxieschicht, n-dotiert mit $3 \times 10^{16} cm^{-3}$, aufgewachsen auf InP in <100>-Richtung. Um channeling zu vermeiden, werden die Substrate 7° gegen ihre Hauptachse geneigt implantiert. An nicht zu implantierenden Stellen ist Photolack aufgebracht (Dicke 2 µm), die Implantation selbst erfolgt als Doppelimplantation, um auch oberflächennah eine hohe Dotierung zu gewährleisten. Nach Ablösen des Photolacks (im Plasma-Reaktor verascht) wird die Probe 30 min bei 700°C im Wasserstoffstrom mit 0,3% AsH_3-Zusatz ausgeheilt. Das sich ergebende Profil sowie die Verteilung nach der LSS-Theorie (Teil I, Kapitel 4 Dotierungsverfahren) sind im Bild 10.14 dargestellt. Aufgedampfte Au-Ge-Kontakte werden zur n-Kontaktierung verwandt; die Einlegierungstemperatur beträgt 400°C (2 min). Die Kontaktierung der p-Seite erfolgt mit Ti-Pt-Au; die Legierung wird bei 350°C (0,5 min) durchgeführt. Die Fluß- und Sperrkennlinien einer 5 µm x 5 µm großen $Ga_{0,47}In_{0,53}As$-Diode ist in Bild 10.15 dargestellt.

10.7 Epitaxiale Dioden

Epitaxiale Dioden werden vornehmlich aus III-V-Materialien aufgebaut. Hierbei ist wichtig, daß die pn-Grenzschicht ohne Störungen gewachsen wird, welche zu Rekombinations- bzw. Generationszentren führen würden. Man wendet deswegen z. B. einen Ätz- bzw. bei LPE einen Rückschmelz-Vorgang an (siehe Teil I, Kapitel 3 Epitaxieverfahren) oder benutzt auf einer Seite Dotiermaterial mit hoher Diffusionskonstante, womit die eigentliche pn-Grenze in eine der Schichten (Substrat oder Epi-Schicht) verlagert werden kann.

Ein Beispiel für eine epitaxiale Diode ist im Kapitel 13 Optoelektronische Bauelemente zu finden.

10.8 Integrierte Dioden

In integrierten Schaltungen werden Dioden im allgemeinen durch entsprechende Kontaktierungen aus Bipolar-Transistoren realisiert. Die sich ergebenden Möglichkeiten sind in Bild 10.16 dargestellt.

Die gebräuchlichste Bauform (1) zeichnet sich durch schnelles Schaltverhalten aus. Wird dieser Typ (TK der Emitter-Basis-Spannung von ≈ -2 mV/K) durch Hintereinanderschaltung mit Bauform (3) ($U_{CE} = 0$; $TK_{UBE} ≈ 2$ mV/K) kombiniert, so ergibt sich im Durchbruchgebiet eine Anordnung mit praktisch verschwindendem Temperaturkoeffizienten der Durchbruchsspannung. Auf diese Weise lassen sich im Sinne einer Zener-Diode temperaturkompensierte Referenzspannungen erzeugen, welche für gewisse Schaltungskonzepte erforderlich sind.

412 Dioden

Schaltung	U_{Br}	Schalt-verhalten	Sperrstrom
 1	5...8 V	sehr schnell	sehr gering
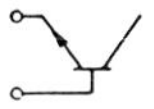 2	5...8 V	mittelschnell	mittel
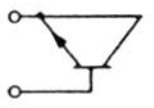 3	5...8 V	sehr langsam	klein
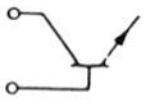 4	40...60 V	langsam	mittel
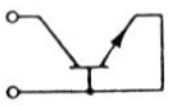 5	30...60 V	mittelschnell	groß

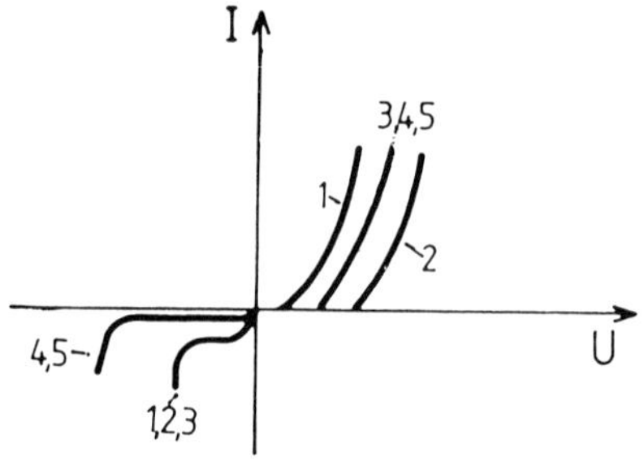

Bild 10.16: Realisierungsmöglichkeiten von Dioden aus integrierten Transistoren (nach R. Paul 1981)

Die technologischen Verfahrensschritte sind in Kapitel 11 Bipolartransistoren besprochen bzw. folgen mit den Ausführungen zu diffundierten Dioden in Abschnitt 10.4.

10.9 Schottky-Dioden

Die Metall-Halbleiterdiode (MS metal-semiconductor) ist theoretisch einfach zu behandeln, wenn man einen idealen Metall-Halbleiter-Übergang mit Verarmungsrandschicht annimmt. Praktische Dioden besitzen jedoch Störungen im Grenzflächenbereich, welche die Kennlinien im Fluß- und Sperrbereich modifizieren und zusätzlich Rauschquellen ((1/f)-Rauschen) bedingen. Insoweit sind MS-Dioden in ihren Eigenschaften stark vom jeweiligen Herstellprozeß geprägt. Zuweilen wird gezielt eine sehr dünne Isolatorschicht (Dicke z. B. 5 nm) zwischen Halbleiter und Metall geschaltet, um so die wirksame Diffusionsspannung bzw. die Schleusenspannung zu erhöhen und die Kennlinien zu egalisieren.

Wichtig ist vor allem der Reinigungsprozeß des Substrates kurz vor der Metallbelegung. Letztere geschieht im allgemeinen durch Hoch- (oder Höchstvakuum-Bedampfung, siehe Teil I, Kapitel 5 Abscheideverfahren); zuweilen auch durch Sputtern, wobei gleichzeitig eine Oberflächenreinigung des Substrates erfolgt. In diesem Fall muß ein Temperschritt nachgeschaltet werden, um erzeugte Kristallstörungen wieder zu beseitigen. Hierbei ändern sich sowohl der Idealitätsfaktor n in der Strom-Spannungs- Beziehung

$$I = I_o \left(e^{\frac{U}{nU_T}} - 1\right)$$

mit $U_T = \frac{kT}{q}$ Temperaturspannung (U_T = 26 mV bei Raumtemperatur) als auch die Barrierenhöhe $\emptyset_B$ des Potentialsprungs an der Grenze Metall-Halbleiter. Bild 10.17 zeigt entsprechende Daten, wobei beim günstigsten Temperwert von 400°C auch der Reststrom minimal wird.

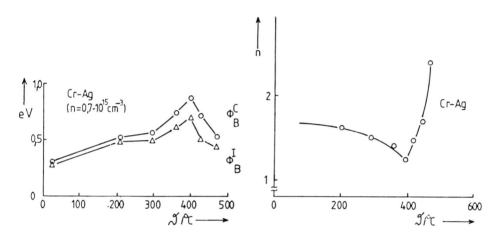

Bild 10.17: Barrierenhöhe und Idealitätsfaktor in Abhängigkeit von der Tempertemperatur, ϕ_B^C: Barrierenhöhe durch CV-Messung ermittelt, ϕ_B^I: Barrierenhöhe durch Strom-Spannungsmessung ermittelt (nach E. Kohn 1975)

Die beispielhaft gezeigten Daten gelten für Schottky-Dioden mit auf ionengeätztem n-GaAs aufgebrachten Cr-Schichten (5 nm dick). Darüber ist etwa 0,2 µm dickes Silber aufgedampft (und nochmals 5nm Cr gegen das Anlaufen der Ag-Kontaktschichten), um einen gut leitenden und kontaktierbaren Anschluß zu erhalten. Einzelelemente können durch Mesa-Ätzung separiert werden; die n-Kontaktierung des Kristalls geschieht mit einer Au-Ge-Ni-Schicht.

Anstelle von Metallen sind auch andere elektrisch leitende Werkstoffe als Deck-Elektrode einer Schottky-Diode zu verwenden. Ein Beispiel ist Indium-Zinn-Oxid (ITO), welches für Photodetektoren als transparenter Schottky-Kontakt benutzt wird (siehe Kapitel 13 Optoelektronische Bauelemente), oder ein Silizid, welches zu Hochtemperatur-resistenten Schottkydioden führt.

414 Dioden

10.10 Weitere Dioden-Konzepte

Auch MIS-Elemtente, also an sich isolierende Kapazitätsstrukturen, können unter gewissen Voraussetzungen als Dioden wirken; z. B. können Elektron-Loch-Paare im Feld der oberflächennah ausgebildeten Grenzschicht getrennt werden (Photoeffekt), usw. Hierauf wird kurz in Kapitel 12 Feldeffekttransistoren eingegangen.

Eine weitere, echte Diode läßt sich durch eine Dotierfolge gemäß Bild 10.18 realisieren, sofern die dünnen Schichten mit abruptem Dotierungsübergang hergestellt werden können. Diese zukunftsträchtige Bauform wird nach ihrem Erfinder Shannon als Camel-Diode bezeichnet; es handelt sich um eine Struktur mit Modulationsdotierung (MDB modulation doped barrier, bulk barrier diode); auf entsprechende Bauelemente wird im Kapitel 14 eingegangen. Hier sei nur darauf hingewiesen, daß dieses Shannon'sche Konzept auch die Barrieren-Erhöhung einer Schottky-Diode erlaubt, ein insbesondere für Schmalband-Halbleiter wesentliches Faktum.

Zum Beispiel ist bei n-$Ga_{0,47}In_{0,53}As$ die Barriere $Ø_B$ nur etwa 0,2 eV hoch, was keine Sperr-Charakteristik eines MS-Kontaktes erlaubt. Durch Implementierung einer dünnen, voll ausgeräumten p^+-Schicht der Dicke $t \gtrsim L_D$ (L_D Debyelänge) gelingt jedoch eine Anhebung um z. B. 0,5 eV, was die Herstellung eines n-Kanal MESFET aus diesem Material ermöglicht. Bild 10.19 zeigt das Banddiagramm der modifizierten Diode. Die Barrieren-Erhöhung $\Delta Ø$ ist näherungsweise mit $\Delta Ø = \dfrac{q^2 N_A t^2}{2\varepsilon}$ gegeben (siehe auch Abschnitt 14.4.1).

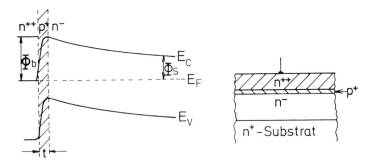

Bild 10.18: Banddiagramm und Dotierungsfolge einer Camel-Diode (nach J. M. Shannon 1980)

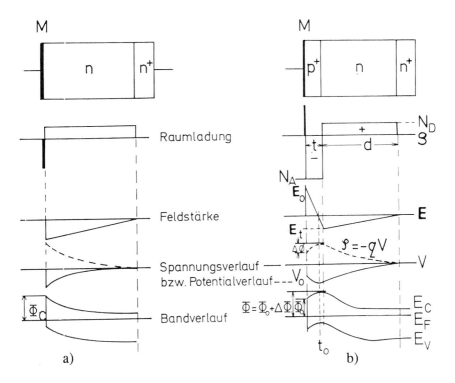

Bild 10.19: Schottky-Diode (a) ohne und (b) mit Barrieren-Erhöhung

Der Durchbruchsast von Halbleiterdioden kann sehr scharf verlaufen, also einen sehr geringen differentiellen elektrischen Widerstand darstellen. Dies wird bei den Stabilisatordioden ausgenutzt, die als Zener-Dioden bezeichnet werden. Die Durchbruchsspannung (Zener-Spannung) kann über die Dotierung eingestellt werden. Verantwortlich für den scharfen Durchbruch ist bei mittleren und schwachen Dotierungsdichten ($U_{Br} > 6V$) der Lawineneffekt (Trägervervielfachung im elektrischen Feld der Sperrschicht) und bei starken Dotierungen die innere Feldemission (Zener-Effekt). Die Vervielfachung ist durch die thermische Bewegung der Träger behindert, was zu TK > 0 von U_Z führt, wohingegen die zusätzliche Bewegungsenergie das Tunneln erleichtert und so TK < 0 bedingt. Bei $U_{Br} = 5,6$ V kompensieren beide Effekte einander, was zu TK = 0 führt, siehe Bild 9.9.

Bei niedriger Dotierung bilden sich für höhere Sperrspannungen Mikroplasmen in der Sperrschicht aus, welche zu abrupten Sperrstromänderungen führen; erst bei noch höheren Sperrspannungen geht dieser labile Zustand wieder zurück. Solche Strukturen sind bei passend gewählter Sperrspannung als Hf-Rauschgeneratoren zu verwenden, da die plötzlichen und singulären stochastisch auftretenden Stromstöße einer solchen Rausch-Diode

416 Dioden

ein praktisch weißes Spektrum zeigen (gleiche Leistungsdichte pro Frequenzeinheit).

Anstatt einkristallines Grundmaterial zu verwenden, lassen sich Dioden auch mit polykristallinen Halbleitern realisieren (Dünnfilm-Diode, TFD thin film diode). Deren Daten sind bezüglich Bahnwiderstand und Sperrstromdichte ungünstiger als bei einkristallinen Elementen, auch läßt die Langzeit-Stabilität oft zu wünschen übrig. Es werden jedoch Sperrspannungen von oberhalb 50 V erreicht, die solche preiswert herzustellenden Elemente für großflächige Rastersysteme attraktiv machen. Als Materialien können Polysilizium, amorphes Si wie α-Si: H oder auch II-VI-Verbindungen (Cadmiumsulfid CdS oder Cadmiumselenid CdSe) benutzt werden.

Dazu wird ein leitender Träger etwa 0,5 μm bis 1 μm dick bedampft und anschließend getempert, oder es wird beim Aufdampfen der Träger auf etwa 100°C erwärmt. Die Mehrschichtstruktur entsprechend Bild 10.20 entsteht dann durch Aufdampfen des Sperrkontaktes.

Die Trägerbeweglichkeit solcher Strukturen ist klein, 1/1000 bis 1/100 im Vergleich zu einkristallinen Materialien, was relativ hohe Bahnwiderstände bedeutet. Man erhält jedoch Stromverhältnisse Fluß/Sperr von über 1000 (bei ± 0,5 V), was für spezielle Fälle ausreicht. Die Langzeitstabilität ist allerdings oft nicht befriedigend.

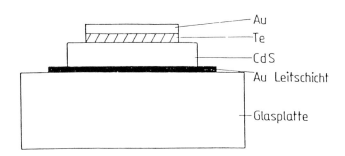

Bild 10.20: Dünnfilmdiode (prinzipieller Aufbau)

10.11 Dioden-Modelle

Für den rechnergestützten Entwurf von Dioden gibt es eine Reihe von digitalen Netzwerkprogrammen, bei denen sich in einfacher Weise Parametervariationen durchführen lassen, z. B. bei Verwendung von SPICE.

Hier sei statt dessen auf ein elektrisches Analog-Modell eingegangen, mit dem die Simulation von Dioden in anschaulicher Weise für den dreidimensionalen Fall vorgenommen werden kann.

Mittels eines Exponentialgenerators wird die von außen angelegte Eingangsspannung U entsprechend $U_{p(o)} \triangleq p(o) = p_{no}e^{\frac{U}{U_T}}$ in eine der Minoritätendichte am Sperrschichtrand äquivalente Spannung $U_{p(o)}$ transformiert. Die Elementarzellen des Halbleiters werden durch RC-Netzwerke realisiert, wobei der elektrische Strom dem Minoritätenstrom äquivalent ist. Bild 10.21 zeigt den Aufbau eines solchen Netzwerkes, an dem man die räumlich-zeitliche Dichtevariation bei elektrischer Beaufschlagung studieren kann. Dargestellt ist das Neutralgebiet, welches zur Führung des Diffusionsstroms dient, im Fall einer rotationssymmetrischen Diode mit der Halbleiterdicke W, dem Sperrdichtradius s (links im Bild) und dem Radius R des Kristalls. Die Randbedingungen, daß die Minoritätendichte am Basiskontakt (rechts) praktisch Null ist, wird mit dem elektrischen Kurzschluß sämtlicher Elementarzellenströme verifiziert.

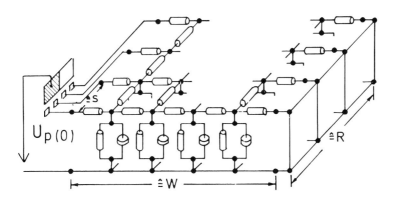

Bild 10.21: Analogmodell für eine rotationssymmetrische Diode (prinzipielle Anordnung; nach M. Illi 1968)

In Bild 10.22 ist ein Auswerteergebnis gezeigt, welches die Bedeutung von toten Zonen hinsichtlich des Hf- und Schaltverhaltens deutlich macht. Durch eine entsprechende geometrische Auslegung der Bauelemente sollten diese Gebiete vermieden werden.

Man erkennt durch Vergleich von Bild 10.22a und 10.22b, daß im eigentlichen Diodenbereich der Basis der Umschaltvorgang abläuft, während der Dichteverlust außerhalb des Innengebietes (in den Bildern rechts) zum Zeitpunkt b noch völlig dem Verlauf zum Zeitpunkt a entspricht. Die Folge ist ein anhaltender Rückstrom nach dem Ausschalten, welcher vermieden werden sollte. Aufgabe der technologischen Bauelement-Auslegung ist es, aus solchen Simulation-Ergebnissen Rückschlüsse für technisches Handeln zu ziehen; im vorliegenden Fall wären entsprechende Tot-Gebiete zu vermeiden.

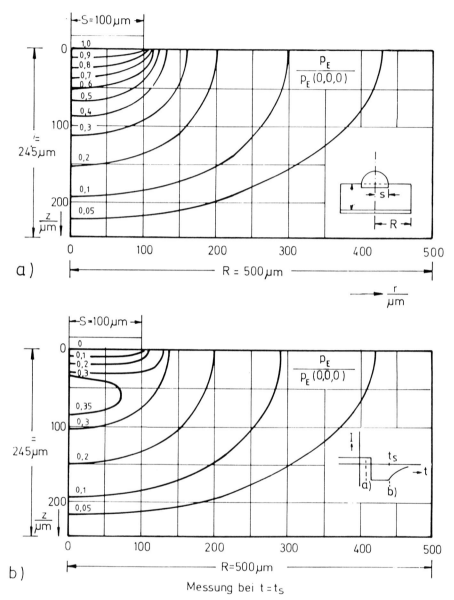

Bild 10.22: Kurven konstanter Minoritätsträgerdichte p_E in der Basis, gemessen am Analognetzwerk (normiert auf p_E (z=o, r=o, t=o) = p_E(o,o,o)) (nach M. Illi 1968)
a) stationäre Verteilung beim Strom in Flußrichtung,
b) Verteilung nach dem Umschalten aus der Fluß- in die Sperrrichtung ($I_R/I_F=1$) am Ende der Speicherphase

Literaturverzeichnis

Barret, C., Vapaille, A.: Study of Pt-GaAs interface states,
Solid-State Electron. **21**, 1978, 1209-1212

Battersby, S. J., Harris, J. J.: Millimeter-Wave Bulk Unipolar Mixer Diode,
IEEE Transact. Electron. Dev. **ED-34**, 1987, 1046-1051
MBE-gewachsene GaAs-Cameldiode

Bechteler, M.: The gate turn off thyristor (GTO), Siemens Forsch. u.
Entwickl.-Ber. **14**, 1985, 39-44

Beneking, H., Vescan, L., Cloos, J. M., Marso, M.: Silicon bulk Barrier
Diodes Fabricated by LPVPE, High-Speed Electronis (Hrsg. B. Källbäck,
H., Beneking), 123-126, Springer Series in Electronics and Photonics
Bd. 22, Springer-Verlag, Berlin 1986

Chang, C. Y., Sze, S. M.: Carrier Transport Across Metal-Semiconductor
Barriers, Solid-State Electron. **13**, 1970, 727-740
Grundlagenartikel zum MS-Kontakt

Crowell, C. R., Sze, S. M.: Current transport in metal-semiconductor barriers,
Solid-State Electron. **9**, 1966, 1035-1048

Crowell, C. R.: A simplified self-assistent model for image force and interface
charge in Schottky barriers, J. Vac. Sci. Technol. **11**, 1974, 951-957

Harth, W., Claasen, M.: Aktive Mikrowellendioden,
Springer-Verlag, Berlin 1981
Behandlung von Hf-Strukturen

Illi, M.: Untersuchung des Schaltverhaltens von Halbleiterdioden mit Hilfe
elektrischer Analogmodelle, Diss. RWTH Aachen 1968

Kelly, M. J., Todd, A. G., Sisson, M. J., Wickenden, D. K.:
Contacts between amorphous metals and semiconductors,
Electronics Lett. **19**, 1983, 474-475

Kendelewicz, T., Petro, W. G., Pan, S. H., Williams, M. D., Lindau, I., Spicer, W. E.: Fermi energy pinning behavior and chemical reactivity of the Pd/GaAs (110) interface, Appl. Phys. Lett. **44**, 1984, 113-115

Kesel, G., Hammerschmitt, I., Lange, E.: Signalverarbeitende Dioden, Springer-Verlag, Berlin 1982

Klamm, P.: Physikalische Grundlagen der Elektronik, VALVO GmbH Hamburg, 116, Technische Bauelemente, 1965

Kohn, E.: Dimensionierung und Technologie integrationsfähiger GHz-MESFETs aus Galliumarsenid, Diss. RWTH Aachen 1975

Lindau, I., Chye, P. W., Garmer, C. M., Pianetta, P., Su, C. Y., Spicer, W. E.: New phenomena in Schottky barrier formation, J. Vac. Sci. Technol. **15**, 1978, 1332 -1339

Malacký, L., Kordoš, P., Novák, J.: Schottky Barrier Contacts on (p)-$Ga_{0,47}In_{0,53}As$, Solid-State Electron. **33**, 1990, 273-378

Mead, C. A., Spitzer, W. G.: Fermi level position at metal-semiconductor interfaces, Phys. Rev. **134**, 1964, A713-A716
Grundsatzartikel zum MS-Kontakt

Mönch, W.: Electronic characterization of compound semiconductor surfaces and interfaces, Thin Solid Films **104**, 1983, 285-299

Paul, R.: Mikroelektronik, Hüthig Verlag, Heidelberg 1981

Peyghambariari, N., Gibbs, H. M., Hulin, D., Antonetti, A., Migus, A., Mysyrowicz, A.: Overview of Optical Switching and Disfability, High-Speed Electronics 204-209, Springer Series in Electronics and Photonics, Bd. 22, Springer-Verlag, Berlin 1986

Sah, Ch.-T., Noyce, R. N., Shockley, W.: Carrier Generation and Recombination in P-N Junctions and P-N Junction Characteristics, Proc. IRE **45**, 1957, 1228-1243

Selders, J., Emeis, N., Beneking, H.: Schottky-barriers on p-type GaInAs, IEEE Transact. Electron Dev. **ED-32**, 1985, 605-609

Shannon, J. M.: A majority-carrier camel diode,
   Appl. Phys. Lett. **35**, 1979, 63-65
   Diodenstruktur mit Volumenbarriere

Shannon, J. M.: A New Majority Carrier Diode - The Camel Diode,
   Jap. J. Appl. Phys. **19** Suppl. 19-1, 1980, 301-304

Spenke, E.: pn-Übergänge, Springer-Verlag, Berlin 1979
   Für Leistungselemente grundlegende Darstellung

Spicer, W. E., Lindau, I., Skeath, P., Su, C. Y.: Unified defect model and
   beyond, J. Vac. Sci. Technol. **17**, 1980, 1019-1027
   Bedeutsamer Beitrag zum Metall-Halbleiter-Kontakt

Sze, S. M.: Physics of semiconductor devices,
   J. Wiley & Sons, 2.Aufl., New York 1981
   Breite, allgemeine Darstellung aller wesentlichen Halbleiter-Bauelemente

Todd, A. G., Harris, P. G., Scobey, I. H., Kelly, M. J.: Amorphous metal-
   semiconductor contacts for high temperature electronics, Materials and
   Characterization, Solid-State Electron. **27**, 1984, 507-513

Valvo-Brief: Qualität von Druckkontaktdioden, 4.9.1981

Vescan, L., Selders, J., Kräutle, H., Kütt, W., Beneking, H.: Be-implanted p-n
   junctions in $Ga_{0.47}In_{0.53}As$, Electronics Lett. **18**, 1982, 533-534

Wickenden, D. K., Sisson, M. J., Todd, A. G., Kelly, M. J.: Amorphous metal-
   semiconductor contacts for high temperature electronics II, Thermal
   stability of Schottky barrier characteristics, Solid-State Electron. **27**,
   1984, 515-518

11 Bipolartransistoren

Bipolartransistoren sind Schichtfolgen pnp oder npn, deren Funktion durch eine dünne technologische Basisschicht der Dicke W_o charakterisiert ist, welche bei anliegenden Betriebsspannungen durch die veränderten Breiten d_{EB}, d_{BC} der beidseitigen Sperrschichten zu $W < W_o$ verringert wird; nur für $W \ll L^*$, L^* = Diffusions- bzw. Driftlänge der Minoritäten in der Basis, ist ein ordnungsgemäßer Betrieb gewährleistet. Für hohe Stromverstärkungen muß darüberhinaus der Emitterstrom-Anteil I_{EB} (Minoritäten in der Basis) viel größer als der von der Basis zum Emitter fließende Strom I_{BE} (Minoritäten im Emitter) sein, um den Gehaltsfaktor (Injektionsfaktor, Emitterwirkungsgrad)

$$\gamma = \frac{I_{EB}}{I_{EB} + I_{BE}} = \frac{I_{EB}}{I_E}$$

so nahe wie möglich an $\gamma = 1$ zu bringen (I_E Gesamt-Emitterstrom).

Der Anteil der den Kollektor erreichenden Minoritäten (Kollektorstrom-Anteil I_{CE}), bezogen auf die an der Emitterseite der Basis eintretenden (Emitterstrom-Anteil I_{EB}), ist (ohne Driftfeld) mit

$$\beta = \frac{I_{CE}}{I_{EB}} = \frac{1}{\cosh \frac{W}{L^*}}$$

gegeben und zeigt damit die Wichtigkeit der kurzen Basisschichtdicke. Mit eingebautem Driftfeld (Abschnitt 11.6.1) wird β modifiziert (vergrößert), sofern nicht bei extrem dünner Basis bereits die Diffusion zu entsprechender Geschwindigkeit der Minoritäten in der Basis führt.

Die beiden Forderungen, $W \ll L^*$ für hinreichend großen Transportfaktor β und $I_{EB} \gg I_{BE}$ für hohen Injektions-Wirkungsgrad bestimmen primär die technologische Auslegung der Bipolartransistoren. Hohe Verstärkung elektrischer Signale, also hohe Leistungsverstärkung, eine möglichst lineare Übertragungscharakteristik auch bei großer Aussteuerung, ein gutes Hf-Verhalten mit hoher Grenzfrequenz oder ein geringer Restwiderstand bei Schalttransistoren sind technisch ebenso bedeutsame Forderungen, wobei dem Basis-Bahnwiderstand R_b besondere Bedeutung zukommt.

Bezüglich der Transistor-Auslegung für hohe Frequenzen, Abschnitt 11.6, sind zwei Kenngrößen von Bedeutung, die Transitfrequenz f_t und die maximale Schwingfrequenz f_{max}.

Die erstere gibt mit $\frac{1}{(2\pi f_t)} = t_t$ die Laufzeit durch das innere Bauelement an, welche durch Diffusion oder/und Drift der Minoritäts-Ladungsträger durch die Basis (Schichtdicke W) gegeben ist. Es gilt $\frac{W^2}{2D} \geq t_t > \frac{W}{v_{sat}}$, wenn D die Diffusionskonstante und v_{sat} die Sättigungsgeschwindigkeit der betreffenden Trägersorte darstellen. Einer Messung ist f_t gut zugänglich, da f_t gleichzeitig die Frequenz ist, wo der (extrapolierte) Betrag der Kurzschluß-Stromverstärkung h_{fe} in Emitterschaltung gleich eins wird. Für gutes Hf-Verhalten bzw. hohe Bandbreite müssen damit materialseitig D bzw. v_{sat} möglichst groß sein, und es muß eine dünne Basis gewählt werden.

Die maximale Schwingfrequenz f_{max} gibt die Grenze der Leistungsverstärkung V_P an, $V_{Popt}(f_{max}) = 1$. Wie bezüglich f_t ist auch f_{max} näherungsweise aus Transistor-Parametern herleitbar, es gilt

$$f_{max} \approx 0,2 \cdot \sqrt{\frac{f_t}{R_b C_c}}.$$

Damit ist das $R_b C_c$-Produkt (C_c Kollektor-Basis-Kapazität) ein wesentlicher Design-Parameter für Hf-Transistoren. Niedrige R_b-Werte besitzen speziell HBTs (heterojunction bipolar transistor, Transistor mit wide gap Emitter), da dort die Basis bei Erhaltung hoher Injektion hoch dotiert sein kann; zusätzlich kann die Basis als Übergitter-Struktur unter Verwendung der hohen Leitfähigkeit eines zweidimensionalen Trägergases strukturiert sein; näher kann hier darauf nicht eingegangen werden.

Es werden in diesem Kapitel die grundsätzlichen Verfahrensschritte dargelegt, einschließlich der Auslegung von Bauelementen für geringen Leistungsverbrauch, was speziell für eine hohe Packungsdichte integrierter Schaltungen bedeutsam ist.

Den wesentlichsten Anteil stellen Siliziumtransistoren, jedoch werden aus III-V-Halbleitern ebenfalls Bipolartransistoren hergestellt, vorzugsweise als HBTs. Solche Strukturen enthalten Emitter aus Material mit breiterer verbotener Zone (wide gap emitter), was insbesondere dem Injektionswirkungsgrad, aber auch dem Hf- und Schaltverhalten entgegenkommt. Diese Spezialbauelemente werden ebenfalls besprochen, weil bei diesen HBTs eine zukunftsträchtige Entwicklung mit wissenschaftlich anspruchsvollem Hintergrund vorliegt.

424 Bipolartransistoren

Die Bedeutung der Bipolartransistoren liegt im Vergleich zu den Feldeffekttransistoren in der relativ hohen Stromergiebigkeit bei niedrigen Spannungen. Im Gegensatz zu den Feldeffekttransistoren herrscht die vertikale Strukturierung vor, was Folgerungen für die Auslegung der Systeme besitzt und den Aufbau von Einzelbauelementen mit gutem Wärmeübergang zur Verarbeitung hoher Verlustleistungen begünstigt. Im übrigen sind die Schwellspannungen für digitalen Betrieb physikalisch vorgegeben und unterliegen damit nicht der starken Exemplarstreuung wie bei Feldeffekttransistoren, ein für die Integration vieler Bauelemente wichtiger Punkt.

11.1 Stromverstärkung

11.1.1 Injektion

Bipolare Transistoren werden zumeist in Emitterschaltung betrieben, wo das Stromverhältnis $B = I_C/I_B$ eine wichtige Kenngröße darstellt; näherungsweise gilt bei quasistatischer Wechselaussteuerung auch $V_{iK} = B$ (V_{iK} dynamische Kurzschluß-Stromverstärkung). Wie im Eingangsabschnitt erwähnt, geht hierbei der Emitterwirkungsgrad stark ein, das Verhältnis des in die Basis einfließenden Minoritätenstroms I_{EB} zum gesamten Emitterstrom $I_E = I_{EB} + I_{BE}$; I_{BE} ist der aus der Basis in den Emitter fließende Stromanteil.

Das Verhältnis I_{EB}/I_{BE} ist mit

$$\frac{I_{EB}}{I_{BE}} = \frac{N_{DE}/n_{iE}^2}{N_{AB}/n_{iB}^2} \cdot \frac{(D_n/L_n)\coth(W_B/L_n)}{(D_p/L_p)\coth(W_E/L_p)}$$

gegeben (zu den Bezeichnungen s. Bild 11.1), wo W_E, W_B die Länge der neutralen Bahngebiete darstellen. Beispielhaft sei hier ein npn-Transistor herangezogen, der wegen der höheren Geschwindigkeit der Elektronen im Vergleich zu den Löchern technisch gegenüber dem pnp-Typ bevorzugt ist.

Beim üblichen Transistor bestehen Emitter und Basis aus dem gleichen Halbleitermaterial, so daß die Eigenleitungsdichten n_{iE} und n_{iB} identisch sind. Dazu erfordert $(I_{EB}/I_{BE}) \gg 1$ ein Dotierungsverhältnis $N_{DE} \gg N_{AB}$, also eine relativ niedrig dotierte Basis. Ist jedoch $n_{iE} \ll n_{iB}$, bestehen also Emitter und Basis aus unterschiedlichem Material mit $E_{gE} > E_{gB}$, kann sogar für $N_{AB} \gg N_{DE}$ noch $I_{EB}/I_{BE} \gg 1$ erzielt werden. Die schematische Darstellung in Bild 11.1 läßt die unterschiedliche Barrierenhöhe ϕ_{pH}, ϕ_{nH} eines solchen Breitband-Emitters (wide gap emitter) erkennen.

Stromverstärkung 425

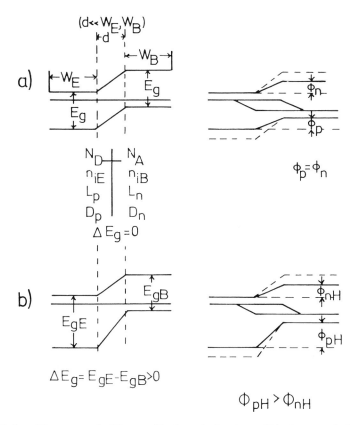

Bild 11.1: Homo- und Hetero-Emitter bei einer Diode, vereinfachte Darstellung im Bänderdiagramm; (links: stromlos, rechts: Injektion) die Aufspreizung des Fermi-Niveaus entspricht den erhöhten Dichten (Übergang zum Quasi-Fermi-Niveau im Nichtgleichgewichtsfall), a) übliche pn-Injektion mittels Homojunction, b) Injektion mittels Heterojunction (wide gap emitter)

Da

$$n_{iB}^2 = n_{iE}^2 \, e^{\frac{\Delta E_g}{kT}}$$

bewirkt bereits eine nur geringfügige Vergrößerung von E_g auf der Emitterseite eine merkliche Verbesserung des Injektionsgrades; für $\Delta E_g = 0{,}2\,\text{eV}$ erhält man etwa den Faktor 3000 im Stromverhältnis. Gewährleistet muß allerdings sein, daß nach wie vor Emitter- und Basismaterial (fast) gleichen Gitterabstand aufweisen; anderenfalls ist die Rekombinationsrate innerhalb der Basis-Emitter-Sperrschicht zu groß, und I_{EB} geht zumindest teilweise in I_{BE} über. Insoweit ist diese Möglichkeit auf Materialkombinationen wie GaAlAs-GaAs oder InP-GaInAs beschränkt (siehe Abschnitt 3.4). Im Fall von Si kann die Basis aus $Si_{1-x}Ge_x$ hergestellt werden, oder der Emitter aus GaP; beides führt jedoch zu erheblichen Problemen wegen der Gitter-Fehlanpassung.

Mit Einschränkung läßt sich bei Si auch ein Poly-Si-Emitter heranziehen, jedoch wird eine wesentliche Wirkung nur bei III-V-Verbindungen erzielt, wo Materialien unterschiedlichen Bandabstandes in weitgehend perfekter einkristalliner Fortsetzung gewachsen werden können.

Die Dotierungsverhältnisse von Emitter und Basis gehen sowohl für den Übergang von niedriger Injektion (Minoritätendichte < Majoritätendichte in der Basis) zu hoher Injektion (Minoritätendichte > Majoritätendichte in der Basis) und damit niedrigerer Stromverstärkung, als auch für den Basisbahnwiderstand und die Eingangskapazität stark ein.

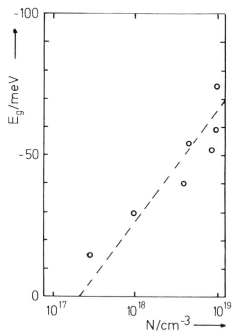

Bild 11.2: Verringerung der Breite der verbotenen Zone bei hoher Dotierung des Siliziums (nach S. R. Dhariwal u. a. 1982)

Eine niedrige Basisdotierung bedingt zwar ein früheres Einsetzen der Hochstrominjektion, verringert jedoch die Eingangskapazität; dafür wird der Basisbahnwiderstand höher. Zusammen mit der Basis-Emitter-Kapazität C_{BE}

bedeutet dies eine RC-Beschränkung des Frequenzganges. Bei Hf-Transistoren wird deswegen eine nicht zu hohe Emitterdotierung verwandt, um C_{BE} zu verringern. Unabhängig davon existiert jedoch ein Optimum unterhalb der Löslichkeitsgrenze der Dotieratome (bei Si etwa $N_n \approx 10^{19} cm^{-3}$), da mit zunehmender Dotierung der effektive Bandabstand abfällt. Bild 11.2 gibt davon einen Begriff. Im Fall des Hetero-Emitter erlaubt eine gegenüber der Basis verringerte Emitter-Dotierung eine Erniedrigung der Eingangs-Sperrschichtkapazität, wobei die hohe Basis-Dotierung den Basis-Bahnwiderstand verringert; insoweit sind HBTs für GHz-Anwendungen prädestiniert. Entsprechende Transistoren sind auch aus Silizium herstellbar, wobei als Basis-Material $Si_{1-x}Ge_x$ mit $x \lesssim 0,2$ Verwendung findet.

11.1.2 Rekombination

Die physikalische Stromverstärkung $\alpha = \beta \cdot \gamma$ besteht aus dem Gehaltsfaktor γ und dem Transportfaktor β. Während γ vom Verhältnis der den Emitterstrom bildenden Elektronen und Löcher abhängt und im Abschnitt 11.1.1 bereits erläutert wurde, betrifft β das Rekombinationsverhalten der in die Basis injizierten Minoritätsträger. Volumen- und Oberflächen- bzw. Grenzflächen-Rekombination wirken hier gleichermaßen mit, wie es dem Schema von Bild 11.3 entnommen werden kann. Im einzelnen sind dort zu erkennen (von oben nach unten):

- Rekombination in Oberflächennähe (schädlich; bei echter Grenzflächenwirkung durch die Oberflächen-Rekombinationsgeschwindigkeit s charakterisiert, s = 10... 1000 cm/s bei Si).
- Rekombination im Emittervolumen (neben einer Rekombination am Emitterkontakt notwendiger Beitrag, der jedoch über L_p die Größe γ negativ beeinflußt).
- Rekombination in der Emittersperrschicht (Störeffekt bei unperfektem Übergang).
- Rekombination im Basisvolumen (zwei Anteile, abhängig von der Breite der effektiven Basis).
- Paarerzeugung in der Kollektorsperrschicht (hier breite v-Zone schwach dotiert für höhere Sperrspannungsfestigkeit).

Diese Rekombinationen begrenzen die Verkleinerung der technisch sinnvollen (Emitter-) Fläche, da wegen des zunehmenden Verhältnisses Oberfläche zu Volumen die Stromverstärkung stark absinkt. Bei Si lassen sich wegen der relativ geringen Oberflächen-Rekombination bei Planar-Strukturen dennoch Flächen bis herab zu etwa 0,2 µm x 3 µm realisieren. Bei GaAs hingegen ist man für hohe Stromverstärkungen auf den µm-Bereich beschränkt; lediglich

428 Bipolartransistoren

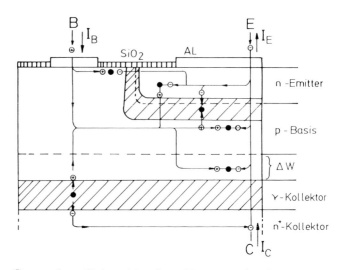

Bild 11.3: Generations-Rekombinations-Vorgänge in einem npn-Transistor, Pfeile deuten die Bewegungsrichtung an;
⊖ Elektronenstrom; ⊕ Löcherstrom;
die einzelnen Rekombinationsvorgänge sind mit • bezeichnet.
(nach H. Schrenk 1978)

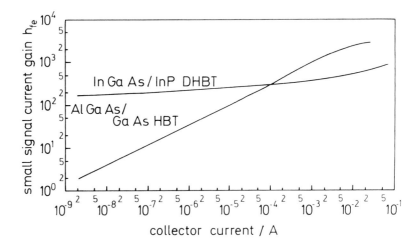

Bild 11.4: Vergleich von Stromverstärkungen in Emitterschaltung bei GaAs/GaAlAs HBTs und GaInAs/InP Doppelhetero-Bipolartransistor (nach R. N. Nottenburg u. a. 1986)

die III-V-Verbindungen InP und $Ga_{0,47}In_{0,53}As$ zeigen geringere Oberflächen-Rekombinationen. Bild 11.4 zeigt den Unterschied gemessener Stromverstärkungen von GaAs- und InP-HBTs; im letzteren Falle bleibt bis zu geringsten Stromdichten die Verstärkung konstant.

Die Schichtdicke der Basis ist bei höherer Sperrspannung verringert (Early-Effekt) und führt zu höherem β-Wert. Die zeigt sich technisch am Verhalten der Ausgangskennlinien, auch in Abhängigkeit von der angelegten Basis-Emitter-Spannung. Damit ist der ausgangsseitige dynamische Innenwiderstand erklärbar, siehe dazu Bild 11.5.

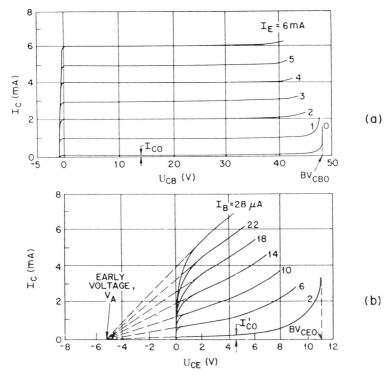

Bild 11.5: Statische Kennlinien (pnp-Transistor); a) Basis-Schaltung, b) Emitter-Schaltung (nach S. M. Sze 1981)

Bei hohen Stromdichten tritt aber auch der umgekehrte Fall auf, eine Schichtdickenvergrößerung um ΔW (Kirk-Effekt). Dabei wird ein Teil des technologischen Kollektorbereichs als Basis wirksam. Die absoluten Änderungen hängen von der örtlichen Dotierung ab, wobei jede Verlängerung der effektiven Basisweite zu Lasten der Stromverstärkung geht. Zusammen mit der Rekombination im Emitter-Sperrschichtenbereich und im Basisanfang be-

430 Bipolartransistoren

stimmt dies den Verlauf der Stromverstärkung bei der Hochinjektion bzw. B und V_{iK}. Bei der planaren Bauform ist zusätzlich die Grenzfläche Basisrandzone-SiO_2 kritisch, wo inkorporierte Grenzflächenzustände als Rekombinationszentren wirken (siehe Abschnitt 11.4.5).

11.1.3 Emitter-Rand-Effekt

Die dünne Basisschicht unterhalb des Emitters wirkt als verteilter Zuleitungswiderstand zu den inneren Basispunkten und reduziert damit die örtliche Emitter-Basis Spannung U_{EB}. Dies bedeutet eine Bevorzugung der Emitter-Randzonen zumindest bei Arbeitspunkten im höheren Flußbereich, da die jeweilige Stromdichte mit $\exp(U_{EB}/U_T)$ verläuft. Dies führt dazu, daß schließlich nicht mehr die Emitter-Fläche, sondern nur noch die dem Basisanschluß benachbarte Randlänge für den Kollektorstrom maßgeblich ist (emitter crowding). Dies ist der Grund dafür, Lang-Rand-Strukturen in Form von fingerförmigen Emittern zu verwenden, welche interdigital mit Basiskontakten abwechseln.

Mit der Emitter-Basis-Kapazität (Diffusions- und Sperrschichtkapazität) bildet selbst bei alleiniger Randemission der verbleibende Bahnwiderstand ein RC-Glied, weswegen der Basiszuleitungswiderstand so niedrig wie möglich gehalten werden muß. Eine Verringerung kann z. B. mittels zusätzlicher Implantation erreicht werden; es wird darauf bei der Besprechung der einzelnen Strukturen eingegangen.

11.2 Thermische Instabilität

Bei erhöhter Temperatur bewirkt die modifizierte Strom-Spannungs-Charakteristik der Emitter-Sperrschicht eine Verschiebung der wirksamen Eingangskennlinie zwischen Basis und Emitter nach geringeren Spannungen hin, und der Reststrom der gesperrt betriebenen Kollektor-Sperrschicht steigt an. Beides bewirkt eine Zunahme der Verlustleistung im Bauelement, dem nur mittels schaltungstechnischer Maßnahmen begegnet werden kann. Ohne entsprechende Schutzmaßnahmen wie einer temperaturabhängig gesteuerten Verringerung der angelegten Arbeitspunkt-Spannung U_{EB} oder eines Lastwiderstandes auf der Kollektorseite, an welchem mindestens die halbe Versorgungsgleichspannung im Arbeitspunkt abfällt, würde die auftretende Stromerhöhung höhere Verlustleistung und damit Betriebstemperatur bedeuten. Dieses wiederum hätte nochmals höheren Strom zur Folge, und es träte eine thermische Instabilität mit möglicher Zerstörung des Bauelementes auf. Auch bei räumlich benachbarten Transistoren (integrierte Schaltung) ist dies zu beachten, da sie sich gegenseitig in ihrer Stromführung beeinflussen. Abhilfe schafft dort eine hinreichende Gleichstrom-Gegenkopplung durch Emitterwiderstände, was z. B. auch bei Leistungstransistoren unter Aufteilung auf eine Vielzahl von kleinen Einzelelementen die Stabilität und gleichmäßige Strombelastung sichert (siehe Abschnitt 11.4.3). Bild 11.6 zeigt entsprechende Messungen.

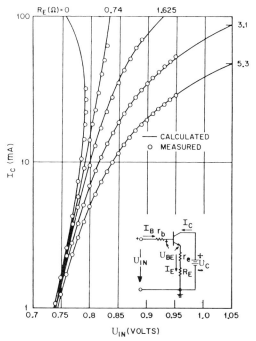

Bild 11.6: Stabilität mit Emitterwiderstand (nach S. M. Sze 1981)

11.2.1 Zweiter Durchbruch und Einschnür-Effekt

Kritisch und irreversibel kann das Auftreten des sog. zweiten Durchbruchs (second breakdown) sein, welcher mit einer abrupten Spannungserniedrigung bei höheren Strömen einhergeht, Bild 11.7 zeigt entsprechende Meßkurven. Ursache ist die einsetzende Trägervervielfachung in der Kollektorsperrschicht und der damit ähnlich einem Phototransistor (siehe Kapitel 13 Optoelektronische Bauelemente) verbundene Verstärkungsvorgang; die in die Basiszone fließende Träger fungieren als Basissteuerstrom und erhöhen vervielfacht mit der Stromverstärkung wiederum den Emitter- bzw. Kollektorstrom. Da der Aufbau der Multiplikation und der Steuerungsmechanismus Zeit beanspruchen, kann kurzzeitig das Kennlinienfeld weiter ausgenutzt werden, ohne Gefahr zu laufen, den zweiten Durchbruch zu initiieren; Bild 11.8 zeigt den zeitabhängig sicheren Arbeitsbereich (SOA safety operating area); mit BV_{CEO} wird die (reversible) Durchbruchsspannung zwischen Kollektor und Emitter bezeichnet, wenn der Basisanschluß offen ist.

432 Bipolartransistoren

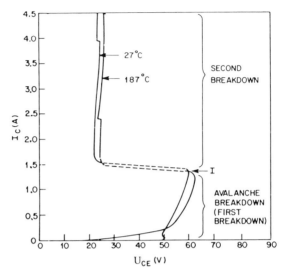

Bild 11.7: Strom-Spannungs-Abhängigkeit beim zweiten Durchbruch (nach S. M. Sze 1981)

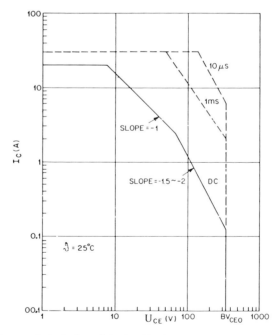

Bild 11.8: Sicherer Arbeitsbereich der Emitterschaltung (Beispiel eines Leistungstransistors) (nach S. M. Sze 1981)

Beim Übergang zum zweiten Durchbruch kann eine Stromeinschnürung erfolgen (pinch in), was im Zusammenwirken mit dem Basis-Ausbreitungswiderstand in der dünnen Basis zu verstehen ist. Hierbei kann örtlich die Verlustleistung stark ansteigen und das Halbleitermaterial schmelzen; dies führt dann zur Zerstörung des Transistors.

Bei relativ hoch dotierter Basis, wie z. B. bei III-V-Transistoren mit widegap-Emitter, treten diese Instabilitätseffekte kaum auf, weil der Basiswiderstand und die Trägervervielfachung gegenüber einem Si-Transistor reduziert sind.

Störungen bei der Emitter-Diffusion können zu ähnlichem Verhalten Anlaß geben und auch zu Transistorausfällen führen. Bei starken Kristallstörungen im Inneren des Bauelementes (z. B. Bildung von Gleitebenen oder Clustern) können lokal extrem hohe Diffusionsgeschwindigkeiten auftreten, welche nadelförmige Emitterspitzen zur Folge haben. Diese können, wie im Bild 11.9 links gezeigt, die Basis ganz durchstoßen (diffusion pipes) oder nur partiell (diffusion spikes) in die Basis eindringen; die Bauelementeeigenschaften sind im jedem Fall gestört. Diese Gefahr besteht bei <111>-orientierten Transistoren im besonderen Maße, weswegen bei Elementen mit dünnsten Basis-Schichten auch bei Si auf <100>-Material übergegangen wird.

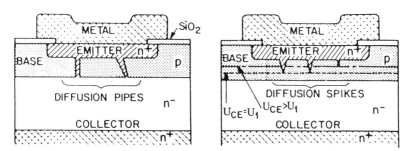

Bild 11.9: Gestörte Emitterdiffusion (nach S. M. Sze 1981)

11.3 Modifizierte Kollektorstrukturen

Mehrfach wurde bereits auf vergrabene Leitschichten hingewiesen (z. B. Kapitel 9), welche zur niederohmigen Verbindung innenliegender Anschlußpunkte oder auch für Leiterbahnkreuzungen verwendet werden. Speziell bei integrierten vertikal strukturierten Bipolartransistoren sind sie wichtig, sofern der äußere Anschluß von der Oberfläche her vorgenommen wird, seitlich vom eigentlichen Bauelement. Mit der inneren Bauelementekapazität stellt diese Zuleitung überdies ein RC-Halbglied dar, welches wechselstrommäßig zu einer Verschlechterung des Frequenzganges führt. Auch bei Schalttransistoren soll der Kollektorbahnwiderstand möglichst niedrig sein, sowohl wegen des Ein-Widerstandes als auch des dynamischen Schaltverhaltens.

Zur Verbesserung wird die vergrabene Leitschicht in Form des "vergrabenen Kollektors" (buried collector) eingesetzt, wie sie aus Bild 11.23 zu entnehmen ist. Hierdurch ist eine wesentlich niederohmigere Verbindung als mit dem aus Gründen der Sperrfähigkeit relativ hochohmigen Material der eigentlichen Kollektorschicht zu erzielen; die vergrabene Leitschicht kann unabhängig davon sehr hoch dotiert sein.

Die Herstellung geschieht zumeist durch Diffusion, aber auch andere Verfahren (Implantation, Epitaxie) sind anwendbar.

Neben der auch bei Anwendung der vergrabenen Leitschicht nach wie vor konventionellen Form der Absaugung der Minoritätsladungsträger durch die Kollektor-pn-Diode gibt es weitere, technisch bedeutsame Kollektorformen.

Die Kollektor-Sperrschicht hat beim Bipolartransistor die Aufgabe, die aus der Basis einlaufenden Minoritätsträger abzusaugen und, da diese weitgehend als Sättigungsstrom geführt werden, elektrisch als Urstromquelle zu fungieren. Auch muß der eigene Sperrstrom hinreichend klein sein, um keinen Basisverluststrom bzw. zusätzlichen Basissteuerstrom zu bilden. Die maximal anlegbare Sperrspannung begrenzt im übrigen den Aussteuerbereich und damit die Verlustleistung.

Üblicherweise wird eine pn-Diode für diese Aufgabe herangezogen, der Transistor ist dann vom npn- bzw. pnp-Typ. Man kann aber auch eine in Sperrichtung betriebene Schottky-Diode verwenden, bei welcher eine ähnliche Verteilung der elektrischen Feldstärke an der Grenze des Halbleiters vor dem Metall vorliegt wie bei einer pn-Verbindung. Die anlegbaren Sperrspannungen sind im allgemeinen geringer (einige Volt gegenüber > 100 V), aber es ist im Gegensatz zur pn-Diode seitens des Schottky-Kollektors keine Rückinjektion von Minoritäten in die Basis möglich. Während dadurch beim pn-Kollektor in Emitterschaltung bei Übersteuerung $\left(|U_{CE}| < |U_{BE}|\right)$ eine unnötig hohe Basisladung aufgebaut wird, welche u.a. eine Speicherphase mit verzögertem Ausschalten eines eingeschaltet gewesenen Schalttransistor hervorruft, fehlt diese Rückinjektion vollständig, und die Basisladung wird selbst bei Übersteuerung nicht modifiziert. Bei Si-Transistoren ist allerdings der Aufbau einer Schottky-Diode nur bei n-Material praktikabel, weswegen nur pnM-Transistoren realisiert werden können; bei III-V-Verbindungen sind sowohl pnM- als auch npM-Systeme möglich. In Bild 11.10 ist das Ausschaltverhalten eines übersteuerten Siliziumtransistors dieses Typs mit dem eines konventionellen Bauelementes verglichen. Nach dem eingangsseitigen Ausschalten, erkennbar an der Kennlinienspitze, beginnt beim Schottky-Kollektor ausgangsseitig der Ausschaltvorgang ohne Speicherphase. Den Aufbau eines solchen SCTs (Schottky-collector-transistor) zeigt schematisch Bild 11.11.

Die statischen Kennlinien sind denen eines üblichen Bipolartransistors ähnlich; Bild 11.12 zeigt als Beispiel das Ausgangskennlinienfeld eines NpM-Schottky-Kollektortransistors aus GaAs, bei dem überdies vom wide-gap-Prinzip für den Emitter Gebrauch gemacht worden ist (siehe Abschnitt 11.5).

Modifizierte Kollektorstrukturen   435

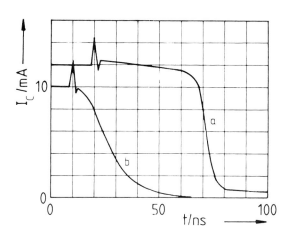

Bild 11.10: Ausschaltverhalten eines übersteuerten Si-Schottky-Kollektor-Transistors (Kurve a) und eines Si npn-Transistors (Kurve b) (Basisübersteuerungsstrom 1 mA, Basisausschaltstrom 3 mA) (nach G. A. May 1968)

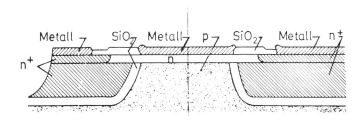

Bild 11.11: Schematischer Aufbau eines Planartransistors mit Schottky-Kollektor (nach G. A. May 1968)

436 Bipolartransistoren

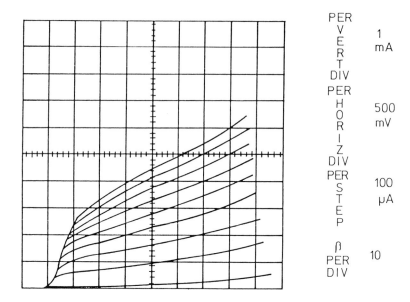

Bild 11.12: Ausgangs-Kennlinienfeld eines GaAs-Schottky-Kollektor-Transistors (nach H. Beneking u. a. 1980)

Bei einem Bipolartransistor mit Emittermaterial höheren Bandabstandes ist, wie auch dem Bild 11.12 zu entnehmen, eine relativ hohe Einsatzspannung für das Fließen des Kollektorstroms erforderlich; im Beispiel etwa 0,4 V. Dies ist durch die unterschiedlichen Diffusionsspannungen der Emitter- und Kollektordiode gegeben. Insbesondere bei Schalttransistoren stört der hierdurch verbleibende Spannnungsabfall im Ein-Zustand. Abhilfe schafft die Verwendung eines wide-gap-Kollektors, da bei einem Transistor des Typs PnP oder NpN beiderseits der Basis etwa gleiche Diffusionsspannungen vorliegen. Dies ist in Bild 11.13 am Beispiel eines GaAlAs (Emitter)-GaAs(Basis)-GaAlAs(Kollektor)-Transistors demonstriert. Ein Vorteil dieses Systems ist überdies die fehlende Minoritätsspeicherung im Kollektorbereich, womit der Kirk-Effekt ausgeschaltet ist. Der hierdurch gegenüber einem Homojunction-pn-Kollektor verbesserte Ausschaltvorgang ist in Bild 11.14 zu erkennen; entsprechend aufgebaute, prinzipell symmetrische Transistoren sind auch für logische Anwendungen interessant.

Modifizierte Kollektorstrukturen 437

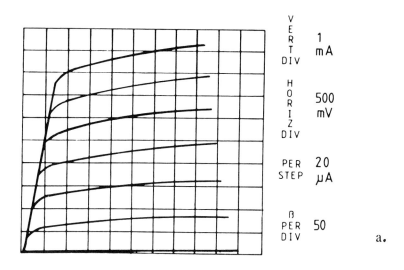

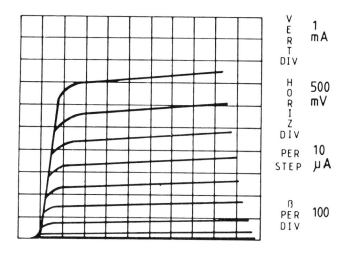

Bild 11.13: Vergleich der Ausgangs-Kennlinienfelder bei NpN-(a) und Npn-(b) GaAs-Bipolartransistoren (nach H. Beneking u. a. 1982)

438 Bipolartransistoren

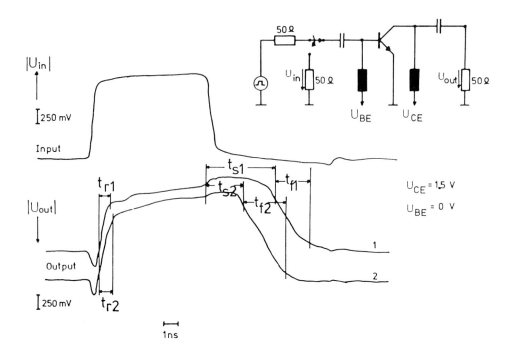

Bild 11.14: Verbessertes Schaltverhalten des NpN-Transistors (Kurve 1 Npn-GaAs; Kurve 2 NpN-GaAs) (nach H.Beneking u. a. 1982)

11.4 Siliziumtransistoren

Im folgenden sind verschiedene Bauformen von Siliziumtransistoren behandelt, wobei zum Teil spezifische Anwendungen vorliegen; Transistoren aus III-V-Material sind Abschnitt 11.5 vorbehalten.

Die Hauptbauform ist der Planartransistor, wobei im Fall des Einzeltransistors der Substratkörper mit und ohne Epitaxieschicht üblicherweise den Kollektor darstellt. Beim Kollektoranschluß von der Oberseite her wird weitgehend von der vergrabenen Leitschicht in der Kollektorzone (buried layer) Gebrauch gemacht, siehe Abschnitt 11.3.

11.4.1 Planartransistor

Der Standardprozeß zur Planartechnik ist in Bild 11.15 dargestellt. Die grundsätzlichen Arbeitsschritte sind in den vorherigen Abschnitten sowie im Teil I bereits behandelt.

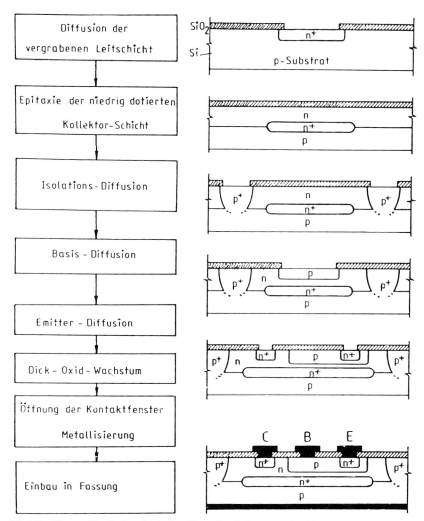

Bild 11.15: Herstellschritte bei der Standardplanartechnik

Bild 11.16 zeigt das Aufbauschema eines Einzeltransistors mit Kollektorsubstrat (pnp-Typ), dessen Herstellschritte ansonsten dem Planarprozeß entsprechen. Die einzelnen Dotierungen werden bauelementspezifisch gewählt. Für hohe Sperrspannung muß die Kollektor-Raumladungszone breit sein, somit sind niedrigere Dotierungen erforderlich als bei einem Vorstufen-Hf-Transistor. Die Basisweite selbst ist ein kritischer Parameter, während die Perfektion des Emitterübergangs speziell bei geringen Stromdichten die erzielbare Stromverstärkung bestimmt. Bild 11.17 zeigt ein Dotierungsdiagramm für einen Nf-Transistor; der tatsächliche Aufbau erfolgt z.B. als Mehrfingerstruk-

440 Bipolartransistoren

tur, wie es Bild 11.18 zeigt. Der wie der Emitter hoch n-dotierte Schutzring (channel stopper) zur Verringerung von Leckströmen ist ebenfalls zu erkennen.

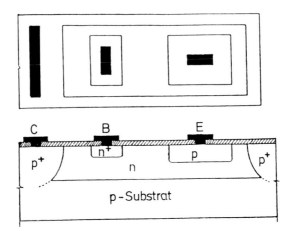

Bild 11.16: Transistor mit Kollektorsubstrat (pnp-Typ) (nach A. Möschwitzer u. a.1973)

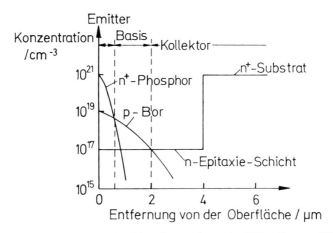

Bild 11.17: Dotierungsverlauf in einem doppelt diffundierten Silizium-Epitaxial-Planartransistor (nach I. Ruge 1975)

Zur Erzielung niedriger Ein-Widerstände bei Schalttransistoren werden epitaxiell hergestellte Basisschichten benutzt. Das Dotierungsprofil eines solchen Epibasis-Transistors ist gegenüber dem in Bild 11.17 dargestellten Verlauf modifiziert, wie Bild 11.19 zeigt.

Siliziumtransistoren 441

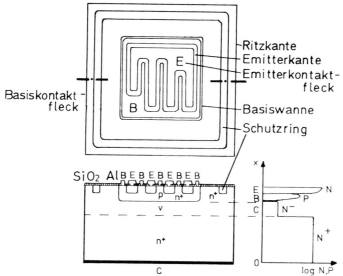

Bild 11.18: Mehrfinger-Struktur eines Nf-Planartransistors
(nach H. Schrenk 1978)

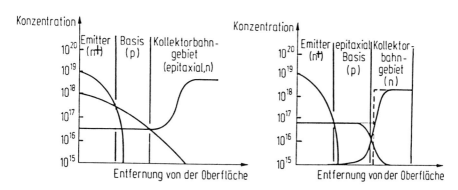

Bild 11.19: Verläufe der Dotierung (in cm^{-3}) (nach I. Ruge 1975)
links: doppeldiffundierter Transistor, rechts: Epibasis-Transistor

11.4.1.1 Induzierte Diffusion

Bedingt durch die bei der Diffusion eingeführten mechanischen Spannungen ist die Diffusionsgeschwindigkeit konzentrationsabgängig. Insbesondere läuft die Diffusionsfront einer zuvor eingebrachten Dotierung bei einer neuerlichen Diffusion mit. Dieser Effekt ist speziell bei der Emitterdiffusion störend, da die Basisweite verändert wird (emitter dip, emitter push). Es wird dadurch unmöglich, Basisweiten von unterhalb 0,3 µm einzustellen. Bild 11.20 zeigt dies schematisch.

442　Bipolartransistoren

Eine Verringerung gelingt durch Verwendung von As anstelle von P für die Emitterdiffusion oder auch durch zuvor aufgebrachtes Polysilizium (Polysil-Emitter); letzteres erlaubt, mit niedrigerer Emitterkonzentration auszukommen.

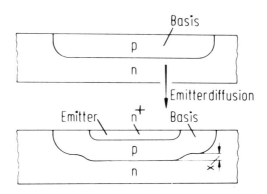

Bild 11.20: Induzierte Diffusion (nach I. Ruge 1975)

11.4.2 Schalttransistor

Schalttransistoren werden als Epibasistransistoren ausgeführt (Bild 11.19), um einen niedrigen Ein-Widerstand zu erzielen. Für hohe Sperrspannung wird eine weite Sperrschichtzone am Kollektor erforderlich, welche die Gefahr des zweiten Durchbruchs vermindert. Allerdings ist bei Übersteuerung der Kirk-Effekt beträchtlich. Bild 11.21 zeigt ein entsprechendes Dotierungsprofil, wo mit A und B die Orte angegeben sind, zwischen welchen sich das Ende der Basisladung mit höherer Stromdichte verschiebt; die aus einer Simulation folgende örtliche Feldverteilung dazu zeigt Bild 11.22.

Um die bei Übersteuerung stark erhöhte Basisladung niedrig zu halten, läßt sich ein Schottky-Kollektor einsetzen (Abschnitt 11.3); diese Lösung wird jedoch kaum genutzt. Stattdessen ist die Verwendung einer zusätzlichen Schottky-Diode, welche direkt am Bauelement integriert sein kann, üblich.

Bild 11.23 gibt ein Beispiel für die technologische Lösung; der Basis-Metallkontakt ist partiell über die n-Schicht der Kollektorzone gelegt. Die inverse Flußspannung an der Kollektor-Basis-np-Diode bleibt auf die der Schottky-Diode beschränkt, und der Rückwärtsstrom wird mehr und mehr von der nicht mit einer Minoritätsspeicherung belasteten MS-Diode übernommen. Der in Bild 11.23 gezeigte Transistor besitzt überdies eine vergrabene Kollektorleitschicht (buried collector), auf die in Abschnitt 11.3 hingewiesen ist.

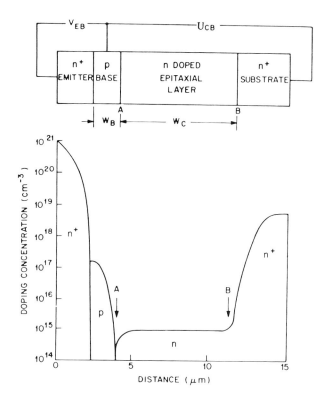

Bild 11.21: Dotierungsverlauf bei Transistoren für hohe Sperrspannungen (nach S. M. Sze 1981)

11.4.3 Hochspannungs- und Leistungstransistoren

Der Bipolartransistor für hohe Spannungen bedarf niedriger Dotierung im Kollektor-Sperrschicht-Bereich und, falls Spannungen von mehreren 100 V blockiert werden sollen, der bereits behandelten Randabschrägung. Bild 11.24 zeigt die Stabilisierung an der mit flacherer positiver Randabschrägung (positive bevelled) geringeren Feldstärke, welche stets kleiner bleibt als im Volumen; dabei verschiebt sich das Maximum der elektrischen Feldstärke weiter in den schwach dotierten Teil hinein.

Um die Krümmung der Kollektor-Raumladungsschicht zu verringern und damit die effektive Durchbruchsspannung zu vergrößern, werden auch Schutzringdiffusionen eingesetzt. In Bild 11.25 sind entsprechende Bauformen dargestellt. Die Struktur von Bild 11.25a verwendet eine weitübergreifende Basiselektrode (extended base), womit bei anliegenden Spannungen, wie bei einer Feldeffekt-Transistor-Steuerung, eine geringere Randdichte der Elektronen im schwachdotierten (ν) Kollektorbereich erzielt wird; gleichzeitig wird die

444 Bipolartransistoren

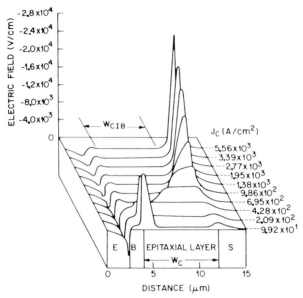

Bild 11.22: Feldverteilung nach Eintreten des Kirk-Effektes (nach S. M. Sze 1981)

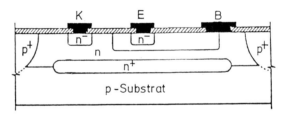

Bild 11.23: Transistor mit Schottky-Diode und vergrabener Leitschicht (nach A. Möschwitzer u. a. 1973)

Raumladungszone verbreitet. Bei der Struktur von Bild 11.25b sind außer dem n^+-Schutzring gegen durch Oberflächeninversion erhöhte Sperrströme zwei das eigentliche Transistorelemente umschließende p-Ringe diffundiert, wodurch die Feldausdehnung gestreckt und damit die an die Basis-Kollektorsperrschicht anlegbare Sperrspannung vergrößert wird; die p- bzw. n^+-Diffusion kann dabei simultan mit der Basis bzw. Emitterdiffusion durchgeführt werden.

Für höhere Ströme bzw. Leistungen muß insbesondere die Emitter-Randlänge groß sein. Dies gelingt durch Mäander-Strukturen, wie es Bild 11.26 andeutet.

Siliziumtransistoren 445

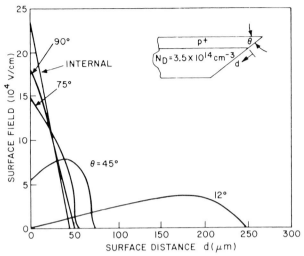

Bild 11.24: Randfeldänderung bei Abschrägung (nach S. M. Sze 1981)

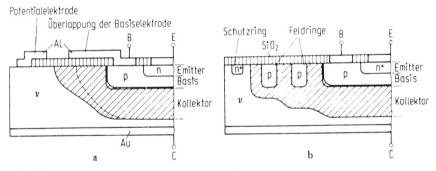

Bild 11.25: Transistorstrukturen für hohe Sperrspannungen; a) mit weitübergreifender Basiselektrode, b) mit Feldringen (nach H. Schrenk 1978)

Bild 11.27 zeigt den Querschnitt eines Mehrfinger-Systems (interdigital, Bild 11.26a). Die "overlay"-Technik (Bild 11.26b) erlaubt die Parallelschaltung von mehr als 100 kleinen Einzel-Elementen zu einem Leistungstransistor mit dem Vorteil einer ausgezeichneten Stabilisierung gegen thermische Instabilität (thermal run away). Letzteres wird durch die bei jedem Einzelelement mitintegrierten Emitterwiderstände bewirkt, wodurch gleichzeitig eine sehr gute Stromverteilung auf die vielen Einzeltransistoren erfolgt (Gegenkopplung, siehe Abschnitt 11.2). In Bild 11.28 sind die Herstellschritte skizziert; die Bezeichnung "overlay" bezieht sich auf die durch eine Oxidschicht isolierten Emitterleitungen oberhalb der Basis.

446 Bipolartransistoren

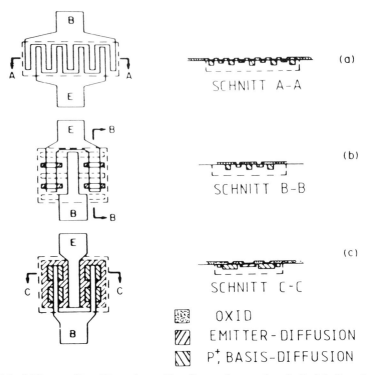

Bild 11.26: Mikrowellen-Transistor Konfigurationen (nach S. M. Sze 1981)
a) "interdigital", b) "overlay", c) "mask"

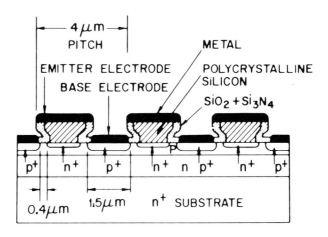

Bild 11.27: Querschnitt durch ein Mehrfinger-System (nach S. M. Sze 1981)

Die bei hohen Frequenzen f erzielbaren Hf-Leistungen P_{max} fallen zunächst mit f^{-2} ab; es gilt der empirische Zusammenhang

$$P_{max}/W \approx 360/(f/GHz)^2.$$

Erreichte Leistungen sind z. B. 500 W bei 1 GHz (Pulsleistung) und 60 W bei 2 GHz bzw. 1,5 W bei 10 GHz (Dauerstrich).

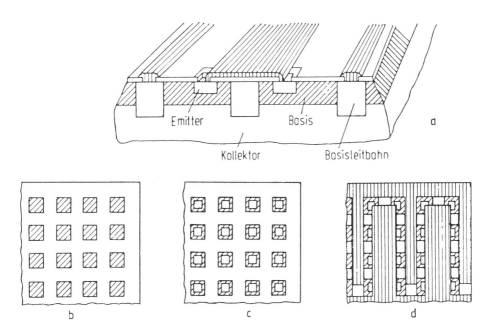

Bild 11.28: Herstellschritte der "overlay"-Technik (nach I. Ruge 1975);
a) Querschnitt der Struktur, b) Herstellung der Basisleitschicht in Form eines Gitterrasters und der Basisschicht, c) Diffusion der Emitter, d) Metallisierung zur Kontaktierung der Basisleitschicht und der Emitter

11.4.4 Lateraler Transistor

Laterale Transistoren sind solche, bei denen der Stromfluß längs der Oberfläche des Halbleiter-Chips erfolgt. Da dort stets Störungen vorliegen und es sehr schwierig ist, die dünne Basiszone zwischen Emitter- und Kollektorteil zu strukturieren, sind die elektrischen Eigenschaften solcher Transistoren wesentlich schlechter als von konventionell vertikal strukturierten Bauelementen. Es gibt jedoch Forderungen der Integrierten Technik, welche elegant mittels

448 Bipolartransistoren

lateraler Transistoren zu erfüllen sind. Dies gilt speziell für eine leistungsarme Bipolar-Logik, die I²L-Technik (integrated injection logic). Darauf kann hier jedoch nicht näher eingegangen werden; Bild 11.29 zeigt das für sich verständliche Schema, wo der laterale Transistor als Stromquelle dient.

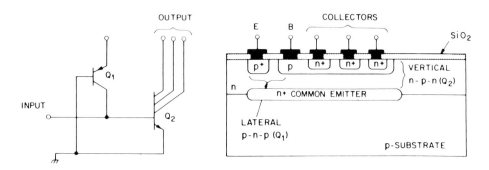

Bild 11.29: I²L-Schaltung und Schnittbild einer Zelle (nach S. M. Sze 1981)

Wie Bild 11.30 erkennen läßt, erfolgt die Herstellung eines lateralen Transistors durch Diffusion, wobei die seitliche Diffusionsfront die Begrenzung der Basis darstellt. Ersichtlicherweise ist damit die Basisweite tiefenabhängig; die geringste Weite liegt direkt an der Oberfläche vor, wo Grenzflächenzustände dann besonders kritisch sind. Anstelle der Diffusion wird auch die Ionenimplantation eingesetzt, wobei wiederum zumeist Emitter und Kollektor damit gegenüber der Basis kontradotiert werden.

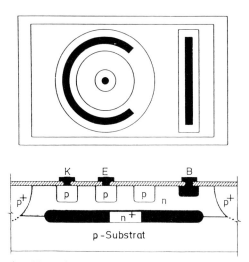

Bild 11.30: Lateraler Transistor (konzentrische Bauform)

11.4.5 Transistor für niedrige Betriebsströme

Die anschließend behandelten Transistoren aus III-V-Material mit Hetero-Emittern besitzen bei sehr niedrigen Stromdichten eine nur geringe Stromverstärkung, da die Grenzflächenzustände in der Emitter-Sperrschicht als kritische Rekombinationszentren dann nicht zu vernachlässigen sind. Dies verringert den Gehaltsfaktor, während Oberflächenrekombinationen mehr in den Transportfaktor eingehen. Bild 11.31 zeigt die Analyse bei einer Hetero-pn-Diode.

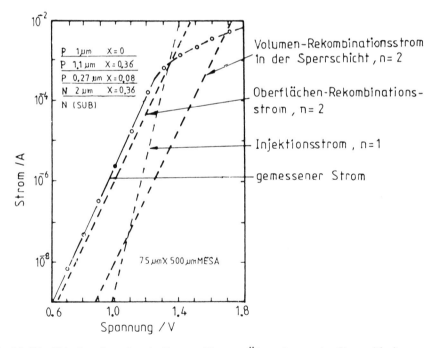

Bild 11.31: Diodencharakteristik von Hetero-Übergängen in $Ga_{1-x}Al_xAs$ (nach D. Ankri 1980)

Bei Si-Transistoren lassen sich diese Rekombinationszentren drastisch verringern, wenn der technologische Herstellprozeß besonders sorgfältig durchge-

450 Bipolartransistoren

führt wird und z. B. ein langsames Abkühlen nach einem Hochtemperaturprozeß vorgenommen wird (MOS-gemäße Oxidation). In Bild 11.32 ist eine über 7 Zehnerpotenzen dem Exponentialgesetz folgende Injektionskennlinie gezeigt. Der npn-Transistor ist dabei mit $U_{CB} = 0$ betrieben, womit ausgangsseitig allein der vom Emitter kommende Stromanteil auftritt.

Die Bedeutung einer sauber durchgeführten Oxidation sowie der Temperung ist mit Bild 11.33 dokumentiert. Die mit b, d, e und f bezeichneten Kurven gehören zu Transistoren, bei welchen die Oxidation in einem unreineren Diffusionsofen durchgeführt wurde als bei den Kurven a und c zugehörenden Bauelementen. Ferner ist bei gleicher Oxidation ein Unterschied bezüglich des Temperprozesses zu erkennen. Während Kurve c einer Temperung in O_2 zugehört, wird das beste Resultat für eine bei 500°C durchgeführte N_2-Temperung erzielt, Kurve a.

Deutlich unterschieden sind die Werte für Transistoren aus <100>-Material, Kurven a, b, c und für solche aus <111>-Material, Kurven d, e, f. Mit den Ausführungen im Teil I, Kapitel 2 folgt, daß die Grenzflächen-Zustandsdichte bei <100>-orientiertem Material deutlich niedriger als bei <111>-orientiertem ist.

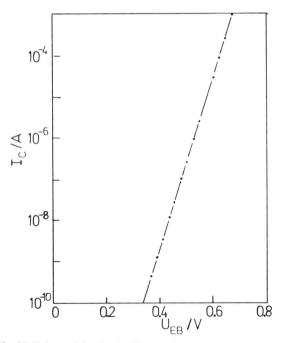

Bild 11.32: Halblogarithmische Darstellung des Kollektorstroms für $U_{CB}=0$ bei einem Si-Transistor (nach H. J. Benda 1964)

Demgemäß ist auch die Grenzflächen-Ladungsdichte niedriger, und die Stromverstärkung bleibt bis zu geringsten Stromdichten hoch. Bild 11.34 zeigt abschließend für Bauelemente gemäß Kurve a in Bild 11.33 die tatsächlichen Stromverstärkungs-Verläufe; Parameter ist die Basisweite W_B.

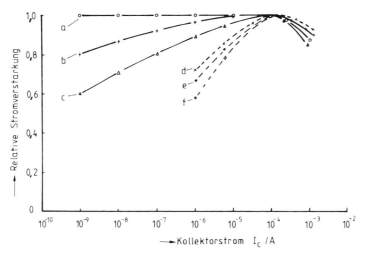

Bild 11.33: Abhängigkeit der Stromverstärkung von Oxidationsofen, Temperprozeß und Orientierung (nach W. M. Werner 1976)

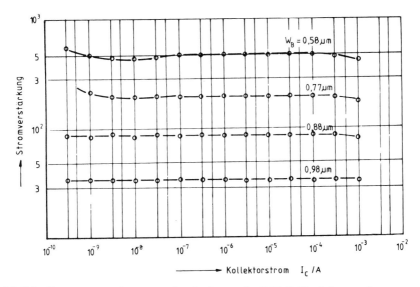

Bild 11.34: Stromverstärkungsverläufe für nach MOS-Gesichtspunkten hergestellte Bipolartransistoren (nach W. M. Werner 1976)

11.5 III-V-Transistoren

Grundsätzlich sind aus allen Halbleitermaterialien Bipolartransistoren herstellbar, bei welchen störungsfreie pn-Übergänge realisiert werden können. Speziell werden auf der Basis von GaAs und InP Bipolartransistoren gebaut, sowohl als Einzel-Elemente als auch integriert. Interessant sind solche Transistoren wegen ihrer Anwendung bei höheren Temperaturen als Si-Bauelemente (für GaAs etwa 350°C statt 150°C Betriebstemperatur) und der Möglichkeit, Hetero-pn-Verbindungen einzubeziehen und damit wide-gap-Emitter zu realisieren. Die Hf-mäßig günstigeren Material-Eigenschaften erlauben wesentlich höhere Grenzfrequenzen zu erzielen sowie höhere Leistungen als Bipolartransistoren aus Silizium. Auch können Schottky-Kollektoren auf p-Basisschichten konfiguriert werden, siehe Abschnitt 11.3.

Im Fall von GaAs verwendet man $Ga_{1-x}Al_xAs$ als Emittermaterial, wobei x im Bereich von 0,2 bis 0,3 gewählt wird; die Gitterstörung ist für niedrige x-Werte geringer, der Hetero-Effekt jedoch bei höherem x-Wert ausgeprägter. Bei InP wird als Basis- (und Kollektor-) Material das gitterangepaßte $Ga_{0,47}In_{0,53}As$ verwandt, was zu einem effektiven Emitterverhalten des InP führt; die ΔE_g-Werte sind 0,25 eV für $Ga_{0,8}Al_{0,2}As$-GaAs, 0,37 eV für $Ga_{0,7}Al_{0,3}As$-GaAs und $\Delta E_g=0,51\,eV$ für InP-$Ga_{0,47}In_{0,53}As$. Auch $Al_{0,48}In_{0,52}As$ - $Ga_{0,47}In_{0,53}As$ ist gitterangepaßt, mit $\Delta E_g=0,73$ eV als höchstem Wert der genannten Hetero-Verbindungen; für GaAs ist noch GaInP günstig.

Im Gegensatz zu Quanteneffekten (siehe Kapitel 14) und der Erzielung des Dingle-Effektes (hohe Beweglichkeit am Grenzschichtrand eines Isotyp-Überganges) ist keine extreme Abruptheit des in Frage stehenden Emitter-Überganges erforderlich. Sie ist im Gegenteil unerwünscht, da eine Bandaufwölbung am Übergang den Gehaltsfaktor wieder verschlechtert. Somit können sämtliche Epitaxieverfahren eingesetzt werden (siehe Teil I Kapitel 3). Allerdings sind die Bauelement-Daten stark von den Eigenschaften der dünnen Basisschicht (Dicke bis herab zu etwa 50 nm) abhängig, weswegen der Einsatz von MBE oder MOVPE angeraten ist. Bild 11.35 zeigt entsprechende Schicht-Folgen, wobei graduelle Übergänge Emitter-Basis und Basis-Kollektor einbezogen sind.

Beim Wachsen der Heterojunction-Schichtfolgen mittels MBE oder MOVPE tritt leicht ein diskontinuierlicher Bandübergang auf, der für spezielle Anwendungen funktionell mit einbezogen werden kann (Injektion heißer Träger, siehe Kapitel 14). Im allgemeinen versucht man für Bipolarstrukturen jedoch diese Diskontinuität durch einen verschmierten Übergang zu vermeiden, indem man die Material-Zusammensetzung über eine kurze Distanz gleitend statt abrupt verändert (compositional grading, siehe auch Bild 11.35).

Transistoren für hohe Frequenzen 453

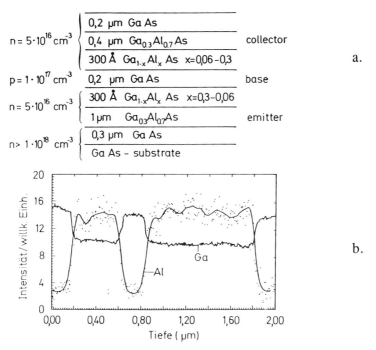

Bild 11.35: Mehrschichtstruktur eines integrierten Heterojunction-Bipolartransistors (hergestellt durch MBE); a. Schichtfolge der "collector up" Struktur; b. Auger-Messung.

Hingewiesen sei an dieser Stelle auf die zu wählenden Dotiersubstanzen. Speziell die Basis soll extrem hoch dotiert sein, wobei ein Verschleifen der Dotierung speziell zur Emitterseite hin vermieden werden muß; es könnte sonst der pn-Übergang in das wide-gap Material verschoben werden, und die Wirkung des Heterojunction-Emitters wäre aufgehoben. Bei MOVPE und auch MBE ist Kohlenstoff als p-Dotierstoff einsetzbar, der bei den üblichen Epitaxie-Temperaturen eine niedrigere Diffusionskonstante besitzt als z. B. Beryllium.

11.5.1 Planare Bauform

Wie bei Silizium können planare und laterale Bauelemente oder Mesa-Strukturen konzipiert werden. Bild 11.36 zeigt schematisch Herstellschritte einer planen Bauform.

454 Bipolartransistoren

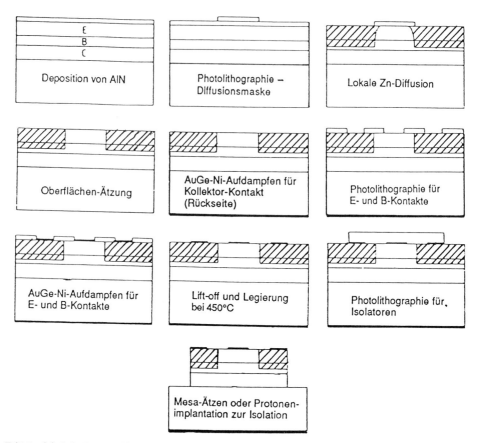

Bild 11.36: Herstellungsschritte eines planaren GaAs- Bipolartransistors (schraffiert: Diffusionsbereiche für Basisanschluß) (nach D. Ankri 1980)

Wegen der geringen Diffusionslänge in GaAs als direktem Halbleiter muß die effektive Basisweite extrem kurz sein; andernfalls läßt sich wegen der Rekombination in der Basis keine hinreichende Stromverstärkung erreichen. In Bild 11.37 ist die Elektronen-Diffusionslänge dargestellt, während Bild 11.38 einen Begriff von der starken Schichtdickenabhängigkeit der Stromverstärkung gibt. Damit sind die einzuhaltenden Toleranzen sehr gering.

Kritisch ist ferner die Kontaktierung der dünnen Basisschicht. Wie Bild 11.36 zeigt, wird dazu die Diffusion herangezogen; im Falle der p-Basis von Zink. Auch die Ionenimplantation kann hierfür benutzt werden. Das im folgenden Abschnitt behandelte Beispiel verwendet zusätzlich eine Mehrschichtbasis, um die Ätztechnik bei einer Mesastrukturierung effektiv zu gestalten; es ist sehr schwierig, das Abätzen von der Oberfläche her exakt am Rand der

Transistoren für hohe Frequenzen 455

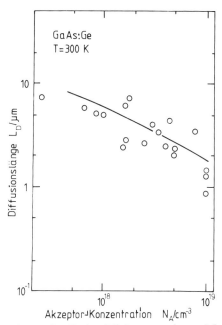

Bild 11.37: Diffusionslänge in GaAs (Elektronen im p-Material) (nach D. Ankri 1980)

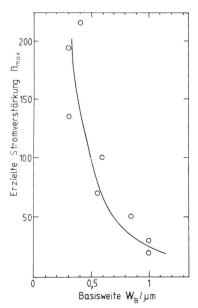

Bild 11.38: Basisweitenabhängigkeit der Stromverstärkung bei einem GaAs-HBT (nach D. Ankri 1980)

456 Bipolartransistoren

Basiszone zu stoppen. Auch eine doppelte Emitterschicht kann zu einfacherer Ätztiefeneinstellung herangezogen werden, indem (bei einem GaAs-HBT) auf eine dünne, eigentliche Emitterschicht eine solche mit hohem Al-Gehalt folgt; das verwendete Ätzmittel greift diese stark an und erleichtert damit den selektiven Ätzvorgang.

11.5.2 Mesatransistor

Der Mesatransistor gemäß Bild 11.39 besitzt die Doppel-Basis-Struktur zur Erleichterung der Ätzung. Die Schichtenfolge und Schichtendicke sind dem Bild zu entnehmen. Der Emitter enthält 30% Al, darüber ist hochdotiertes GaAs abgeschieden, um die Kontaktierung zu erleichtern. Als Ätzmaske für das Freilegen der Basis wird 0,15 µm SiO$_2$, pyrolytisch, benutzt, als chemische Ätze Kaliumjodid mit Jod. Zur Erniedrigung des Basis-Kontakt-Widerstands wurde 50 min bei 600°C Zink diffundiert. Das solcherart hergestellte Bauelement besitzt bei einer aktiven Emitterfläche von $2 \cdot 10^{-4}$ cm^2 eine Transitfrequenz von $f_t = 1,6$ GHz. Mehr als 50 GHz sind mit ähnlichen, kleineren Strukturen erreichbar.

Wie für eine Hetero-Emitter-Struktur erwartet, zeigt die Stromverstärkung einen flachen Verlauf über dem Kollektorstrom, siehe Bild 11.40. Bei etwa 1 kA/cm^2 Strombelastung fällt die Verstärkung dann ab. Wegen der geringeren Oberflächen-Rekombinationsgeschwindigkeit der auf InP basierenden Material-Folgen besitzen HBTs aus Ga$_{0,47}$In$_{0,53}$As noch günstigeres Verhalten. Bild 11.4 zeigt vergleichsweise die Kleinsignal-Stromverstärkung eines GaAs HBTs und eines NpN InP/GaInAs DHBTs. Die Stromverstärkung ist weitgehend stromunabhängig, selbst bis zu I_C-Werten von 0,3 nA.

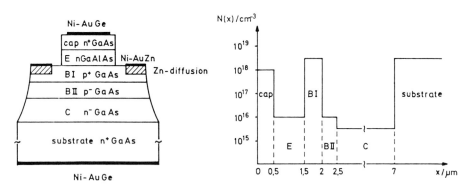

Bild 11.39: GaAs-Bipolartransistor (Mesa-Typ)
(nach H. Beneking u. a. 1982)

Transistoren für hohe Frequenzen 457

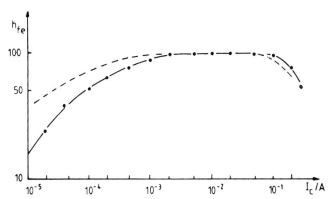

Bild 11.40: Stromverstärkung zweier GaAs-Bipolartransistoren mit Heterojunction-Emitter (nach H. Beneking u. a. 1982)

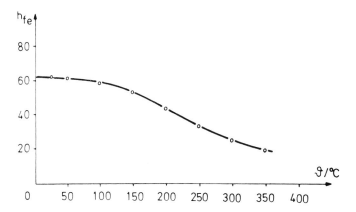

Bild 11.41: Temperaturgang der Stromverstärkung eines GaAs-HBTs (U_{CE}=10V, I_C=10mA)

Die Verstärkung fällt ebenfalls bei hohen Betriebstemperaturen ab, ist aber bei GaAs-HBTs noch bis oberhalb 350°C vorhanden; Bild 11.41 zeigt für ein Beispiel den entsprechenden Temperaturgang der Stromverstärkung, er verläuft für $\vartheta < 0$ bis etwa -250°C symmetrisch dazu. Im Fall von $Ga_{0,47}In_{0,53}As$ liegt wegen des niedrigen Bandabstandes die Grenze der Betriebstemperatur niedriger als bei Si; sie entspricht etwa der von Ge-Bauelementen ($\gtrsim$ 100°C).

Die statischen Kennlinien von III-V Transistoren sind von denen eines Si-Transistors kaum zu unterscheiden, wie Bild 11.42 erkennen läßt. Die relativ hohen Sperrspannungen am Emitter und Kollektor von etwa 100 V und der niedrige Ein-Widerstand erlauben den Einsatz solcher Transistoren günstig als Leistungsschalter oder Oszillator.

458   Bipolartransistoren

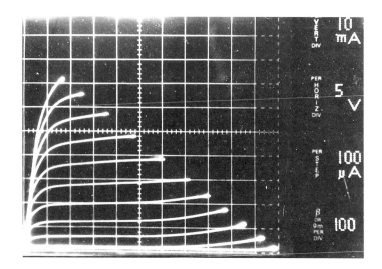

Bild 11.42: Statische Kennlinie eines Leistungs-HBTs (GaAs)
(nach H. Beneking u. a. 1982)

Wie in Abschnitt 11.3 angedeutet, kann die Einschalt-Spannung auf der Kollektorseite bei einem NpN-Doppelhetero-Transistor gegenüber dem Npn-Typ verringert werden, wobei gleichzeitig das Schaltverhalten verbessert wird. Die Technologie ist bei beiden ähnlich, wie aus Bild 11.43 zu entnehmen ist. Wie zu erwarten, zeigt ein solches Bauelement auch als invers betriebener Transistor ein gutes elektrisches Verhalten. Bild 11.44 zeigt eine entsprechende Kennlinie, wobei die geringere Stromverstärkung gegenüber dem Normalbetrieb im Geometrieverhältnis der Emitter-zu-Kollektor-Fläche liegt.

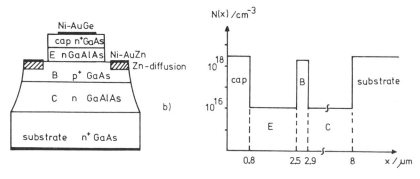

Bild 11.43: Aufbau und Schichtfolge eines GaAs-NpN-Transistors
(nach H. Beneking u. a. 1982)

Transistoren für hohe Frequenzen 459

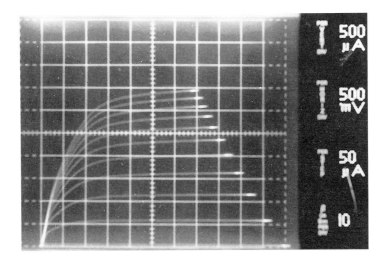

Bild 11.44: Kennlinie eines invers betriebenen NpN-Transistors
(nach H. Beneking u. a. 1982)

Der Aufbau der Bauelemente bzw. die Schichttechnologie ist bei dem in diesem Abschnitt beschriebenen Beispielen zumeist mittels Flüssigphasenepitaxie vorgenommen. Man benutzt dazu das Schiebetiegel-Verfahren wie in Teil I, Kapitel 3 Epitaxieverfahren, beschrieben. Die großtechnische Herstellung wird mittels MBE, MOVPE und MOMBE vorgenommen, da nur damit eine hinreichende Gleichmäßigkeit der Daten gewährleistet werden kann.

11.5.3 Lateraler Transistor

Für eine Reihe von Anwendungen z. B. I^2L-Schaltungen (integrated injection logic, merged transistor logic), werden laterale Transistoren benötigt. Solche sind ebenfalls in GaAs herstellbar, wenn auch die Erzielung einer hinreichend hohen Stromverstärkung wegen der geringen Minoritätsträger-Lebensdauer Probleme aufwirft. Aus Bild 11.45 ist eine Herstellmöglichkeit zu entnehmen. Mittels Be-Implantation werden p-Emitter und p-Kollektor kontradotiert, wobei eine < 1 µm schmale SiO_2-Schicht den späteren Basisbereich markiert. Zur Isolation der parasitären Diode kann eine Protonenimplantation benutzt werden, welche die entsprechenden Übergänge amorphisiert.

Die LPE-Epitaxieschicht ist mit n = $1\cdot10^{16} cm^{-3}$ dotiert. Die p-Zonen sind doppelt implantiert, um niedrige Kontaktwiderstände zu ermöglichen, 200 kV/$10^{13} cm^{-2}$ und 50 kV/ $3\cdot10^{13} cm^{-3}$ (Be-Implantation). Durch Verwendung der GaAlAs-Zwischenschicht lassen sich die Eigenschaften eines solchen Transistors stark verbessern, da die parasitäre vertikale Injektion

460 Bipolartransistoren

verringert wird. Bild 11.46 zeigt Kennlinien eines lateralen Transistors mit einer GaAlAs-Zwischenschicht. Die Verwendung solcher lateraler Elemente erlaubt eine elegante Integration. Bild 11.47 zeigt als Beispiel abschließend die Struktur- und Schaltungskonfiguration einer konventionellen bzw. substratgesteuerten I^{2}L-Zelle (SFL substrate fed logic). Allerdings ist bei Verwendung eines Transistors als Stromquelle, selbst bei vertikaler Bauweise, eine volle Durchsteuerung der I^{2}L-Schalter-Transistoren schwer zu erreichen. Deswegen wird statt dessen ein integrierter (Metallfilm-)Widerstand bevorzugt; der Vorteil der durchgängigen Substrat-Verbindung als gemeinsamer Emitter-Teil der integrierten Schaltungen bezüglich eines geringen Platzbedarfs bleibt dabei bestehen.

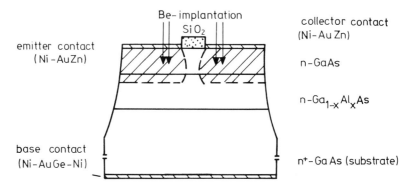

Bild 11.45: Schematischer Aufbau eines lateralen GaAs-Transistors (nach H. Kräutle u. a. 1982)

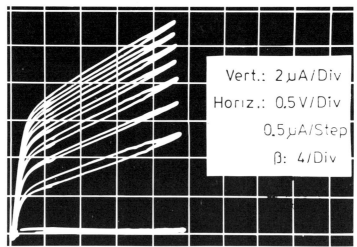

Bild 11.46: Kennlinie eines lateralen pnp-Transistors (nach H. Kräutle u. a. 1982)

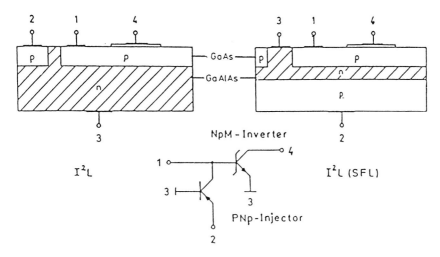

Bild 11.47: I²L- und I²L(SFL)-Zelle aus GaAs mit Schottky-Kollektor (nach L. M. Su u. a. 1981)

11.6 Transistoren für hohe Frequenzen

HBTs eignen sich speziell für Leistungs- und Hf-Anwendungen im GHz-Bereich. Während ihr Rauschverhalten sie für Hf-Eingangsstufen nicht prädestiniert, sind sie als Treiber und für schnelle Logik wegen der hohen Stromergiebigkeit bedeutsam. Doch auch Silizium-Bipolartransistoren sind für diese Zwecke einsetzbar, zumal dort sehr geringe aktive Flächen möglich sind. Überdies ist es möglich, auch bei Si vom Wide-gap-Emitter-Prinzip Gebrauch zu machen. Grundsätzlich ist GaP als Emitter für einen Si-HBT geeignet, wesentlich günstiger ist jedoch die Verwendung von $Si_{1-x}Ge_x$ als Basis-Material ($x \gtrsim 0.2$); auch der Basis-Widerstand kann hiermit reduziert werden.

Zur Verringerung parasitärer Komponenten werden Hf-Transistoren oftmals als Mesa-Transistoren aufgebaut. Jedoch läßt die Planartechnik ebenfalls Bauelemente mit Grenzfrequenzen von mehreren GHz zu. Bild 11.48 zeigt die Verringerung der kritischen Größen Emitterbreite und Basisweite; die eingezeichnete Struktur kann sowohl als Mesa-Transistor (linke Hälfte im Einsatz-Bild 11.48) als auch als Planartransistor (rechte Hälfte im Einsatz-Bild 11.48) aufgefaßt werden.

Zur möglichen Verkleinerung der Bauelemente haben eine Reihe von technologischen Verfeinerungen beigetragen. In Bild 11.49 sind solche mit den erzielten Gesamtflächen aufgeführt. Die Oxid-Isolation ist eine für Hf-Bauelemente zweckmäßige, wenn auch aufwendige Technik. In Bild 11.50 ist schematisch ein entsprechend aufgebauter Transistor gezeigt. Die ebenfalls in Kapitel 9 eingeführte beam-lead-Technik ist in ihrer Anwendung auf Tran-

462 Bipolartransistoren

sistoren mit Bild 11.51 verständlich. Zum Einsatz in der Hybridtechnik(passive Schaltung auf Keramiksubstrat, aktive Bauelemente als aufgesetzte Chips) werden auch Einzelelemente herangezogen, welche mit Bonddrähten kontaktiert werden oder upside down; die parasitären Elemente der Fassung können so eliminiert werden.

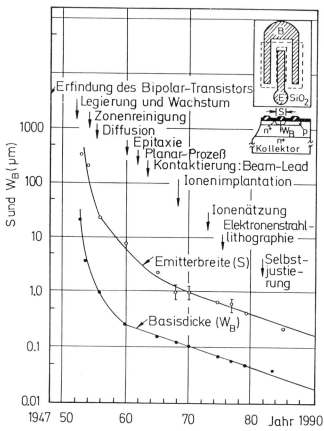

Bild 11.48: Verkleinerung kritischer Dimensionen beim Bipolartransistor mit Angabe der Einführung verbesserter Herstell-Verfahren. (nach versch. Autoren)

Technisch bedeutungsvoll sind, insbesondere für hochintegrierte Schaltungen, selbstjustierende Strukturen. Nur so lassen sich bei komplexen µm- und Submikrometer-Geometrien hinreichende Ausbeuten erzielen und geringste Abstände des Basis-Anschlusses realisieren. Bei Si-Bauelementen können dieserart Emitter-Streifenbreiten von bis zu 0,2 µm erreicht werden. Den Vergleich solcher Strukturen mit normalen zeigt Bild 11.52 am Beispiel der SST-

Technik (super self-aligned process technology). Unter Verwendung nur einer optischen Maske können sämtliche aktiven Bereiche definiert werden, und dotiertes Poly-Silizium dient als jeweilige Diffusionsquelle zur Bildung des n+-Emitters und der äußeren p+-Basis.

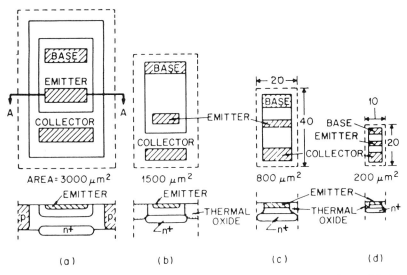

Bild 11.49: Verkleinerung von Bipolarstrukturen (nach S. M. Sze 1981);
a) pn-Isolation, b) Oxidisolation,
c, d) Oxidation mit variierender Dicke

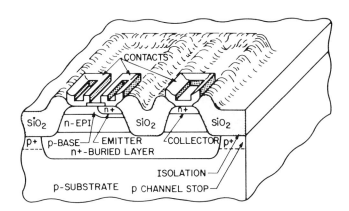

Bild 11.50: Schema des Aufbaues von Bipolartransistoren mit Oxidisolation (nach S. M. Sze 1981)

464 Bipolartransistoren

Neben der inneren Laufzeit (transit time) begrenzt der Basiswiderstand Zuleitung-Innere Basis, der mit der Emitterkapazität einen RC-Tiefpaß bildet, wesentlich den Frequenzgang der Verstärkung. Insoweit ist speziell bei einem Hf-Transistor die nur mit Selbstjustierung zu erzielende direkte Nähe von aktivem Bauelement und Kontakt wesentlich.

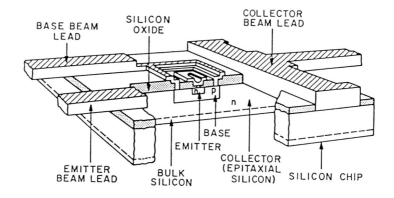

Bild 11.51: Transistor in beam-lead-Technik (nach S. M. Sze 1981)

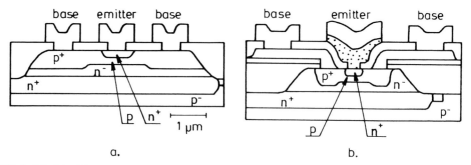

Bild 11.52: Normaler Planartransistor (a) und selbstjustierte Struktur (b) (nach S. Konaka u. a. 1986)

Im Fall von Hetero-Transistoren aus III-V-Verbindungen lassen sich ähnliche Verfahren anwenden, ein Beispiel zur Erzeugung von 0,6 µm breiten Strukturen zeigt Bild 11.53.

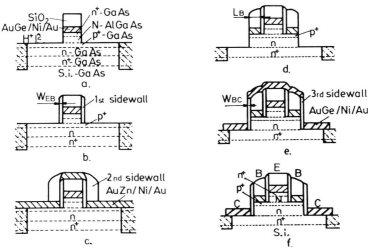

Bild 11.53: Selbstjustierende HBT-Herstellung (nach N. Hayama u. a. 1987); a) Isolations-Implantation und Mesa-Ätzung ,b) SiO_2-Seitenbedeckung, c) Basis-Metallisierung und zweiter Bedeckungsschritt, d) Basis-Elektroden und Mesa-Herstellung selbstjustiert gegenüber dem Emitter, e) Herstellung der gegenüber der Basis selbstjustierten Kollektor-Elektrode, f) Endgültiges Bauelement

11.6.1 Driftfeld

Da eine wesentliche Begrenzung des Frequenz-Verhaltens in der inneren (Basis-)Laufzeit der vom Emitter kommenden Ladungsträger liegt, muß schon deswegen die Basis-Schichtdicke extrem dünn gewählt werden. Die Basis-Transitzeit $t_b \approx W_b^2/2D$ (W_b effektive Basisweite, D Diffusionskonstante der Minoritäten in der Basis) kann durch Einbau eines elektrischen Driftfeldes erheblich verringert werden, was technologisch durch eine stark (exponentiell) abfallende Basis-Dotierung, vom Emitter her gesehen (ursprüngliche Form des Drifttransistors), oder auch eine Verringerung des Bandabstandes in der Basis durch "compositional grading" bewirkt werden kann. Dies findet allerdings eine Grenze, wenn die Drift-Sättigungsgeschwindigkeit v_{sat} erreicht ist, was zu $t_{bmin} \approx W_b/v_{sat}$ führt, mehr oder weniger unabhängig von sonstigen Maßnahmen. Im übrigen sind stets die weiteren Laufzeit-Anteile zu berücksichtigen, z. B. längs der Emitter- und Kollektor-Sperrschicht.

Auch ein Gegen-Driftfeld kann bedeutungsvoll sein, z.B. bei Speicher-Schalt-Dioden, wo wegen der dann in Flußrichtung nur nahe des Sperrschicht-

466 Bipolartransistoren

Randes akkumulierten Minoritätsträger ein abrupteres Ausschalten als ohne inneres Feld erreicht wird.

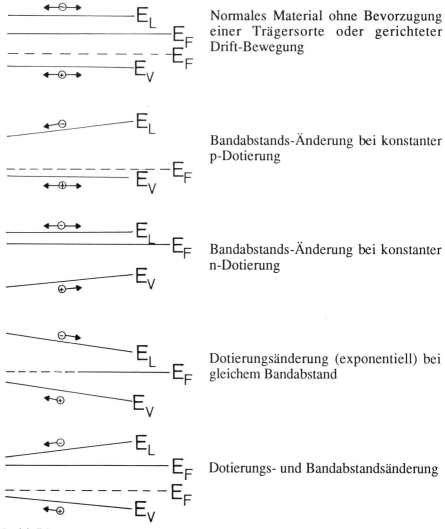

Bild 11.54: Driftfeld-Einwirkung auf Elektronen ⊖ und Löcher ⊕ bei räumlich unterschiedlicher Dotierungs- und Materialzusammensetzung bei n-Material(E_F—) bzw. p-Material(E_F---)

Gleichsetzen der beiden Ausdrücke für t_b führt zu der minimalen Basisbreite $W_{bmin} = 2D/v_{sat} \approx 200$nm ($D \approx 100$ cm^2/Vs; $v_{sat} \approx 10^7$cm/s), unterhalb derer ein additives Driftfeld wenig beiträgt. Jedoch sind eine Reihe von Beeinflussungen des Bauelemente-Verhaltens, auch bei Dioden, möglich, welche grundsätzlich die Verwendung eines auf beide oder nur eine Trägersorte einwirkenden Driftfeldes interessant machen. Je nach Dotierungs- und Bandverlauf lassen sich Elektronen und Löcher unabhängig voneinander beeinflussen, wie aus der schematischen Darstellung in Bild 11.54 zu entnehmen ist.

Schließlich frequenzbegrenzend wirkt auch die Kollektor-Laufzeit, insbesondere wegen der Elektronen-Streuung in das zweite Leitungsband-Minimum. Zu deren Vermeidung können spezielle Schichtfolgen herangezogen werden, z. B. in Form einer i-p$^+$-n$^+$-Konfiguration. Weitergehende Hinweise sind in den Abschnitten 14.3. bis 14.6 zu finden, bezüglich weiterer Einzelheiten muß auf die Literatur verwiesen werden.

11.7 Modellierung

Ausgangspunkt einer Modellierung sind die physikalischen Grundgleichungen, welche das Bauelementverhalten bezüglich seiner elektrischen Anschlüsse zu ermitteln gestatten. Es sind dies ($\varphi = U/U_T$)

die Transportgleichungen:
$$J = J_p + J_n,$$
$$J_p = -qD_p \,\text{grad}\, (p) - qp\mu_p U_T \,\text{grad}\, (\varphi),$$
$$J_n = qD_n \,\text{grad}\, (n) - qn\mu_n U_T \,\text{grad}\, (\varphi),$$

die Bilanzgleichungen:
$$\frac{dp}{dt} = -R(n,p) - \frac{1}{q} \,\text{div}\, (J_p),$$
$$\frac{dn}{dt} = -R(n,p) + \frac{1}{q} \,\text{div}\, (J_n),$$

sowie

die Poisson-Gleichung:
$$\text{div grad}\, \varphi = -\frac{\rho}{\varepsilon} \text{ mit}$$
$$\rho = q\,(p - n + N_D - N_A);$$

N_D und N_A sind die Dichten der als vollständig ionisiert betrachteten Störstellenrümpfe.

Diese Grundgleichungen sind direkt als Basis einer Simulation zu verwenden und führen - mit erheblichem Aufwand an Rechenzeit - bei Vorgabe von technologischen und geometrischen Daten zu verwertbaren Aussagen. Geht man stattdessen analytisch vor, erhält man Funktionalzusammenhänge der Ströme und Spannungen, welche durch Ersatzschaltbilder repräsentiert werden. Die eingehenden Komponenten sind dann technologisch- und geometrieabhängig, können aber unabhängig davon bezüglich des elektrischen Bauelementeverhaltens diskutiert werden. Hat man den aktiven Vierpol vermessen und z. B. Ortskurven der komplexen Wechselstromparameter im Kleinsignalfall bestimmt, lassen sich mit Rechenprogrammen die Elemente der Ersatzschaltung ermitteln. Für Hinweise zur Verbesserung der Technologie bzw. Geometrie ist ein solches Vorgehen sehr zweckmäßig, während die Variation technologischer

468 Bipolartransistoren

Parameter im Rahmen eines Simulationsprogrammes Hinweise auf das Eingehen spezieller Verfahrensschritte gibt. Damit stehen Ersatzschaltbilder und Rechnersimulation gleichberechtigt nebeneinander.

11.7.1 Ersatzschaltbilder

Das Ersatzschaltbild, welches aus den Transistorgleichungen als einfachstes folgt, ist das Ersatzschaltbild nach Ebers und Moll gemäß Bild 11.55. Hierin sind die Emitter-Basis-Strecke und die Kollektor-Basis-Strecke als pn-Dioden symbolisiert, während Urstromquellen die Stromübertragungen zum Ausdruck bringen. Dieses Ersatzschaltbild kann gleichstrom- wie wechselstrommäßig interpretiert werden und dient z. B. bei der Netzwerkanalyse als Basis der Transistorfunktion. Für Hf-Anwendungen ist das π- Ersatzbild gebräuchlicher, welches Elemente der Leitwertmatrix enthält, siehe Bild 11.56a. Parasitäre Komponenten lassen sich jeweils zwanglos addieren, wie Bild 11.56b beispielhaft zeigt. Die einzelnen Leitwerte nach Bild 11.56a sind dort bezüglich ihrer Real- und Imaginärteile aufgelöst (Giacoletto-Ersatzbild).

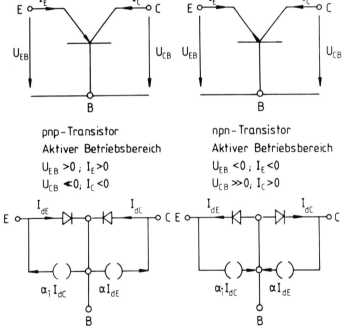

Bild 11.55: Zählpfeil-Zuordnung und Ebers-Moll-Ersatzschaltbild

Da meßtechnisch jeweils nur der Gesamtvierpol zu erfassen ist, führt ein Rechner-Optimierungsprogramm nicht unbedingt zu einem eindeutigen Ergebnis bezüglich der einzelnen Komponenten des eigentlichen, inneren Ersatzschaltbildes; dies ist bei dessen Interpretation zu beachten.

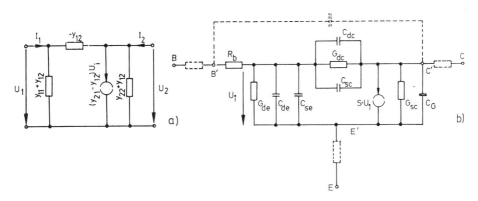

Bild 11.56: π-Ersatzschaltbild; a) Leitwertdarstellung, b) mit Transistorelementen (Emitterschaltung und (gestrichelt) parasitären Elementen)

11.7.2 Analog-Modelle

Die Analogie der Transport- und Speicherungsvorgänge von Trägern (Elektronen, Löcher) im Halbleiter mit dem Verhalten anderer Medien erlaubt eine modellhafte Darstellung der Phänomene im Halbleiter durch entsprechende Modellstrukturen. Mathematisch folgt die Analogie solcher mehrdimensional das Bauelement nachbildender Ersatzstrukturen aus der Äquivalenz der das Verhalten beschreibenden Differentialgleichungssysteme. Speziell werden die Minoritäteneffekte nachgebildet wie Trägerdichte und Trägerströmung. Die Randbedingungen werden z. B. mit Funktionsgeneratoren erzeugt, so daß auch Wechselstromvorgänge "sichtbar" gemacht werden können; die Zeitachse ist ebenfalls eine skalierbare Größe. Die mögliche Einsicht in die räumlichen Gegebenheiten ist für den Bauelementeentwurf bedeutsam. Allerdings sind die Analog-Modelle auf konstante Größen von Beweglichkeit bzw. Diffusionskonstante ausgerichtet und erlauben nicht die Einbeziehung zusätzlicher Abhängigkeit, wie es digitale Rechenmodelle in sehr allgemeiner Form ermöglichen (Abschnitt 11.7.3), etwa der $v(\mathbf{E})$-Abhängigkeit.

Beschrieben sei hier die einfachste Form eines Analog-Modells, eines Flüssigkeit-Modells. Benutzt wird auch ein elektrisches Modell, wo durch Abtasten

470 Bipolartransistoren

der Maschenpunkte mittels eines Oszillographen die Verhältnisse im Inneren des Bauelementes visualisiert werden können, siehe dazu Abschnitt 10.11.

Betrachtet wird die Basis eines pnp-Transistors bei welcher die räumlich-zeitlichen Änderungen der Minoritätendichte im n-Gebiet dargestellt werden soll.

Die einzelnen Zellen des Flüssigkeitsmodells besitzen, wie es Bild 11.57 andeutet, unten kleine Öffnungen A zu den benachbarten Zellen sowie B als Ausfluß. Die Flüssigkeitshöhe h ist der Minoritätendichte p proportional, welche mit $(p-p_n)/\tau_p$ einer örtlichen Rekombination unterliegt.

Da der Abfluß (B) der Höhe h am betreffenden Ort proportional ist, kann damit diese Rekombination nachgebildet werden. Ist wie in Bild 11.57 das Loch am Boden angebracht, gilt dies für $p_n \ll p$; andernfalls müßte das Loch etwas seitlich in Höhe der $p = p_n$ entsprechenden Lage angebracht sein. Der Fluß F durch Loch A ist der Differenz der beiderseitigen Drucke P proportional, entspricht somit (-grad p) und ist Repräsentant des Diffusionsstromes. Auf diese Weise ist auch räumlich die Basis nachzubilden.

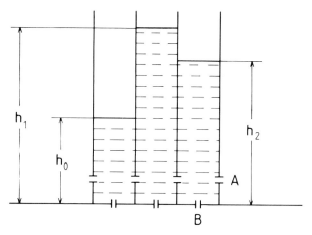

Bild 11.57: Einzelzellen des Flüssigkeitsmodells nach Markesjö

Die Grenzbedingungen an der Oberfläche sind durch die jeweilige Oberflächen-Rekombinationsgeschwindigkeit festgelegt, können somit bei den Randzellen mit Löchern des Typs B nachgebildet werden. Der Kollektor-Anschluß bedeutet $p \approx 0$, was durch ein hinreichend großes Loch an der A entsprechenden Stelle realisiert wird. Die von der Steuerspannung am Emitter abhängige Injektion erfolgt durch Zulauf durch entsprechend große Löcher A längs des Sperrschichtrandes aus einem Flüssigkeitsbehälter, dessen Standhöhe der jeweiligen Minoritätendichte am Sperrschichtrand entspricht. Veränderungen der Standhöhe entsprechen Steuerungs-Änderungen, deren Einfluß auf das Trägerverhalten (zeitabhängige Dichte, Gradient am Kollektorrand) und damit I_C visuell beobachtet werden kann, bei einer räumlichen Anordnung der Flüssigkeitszellen auch für beliebige Geometrien des Bauelementes.

Bezüglich der elektrischen Analogmodelle sei auf die Literatur verwiesen. Die Leitung durch Diffusion wird durch ohmsche Widerstände zwischen den Maschenpunkten simuliert, die Rekombination durch Ableitwiderstände und die Speicherung durch Kapazitäten (siehe auch Abschnitt 10.11).

11.7.3 Numerische Modelle

Ausgangspunkt ist wie bei den Analog-Modellen das eingangs aufgeführte Gleichungssystem. Eine Simulation kann direkt von diesem Gesamtgleichungssystem ausgehen oder aber Teillösungen einbeziehen. Es sind dies z. B. die statischen Kennlinien. Das hierauf basierende Modell nach Gummel und Poon ist das zumeist verwendete. Ein nur kurzer Hinweis darauf muß hier genügen.

11.7.3.1 Poon-Gummel-Modell

Das zu beschreibende Modell ist eindimensional. Eindimensional bedeutet in diesem Zusammenhang, daß alle Größen (Dotierung, Potentiale usw.) in lateraler Richtung konstant sind, sich also nur in vertikaler Richtung ändern, wenn man an einen vertikal strukturierten Transistor (Planartransistor) denkt. Die Klemmenströme werden im allgemeinen durch innere Spannungen $U_{B'E'}$ und $U_{B'C'}$ beschrieben, wobei die Differenz zu den Klemmspannungen U_{BE} und U_{BC} durch Vorwiderstände nachgebildet wird. (siehe Bild 11.56b). Die Ströme $I_{B'E'}$ und $I_{B'C'}$ werden jeweils als Summe zweier Exponentialfunktionen angesetzt (angedeutet durch die Doppeldioden im Bild 11.58), um das verschiedene Rekombinationsverhalten in den Bahngebieten, im pn-Übergang und an der Oberfläche zu berücksichtigen. Damit ergeben sich die Gleichungen für $I_{B'E'}$ und $I_{B'C'}$ in der Form

$$I_{B'E'} = \frac{I_{SS}}{\beta_F} (e^{\frac{qU_{B'E'}}{kT}} - 1) + C_2 I_{SS} (e^{\frac{qU_{B'E'}}{n_{EL}kT}} - 1)$$

$$I_{B'C'} = \frac{I_{SS}}{\beta_R} (e^{\frac{qU_{B'C'}}{kT}} - 1) + C_4 I_{SS} (e^{\frac{qU_{B'C'}}{n_{CL}kT}} - 1) .$$

Die Konstanten β_F, β_R, C_2, C_4, n_{EL} und n_{CL} dienen zum Anpassen an die Messungen. Der Referenzstrom I_{SS} muß getrennt ermittelt werden.

472 Bipolartransistoren

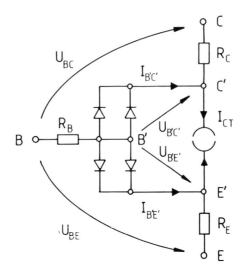

Bild 11.58: Ersatzschaltbild des Transistors zur Beschreibung des stationären Verhaltens durch Gummel-Poon-Modell

Die zugehörige Netzwerkanalyse macht bezüglich des weiten Bereichs der Ströme (mehrere Zehnerpotenzen) unter Umständen Schwierigkeiten bei der numerischen Behandlung. Eine Transformation in Quasi-Fermi-Niveaus ist dann gelegentlich hilfreich, weil der Datenbereich stark reduziert ist; hierauf kann an dieser Stelle jedoch nicht angegangen werden, wie auch bezüglich der sonstigen Einzelheiten auf die Literatur verwiesen werden muß.

11.7.3.2 Mehrdimensionale Modelle

Die eindimensionale Simulation gibt dann falsche Resultate, wenn laterale und vertikale Dimensionen des Bauelementes vergleichbar werden; wenigstens eine zweidimensionale Analyse ist dann notwendig. Diese sei im Ergebnis anhand einer Streifentransistor-Struktur gemäß Bild 11.59 skizziert. Ausgehend von einer realistischen Dotierungsverteilung (Bild 11.60) folgt zunächst die Potentialverteilung im thermodynamischen Gleichgewicht gemäß Bild 11.61. Bei anliegender Flußspannung an der Basis-Emitter-Diode wird diese modifiziert, und es wird der Basis-Querwiderstand wirksam. Dies wird mit dem Potentialbild in Bild 11.62 sowie der Elektronendichte-Verteilung in Bild 11.63 deutlich.

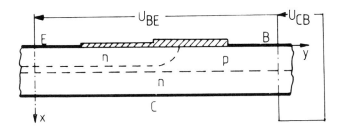

Bild 11.59: Querschnitt durch einen Streifentransistor
(nach H. Heimeier 1973)

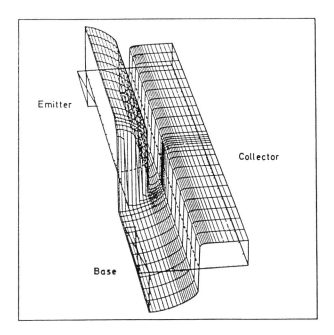

Bild 11.60: Dotierungsprofil: Gemäß der Funktion arsinh $\{(N_D N_A)/n_i\}$, welche in geschlossener Form die logarithmische Darstellung der Dotierungen N_D (positive Werte) und N_A (negative Werte) umfaßt. (nach H. Heimeier 1973)

474 Bipolartransistoren

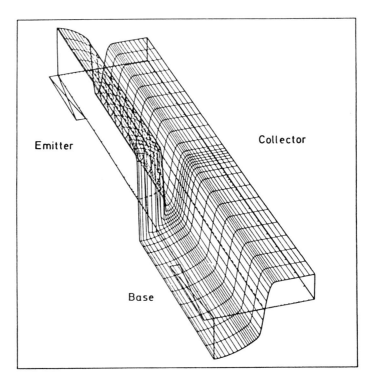

Bild 11.61: Potentialverteilung im thermodynamischen Gleichgewicht (nach H. Heimeier 1973)

Die korrespondierende Stromverteilung zeigt Bild 11.64 als Richtungsfeld bzw. Bild 11.65 als laterale Abhängigkeit für verschiedene Tiefen von der Emitter-Sperrschicht aus: die starke Bevorzugung des Emitter-Randes ist evident.

Modellierung 475

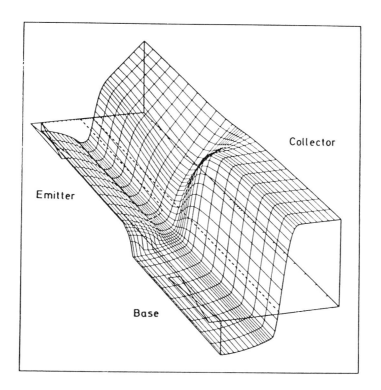

Bild 11.62: Potentialverteilung für den Arbeitspunkt U_{BE} = 780 mV; U_{CB} = 1 V (nach H. Heimeier 1973)

Ungleich schwieriger ist die Simulation dynamischer Vorgänge. Auch dies ist mehrdimensional möglich, wozu wieder auf das Schrifttum verwiesen werden muß; Aufwand und Rechenzeit sind beträchtlich.

476 Bipolartransistoren

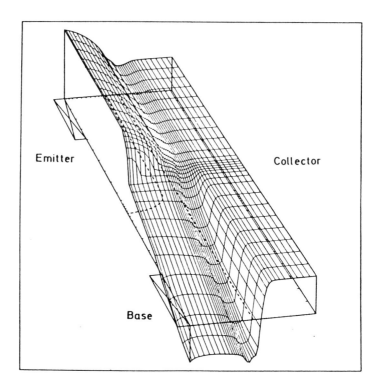

Bild 11.63: Verteilung der Elektronendichte für den Arbeitspunkt $U_{BE} = 780$ mV; $U_{CB} = 1$ V (logarithmische Darstellung) (nach H. Heimeier 1973)

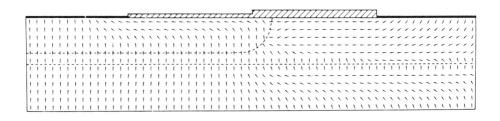

Bild 11.64: Richtungsfeld der Gesamtstromdichte für $U_{BE} = 780$ mV; $U_{CB} = 1$ V (nach H. Heimeier 1973)

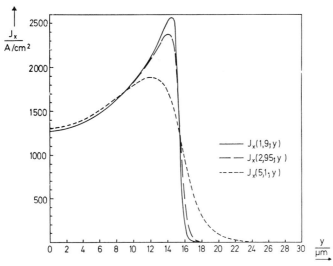

Bild 11.65: x-Komponente der Gesamtstromdichte bei $U_{BE} = 780$ mV; $U_{CB} = 1$ V (nach H. Heimeier 1973)

11.8 Serienwiderstände

Zur Beurteilung der Entwurfsqualität und aus anwendungstechnischen Gründen ist die Kenntnis der Zuleitungswiderstände Anschlußfleck - Innerer Transistor am Emitter (R_E), der Basis (R_B) und am Kollektor (R_C) wichtig. Gemäß Abschnitt 11.7.1 können diese Komponenten über das Ersatzschaltbild ermittelt werden, welches aus Messungen der Wechselstromparameter zu eruieren ist. Die Vielzahl der eingehenden Größen macht diese Ermittlung unsicher. Deswegen seien hier einfache Methoden angegeben, welche die Bestimmung von R_E und R_C aus Gleichstrom-Messungen gestatten.

Der Basiswiderstand ist seinem Ursprung gemäß arbeitspunkt- und frequenzabhängig, jedoch erlauben auch hier einfache Meßverfahren eine näherungsweise Ermittlung. Hierzu gehören die Auswertung der Restströme bei Kurzschluß oder Leerlauf der Basis-Emitter-Anschlüsse sowie einfache Impulsmessungen; letztere sind allerdings bei Transistoren mit hoher Grenzfrequenz (> 300 MHz) kritisch.

Ohne hier auf die Theorie einzugehen, sei die R_E-Bestimmung mittels eines Kennlinienschreibers (Ozillograph) beschrieben. Zeichnet man den Verlauf der $I_C(U_{CE})$-Kennlinien nahe dem Ursprung ($I_C = 0$, $U_{CE} = 0$) für verschiedene Basisströme I_B auf, verschiebt sich der Durchstoßpunkt der Kennlinien für $I_C = 0$ längs der U_{CE}-Achse, und zwar für höhere Basisströme $|I_B|$ nach höheren $|U_{CE}|$-Werten; absolut liegt der Durchstoßpunkt bei einigen 10 mV.

478 Bipolartransistoren

Diese Verschiebung ist mit $\Delta U_{CE} = R_E I_B$ dem Emitterwiderstand direkt proportional, womit R_E leicht zu ermitteln ist. Bild 11.66 zeigt die auftretende Verschiebung der Durchstoßpunkte im Kennlinienfeld für einen GaAs-Transistor mit hohem Emitterwiderstand. Vertauscht man Emitter und Kollektor und mißt analog $I_E(U_{EC})$ für verschiedene Basisströme, erhält man entsprechend den Wert von R_C. Selbst Werte von R_E, R_C von nur etwa 1 Ω sind dieserart zu bestimmen.

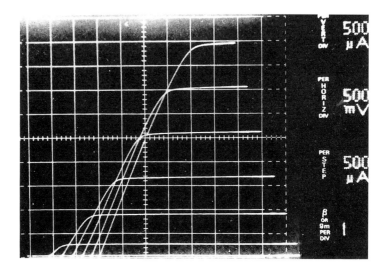

Bild 11.66: Durch den Emitterwiderstand hervorgerufene Verschiebung der Durchstoßpunkte ($I_C = 0$) im Kennlinienfeld
(nach W. Filensky u. a. 1981)

Literaturverzeichnis

Ankri, D.: Etudes et réalisation de transistors bipolaires à heterojunction
 GaAlAs-GaAs, Dissertation Université Pierre et Marie Curie, Paris, 1980

Archer, J. A.: Low-Noise Implanted-Base Microwave Transistor,
 Solid-State Electron. **17**, 1974, 387-393

Arendt, A.: Ein Analogmodell zur Simulation des Großsignalverhaltens
 bipolarer Transistoren, Diss. RWTH Aachen 1968
 Elektrisches Analogmodell des Bipolartransistors

Ashbeck, P. M., Chang, M.-Ch. F., Higgins, J. A., Sheng, N. H., Sullivan, G. J., Wang, K. Ch.: GaAlAs/GaAs Heterojunction Bipolar Transistors: Issues and Prospects for Application, IEEE Transact. Electron Dev. **ED-36**, 1989, 2032-2042

Bayraktaroghi, B., Camilleri, N.: Microwave pnp AlGaAs/GaAs heterojunction bipolar transistor, Electronics Lett. **24**, 1988, 228-229
Pn$^+$p HBTs mit f_{max} = 20 GHz

Becker, J. A.: Silizium-Planartechnologie mit Dotierlösungen, Diss. RWTH Aachen 1973
Dotiertechnik mittels Dotierlösungen

Benda, H. J.: Bestimmung der Eigenleitungsdichte von Silizium unterhalb der Eigenleitungstemperatur aus elektrischen Messungen an Transistoren, Diss. RWTH Aachen 1964

Beneking, H., Grote, N., Roth, W., Su, L. M., Svilans, M. N.: Realization of a bipolar GaAs/GaAlAs-Schottky-Collector-Transistor, Inst. Phys. Conf. Ser. No. **56**, 1980, 388-392

Beneking, H., Su, L. M., Ponse, F.: Medium-power GaAs bipolar transistors, Microelectronics J. **13**, 1982, 5-14

Beneking, H., Su, L. M.: Double heterojunction NpN GaAlAs/GaAs bipolar transistor, Electronics Lett. **18**, 1982, 26-27

Blackstone, S. C., Mertens, R. P.: Schottky-collector I^{2}L, IEEE Solid-State Circuits **SC-12**, 1977, 270-275

Burghartz, J. N., Comfort J. H., Patton, G. L., Meyerson, B. S., Sun, J. Y.-C., Stork, J. M. C., Mader, S. R., Stanis, C. L., Scilla, G. J., Ginsberg, B. J.: Self-Aligned SiGe-Base Heterojunction Bipolar Transistor by Selective Epitaxy Emitter Window (SEEW) Technology, IEEE Electron Dev. Lett. **EDL-11**, 1990, 288-290
Selbstjustierte Si/SiGe GHz-Transistoren ($f_t \gtrsim 75$GHz)

Chang, M. F., Asbeck, P. M., Wang, K. C., Sullivan, G. J., Miller, D. L.: AlGaAs/GaAs heterojunction bipolar transistor circuits with improved high-speed performance, Electronics Lett. **22**, 1986, 1173-1174

Chang, M. F., Asbeck, P. M., Miller, D. L., Wang, K. C.: GaAs/(GaAl)As Heterojunction bipolar transistors using a self-aligned substitutional emitter process, IEEE Electron Dev. Lett. **EDL-7**, 1986, 8-10

Chen, Y.-K., Nottenburg, R. N., Panish, M. B., Hamm, R. A., Humphrey, D. A.: Subpicosecond InP/InGaAs Heterostructure Bipolar Transistors, IEEE Electron Dev. Lett. **EDL-10**, 1989, 267-269
(3,6 µm)^2 - HBT mit Bestwerten

Chen, Y.-K., Nottenburg, R. N., Panish, M. B., Hamm, R. A., Humphrey, D. A.: Microwave Noise Performance of InP/InGaAs Heterostructure Bipolar Transistors, IEEE Electron Dev. Lett. **EDL-10**, 1989, 470-472

Daoud-Ketata, K., Dubon-Chevallier, C., Besombes, C.:
High Doping Level by Rapid Thermal Annealing of Mg-Implanted GaAs/GaAlAs for Heterojunction Bipolar Transistors,
IEEE Electron Dev. Lett. **EDL-8**, 1987, 205-207

Dhariwal, S. R., Djna, V. N.: Bandgap narrowing in heavily doped silicon, Solid State Electronics **25**, 1982, 910-913

Emeis, N., Beneking, H.: InP/GaInAs heterojunction bipolar transistors with improved electrical characteristics grown on strained buffer layers, Electronics Lett. **23**, 1987, 295-296

Filensky, W., Beneking, H.: New technique for determination of static emitter and collector series resistances of bipolar transistors, Electronic Lett. **17**, 1981, 503-504

Fischer, R., Klem, J., Peng, C. K., Gedymin, J. S., Morkoç, H.: Microwave properties of self-aligned GaAs/AlGaAs heterojunction bipolar transistors on silicon substrates, IEEE Electron Dev. Lett. **EDL-7**, 1986, 112-114

Fischer, R., Morkoc, H.: Reduction of extrinsic base resistance in GaAs/AlGaAs heterojunction bipolar transistors and correlation with high-frequency performance, IEEE Electron Dev. Lett. **EDL-7**, 1986, 359-362

Flocke, H.: Analyse und Entwurf der integrierten Injektionslogik (I^{2}L) in Analogprozessen, Diss. RWTH Aachen 1979
I^{2}L-Technologie

Fröschle, E.: Entwurfstheorie für Hf-Transistoren, Habilitationsschrift RWTH Aachen 1966
Entwurf bipolarer Hf-Transistoren

Gummel, H. K., Poon, H. C.: An Integrated Charge Control Model of Bipolar Transistors, Bell Syst. Tech. J. **49**, 1970, 827-852

Hayama, N., Madikian, M., Okamoto, A., Toyoshima, H., Honjo, K.: Fully self-aligned AlGaAs/GaAs heterojunction bipolar transistor for high speed integrated-circuits application, IEEE Transact. Electron Dev. **ED-35**, 1988, 1771-1777

Hayama, N., Okamoto, A., Madihian, M., Honjo, K.: Submicrometer fully self-aligned AlGaAs/GaAs heterojunction bipolar transistor, IEEE Electron Dev. Lett. **EDL-8**, 1987, 246-248

Heimeier, H.: Zweidimensionale numerische Lösungen eines nichtlinearen Randwertproblems am Beispiel des Transistors im stationären Zustand, Diss. RWTH Aachen 1973
Zweidimensionale Simulation des Bipolartransistors

Hirayama, H., Koyama, K., Tatsumi, T.: Bipolar Transistor Fabrication Using Selective Epitaxial Growth of P- and B-Doped Layers in Gas-Source Si Molecular Beam Epitaxy, IEEE Electron Dev. Lett. **EDL-11**, 1990, 18-20

Ishibashi, T., Yamacuchi, Y., Nakajima, O., Nagata, K., Ito, H.: High-speed frequency deviders using self-aligned AlGaAs/GaAs heterojunction bipolar transistors, IEEE Electron Dev. Lett. **EDL-8**, 1987, 194-196

Ito, H., Ishibashi, T., Sugeta, T.: Extremely low resistance ohmic contacts to n-GaAs for AlGaAs/GaAs heterojunction bipolar transistors, Jap. J. Appl. Phys. **23**, 1984, L635-L637

Iyer, S. S., Patton, G. L., Stork, J. M. C., Meyerson, B. S., Harame, D. L.:
Heterojunction Bipolar Transistors Using Si-Ge Alloys, IEEE Transact.
Electron Dev. **ED-36**, 1989, 2043-2064

Jalali, B., Nottenburg, R. N., Chen, Y. K., Levi, A. F. J., Sirco, D., Cho, A.
Y., Humphrey, D. A.: Near-ideal lateral scaling in abrupt
$Al_{0,48}In_{0,52}As/In_{0,53}Ga_{0,47}As$ heterostructure bipolar transistors
prepared by molecular beam epitaxy, Appl. Phys. Lett. **54**, 1989,
2333-2335

Kamins, T. I., Nauka, K., Kruger, J. B., Hoyt, J. L., King, C. A., Noble, D.
B., Gronet, C. M., Gibbons, J. F.: Small-Geometry, High-Performance,
$Si-Si_{1-x}Ge_x$ Heterojunction Bipolar Transistors,
IEEE Electron Dev. Lett. **EDL-10**, 1989, 503-505

Katoh, R., Kurata, M., Yoshida, J.: Numerical CML switching analysis for
heterojunction GaAs/(GaAl)As bipolar transistors,
Solid-State Electron. **29**, 1986, 151-157

Kim. M. E.: GaAs Heterojunction Bipolar Transistor Device and IC
Technology for High-Performance Analog and Microwave Applications,
IEEE Transact. Microwave Theory and Techniques **MTT-37**, 1989,
1286-1303

Kobayashi, T., Taira, K., Nakamura, F., Kawai, H.: Band lineup for a
GaInP/GaAs heterojunction measured by a high-gain Npn heterojunction
bipolar transistor grown by metalorganic chemical vapor deposition,
J. Appl. Phys. **65**, 1989, 4898-4902

Konaka, S., Yamamoto, Y., Sakai, T.: A 30-ps Si bipolar IC using super self-
aligned process technology, IEEE Transact. Electron. Dev. **ED-33**,
1986, 526-531

Kräutle, H., Narozny, P., Beneking, H.: Lateral pnp GaAs bipolar transistor
with minimized substrate current, IEEE Electron Dev. Lett. **EDL-3**,
1982, 315-317

Kroemer, H.: Heterostructure bipolar transistors and integrated circuits,
Proc. IEEE **70**, 1982, 13-25
Breiter Grundlagenartikel über Hetero-Bipolarstrukturen (51 Zitate)

Kurata, M., Katoh, R., Yoshida, J., Akagi, J.: A model-base comparison: GaAs/GaAlAs HBT versus silicon bipolar, IEEE Transact. Electron Dev. **ED-33**, 1986, 1413-1420

Kurata, M., Yoshida, M.: Modeling and Characterization for High-Speed GaAlAs-GaAs n-p-n Heterojunction bipolar transistors, IEEE Transact. Electron Dev. **ED-31**, 1984, 467-473

Kutah, K., Kurata, M., Yoshida, J.: Self-consistant particle simulation for (AlGa) As/GaAs HBT´s with improved base-collector structures, IEEE Transact. Electron Dev. **36**, 1989, 846-853

Malik, R.J., Lunardi, L. M., Walter, J. F., Ryan, R. W.: A planar doped 2D-hole gase base AlGaAs/GaAs heterojunction bipolar transistor grown by molecular beam epitaxy, IEEE Electron Dev. Lett. **EDL-9**, 1988, 7-9

Manck, O.: Numerische Analyse des Schaltverhaltens eines zweidimensionalen bipolaren Transistors, Diss. RWTH Aachen 1975
Simulation des Schaltverhaltens

Marty, A., Jamai, J., Vannel, J. P., Fabre, N., Bailbe, J. P., Duhamel, N., Dubon-Chevallier, C., Tasselli, J.: Fabrication and d. c. Characterization of GaAlAs/GaAs Double Heterjunction Bipolar Transistors, Solid-State Electronics **31**, 1988, 1375-1382

May, G. A.: The Schottky-barrier-Collector Transistor, Solid-State Electron. **11**, 1968, 613-619

Milnes, A. G.: Semiconductor Heterojunction Topics: Introduction and Overview, Solid-State Electronics **29**, 1986, 99-121, Grundlagen-Übersicht zu Hetero-Übergängen

Möschwitzer, A., Lunze, K.: Halbleiterelektronik, VEB Verlag Technik, Berlin 1973

Morizuka, K., Katoh, R., Asaka, M., Iizuka, N., Tsuda, K., Obara, M.: Transit-time reduction in AlGaAs/GaAs HBT´s utilizing velocity overshoot in the p-type collection region, IEEE Electron Dev. Lett. **9**, 1988, 585-587
Prinzipielle Verbesserung des Träger-Verhaltens im Kollektor-Gebiet

Nageta, K., Nakajima, O., Yamauchi, Y., Ishibashi, T.: A new self-aligned structure AlGaAs/GaAs HBT for high speed digital curcuits, Inst. Phys. Conf. Ser. **79**, 1986, 589-594

Narozny, P., Beneking, H., Fischer, R. J., Morkoç, H.: Heterojunction GaAs/GaAlAs I^{2}L-ring oscillators fabricated by MBE, IEEE Transact. Electron Dev. **ED-33**, 1986, 1238-1241

Nittono, T., Nagata, K., Nakajima, O., Ishibashi, T.: A New Self-Aligned AlGaAs/GaAs HBT Based on Refractory Emitter and Base Electrodes, IEEE Electron Dev. Lett. **EDL-10**, 1989, 506-507

Nottenburg, R., Chen, Y. K., Panish, M. B., Humphrey, D. A., Hamm, R.: Hot-electron, InGaAs/InP heterostructure bipolar transistor with f$_T$ of 110 GHz, IEEE Electron Dev. Lett. **EDL-10**, 1989, 30-32

Nottenburg, R. N., Bischoff, S.-C., Panish, M. B., Temkin, H.: High-speed InGaAs(P)/InP double-heterostructure bipolar transistors, IEEE Electron Dev. Lett. **EDL-8**, 1987, 282-284

Nottenburg, R. N., Temkin, H., Panish, M. B., Hamm, R. A.: High gain InGaAs/InP heterostructure bipolar transistors grown by gas source molecular beam epitaxy, Appl. Phy. Lett. **49**, 1986, 1112-1114

Patton, G. L., Comfort, J. H., Meyerson, B. S., Crabbé, E. F., Scilla, G. J., Frésard, de, E., Stork, J. M. C., Sun, J. Y.-C., Harame, D. l., Burghartz, J. N.: 75-GHz f$_t$ SiGe-Base heterojunction Bipolar Transistors, IEEE Electron Dev. Lett. **EDL-11**,1990, 171-173

Patton, G. L., Harame, D. L., Stork, J. M. C., Meyerson, B. S., Scilla, G. J., Ganin, E.: Graded-SiGe-Base, Poly-Emitter Heterojunction Bipolar Transistors, IEEE Electron Dev. Lett. **EDL-10**, 1989, 534-536

Patton, G. L., Tiÿer, S. S. Delage, S. L., Tiwari, S., Stork, J. M. C: Silicon-Germanium-Base herojunction bipolar transistors by molecular beam epitaxy, IEEE Electron Dev. Lett. **9**, 1988, 165-167

Paul, R.: Transistor-Meßtechnik, F. Vieweg, Braunschweig 1966
Elektrische Messungen an Bipolartransistoren

Plumton, D. L., Chang, C. T. M., Woods, B. O.: Isolated Emitter AlGaAs/GaAs HBT Integrated with Emitter-Down HI^{2}L Technology, IEEE Electron Dev. Lett. **EDL-10**, 1989, 508-510

Poestges, R.: Ein für die Netzwerkanalyse geeignetes Modell zur Beschreibung des stationären Verhaltens von integrierten Transistoren, Diss. RWTH Aachen 1982
Erweitertes Gummel-Poon-Modell

Ruge, I.: Halbleiter-Technologie, Springer-Verlag, Berlin 1975

Schrenk, H.: Bipolare Transistoren, Reihe Halbleiter-Elektronik Bd.6, Springer-Verlag, Berlin 1978
Eigenschaften und Technologie von Silizium-Transistoren

Schummers, R., Narozny, P., Beneking, H.: Strained-layer homojunction GaAs bipolar transistor with enhanced current gain, Electronics Lett. **22**, 1986, 924-925

Shepard, K., Schumacher, H.: Scaling in Npn and Pnp heterostructure bipolar transistors, Electronics Lett. **24**, 1988, 111-112

Shockley, W.: The Path to the Conception of the Junction Transistor, IEEE Transact. Electron Dev. **ED-31**, 1984, 1523-1546
Lesenswerte Remineszenz zum Bipolartransistor

Su, L. M.: Self alignment structure for Npn GaAs heterojunction microwave bipolar transistor, Inst. Phys. Conf. Ser. **65**, 1982, 423-430

Su, L. M.: GaAs-GaAlAs Heterojunction Bipolar Transistors And Related Integrated Circuits, Diss. RWTH Aachen 1984

Su. L. M., Kräutle, H., Beneking, H.: Wide gap emitter pnp bipolar transistor for GaAs SFL (substrate fed logic), Inst. Phys. Conf. Ser. **63**, 1981, 551-556

Sunderland, D. A., Dapkus, P.A.: Optimizing N-p-n and P-n-p heterojunction bipolar transistors for speed, IEEE Transact. Electron Dev. **ED-34**, 1987, 367-377

Suzuki, M., Hagimoto,K., Ichino, H., Konaka, S.: A 9-GHz frequency divider using Si bipolar super self-aligned process technology, IEEE Electron Dev. Lett. **EDL-6**, 1985, 181-183

Sze, S. M.: Physics of Semiconductor Devices, 2. Aufl.,
J. Wiley & Sons, New York 1981
Darstellung sämtlicher technisch relevanter Bauelemente

Tamaki, Y., Murai, F., Kawomoto, Y., Uehara, K., Hayasaka, A., Anzai, A.: A fine emitter transistor fabricated by electron-beam lithography for high-speed bipolar LSI's, IEEE Electron Dev. Lett. **EDL-7**, 1986, 425-427
0,2 µm Emitter-Streifenbreite bei integrierten Si-Transistoren

Tanaka, S., Madihian, M., Toyoshima, H., Hayama, N.: Novel process for emitter-base-collector self-aligned heterojunction bipolar transistor using a pattern-inversion method, Electronics Lett. **23**, 1987, 562-564

Tokumitsu, E., Dentai, A. G., Joyner, C. H.: Reduction of the Surface Recombination Current in InGaAs/InP Pseudo-Heterojunction Bipolar Transistors Using a Thin InP Passivation Layer, IEEE Electron Dev. Lett. **EDL-10**, 1989, 585-587

Werner, W. M.: The influence of fixed interface charges on the current-gain fall off of planar npn-transistor, J. Electrochem. Soc. **123**, 1976, 542-549

Wieder, A. W.: Self-aligned bipolar technology - new chances for very-high-speed digital integrated circuits, Siemens Forsch. u. Entw.-Ber. **13**, 1984, 246-252

Won, T., Morkoç, H.: High-speed performance of InP/In$_{0,53}$Ga$_{0,47}$As/InP double-heterojunction bipolar transistors, Appl. Phys. Lett. **52**, 1988, 552-554
Abschätzung von f$_{max}$-Werten von oberhalb 130 GHz

12 Feldeffekttransistoren

Feldeffekttransistoren (FETs) sind Majoritätsträger-Bauelemente, welche einer Integration sehr entgegenkommen. Bild 12.1 zeigt ihren prinzipiellen Aufbau. Sie werden zumeist in der digitalen Signalverarbeitung eingesetzt und haben dort AUS- und EIN-Funktionen zu erfüllen. Die Kombination von komplementären Transistoren (n-Kanal-Typen und p-Kanal-Typen, CMOS) erlaubt besonders leistungsarme Schaltungsanordnungen. FETs aus III-V-Materialien sind speziell für Hf-Eingangsstufen im GHz-Bereich von Interesse, da extrem niedrige Rauschzahlen erzielbar sind. Da der Leitungskanal Source - Drain ohne anliegende Gate-Source-Spannung U_{GS} gesperrt oder geöffnet sein kann (normally off, selbstsperrend bzw. normally on, selbstleitend), gibt es insoweit vier verschiedene Klassen dieser Bauelemente. Darüber hinaus kann die Steuerung unterschiedlich vorgenommen sein. Sie erfolgt mittels einer Influenzladung beim IGFET (isolated gate field effect transistor; hierzu gehören die MOSFETs und MISFETs) oder über eine Sperrschicht-Steuerung beim NIGFET, letzteres mit pn- oder MS-Steuerstrecke. Die erstere Gruppe wird mit JFET (junction FET), die letztere mit MESFET (metal semiconductor FET) bezeichnet. Auch von der Substratseite her ist eine (meist unerwünschte) Steuerung des Leitungskanals an der Oberfläche möglich, womit eine Vielzahl von Arten existiert.

Eine Modifikation des MESFET ist der in Abschnitt 12.3.3 behandelte MODFET (modulation doped FET/ HEMT high electron mobility transistor/ TEGFET two dimensional electron gas FET/ SDFET single Dingle FET), eine FET-Struktur mit verringerter Streuung der Träger im Leitungskanal und damit besten Hf-Eigenschaften.

Das Substrat bzw. das den Leitungskanal bildende Material kann einkristallin (wie üblich) oder auch polykristallin und amorph sein. Solche aus nicht einkristallinem Material hergestellte FETs werden als Dünnfilm-Transistoren bezeichnet (thin film transistor TFT). Ihre Eigenschaften reichen nicht an die aus einkristalliner Schicht heran, jedoch sind sie für großflächige Arrays von Interesse, z. B. zur Ansteuerung einzelner Raster-Punkte eines Bildschirms (flat panel).

Schwierig in der Herstellung sind auch die in Silizium auf Saphir (SOS silicon on sapphire) strukturierten Elemente, eine spezielle Technik kapazitätsarmer Integration. Auch III-V-FETs werden heteroepitaktisch eingebettet, etwa als GaAs-FET auf Silizium-Substrat. Die Verwendung solcher Kombinationen ist deswegen möglich, weil Minoritätsladungsträger das eigentliche Bauelementverhalten im Gegensatz zum Bipolartransistor nicht mitbestimmen und insoweit inkorporierte Rekombinationszentren eine nur untergeordnete Rolle spielen; die elektrischen Eigenschaften sind praktisch allein vom Majoritätsträgerverhalten geprägt.

Eine Sonderform stellen pseudomorphische FETs dar, bei welchen der Leitungskanal aus geringfügig verspanntem Material, z. B. aus mit In versetztem GaAs statt GaAs oder SiGe bei Si-FETs besteht. Die dadurch bedingte Bandstruktur-Modifikation erlaubt verbesserte elektronische Eigenschaften; es lassen sich z. B. erhöhte Träger-Geschwindigkeiten erzielen. Beim MODFET erreicht man damit höhere Trägerdichten im Leitungskanal, was eine nochmalige Bauelemente-Verbesserung erlaubt, siehe Abschnitt 12.3.3.

In der Gruppe der MISFETs (metal isolator semiconductor) wird der übliche Silizium-Feldeffekttransistor mit SiO_2-Isolatorschicht zwischen Steuerelektrode (gate) und Leitungskanal an der Substratoberfläche mit MOSFET (metal oxide semiconductor FET) bezeichnet, selbst wenn die Gate-Elektrode aus z. B. polykristallinem Silizium besteht. Sind wie bei speziellen Speicherelementen mehrere Isolationsschichten übereinander angeordnet, wird dem durch eine entsprechende Bezeichnung wie MNOS (metal nitride oxide semiconductor) oder MAOS (metal alumina oxide semiconductor) Rechnung getragen, siehe Abschnitt 12.1.8. Bild 12.2 zeigt zusammenfassend die einzelnen Benennungen am Beispiel der Silizium-Feldeffekttransistoren.

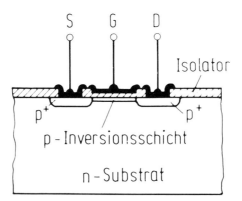

Bild 12.1: Planarer Feldeffekttransistor, Beispiel eines p-Kanal-Anreicherungstyps, selbstsperrend (Bildung einer p-Inversionsschicht bei anliegender Spannung $U_{GS}<0$) (nach H. Beneking 1973)

In dem vorliegenden Kapitel wird auf diese Elemente aus technologischer Sicht im einzelnen eingegangen. Zunächst werden die MOSFETs besprochen. Dort haben im Oxid inkorporierte Ladungen und eventuelle Oberflächenzustände nahe der Grenzschicht Oxid-Silizium besondere Bedeutung. Bei einem selbstsperrenden Transistor wird der Beginn des Stromflusses in Abhängigkeit von der Steuerspannung U_{GS} hierdurch bestimmt. Deswegen ist die Festlegung der Schwellspannung U_{th} (threshold voltage) von besonderer Bedeutung, da sie stark in die Auslegung speziell der integrierten MOS-Schaltungen eingeht; U_{th} ist der Wert der Spannung U_{GS}, ab dem beim Enhancement-Typ ein merklicher Drainstrom zu fließen beginnt. (Die Bezeichnung Anreicherungstyp (enhancement) für den selbstsperrenden und Verarmungstyp (depletion) für den selbstleitenden Typ ist ebenfalls gebräuchlich, wenn auch aus physikalischer Sicht nicht so zweckmäßig.) Die Schaltbilder sowie die jeweiligen Übertragungskennlinien sind schematisch in Bild 12.3 aufgeführt.

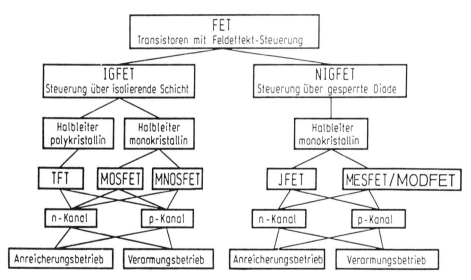

Bild 12.2: Schema der verschiedenen Arten von Feldeffekttransistoren (nach H. Beneking 1973)

Alle genannten Bauformen haben bis auf die Absolutwerte der anliegenden Spannungen ähnliche Kennlinien, Bild 12.4 deutet dies an. Ab eines gewissen Wertes der anliegenden Drain-Source-Spannung U_{DS} geht der Kennlinienverlauf näherungsweise in eine Sättigung $I_D = I_{DS}$ = const. über. Der zugehörige Spannungswert besitzt elektrotechnisch ähnlich U_{th} eine besondere Bedeutung; er wird mit Kniespannung oder Sättigungsspannung U_{DSS} bezeichnet.

490 Feldeffektransistoren

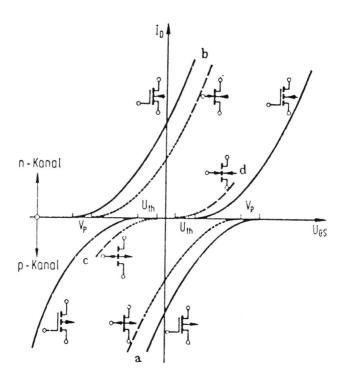

Bild 12.3: Prinzipielle Steuerkennlinien $I_D(U_{GS})$ der verschiedenen FET-Strukturen (—— IGFET, ······ NIGFET, ----- kritischer Bereich bei NIGFETs); a) p-Kanal, Verarmungstyp, b) n-Kanal, Verarmungstyp, c) p-Kanal-Anreicherungstyp, d) n-Kanal, Anreicherungstyp (nach H. Beneking 1973)

Bei Sperrung des Kanals fließt praktisch kein Strom mehr, beim selbstsperrenden Typ ist dies der Fall ohne anliegende Steuerspannung am Gate, beim selbstleitenden Typ ab einer gewissen Spannung zwischen Gate und Kanal bzw. Gate und Source. Diese Gate-Spannung U_{GS} ist die Abschnürspannung V_p (pinch off voltage), siehe auch Bild 12.3. (Diese Bezeichnung rührt daher, daß im einfachsten eindimensionalen Modell des FET bei $U_{GS} = V_p$ am drainseitigen Kanalende die den Drainstrom führende Ladung zu Null geworden ist, der Kanal also dort abgeschnürt ist.) Tatsächlich kann auch bei vollständiger Abschnürung ein Drainstrom vorliegen, wenn über die Grenze Kanal-Substrat ein Strompfad auftritt. Dies ist bei unperfekten Übergängen und Kurzkanal-Bauelementen ein kritischer parasitärer Effekt, siehe auch Abschnitt 14.3.1.

Feldeffekttransistoren 491

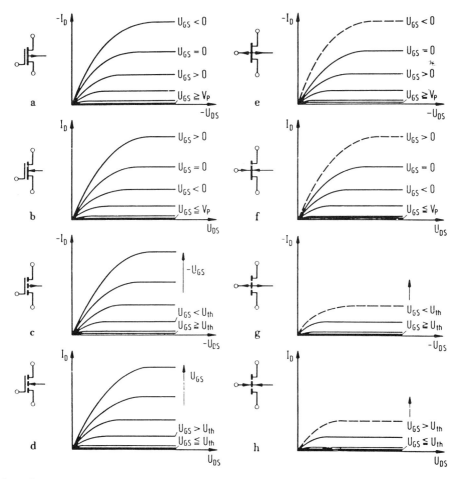

Bild 12.4: Charakteristische Kennlinien (mit FET- Schaltzeichen) (nach H. Beneking 1973); a) IGFET, p-Kanal-Verarmungstyp; b) IGFET, n-Kanal-Verarmungstyp; c) IGFET, p-Kanal-Anreicherungstyp; d) IGFET, n-Kanal-Anreicherungstyp e) NIGFET, p-Kanal-Verarmungstyp; f) NIGFET, n-Kanal-Verarmungstyp; g) NIGFET, p-Kanal-Anreicherunstyp; h) NIGFET, n-Kanal-Anreicherungstyp

Ähnlich ist es bei JFETs und MESFETs, welche jedoch nicht vom Grenzschichtverhalten Si-SiO$_2$ und den im SiO$_2$ inkorporierten Ladungen geprägt sind. Insoweit können Bauelemente dieser Art auch aus anderen Materialien als Silizium hergestellt werden, worauf in weiteren Abschnitten eingegangen wird; MIS-Elemente sind dort jedoch ungleich kritischer wegen

492　Feldeffektransistoren

der inkorporierten Grenzflächenladungen. In Abschnitt 12.4 wird hierauf eingegangen.

Um hohe Ausgangsleistungen zu erzielen, müssen die Kanal-Weiten groß gewählt werden (mehrere mm), was z. B. mittels Vielfinger-Strukturen erreicht werden kann, siehe Abschnitt 12.1.6. Für FETs, welche speziell als Verstärker im oberen GHz-Bereich Verwendung finden sollen, sind neben geringen Parasitäten hohe Trägergeschwindigkeit v im Kanal und kurze Gatelängen essentiell. Bei MISFETs ist die Trägerbewegung durch Grenzflächeneffekte Isolator-Kanal gegenüber dem Volumen um den Faktor 2-3 reduziert, weswegen für hohe Frequenzen JFETs, MESFETs und speziell MODFETs bevorzugt werden. Auf die letztere Gruppe der modulationsdotierten FETs wird in Abschnitt 12.3.3 gesondert eingegangen. Sie ist technologisch anspruchsvoller als die anderen Bauformen, als in räumlicher Nachbarschaft zu einem Hetero-Übergäng ein vergrabener Leitungskanal mit niedriger Störstellendichte Verwendung finden muß.

Eine wesentliche Design-Größe ist die Transitfrequenz f_t, welche mit $\frac{1}{(2 \cdot \pi \cdot f_t)} = t_t$ die innere Laufzeit charakterisiert. Da die dynamische Steilheit S mit der Steuerkapazität C_{gk} der Gate-Kanal-Strecke über

$$S = C_{gk} \frac{v_m}{l_g}$$

zusammenhängt (v_m mittlere Trägergeschwindigkeit im Kanal, l_g effektive Gate-Länge) und hierin $\frac{l_g}{v_m} = t_t$ ist, können die vom Bauelemente-Aufbau her gegebenen Größen S, C_{gk} mit der Transitfrequenz f_t einfach in Beziehung gesetzt werden; es gilt

$$f_t = \frac{S}{(2\pi C_{gk})}.$$

Für hohe Grenzfrequenz muß somit S möglichst hoch und C_{gk} möglichst klein sein. Allerdings ist f_t alleine nicht für die erzielbare Hf-Verstärkung ausschlaggebend. Bei $f = f_t$ wird die Kurzschlußstromverstärkung dem Betrag nach eins, ebenso die Spannungsverstärkung eines kaskadierten Verstärkers ohne Anpaßglieder. Insoweit ist die Grenzfrequenz f_{max} der Leistungsverstärkung (maximale Schwingfrequenz) von f_t verschieden und insbesondere von drainseitigen dynamischen Innenwiderstand abhängig; je größer dieser, desto günstiger, und die ebenfalls zu betrachtende Größe ist die Leerlaufspannungs-

Feldeffekttransistoren 493

verstärkung. Nimmt man vereinfachend $f_{max} = \frac{1}{(2\,t_t)}$ an, erhält man den zur Abschätzung geeigneten Ausdruck

$$f_{max} \approx \frac{v_m}{2 \cdot l_g}.$$

Mit $v_m \approx \frac{v_{sat}}{2}$, wenn v_{sat} die Sättigungsgeschwindigkeit ist, Tabelle 2.1 bzw. Bild 2.13, erhält man

$$f_{max} \approx \frac{v_{sat}}{4 \cdot l_g},$$

was die Bedeutung einer kurzen Kanal- bzw. Gate-Länge sowie einer hohen Sättigungsgeschwindigkeit deutlich macht. Mit einem Wert von $v_{sat} \approx 10^7 \text{cm/s}$ erhält man als zugeschnittene Größengleichung

$$\frac{f_{max}}{GHz} \approx \frac{25}{l_g/\mu m}.$$

Für das Schaltverhalten folgt mit dem Zusammenhang von Signalanstiegszeit τ_r und Grenzfrequenz,

$$\tau_r \approx \frac{0,36}{f_{max}},$$

(10%-90% Impuls-Anstiegszeit bei RC-Begrenzung, $f_{max} = B$ Bandbreite),

$$\tau_r \approx 1,44 \cdot \frac{l_g}{v_{sat}}$$

oder zur Abschätzung die zugeschnittene Größengleichung

$$\frac{\tau_r}{ps} \approx 14,4 \cdot \frac{l_g}{\mu m}.$$

Diese Größenordnung wird, ohne Berücksichtigung der Parasitäten, von entsprechenden Bauelementen auch erreicht.

Das Kapitel über Feldeffektransistoren schließt mit der Modellierung ab; ferner wird noch ein einfaches Meßverfahren für den wichtigen Wert der Trägergeschwindigkeit im Kanal behandelt.

494 Feldeffektransistoren

12.1 Silizium-Bauelemente mit isoliertem Gate

Feldeffekttransistoren aus Silizium insbesondere des MOS-Typs sind die wesentlichsten Bausteine integrierter Schaltungen. Sie lassen sich mit geringem Flächenbedarf von z. B. 20 µm · 30 µm herstellen und verlangen speziell als dynamische Speicher einen sehr geringen Aufwand, siehe Abschnitt 12.10.

12.1.1 Gate-Oxid

Aus Gründen der einfachen Herstellung, aber vor allem der Stabilität und Steuerbarkeit wegen wird als Isolator zwischen der Gate-Elektrode und dem Kanal praktisch ausschließlich thermisch erzeugtes Oxid (trockenes Oxid, siehe Teil I, Kapitel 5) verwendet. Diese für MOS-Elemente wichtige Isolierschicht der Steuerstrecke Gate-Substratoberfläche ist unter 0,1 µm dünn. Je kürzer der Kanal ist, desto dünneres Oxid ist zu wählen. Dies findet seine Grenze mit dem Auftreten von Tunnel-Strömen durch das Oxid ($d_{min} \approx 10$ nm).

Das Wachstum geschieht sehr langsam in extrem trockenem Sauerstoff, um ein sauberes, gut definiertes und gleichmäßiges Wachsen zu ermöglichen.

Hohe Reinheit ist wichtig, insbesondere bezüglich eines Einbaus von Natrium und von Schwermetallen, abgesehen von der Defekt-Freiheit (Löcher, pin holes). (Auf die Verwendung von nichtmetallischen Pinzetten-Spitzen wurde in entsprechendem Zusammenhang bereits hingewiesen, sowie auf Handschuhe und Schutzkleidung).

Während und nach Ablauf des Oxidationsprozesses werden spezielle Getterschritte eingeschaltet, um die Dichte solcher Verunreinigungen an der kritischen Grenze $Si-SiO_2$ weiter zu verringern. Auch wird die Oxidation nicht in reinem Sauerstoff, sondern mit HCl-Zusatz durchgeführt. Bei einer Zugabe von etwa 6 Mol.-% gelingt bei einer Oxidationstemperatur von 1100°C damit eine weitgehende Eliminierung der Natriumionen im Oxid bzw. nahe der Grenzfläche zum Si-Substrat.

Hinsichtlich der Wachstumsgeschwindigkeit gilt das linear-quadratische Gesetz, wie im Teil I Abschnitt 5.1 beschrieben. Bild 12.5 gibt davon nochmals einen Begriff und deutet an, wie die Wachstumsparameter α, β, experimentell gewonnen werden können. Die Unterschiede bezüglich der Kristallorientierung gehen in die Schichtdicke ein; in <111>-Richtung erfolgt das schnellste Wachstum.

Ein praktischer Prozeßablauf sei kurz angedeutet. Weitere Einzelheiten, insbesondere zu den Getter-Verfahren, siehe im nachfolgenden Abschnitt und bei den später beschriebenen Einzelprozessen.

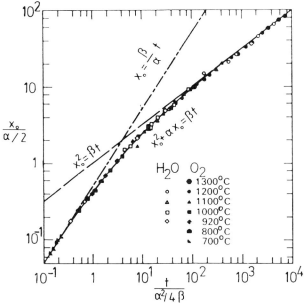

Bild 12.5: Genereller Wachstumsverlauf der Oxid-Schichtdicke auf Silizium
Die Meßpunkte wurden bei <111>-Material gewonnen.
(nach B. E. Deal u. a. 1965)

Die sorgfältig gereinigten Scheiben werden in den Oxidationsofen eingebracht. Sauerstoff mit einem Zusatz von 6 % molar HCl wird dann bei Normaldruck in den Reaktor eingelassen. Bei 1100°C wächst in 20 min ein Oxid von etwa 100 nm Dicke. Anschließend werden die Proben 1 h in N_2 getempert, um die Eigenschaften zu stabilisieren.

12.1.2 MOS-Probleme

Die Gesamtladungsmenge des MIS-Systems bestimmt den Anteil beweglicher Ladungen im Kanal des Transistors und damit den bei einer gegebenen Gate-Spannung U_{GS} fließenden Drainstrom I_D. Bild 12.6 zeigt die Verhältnisse am Beispiel eines selbstsperrenden p-Kanal-Transistors. Zur Berechnung werden die einzelnen Ladungsbeiträge vereinfacht gemäß Bild 12.6f aufgefaßt, die Oxidladung flächenhaft und die Volumenladung kastenförmig. Verschiebungen der tatsächlichen Ladungsverteilung im Oxid verändern den Wert von $Q_{\square I}$ und damit die Ladungsbilanz, was zu einer Änderung von U_{th} führt (Instabilität). Änderungen der Gate-Ladung $C_\square U_{GK}$, ($C_\square$ Kapazität der MOS-Diode pro Flächeneinheit) bedingen Änderungen der Ladung $Q_{\square p}$ im Kanal und damit die gewünschte Stromsteuerung. Die aus der Bandverbiegung im Substrat herrührende Ladung $Q_{\Box B}+Q_{\Box BO}$ kann durch eine gegen Source anliegende Substratspannung verändert werden und erlaubt eine Steuerung vom Substrat her (back side gating). Die Einstellung einer gewünschten Schwellspannung U_{th} kann dabei durch gezielte Änderung von $Q_{\Box BO}$ erfolgen, indem mittels Ionenimplantation die Substratladung (Dotierung) verändert wird.

Um die Störungen durch Ionenwanderungen im Oxid zu verringern, sollten so wenig Ladungen wie möglich im Oxid inkorporiert sein, abgesehen davon, daß eine hohe Dichte eine (unerwünscht) hohe Schwellspannung bedeutet. Um diese Ladungsdichte, welche weitgehend aus Na-Ionen besteht, zu verringern, muß nicht nur peinlich sauber gearbeitet werden (spezielle Oxidationsöfen, Trockenoxidation, höchstreines Spülwasser mit geringerer Leitfähigkeit als 0,1 µS/cm), sondern es muß durch einen Getter-Prozeß diese Dichte noch abgesenkt werden. Dies ist möglich durch eine auf das Oxid aufgebrachte Phosphorglas-Schicht, welche zu Ende eines Oxidationsprozesses durch PH_3-Zufuhr erzeugt werden kann; ferner wird ein Chlorzusatz zur Reduktion des Na^+-Gehaltes benutzt.

Bild 12.7 zeigt die zu erwartende Schwellspannungsänderung für unterschiedliche Phosphorglas-Schichten. Deren Erzeugung geschieht z. B. durch Phosphinzugabe am Ende des Oxidationsvorganges. Der Chlor-Einbau wird mittels HCl-Beigabe vorgenommen. Stattdessen ist auch Trichlorethylen C_2HCl_3 brauchbar, Bild 12.8 zeigt die entsprechende Veränderung der Na^+- und damit N_{ox}-Konzentration.

Wichtig sind sorgfältig durchgeführte Temperungen, eine bei hoher Temperatur > 500°C, wobei als Temperatmosphäre N_2 gewählt wird. Als Maß für die noch vorhandene Dichte an Ladungen im Oxid, Flächendichte N_{ox}, und solchen an der Grenzfläche, Flächendichte N_G, dient die Flachbandspannung U_{FB} des MIS-Systems,

$$U_{FB} = \varphi_{MS} - \frac{d_{ox}}{\varepsilon} q (N_{ox} + N_G)$$

(φ_{MS} Kontaktspannung Deckelektrode-Halbleiter, d_{ox} Isolatorschichtdicke). Bild 12.9 zeigt für ein Beispiel die hierdurch mögliche Verringerung von U_{th} in Abhängigkeit der Temperdaten. Es gelingt auf solche Weise eine Reduktion von Ladungen im Oxid auf nur einige $10^{10} cm^{-2}$, ein hinreichend geringer Wert.

Störungen wie z. B. Versetzungen im Kristallinneren wirken im allgemeinen als Senken für Verunreinigungen, siehe Teil I, Abschnitt 1.5. Ist die Dicke der Halbleiterscheibe nicht zu groß (< 0,5 mm), gelingt eine Verringerung verbleibender Verunreinigungen der Oberfläche durch Getterung an der Kristallrückseite (back side gettering).

Silizium-Bauelemente mit isoliertem Gate 497

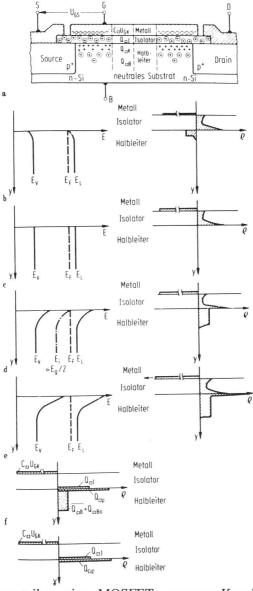

Bild 12.6: Ladungsverteilung eines MOSFETs quer zum Kanal (nach H. Beneking 1973); a) schematisch, bei Inversion (⊕ feste Ladungen, +-bewegliche Ladungen); b) ohne Gate-Spannung (Metall-Halbleiter-Kontaktpotential vernachlässigt); c) Flachbandzustand; d) Beginn der Inversion; e) Inversion; f) vereinfachte Verteilung bei Inversion; g) einfache Verteilung, ohne Volumenladung.

498 Feldeffektransistoren

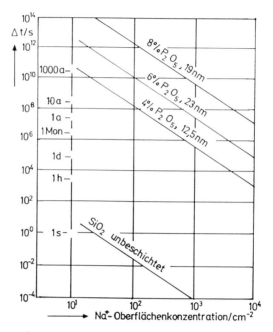

Bild 12.7: Dauer einer U_{th}-Verschiebung um 0,1 V bei 80°C Betriebstemperatur (Oxiddicke d = 100 nm, Steuerfeldstärke E_I = 2 MV/cm). (nach P. Balk u. a. 1969)

Hierzu wird die Unterfläche aufgerauht, um entsprechend wirkende Kristallstörungen zu erzeugen. Diese Störungen dürfen sich während des Getter-Temperaturprozesses nur nicht bis zur Scheiben-Oberseite ausdehnen, was jedoch bei sorgsamer Prozeßführung zu verhindern ist. Es besteht ferner die Möglichkeit, die Ionenimplantation heranzuziehen, falls man eine gezielte Einstellung von U_{th} anstrebt. Hierbei wird im Kanal, lokalisiert auf eine Tiefenzone von ≈ 100 nm, eine teilweise Kontradotierung des Substrats vorgenommen. Im Fall des p-Kanal-Anreicherungstyps wird z. B. durch die damit eingeführten negativ geladenen Akzeptorrümpfe U_{th} nach positiven Werten hin verschoben.

Die Größe von U_{th} läßt sich auch durch die Kristallorientierung des Halbleitermaterials beeinflussen. Die Dichte der Oberflächenatome verhält sich bei für Bipolarstrukturen verwendeten <111>-Kristallen gegenüber solchen in <110>- oder <100>- Richtung wie $\frac{1}{\sqrt{3}} : \frac{1}{\sqrt{4}} : \frac{1}{\sqrt{8}}$, was eine entsprechende Verringerung von Si-Bindungen und damit SiO_2-Strukturen beim Übergang zu

Silizium-Bauelemente mit isoliertem Gate   499

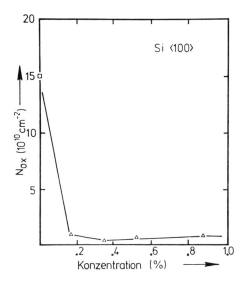

Bild 12.8: Veränderung der festen Oxidladungen in Abhängigkeit des Anteils von Chlorverbindungen in der Oxidationsatmosphäre (nach H. Frenzel 1980)

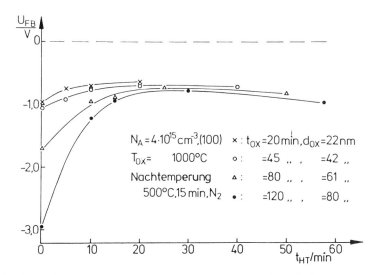

Bild 12.9: Einfluß der Hochtemperatur-Temperzeit auf die Flachbandspannung; p-Material mit Al-Kontakt auf Oxid, Parameter Oxiddicke (nach U. Niggebrügge 1981)

z. B. <100>-Material bedingt. Entsprechend sinkt die Zustandsdichte der Grenzflächen- und Isolatorzustände ab, was eine geringere Flachbandspannung bedeutet.

Besitzen technische Elemente Werte $|U_{th}| < 3V$, spricht man von niedriger Schwellspannung (low threshold), ist $|U_{th}| > 3V$, spricht man von hoher Schwellspannung (high threshold).

Eine weitere, technisch genutzte Möglichkeit der Schwellspannungsveränderung besteht in der Verwendung dotierten Poly-Siliziums als Gate-Material. Da φ_{MS} in den Wert von U_{th} voll eingeht, ergeben sich extreme Unterschiede für stark n- bzw. p-dotiertes Gate-Material. Verwendet man z. B. hochdotiertes p-Material, so erhält man gegenüber dem n-Substrat eine Diffusionsspannung von $V_{GK} \approx -0,8V$. Damit wird wegen $\varphi_{MS} = -V_{GK}$ die Schwellspannung U_{th} merklich in Richtung auf positive Werte hin verschoben, was einen Stromeinsatz bei dem Betrag nach geringeren Steuerspannungen U_{GS} bedeutet. Bei genügend kleiner Isolatorladung $Q_{\Box I}$ können sogar positive Werte $U_{th} > 0$ auftreten. In gleicher Weise lassen sich die Schwellspannungen von n-Kanal-MOSFETs verändern, wenn man dort als Gate-Material nSilizium verwendet.

Die Herstellung entsprechend dotierten Poly-Siliziums als Gate-Elektrode ist im ersten Teil, Abschnitt 5.6, beschrieben.

12.1.3 p-Kanal Feldeffekttransistor

Der p-Kanal FET, insbesondere vom Anreicherunstyp, ist die technologisch am einfachsten zu realisierende FET-Struktur. Aus den Ausführungen in Teil I, Kapitel 2, folgt, daß unterhalb eines thermisch gewachsenen Oxids die Oberfläche des Siliziums eine n-Leitung zeigt. Dies ist bedingt durch die im Oxid inkorporierten positiven Ladungen, die im Substrat in Oberflächennähe eine entsprechend große negative Ladung verlangen.

Bringt man somit benachbart zwei p^+-Bereiche ein, wie es Bild 12.1 bzw. 12.6 andeutet, und belegt das stehengebliebene Oxid mit einer Metallelektrode, liegt der Urtyp eines selbstsperrenden p-Kanal-FETs vor. Der Stromfluß von Löchern längs der Oberfläche ist unterbrochen, und das n-Substrat erlaubt ebenfalls keinen merklichen Löcherstrom. Bei hinreichender negativer Spannung der Gate-Elektrode gegenüber der Source-Elektrode wird im Kanalbereich durch Influenz das Substratmaterial oberflächennah invertiert, und ein Stromzufluß von Löchern von Source zu Drain wird möglich, siehe Bild 12.6.a, d,e.

Die Herstellung von p-Kanal-Elementen sei nachstehend anhand eines Laborprozesses geschildert.

Ausgangsmaterial sind 0,7 Ωcm-Siliziumscheiben, {100}n-leitend. Sie werden zunächst nach folgendem Schema gereinigt:

Zum Entfernen von organischen Fetten wird 10 min bei 80°C 20 ml H_2O_2 (konz.) + 80 ml H_2SO_4 (80 %) im Ultraschallbad behandelt. Eine solche Ultraschall-Reinigung gehört, mehrfach eingesetzt, als wesentlicher Reinigungsschritt zu praktisch allen Prozessen der Halbleitertechnologie.

Zwischen sämtlichen nachfolgenden Säurebädern wird 10 min in deionisiertem Wasser gespült. Die dünne Oxidhaut wird in T-Lösung abgeätzt. Dieser Schritt bedarf nur 10-30 s; anschließend wird gespült, siehe oben. Die restlichen organischen Verunreinigungen werden im Ultraschallbad, bei 80°C 10 min in einer Lösung von 1:1:5 H_2O_2:NH_4OH:H_2O (deionisiert) entfernt.

Als nächstes wird abermals Spülen in H_2O, Ätzen in Lösung und Spülen in H_2O durchgeführt. Schließlich werden die metallischen Verunreinigungen 10 min in 1:1:5 H_2O_2:HCl (rauchend):H_2O (dionisiert) gelöst und 10 min in Wasser abgespült.

Die mit Stickstoff trockengeblasenen Scheiben werden sofort danach in die Oxidationsöfen eingeführt und bei 1000°C einer 2-stündigen Feuchtoxidation unterzogen. Anschließend werden in das etwa 0,5 µm starke Oxid mit gepufferter Flußsäure die Fenster für Source und Drain geätzt. Das Ätzmittel (T-Lösung) besteht aus 250 cm^3 Reinstwasser, 150 g NH_4F und 70 cm^3 HF (48%); die Ätzrate bei Raumtemperatur beträgt etwa 0,11 µm/min. Die zugehörige Photolackmaske 1 zeigt Bild 12.10.

Durch diese Öffnungen wird bei 1050°C Bor diffundiert, Eindringtiefe 1,2 µm. Das Schliffbild im Bild 12.11 zeigt das Ergebnis. Die Rückseite der Scheibe ist entweder ebenfalls durch SiO_2 maskiert, oder aber es wird das dort eindiffundierte Bor durch Abätzen einer Schicht Substrat entfernt. Das Ätzmittel hierfür ist 216 cm^3 HNO_3 (65 %), 110 cm^3 HF (40 %), 444 cm^3 CH_3COOH, 230 cm^3 HNO_3 (rauchend); die Ätzrate beträgt 3 µm/min (zum Schutz der Scheibenvorderseite kann man z. B. bei 100°C Pizein auftragen, welches mit Trichlorethylen gut wieder abzulösen ist).

Durch einen zweiten Photolack-Prozeß unter Verwendung von Maske 2 (Bild 12.10) wird das Oxid über dem Element voll entfernt, um das Gate-Oxid aufwachsen zu können. Dies geschieht trocken bei < 0,1 ppm H_2O bei 1000°C. In 2,5 Stunden wächst 0,11 µm Gate-Oxid auf. Daraufhin wird für 1 h in trockenem N_2 bei 1000°C getempert, um das Oxid zu verdichten.

Ein weiterer Photolackschritt (Maske 3) und anschließendes Ätzen erzeugt die Kontaktfenster für Source und Drain, siehe Bild 12.10.

Es schließt ein Bedampfungsvorgang an, bei welchem Al ganzflächig aufgebracht wird.

Mittels Maske 4 (Bild 12.10) werden Elektrodenflächen für das Gate sowie für Source und Drain einschließlich der Anschlußflecken durch Photolack vor dem Ätzangriff der Al-Ätze geschützt, welche zur Strukturierung der Metallisierung benutzt wird. Zur Haftung des Al auf dem Oxid und Beseitigung noch vorhandener Traps wird einige Minuten bei 500°C in N_2 getempert.

502 Feldeffektransistoren

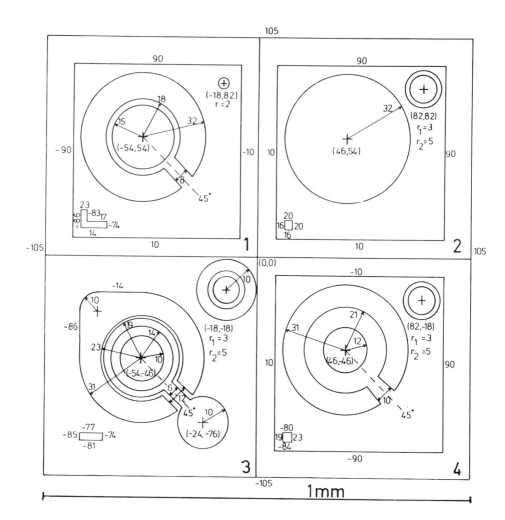

Bild 12.10: Maskensatz im Maßstab 100:1 (nach K. Gillessen 1968)

Nach Zerteilen der Scheibe werden die Chips schließlich bei etwa 400°C mittels einer Au-Sb-Folie auf dem Sockel aufgelötet, und die Kontaktdrähte (25 µm Durchmesser) werden gebondet.

Wie aus Bild 12.10 ersichtlich, werden im vorliegenden Fall die vier wesentlichen Herstell-Schritte mittels derselben Gesamt-Maske durchgeführt, das Vierer-Muster wurde insgesamt dem step-and-repeat-Prozeß unterworfen. Die Justierung ist damit präziser möglich als bei Verwendung jeweils einer gesonderten Maske pro Prozeß-Schritt, allerdings unter gewissem Verlust an Bauelement-Dichte auf dem Wafer.

Silizium-Bauelemente mit isoliertem Gate 503

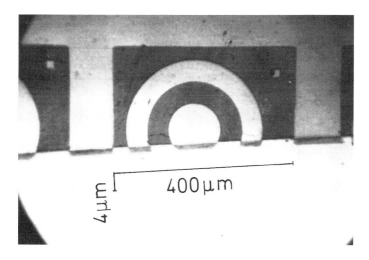

Bild 12.11: 5°-Anschliff der diffundierten Struktur (nach K. Gillessen 1968)

12.1.4 n-Kanal-Feldeffekttransistor

Der n-Kanal-Feldeffekttransistor vom MOS-Typ verlangt besondere Maßnahmen wegen der n-Anreicherung an der Oberfläche des Substrats. Üblicherweise verwendet man eine p-Implantation von z. B. Bor. Bei Kurzkanalelementen (Kanallänge < 3 µm) ist überdies im Kanalbereich eine tiefe Implantation erforderlich, um die weite Ausdehnung der drainseitigen Sperrschicht bzw. deren Verschmelzung mit der Sperrschicht des Source-Kontaktes (punch through) zu vermeiden. Bild 12.12 deutet dies an. Die übrigen Herstellschritte sind nachstehend anhand eines Labor-Prozesses beschrieben.

Als Ausgangsmaterial für die MOSFET-Herstellung werden polierte, versetzungsfreie Si-Scheiben mit <100>-Oberflächenorientierung und Bor-Grunddotierung zwischen $1 \cdot 10^{15}$ und $3{,}5 \cdot 10^{16} cm^{-3}$ verwendet. Durch thermische Oxidation wird zunächst eine 200 nm dicke SiO_2-Schicht aufgewachsen. Im ersten photolithographischen Schritt werden die Source- und Drain-Gebiete definiert und die Öffnungen im SiO_2 naßchemisch oder sputterreaktiv geätzt, Bild 12.13.

Die Dotierung von Source und Drain geschieht entweder durch Eindiffusion von Phosphor oder durch Implantation von Arsen. Mit dem Aufwachsen einer weiteren SiO_2-Schicht wird das Feldoxid um 500 nm verstärkt, wobei die n^+-Gebiete abgedeckt werden, siehe Bild 12.14. Hierfür wird ein "kalter" Prozeß benutzt, Aufsputtern oder pyrolytische Oxidation. Damit kann die Ausdiffusion von Source und Drain in Grenzen gehalten werden. Es folgt eine kurze

504 Feldeffektransistoren

Hochtemperaturbehandlung zur Verdichtung des Oxides, nach Implantation von Source und Drain gleichzeitig zur Aktivierung der Donatoren und Ausheilung von Strahlenschäden. Im zweiten Photolackschritt wird das Gate-Gebiet freigelegt, wiederum entweder durch naßchemische oder sputterreaktive Ätzung.

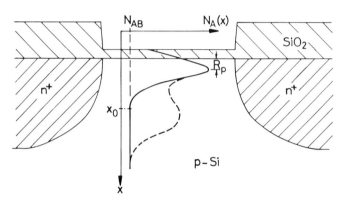

Bild 12.12: Dotierungsprofil im Kanalbereich; — flache Implantation, ----zusätzliche tiefe Implantation) (nach U. Niggebrügge 1981)

Bild 12.13: Maskierungsoxidation; Definition der Source- und Drain-Gebiete; Source- und Drain-Dotierung (nach U. Niggebrügge 1981)

Durch hochreine trockene Oxidation wird dann das Gate-Oxid (20 bis 80 nm stark) im Gate-Graben erzeugt. Die Implantation von Bor in das Kanalgebiet erfolgt durch die SiO_2-Schicht hindurch und wird außerhalb dieses Gebietes durch das dicke Feldoxid maskiert; ein Hochtemperaturschritt zur Aktivierung und Ausheilung, wie in Abschnitt 12.1.2 beschrieben, schließt sich an.

Mit dem dritten photolithographischen Prozeß werden die Kontaktfenster zu Source und Drain geöffnet. Da dieser Schritt hinsichtlich der Dimensionskontrolle relativ unkritisch ist, wird die Oxidschicht konventionell naßchemisch geätzt.

Anschließend wird das Photolackmuster für die Gate-Elektrode, für die Kontakte zu Source und Drain sowie für die Bondflächen erzeugt. Eine Aluminiumschicht oder eine Al-Si-Mehrschicht von ca. 500 nm Dicke wird aufgedampft und im Lift-Off-Verfahren strukturiert; diese Verfahrensschritte entsprechen den in Teil I beschriebenen. Der Herstellungsprozeß ist damit abgeschlossen; lediglich die Niedrigtemperatur-Temperung zur Beseitigung von Grenzflächenzuständen im Gate-Bereich und zur Einlegierung der Kontakte zur Source und Drain folgt noch.

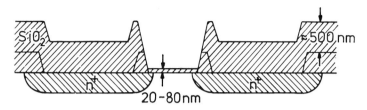

Bild 12.14: Feldoxid-Verstärkung; Ätzung des Gate-Grabens; Gate-Oxidation; gegebenenfalls Kanalimplantation (nach U. Niggebrügge 1981)

Die letztgenannten beiden Verfahrensschritte sind in den Bildern 12.15 und 12.16 dargestellt, wobei die tatsächliche Geometrie der Struktur durch die verwendeten Masken festgelegt ist. Einen Begriff davon geben die Zeichnungen in Bild 12.17. Bild 12.18 schließlich zeigt eine Rastermikroskop-Aufnahme des fertigen Bauelementes.

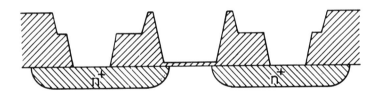

Bild 12.15: Öffnung der Kontaktfenster zu Source und Drain (nach U. Niggebrügge 1981)

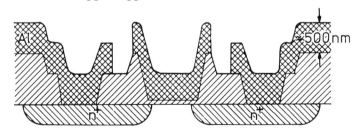

Bild 12.16: Aufdampfung und Strukturierung der Al-Schicht für Gate und Kontakte (nach U. Niggebrügge 1981)

506 Feldeffektransistoren

Bei kurzen Kanallängen muß die Tiefe x_j der Source- und Drain-Gebiete ebenfalls gering gehalten werden. Für eine übliche Trägerdichte im Kanalbereich von $2 \cdot 10^{12}$ Elektronen pro cm^2 zeigt Bild 12.19 den resultierenden Beweglichkeitsunterschied. Bild 12.20 zeigt den Einfluß der Grunddotierung. Die ionisierten Dotierungsrümpfe wirken als Streuzentren und verringern bei hoher Dichte die Beweglichkeit weiter, letztere ist von vornherein wegen der Oberflächeneffekte (Rauhigkeit, Fangstellen) um etwa den Faktor zwei geringer als im Volumen. Den Einfluß einer durchgeführten Kanalimplantation kann man aus Bild 12.21 entnehmen. Dort sind für verschiedene Kanallängen die homogene Kanaldotierung (links) mit einer Doppelimplantation bezüglich der Übertragungscharakteristik verglichen. Auch die um 1 V veränderte Schwellspannung ist hierbei deutlich zu erkennen.

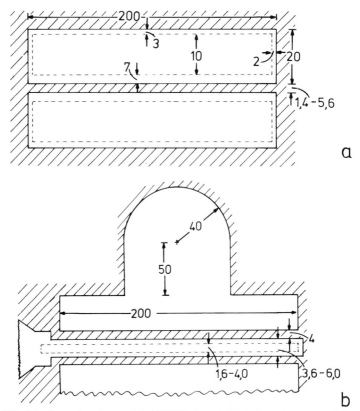

Bild 12.17: Masken für den n-MOSFET (nach U. Niggebrügge 1981); a) Abmessungen der Source/Drain-Gebiete (-) und der Kontaktfenster (--); Angaben in µm, b) Abmessungen des Gate-Grabens (--) und der Metallisierungsebene (-), Angaben in µm

Silizium-Bauelemente mit isoliertem Gate 507

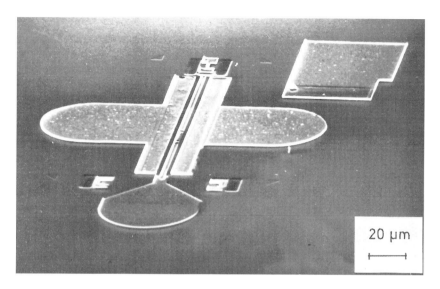

Bild 12.18: REM-Aufnahme des MOSFET-Bauelementes nach Abschluß der Herstellung (nach U. Niggebrügge 1981)

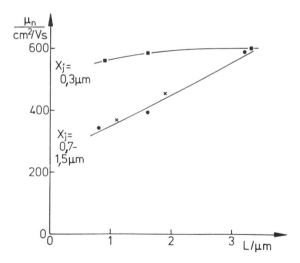

Bild 12.19: Abhängigkeit der Beweglichkeit von der Kanallänge für flache und tiefe Source- und Draingebiete ($N_A = 10^{15} cm^{-3}$) (nach U. Niggebrügge 1981)

508 Feldeffektransistoren

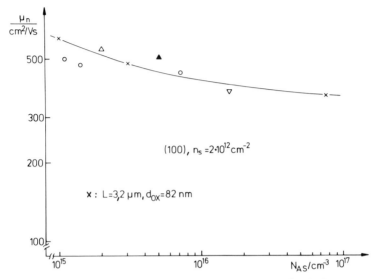

Bild 12.20: Dotierungsabhängigkeit der Kanalbeweglichkeit (nach U. Niggebrügge 1981)

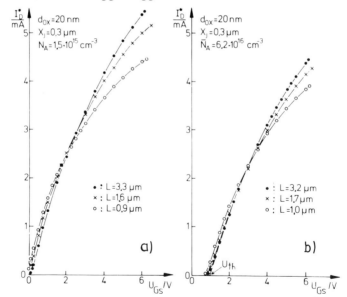

Bild 12.21: Einfluß von Kanallänge und -dotierung auf die Übertragungscharakteristik (nach U. Niggebrügge 1981); a) homogen niedrig dotiert, b) Kanalimplantationen; $E_1 = 30$ keV, $D_1 = 1\cdot 10^{12}$ cm^{-2}, $E_2 = 110$ keV, $D_2 = 4\cdot 10^{11}$ cm^{-2}

12.1.5 Weitere Bauformen

Bringt man längs des Kanals zwei Steuerstrecken an, erhält man ein Element mit zwei hintereinander liegenden Gates (dual gate FET). Eine solche Tetrode ist wegen der möglichen multiplikativen Beeinflussung des Drainstromes von technischem Interesse, wenn auch ihre Bedeutung nicht an Ein-Gate-Strukturen heranreicht. Die Technologie entspricht ansonsten völlig der der übrigen MOSFETs. Zu bemerken ist nur, daß gewisse Unterschiede vorliegen, je nachdem, ob zwischen den Gates noch eine Kontaktinsel vorliegt (I-Typ) oder nicht (0-Typ).

Der Übergang vom normalen MOS-Transistor zu solchen Tetroden ist schematisch in Bild 12.22 gezeigt. Dort sind weitere Bauformen aufgeführt, welche ebenfalls kurz erläutert werden sollen.

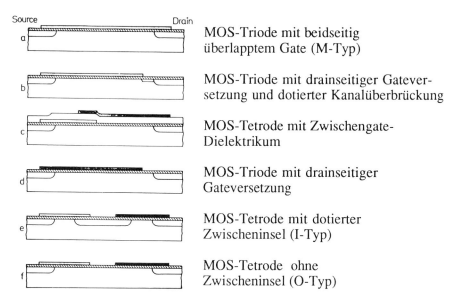

a MOS-Triode mit beidseitig überlapptem Gate (M-Typ)

b MOS-Triode mit drainseitiger Gateversetzung und dotierter Kanalüberbrückung

c MOS-Tetrode mit Zwischengate-Dielektrikum

d MOS-Triode mit drainseitiger Gateversetzung

e MOS-Tetrode mit dotierter Zwischeninsel (I-Typ)

f MOS-Tetrode ohne Zwischeninsel (O-Typ)

Bild 12.22: Verschiedene MOS-Strukturen (nach E. Hesse 1971)

Bild 12.22 a zeigt eine herkömmliche MOS-Triode mit beidseitig überlapptem Gate. Diese Überlappung ist aus Gründen der Fertigungstoleranz erforderlich (Justierung), elektrisch wegen der parasitären Kapazitäten jedoch ungünstig. Um die drainseitige Überlappung zwecks Verringerung der Rückwirkung zu vermeiden, kann man beispielsweise nach Bild 12.22b verfahren. Hier überbrückt man das nicht vom Gate bedeckte Kanalgebiet durch eine eindiffundierte schwach dotierte Zone. Da es jedoch nicht so einfach ist, eine gute, kontrollierbare und verhältnismäßig hochohmige dünne Diffusionsschicht herzustellen, ist die Ionenimplantation hier geeigneter. Sie besitzt auch den

510 Feldeffektransistoren

Vorzug, daß man mit ihrer Hilfe ein selbstjustierendes Gate erhält, d. h. man bringt erst das Gate-Metall auf, und anschließend benutzt man dieses als Maskierung für die Implantation. Es gibt dann praktisch keine Überlappung, wie sie von der herkömmlichen Justier- und Photolacktechnik her bekannt ist. Die kapazitive Rückwirkung (Miller-Effekt) ist dann reduziert, was dem Hf-Verhalten zugute kommt.

Eine andere Möglichkeit zur Verringerung der Rückwirkung stellt die MOS-Tetrode mit Zwischengate-Dielektrikum dar, Bild 12.22c. Hier ist das Steuer-Gate weit vom Drainkontakt abgesetzt. Die drainseitige Kanallücke wird durch eine das Steuer-Gate überlappende zweite Gate-Elektrode überbrückt. Das erfordert jedoch das Aufbringen eines Dielektrikums (SiO_2) sowohl auf die Halbleiteroberfläche als auch auf das Steuergate, entweder durch pyrolytische Abscheidung oder durch ein geeignetes Sputter-Verfahren. Mit dieser Anordnung wird zwar die Rückwirkung verringert, und man kann die drainseitige Durchbruchsspannung vergrößern (> 300 V), andererseits jedoch ist das Verfahren zum Aufbringen des Zwischen-Gate-Dielektrikums nicht nur aufwendig, sondern es bringt u. U. auch Instabilitäten vor allem bei n-Kanal-Strukturen mit sich. Ferner besitzt diese Anordnung den Nachteil, daß man an Gate 2 eine unverhältnismäßig hohe Versorgungsgleichspannung von der Größenordnung 250 V benötigt, um im Fall des selbstsperrenden Types dem zweiten Kanalabschnitt durch Influenz eine genügend große Leitfähigkeit zu verleihen.

Man kann aber auch eine MOS-Triode mit geringer drainseitiger Gateversetzung verwenden, die im Aufbau dem Fall b entspricht, jedoch keine zusätzliche Kanalüberbrückungsdotierung erhält. Handelt es sich um einen selbstleitenden Typ, so ist der Kanalübergang gewissermaßen von selbst gegeben. Beim selbstsperrenden Typ (p-Kanal z.B.) entsteht durch das in Sperrichtung gepolte Draingebiet eine Sperrschicht, und das damit verbundene Raumladungsfeld wirkt gleichzeitig als Driftfeld für die sich in Drainrichtung bewegenden Ladungsträger. Bild 12.22d gibt diese Bauform schematisch wieder.

Bild 12.22e zeigt die Tetrodenstruktur mit eindiffundierter Zwischeninsel (mit I-Struktur bezeichnet). Auch hier wird das Steuer-Gate vom Ausgangskreis am Drain elektrisch entkoppelt. Bild 12.22 zeigt schließlich eine offene Tetrodenstruktur (0-Struktur), d. h. ohne Zwischeninsel. Das elektrische Verhalten dieser Struktur wird wesentlich durch die Breite des Gate-Spaltes bestimmt. Obwohl hier der Innenwiderstand im Kanal größer ist als bei der vorherigen Lösung, stellt sich durch das an den Innenkanten der beiden Gate-Elektroden bildende Randfeld ein influenzierter Kanalübergang ein. Durch die fehlende leitende Verbindungsschicht liegt bei dieser Struktur eine noch stärkere Entkopplung zwischen Ausgang (Drain) und Eingang (Gate) vor.

Silizium-Bauelemente mit isoliertem Gate 511

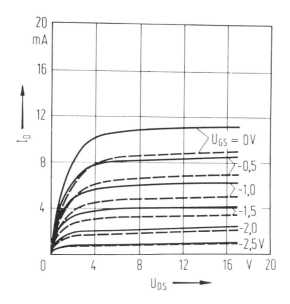

Bild 12.23: Temperaturabhängigkeit der Kennlinien beim IGFET (MOSFET BFR 29; $U_{th} = -2{,}17V$) — 30°C, --- 90°C (nach H. Beneking 1973)

12.1.6 Leistungstransistoren

MOSFETs lassen sich bei großer Kanalweite als Leistungsbauelemente konfigurieren. Im Gegensatz zu Bipolartransistoren liegen keine Stabilitätsprobleme bezüglich einer thermischen Selbstzerstörung vor, da der Drainstrom mit höherer Temperatur im wesentlichen abnimmt, siehe Bild 12.23. Dies ist durch den Beweglichkeitsabfall im Kanal bei höheren Temperaturen zu verstehen. Im Bild 12.24 ist dies für Elektronen und Löcher gezeigt, wobei die Absolutwerte noch von der Oxidladung abhängen.

Die in Bild 12.22c gezeigte Bauform ist die Grundstruktur des lateralen Leistungstransistors gemäß Bild 12.25. Das Dickoxid und der große Abstand Gate (G_1)-Rand der Drain-Diffusionszone erlaubt das Anlegen von Spannungen oberhalb 100 V; G_2 entsprechend Bild 12.22c wird nur statisch genutzt oder kann bei der DMOS-Struktur nach Bild 12.25 entfallen.

Bei diesem doppelt diffundierten FET ist der kurze Leitungskanal (hier 1 µm weit) durch eine p-Diffusion definiert, und der lange Abstand zum Drain-Kontakt im schwach (π) dotierten Grundmaterial erlaubt das Anlegen der hohen Spannung.

512 Feldeffektransistoren

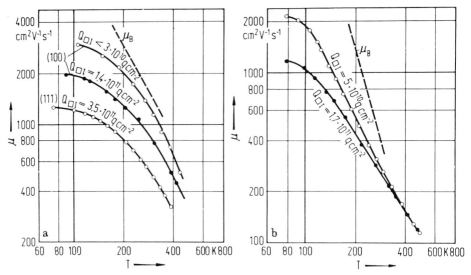

Bild 12.24: Temperaturabhängigkeit der Trägerbeweglichkeit bei MOSFETs; $U_{GS}-U_{th} = 0{,}5$ V, $U_{DS} = 0{,}1$ V, a) n-Kanal, 10 Ωcm Si;
b) p-Kanal, 10 Ωcm Si (μ_B Volumen-Beweglichkeit) (nach H. Friedrich u.a. 1970)

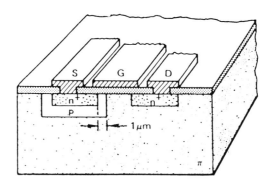

Bild 12.25: Planarer MOS-Leistungstransistor (DMOS) (nach I. Brodie u. a. 1982)

Es sind auch vertikale Anordnungen möglich wie der V-MOS-Transistor. Bei diesem werden durch chemisches Ätzen in <100>-orientierten Wafern V-förmige Gruben mit kristallographisch vorgegebenen Ätzwinkeln erzeugt, deren Kanten als Kanal wirken. Bild 12.26 zeigt eine solche Struktur schematisch. Die Parallelschaltung vieler solcher Anordnungen bildet dann das

Leistungselement. Hervorzuheben ist der geringe "Ein"-Widerstand, der mit solchen Bauelementen erzielbar ist. Die Herstellung ist insoweit unkompliziert, als die Schichtfolgen für Source und Kanalbereich mittels Diffusion in die Epi-Schicht eingebracht werden können und die Ätzung der Gruben bei korrekter Substrat-Orientierung identisch entlang kristallographischer Flächen erfolgt. Wie Bild 12.27 andeutet, muß die Ätzbegrenzungsmaske (SiO_2) mit ihren Kanten in <110>-Richtung verlaufen, also parallel zum Flat der <100>-Scheibe, um die viereckigen V-Gruben längs der {111}-Ebenen zu generieren (Ätzwinkel an der Oberfläche 57,4°).

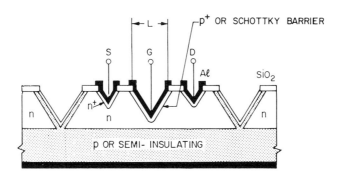

Bild 12.26: Vertikaler MOSFET (VMOS) (nach S. M. Sze 1981)

Eine modifizierte Version ist eine Struktur, bei welcher der Elektronenfluß zunächst längs der Oberfläche einer MOS-Struktur innerhalb einer vom Gate gesteuerten Inversionszone verläuft, um dann vertikal in das Substrat einzumünden (SIPMOS Siemens Power MOS). Bild 12.28 zeigt das Schema einer solchen vollimplantierten Zelle, welche ähnlich den Bipolar-Overlay-Strukturen durch Parallelschaltung vieler Elemente zu einem Leistungselement matrixförmig verbunden wird. Spannungen bis zu 1 kV und Ströme von mehreren Ampere sind auf diese Weise mit niedrigsten "Ein"-Widerständen zu schalten. Bild 12.29 deutet den Stromfluß an, wobei sich der vertikale Strompfad nach hohen Drain-Spannungen zu stark einschnürt. Bei fehlender Gate-Spannung ist die Inversion längs der p^+-Oberfläche aufgehoben, und der Transistor ist gesperrt.

Speziell für hohe Frequenzen geeignete Strukturen sind in Abschnitt 12.5 dargestellt, und zwar für Si und GaAs.

MOSFETs entsprechende Leistungstransistoren, insbesondere für Frequenzen im GHz-Bereich, lassen sich auch mit III-V Materialien konzipieren, siehe Abschnitt 12.4.

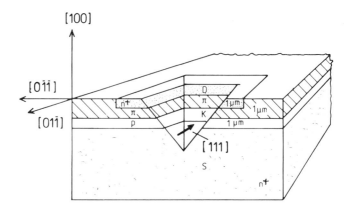

Bild 12.27: Geometrie des VMOS-FETs (ohne SiO$_2$ und Gate, Schichtfolge gemäß Bild 12.26 mit Substrat als Source).(nach I. Brodie u. a. 1982). Als anisotrop einwirkendes Ätzmittel dient KOH (44 g in 100 ml H$_2$O, ϑ = 85°C, 1,4 µm/min, Ätzverhältnis <100>:<111> wie 400:1)

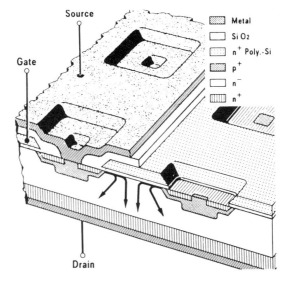

Bild 12.28: SIPMOS-FET, schematisch (nach J. Tihanyi 1980)

Silizium-Bauelemente mit isoliertem Gate 515

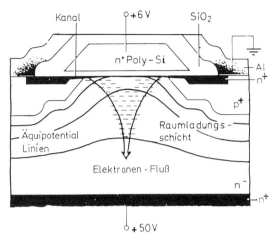

Bild 12.29: Stromfluß im SIPMOS-Transistor (Sättigungsgebiet)
(nach J. Tihanyi 1980)

12.1.7 Komplementäre Transistoren CMOS

Die direkte Kopplung eines n-Kanal-Typs mit einem p-Kanal-Typ erlaubt den Aufbau einfachster und leistungsarmer Inverterzellen. Bild 12.30 zeigt das Prinzip. Beide FETs einer solchen Stufe wechseln beim Umschalten ihre Funktion. Hierbei entsteht ein größtmöglicher logischer Hub, und die Verlust-

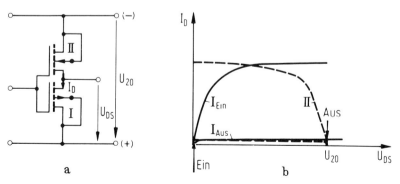

Bild 12.30: Komplementäre Symmetrie (nach H. Beneking 1973);
a) Schaltung, b) Kennlinienfeld

516 Feldeffektransistoren

leistung in den Endzuständen ist außerordentlich gering. Auf die schaltungstechnischen Gegebenheiten kann hier nicht eingegangen werden, jedoch sei die Technologie beispielhaft erläutert.

Ausgangsmaterial sind <100>-n-dotierte Siliziumscheiben, die nach der Reinigung oxidiert werden. Der erste Photoprozeß und das nachfolgende Ätzen des Oxids dienen zum Öffnen der Fenster für die p-Wanne (p-well), Bild 12.31a. Nach einer Reinigung wird eine sehr dünne Oxidschicht erzeugt, die bei der anschließenden Ionenimplantation (die Belegung für die p-Wanne) als Auffangschicht für die Ionen dient und eine Zerstörung der Kristalloberfläche verhindert, Bild 12.31b. Nach der Diffusion wird eine dicke Oxidschicht erzeugt (Isolationsoxid), und ein weiterer Photoprozeß und Oxidätzen dienen zur Öffnung der Fenster für Source und Drain des p-Kanal-MOS-Transistors sowie für den Kanalstopper am pn-Übergang der p-Wanne, Bild 12.31c. Nach der Reinigung wird eine Bor-Belegung und Diffusion mit anschließender Oxidation durchgeführt (Bild 12.31d), wodurch die hochdotierten p-Inseln entstehen. Ein weiterer Photoprozeß und Oxidätzen dienen zur Öffnung der Fenster für Source und Drain des n-Kanal-MOS- Transistors, Bild 12.31e. Nach der Reinigung wird eine Phosphor-Belegung mit anschließender Diffusion durchgeführt (Bild 12.31f), und es findet ein weiterer Photoprozeß mit Oxidätzung statt, Bild 12.31g. Nach der Reinigung wird das Gate-Oxid hergestellt, Bild 12.31 h. Anschließend wird durch Ionenimplantation die Schwellenspannung der p- und n-Kanal-Transistoren bestimmt, und es wird eine Siliziumnitridschicht auf den Scheiben abgeschieden, Bild 12.31i. Ein weiterer Photoprozeß und Ätzen des Siliziumnitrids sowie Ätzen des Oxids dienen zur Öffnung der Fenster für die elektrischen Kontakte, Bild 12.31j, und es wird nach einer Spezialreinigung eine Aluminiumschicht aufgedampft, Bild 12.31k. Diese wird anschließend zur Leiterbahn-Konfigurierung mittels eines abschließenden Photolackprozesses strukturiert, womit die Herstellung der Schaltung dann abgeschlossen ist.

Schließlich entstehen durch einen weiteren Photoprozeß und Aluminiumätzen die Kontaktflächen und die Verbindungsbahnen, Bild 12.31l, und es folgen die Abscheidung einer Schutzschicht aus z. B. CVD-SiO_2 und der letzte Photoprozeß zur Freilegung der Kontaktflächen.

Silizium-Bauelemente mit isoliertem Gate 517

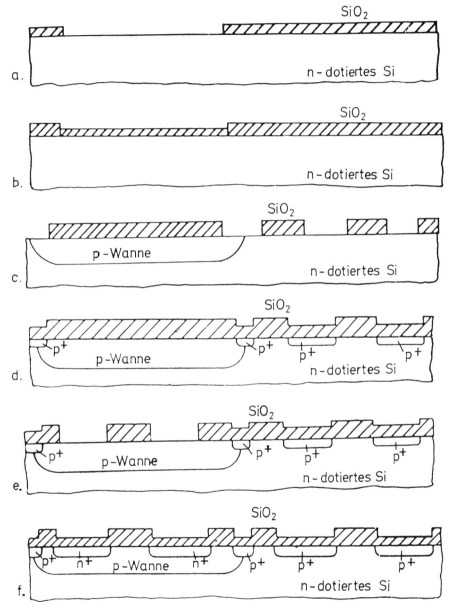

Bild 12.31(a): Arbeitsschritte a bis f beim CMOS-Prozeß
(nach Unterlagen der Firma Eurosil GmbH, Eching)

518 Feldeffektransistoren

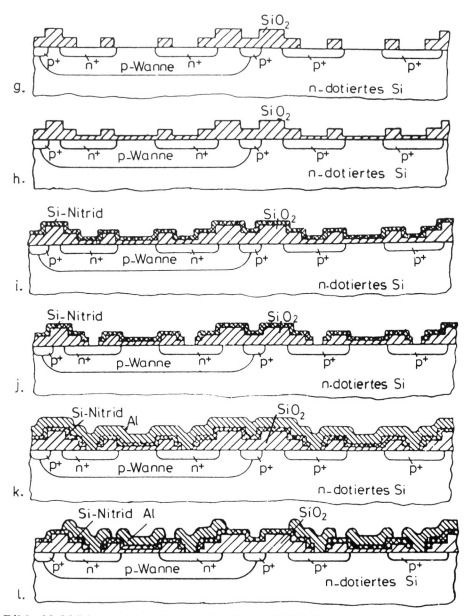

Bild 12.31(b): Arbeitsschritte g bis l beim CMOS-Prozeß (nach Unterlagen der Firma Eurosil GmbH, Eching)

Silizium-Bauelemente mit isoliertem Gate 519

12.1.8 Nichtflüchtige Speicher

Eine besondere Klasse von Feldeffekttransistoren mit isoliertem Gate stellen Anordnungen dar, bei welchen eine Ladungsspeicherung im Gate-Bereich zu einer langzeitlich verbleibenden Schwellspannungsverschiebung ΔU_{th} führt. Mit einer solchen Zusatzladung ist dann der Leitungskanal im FET z. B. geöffnet und ohne Zusatzladung gesperrt. Auf diese Weise läßt sich pro FET ein logisches Bit speichern, und zwar programmierbar bei zerstörungsfreiem Auslesen und über lange Zeiten von u. U. mehreren Jahren.

Eine entsprechende Anordnung besitzt ein extrem dünnes Gate-Oxid von nur einigen Nanometern Dicke, welches bei Anliegen einer hinreichenden Gate-Spannung $|U_{GS}| > 20$ V durchtunnelt werden kann. Die aus dem Halbleiter einströmenden Ladungen werden dann an der Grenze zu einer weiteren Isolatorschicht, vorzugsweise aus Si_3N_4, gespeichert, womit die Struktur mit MNOS (Metal-Nitride-Oxide-Semicondcutor) bezeichnet wird, siehe Bild 12.32a. Eine andere Speichermöglichkeit besteht in der Verwendung eines zwischenliegenden, zweiten Gates, welches isoliert eingebettet ist (Floating Gate, siehe Bild 12.32b). Dieses wird üblicherweise aus Polysilizium hergestellt. Auch kann ferroelektrisches Material als Dielektrikum zur Polarisierung statischer 0- und 1-Zustände verwendet werden.

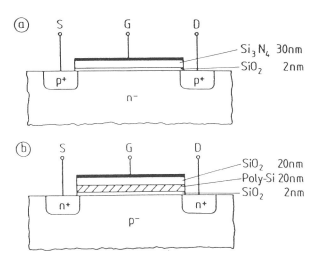

Bild 12.32: Konfigurationen nichtflüchtiger Halbleiter- Speicherzellen (nach Unterlagen der Firma Valvo GmbH Hamburg); a) MNOS-Struktur, Ladungsspeicherung vornehmlich an der Grenzfläche SiO_2-Si_3N_4, b) Floating-Gate-Struktur, Ladungsspeicherung auf dem isolierten, innenliegenden Gate-Streifen

520 Feldeffektransistoren

Das zugehörende "logische Fenster" ist der Bereich im U_{th}-U_{GS}-Diagramm, welcher das Umschaltverhalten und indirekt auch die Stabilität beim Auslesen charakterisiert; Schaltzyklen von mehr als 10^5 sind möglich. Bild 12.33 zeigt ein solches Diagramm für eine spezielle Anordnung (mit Al_2O_3 als zweite Isolatorschicht vor der Gate-Elektrode, MAOS) bezüglich der modifizierten Flachbandspannung U_{FB}, welche kongruent zu U_{th} verschoben wird.

Bezüglich der Langzeitstabilität der Informations-Erhaltung scheint die Anordnung mit isoliertem Zwischen-Gate günstiger als die Zweifach-Isolator-Struktur zu sein.

Auf weitere Anordnungen, wie z. B. optisch löschbare Speicherzellen, kann hier nicht weiter eingegangen werden; es sei dazu auf die Literatur verwiesen.

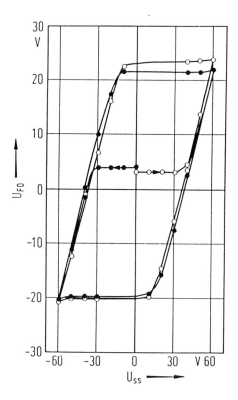

Bild 12.33: Hysterese der Flachbandspannung einer MAOS-Diode nach Anlegen von 1 s-Steuer-Impulsen U_{GS} (Al-Gate, 130 nm Al_2O_3, 1,3 nm SiO_2, 1-100 Ωcm-p-Si) (nach P. Balk u. a. 1971)

12.2 Feldeffekttransistoren mit pn-Steuerstrecke

MESFETs und JFETs bilden die Klasse der NIGFETs, siehe Bild 12.2. Die Unterklasse der JFETs mit pn-Steuerstrecke sind die bei Silizium üblichen Anordnungen, wiewohl auch dort MESFETs hergestellt werden können, siehe Abschnitt 12.3.1. Da nicht wie beim MISFET durch Influenz Ladungsdichte-Änderungen die Steuerung bewirken, sondern die räumliche Querschnittsänderung des Leitungskanals an der Substratoberfläche durch die steuerspannungsabhängige Weite des pn-Übergangs, darf der Leitungskanal selbst nicht zu dick bzw. tief sein; bei der zulässigen maximalen Steuer-(Sperr)-Spannung darf die Diode nicht elektrisch durchbrechen. Damit bestehen alle NIGFET entweder aus kontradotierten Zonen auf leitendem Substrat oder aus weniger als 1 µm dünnen Schichten, welche als leitfähiger Kanal auf hochohmiges Substrat aufgewachsen bzw. darin implantiert sind.

Bei Silizium, dem üblichen Grundmaterial, wird zur Steuerung in der Regel eine diffundierte Diode benutzt bei ebenfalls eindiffundierten Kontaktstreifen. Bild 12.34 zeigt eine solche Struktur schematisch.

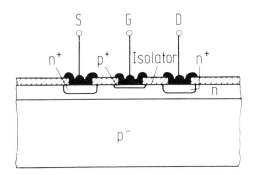

Bild 12.34: Aufbau eines planaren NIGFET, hier eines n-Kanal JFETs vom Verarmungstyp (nach H. Beneking 1973)

Zum Substrat hin ist der Leitungskanal hier wiederum durch eine pn-Verbindung begrenzt, so daß eine substratseitige Steuerung stets möglich ist. Selbst ohne gewollte Einwirkung können Beeinflussungen vom Substrat her auftreten.

Der übliche Fall ist beim JFET die selbstleitende Anordnung, wie sie Bild 12.34 entspricht. Wünscht man einen selbstsperrenden JFET herzustellen, muß die Diffusionsspannung der pn-Verbindung des Gates bereits hinreichen, um die Sperrschicht den Kanal voll durchdringen zu lassen und so den Stromfluß zu unterbinden. Eine Steuerung erfolgt dann durch Öffnen des Kanals bei Anlegen einer Spannung in Flußrichtung der Diode, was die Sperrschicht-

522 Feldeffektransistoren

Ausdehnung verringert. Der Steuerspannungshub ist damit auf unterhalb 1 V begrenzt, weil sonst der Dioden-Flußstrom stören würde. Da die exakte Einstellung der pn-Grenze technologisch sehr schwierig ist, sind Anreicherungstypen weniger aktuell. Auch die Herstellung der pn-Verbindung mittels Ionenimplantation bietet keine höhere Genauigkeit.

Bild 12.35 zeigt die zugehörige Ladungsverteilung. Bei realen Bauelementen stoßen im Gegensatz zur Darstellung die p$^+$-Gate-n$^+$-Source Gebiete nicht direkt aneinander, sie sind einige μm voneinander getrennt, siehe Bild 12.34. Dies erlaubt höher anlegbare Sperrspannungen an das Gate, jedoch tritt im Kanalzwischenbereich ein unerwünschter ohmscher Widerstand auf, der die effektive Steilheit dI_D/dU_{GS} verringert.

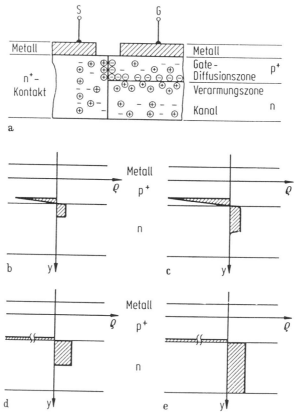

Bild 12.35: Ladungsverteilung eines JFETs quer zum Kanal, Kontaktpotential vernachlässigt (nach H. Beneking 1973); a) schematisch, ⊕ ⊖ feste Ladungen, + - bewegliche Ladungen, b) ohne Gate-Spannung, c) Verarmungsbetrieb, d) vereinfachte Verteilung bei Verarmungsbetrieb, e) vereinfachte Verteilung bei Kanalabschnürung (pinch off)

Feldeffekttransistoren mit pn-Steuerstrecke 523

12.2.1 Silizium-JFET

Die Bilder 12.34 und 12.35 beziehen sich bereits auf die Konfiguration eines Feldeffekttransistors mit pn-Steuerstrecke aus Silizium. Im Fall des GaAs würde kein p-Substrat Verwendung finden, sondern hochohmiges, semiisolierendes Grundmaterial (siehe Abschnitte 12.2.2 und 12.3.2).

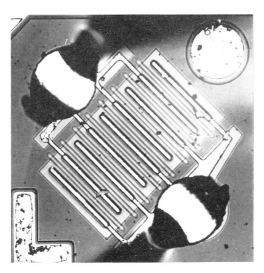

Bild 12.36: Aufsicht auf einen Si-JFET (Typ Valvo BFW 10) (nach Unterlagen der Firma Valvo, Hamburg)

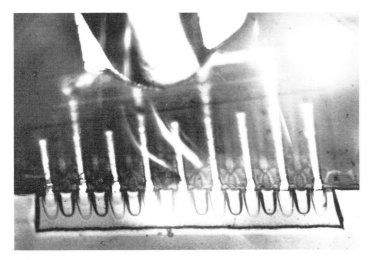

Bild 12.37: Schliffbild des Transistors von Bild 12.36 (nach Unterlagen der Firma Valvo, Hamburg)

524 Feldeffektransistoren

Üblich ist die planare Bauform, wobei die Strukturierung mittels sukzessiver Diffusionsschritte erfolgt. Die substratseitige Steuerung kann auch miteinbezogen werden, womit der Kanal simultan von beiden Seiten her moduliert wird; die gegenüber einer konventionellen planaren Struktur erhöhten Kapazitäten beschränken allerdings den Frequenzbereich solcher Bauelemente.

Bild 12.36 zeigt die Aufsicht auf einen entsprechend aufgebauten kommerziellen Transistor. Die Mehrfingeranordnung ist eine übliche Auslegung solcher Bauelemente. Aus Bild 12.37 kann man die beidseitige Kanalsteuerung entnehmen. Jeder zweite Finger kontaktiert eine obere Gate-Diffusionszone, während der durchgehende Kanal-Substrat-Übergang die unterseitige Steuerung bewirkt. Der gemeinsame elektrische Anschluß ist in Bild 12.36 zu erkennen. Die zwischen den Gate-Fingern liegenden Anschlüsse stellen alternierend Drain und Source dar; deren Kontaktierung mittels der kammförmigen metallischen Leiterbahnen ist ebenfalls Bild 12.36 zu entnehmen.

Die Temperaturabhängigkeit der Transistor-Eigenschaften ist der von MOSFETs ähnlich. Neben der Beweglichkeitsänderung der Träger im Kanal ist hier die Diffusionsspannungs-Änderung der Steuer-pn-Verbindung zu berücksichtigen. Bild 12.38 zeigt entsprechende Kennlinien eines kommerziellen Bauelementes.

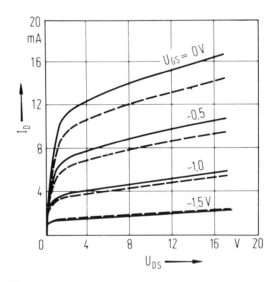

Bild 12.38: Temperaturabhängigkeit der Kennlinien beim NIGFET
(JFET BF 245 B; V_p = 3,7 V) — 30°C --- 90°C
(nach H. Beneking 1973)

12.2.2 Galliumarsenid-JFET

Bei III-V-Verbindungen wird weitgehend von der Implantationstechnik Gebrauch gemacht. Langzeitdiffusionen müssen bei hohen Temperaturen durchgeführt werden und führen zu Kristallstörungen an der Oberfläche (siehe Teil I Kapitel 4 Dotierungsverfahren). Man geht deswegen zur Herstellung von JFETs aus III-V-Verbindungen so vor, daß man zunächst einen Leitungskanal erzeugt und anschließend, durch Photolackstrukturen begrenzt, durch Kontradotierung den Gate-Bereich mittels Ionenimplantation erzeugt. Das Ausheilen bzw. die Aktivierung geschehen dann z. B. unter Verwendung einer Si_3N_4-Deckschicht. Hierbei ist günstig eine Schnell-Ausheilung einzusetzen (RTA rapid thermal annealing, flash annealing, siehe Teil I, Abschnitt 4.3.2).

Die Herstellung des Kanalbereichs, welcher in gleicher Form beim MESFET erforderlich ist, geschieht auf zweierlei Weise. Entweder wird auf semiisolierendem Substrat eine Epitaxieschicht abgeschieden, oder es wird mittels Ionenimplantation ein solcher Kanal direkt im hochohmigen Substrat erzeugt. Da Schichten mit einer Dicke um 0,2 µm erforderlich sind, wird zumeist ein CVD-Verfahren eingesetzt (z. B. Effer-Prozeß, Teil I, Kapitel 3 Epitaxieverfahren). Dickenschwankungen gehen direkt in die Größe des Sättigungs-Drainstromes ein und müssen so gering wie möglich gehalten werden, z. B. durch Rotieren des Substrats während der Schichtabscheidung oder Verwendung einer Niederdruck-Epitaxie.

Die Dotierung der aktiven Schicht liegt bei einigen $10^{17} cm^{-3}$, was sowohl gute Leitfähigkeit im Kanal als auch Steuerfähigkeit zu realisieren gestattet; bei Kurzkanal-Elementen nimmt man eine höhere Kanal-Dotierung, auch läßt sich bei höherer Dotierung, z. B. $8 \cdot 10^{17} cm^{-3}$, eine größere Steilheit erreichen.

Wählt man die Ionenimplantation als Mittel zur Kanalerzeugung, gehen die Eigenschaften des verwendeten Substrates noch stärker in die Bauelementeeigenschaften ein als beim epitaxialen Wachstum. Bei Cr-dotierten Substraten ist ein möglichst geringer Chromgehalt zu fordern ($< 10^{17} cm^{-3}$), weil Cr leicht diffundiert und sich an der Substratoberfläche anreichert. Günstiger sind nominell undotierte Substrate, welche im Schutzschmelze-Verfahren gewonnen werden (siehe Teil I, Abschnitt 1.8). In jedem Fall ist die Grenzschicht Substrat-Kanal kritisch, da beim Betrieb des Transistors in Richtung Drain dort hohe elektrische Feldstärken auftreten. Diese führen zu Instabilitäten, wie z. B. Mikroplasmen. Beim epitaxialen Wachstum der Kanalzone verwendet man deswegen ein Zwei-Schicht-System. Man scheidet zunächst eine etwa 2 µm dicke undotierte Schicht ab (Buffer layer, Pufferschicht), um darauf in hinreichendem Abstand vom eigentlichen Substrat die aktive Schicht folgen zu lassen. Hierbei ist es auch einfacher, den Übergang semiisolierende Unterlage - Kanalbereich abrupt zu gestalten; ein möglichst scharfer Übergang ist für eine gute Funktion des Bauelementes erforderlich. Der Verlauf der Steilheit

dI_D/dU_{GS} sowie das Abschnürverhalten werden hierdurch wesentlich mitbestimmt (siehe auch Abschnitt 12.3.2).

12.3 Feldeffekttransistoren mit Schottky-Dioden-Steuerstrecke

Bei NIGFETs wird die Steuerung durch die Modulation des Kanal-Querschnittes bewirkt. Hier kann anstelle eines pn-Überganges auch eine Schottky-Diode herangezogen werden, weil deren Sperrschichtausdehnung in ähnlicher Weise wie bei der pn-Diode von der anliegenden Spannung abhängig ist. Technologisch ist das Aufbringen allein eines Metalls bzw. einer Metall-Mehrschichtfolge einfacher als ein zusätzlicher Diffusionsschritt oder der Einsatz der Ionenimplantation zur Konfigurierung des Gate-Bereichs.

MESFETs werden als Höchstfrequenzbauelemente für den GHz-Bereich konzipiert. Die verwendeten kurzen Kanäle solcher FETs im Bereich einiger µm (oder sogar von Bruchteilen davon) führen dazu, daß die Träger die Sättigungsgeschwindigkeit v_{max} erreichen. Die erzielbaren Grenzfrequenzen sind damit der Kanallänge W bzw. der Gate-Länge umgekehrt proportional, da die Kanal-Laufzeit die frequenzbestimmende Kenngröße des Inneren Transistors darstellt. Wie aus Teil I, Kapitel 2 ersichtlich, ist v_{max} für Elektronen größer als für Löcher, weswegen entsprechende Bauelemente nur mit n-Leitung konzipiert werden. Die schließliche Sättigungsgeschwindigkeit ist zwar für alle technisch relevanten Materialien etwa gleich ($\approx 10^7$ cm/s), jedoch ist v_{max} bei GaAs um etwa den Faktor 2 höher als bei Silizium. Insoweit sind MESFETs aus Silizium nur deswegen interessant, als die etablierte Siliziumtechnologie hohe Ausbeute bei preiswerter Fertigung verspricht; die geometrischen Abmessungen für eine gleiche Frequenzgrenze wie bei GaAs oder gar $Ga_{0,47}In_{0,53}As$ müßten allerdings erheblich kleiner sein als bei den III-V-Verbindungen. Bild 12.39 zeigt nochmals die Elektronengeschwindigkeit bei verschiedenen Materialien nach Teil I, Kapitel 2, während in Bild 14.35 diesbezüglich Auswertungen in Hinblick auf f_t zu finden sind.

Eine spezielle Klasse von MESFETs sind MODFETs (modulation doped FET; HEMT, high electron mobility transistor; TEGFET, two dimensional electron gas FET), bei welchen die Streuung durch Dotieratome (Ionenstreuung) im aktiven FET-Kanal reduziert ist. Dies gelingt dadurch, daß dem nominell undotierten Kanalbereich dotierte Schichten höheren Bandabstandes direkt benachbart sind. Infolge der im Kanalbereich niedrigeren potentiellen Energie sammeln sich deren Ladungsträger dort an und führen ohne Dotierung des Kanalbereichs zu einer hinreichenden Trägerkonzentration. Man erzielt dann bei gleicher Geometrie höhere Grenzfrequenzen, geringeres Rauschen und wesentlich höhere Steilheiten. Die Herstellung solcher MODFETs erfordert die Realisierung abrupter Hetero-Übergänge, womit diese Strukturen praktisch auf III-V-Materialien beschränkt sind, wenn man nicht an das System

Si/SiGe oder GaP/Si denkt. Auf solche und verwandte Bauelemente wird in Abschnitt 12.3.3 eingegangen.

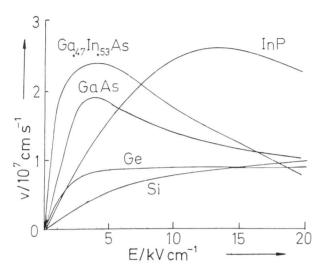

Bild 12.39: Elektronengeschwindigkeitsverläufe verschiedener Halbleiter ($n \approx 10^{16}$cm^{-3}, 300 K)

12.3.1 Silizium-MESFET

Chronologisch gesehen sind Silizium-MESFETs die ersten hergestellten MESFETs; von ihrer Bedeutung her stehen sie jedoch weit hinter den GaAs-MESFETs zurück. Dies ist nicht nur aus dem zuvor genannten Grund der Fall, sondern auch deswegen, weil bei Si kein semiisolierendes Substrat wie bei GaAs (bzw. mit InP bei Ga$_{0,47}$In$_{0,53}$As) zur Verfügung steht. Dennoch lassen sich auf hochohmigen Substraten ($\gtrsim 3000$ Ωcm) entsprechende Bauelemente konfigurieren. Der Herstellgang einer Struktur muß jedoch eine Isolation des Kanalbereichs vom verbleibenden Substrat einschließen, um parasitäre Ströme zu vermeiden. Bei Kurzkanalelementen (W < 3 µm) sind solche Effekte besonders kritisch, weil ein parasitärer Bipolartransistor mit Source als Emitter, Substrat als Basis und Drain als Kollektor vorliegt, und die Güte des hochohmigen Substratmaterials dort speziell bei Silizium eine große Diffusionslänge der Minoritätsträger bedingt. Diese Separierung des eigentlichen Bauelementes gelingt mittels Implantation, weswegen sich die Herstellung der Gesamtstruktur durch Implantation anbietet. Bild 12.40 zeigt den Unterschied im Sättigungsverhalten deutlich.

528 Feldeffektransistoren

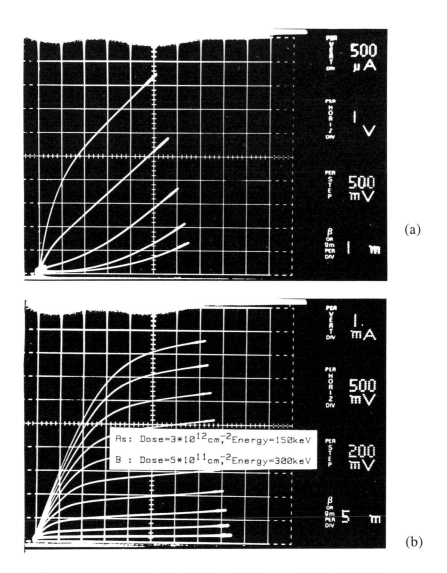

Bild 12.40: Si-MESFET Charakteristiken (a) ohne und (b) mit Hilfsimplantation (nach G. Fernholz 1984)

Wenn auch diese Schwierigkeit bei Kurzkanal-Elementen (W < 2 μm) der bei MOSFETs entspricht, ist die Langzeit-Stabilität wesentlich günstiger als bei jenen. Die im Kurzkanal, insbesondere bei Submikron-Gatelängen, auftretenden "heißen" Ladungsträger besitzen eine hohe Energie, die es ihnen erlaubt, in das Gate-Oxid einzudringen. Dort lagern sie sich an Fangstellen an, womit die Ladungsbilanz verändert wird. Als Folge tritt ein Schwellspannungsdrift auf,

Feldeffektransistoren mit Schottky-Dioden-Steuerstrecke 529

was beim MESFET durch das Fehlen einer isolierenden Zwischenschicht vermieden ist (siehe auch Kapitel 14).

Verfahrensschritte zur Herstellung von Si-MESFETs sind nachstehend angegeben, siehe auch die zugehörige Darstellung in Bild 12.41.

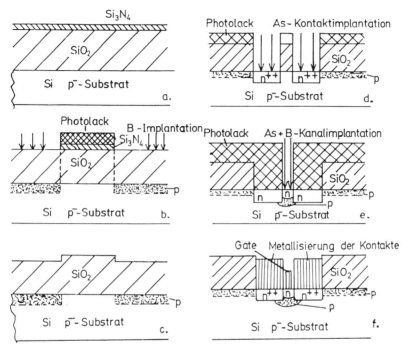

Bild 12.41: Schematische Herstellschritte eines Si-MESFETs (nach G. Fernholz 1984)

Zunächst wird eine Oberflächenpassivierung der Siliziumscheibe durch thermische Oxidation vorgenommen. Dann wird eine dünne Siliziumnitrid-Schicht (Si_3N_4) durch CVD oder Aufsputtern aufgebracht. Es folgt eine photolithographische Mesa-Strukturierung unter Einsatz einer Kontaktkopie. Damit wird als nächstes das Si_3N_4 im CF_4-Plasma geätzt, wobei die Ätzrate vom eingestellten CF_4-Druck ≈ 50Pa und von der Leistung, die ebenfalls einstellbar ist, abhängt. Diese Mesastruktur dient als Maskierung des Bauelement-Bereiches. Der restliche Feldbereich wird mit Bor implantiert. Dieser Bereich wirkt dann als "Channel stopper", um die bei schwach dotiertem p-Substrat auftretende Oberflächeninversion am Bauelemente-Rand zu verhindern (siehe Kapitel 9).

Nach einem kurzen Anätzen der SiO_2-Schicht wird die Si_3N_4-Schicht völlig entfernt, woraufhin als nächstes die Fenster für Implantation der ohmschen Kontakte mittels Photolithographie geöffnet werden (das SiO_2 wird dort weggeätzt). Die Implantation dieser Bereiche erfolgt mit einer Dosis von $1 \cdot 10^{16}$cm^{-2} und Energie von 60 - 100 keV.

Der Kanal wird strukturiert und implantiert. Hier beträgt die Dosis $5 \cdot 10^{11}$cm^{-2} bis $1 \cdot 10^{12}$cm^{-2}, wobei die Energie, die für die Tiefe des Kanals bestimmend ist, in diesem speziellen Fall zwischen 100 und 340 keV liegt. Um Kurzkanaleffekte zu verhindern, kann eine zusätzliche Bor-Implantation unter dem Kanal zum Einsatz kommen.

Es folgt der Ausheilprozeß der Implantationen in einem Vakuumofen bei 900°C; das Vakuum soll die Kontamination der nun völlig freien Bauelementoberfläche verhindern.

Nach diesem Schritt kann eine grobe Prozeßkontrolle erfolgen, indem die Kanal-Daten an einem Spitzenmeßplatz aufgenommen werden.

In den nächsten Schritten wird Photolithographie zur Herstellung der Metallisierung benutzt. Letztere werden aufgedampft, und es folgt der Abhebeprozeß zur Strukturierung. Für die Substrat-Kontaktierung wird Aluminium benutzt. Die ohmschen Kontakte bestehen aus einer 5 nm dünnen Chromhaftschicht und einer Au-Sb-Schicht, die bei 375°C einlegiert wird.

Am anspruchvollsten ist die Strukturierung des Gates, da die feine Struktur gut haftbar und möglichst niederohmig sein muß. Als für die Lift-Off-Technik günstig hat sich die Folge Pt-Ti-Al-Pt herausgestellt, wobei hier Ti als Haftschicht, Al als Metall mit geringem Widerstand und Pt als Oxidationsschutz Einsatz finden.

Zum Abschluß wird eine Metallisierungs-Verstärkung aus Ti-Pt-Au aufgebracht, welche die Widerstände zusätzlich herabsetzt und zum Bonden dient.

12.3.2 Galliumarsenid-MESFET

Galliumarsenid-MESFETs bzw. MODFETs sind die technisch bedeutungsvollsten Bauelemente im Bereich um und oberhalb 10GHz, sowohl als Eingangsstufen als auch für Impuls- und Leistungsanwendungen für einige Watt Hf-Leistung. Andere III-V-Halbleiter lassen grundsätzlich noch bessere Eigenschaften erzielen, wie für $Ga_{0,47}In_{0,53}As$ bereits gezeigt ist (z. B. bei MODFETs maximale Steilheit > 700 mS/mm gegenüber ≈ 500 mS/mm bei entsprechenden GaAs-Bauelementen).

Wie beim JFET aus GaAs dient semiisolierendes GaAs als Substrat; der Kanal ist entweder implantiert oder epitaxial aufgebracht. Außer der Pufferschicht wird u. U. eine GaAlAs-Schicht eingebracht, um Eigenschaften der Heterobarriere einzubeziehen. Dies betrifft an dieser Stelle die Vermeidung des Abdrängens der Kanal-Ladungsträger in das Substrat bei an sich abgeschnürtem Kanal (pinch off), was die elektrischen Eigenschaften verbessert (geringerer Leck-Strom mit verbessertem Durchbruchverhalten, höherer dynamischer Ausgangs-Widerstand). Ähnlich wirkt die kontradotierte, ver-

Feldeffekttransistoren mit Schottky-Dioden-Steuerstrecke 531

grabene Schicht unterhalb des Kanals bei Kurzkanal-MOSFETs oder Si-MESFETs, wie bereits beschrieben.

Bild 12.42 zeigt die verschiedenen MESFET-Bauformen schematisch, wo speziell die Mehrschichtstruktur Bild 12.42d hervorzuheben ist. Dort ist der Leitungskanal durch Zwischenschaltung eines schwächer dotierten Teils ins Innere verlegt (BFET buried channel FET). Hierdurch werden die Hf-Eigenschaften, vor allem aber die Linearität der Aussteuerung, wesentlich verbessert, wie Bild 12.43 im Vergleich zu einer konventionellen Struktur (nFET) gemäß Bild 12.42a zeigt. In Bild 12.44 ist ein zugeordneter Dotierungsverlauf gezeigt, wie er bei einer speziellen Prozeßführung bei der Gasphasenepitaxie (VPE) erhalten werden kann. Wie dem Bild zu entnehmen ist, sind noch günstigere Verläufe mittels der Molekularstrahlepitaxie (MBE) zu erzielen, wobei die Ionenimplantation wegen der relativ flachen Dotierprofile prinzipiell ungünstiger ist; auch MOVPE ist dafür zweckmäßig.

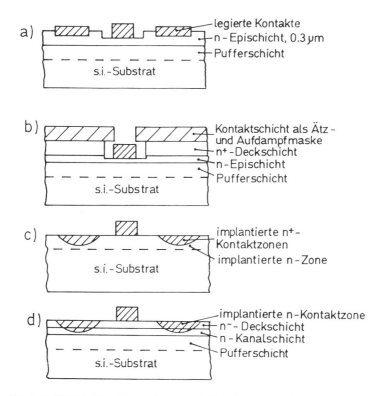

Bild 12.42: MESFET-Konfigurationen; a) Struktur mit abgesenktem Gate-Bereich (recessed gate), b) Selbstjustierte Struktur, c) Vollimplantierte Struktur, d) Struktur mit vergrabener Leitschicht

532 Feldeffektransistoren

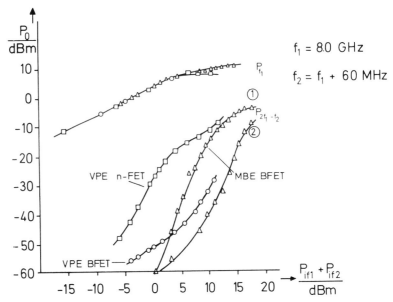

Bild 12.43: Ausgangsleistung der Grundwelle P_{f1} und des Intermodulationsproduktes 3. Ordnung (Kreuzmodulation) als Funktion der Eingangsleistung (nach J. Dekkers 1982); $P_{if1} + P_{if2} = 2P_{if1}$;
1) nFET U_{GS} = -1,1V, U_{DS} = 4V, I_D = 21 mA;
VPE-BFET U_{GS} = -2,9V, U_{DS} = 4 V, I_D = 21 mA;
MBE-BFET 1) U_{GS} = -8, 0V, U_{DS} = 4 V, I_D = 21 mA;
2) U_{GS} = -8,8V, U_{DS} = 8,5V, I_D = 16 mA

Bild 12.45 zeigt eine zur Schichtherstellung geeignete VPE-Anlage, mit welcher entsprechend Dotierprofile einschließlich einer undotierten Pufferschicht erhalten werden können. Wichtig ist hierbei die spülbare Kappe am Substrathalter, welche durch Abdecken und Nichtabdecken der Halbleiterscheibe den abrupten Dotierungswechsel bei der Epitaxie erst ermöglicht. Zu den Epitaxie-Verfahren siehe Teil I, Kapitel 3.

Dargestellt werden soll hier die Herstellung eines konventionellen GaAs-MESFET mit abgesenktem Gate-Bereich (Recessed Gate) gemäß Bild 12.42a. Diese Bauform ist bei Epitaxialtransistoren besonders günstig, weil der zwischen Source und Gate sowie Gate und Drain vorliegende Kanalteil wegen seiner größeren Breite niederohmiger ist als im Falle eines durchgehend dünnen Kanals. Bei vollständig implantierten Strukturen, wie sie z. B. für logische Anwendungen Verwendung finden, wird zumeist auf diese Absenkung verzichtet.

Die Herstellung der MESFETs selbst geschieht z. B. gemäß des in Bild 12.46 gezeigten Schemas. Ausgehend vom Substrat mit eingebrachtem Kanal wird der aktive Bauelementbereich durch eine Mesa-Ätzung separiert, bei ionenimplantiertem Kanalbereich kann dieser Schritt entfallen. Anschließend werden die ohmschen Kontakte für Source und Drain aufgebracht. Es folgt die Tieferlegung des eigentlichen Gate-Bereichs (recess), welche auch mit der gleichen Maske, wie zur Gate-Definition benutzt, vorgenommen werden kann. Bild 12.47 deutet dieses Verfahren an, welches die Beibehaltung des breiteren Stromkanals bis an den Rand des Gates erlaubt. Nach Aufbringen des Gates muß dann noch die Kontaktierung und ggf. der Einbau in eine Fassung vorgenommen werden. Zur Oberflächenpassivierung wird. z. B. Si_3N_4 oder CVD-SiO_2 benutzt; die hohen Feldstärken zwischen Gate und Drain könnten bei Betrieb in normaler Atmosphäre ohne eine solche zu Instabilitäten führen.

Während für digitale Anwendung pro FET nur ein relativ kurzer gate-Streifen (z. B. 50 µm) verwendet wird, müssen bei Leistungs-FETs Vielfinger-Anordnungen benutzt werden. Dies ist insbesondere zur Verringerung des sonst zu hohen gate-Bahnwiderstandes erforderlich. Die erzielbaren Leistungen liegen, je nach Material und Frequenzbereich, um 0,5 W pro mm Gate-Länge.

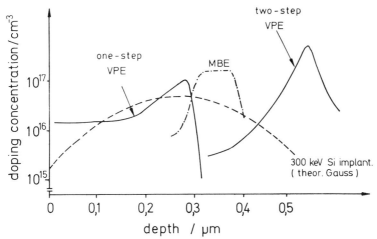

Bild 12.44: Dotierungsprofile bei verschiedenen Schicht-Herstellverfahren für BFETs (nach J. Dekkers 1982)

Die Auslegung solcher Bauelemente richtet sich bezüglich der Gate-Breite nach der erforderlichen Größe des Drain-Stromes. Bild 12.48 zeigt verschiedene Formen. Mehrfingeranordnungen sind bei großen Gate-Breiten (> 0,2 mm) notwendig, weil andernfalls der Gate-Zuleitungswiderstand, welcher mit der Gate-Kanal-Kapazität eine RC-Leitung bildet, zu groß wird. Kritisch ist die Kontaktierung innenliegender Source-Gebiete, was bei Leistungstransistoren und entsprechend bei MMICs zwingend ist. Es geschieht dies

534 Feldeffektransistoren

mittels Bonddrähten oder Aufdampfungen über Polyimidbrücken, welche anschließend wieder herausgelöst werden können (Luftbrücken, air bridges; siehe Bild 9.18). Auch vergrabene Überkreuzungen der Gate- und Source-Zuleitungen am Rand der aktiven Bereiche werden benutzt, ferner Durchkontaktierungen (via hole contact) durch das Substrat.

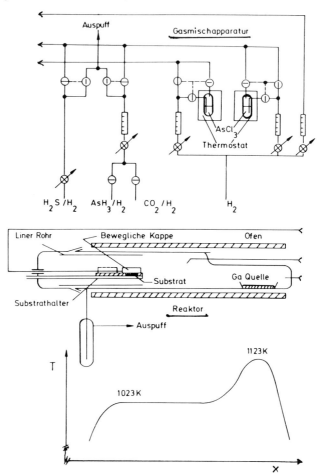

Bild 12.45: Schematische Darstellung der CVD-Epitaxie-Apparatur (nach J. Dekkers 1982)

Letztere erlauben einen induktivitätsarmen Anschluß zur Waferrückseite (Masse-Anschluß); man ätzt dazu z. B. lokal chemisch oder verwendet ein Laser-Ausschmelzen. Die Metallisierung solcher Durch-Verbindungen ist unkritisch. Das Metall (Au) zieht sich bei entsprechender Prozeßführung z. B. beim Chip-Anlöten durch Adhäsionskräfte hoch und stellt damit die Verbindung her, auch ist eine gesonderte Galvanisierung möglich.

Feldeffektransistoren mit Schottky-Dioden-Steuerstrecke

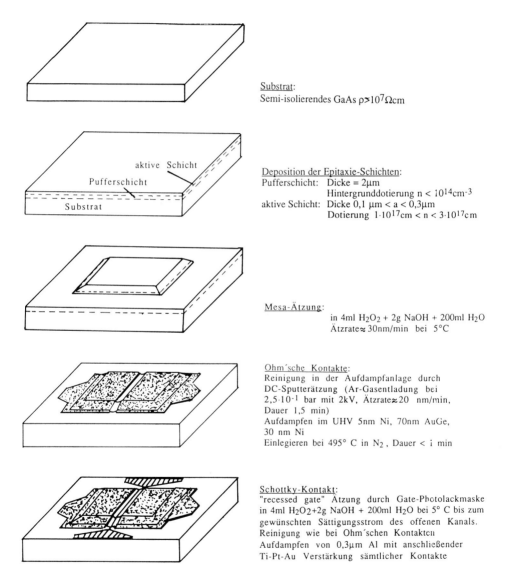

Substrat:
Semi-isolierendes GaAs $\rho > 10^7 \Omega cm$

Deposition der Epitaxie-Schichten:
Pufferschicht: Dicke = $2\mu m$
Hintergrunddotierung $n < 10^{14} cm^{-3}$
aktive Schicht: Dicke $0,1 \mu m < a < 0,3 \mu m$
Dotierung $1 \cdot 10^{17} cm < n < 3 \cdot 10^{17} cm$

Mesa-Ätzung:
in 4ml H_2O_2 + 2g NaOH + 200ml H_2O
Ätzrate $\approx$ 30nm/min bei 5°C

Ohm'sche Kontakte:
Reinigung in der Aufdampfanlage durch DC-Sputterätzung (Ar-Gasentladung bei $2,5 \cdot 10^{-1}$ bar mit 2kV, Ätzrate $\approx$ 20 nm/min, Dauer 1,5 min)
Aufdampfen im UHV 5nm Ni, 70nm AuGe, 30 nm Ni
Einlegieren bei 495° C in N_2, Dauer < 1 min

Schottky-Kontakt:
"recessed gate" Ätzung durch Gate-Photolackmaske in 4ml H_2O_2+2g NaOH + 200ml H_2O bei 5° C bis zum gewünschten Sättigungsstrom des offenen Kanals.
Reinigung wie bei Ohm'schen Kontakten
Aufdampfen von $0,3\mu m$ Al mit anschließender Ti-Pt-Au Verstärkung sämtlicher Kontakte

Bild 12.46: Herstellschema eines epitaxialen GaAs-MESFETs

536 Feldeffektransistoren

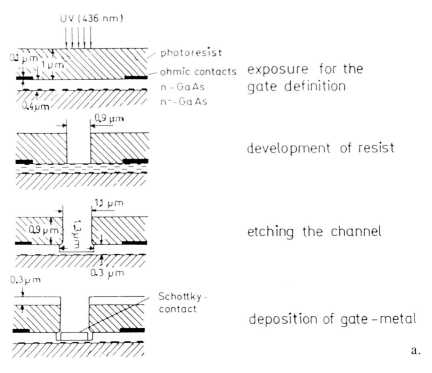

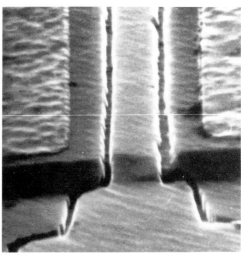

Bild 12.47: Recessed-gate-Struktur (nach D. Leers u. a. 1979); a. Herstellung des abgesenkten Gate-Bereiches, b. REM-Aufnahme

Feldeffektransistoren mit Schottky-Dioden-Steuerstrecke 537

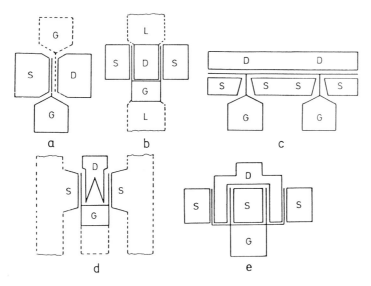

Bild 12.48: MESFET-Konfigurationen;
  a. einfachste Struktur (mit G_2 ist die Tetroden-Anordnung angedeutet),
  b. Zweifinger-Anordnung (mit L ist die Integration in eine Streifenleitung angedeutet),
  c. T-gate-Struktur,
  d. Koplanarstruktur-Anordnung,
  e Kammstruktur (Leitungselement)

12.3.3 Modulationsdotierte FETs

Bei diesen FETs handelt es sich um Strukturen, deren Leitungskanal aus einem induzierten zweidimensionalem Elektronengas besteht (2DEG). Bild 12.49 zeigt an einem Beispiel die erforderliche Schichtenfolge, welche technologisch verifiziert werden muß, um den zweidimensionalen Leitungskanal zu erhalten (Bild 12.50). Als Verfahren kommen LPCVD, MOCVD sowie MBE bzw. MOMBE in Frage, womit die erforderlichen abrupten Hetero-Übergänge zu erzielen sind und ferner eine geringe Rest-Verunreinigung $< 10^{15} cm^{-3}$ im eigentlichen Kanal-Bereich. Meist wird eine dünne undotierte Zwischenschicht (spacer layer) im wide gap-Material an der Grenze zum Kanal hin eingefügt, um die Coulomb-Streuung weiter zu reduzieren (größerer Abstand der Dotieratome vom aktiven Kanal); sie darf nicht zu dick sein (einige 10 nm), um eine hinreichende Trägerdichte ($> 10^{11} cm^{-2}$) des zweidimensionalen Elektronengases (2DEG) im Kanal sicherzustellen, siehe Bild 12.51.

538 Feldeffektransistoren

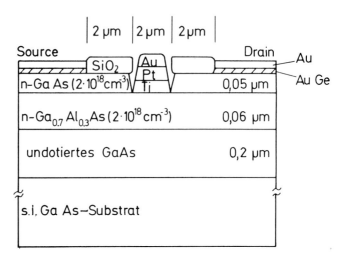

Bild 12.49: Schichtenfolge eines MODFETs (nach T. Mimura u. a. 1981)

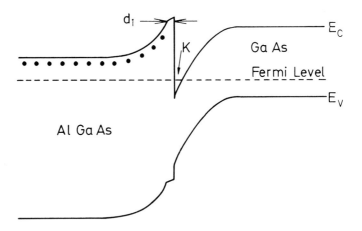

Bild 12.50: Band-Konfigurationen des MODFET (d_i undotierte Zwischenschicht, K Kanal-Bereich) (nach T. J. Drummond u. a. 1986)

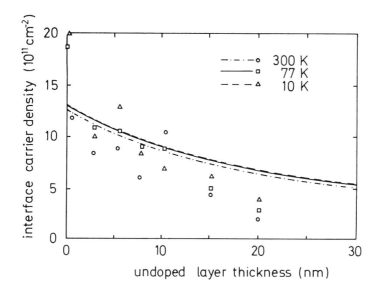

Bild 12.51: Flächendichte der Träger im Kanal eines $Ga_{0,67}Al_{0,33}As$/GaAs MODFET in Abhängigkeit von der undotierten Schichtdicke (0,15 µm GaAlAs, $N = 7 \cdot 10^{17} cm^{-3}$) (nach T. J. Drummond u. a. 1981)

Die die Ladungsträger spendende Schicht ist an sich günstiger unterhalb des Kanals anzuordnen, um die Steilheit zu erhöhen. Im Fall des $Ga_{1-x}Al_xAs$/GaAs Systems stehen dem allerdings, zumindest bei MBE, technologische Schwierigkeiten entgegen; der gewachsene GaAs-GaAlAs-Übergang ist perfekter als der GaAlAs-GaAs-Übergang. Der Al-Anteil sollte in jedem Fall $x = 0,3$ überschreiten, um eine hinreichend niedrige Leitfähigkeit im GaAlAs-Material, parallel zum eigentlichen Kanal, zu erreichen, siehe dazu Bild 12.52.

Da im Gegensatz zur Coulomb-Streuung die stets vorhandene Phonon-Streuung mit niedrigerer Temperatur abnimmt, tritt der Vorteil der MODFETs insbesondere bei tiefer Betriebstemperatur in Erscheinung, siehe Bild 12.53.

Beim Abkühlen dieser Bauelemente treten allerdings Schwierigkeiten durch Ausfrieren beweglicher Ladungsträger auf, speziell bei hohem Al-Gehalt im GaAlAs, so daß der MODFET u. U. nur bei Beleuchtung, was die eingefangenen Elektronen befreit, betrieben werden kann. Der Grund ist die Bildung von Fangstellen (Si-Al Komplex, DX-Zentrum) im GaAlAs. Man kann dies vermeiden, indem man statt GaAlAs-Vollmaterial ein Übergitter aus undotiertem AlAs/dotiertem GaAs benutzt; im InP/GaInAs System tritt diese Schwierigkeit nicht auf, auch nicht bei Se-Dotierung im ersteren System, was bei MOVPE

540 Feldeffektransistoren

möglich ist. Auch eine δ-Dotierung (extrem dünne höchstdotierte Zone) in nominell undotiertem wide-gap Material kann verwandt werden. Eine Vielzahl von Varianten ist möglich, hierzu sei auf das Schrifttum verwiesen.

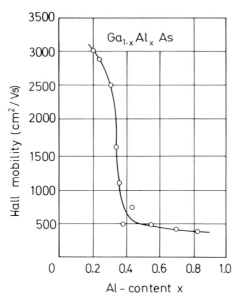

Bild 12.52: Hallbeweglichkeit in $Ga_{1-x}Al_xAs$ (300 K)

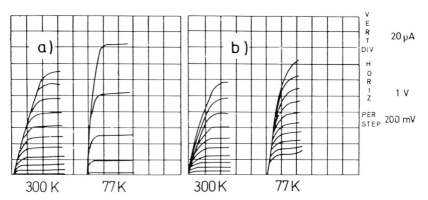

Bild 12.53: Temperaturverhalten von MODFET (a) und MESFET (b) (nach T. Mimura u. a. 1980)

Schwierig ist bei diesen Bauelementen, niederohmige Kontakte zum eigentlichen Kanalbereich zu erzielen; vor allem aber muß der kritische Hetero-Übergang abrupt genug sein (< 10 nm) um ein hinreichendes Potential-Minimum für die Elektronen zu erhalten, siehe Bild 12.54. Bei Optimierung der Verfahrensschritte lassen sich Bestwerte von Verstärkung, Bandbreite und Rauschen erreichen, was insbesondere die pseudomorphischen MODFETs auf der Basis von GaAs sowie die auf InP basierenden MODFETs mit GaInAs-Kanal zur Anwendung in Hf-Eingangsstufen (front end) prädestiniert.

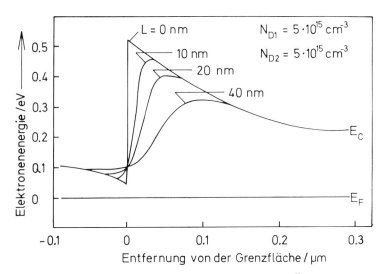

Bild 12.54: Bandkanten-Diskontinuität für verschiedene Übergangs-Längen ($Ga_{0,55}Al_{0,45}As/GaAs$) (nach S. C. Lee u. a. 1981)

12.3.4 Sonderformen

Hier nicht behandelt werden Kopplungen mehrerer FETs, z.B. als Kettenverstärker (distributed amplifier). Dessen technologischer Aufbau ist eine MMIC-artige Verbindung von Einzel-Elementen, eingebettet in eingangs- und ausgangsseitige LC-Leitungsstrukturen.

Ferner gibt es eine Vielzahl möglicher Schichtfolgen zur Herstellung von MODFETs und MISFETs auf der Basis von III-V Materialien, die hier nicht alle dargestellt werden können. AlInAs und GaAlAs sind relativ hochohmig herstellbar, so daß solche Schichten als Isolatorschicht im Sinne eines MOSFET eingesetzt werden. Dies erlaubt wie in der Silizium-Technik (Abschnitt 12.1.7), komplementäre Schaltungen zu realisieren. Bild 12.55 zeigt ein Beispiel, wo als Gate Materialien unterschiedlicher Kontaktspannung Verwendung finden; Bild 12.56 zeigt das Energieband-Diagramm für den n-Kanal-Typ.

542 Feldeffektransistoren

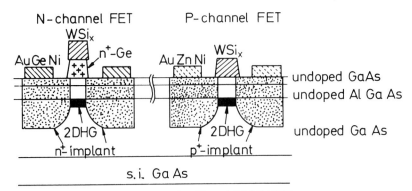

Bild 12.55: Komplementäre n- und p-Kanal MODFETs (nach K. Matsumoto u. a. 1986)

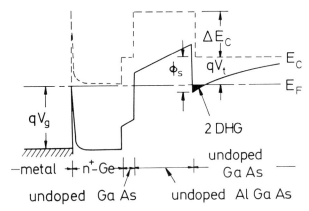

Bild 12.56: Leitungsband-Diagramm für n^+-Ge-gate MODFET (-- ohne und — mit Gate-Spannung) (nach K. Matsumoto u. a. 1986)

Auch werden Übergitter-Strukturen (superlattice) verwendet, siehe Kapitel 14.

Eine weitere bereits genannte Sonderform ist der "pseudomorphic" MODFET, wo eine verspannte Epitaxie-Schicht (strained layer) im Kanalbereich vorliegt, welche beidseitig scharf begrenzt ist (Dicke ≈ 0,01 μm). Inhaltiges GaAs z. B. erlaubt es, verbesserte Kanal-Eigenschaften und damit noch besseres Hf-Verhalten als ein normaler GaAs-MODFET zu erzielen. In Bild 12.57 ist der zugehörige Bandverlauf gezeigt. Die durch die Verspannung erzielte Änderung der Bandstruktur ermöglicht erhöhte Steilheit der übertragungskennlinie bei höherer Träger-Geschwindigkeit, wobei die beidseitige Einbettung des Kanalbereichs zusätzlich zu hoher Trägerdichte im Kanal beiträgt. Die gegenüber den unverspannten System GaAlAs-GaAs erhöhte

Feldeffektransistoren mit Schottky-Dioden-Steuerstrecke 543

Leitungsband-Diskontinuität GaAlAs-GaAs(In) bedingt hierbei prinzipiell bereits eine höhere Trägerdichte im Leitungskanal, was neben der Steilheit wegen des vergrößerten Innenwiderstandes auch die maximale Schwingfrequenz f_{max} erhöht. Für entsprechende Bauelemente werden Leistungs-Wirkungsgrade um 50 % bei 35 GHz erreicht (power added efficiency), und noch über 20 % bei 94 GHz.
Durch Bevorzugung der "leichten" Löcher im verspannten System ist der Verspannungs-Effekt auch bei p-Kanal-Typen besonders bedeutsam, deren Grenzfrequenz ansonsten deutlich unterhalb der von n-Kanal-FETs liegt.

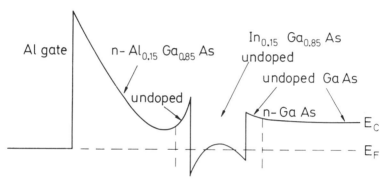

Bild 12.57: Leitungsband-Diagramm für einen pseudomorphischen MODFET, wo der Leitungskanal beidseitig eingeschlossen ist (nach T. Henderson u. a. 1986)

12.3.5 Tetroden

Wie in Abschnitt 12.1.5 bereits erwähnt, sind Tetroden als FETs mit zwei hintereinander im Kanal-Bereich angeordneten Gate-Streifen zu konzipieren. Bei MESFETs und verwandten Bauformen läßt sich der O-Typ sehr einfach realisieren, indem längs des Kanals lithographisch zwei statt eines Gate-Streifens definiert werden. Bild 12.58 zeigt eine entsprechende REM-Aufnahme.
Im Gegensatz zu den Si-Tetroden sind diese Bauelemente im oberen GHz-Bereich einsetzbar. In der digitalen Übertragungstechnik können sie zur Puls-Regeneration, als NOR-gate oder bei schnellen Multiplexern und Demultiplexern eingesetzt werden. Im Analog-Bereich liegt ihre Bedeutung als rückwirkungsarmes Verstärker-Element (praktisch kein Miller-Effekt, hoher Ausgangswiderstand) mit der Möglichkeit der Verstärkungs-Regelung über das zweite Gate und als Mischer (fremderregt oder selbsterregt).
Wird das zweite Gate ebenfalls Hf-mäßig beaufschlagt, sind dort wie bei jedem FET Parasitäten und ohmsche Widerstände zu minimieren. Bei nur nie-

544 Feldeffektransistoren

derfrequenter Beaufschlagung kann der zweite Gate-Streifen jedoch z. B. breiter als für ein hohes f_t nötig gewählt werden, was die Technologie erleichtert.

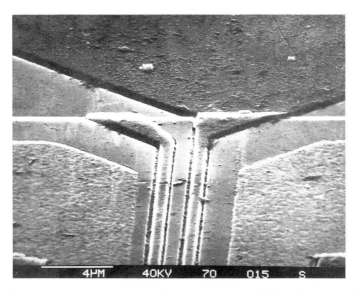

Bild 12.58: REM-Aufnahme eines GaAs-Dualgate-FETs mit zwei 0,7 µm breiten Gate-Streifen

12.4 III-V MISFETs

MOSFET entsprechende Transistoren sind aus GaAs nicht herstellbar, da eine Inversion der Oberfläche kaum möglich ist. Bei InP jedoch und auch bei $Ga_{0,47}In_{0,53}As$ gelingt dies, so daß aus diesen Materialien MOS-artige

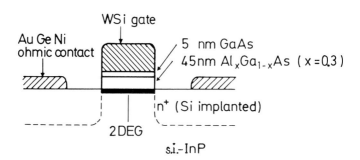

Bild 12.59: Aufbau eines InP-MISFETs vom Anreicherungstyp

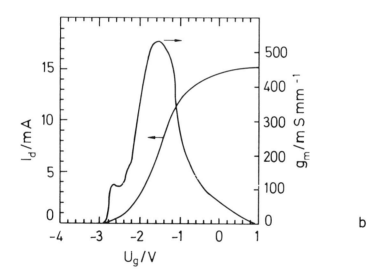

Bild 12.60: HIFET; a. MOCVD-gewachsene Schichtenfolge, b. Steilheits-Verhalten (nach M. Kamada u. a. 1987)

Bauelemente hergestellt werden können. Allerdings sind die erforderlichen Isolatorschichten im Zusammenwirken mit dem Substrat keinesfalls so ideal wie das System SiO_2-Si. Als Gate-Isolator werden SiO_2, Si_3N_4, Al_2O_3 und andere Substanzen verwendet, welche bei relativ niedrigen Temperaturen aufgebracht werden müssen (etwa 200°C bis 250°C), um die Substrate nicht zu degradieren. Auch ist es möglich, mehr oder weniger gitterangepaßt aufwachsbare Schichten einzusetzen, z. B. AlInAs auf GaInAs (HIFET, hetero interface

FET). Bild 12.59 zeigt einen InP-MISFET, wo GaAlAs als gate-Isolator Verwendung findet (HIGFET, Hetero-Isolated Gate-FET), während Bild 12.60 Schichtenfolge und Steilheits-Verhalten eines AlInAs/GaInAs HIFET zeigt. Die höhere Leitungsband-Diskontinuität in letzterem System erlaubt höhere Trägerdichten im Kanal bei sehr guter Beweglichkeit zu erreichen ($> 3 \cdot 10^{12} cm^{-2}$, $\mu \approx 10000 cm^2/Vs$) als der GaAlAs/GaAs Übergang. Dies kommt den Hf-Eigenschaften entgegen, $f_t > 80$ GHz sind für Gate-Längen um 0,5 µm erzielbar. Bestwerte liegen oberhalb 400 GHz bei Steilheiten von $g_m > 1$ S/mm (0.15 µm T-gate Struktur).

Des weiteren sind III-V MISFETs im GHz-Bereich als Hf-Leistungstransistoren günstig. Dies gilt insbesondere für FETs aus InP, da dieses Material eine relativ hohe Durchbruchsspannung aufweist.

Die Benutzung von z. B. pyrolytisch aufgebrachtem SiO_2 erlaubt die Herstellung relativ stabiler MISFETs z.B. auf GaInAs, wenn eine sorgfältige Temperung vorgenommen wird. Die erreichten Trap-Dichten sind zwar etwa zehnfach höher als im thermisch gewachsenen SiO_2-Si System, aber für Raumtemperatur-Betrieb ausreichend, siehe Bild 12.61. Es gelingt eine völlige Ausheilung der "schnellen" Zustände an der direkten Grenze $GaInAs/SiO_2$, jedoch verbleiben "langsame" Zustände, die die Stabilität begrenzen.

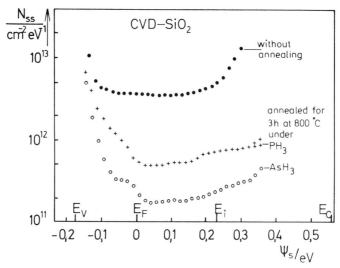

Bild 12.61: Temperverhalten von SiO_2 of GaInAs (nach J. Selders 1986)

12.5 Vertikale FETs

Ein vertikaler FET erlaubt zwanglos µm- und sub-µm-Kanallängen zu erreichen, da diese mittels Epitaxie eingestellt werden und nicht lithographisch zu definieren sind. Grenzfrequenzen oberhalb 100 GHz sind zu erwarten, und zwar sowohl bei Si als bei III-V Materialien. Insoweit sind entsprechende Bauelemente für den GHz-Bereich von Interesse, wenn auch die Herstellung der zugeordneten Gate-Schichten bzw. deren Überwachsen technologische Probleme aufwirft.

Das Prinzip wurde zuerst im "Analog-Transistor" verwirklicht (analog zu einer Vakuum-Verstärkerröhre), siehe Bild 12.62a. Eine Hf-mäßig günstigere Bauform stellt die Kamm-Struktur dar, Bild 12.62b, wenn auch dort Randschicht-Effekte längs der Stege kritisch einwirken. Bei Raumtemperatur werden durch chemisches oder trockenes Ätzen zwischen den vertikalen Strompfaden Gräben erzeugt, an deren Rändern die Gate-Metallisierung aufgebracht wird.

In Bild 12.63 sind Aufbau-Schema und REM-Bild eines solchen, mit LPVPE hergestellten Si-FETs dargestellt. Auch eine spezielle Schrägbedampfung wird vorgenommen, um die Seitenkanten der Gräben zu metallisieren; Bild 12.64 zeigt dies für einen vertikalen GaAs-FET. Solche Bauelemente lassen sich auch als Tetroden konzipieren, indem bei einer Mehrfinger-Anordnung die Gate-Streifen abwechselnd an zwei getrennte Anschlüsse geführt werden.

Die weitere Gruppe der vertikalen FETs sind die Transistoren mit durchlässiger Gitterstruktur (PBT, permeable base transistor), zu denen im Prinzip auch der eingangs genannte Analog-Transistor gehört. Bild 12.65 zeigt den Aufbau eines solchen PBT. Im vorliegenden Fall bestehen die Gate-Finger aus strukturiertem und in GaAs eingewachsenem 30 nm starken Wolfram-Film.

Zur Herstellung wird nach dem ersten Epitaxieschritt zunächst W aufgedampft und strukturiert, anschließend die Querverbindung der Finger hergestellt, dann die Epitaxie fortgesetzt. Hierbei wirken die Fingerzwischenräume als Keim, wie in Bild 12.66 schematisch dargestellt, so daß eine perfekte einkristalline Fortsetzung erfolgt (siehe auch Teil I, Kapitel 3). Für ein Element mit 150 Gate-Streifen und einer aktiven Fläche von 8 µm · 40 µm wurde f_{max} = 30 GHz erzielt. Die Kennlinien entsprechen einem FET, Bild 12.67.

Im Gegensatz zum PBT ist der Static Induction Transistor SIT als Leistungstransistor konzipiert; Bild 12.68 zeigt entsprechende Kennlinien. Wie Bild 12.69 zeigt, ist der grundsätzliche Aufbau jedoch ähnlich. Nur ist das Kanalmaterial wesentlich hochohmiger gewählt, und die Gate-Gitterstruktur besteht aus Silizium in einkristalliner Fortsetzung des Kanalmaterials. Zur Herstellung gemäß Bild 12.69a wird auf hochdotiertes Si eine hochreine Si-Epitaxieschicht von n=10^{12}cm^{-3} und 100 µm Dicke abgeschieden. Dann werden B (Oberflächenkonzentration 10^{20}cm^{-3}) und Sn bei 1000°C eindiffundiert, um die photolithographisch definierte Gate-Struktur aufzubauen; bei einer Fingerbreite von etwa 25 µm wird dabei ein Abstand von 40 µm gewählt. Anschließend wird die vorherige Epitaxie fortgesetzt, um eine 10 µm dicke Schicht zur Source-Elektrode hin aufzuwachsen.

548 Feldeffektransistoren

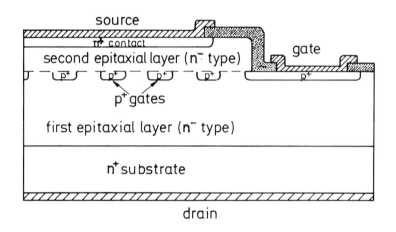

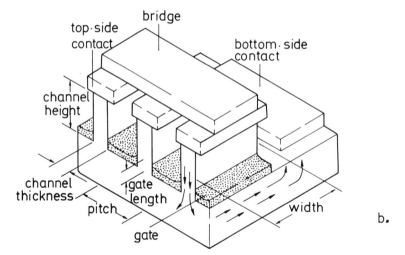

Bild 12.62: Prinzip vertikaler FETs;
a. Analog-Transistor, b. Kamm-Struktur

Vertikale FETs 549

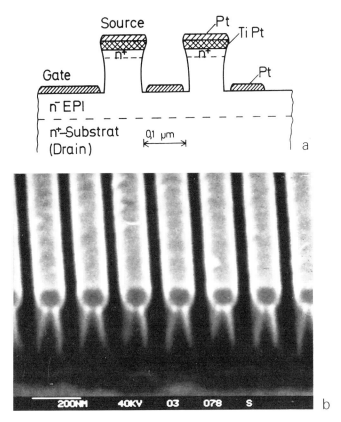

Bild 12.63: Ausführungsform eines vertikalen Si-FETs
(nach A. Gruhle u. a. 1987); a) Schema, b) Ansicht

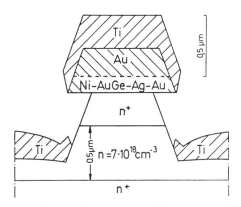

Bild 12.64: Vertikaler GaAs-FET (nach E. Kohn u. a. 1983)

550 Feldeffektransistoren

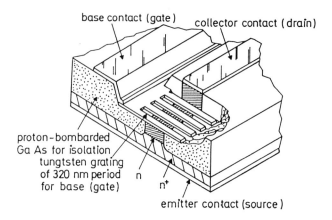

Bild 12.65: Permeable base transistor mit durchlässiger Gate-Struktur (PBT) (nach C. O. Bozler u. a. 1982)

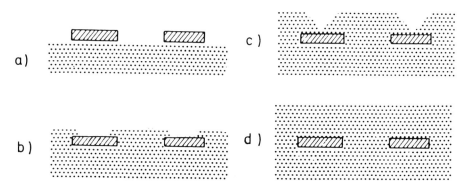

Bild 12.66: Epitaxiales Einwachsen der metallischen Gate-Streifen in <100> GaAs (mittels VPE) (nach C. O. Bozler u. a. 1982)

Steuerwirkung und Durchgriff der Drain-Spannung sind im Fall eines Leistungs-SIT aus Bild 12.70 ersichtlich. Der Transistor ist insoweit ein Analog-Transistor gemäß Bild 12.62. Die triodenartigen Kennlinien sind ein Charakteristikum der hohen inneren Rückwirkung und führen zu unerwünscht niedrigen Ausgangswiderständen. Gleiches gilt im Prinzip für alle Kurzkanal-FETs, siehe auch das Steuerungschema eines PBT im Bild 12.71. Abhilfe schafft ein verlängerter Driftraum vor dem Drain-Anschluß zur Ausnutzung von Sättigungseffekten.

Vertikale FETs 551

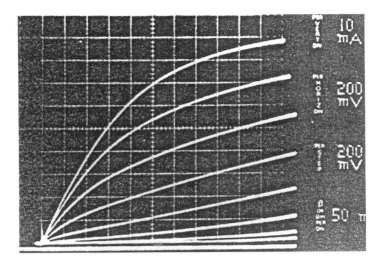

Bild 12.67: Ausgangskennlinienfeld eines GaAs-PBT ($V_{BEmax} = 0,6$ V) (nach C. O. Bozler 1982)

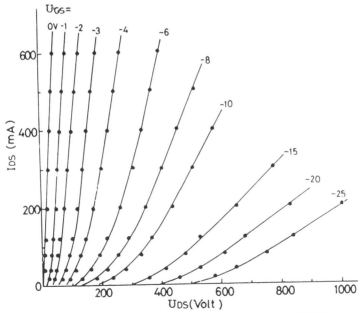

Bild 12.68: SIT-Kennlinienfeld (nach J. I. Nishizawa u. a. 1975)

552 Feldeffektransistoren

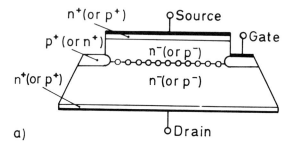

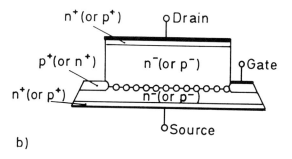

Bild 12.69: Aufbau des SIT (nach J. I. Nishizawa 1975);
a) Substrat als Drain, b) Substrat als Source

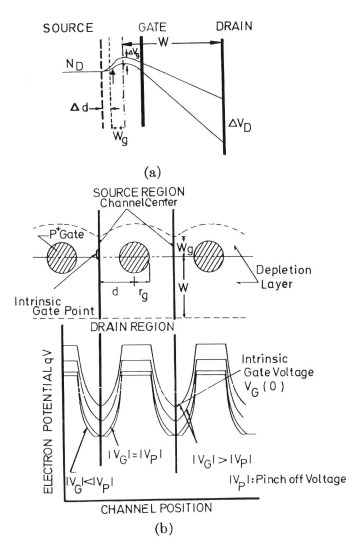

Bild 12.70: Potentialverteilung im SIT (nach J. I. Nishizawa u. a. 1975);
a) Längs-Verteilung, b) Quer-Verteilung

554 Feldeffektransistoren

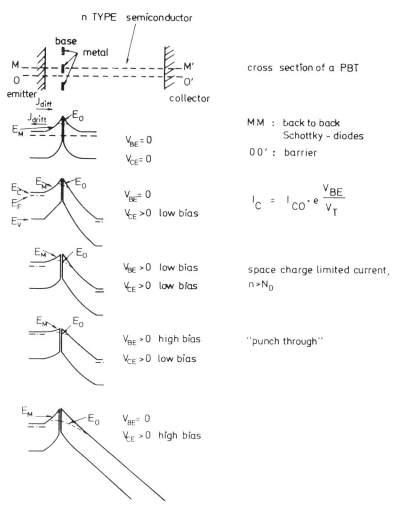

Bild 12.71: Potentialverteilung im PBT für unterschiedliche Steuerungsgebiete (nach C. O. Bozler u. a. 1982)

12.6 Selbstjustierung

Wie bei Bipolarstrukturen ist bei integrierten Schaltungen eine Selbstjustierung, hier speziell des Gate-Streifens bei MESFETs oder MODFETs relativ zu Source und Drain, wichtig. Neben der Ausbeute ist der dabei erzielbare geringe Abstand Gate-Source für die Verringerung des Source-Widerstandes von Bedeutung, um die innere Steilheit so weit wie möglich im äußeren Schaltkreis wirksam werden zu lassen und das Rauschen dieses Kanal-

Teils zu verringern. Bei vertikalen FETS mit offenliegenden Gates ist eine Selbstjustierung relativ einfach zu bewerkstelligen, da die Drain-Stege als Maske verwendet werden können. Anders bei lateralen Strukturen, wo zwei Möglichkeiten hier dargestellt seien. Das erste Verfahren verwendet zur Festlegung des Gate-Streifens relativ zu Source und Drain das seitliche Überwachsen einer Oxidschicht, wie es Bild 12.72 schematisch zeigt.

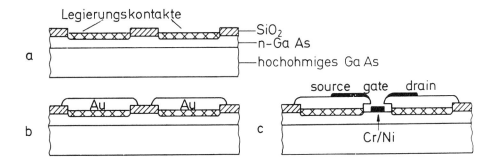

Bild 12.72: Herstellungsschritte eines MESFET unter Ausnutzung des Seitenwachstums bei der Galvanisierung (nach J. Naumann 1971)

Zur Herstellung sind die folgenden Schritte erforderlich:

a. Zunächst werden die Kontakte für Source und Drain auf die übliche Art hergestellt.

b. Diese Kontakte werden in einem Goldbad galvanisch verstärkt. Zunächst wird das Oxidfenster aufgefüllt, danach beginnt zusätzlich zum Dickenwachstum ein seitliches Wachstum, das durch die Badparameter beeinflußbar ist. Auf diese Art entsteht ein Überhang, und die Source- und Drainelektroden bilden eine Aufdampfmaske für die Gateelektrode.

c. Das Oxid wird weggeätzt und das Gatemetall aufgedampft. Die Übergänge verhindern einen Kurzzschluß zwischen den verschiedenen Elektroden.

Der kleinste Source-Drain-Abstand entspricht dem schmalsten herstellbaren Lackstreifen. Die Methode ist unabhängig von speziellen Metallen, Halbleitern und galvanischen Bädern. Sie wird entscheidend bestimmt durch die Reproduzierbarkeit und den Abscheidemechanismus bei der Galvanisierung.

556 Feldeffektransistoren

Das zweite Verfahren verwendet Sputter-Aufbringung der Metallisierung und Trockenätz-Schritte, wobei zusätzlich von der unterschiedlichen Ätz-Resistenz von Si_3N_4 und SiO_2 Gebrauch gemacht wird. In Bild 12.73 ist dieser durch eine tiefe p-Implantation verbesserte SAINT-Prozeß (self-aligned implantation for n^+layer technology) schematisch dargestellt, der erfolgreich zur Herstellung relativ komplexer GaAs-ICs eingesetzt wird, bei Gate-Längen von unterhalb 1 µm. In einer ersten Version fehlt die p-Dotierung unterhalb des Kanals; wie Bild 12.40 zeigt, ist jene jedoch, zumindest bei Kanallängen unterhalb 2 µm, unbedingt erforderlich. Die Herstell-Schritte sind die folgenden:

a. Zuerst werden im semiisolierendem Substrat (GaAs:Cr) die Si-Kanal- und Be-buried-layer-Implantation großflächig vorgenommen.

b. Dann wird mittels Plasma-CVD eine 0,15 µm dicke Si_3N_4 Schicht abgeschieden, worauf mit Elektronenstrahl-Belichtung und Mehrlagen-Resist durch reaktives Ionenätzen (RIE) T-förmige Resist-Stege strukturiert werden. Der Überhang von 150 nm definiert den Abstand der n^+-Kontakt-Implantation.

c. Unter Verwendung der Resist-Stege ergibt eine anschließende SiO_2-Deposition nach Lift-off die Gate-Definition.

d. Die Ti/Pt/Au Gates werden nach selektivem Si_3N_4- Ätzen aufgebracht, und die Kontakt-Metallisierung erfolgt schließlich mittels AuGe/Ni.

Die Ausheilung der Implantationen erfolgt gemeinsam (800°C, 20 min), die einzelnen Profile zeigt Bild 12.74.

Bezüglich weiterer Möglichkeiten einer Selbstjustierung muß auf die Literatur verwiesen werden, angepaßt an die jeweiligen Erfordernisse gibt es eine Vielzahl von praktikablen Verfahren.

1) n-implantation

2) p-implantation

3) PCVD-Si$_3$N$_4$ deposition

4) multilayer resist patterning

5) n+ implantation

6) SiO$_2$ deposition + lift-off

7) activation annealing

8) source + drain formation

9) gate formation

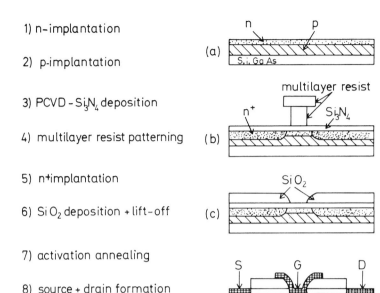

Bild 12.73: Herstell-Schritte beim SAINT-Prozeß
(nach T. Enoki u. a. 1986)

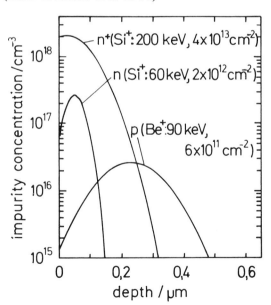

Bild 12.74: Implantationsprofile beim SAINT-Prozeß
(nach K. Yamasaki u. a. 1984)

558 Feldeffektransistoren

12.7 Dünnfilmtransistoren

In amorphem oder polykristallinem Material gelingt es nicht, für eine Kanalsteuerung hinreichend gute Sperrschichten aufzubauen; lediglich nach einer Umformung in weitgehend einkristallines Material erscheint dies möglich, z. B. mittels einer Laserausheilung. Damit entfällt die Möglichkeit, JFETs herzustellen, jedoch sind MIS-Transistoren zu konfigurieren. Bei diesen ist wegen der geringen effektiven Beweglichkeit in solchen Materialien die Steilheit sehr gering, das Hauptproblem jedoch besteht in der Instabilität der Grenzflächen-Eigenschaften Substratkanal-Gateisolator. Technisch sind entsprechende Dünnfilmtransistoren (TFT Thin Film Transistor) von hohem Wert, da man insbesondere bei Lichtpunktanzeigen mit Einzelansteuerung der Rasterpunkte (bei einem Fernsehbild mehr als 25 000 Einzelelemente) einer großflächigen Anordnung aktiver Bauelemente bedarf. Im Fall von TFTs könnte man an eine Siebdrucktechnik zur einfachen Herstellung denken, womit eine preiswerte Fertigung z. B. eines flachen Bildschirmes möglich schiene (siehe auch Kapitel 13). Für tragbare Elektronenrechner (PC personal computer, Laptop) werden bereits entsprechende Anordnungen vermarktet, selbst für Fernseh-Bildschirme reduzierter Auflösung.

Aufgebaut werden TFTs gemäß Bild 12.75, wo das Gate entweder oberhalb oder unterhalb des leitenden Kanalmaterials angeordnet ist. Der Isolator besteht z. B. aus CVD-SiO_2, Al_2O_3 oder Ta_2O_5, der Leitungskanal aus aufgedampften Schichten von CdS, CdSe oder α-Si. Als Hinweis auf die Stabilitätsprobleme mag Bild 12.76 dienen, wo für einen CdSe-TFT die zeitliche Veränderung des Ausgangswiderstandes dargestellt ist; der Drainstrom selbst fluktuiert entsprechend.

In Bild 12.77 sind Herstellschritte von CdSe-Transistoren gezeigt, welche zur Ansteuerung von Flüssigkristallanzeigen geeignet sind. Drainspannungen U_{DS} von mehr als 100 V sind anlegbar, die Steilheit beträgt 0,25 mS. Als Maß der erreichten Stabilität sei angegeben, daß der Drainstrom nach 5 Monaten in normalem Betrieb weniger als 5 % abfällt.

In Abschnitt 13.5 Integrierte Optik ist nochmals auf entsprechende Bauelemente eingegangen; Bild 13.60 zeigt eine komplexe TFT-Ansteuerzelle.

Dünnfilmtransistoren 559

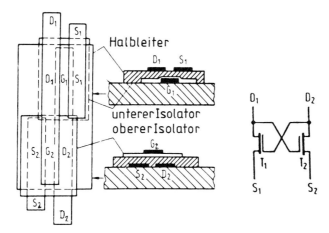

Bild 12.75: Formen von Dünnfilmtransistoren, hier in Flip-flop-Kombination (nach P. K. Weimer 1962)

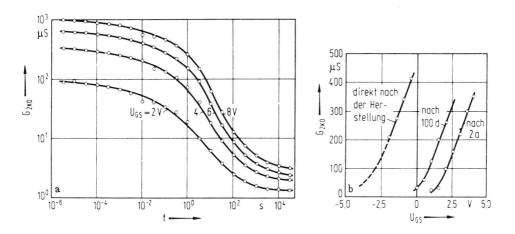

Bild 12.76: Zeitliche Änderung von $G_{2KO} = dI_D/dU_{DS}$ bei einem CdSe-TFT (nach J. Ewert 1970); a) Kurzzeit-Veränderung, b) Lagerungsverhalten

560 Feldeffektransistoren

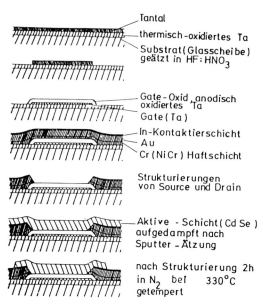

Bild 12.77: Herstellschritte eines TFT für Display-Anwendungen (nach T. Kallfass u. a. 1979)

12.8 Silizium auf Saphir SOS

Eine Variante der Dünnfilm-Strukturen ist die SOS-Technik (silicon on sapphire). Auf bis zu 3-Zoll-Scheiben von <1102>-Al_2O_3 (Saphir) sind Si-Epitaxieschichten verfügbar (Orientierung <100>), welche bei dieser Substratorientierung einkristallin aufgewachsen werden können; auch Spinell ist als Substrat verwendbar. Thermische Schocks müssen vermieden werden, da die Scheiben sonst brechen. Das Flat solcher Wafer ist senkrecht zu einer [100]-Richtung in der Scheibenoberfläche angeordnet.

Wenn auch integrierte Schaltungen mit hoher Strahlungsresistenz in der SOS-Technik erhaltbar sind und der Vorteil des isolierenden Substrats bei $\varepsilon_r \approx 10$ gute Hf-Eigenschaften zuläßt, sind die Grenzflächenprobleme sehr kritisch.

Die Bauelemente werden in üblicher Siliziumtechnik in der etwa 2 μm dicken Epitaxieschicht strukturiert und dann durch Ätzen separiert; hierdurch sind die parasitären Kopplungen drastisch verringert, und der Leistungsverbrauch bei z. B. CMOS-Schaltungen kann gegenüber monolithischen Schaltungen weiter gesenkt werden. Der Preis ist allerdings wesentlich höher, die Ausbeute gering. Insoweit erscheinen Prozesse zweckmäßiger, wo von Silizium ausgegangen werden kann, welches zu SiO_2 als Isolationsmatrix umgeformt wird (poröses Si, Abschnitt 8.3.5; SIMOX, Abschnitt 9.2).

Neben der völligen Trennung der Einzelelemente bei SOS werden in einer modifizierten Version die Zwischengebiete nur teilweise abgetragen und anschließend zur Isolation durchoxidiert. Bei geschickter Prozeßführung kann dieserart eine insgesamt planare Konfiguration erhalten werden, da das Oxid wieder ein größeres Volumen annimmt (LOSOS-Technik). Bild 12.78 zeigt beide Technologien schematisch; im Fall der LOSOS-Technik entfällt die kritische Leitbahnführung über Kanten.

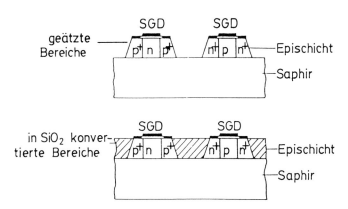

Bild 12.78: SOS-Technik (nach R. H. Müller u. a. 1976); a) mit separierten Elementen, b) mit Oxid-Isolation

12.9 Ladungsgekoppelte Elemente

Ladungsgekoppelte Dioden (CCD charge coupled devices) bilden die Grundstruktur von Halbleiter-Schieberegistern. Eingesetzt werden solche getaktet betriebenen Systeme als Verzögerungsglieder für analoge oder digitale Signale sowie zum Auslesen von optisch aktivierten Injektoren, welche den Einzelelementen des Schieberegisters zugeordnet sind, letzteres z. B. in Form einer Bild-Sensor-Zeile. Auch gibt es entsprechende Transistor-Kopplungen (Eimerketten-Anordnung, bucket brigade), worauf hier nicht eingegangen werden kann.

Das Einzel-Element besteht aus einem MOS-Kondensator, dem direkt daneben ein Nachbarelement zugeordnet ist. Eine sequentielle Abfolge eines variierenden elektrischen Potentials an solchen benachbarten Elementen erlaubt eine entsprechende Verschiebung des Oberflächenpotentials in Silizium. Bei verarmtem n-Gebiet sind unter den Kondensatorelektroden Potentialminima für Löcher vorhanden. Falls aus einem Injektionsprozeß vorhanden, sammeln sich solche Träger dort an und können in Abhängigkeit von der Potentialabsenkung durch die variierende Spannung der Deck-Elektrode von Element zu Element verschoben werden. Man benutzt dazu meist Dreiphasen-Anordnungen, wie es

562 Feldeffekttransistoren

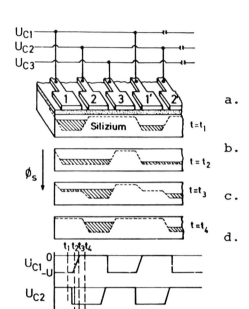

Bild 12.79: CCD-Schieberegister (nach B. Meusemann 1977); (a) Schematische Darstellung eines 3phasigen p-Kanal-Schieberegisters, (b-d) Darstellung der Oberflächenpotentialmulden beim Signaltransport, (e) Verlauf der entsprechenden Elektrodenpotentiale

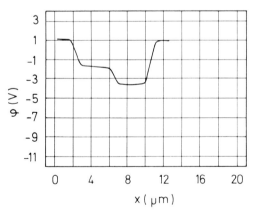

Bild 12.80: Oberflächenpotentialverlauf im CCD-System (nach B. Meusemann 1977); (Oxiddicke d_{ox} = 50 nm, Elektrodenlänge 3,15 µm, Spaltlänge 1 µm, U_0 = 0V, U_1 = -3V, U_2 = -5V, Oxidladungsdichte $1 \cdot 10^{11} cm^{-2}$, $N_d = 2 \cdot 10^{14} cm^{-3}$)

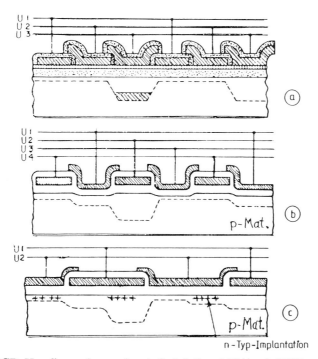

Bild 12.81: CCD-Konfigurationen (nach S. M. Sze 1981); a) CCD mit drei überlappenden Schichten von oxidiertem Silizium; Dreiphasen-System, b) Vierphasen-Struktur mit Zweilagen-Polysilizium, c) Vierphasen-System mit Zusatzimplantation zur Potentialabsenkung

das Schema in Bild 12.79 andeutet; mehr kann hier zu Wirkungsweise solcher "push clock"-Systeme nicht gesagt werden. Bild 12.80 gibt einen berechneten Potentialverlauf wieder. In Bild 12.81 sind verschiedene technologische Realisierungen gezeigt.

Der Übertragungswirkungsgrad η_T (transfer efficiency), definiert als die im nächsten Element ankommende Ladung, bezogen auf die zunächst gespeichert vorhandene, muß ersichtlicherweise nahe bei 1 liegen, andernfalls verschwindet die Ladung nach einigen Schiebezyklen. Hierzu ist sowohl eine hinreichende Nähe der einzelnen MOS-Diodenelemente als auch eine extrem hohe Trägerlebensdauer nahe der Grenzfläche Si-SiO$_2$ erforderlich. Technisch erreicht man Übertragungsverlustwerte von $(1-\eta_T) \approx 10^{-4}$. Bild 12.82 zeigt abschließend einen Ausschnitt aus einer entsprechenden CCD-Struktur, aufgebaut aus streifenförmigen MOS-Kapazitäten mit Al-Metallisierung.

564 Feldeffektransistoren

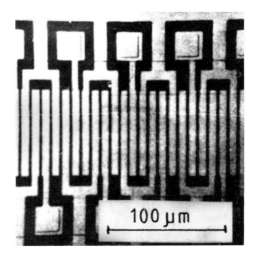

Bild 12.82: Aufsicht auf Dreiphasen-CCD-Struktur
(nach B. Meusemann 1977)

12.10 Integration

Die Integration besteht im schaltungsgemäßen Zusammenfügen der Einzelemente. Es würde an dieser Stelle zu weit führen, dies im einzelnen nachzuvollziehen. Zu unterscheiden sind neben Analog-Schaltkreisen primär Speicher, logische Schaltungen und Gate-Arrays. Letztere stellen Anordnungen dar, die nach Kundenwünschen verdrahtet und damit auf ein spezifisches Problem hin ausgerichtet werden; es entfallen dann Software-Arbeiten beim Anwender. Die spezifischen Leiterbahnen werden bei geringen Mengen herzustellender Systeme zweckmäßig mittels der Elektronenstrahl-Lithographie strukturiert. Bei den logischen Schaltungen werden ebenfalls spezielle, anwendungsspezifische Ausführungen (ASIC application specific IC) nach Kundenwunsch gefertigt, falls die Serien groß genug sind (custom design).

Hier seien lediglich als Beispiel für Speicherzellen zwei Systeme schematisch dargestellt, welche die Schaffung einer DRAM-Zelle entsprechend Bild 12.83 zum Ziel haben (dynamic random access memory). Bild 12.84 zeigt hierzu den Zellenaufbau mit Polysilizium-Wortleitung, Bild 12.85 zeigt das Schema im Fall einer diffundierten Bitleitung. Für den letzten Fall gibt Bild 12.86 einen Begriff von der technologischen Komplexität solcher Strukturen.

Integration 565

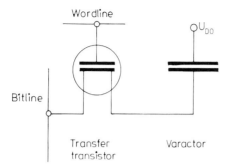

Bild 12.83: Einzelzelle eines dynamischen Speichers (nach W. Beinvogel u. a. 1982)

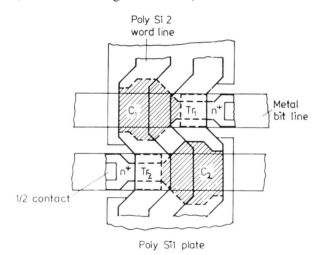

Bild 12.84: Zelle mit Polysilizium-Wortleitung (nach K. Hoffmann 1982)

Bei Galliumarsenid ist die Integrationstechnik nicht so weit fortgeschritten wie bei Silizium, jedoch werden auch digitale Schaltungen mit etwa 10000 Bauelementen hergestellt. Spezielle Bedeutung besitzt diese Technologie für Frequenzen oberhalb 10 GHz im Analogbereich (MMIC monolithic microwave integrated circuit) und bei logischen Schaltungen mit Taktfrequenzen oberhalb 5 GHz. Das zum Aufbau der Schaltung benutzte hochohmige Substrat (semiisolierend bzw. undotiert) erlaubt eine einfache Separation der Einzelelemente. Entweder werden die aktiven Bereiche mittels Ionenimplantation definiert (bevorzugt bei logischen Schaltungen), oder aber es wird eine Mesa-

566 Feldeffektransistoren

Ätzung zum Auftrennen der die aktiven Bauelemente enthaltenden Epitaxieschicht vorgenommen.

Bild 12.87 zeigt die wichtigsten Schritte zur Realisierung der aktiven Gebiete eines implantierten GaAs-ICs. Im semiisolierenden GaAs-Substrat wird zunächst eine flache n-Implantation durchgeführt (z. B. durch Si_3N_4-Abdeckung hindurch, siehe Bild 12.87a). Durch höher konzentrierte Implantation werden dann in dem n-Gebiet die n^+-Source und Drain-Gebiete erzeugt (links im Bild 12.87b). Durch eine tiefe n^+-Implantation ist weiterhin die Definition einer MS-Diodenstruktur möglich (rechts im Bild 12.87c, d). Es folgen die ohmschen Kontaktierungen für Source, Drain und das n^+-Gebiet der Dioden (Bild 12.87e) und zum Schluß die Schottky-Kontakte für die Gates der FETs und auf dem n^--Gebiet der Dioden. Bezüglich weiterer Varianten muß auf die Literatur verwiesen werden; siehe auch ein weiteres Beispiel in Kapitel 14.

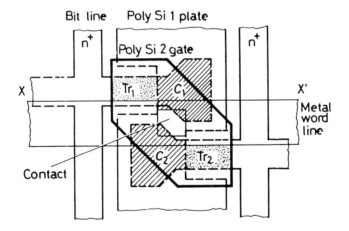

Bild 12.85: Zelle mit diffundierter Bitleitung (nach K. Hoffmann 1982)

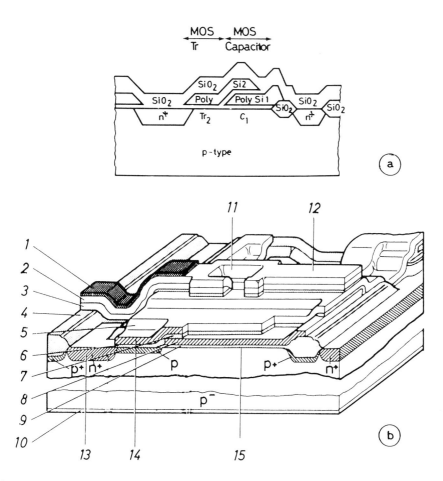

Bild 12.86: Struktur gemäß Bild 12.85 (64 kbit RAM); a) Technologisches Aufbauschema (nach K. Hoffmann 1982), b) Geometrischer Aufbau (nach H. R. Duppe u. a. 1982) (1 Si_3N_4, 2 Al, 3 SiO_2, 4 Feldoxid, 5 Poly-Si, 6 Gateoxid, 7 SiO_2, 8 Poly-Si, 9 Gateoxid, 10 Au, 11 Kontaktloch, 12 Wortleitung, 13 Bitleitung, 14 Transfergate, 15 Varactor)

568 Feldeffektransistoren

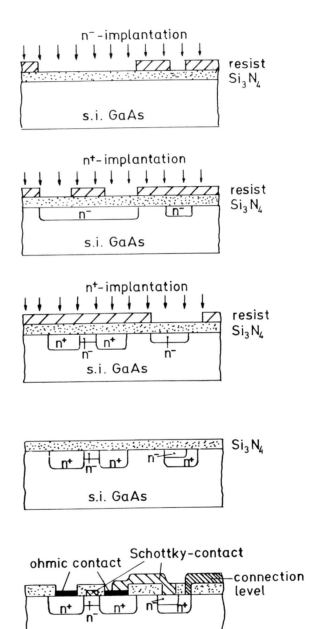

Bild 12.87: Einbettung aktiver Bauelemente bei GaAs-IC

12.11 Modellierung

Die Simulation von FET-Eigenschaften wird weitgehend von der Anwendung in der Digitaltechnik beherrscht. Eine Vielzahl von Netzwerk-Analyse-Programmen wie z. B. SPICE verwendet entsprechende, mehr oder minder komplizierte FET-Modelle. Auf MMICs zugeschnittene CAD-Programme existieren ebenfalls, wo das Verhalten der passiven Komponenten besondere Beachtung verlangt.

Hier sollen sowohl das Ersatzschaltbild als auch Ergebnisse einer mehrdimensionalen Simulation der inneren FET-Eigenschaften dargestellt werden, nicht aber auf eine spezielle Schaltungsanalyse hin ausgerichtete Modelle; letzteres ist Teil des rechnergestützten Entwurfs (CAD computer aided design, Kapitel 8).

12.11.1 Ersatzschaltbild

Zur Kleinsignalanalyse benutzt man meist ein modifiziertes π-Ersatzschaltbild, welches der Steuerung beim FET durch die eingangsseitige Reihenschaltung einer Kapazität mit einem Widerstand Rechnung trägt, siehe Bild 12.88. Hierbei bleibt unberücksichtigt, daß quer zum Gate eine verteilte Steuerung vorliegt, welche im Sinne einer RC-Leitung einwirkt; der ohmsche Gate-Widerstand ist nicht zu vernachlässigen. Insoweit muß an sich eine zweidimensionale Darstellung herangezogen werden, wie sie Bild 12.89 andeutet.

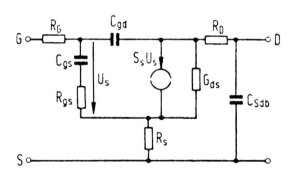

Bild 12.88: Einfache Ersatzschaltung des FET in Source- Schaltung
 (nach H. Beneking 1973)

Das Ersatzschaltbild von Tetroden ist wegen der zweifachen Steuermöglichkeit ungleich komplizierter. Der Aufbau der Ersatzschaltung folgt der Auffassung der Tetrode als Cascode-Schaltung, einer direkten Kopplung von Source-Schaltung und Gate-Schaltung gemäß Bild 12.90. Über die zugeordnete

570 Feldeffektransistoren

geometrische Konfiguration folgt dann das Ersatzschaltbild, siehe Bilder 12.91 und 12.92.

Zur Verifizierung entsprechender Ersatzschaltbilder werden bei gegebenem Arbeitspunkt die Vierpol-Parameter des betreffenden Bauelementes in Abhängigkeit von der Frequenz gemessen. Mit Hilfe von Rechnerprogrammen werden diese Daten mit berechneten eines gewählten Ersatzschaltungsmodells verglichen, für dessen Einzelelemente plausible Werte angenommen bzw. dem Rechner eingegeben werden. Mittels eines aufwendigen Optimierungsprogramms werden diese Werte so lange verändert, bis eine hinreichende Übereinstimmung der berechneten mit den gemessenen Ortskurven der Vierpol-Kennwerte vorliegt. Die dazu erforderlichen Werte der Einzelelemente sind dann die der tatsächlichen Ersatzschaltung. Für solche Messungen an nicht-separierten Bauelementen, direkt auf dem Chip, existieren spezielle Hf-Prober, welche in den Tastköpfen parasitätenarme Streifenleitungsanschlüsse besitzen. Gut einsetzbar ist, z. B. in Verbindung mit einem speziellen Vierpol-Meßplatz der Firma Hewlett-Packard, der Cascade-Prober, welcher Koplanar-Leitungen als Zuführungen besitzt (zu beziehen über Firma I. Hess, Mainburger Str. 30 1/2, 8051 Nandlstadt).

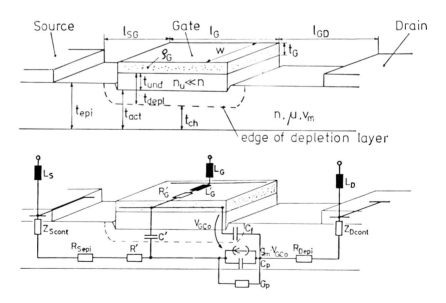

Bild 12.89: Übergang zum RC-Leitungsmodell (nach H. Beneking 1982)

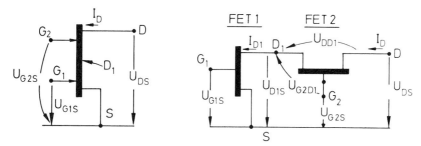

Bild 12.90: Tetrode als Cascode-Schaltung

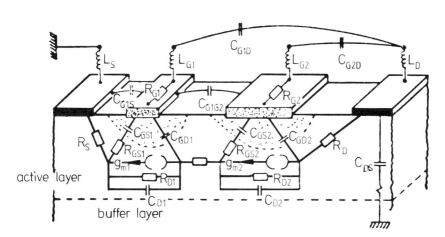

Bild 12.91: Geometriebild zur Herleitung der Ersatzschaltung
(nach Ch. Tsironis u. a. 1982)

572 Feldeffektransistoren

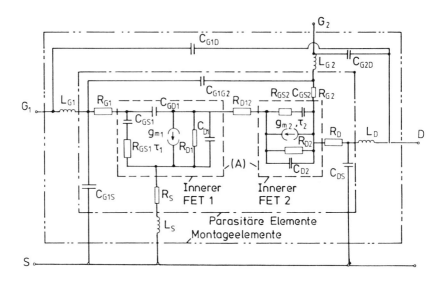

Bild 12.92: Ersatzschaltbild einer Tetrode einschließlich parasitärer Komponenten (nach Ch. Tsironis 1982)

12.12. Rechnersimulation

Wie allgemein bei elektronischen Bauelementen ist auch bei Feldeffekt-Strukturen eine Rechnersimulation möglich. Diese wird ein- und mehrdimensional durchgeführt, wobei der Rechenaufwand etwas geringer als bei Bipolarstrukturen ist. Allerdings muß die Feldstärkeabhängigkeit der Trägergeschwindigkeit im Kanal berücksichtigt werden, soll das Rechenergebnis für die Praxis relevante Aussagen ermöglichen. In Bild 12.93 sind Auswertungen bezüglich der Äquipotentiallinien im Kanalbereich gezeigt, die dies belegen.

In Bild 12.94 ist der Zustand des Abschnürens des Leitungskanals an seinem drainseitigen Ende erfaßt; man erkennt das Übergreifen des Stromes in den Sperrschicht-Bereich. Bei Berücksichtigung des Substrates tritt die Verdrängung des Strompfades in dieses hinein auf, was bei realen Bauelementen den ausgangsseitigen Innenwiderstand im Sättigungsbereich erniedrigt. Für einen Arbeitspunkt im aktiven Betriebsbereich zeigt Bild 12.95 als Ergebnis einer zweidimensionalen Modellierung eines GaAs-MESFETs auch die Elektronendichte-Verteilung. Aus der Feldverteilung längs des Übergangs zum hochohmigen Substrat kann man die Bedeutung der Grenzschicht entnehmen. In Bild 12.96 schließlich kann man für zwei Betriebszustände die durch einen tiefer gelegten Gate-Bereich (recessed gate) vorliegende Modifikation erkennen.

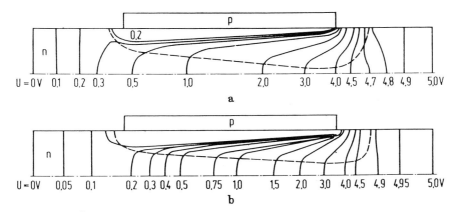

Bild 12.93: Äquipotentiallinien in einem NIGFET ($U_{GS} = 0V$, $U_{DS} = 5V$) (nach D. P. Kennedy u. a. 1970); a) konstante Beweglichkeit, b) feldabhängige Beweglichkeit mit schließlicher Driftsättigung

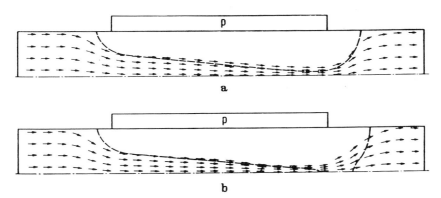

Bild 12.94: Stromdichte im NIGFET bei pinch off (nach D. P. Kennedy u. a. 1970); a) $U_{GS} = 0V$, $U_{DS} = 5V$, b) $U_{GS} = 0V$, $U_{DS} = 7V$

574 Feldeffektransistoren

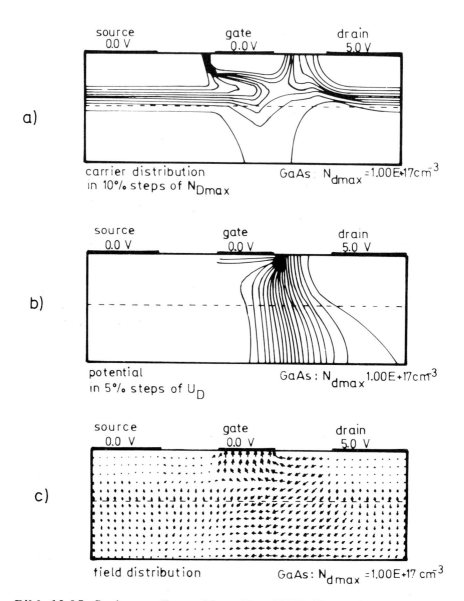

Bild 12.95: Stationärer Zustand im n-Kanal FET (U_{GS} = 0V, U_{DS} = 5V) (nach J. Dekkers 1982), a) Ladungsträger-Dichteverteilung, b) Potentialverteilung, c) Feldverteilung

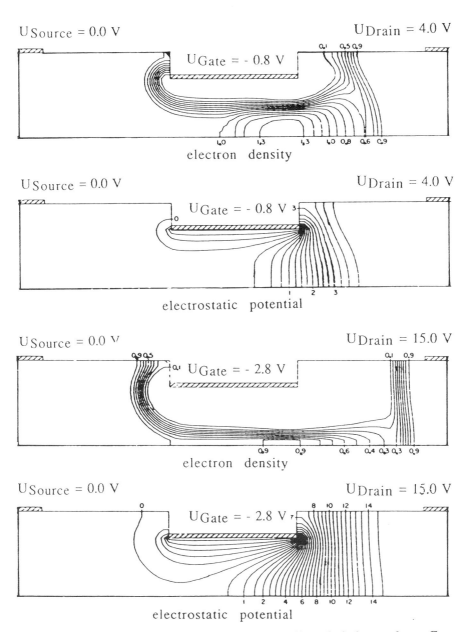

Bild 12.96: Elektronendichte und Potential-Verteilung bei abgesenktem Gate (nach W. R. Frensley 1981)

576 Feldeffektransistoren

Die folgenden Bilder 12.97, 12.98 und 12.99 geben räumliche Potentialverteilungen und Trägerdichte-Profile wieder, welche zeigen, daß auch tiefere Schichten unter der Oberfläche mitwirken. Ebenfalls Kurzkanal-Effekte sind den Darstellungen zu entnehmen. Bild 12.100 schließlich zeigt wie Bild 12.94 die endliche Trägerdichte bei "vollständiger" Kanalabschnürung.

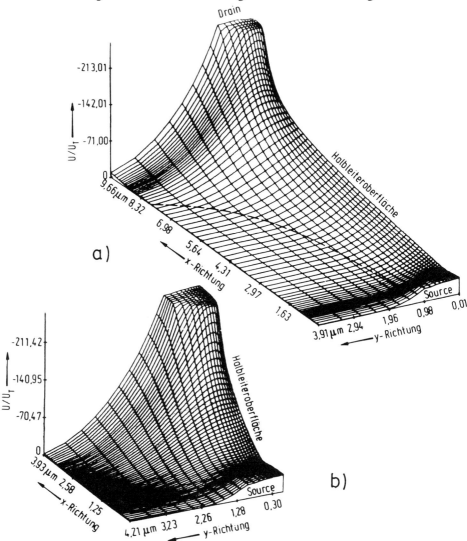

Bild 12.97: Potentialverteilung beim IGFET (nach M. B. Barron 1969); $V_{th} = -0,8V$, $U_{GS} = -3V$, $U_{DS} = -6V$, a) Langkanal-FET, $l = 7,6$ µm, b) Kurzkanal-FET, $l = 1,5$ µm

Rechnersimulation 577

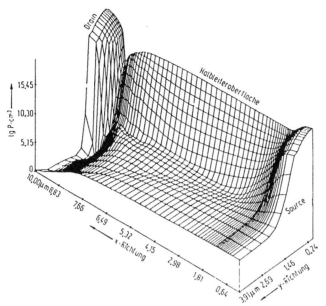

Bild 12.98: Löcherdichte beim Langkanal-IGFET (nach M. B. Barron 1969)

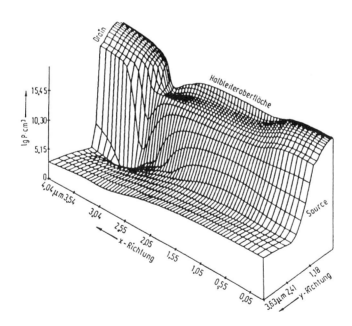

Bild 12.99: Löcherdichte beim Kurzkanal-IGFET (nach M. B. Barron 1969)

578 Feldeffektransistoren

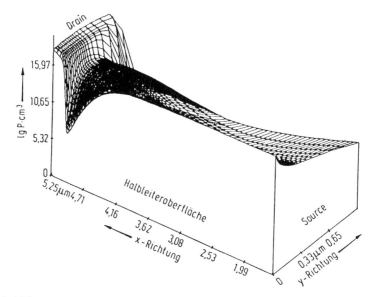

Bild 12.100: Dichteabsenkung vor dem Drain-Kontakt eines IGFET im Sättigungsbereich (nach M. B. Barron 1969); l = 3,5 µm, $V_D = -0,8$ V, $U_{GS} = -3$ V, $U_{DS} = -6$ V

12.13 Spezielle FET-Meßtechnik

Für Stabilitätsuntersuchungen und die Festlegung der Schwellspannung existieren verschiedene Meßverfahren, welche teils firmenspezifisch ausgestaltet sind. Hier sei eine Methode beschrieben, mittels welcher eine einfache Bestimmung der Trägerbeweglichkeit im Kanal eines Feldeffekttransistors möglich ist. Sie basiert auf dem Magneto-Widerstandseffekt, wo bei anliegendem statischen Magnetfeld B_z senkrecht zum Stromfluß eine Vergrößerung des ohmschen Widerstands R (B) gegenüber R (0) hervorgerufen wird (siehe dazu Abschnitt 2.2.3.2). Für einen schmalen Schlitz mit l<<w (l Abstand der Kontakte, w Strukturbreite) wie er im Kanal eines FET vorliegt, wird $R(B) = R(0)\{1+(\mu B)^2\}$. Bei der Messung muß lediglich darauf geachtet werden, daß die zwischen Source und Drain anliegenden Spannungen nicht so hohe Feldstärken erzeugen, daß der ohmsche Bereich verlassen wird.

Da die effekte Kanalbeweglichkeit bei anliegendem Magnetfeld modifiziert wird, kann eine entsprechende Messung auch über die Steilheit $S = dI_D/dU_{GS}$ erfolgen; es gilt dann

$$S(B) = \frac{S(0)}{1+(\mu B)^2} .$$

Spezielle FET-Messtechnik 579

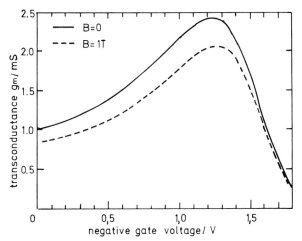

Bild 12.101: Steilheitskurven ohne und mit Magnetfeld (nach P. R. Jory u. a. 1981)

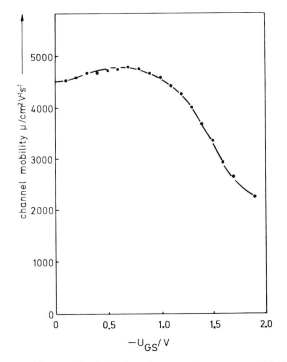

Bild 12.102: Kanalbeweglichkeit (nach P. R. Jory u. a. 1981)

Bei hohen parasitären Bahnwiderständen kann diese Messung genauer als die erstgenannte ausgewertet werden. Bild 12.101 zeigt entsprechende Meßkurven, wobei durch die veränderte Gate-Spannung U_{GS} ein jeweils anderer Tiefenbereich des Kanals mitwirkt. Damit kann die Beweglichkeit gemäß Bild 12.102 tiefenabhängig ermittelt werden; der jeweilige U_{GS}-Wert repräsentiert die zugehörende Leitschicht-Dicke.

Literaturverzeichnis

Abe, M., Mimura, T., Kobayashi, N., Suzuki, M., Kosugi, M., Nakayama, M., Odani, K., Hanyu, I.: Recent Advances in Ultrahigh-Speed HEMT LSI Technology, IEEE Transact. Electron Dev. **36**, 1989, 2021-2031

Abrokwah, J. K., Stephens, J. M.: High-Performance Self-Aligned (Al, Ga) As/(In,Ga) As Pseudomorphic HIGFET´s, IEEE Electron Dev. Lett. **EDL-10**, 1989, 225-226

Alley, G. D.: High-voltage two-dimensional simulations of permeable base transistors, IEEE Transact. Electron Dev. **ED-30**, 1983, 52-60

Arndt, J., Conze, P., Sixt, G.: Technologische Entwicklung für hochintegrierte MOS-Systeme, BMFT Forschungsber. T83-142, Bonn 1983

Arnold, D., Klem, J., Henderson, T., Ponse, F., Morkoç, H.: Summary abstract: backgating in modulation doped (Al,Ga)As/GaAs FET's, J. Vac. Sci. Technol. **B3**, 1985, 800-801

Baba, T., Mizutani, T., Ogawa, M., Ohata, K.: High performance (AlAs/n-GaAs superlattice)/GaAs 2DEGFETs with stabilized threshold voltage, Jap. J. Appl. Phys. **23**, 1984, L654-L656

Baba, T., Mizutani, T., Ogawa, M.: Elimination of persistent photoconductivity and improvement in Si activation coefficient by Al spatial separation from Ga and Si in Al-Ga-As-Si solid system - a novel short period AlAs/n- GaAs superlattice - , Jap. J. Appl. Phys. **22**, 1983, L627-L629

Balk, P., Aslam, M., Young, D. R.: High temperatur annealing behaviour of electron traps in thermal SiO_2, Solid-State Electronics **27**, 1984, 709-719

Balk, P., Eldridge, J. M.: Phosphorsilicate glass stabilization of FET devices, Proc. IEEE **57**, 1969, 1558-1563,

Balk, P., Stephany, F.: Charge injection in MAOS systems, J. Electrochem. Soc. **118**, 1971, 1634-1638

Balk, P.: MIS non-volatile memory devices, Proc. of the 8th Internat. Vac. Conf. Cannes/France 1980, Thin Films **1**, 1981, 525-537
Zusammenfassung und Übersicht von nicht-flüchtigen Halbleiterspeichern

Barron, M. B.: Computer aided analysis of insulated gate field effect transistors, Stanford University Technical Report No. **5501-1**, 1969
Mehrdimensionale Darstellung der inneren FET-Eigenschaften

Bechtle, D., Upadhyayula, L. C., Gardner, P. D., Narayan, S. Y.: Wide-Band GaInAs MISFET Amplifiers, IEEE Transact. Microwave Theory and Tech., **MTT-37**, 1989, 1636-1638

Beinvogel, W., Mader, H.: Reactive Dry Etching for Fabrication of Very-Large-Scale Integrated Circuits, Siemens Forsch.- u. Entwickl.-Ber. **11**, 1982, 180-189

Beneking, H., Cho, A. Y., Dekkers, J. J. M., Morkoç, H.: Buried-channel GaAs MESFET's on MBE material: scattering parameters and intermodulation signal distortion, IEEE Transact. Electron Dev. **ED-29**, 1982, 811-813

Beneking, H.: Feldeffekttransistoren, Springer-Verlag, Berlin 1973
Grundlegende Theorie

Biedenbender, M. D., Kapoor, V. J., Messick, L. J., Nguyen, R.: Ion-Implanted High Microwave Power Indium Phosphide Transistors, IEEE Transact. Microwave Theory and Tech. **MTT-37**, 1989, 1321-1326

Biethan, G.: Komponenten integrierter Höchstfrequenzschaltungen auf Halbleitersubstraten, Diss. RWTH Aachen 1974

Bozler, C. O., Alley, G. D.: The permeable base transistor and its application to logic circuits, Proc. IEEE **70**, 1982, 46-52

Brodie, I., Muray, J. J.: The physics of microfabrication, Plenum Press, New York 1982

Brody, T. P.: The Thin-Film Transistor-A Late Flowering Bloom, IEEE Transact. Electron Dev. **ED-31**, 1984, 1614-1628
Umfassende Darstellung

Brouzes, H., Deredec, G., Bender, Y. W.: A 1 to 40 GHz MESFET Distributed Amplifier, IEEE MTT-S Digest, CC-3, 1989, 849-852

Brown, S., Mishra, U. K., Chou, C. S., Hooper, C. E., Melenders, M. A., Thompson, M., Larson, L. E., Rosenbaum. S. E., Delaney, M. J.: AlInAs-GaInAs HEMT´s Utilizing Low-Temperature AlInAs Buffers Grown by MBE, IEEE Electron Dev. Lett. **EDL-10**, 1989, 565-567

Campbell, P. M., Garwacki, W., Sears, A. R., Menditto, P., Baliga, B. J.: Trapezoidal-groove Schottky-gate vertical-channel GaAs FET/GaAs static induction transistor, IEEE Electron Dev. Lett. **EDL-6**, 1985, 304-306

Cappy, A., Carnez, B., Fauquembergues, R., Salmer, G., Constant, E.: Comparative potential performance of Si, GaAs, GaInAs, InAs submicrometer gate FET's, IEEE Transact. Electron Dev. **ED-27**, 1980, 2158-2160
Materialvergleich für MESFETs

Cappy, A.: Noise Modeling and Measurement Techniques, IEEE Transact. Microwave Theory Tech. **MTT-36**, 1988, 1-10

Chao, P. C., Tessmer, A. J., Duh, K.-H. G., Ho, P., Kao, M.-Y., Smith, Ph. M., Ballingall, J. M., Liu, S.-M. J., Jabra, A. A.: W-Band Low-Noise InAlAs/InGaAs Lattice-Matched HEMT´s,
IEEE Electron Dev. Lett. **EDL-11**, 1990, 59-62
Auf InP mit MBE hergestellten GaInAs-MODFET mit extrapol. $f_{max} \approx 405$ GHz; MAG = 12,6 dB bei f = 95 GHz

Chen, C. Y., Cho, A. Y., Garbinski, P. A.: A new $Ga_{0,47}In_{0,53}As$ field-effect transistor with a lattice-mismatched GaAs gate for high-speed circuits, IEEE Electron Dev. Lett. **EDL-6**, 1985, 20-21

Chen, M., Schaff, W. J., Tasker, P. J., Eastman, L. F.: Self-aligned GaAs gate heterojunction SISFET, Electronics Lett. **23**, 1987, 105-106

Chen, Y.-K., Temkin, H., Tabun-Ek, T., Logan, R. A., Nottenburg, R. N.: High-Transconductance Insulating-Gate InP/InGaAs Buried p-Buffer DH-MODFET´s Grown by MOVPE, IEEE Electron Dev. Lett. **EDL-10,** 1989, 162-164

Cirillo, N. C.,Chung, H. K., Vold, P. J., Hibbs-Brenner, M. K., Fraasch, A. M.: Refractory metal silicides for self-aligned gate modulation doped n$^+$-(Al,Ga)As/GaAs field-effect transistor integrated circuits, J. Vac. Sci. Technol. **B3**, 1985, 1680-1684

Daembkes, H., Brockerhoff, W., Heime, K., Cappy, A.: Improved short channel GaAs MESFETs by use of higher doping concentration, IEEE Transact. Electron Dev. **ED-31**, 1984, 1032-1037

Daembkes, H., Herzog, H.-J., Jorke, H., Kibbel, H., Kaspar, E.: The n-channel SiGe/Si modulation-doped field- effect transistor, IEEE Transact. Electron Dev. **ED-33**, 1986, 633-637

Das, M. B.: A high aspect ratio design approach to millimeter-wave HEMT structures, IEEE Transact. Electron Dev. **ED-32**, 1985, 11-17
Einbezug der Spannungsverstärkung zur f_{max}-Abschätzung

Debrie, F., Chaplart, J., Chevrier, J.: Self-aligned ohmic contacts technology using Ti plasma etching for GaAs metal Schottky field-effect transistors, J. Appl. Phys. **59**, 1986, 210-212

Dekkers, J.: Der GaAs-MESFET mit vergrabenem Kanal, Diss. RWTH Aachen 1982
Darstellung des BFET

Delagebeaudeuf, D., Linh, N. T.: Metal-(n) AlGaAs-GaAs two-dimensional electron gas FET, IEEE Transact. Electron Dev. **ED-29**, 1982, 955-960
Erste Arbeit über MODFETs

Deppe, H. R., Schwarzl, S.: The 64 kbit RAM. An Important New State of the Art in Semiconductor Technology, Siemens Forsch. u. Entwick.-Ber. **11**, 1982, 127-132

Deyhimi, I., Harris, J. S., Eden, R. C., Edwall, D. D., Anderson, S. J., Bubulac, L. O.: GaAs charge-coupled devices, Appl. Phys. Lett. **32**, 1978, 383-385

Drummond, T. J., Kopp, W., Thorne, R. E., Fischer, R., Morkoç, H.: Influence of $Al_xGa_{1-x}As$ buffer layers on the performance of modulation-doped field-effect transistors, Appl. Phys. Lett **40**, 1982, 879-881

Drummond, T. J., Masselink, W. T., Morkoç, H.: Modulation-doped GaAs/(Al, Ga)As heterojunction field-effect transistors: MODFETs Proc. IEEE **74**, 1986, 773-822

Drummond, T. J., Morkoç, H., Cho, A. Y.: Dependence of electron mobility on spatial separation of electrons and donors in $Al_xGa_{1-x}As$/GaAs heterostructures, J. Appl. Phys. **52**, 1981, 1380-1386

Duppe, H. R., Schwarzl, S.: The 64 kbit-RAM, An Important New State of the Art in Semiconductor Technology, Siemens Forsch.- u. Entwickl. Ber. **11**, 1982, 127-132

Enoki, T., Yamasaki, K., Osafune, K., Ohwada, K.: Above 10 GHz Frequency Deviders with GaAs Advanced SAINT and Airbridge Technology, Electronics Lett. **22**, 1986, 68-69

Ewert, J.: Herstellung und Eigenschaften von CdSe-Dünnfilmtransistoren, Diss. D 83, TU Berlin 1970

Fehling, H., Schmidt, F., Dörner, W., Schwarz, M., Feindt, H., Warmuth, L.: Grundlagenentwicklung für eine 1,5 µm VLSI-Technik, Teil 1-4, BMFT-Forschungsber. T 85-032, Bonn 1985

Fernholz, G.: Vollimplantierte 0.8 µm Gate Silizium MESFETs mit eliminierten Kurzkanaleffekten, Diss. RWTH Aachen 1984

Fischer, G., Kiss, T., Kummerow, K., Link, M., Schwarzmann, U., Entwicklung einer 2 µm-Silicon-Gate-CMOS-Technologie zur Herstellung von mikroprozessororientierten VLSI-Schaltkreisen mit einem Versorgungsspannungsbereich von 1,5 bis 5 Volt, BMFT-Forschungsber. T 84-203, Bonn 1984

Fischer, R. J., Kopp, W. F., Gedymin, J. S., Morkoç, H.: Properties of MODFET's grown on Si substrates at DC and microwave frequencies, IEEE Transact. Electron Dev. **ED-33**, 1986, 1407-1411

Fischer, R., Klem, S., Henderson, T., Masselink, W. T., Kopp, W., Morkoç, H.: GaAs/AlGaAs MODFETs grown on (100) Ge, IEEE Electron Dev. Lett. **EDL-5**, 1984, 456-457

Forster, R., Jones, R., Meusburger, G., Moegen, G., Wotruba, G.: Entwicklung eines Ein-Chip-Mikroprozessors in CMOS- Silizium-Gate-Technologie, Weiterentwicklung des 4-Bit-Mikrocomputerkonzepts in CMOS-Technologie, BMFT Bericht FB-T82-088, 1982

Frensley, W. R., Bayraktaroglu, B., Campbell, S. E., Shih, H., Lehmann, R.: Design and fabrication of a GaAs vertical MESFET, IEEE Transact. Electron Dev. **ED-32**, 1985, 952-956

Frensley, W. R.: Power limiting breakdown effects in GaAs MESFETs, IEEE Transact. Electron Dev. **ED-28**, 1981, 962-970

Frenzel, H.: Physikalisch-chemische Analyse mittels SIMS/AES von MOS- und MIOS-Strukturen und deren Grenzflächen, Diss. RWTH Aachen 1980

Friedrich, H., Stillger, J.: Die Beweglichkeit von Ladungsträgern im Stromkanal von MOS-Transistoren, Solid-State Electron. **13**, 1970, 1049-1053

Gamand, P., Deswarte, A., Wolny, M., Meunier, J.-Ch., Chamberg, P.: 2 to 42 GHz Flat Gain Monolithic HEMT Distributed Amplifiers, Tech. Digest 1988 GaAs IC Sympos., Nashville/Te 1988, 109-111

Gillessen, K.: Ein Beitrag zur Technologie der MOS-Feldeffekttransistoren, Dipl.-Arbeit, Inst. f. Halbleitertechnik RWTH Aachen 1968

Grove, A. S.: Investigation of thermally oxidized silicon surfaces using metal-oxide-semiconductor structures, Solid-State Electr. **8**, 1965, 145-163
Basisartikel zum MOS-System

Grove, A. S.: Physics and technology of semiconductor devices, J. Wiley & Sons, New York 1967
Bauelement-spezifische Technologie mit Theorie

Gruhle, A., Vescan, L., Beneking, H.: Dual-gate silicon permeable-base transistors built on LPVPE-grown material, Electronics Lett. **23**, 1987, 447-449

Gruhle, A., Beneking, H.: Silcon Etched-Grove Permeable Base Transistors with 90 nm Finger width, IEEE Electron Dev. Lett. **11**, 1990, 165-166

Gruhle, A.: Silizium Permeable Base Transistoren, Diss. RWTH Aachen 1989

Haberle, H.: Herstellung und Eigenschaften kathodisch aufgestäubter SiO_2- und SiO_2 Poly-Si-Schichten für MOS-Technologie, Diss. RWTH Aachen 1978

Hagio, M., Katsu, S., Kazumura, M., Kano, G.: A new self-align technology for GaAs analog MMIC's, IEEE Transact. Electron Dev. **ED-33**, 1986, 754-758

Halladay, R., Nelson, S., Anderson, K.: Dual MMICs deliver 1 Watt Ku band, Microwave J. **30(8)**, 1987, 168-178
Split-power-Konfigurationen

Heft 1/2: Thin Solid Films **56**, 1979
Viele Beiträge zu III-V MIS - Problemen

Henderson, T., Klem, J., Peng, C. K., Gedymin, J. S., Kopp, W., Morkoç, H.: dc and microwave characteristics of high current double interface GaAs/InGaAs/AlGaAs pseudomorphic modulation-doped field-effect transistor, Appl. Phys. Lett. **48**, 1986, 1080-1082

Hesse, E.: MOS-Hf-Feldeffekt-Tetroden, Diss. RWTH Aachen 1971

Hoffmann, K.: Present and Future Trends of Dynamic MOS Memoires, Siemens Forsch. u. Entwick.-Ber. **11**, 1982, 115-119

Huang, Ch. I., Thorlyornsen, A. R.: A SPICE modeling technique for GaAs MESFET IC's, IEEE Transact. Electron Dev. **ED-32**, 1985, 996-998

Huang, J. C., Zeitlin, M., Hoke, W., Adlerstein, M., Lyman, P., Saledas, P., Jackson, G., Tong, E., Flynn, G.: A High-Gain, Low-Noise,1/2 - μm Pulse-Doped Pseudomorphic HEMT, IEEE Electron Dev. Lett. **EDL-10**, 1989, 511-513

Imai, Y., Kato, N., Ohwada, K., Sugeta, T.: Design and performance of monolithic GaAs direct-coupled preamplifiers and main amplifiers, IEEE Transact. Microwave Theory Tech. **MTT-33**, 1985, 686-692

Ishi, Y., Miyazania, S., Ishida, S.: Threshold Voltage Scattering of GaAs MESFET´s Fabricated on LEC-Grown Semi-Insulating Substrates, IEEE Transact. Electron Dev. **ED-31**, 1984, 800-804

Ishibashi, K., Furukawa, S.: SPE-CoSi$_2$ submicrometer lines by lift-off using selective reaction and its application to a permeable-base transistor, IEEE Transact. Electron Dev. **ED-33**, 1986, 322-327

Jaeckel, H., Graf, V., Zeghbroeck, v., B. J., Vettiger, P., Wolf, P.: Scaled GaAs MESFET's with gate length down to 100 nm, IEEE Electron Dev. Lett. **EDL-7**, 1986, 522-524

Jory, P. R., Wallis, R. H.: Magneto-transconductance Mobility Measurements of GaAs MESFETs, IEEE Electron Dev. Lett. **EDL-2**, 1981, 265-267

Kallfass, T., Lüder, E.: High voltage thin film transistors manufactured with photolithography and with Ta$_2$O$_5$ as the gate oxide, Thin Solid Films **61**, 1979, 259-264
Spezielle Dünnfilmtransistoren für Array-Anwendungen

Kamada, M., Kobayashi, T., Ishikawa, H., Mori, Y., Kaneko, K., Kojina, C.: High Transconductance AlInAs/GaInAs HIFETs Grown by MOCVD, Electronics Lett. **23**, 1987

Kamda, M., Kobayashi, T., Ishikawa, H., Mori, Y., Kaneko, K., Kojima, C.: High-transconductance AlInAs/GaInAs HIFETs grown by MOCVD, Electronics Lett. **23**, 1987, 297-298

Kao, M.-Y., Smith, Ph. M., Ho, P., Chao, P.-Ch., Duh, K. H. G., Jabra, A. A., Ballingall, M.: Very High Power-Added Efficiency and Low-Noise 0.15-µm Gate-Length Pseudomorphic HEMT´s, IEEE Electron Dev. Lett. **EDL-10**, 1989, 580-582
Demonstration des hohen Potentials von MODFETs im GaAlAs/GaAs(In)-System

Kasper, E., Daembkes, H.: Silicon germanium MODFETs, Inst. Phys. Conf. Ser. **82**, 1986, 93-111

Katholing, G.: MOS - Technologien, Design, Anwendungen, Firmenschrift, Siemens AG München
Einführung mit Bildern

Kato, Y., Dohsen, M., Kasahara, J., Taira, K., Akai, M., Watanabe, N.: Dependence of normally-off GaAs JFET performance on device structure, IEEE Transact. Electron Dev. **ED-29**, 1982, 1755-1760

Kennedy, D. P., O´Brien, R. R.: Computer aided two-dimensional analysis of the junction field-effect transistor, IBM J. Res. Development **14**, 1970, 95-116

Ketterson, A. E., Ponse, F., Henderson, T., Klem, J., Peng, Ch.-K., Morkoç, H.: Characterization of Extremely Low Contact Resistances on Modulation-Doped FET´s, IEEE Transact. Electron Dev. **ED-32**, 1985, 2257-2261

Kiehl, R. A., Gossard, C.: p-channel (Al,Ga)As/GaAs modulation-doped logic gates, IEEE Electron Dev. Lett. **EDL-5**, 1984, 420-422

Kiehl, R. A.: Single-Interface and Quantum-Well Heterostructure MISFETs, IEEE Transact. Microwave Theory and Tech. **MTT-37**, 1989, 1304-1314

Kim, B., Matyi, R. J., Wurtele, M., Tserng, H. Q.: AlGaAs/InGaAs/GaAs quantumwell power MISFET at millimeter-wave frequencies, IEEE Electron Dev. Lett. **EDL-9**, 1988, 610-612

Kleefstra, M.: A simple analysis of CCDs driven by pn junctions, Solid-State Elctronics **21**, 1978, 1005-1011

Kohn, E., Mishra, U., Eastman, L. F.: Short-channel effects in 0,5 µm source-drain spaced vertical GaAs FET's - a first experimental investigation, IEEE Electron Dev. Lett. **EDL-4**, 1983, 125-127

Kohn, E.: Dimensionierung und Technologie integrationsfähiger GHz-MESTFETs aus GaAs, Diss. RWTH Aachen 1975

Kuang, J. B., Tasker, P. J., Wang, G. W., Chen, Y. K., Eastman, L. F., Aina, O. A., Hier, H., Fathimulla, A.: Kink effect in submicrometer-gate MBE-grown InAlAs/InGaAs/InAlAs heterojunction MESFETs, IEEE Electron Dev. Lett. **EDL-9**, 1988, 630-632

Ladbrooke, P. H.: MMIC Design: GaAs FETs and HEMTs, Artech House, Norwood/Ma 1989,
Darstellung unter Einschluß von Kettenverstärker-Konzepten

Lee, S. C., Pearson, G. I.: Rectification in AlGaAs-GaAs nN heterojunction Devices, Solid-State Elctron. **24**, 1981, 563-568

Leers, D., Bolsen, M.: Computer controlled optical microprojection system for one-micron-structures, Solid State Technol. **22(6)**, 1979, 80-83

Letourneau, P., Vincent, G., Perret, P., Badoz, P. A., Rosencher, E.: Si Permeable-Base Transistor Realization Using a MOS-Compatible Technolgy, IEEE Electron Dev. Lett. **EDL-10**, 1989, 550-552

Lindmayer, J.: Das System Metall-Oxid-Silizium (MOS), Diss. RWTH Aachen 1968

Loualiche, S., Ginoudi, A., L´Haridon, H., Salvi, M., Le Corre, A., Lecrosnier, D., Favennec, P. N.: Schottky diode and field-effect transistor on InP, Appl. Phys. Lett. **54**, 1989, 1238-1240

Macksey, H. M.: GaAs power FET's having the gate recess narrower than the gate, IEEE Electron Dev. Lett. **EDL-7**, 1986, 69-70

Matsumoto, K., Ogura, M., Wada, T., Yao, T., Hayashi, Y., Hashizume, N., Kato, M., Fukuhara, N., Hirashima, H., Miyashita, T.: Complementary GaAs SIS FET inverter using selective crystal regrowth technique by MBE, IEEE Electron Dev. Lett **EDL-7**, 1986, 182-184

Metze, G. M., Bass, J. F., Lee, T. T., Cornfeld, A. B., Singer, J. L., Hung, H.-L., Huang, H.-Ch., Pande, K. P.: High-Gain, V-Band, Low-Noise MMIC Amplifiers Using Pseudomorphic MODFETs
Zweistufiger Aufbau mit F = 3,5 dB und G_{ass} = 10,8 dB bei 58,5 GHz

Meusemann, B.: Zur Technologie und Meßtechnik von ladungsgekoppelten MOS-Schieberegistern kleiner Geometrie, Diss. RWTH Aachen 1977
CCD-Schieberegister

Milosevic, I., Tilenschi, L., Luft, R., Cornwell, D.: Entwicklung einer Silizium-Gate-CMOS-Technologie für kleinere Strukturen, BMFT-Bericht FB-T 82-155, 1982

Mimura, T., Hiyamizu, S., Joshin, K., Hikosaka, K.: Enhancement-Mode High Electron Mobility Transistors for Logic Applications, Jap. J. Appl. Phys. **20**, 1981, L317-L319

Mimura, T., Hiyamizu, S., Fujii, T., Nanbu, K.: A New Field-Effect Transistor with Selectively Doped GaAs/n-$Al_xGa_{1-x}As$ Heterojunctions, Jap. J. Appl. Phys. **19**, 1980, L225-L227

Mishra, U. K., Brown, A. S., Jelloian, L. M., Hackett, L. H., Delaney, M. J.: High performance submicrometer AlInAs-GaInAs HEMTs, IEEE Electron Dev. Lett. **EDL-9**, 1988, 41-43

Mishra, U. K., Brown, A. S., Rosenbaum, S. E., Hooper, C. E., Pierce, M. W., Delaney, M. J., Vaughn, S., White, K.: Microwave performance of AlInAs-GaInAs HEMT's with 0.2 - and 0.1 µm gate length, IEEE Electron Dev. Lett. **9**, 1988, 647-649

Mishra, U. K.: The AlInAs-GaInAs HEMT for Microwave and Millimeter-Wave Applications, IEEE Transact. Microwave Theory and Tech. **MTT-37**, 1989, 1279-1285

Miyazawa, S., Ishi, Y., Ishida, S., Namishi, Y.: Direct observation of dislocation effects on threshold voltage of a GaAs field-effect transistor, Appl. Phys. Lett. **43**, 1983, 853-855

Mizutani, T., Arai, K., Oe, K., Fujita, S., Yanagawa, F.: n^+ self-aligned-gate AlGaAs/GaAs heterostructure FET, Electronics Lett. **21**, 1985, 638-639

Moegen, G.: Komplementäre MOS-Schaltungstechnik, Firmenschrift Eurosil GmbH, München

Müller, R. H., Haskell, J., Weikers, W.: Manufacturing control and yield associated with SOS starting material for CMOS/SOS LSI digital circuits, Electrochemical Society Fall Meeting, Las Vegas 1976, The Electrochem. Soc. Princeton J. J. 1976

Müller, W., Kranzer, D.: Technologies for Mbit DRAMS, Archiv Elektr. Übertr. **44**, 1990, 200-207
Verfahrensschritte bei 4 Mbit und 16 Mbit dynamischen Speichern

Naumann, J.: Technologie von GaAs-Schottkygate-Feldeffekttransistoren für monolithische Mikrowellenschaltungen, Diss. RWTH Aachen 1971

Nguyen, L. D., Radulescu, D. C., Foisy, M. C., Tasker, P. J., Eastman, L. F.: Influence of Quantum-Well Width on Device Performance of $Al_{0,30}Ga_{0,70}As/In_{0,25}Ga_{0,75}As$ (on GaAs) MODFET's, IEEE Transact. Electron Dev. **ED-36**, 1989, 833-838
MODFET mit 0,2 µm T-gate und GaInAs Potentialtopf-Kanal

Niggebrügge, U.: Silizium-MOSFETs mit kleinen Kanallängen. Ein Beitrag zur Technologie und zum Verständnis des elektrischen Verhaltens, Diss. RWTH Aachen 1981

Nishizawa, J. I., Terasaki, T., Shibata, J.: Field-effect transistor versus Analogtransistor (Static Induction Transistor), IEEE Transact. Electron Dev. **ED-22**, 1975, 185-197

O. V.: Gate Arrays und ihre Anwendung, VDI-Technologiezentrum Berlin 30, Budapester Str. 40

O. V.: IEC Standard 2/IV Field-effect transistors, Publ. 147-2G IEC-Büro, Genf 1975
Genormte Meßverfahren bei Feldeffekttransistoren

Onodera, T., Kawata, H., Nishi, H., Futatsugi, T., Yokoyama, N.: Experimental Study of the Orientation Effect of GaAs MESFET's Fabricated on (100), (011), and (111) Ga, and (111) As substrates, IEEE Transact. Electron Dev. **ED-36**, 1989, 1586-1590

Osafune, K., Enoki, T., Muraguchi, M., Ohwada, K.: 20 GHz dynamic frequency divider with GaAs advanced SAINT and air-bridge technology, Electronics Lett. **23**, 1987, 300-301

Pashley, R. D., Lai, St. K.: Flash memories: the best of two worlds, IEEE Spectrum **25(12)**, 1989, 30-33
Beschreibung und Vergleich progammier- und löschbarer Speicher

Perdomo, I., Mierzwinski, M., Kondo, H., Li, Ch., Taylor, T.:A Monolithic 0.5 to 50 GHz MODFET Distributed Amplifier with 6 dB Gain, Tech. Digest 1989 GaAs IC Sympos., San Diego/Ca 1989, 91-94

Persall, T. P., Bean, J. C.: Enhancement-and-depletion-mode p-channel Ge_xSi_{1-x} modulation-doped FET's,
IEEE Electron Dev. Lett. **EDL-7**, 1986, 308-310

Powell, A. L., Mistry, P., Roberts, J. S., Rockett, P. I.: $Al_{0,45}Ga_{0,55}As$/GaAs HEMTs grown by MOVPE exhibiting high transconductance,
Electronics Lett. **23**, 1987 528-529

Rathman, D. D., Vojak, B. A., Astolfi, D. K., Stern, L. A.:
The effect of base-Schottky geometry on Si PBT device performance,
IEEE Electron Dev. Lett. **EDL-5**, 1984, 191-193

Reemtsma, J.-H., Heime, K., Schlapp, W., Weimann, G.: Transport properties of the two-dimensional hole gas in p-type heterostructure field-effect transistor, J. Appl. Phys. **66**, 1989, 298-302

Renaud, M., Boher, P., Theeten, J. B., Splettstösser, J., Beneking, H., Schmitz, D., Jürgensen, H., Heyen, M., Tomzig, E.: A Comparative Study of GaInAs MISFETs Fabricated with Si_3N_4 and SiO_2 Insulating Films, Proc. 5th Annual ESPRIT Conf., North Holland, Amsterdam 1988

Sah, Ch.-T.: Evolution of the MOS transistor- from conception to VLSI, Proc. IEEE **76**, 1988, 1280-1326
Lesenswerter Artikel mit geschichtlichem Überblick und Ausblick (enthält komplette Liste benutzter Abkürzungen)

Salema, C. A. T., Oakes, J. G.: Nonplanar power field effect transistors,
IEEE Trans. Electron Dev. **ED-25**, 1978, 1222-1228
Beschreibung verschiedener Arten von V-Groove-Transistoren (siehe auch weitere direkt nachfolgende Artikel im gleichen Heft)

Saunier, P., Nguyen, R., Messick, L. J., Khatibzadeh, M. A.: An InP MISFET with a Power Density of 1.8 W/mm at 300 GHz,
IEEE Electron Dev. Lett. **EDL-11**, 1990, 48-49

Schreiber, H. U.: Herstellung und Eigenschaften hochdurchschlagsfester aufgestäubter SiO_2-Schichten, Diss. RWTH Aachen 1973

Sekiguchi, Y., Chan, Y. J., Jaffe, M., Weiss, M., Ng, G. I., Singh, J., Quillek, M., Pavlidis, D.: Theoretical and experimental studies on lattice matched and strained MODFETs (GaAs Sympos. Heraklion/Griechenland 1987), Inst. Phys. Conf. Ser. **91**, 1988, 215-218, Instute of Physics, Brighton

Selders, J., Roentgen, P., Beneking, H.: $Ga_{0,47}In_{0,53}As$ JFETs and MESFETs with OM-VPE-grown GaAs surface layers, Electronics Lett. **22**, 1986, 14-16

Selders, J.: Zur Stabilität von MIS-Feldeffekttransistoren aus GaInAs vom n-Kanal Inversionstyp, Diss. RWTH Aachen 1986

Seo, K. S., Bhattacharya, P. K., Gleason, K. R.: DC and microwave characteristics of an $In_{0.53}Ga_{0.47}As/In_{0.52}Al_{0.48}As$ modulation-doped quasi-MISFET, Electronics Lett. **23**, 1987, 259-260

Sheng, N. H., Chang, M. F., Lee, C. P., Miller, D. L., Chen, R. T.: Close drain-source self-aligned high electron mobility transistors, IEEE Electron Dev. Lett. **EDL-7**, 1986, 11-12

Sites, J. R., Wieder, H. H.: Magneto-resistance mobility profiling of MESFET channels, IEEE Transact. Electron Dev. **ED-27**, 1980, 2277-2281
Bestimmung der Kanalbeweglichkeit

Smith, P. M., Swanson, A. W.: HEMTs - Low Noise and Power Transistors for 1 to 100 GHz, Applied Microwave 1989, 63-72
Übersicht mit Daten kommerziell erhältlicher MODFETs

Sonderheft IEEE-Transact. Electron Dev. **ED-29**, No.7, 1982
Beiträge zur GaAs-Integration

Sonderheft RCA Review **42**, No.4, 1981
Beiträge zur Mikrowellen-Integration

Storck, H.: Streifenleitungen auf Halbleitermaterialien, Diss. RWTH Aachen 1971
Auslegung unterschiedlicher Wellenleiter-Formen auf GaAs und Si

Sze, S. M.: Physics of Semiconductor Devices, 2. Aufl., J. Wiley & Sons, New York 1981
Umfassende Darstellung sämtlicher Bauelement-Arten

Thorne, R. E., Su, S., Fischer, R. J., Kopp, W. F., Lyons, W. G., Miller, P. A., Morkoç, H.: Analysis of Camel-gate FET's (CAMFET's),
IEEE Transact. Electron Dev. **ED-30**, 1983, 212-216

Tiberio, R. C., Limber, J. M., Galvin, G. J., Wolf, E. D.: Electron beam lithography and resist processing for the fabrication of T-gate structures, SPIE 1089, Submicrometer Lithographies **VIII**, 1989, 124-131
Herstellung von T-gates mittels Mehrlagen-Resists für GaAlAs/GaAs MODFETs mit f_T oberhalb 100 GHz

Tihanyi, J.: A qualitative study of the DC performance of SIPMOS transistors, Siemens Forsch. u. Entwickl.-Ber. **9**, 1980, 181-189

Tihanyi, J.: Functional integration of power MOS and bipolar devices,
Tech. Dig. IEDM 75-78, Washington 1980

Tihanyi, J.: MOS power devices - trends and results,
Inst. Phys. Conf. Ser. **57**, 1981, 75-83
Entwicklung der MOS-Leistungstransistoren

Tihanyi, J.: Smart SIPMOS Technology,
Siemens Forsch.- u. Entwickl. Ber. **17**, 1988, 35-42
Einbeziehung von Hilfs-Schaltkreisen

Toyoda, N., Uchitomi, N., Kitaura, Y., Mochizuki, M., Kanazawa, K., Terada, T., Ikawa, Y., Hojo, A.: A 2K-gate GaAs gate array with a WN gate self-alignment FET process, IEEE Solid-State Circuits **SC-20**, 1985, 1043-1049

Trew, R. J., Steer, M. B.: Millimeter wave performance of state-of-the-art MESFET, MODFET and PBT transistors, Electronics Lett. **23**, 1987, 149-151
Ersatzschaltbild- und Hf-Daten von FETs

Troxell, J. R., Harrington, M. I., Erskina, J. C., Dumbaugh, W. H., Fehlner, F. P., Miller, R. A.: Polycrystalline silicon thin film transistors on a novel 800°C glass substrate, IEEE Electron Dev. Lett. **EDL-7**, 1986, 597-599

Tsironis, Ch., Meierer, R., Stahlmann, R.: Dual-gate MESFET mixers, IEEE Transact. Microwave Theory Tech. **MTT-32**, 1984, 248-255

Tsironis, Chr., Meierer, R.: Microwave Wideband Model of GaAs Dual Gate MESFETs, IEEE Transact. Microwave Theory Tech. **MTT-30**, 1982, 243-251
Hf-Ersatzschaltbild der Tetrode

Turner, B., Barr, W. P., Cooper, D. P., Taylor, D. J.: GaAs microwave power FET with polyimide overlay interconnection, Electronics Lett. **17**, 1981, 185-187

Wang, G. W., Feng, M., Kaliski, R., Liaw, Y. P., Lau, C., Ito, C.: Millimeter-Wave Ion-Implanted Graded $In_xGa_{1-x}As$ MESFET's Grown by MOCVD, IEEE Electron Dev. Lett. **10**, 1989, 449-451

Weidlich, R.: Design Features and Performance of a 64 kbit MOS Dynamic Random Access Memory, Siemens Forsch. u. Entwick.-Ber. **11**, 1982, 120-126

Weimer, P. K.: The TFT - a new thin film transistor, Proc. Inst. Radio Engrs. **50**, 1962, 1462-1469

Weiss, H., Horninger, K.: Integrierte MOS-Schaltungen, Springer-Verlag, Berlin 1982
Klare Darstellung von Technologie und Layout

Werner, W.: Das Poly-Si-SiO_2-Si-System, Verfahren, Eigenschaften, Anwendung, Diss. RWTH Aachen 1975

Wiele, van der, F., Engl., W. L., Jespers (Hrsg.), P. G.: Process and Device Modeling for Integrated Circuit Design, Nordhoff Internat. Publ., Leyden 1977
Mehrere Beiträge zur Rechnersimulation

Wortmann, A.: Monolithisch integrierte Schottky-Dioden für Mikrowellenschaltungen, Diss. RWTH Aachen 1975

Yamamoto, H., Oda, O., Seiwa, M., Taniguchi, M., Nakata, H., Ejima, M.: Microscopic Defects in Semi-Insulating GaAs and Their Effect on the FET Device Performance, J. Electrochem. Soc. **136**, 1989, 3098-3102

Yamasaki, K., Kato, N., Hirayama, M.: Below 10 ps/Gate Operation with Buried p-Layer SAINT FETs, Electronics Lett. **20**, 1984, 1029-1032
Modifizierter SAINT-Prozeß mit verbesserten Eigenschaften

Yamasaki, K., Kato, N., Hirayama, M.: Buried p-layer SAINT for very high-speed GaAs LSI's with submicrometer gate length, IEEE Transact. Electron Dev. **ED-32**, 1985, 2420-2425

Yang, L., Long, St. I.: New Method to Measure the Source and Drain Resistance of the GaAs MESFET, IEEE Electron Dev. Lett. **EDL-7**, 1986, 75-77

Yuen, C., Nishimoto, C., Glenn, M., Pao, Y. C., Bandy, S., Zdasiuk, G.: A Monolithic 3 to 4o GHZ HEMT Distributed Amplifier, Tech. Digest 1988 GaAs IC Sympos., Nashville/Te 1988, 105-108

13 Optoelektronische Bauelemente

Optoelektronische Bauelemente nutzen die energetische Wechselwirkung von Photonen mit Elektronen und Löchern aus. Bei Lichtempfängern werden z. B. Elektron-Loch-Paare durch die Quantenabsorption erzeugt. Bei Lichtemittern wird die Aktivierungsenergie z. B. eines Elektron-Loch-Paares bei Rekombination als Lichtquant freigesetzt.

Unter extremen Bedingungen kann eine stimulierte Emission erfolgen, welche zur Aussendung kohärenter Strahlung, begrenzt auf einen sehr schmalen Wellenlängenbereich, zu führen vermag.

Damit sind nachrichtentechnische Funktionen ebenso angesprochen wie energieelektronische, da mit einem Wirkungsgrad ≳ 20 % auch eine Konversion von eingestrahlter Leistung (Sonnenstrahlung) in elektrische Leistung in Solarzellen erfolgt.

Diese Solarenergie-Direktkonversion ist ebenfalls ein wichtiges Gebiet der Optoelektronik, weil nicht nur zur Speisung von Satelliten oder abgesetzter Stationen (Meer, Wüste), sondern mehr und mehr für terrestrische Zwecke Solarzellen benötigt werden. Kritisch sind die Herstellungskosten, weswegen versucht wird, hinreichende Wirkungsgrade auch mit nicht-einkristallinem Material zu erzielen; Werte von oberhalb 10 % sind erreichbar.

Speziell wird hier allerdings auf diesen Bereich nicht eingegangen, die Bilder 13.1 und 13.2 geben lediglich einen Hinweis auf die nutzbare Strahlungsverteilung sowie den bei verschiedenen Materialien erwartbaren Maximalwirkungsgrad. GaAs und Si sind vom Bandabstand her prädestiniert, wenn auch Schmalband-Halbleiter, wie z. B. $CuInSe_2$ Verwendung finden können, etwa in Tandem-Zellen (Kombination von Elementen unterschiedlichen Bandabstandes zur Erhöhung der spektralen Absorptionsbreite). Solche Zellen erreichen mit Konzentratoren (max. 500fach) bis über 30% Wirkungsgrad, z.B. in der Kombination GaAs-GaSb.

Eine weitere, möglicherweise zukunftsträchtige Gruppe von optoelektronischen Strukturen betrifft Systeme mit optisch-optischer Wechselwirkung für logische Anwendungen (optischer Computer). Extrem schnelles Schalten zwischen binären Zuständen bei geringster Steuerleistung wird dabei angestrebt. Wenn auch erste Ergebnisse vorliegen, ist festzustellen, daß eine echte direkte optische Beeinflussung optischer Signale ohne Mitwirkung von Materie physi-

598 Optoelektronische Bauelemente

kalisch nicht möglich ist und insoweit Zeitverzögerungen auch dort in Kauf genommen werden müssen. Bezüglich dieses Teilbereichs der Optoelektronik muß auf die Literatur verwiesen werden.

Das aufstrebende Gebiet der integrierten optoelektronischen Schaltungen (OEIC optoelectronic integrated circuit) kann ebenfalls hier nicht im Detail behandelt werden. Wie bei den rein elektronischen ICs werden die Komponenten und ihre Herstellung erläutert, welche, kombiniert, zu OEICs zusammenzuführen sind. Im Gegensatz zu den konventionellen ICs treten bei der Integration elektronischer mit optischen Komponenten Schwierigkeiten dadurch auf, daß die technologischen Anforderungen bei beiden Gruppen von Bauelementen unterschiedlich sind.

Die optoelektrischen Bauelemente sind damit von der klassischen Anwendung her in signalübertragungsorientierte, energiekonversionsorientierte und Indikatoren zu unterteilen, wobei die letztere Gruppe in Form der stationär betriebenen Leuchtdioden (LED light emitting diode) den Ausgangspunkt der Entwicklung darstellt.

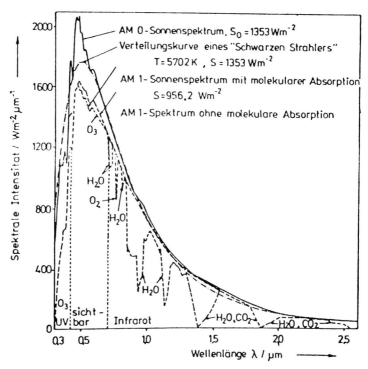

Bild 13.1: Spektrale Intensität der Sonnenstrahlung (nach G. Schul 1978). Spektrale Verteilung im freien Raum (AM0) unter Einfluß von molekularer Absorption nach Durchtritt durch die Erdatmosphäre (AM1), sowie geglätteter Norm-Verlauf

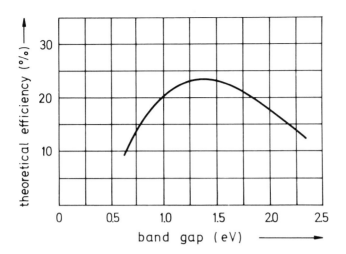

Bild 13.2: Theoretischer Wirkungsgrad idealer pn-Solarzellen bei 300 K als Funktion des Energie-Bandabstandes (nach G. Schul 1978)

Da keine Energie gewonnen werden kann, gilt (Stokes'sche Regel) bei Absorption von Energie (E) und Umwandlung in Licht (Frequenz ν) für ein emittiertes Lichtquant

$$h\nu \leq E$$

($h = 6{,}63 \cdot 10^{-34}$ Ws² Plancksches Wirkungsquantum), während für eine Energieübertragung vom Lichtquant auf ein Elektron-Loch-Paar

$$E \leq h\nu$$

gilt. Der Zusammenhang von Wellenlänge und zugehöriger Quantenenergie

$$E = h\nu = h\frac{c}{\lambda} \text{ ist mit } \frac{E}{eV} = \frac{1{,}24}{\lambda/\mu m}$$

gegeben (λ Strahlungswellenlänge im freien Raum).

Die mögliche Modulation von Halbleiter-Lichtquellen erlaubt die Anwendung hoher Signal-Bitraten, welche zu unkonventionellen Konzeptionen für Fernmeldenetze führt. Die Verbesserung der Übertragungseigenschaften von Glasfasern mit Dämpfungswerten unterhalb 1 dB/km (bis zu 0,2 dB/km herab) ermöglicht, bei deren geringer Dispersion Bitraten bis zu mehreren Gbit/s zu übertragen. Die optoelektronische Nachrichtentechnik ist damit ein neuer Zweig der Elektrotechnik, und die Technologie hat hierzu passende Bauelemente hoher Lebensdauer bereitzustellen.

Eine spezielle Anwendung der optischen Übertragung liegt bei den Optokopplern vor, Bauelemente, die eine technisch oftmals wichtige galvanische Trennung von Eingang und Ausgang durch optische Signalübertragung realisieren. Für meßtechnische und Überwachungszwecke, wie etwa bei der Hochspannungs-Energie-Übertragung, sind diese Bauelemente von hoher Bedeutung.

Die Leuchtdioden, Zifferanzeigen und alphanumerischen Anzeigen sprechen für sich und brauchen nicht besonders hervorgehoben werden.

In dem vorliegenden Kapitel wird die Technologie entsprechender Bauelemente behandelt. Dabei ist bei optoelektrischen Strukturen besonders bedeutungsvoll, daß keine Störzentren in den Bauelementstrukturen inkorporiert sind, die nichtstrahlende Rekombinationsprozesse bedingen. Funktionsbegrenzend wirken z. B. Versetzungen, deren temperaturbedingte Wanderungen oder Besetzungen mit Traps (decoration) zu Trägerlebensdauer-Killern führen, was sich z. B. bei Lumineszenz-Strukturen in Dunkel-Stellen (dark lines) äußert. Damit stehen bei optoelektronischen Bauelementen die Reinheits-Forderung und Versetzungsarmut an erster Stelle, was hier den Einsatz der Flüssigphasen-Epitaxie (LPE) wegen der Getterwirkung der eingesetzten Metallschmelzen weiterhin favorisiert.

Eingegangen wird nur auf einfache Strukturen, denn eine Darstellung aller, teilweise sehr komplexer Bauelemente würde den Rahmen der Darstellung sprengen. Insbesondere sind Anordnungen mit Quanten-Topf-Konfiguration von zunehmender Bedeutung, wozu auf die Spezial-Literatur verwiesen sei, siehe auch Kapitel 14.4.

13.1 Vorbemerkungen

Bei optoelektronischen Bauelementen treten eine Reihe spezieller Probleme auf, die technologisch beherrscht werden müssen, und die von den Anforderungen an rein elektrische Bauelemente verschieden sind. Auf diese sei, nach einer knappen Einführung zugehöriger Begriffe, zunächst eingegangen, weil sie weitgehend alle passiven und aktiven optisch relevanten Strukturen betreffen.

13.1.1 Transmission und Reflexion

Der Brechungsindex n^* (nicht zu verwechseln mit n Elektronendichte) von Halbleitern ist im jeweils interessierenden Wellenlängenbereich relativ hoch und überdies dispersiv (wellenlängenabhängig), siehe Tabelle 13.1 und Bild 13.3.

Tabelle 13.1: Daten einiger optoelektronisch relevanter Halbleitermaterialien (temperaturabhängige Werte bei 300 K)

Material	Bandabstand E_g/eV	Bandkante $\lambda_g = \frac{hc}{E_g}/\mathrm{nm}$	Indirektes Mat.	Direktes Mat.	Trägerbeweglichkeit für $n,p = 10^{16}\,\mathrm{cm}^{-3}$ $\mu_n/\frac{\mathrm{cm}^2}{\mathrm{Vs}}$	$\mu_p/\frac{\mathrm{cm}^2}{\mathrm{Vs}}$	Stat Dielektrizitätskonstante ε_r	Brechungsindex n^*	Wärmeleitfähigkeit $\sigma_{th}/\frac{\mathrm{W}}{\mathrm{cm\,K}}$
Si	1,12	1117	x		1200	480	11,9	3,45	1,5
Ge	0,67	1850	x		3500	1500	16	4,0	0,69
Al As	2,16	574	x		~80		12	3,1	0,08
Ga As	1,42	867		x	5000	400	13,1	3,6	0,44
In As	0,36	3444		x	22600	200	12,5	3,5	0,26
Al P	2,45	506	x		80		9,8	3,2	0,9
Ga P	2,26	549	x		150	120	11,1	3,36	1,1
In P	1,34	925		x	4500	150	12,4	3,4	0,7
Al Sb	1,62	765	x		200	330	11	3,4	0,56
Ga Sb	0,7	1771		x	2000	800	15	3,9	0,35
In Sb	0,18	6888		x	100.000	1700	17,7	3,9	0,18

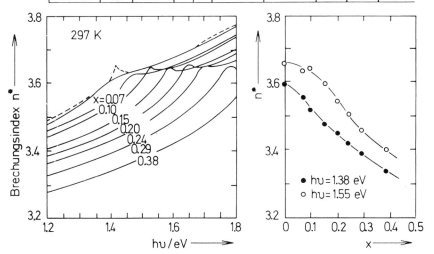

Bild 13.3: Brechungsindex von $Ga_{1-x}Al_xAs$ (nach H. C. Casey u. a. 1974)

Dies bedeutet eine ungünstige Auskopplung von im Halbleiter erzeugten Lichtes ebenso wie einen hohen Reflexionsverlust beim Photodetektor; bei üblichen Materialien und Wellenlängen sind es ohne Vergütungsschicht etwa 30 %. Mit Bild 13.4 gilt das Snellius'sche Brechungsgesetz

602 Optoelektronische Bauelemente

$$\frac{\sin\varphi_1}{\sin\varphi_2} = \frac{n_2^*}{n_1^*}.$$

Bei senkrechtem Einfall verteilt sich die einfallende Intensität

$$I_1 = I_2 + I_{1R}$$

auf den durchgehenden (I_2) und den reflektierten Strahl (I_{1R}) gemäß den - bei verlustbehafteten Medien komplizierteren - Formeln ($n_2^* > n_1^*$)

$$I_2 = I_1 \frac{4\, n_1^*\, n_2^*}{\left(n_1^* + n_2^*\right)^2},$$

$$I_{1R} = I_1 \left(\frac{n_2^* - n_1^*}{n_1^* + n_2^*}\right)^2$$

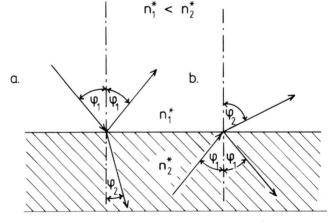

Bild 13.4: Lichtübergänge an Grenzflächen; a) vom optisch dünneren zum optisch dichteren Medium, b) vom optisch dichteren zum optisch dünneren Medium

Man nennt $R = I_{1R}/I_1$ das Reflexionsvermögen und $T = I_2/I_1$ das Transmissionsvermögen. Man erkennt mit Bild 13.4b, daß eine Totalreflexion auftritt, wenn der Winkel $\varphi_2 = 90°$ wird. Der zugehörende Grenzwinkel im dichteren Medium ist dann allgemein

$$\varphi_T = \arcsin \frac{n_1^*}{n_2^*}.$$

Bei GaAs sind dies 17,5°, bei GaP 18°, was bedeutet, daß ohne besondere Maßnahmen nur ein kleiner Raumwinkelanteil erzeugten Lichts den Halbleiter verläßt, wenn das optoelektronische Bauelement in Luft betrieben wird.

Man belegt zur Verringerung dieser Verluste die Halbleiteroberfläche mit speziellen transparenten Schichten, welche im Sinne eines Transformators für eine bessere optische Anpassung sorgen sollen (Vergütung).

Theoretisch würde eine Zwischenschicht der Dicke $d = \lambda^*/4$ und Brechungsindex $n_d^* = \sqrt{n_{HL}^*}$ ($n_{Luft}^* = 1$; λ^* Wellenlänge in der Deckschicht) eine exakte Anpassung mit 100 % Transmission bedeuten, allerdings nur bei der einen Wellenlänge. Komplizierte Mehrschicht-Folgen erlauben eine breitbandige Anpassung.

Da die Totalreflexion schon ab Einfallswinkel φ_T unterhalb von 20° gegen die Grenzflächennormale auftritt, kann auch durch eine spezielle Formgebung des Bauelementes eine höhere Gesamtausbeute erreicht werden, z. B. mit halbkugelförmigen Strukturen. Hierzu muß auf die Speziallliteratur verwiesen werden. Genannt werden soll nur die nach Burrus genannte Diode, welche in der Glasfaser-Übertragungstechnik Verwendung findet und bei welcher zur Vermeidung von Eigenabsorption der Halbleitergrundkörper, durch welchen das Licht hindurchtreten muß, eingeätzt ist (siehe Bild 13.23b bzw. Bild 13.46).

Ist die Grenzflächen- bzw. Oberflächenrauhigkeit groß gegen die Lichtwellenlänge, tritt statt einer gerichteten Reflexion der auftreffenden Wellen eine diffuse Reflexion auf. Bei einer vollständig diffusion Reflexion gilt für das gestreute Licht das Lambert'sche Gesetz, welches insoweit auch für Lumineszenzdioden Bedeutung besitzt. Eine mit der Leuchtdichte L strahlende Fläche A erzeugt in Richtung des Winkels Θ (gegen die Flächennormale) dann eine Lichtstärke I der Größe

$$I = L\,A\,\cos\Theta.$$

Die Bilder 13.5 und 13.6 zeigen die Lichtausbeute-Verbesserung durch eine Deckschicht und das räumliche Strahlungsdiagramm einer Lumineszenzdiode, wo das Lambert'sche Gesetz ungefähr erfüllt ist.

604 Optoelektronische Bauelemente

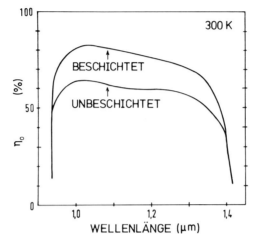

Bild 13.5: Quantenwirkungsgrad einer Photodiode mit und ohne Antireflexbeschichtung (nach S. Sakai u. a. 1979)

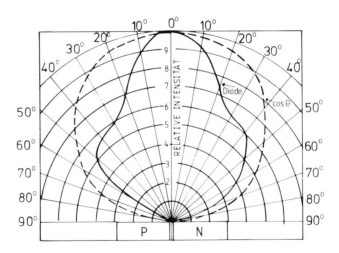

Bild 13.6: Intensitätsverteilung des Fernfeldes einer Leuchtdiode in einer Ebene senkrecht zum pn-Übergang. (Zum Vergleich Verlauf nach dem Lambert'schen Strahlungsgesetz.)

In der Optik sind neben den physikalischen Größen physiologische Daten von Bedeutung. So ist in vielen Fällen die Augenempfindlichkeitsverteilung $V(\lambda)$ mit zu berücksichtigen. Neben einer in Watt anzugebenden realen Gesamtleistung eines Strahlers ist deswegen zum Beispiel seine vom Auge sichtbar wahrgenommene Lichtstärke I wesentlich, welche diese Bewertung mitenthält.

Die Einheit dieser Lichtstärke I (intensity) ist 1 cd (candela), welche die einzige optische Basisgröße im SI-Einheitensystem darstellt. Diese Grundgröße 1 candela ist die Lichtstärke (= Leistung), welche senkrecht von der Oberfläche eines schwarzen Strahlers aus einer Fläche von $(1/600\,000) m^2$ austritt, wenn der Strahler die Temperatur besitzt, die beim Druck von 101 300 N/m² erstarrendes Platin aufweist (2045 K).

Die Leuchtdichte L (brightness) ist die für einen Helligkeitseindruck maßgebende Größe. Ihre Einheit ist 1 cd/m².

Die dagegen große Einheit 1 cd/cm² = 10^4 cd/m² heißt Stilb (sb).

Im Angelsächsischen benutzt man noch die Einheit footlambert (fl), wobei gilt 1 fl = 3,426 cd/m².

Der Lichtstrom Ø ist die von einer Lichtquelle in den Raumwinkel Ω abgestrahlte physiologisch wirksame Leistung I. Die Einheit ist das Lumen (1m).

Es wird also 1 lm von einer punktförmigen Quelle der Intensität 1 cd in den Einheitsraumwinkel Ω_0 = 1 sr angestrahlt.

Dieser Einheitsraumwinkel 1 sr (Steradian) umfaßt per Definition im Abstand r von der Punktquelle einen Flächenbereich der Größe r²; das ist wegen $0 = 4\pi r^2$ der Teil $1/4\pi$ der gesamten Kugelfläche 0.

Die Beleuchtungsstärke E ist der auf die Flächeneinheit einfallende Lichtstrom Ø; deren Einheit ist 1 lx (Lux), wobei 1 lx = 1 lm/m² ist. (Um einen Begriff von der Größenordnung zu bekommen, sei angemerkt, daß $5 \cdot 10^4$ lx einer mittleren Sonnenbeleuchtung zur Mittagszeit entspricht; eine helle Zimmerbeleuchtung beträgt etwa 500 lx.)

13.1.2 Absorption und Generation

Von außen in den Halbleiter oder auch aus einem angrenzenden Halbleiterteil einfallendes Licht wird mehr oder weniger absorbiert, die Strahlungsleistung fällt mit $P = P_0 e^{-\alpha x}$ ab. Der Absorptionskoeffizient α ist für einige Fälle in Bild 13.7 dargestellt. Danach sind Schichtdicke und Geometrie der Strukturen zu wählen, um eine möglichst vollständige Umsetzung in erzeugte Ladungsträger zu erreichen.

Mögliche Wechselwirkungen der Lichtquanten mit den Trägern im Halbleiter sind in Bild 13.8 dargestellt. Bei einer Generation mit $h\nu < E_g$, wie sie z. B. bei Excitonen-Rekombination möglich ist, wird keine Band-Band-Eigenabsorption der erzeugten Strahlung im benachbarten Halbleitermaterial auftreten, wohl aber bei einer Lichterzeugung durch Band-Band-Rekombination, wo die Quantenenergie $h\nu \geq E_g$ ist.

Den Effekt der Eigenabsorption erkennt man aus Bild 13.9, wo eine amphoter mit Si dotierte GaAs-Diode mit räumlich variierendem Bandabstand durch Al-Zusatz auf beiden Seiten unterschiedliche Strahlungsintensitäten zeigt. Die Herstellung (siehe Abschnitt 13.3.1) bedingt einen Al-Abfall von n-zu-p-Anteil, womit der Bandabstand im p-Teil deutlich niedriger ist als an der

Emissionsstelle. Deswegen tritt dort durch Eigenabsorption ein wesentlicher Intensitätsverlust auf. Im Gegensatz dazu ist das n-Gebiet durchlässig, weil die erzeugende Stelle nahe des pn-Übergangs wegen $h\nu \leq E_g$ (n-Material) dort zu keiner Band-Band-Rekombination führt.

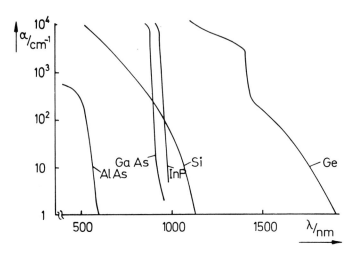

Bild 13.7: Absorptionskoeffizient einiger Halbleitermaterialien in Abhängigkeit von der Wellenlänge (300 K)

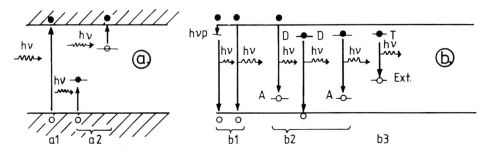

Bild 13.8: Elektrooptische Wechselwirkungen im Bänderschema ;a) optische Anregung von Ladungsträgern (ohne Excitonen), a1) intrinsisch, a2) extrinsisch, b) strahlende Rekombination von Ladungsträgern, b1) Band-Band-Übergänge mit ("indirekte Übergänge") und ohne ("direkte Übergänge") Beteiligung von Phononen ($h\nu_p$) und/oder Excitonen, b2) Rekombination unter Beteiligung von Störstellen und Excitonen, b3)Rekombination nach Bildung eines an eine Störstelle gebundenen Excitons ("bound exciton")

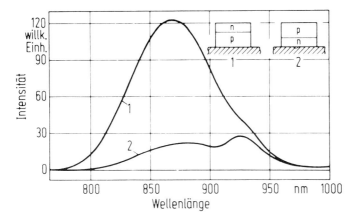

Bild 13.9: Emissionsspektrum einer (Ga,Al) As:Si-LED bei Aufbau mit der n-Schicht nach oben (1) und mit der p-Schicht nach oben (2). Das relative Maximum der Kurve (2) bei 880 nm ist auf das seitlich aus der Diode aus tretende Licht zurückzuführen. (nach G. Winstel u. a. 1980)

Die Rekombination geschieht direkt von Band zu Band, aber auch unter Zuhilfenahme von Störstellen, siehe Bild 13.8. Bei direkten Halbleitern überwiegt das erstere, weil kein weiterer Partner zur Erhaltung von Energie und Impuls erforderlich ist; doch sind Übergänge Donator-Valenzband und Leitungsband-Akzeptor ebenfalls möglich und teilweise wahrscheinlicher. Anders bei indirektem Material, wie z. B. GaP, wo allein über angeregte Excitonen-Zustände eine Emission mit technisch hinreichender Ausbeute ermöglicht wird. In entsprechenden, an sich ineffektiven Materialien sind deswegen spezielle Störstellen in gewisser Dichte erforderlich, wie sich bei der Beschreibung farbig leuchtender LEDs ergeben wird.

13.1.3 Confinement

Für optoelektronische Bauelemente ist zur Wirkungsgraderhöhung und Wellenführung (integrierte Optik!) die elektrische und optische Einengung (confinement) von hoher Bedeutung. Das insbesondere für monomodige Raumtemperatur-Dauerstrich-Laser wesentliche optische Confinement basiert auf der Führung elektromagnetischer Wellen in einer Schicht mit höherem Brechungsindex als dem der Umgebung. Es tritt an der Genze zum optisch dünneren Medium mehr oder weniger Totalrefelxion ein, was z. B. zur Signalführung in einer Lichtleitfaser ausgenutzt wird (wie bei der Goubau-Leitung der Hochfrequenztechnik).

608 Optoelektronische Bauelemente

Wie die Formel in Abschnitt 13.1.1 ausweisen, genügen bereits sehr geringe Sprünge im Brechungsindex, um diesen Effekt zu erzielen. Aus Bild 13.3 ist andererseits zu entnehmen, daß im GaAs-AlAs-System solche n*-Änderungen zwanglos über die Änderung des Al-Gehaltes von $Ga_{1-x}Al_xAs$ vorgenommen werden können. Hierbei bleibt sogar die Gitterkonstante praktisch erhalten, ein für die Funktion der Bauelemente wesentlicher Umstand (Bild 13.10, siehe auch Teil I, Kapitel 3).

Gemessen an den Eigenschaften technischer Glasfasern, siehe z. B. Bild 13.11, ergibt sich für die zum Bandabstand von GaAs gehörende Emissionswellenlänge von etwa 870 nm eine recht günstige Kombination, wobei eine Silizium-Diode als Detektor gut angepaßt ist (siehe Abschnitt 13.2.2). Bei der niedrigsten Dämpfung bzw. Materialdispersion Null (minimale Laufzeitverzerrung) ist als Emitter- und Detektormaterial $Ga_{1-x}In_xAs_{1-y}P_y$ geeignet, auch $Ga_{1-x}Al_xSb$-Verbindungen sind denkbar. Als Detektormaterial ist dann auch Germanium zu verwenden, siehe Bild 13.7, oder eben diese quaternären bzw. ternären Verbindungen, etwa $Ga_{0,47}In_{0,53}As$.

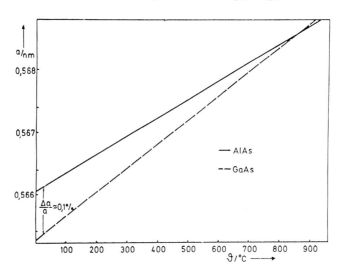

Bild 13.10: Temperaturabhängigkeit der Gitterkonstante bei GaAs und AlAs (nach M. Ettenberg u. a. 1970)

Das elektrische Confinement, das Anreichern und Einschließen von Minoritäten zwischen Potentialbarrieren, ist für eine effektive strahlende Rekombination bedeutungsvoll. So wie ein Materialsprung eine Brechungsindex-Änderung bewirkt, siehe z. B. die Werte in Bild 13.12, tritt auch ein Potentialsprung auf. Bei einer Injektion von Minoritäten kann deren Dichte, beschränkt auf das Zwischengebiet, bei gleicher Stromdichte viel größer sein als ohne die Barrieren, weil der Abfluß behindert ist (Bild 13.13). Da die Rekombinationswahrscheinlichkeit damit stark zunimmt, läßt sich eine starke

Verringerung der Einsatzstromdichte für Laserbetrieb erzielen (bis Faktor 100). Dies erst erlaubt den Betrieb solcher Laser bei Raumtemperatur.

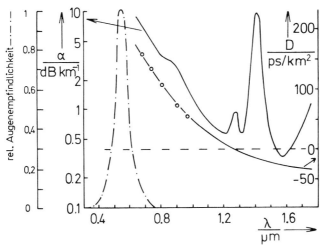

Bild 13.11: Verläufe der Dämpfung (α) und Dispersion (D) bei Glasfasern in Abhängigkeit von der Wellenlänge. Zum Vergleich ist die relative Augenempfindlichkeit (----) angegeben.

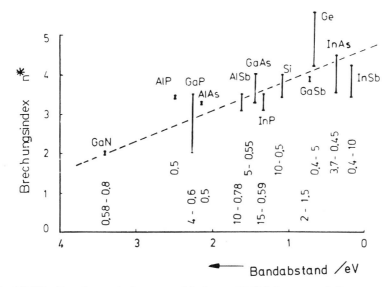

Bild 13.12: Brechungsindex verschiedener Halbleitermaterialien (Bild 2.2 nach M. Neuberger 1971)

610 Optoelektronische Bauelemente

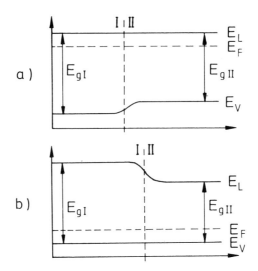

Bild 13.13: Bandverläufe für Isotyp-Hetero-Übergänge ($E_{gI} > E_{gII}$);
a) n_I-n_{II}-Übergang, b) p_I-p_{II}-Übergang

13.1.4 Kühlung

Sonderformen von Photodetektoren werden gekühlt und z. B. bei 77 K betrieben, um Dunkelströme und damit zusammenhängendes Rauschen zu verringern; die Empfindlichkeit läßt sich damit steigern. Für technische Anwendungen gilt dies nur für Empfänger langwelligen Infrarots, z. B. $\lambda \approx 6$ μm oder $\lambda \approx 10$ μm, sowie für medizinische Anwendungen, wo die Körperstrahlung gemessen werden soll. Hierbei handelt sich um Detektormaterialien wie Chalkogenide, die hier nicht behandelt werden. Silizium und Galliumarsenid bzw. das für optoelektrische Bauelemente verwendete Gallium-Aluminium-Arsenid und Galliumphosphid haben eine so hohe Energiebandlücke E_g, daß eine Kühlung im allgemeinen nicht erforderlich ist. Dies gilt auch noch für die auf InP-Substraten hergestellten $Ga_{1-x}In_xAs_{1-y}P_y$ - Schichtfolgen, welche neben Germanium bis zu $\lambda \approx 1,65$ μm verwendet werden ($E_{gmin} = 0,75$ eV für $Ga_{0,47}In_{0,53}As$).

Laserdioden haben einen Wirkungsgrad von einigen %, womit u. U. mehrere Watt thermisch abgeführt werden müssen. Hierzu bedient man sich thermisch gut leitender Wärmesenken aus Kupfer, Silber oder Berylliumoxid BeO (Vorsicht, Staub stark toxisch mit Langzeitwirkung auf die Lunge!) und Diamant. Anstelle von BeO kann das ungefährliche Material AlN Verwendung finden, mit praktisch gleich guter Wärmeleitung.

Lichtsender 611

In Bild 13.14 sind abschließend Lumineszenz-Materialien mit deren ungefähren Wellenlängen bei Emission und Absorption sowie den jeweiligen Betriebstemperatur-Erfordernissen zusammengestellt.

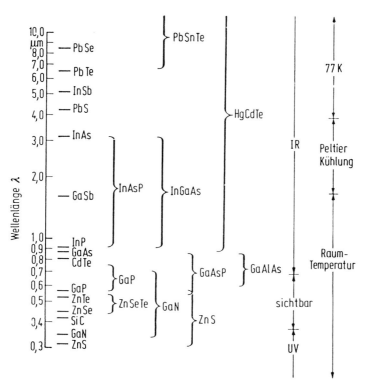

Bild 13.14: Verschiedene Lumineszenz-Materialien mit ihren nutzbaren Wellenlängenbereichen und Betriebstemperaturen (nach G. Winstel u. a. 1980)

13.2 Lichtempfänger

Als Halbleiter-Lichtempfänger fungieren Strukturen, deren Absorption einfallender Strahlung zu elektrisch nachweisbaren Effekten führt. Eine wichtige Kenngröße ist der Wirkungsgrad η, wobei man den externen Wirkungsgrad η_e und den internen Wirkungsgrad η_i unterscheidet. Mit $\eta_e = (1-R)\eta_i$ ist ihr Unterschied durch die optische Fehlanpassung beim Eintritt des Lichtes in den Detektor gegeben (R Eingangsreflexion, siehe Abschnitt 13.1.1). Da die Anzahl M_e der pro Sekunde auftreffenden Lichtquanten $M_e = P/h\nu$ beträgt, von welcher $M_i = \eta_i(1-R)M_e$ zu einer Paarerzeugung führen, werden $m = M_i$ Ladungsträger pro Sekunde erzeugt. Unter der Annahme fehlender inneren

Verstärkung, $\Gamma_i = 1$, und vollständiger Absaugung der erzeugten Träger wird damit der Photostrom

$$I_{ph} = q \cdot m = P \cdot \eta_i \cdot (1-R) \frac{q}{h\nu}.$$

Die spektrale Empfindlichkeit (spectral responsivity) $S(\lambda)$, die Wellenlängen- oder Wellenzahlabhängigkeit des Ausgangssignals, ist der Quotient $I_{ph}(\lambda)/P(\lambda)$, also mit $\lambda \cdot \nu = c$

$$S(\lambda) = \frac{I_{ph}(\lambda)}{P(\lambda)} = \{1-R(\lambda)\} \cdot \eta_i(\lambda) \frac{\lambda q}{hc}.$$

Unter der Verstärkung versteht man die Zahl der im äußeren Stromkreis auftretenden Elektronen bezogen auf die Zahl der einfallenden Photonen. Äußere (Γ_a) und innere Verstärkung (Γ_i) sind damit über die Reflexionsverluste miteinander verbunden, und die eingangs definierten Quantenwirkungsgrade gehen ein. Z. B. wird bei einer Diode ein Elektron-Loch-Paar pro absorbiertem Quant erzeugt; es folgt $\Gamma_{imax} = 1$. Falls eine Trägersorte temporär in Fangstellen verbleibt oder eine Trägervervielfachung mitwirkt, wie etwa bei einer 'Avalanche' Photodiode, gilt dagegen möglicherweise $\Gamma > 1$.

Die Pulsantwort s(t), also die Schnelligkeit der Reaktion auf einen Lichtpuls, ist eine weitere Kenngröße, welche meist in Form der Anstiegzeit (10% -90%) bzw. der Abfallzeit (in praxi oftmals viel länger als die Anstiegzeit) angegeben wird.

Die Rauschgrenze P_{min} charakterisiert als NEP (noise equivalent power) die minimal detektierbare Leistung P_{min} = NEP.

Eine weitere Kenngröße ist noch die Detektivität D oder Grenzempfindlichkeit D*, wo D = 1/NEP und D* = D$\sqrt{AB}$ dfiniert sind (A Detektorfläche, B Frequenzbandbreite).

Technische Detektoren besitzen D*-Werte von 10^{10} bis 10^{14} cm $\sqrt{Hz/W}$, wobei die Verstärkung Γ von unterhalb 1 bis etwa 10^4 reicht.

Wenn ein Photo-Detektor als Empfängerpuls modulierter Signale eingesetzt wird, wie im Fall der Glasfaser-Nachrichtensysteme, ist eine weitere Kenngröße wesentlich, die Bit-Fehlerrate (BER bit error rate).

Mit der maximal tolerierbaren Falsch-Erkennung von "0" und "1" ergeben sich spezielle Forderungen an die maximal mögliche optische Eingangs-Signalleistung bzw. an das Rauschen des Detektors einschließlich des Vorverstärkers in Abhängigkeit der zu empfangenden Bitrate.

Setzt man gleiche Gauss-Verteilungen für Null- und Eins-Signale voraus, erhält man für die üblicherweise angesetzte Maximal-Fehlerrate von BER = 10^{-9} als minimalen Photostrom

$$I_{ph,min} \approx 12 \, i_n.$$

Hierin ist $i_n = \sqrt{i_{nQ}^2 + i_{nD}^2 + i_{nA}^2}$ der äquivalente Rauschstrom am Detektor-Ausgang bzw. Verstärker-Eingang, siehe Bild 13.15. Dieser Zusammenhang folgt mit dem Ausdruck für die Bit-Fehlerrate

$$BER \approx \frac{e^{-\frac{Q^2}{2}}}{\sqrt{2\pi}\, Q},$$

was für $Q = 6$ den Wert 10^{-9} ergibt. Da

$$Q = \frac{S(\text{Schwelle}) - S(O)}{\sigma}$$

und für die Signale $S(O) = 0$, $S(\text{Schwelle}) = \frac{S_1}{2}$ ausgesetzt werden kann, folgt zunächst für das Eins-Signal

$$S(1) = 12\, \sigma.$$

Da $S(1) \triangleq I_{ph}$ und die Standardabweichung σ vom Rauschen herrührt,

$$\sigma \triangleq i_n,$$

resultiert die obige Beziehung für die den entsprechenden Licht-Leistungen proportionalen Strömen im Detektor.

Der quantisierte Lichteinfall führt allein bereits zu einem inhärenten Rauschbeitrag, dem Quantenrauschen (quantum noise)

$$i_{nQ}^2 = 2\, q I_{ph} B$$

mit B Bandbreite bzw. Bitrate.

614 Optoelektronische Bauelemente

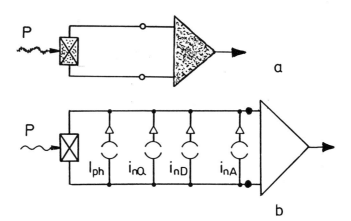

Bild 13.15: Detektor-Schaltung; a) Detektor mit Verstärker, b) Äquivalente Schaltung mit Signalstromquelle I_{ph}, Quantenrauschquelle i_{nQ}, Detektor-Rauschquelle i_{nD} und Verstärker-Rauschquelle i_{nA} (vereinfacht)

Damit ist die Quantengrenze (quantum limit) P_{minQ} des Eingangs-Signals für NEP = 1 bei Fehlen jedweder weiterer Rauschquelle zu bestimmen. Mit $i_n = i_{nQ}$ gilt

$$I_{ph}(P_{minQ}) = i_{nQ}, \text{ was zu}$$

$$P_{minQ} = \frac{2h\nu}{\eta_e} B$$

führt, oder als zugeschnittene Größengleichung

$$\frac{P_{minQ}}{pW} \approx \frac{0,4}{\eta_e} \frac{B/MHz}{\lambda/\mu m}$$

Da für BER < 10^{-9} der Photostrom $I_{ph} > 12\, i_n$ sein muß, was einem Signal-Rauschabstand von S/N $\triangleq$ 10,8 dB entspricht, ist mit $(I_{ph,min}/12)^2 = 2q\, I_{phmin} B$ der tolerierbare Photostrom I_{phmin} 144 mal größer als der der Quanten-Grenze entsprechende Wert, und es gilt für BER = 10^{-9}

$$P_{min} = 288\, \frac{h\nu}{\eta_e} \cdot B$$

bzw.

$$\frac{P_{min}}{pW} = \frac{58}{\eta_e} \frac{B/MHz}{\lambda/\mu m} .$$

Dies hat zweierlei Konsequenzen. Die erste ist, daß für die Übertragung hoher Bitraten die optische Leistung am Detektor proportional zur Bitrate ansteigen muß, was höhere Empfangsleistungen bzw. kürzere Repeater-Abstände verlangt. Die zweite Konsequenz des mit der Bitrate zunehmenden Quantenrauschens ist, daß die Anforderungen an den Detektor bzw. die Eingangs-Verstärkerstufe bezüglich deren Rauschbeträge bei großer Bandbreite geringer sind, ein Gesichtspunkt, der für die Wahl des zweckmäßigsten Photodetektors bedeutungsvoll ist.

Nimmt man als Grenze der Detektor- und Verstärker-Rauschquellen den gleichen Betrag wie beim unvermeidlichen Quantenrauschen an, gilt wegen der nichtkorrelierten Rausch-Einströmungen mit Bild 13.15b

$$\sqrt{i_{nQ}^2 + i_{nD}^2 + i_{nA}^2} \leq \sqrt{2 i_{nQ}^2} \text{ oder}$$

$$i_{nD}^2 + i_{nA}^2 \leq i_{nQ}^2 .$$

Nimmt man $i_{nA}^2 \ll i_{nD}^2$ an und setzt für i_{nD} Schrotrauschen des Detektor-Dunkelstroms I_d an,

$$i_{nD}^2 = 2q\, I_d B,$$

kann man die obere tragbare Grenze von I_d in Abhängigkeit von B angeben. Es gilt

$$I_{dmax} = \frac{i_{nDmax}^2}{2qB} = \frac{i_{nQ}^2}{2qB} = I_{ph} .$$

Da I_{ph} proportional zu B größer werden muß, um BER = 10^{-9} zu erhalten, gilt mit $I_{ph} = \eta_e \frac{q}{h\nu} P$ schließlich

$$I_{dmax} = 288 \text{ qB bzw.} \quad \frac{I_{dmax}}{pA} = 46 \frac{B}{MHz} .$$

In Bild 13.16 ist der Gang von P_{min} und I_{dmax} mit der Bitrate ($\triangleq$ B) aufgetragen. Ersichtlicherweise sind sehr dunkelstromarme Detektoren bei

616 Optoelektronische Bauelemente

niedrigen Bitraten erforderlich, während im Gbit/s Bereich relativ hohe Dunkelströme bzw. Rauschbeträge i_{nD}, i_{nA} tolerierbar sind.

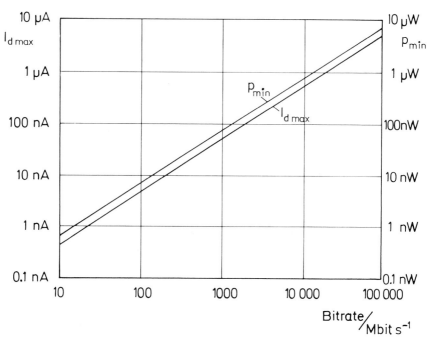

Bild 13.16: Maximal tolerierbarer Detektor-Dunkelstrom I_{dmax} und bezogene minimale optische Eingangsleistung $p_{min} = P_{min}\eta_e\frac{\lambda}{\mu m}$ in Abhängigkeit von der Bitrate für BER = 10^{-9}

Nachfolgend werden Einzelbauelemente besprochen, welche als technisch einsetzbare Detektoren Bedeutung besitzen.

Auf großflächig Anordnungen (Arrays) wird nicht eingegangen. In Kapitel 12 sind ladungsgekoppelte Verzögerungsleitungen behandelt (CCDs, Abschnitt 12.9), die in Kopplung mit Photodioden als zeilenförmige oder flächige Bildsensoren hoher Bildpunktzahl Verwendung finden. Ferner gibt es Diodenraster, welche z. B. in Fernsehaufnahmeröhren Verwendung finden (Silizium Vidicon). Neben der großflächigen Perfektheit solcher Multi-Dioden-Targets muß durch spezielle technologische Maßnahmen ein "blooming" vermieden werden, die Überstrahlung bei hoher Beleuchtungsstärke; hierzu muß auf die Spezialliteratur verwiesen werden.

13.2.1 Photoleiter

Photoleiter nutzen die bei Lichteinfall vergrößerte Trägerdichte aus, welche den Widerstand des Elementes verringert bzw. zu einem dem Dunkelstrom überlagerten Photostrom führt. Die aktive Fläche ist möglichst der Lichteinfall-Fläche anzupassen, die Dicke der Schicht der Absorptionstiefe der zu empfangenden Strahlung. Das Material muß möglichst rein sein, um den Dunkelstrom gering zu halten; das Fehlen einer Sperrschicht verlangt insoweit Dotierungen unterhalb von etwa $10^{15} cm^{-3}$.

Eine grundsätzliche Eigenschaft von Photoleitungs-Detektoren ist eine innere Verstärkung $\Gamma_i > 1$, da im Gegensatz zur Photodiode der erzeugte Photostrom größer ist als es der Menge erzeugter Elektron-Loch-Paare entspricht. Der Verstärkung hängt vom Verhältnis der Lebensdauer τ der angeregten Trägerpaare zur Laufzeit t_t durch den Photoleiter ab. Für stark unterschiedliche Geschwindigkeiten von Elektronen und Löchern, $v_n \gg v_p$, gilt näherungsweise

$$\Gamma_i \approx \frac{\tau}{t_{tn}}$$

mit t_{tn} Laufzeit der Elektronen. Praktische Werte von Γ_i liegen bei 10.

Als Beispiel sei die Herstellung eines Elementes hoher Grenzfrequenz beschrieben, mit welchem (Gbit/s)-Signale eines GaAs-Lasers detektiert werden können. Gemäß Bild 13.17 besteht das Element aus einem isolierenden Substrat, welches das photoempfindliche Material, als Mesa strukturiert, trägt und welches auch die Kontaktflecken aufnimmt. (Der elektrische Anschluß muß elektrisch reflexionsarm durchgeführt werden, will man hohe Bitraten verarbeiten; darauf sei hier nicht eingegangen.) Der aktive Bereich ist 3 µm · 5 µm groß und wird über eine Glasfaser angeregt.

Zur Herstellung der 1 µm dicken aktiven Schicht verwendet man z. B. das VPE- oder das LPE-Verfahren (siehe Teil I, Kapitel 3, Epitaxie). Wichtig ist die Vermeidung des Einbaues tiefer Störstellen in die aktive Schicht, weil dadurch das Ausschaltverhalten solcher Detektoren verlangsamt wird; es tritt hierbei ein relativ lange anhaltender Photonachstrom auf (persistent photo current). Andererseits würde eine lange Verweildauer (τ) von photoerzeugten Trägern hohe Γ_i-Werte erlauben, bei entsprechender Absenkung der Grenzfrequenz.

Für die z. B. auf semiisolierendem GaAs-Substrat abgeschiedene Epitaxieschicht wird $n \gtrsim 10^{15} cm^{-3}$ eingestellt, um den Dunkelstrom gering zu halten. Die Epitaxieschichtdicke wird auf etwa 1,5 µm begrenzt, um eine hinreichende Absorption, aber keinen zu hohen Dunkelstrom zu erhalten.

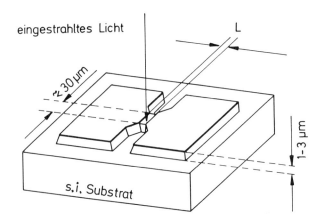

Bild 13.17: Planarer GaAs-Photoleitungsdetektor (L ≈ 3 µm)
(nach H. Beneking 1982)

Mittels einer optischen Mikroprojektion (Prinzip des umgekehrten Mikroskops, siehe Kapitel 6 Lithographie) wird der aufgeschleuderte Photolack AZ 1350 H (1,5 µm dick) belichtet und entwickelt. Es bleibt dabei die spätere aktive Detektorfläche bedeckt (Entwicklung entweder in speziellem AZ-Entwickler oder in einer Lösung von 1 mg KOH auf 80 ml Wasser).

Anschließend wird die Metallisierung für die Kontakte aufgebracht, 20 nm Ni + 300 nm AuGe (88:12) und wieder 100 nm Ni. Die Aufdampfung dieser Metallfolge geschieht im Hochvakuum, nachdem die Oberfläche 10 nm mit Ar-Ionen-Beschuß angeätzt ist. Die erste Ni-Schicht dient als Haftschicht, die obere zur besseren Benetzung und Vermeidung des Zusammenlaufens des aufgedampften Goldes bei Legiertemperatur von 465°C.

Diese Kontaktflächen werden anschließend mit 0,3 µm Au verstärkt, um später einfacher Kontaktverbindungen anbringen zu können. Die Strukturierung geschieht wie zuvor beschrieben.

Das Ätzen der Mesa-Insel geschieht durch Ionenätzen, wobei ein nicht zu steiler Ätzwinkel eingestellt wird. Die Ätztiefe kann z. B. durch mechanisches Abtasten (Pertograph) bestimmt werden.

Die dieserart hergestellten Elemente werden nach Vereinzelung (durch Sägen) auf Keramiksubstrate (Al_2O_3) aufgeklebt und mittels Bonddrähten (Thermokompression) mit auf dem Substrat vorhandenen Streifenleitungen verbunden. Der Übergang zur Leitungstechnik (Wellenwiderstand z. B. $Z_L = 50\ \Omega$) ist bei Elementen für hohe Bitraten-Detektion günstig. Im beschriebenen Fall kann z. B. die laterale Geometrie des aktiven Teils mit 3 µm · 5 µm sehr klein gewählt werden, womit eine Signalantwort mit einer Eigenanstiegszeit von kleiner 20 ps möglich wird.

Lichtsender 619

13.2.2 pn-Diode

Das klassische Detektor-Element ist die in Sperrichtung vorgespannte pn-Diode. Insbesondere ist Silizium sehr gut an die Emissionswellenlänge von GaAs-LEDs bzw. -Lasern angepaßt, wie Bild 13.18 zeigt.

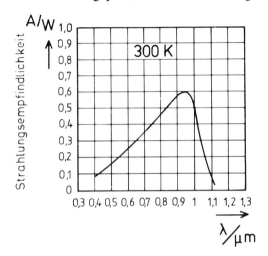

Bild 13.18: Empfindlichkeitskurve einer Silizium-Photodiode
(nach Unterlagen der Firma Texas Instruments)

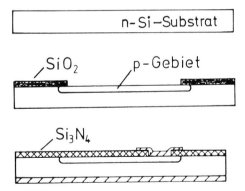

Bild 13.19: Herstellschritte einer Silizium-Photodiode
(ohne die jeweiligen Photolackschritte)

Im Fall von Silizium erfolgt die Herstellung mit dem Planarprozeß, wobei z. B. gemäß Bild 13.19 eine Deckschicht aus Si_3N_4 aufgebracht wird, um das

620 Optoelektronische Bauelemente

Element zu schützen und gleichzeitig eine Transformatorschicht zur Reflexionsminderung zu schaffen.

Die Herstellung erfolgt durch n- oder p-Diffusion in das gegendotierte Substrat, wobei ein flacher Übergang das Aufsammeln von Elektron-Lochpaaren erleichtert; die Diffusionslänge ist hinreichend groß ($\approx 0{,}1$ mm), um einen hohen inneren Quantenwirkungsgrad zu erreichen. Man verwendet auch pin-Dioden für diese Zwecke, wo die Feldzone durch s_n- bzw. s_p-Zonen vergrößert ist (siehe auch Kapitel 10 Dioden).

Vergrößert man bei Dioden die Sperrspannung in den Durchbruchsbereich hinein, tritt Trägervervielfachung auf, und der Photostrom wird entsprechend größer. Solche APDs (avalanche photo diodes) werden technisch mit Vervielfachungsfaktoren oberhalb 10 (bis 10^4) betrieben. Aus Rauschgründen soll dabei möglichst nur für eine Trägersorte der Multiplikationsfaktor α viel größer als 1 sein. Bild 13.20 ist zu entnehmen, daß α sehr stark vom jeweiligen Wert der angelegten Spannung abhängt.

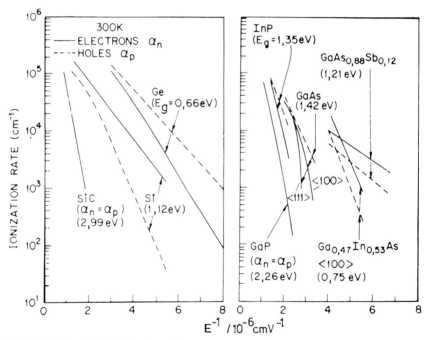

Bild 13.20: Multiplikationsfaktoren α_n, α_p für verschiedene Materialien als Funktion des reziproken elekrischen Feldes (nach S. M. Sze 1981)

Die Herstellung dieser Dioden erfolgt im Prinzip ähnlich wie oben beschrieben, nur muß ein gleichmäßiger Flächendurchbruch ohne einzelne (Mikro-) Plasmen erreicht werden. Das stellt hohe Anforderungen an die Schichthomo-

Lichtsender 621

genität (Ebenheit des pn-Überganges, Dotierung!). Zur Vermeidung parasitärer Ströme bzw. Durchbrüche wird u. U. eine Schutzring-Struktur verwandt, siehe Bild 13.21.
Zur Messung der Homogenität der Eigenschaft über die Diodenfläche kann vorteilhaft die Elektronenstrahl-Rasterung eingesetzt werden, wenn man simultan das erhaltene elektrische Signal darstellt. Die vom Kathodenstrahl erzeugten Elektron-Loch-Paare werden dabei wie optisch erzeugte abgesaugt und

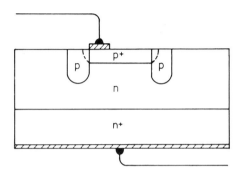

Bild 13.21: Schema einer planaren Avalanche-Photodiode mit Guardring

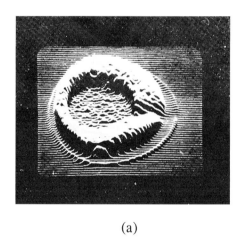
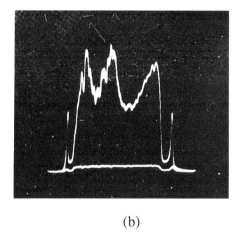

(a) (b)

Bild 13.22: Signal einer GaAs-APD bei Laser-Rasterung ($\lambda = 0,63$ µm) (nach R. A. Milano u. a. 1976); a) Gesamtdarstellung der Empfindlichkeit, b) Querabtastung bei 70 V (M = 1) und 135 V Sperrspannung (M ≈ 10)

synchron registriert. Bei einer Auflösung im µm-Bereich gelingt damit eine schnelle Charakterisierung der lateralen Empfindlichkeitsverteilung. Bild 13.22 zeigt als Beispiel das Verhalten einer Avalanche-Photodiode, wo

622 Optoelektronische Bauelemente

Inhomogenitäten z. B. der Dotierung und damit der Durchbruchspannung zu Tage treten; dort mittels eines Lasers optisch abgetastet.

Im übrigen ist der generelle Aufbau von Photodioden noch davon abhängig, ob eine Rückseiten- oder Vorderseiten-Beleuchtung vorgesehen ist, und ob die Diode als technischer Sensor oder als Empfangselement einer Glasfaser-Übertragungsstrecke dienen soll. Im letzteren Fall wird man die aktive Fläche viel kleiner (< 400 µm^2) als im ersteren (bis zu mehreren mm^2) wählen.

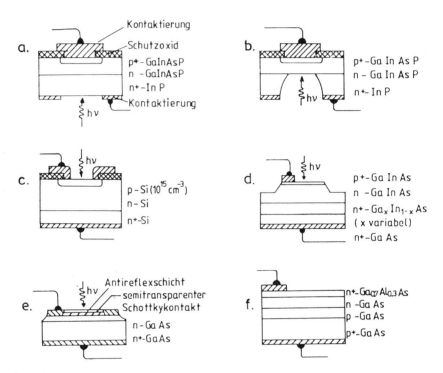

Bild 13.23: Verschiedene Photodioden-Bauformen; a. pn-Diode mit Rückseiten-Beleuchtung, b. pn-Diode mit Rückseiten-Beleuchtung und geätzter Grube, c. pn-Diode mit Vorderseiten-Beleuchtung und Randkontakten, d. pn- Diode mit Dünnschicht- Kontaktierung, e. Schottky-Diode mit durchsichtiger Kontaktierung, f. Hetero-Diode mit Fensterschicht aus Material höheren Bandabstandes

Falls das Licht von der Substratseite aus einfällt, stört die dortige Absorption, siehe Bild 13.23a. Man dünnt deswegen den Kristall, z. B. durch maskiertes chemisches Ätzen (Bild 13.23b). Verwendet man bei Vorderseiten-Beleuchtung Randkontakte, stört u. U. der Querwiderstand der obenliegenden Schicht; diese soll möglicherweise nur schwach dotiert sein (10^{15}cm^{-3}), um eine hohe Trägerlebensdauer zu gewährleisten (Bild 13.23c). Abhilfe schafft eine zusätzlich aufgebrachte, hochdotierte Epitaxieschicht (10^{19}cm^{-3}), die sehr dünn ($\approx$ 0,2 µm) und damit kaum absorbierend ist (Bild 13.23d).

Schließlich kann man auch eine z. B. aufgesputterte Kontaktschicht aus Zinnoxid bzw. Indiumzinnoxid verwenden (indium-tin-oxide ITO, In_2O_3:Sn), welche bei guter elektrische Leitfähigkeit für technisch interessierende Wellenlängen bis oberhalb 1 µm gut durchlässig ist (Bild 13.23e).

Verwendet man als eigentliches Detektormaterial eine III-V-Verbindung, lassen sich auch leicht Fensterschichten verwenden; z. B. gemäß Bild 13.23f eine hochdotierte $Ga_{1-x}Al_xAs$-Schicht mit x = 0,3 auf n-GaAs. Wie Bild 13.24 zeigt, ist dann ein hoher Bandabstandsunterschied gegeben, und im GaAlAs werden keine Quanten absorbiert, da dort hv < E_g gilt. Bei Al-haltigen Schichten ist lediglich darauf zu achten, daß für x > 0,1 Oberflächen-Oxidationen auftreten, was ohne zusätzliche Kontaktschicht zu schlechten Kontaktwiderständen führt.

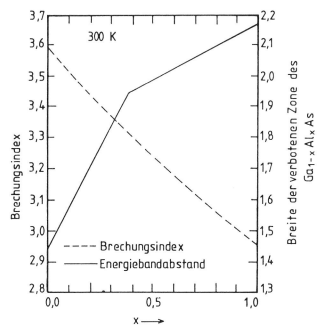

Bild 13.24: Brechungsindex und Bandabstand in eV im System $Ga_{1-x}Al_xAs$ (λ = 0,9 µm)

Eine komplizierte Struktur, die diesen Forderungen genügt, ist im Bild 13.25 gezeigt. Der Bondfleck dieser Avalanche-Diode ist über isoliertes GaAs geführt (mittels Protonen-Implantation hergestellt), um parasitäre Kapazitäten zu verringern. Die Nitridschicht dient zur Reflexionsminderung und führt zu über 90%iger Lichteinkopplung.

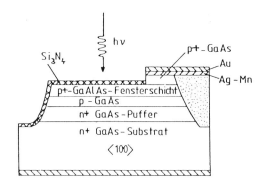

Bild 13.25: Ga$_{0.15}$Al$_{0.85}$As/GaAs Hetero-Photodiode (nach S. M. Sze 1981)

13.2.3 Schottky-Diode

Da an der Grenzfläche Halbleiter - Metall bei einer Verarmungsrandschicht ein elektrisches Feld ähnlich einer pn-Diode aufgebaut wird, kann eine solche Schottky-Diode auch als Detektor dienen. Wegen des geringeren Einflusses von Minoritätsladungsträgern reagiert sie schnell auf plötzliche Lichtwechsel und ist damit als Detektor bis in den 10 ps-Bereich hinein gut geeignet. Eine innere Verstärkung Γ ist wie bei der pn- bzw. pin-diode nicht gegeben; es sei denn, daß eine Trägervervielfachung auftritt.

Ihr Aufbau erfolgt ähnlich wie bei der pn-Diode beschrieben; lediglich entfällt der obere Halbleiterteil (Bild 13.23). Um schnelles Umschalt-Verhalten zu erzielen, sollte die Sperrschicht-Zone den Halbleiter möglichst vollständig durchdringen (Mott-Diode); damit ist der verbleibende Bahnwiderstand zu minimieren.

Verwendet man bei Vorderseiten-Beleuchtung nur Randkontakte, ist das aktive Volumen sehr begrenzt (Bild 13.23c), weil sich die Sperrschicht nur vom Rande aus ins Innere erstreckt. Man kann dann z. B. Fingerstrukturen verwenden, jedoch tritt ein entsprechender Verlust an aktivem Volumen ein. Günstiger ist eine hinreichend dünne Metallschicht (Dicke $\approx$ 20 nm), welche sowohl elektrisch leitend als auch hinreichend lichtdurchlässig ist. U. U. kann auch eine transparente ITO-Schicht (siehe vorigen Abschnitt) Verwendung finden, welche auf dem Halbleitermaterial wie ein Metall zu einem Schottky-Kontakt zu führen vermag.

Eine Abwandlung dieses Types liegt beim MSM-Detektor vor, wo bei ähnlichem Aufbau wie bei dem zuvor beschriebenen planaren Photoleiter (Abschnitt 13.2.1), zwei Schottky-Kontakte Verwendung finden. Bei Anliegen einer elektrischen Spannung ist der eine Kontakt in Sperr-Richtung, der andere in Fluß-Richtung gepolt, wobei der Aufbau so gewählt wird, daß das zwischenliegende Halbleitermaterial voll "ausgeräumt" ist, die Sperrschicht also praktisch vom einen bis zum anderen Kontakt reicht. Diese einer Integration sehr entgegenkommende Bauform ist besonders für höchste Bitraten von Interesse.

Die Herstellung von Schottky-Dioden als solche ist in dem Abschnitt Dioden behandelt und braucht hier nicht weiter erläutert zu werden (Kapitel 10).

Die in Abschnitt 10.10 eingeführte Camel-Diode ist ebenfalls als Photodiode einzusetzen, da gemäß Bild 10.18 ein ähnlicher Feldverlauf wie bei einer Schottky-Diode vorliegt, siehe auch Abschnitt 14.4.1. Tritt am Ort des Potential-Maximums eine Akkumulation von Minoritätsträgern auf, welche aus den im Feld getrennten Elektron-Loch-Paaren stammen, wird die Potentialspitze und damit die Barrierenhöhe $\emptyset_b$ abgesenkt. Dies erlaubt, bei entsprechender Verlangsamung der Signal-Antwort, eine interne Photostrom-Verstärkung. Für eine schnelle, einer Schottky-Diode entsprechende Detektion ist eine solche Speicherung zu vermeiden. Dies ist bei üblicher Auslegung der Fall, da die an die niedrigdotierte Feldzone anschließende, extrem dünn gewählte hoch-kontradotierte Schicht durchtunnelt wird, und damit keine Träger-Ansammlung auftritt.

13.2.4 Phototransistor

So wie jede Diode im Prinzip ein Lichtempfänger ist, ist es auch ein Bipolartransistor. Hierbei bildet die Kollektor-Basis-Diode die photoempfindliche Feldzone, in der die erzeugten Träger auseinandergezogen werden. Die in die (elektrisch nicht angeschlossene) Basis getriebenen Träger stellen dort den Majoritäten-Basisstrom dar, welcher mit der Stromverstärkung ß vervielfacht als Emitterstrom bzw. Kollektorstrom auftritt, siehe Bild 13.26. Der damit möglichen hohen Verstärkung steht ein relativ langsames Verhalten im Zeitbereich gegenüber.

Die innere Verstärkung beträgt, wie man Bild 13.26 entnehmen kann

$$\Gamma = 1 + \text{ß}.$$

Das Verstärkungs-Bandbreite-Produkt $\Gamma \cdot B$ ist gleich der Transitfrequenz f_t des Transistors (siehe Kapitel 11); letztere hängt invers von der Laufzeit durch die aktive Basis und die angrenzenden Sperrschichten ab. Man kann durch Mitverwendung des Basis-Anschlusses über einen äußeren Strompfad zum Emitter-Anschluß die effektive Stromverstärkung ß erniedrigen und damit die Bandbreite B erhöhen. Analog wirkt ein nicht perfekter Emitter-Basis-Übergang, wobei z. B. mittels Ionenimplantation erzeugte tiefe Störstellen eine entsprechende Wirkung haben. Die Haupt-Anwendung von Phototransistoren liegt allerdings im Nf-Bereich, wo die hohe Verstärkung ausgenutzt werden kann.

626 Optoelektronische Bauelemente

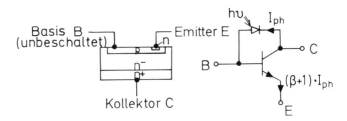

Bild 13.26: Prinzipieller Aufbau und statisches Ersatzschaltbild eines npn-Phototransistors

Für die Herstellung ist es wichtig, ein hinreichendes Sperrschichtvolumen zur Absorption der Photonen bereitzustellen und, mittels einer dünnen effektiven Basis und eines hohen Emitter-Wirkungsgrades γ (Minoritätenstrom in der Basis viel größer als der Minoritätenstrom im Emitter), eine hohe Stromverstärkung zu erzielen.

Das letztere ist am günstigsten mit Hilfe einer Hetero-pn-Verbindung (Anisotyp) zu erreichen. Ist der Bandabstand des Emitterteils E_{gE} des Transistors um ΔE_g größer als der der Basis, tritt eine starke Injektionsvergrößerung der aus dem Emitter in die Basis einfließenden Träger auf, weil die Minoritäten der Basis eine Potentialbarriere am Emitter vorfinden. Näherungsweise gilt

$$\gamma = \frac{N_E}{N_B} e^{\frac{\Delta E_g}{kT}}$$

(N_E Emitterdotierungsdichte; N_B Basisdotierungsdichte; siehe auch Kapitel 11).

Die Herstellung eines Phototransistors aus GaAs mit einem solchen widegap-Emitter durch Aufbau einer Struktur, wie sie Bild 13.27 zeigt, sei kurz skizziert; die Herstellung eines Si-Phototransistors ist der eines Nf-Transistors ähnlich, wie in Kapitel 11 Bipolartransistoren beschrieben.

Die Herstellung des Phototransistors geschieht z. B. mittels LPE (Teil I, Kapitel 3 Epitaxieverfahren). Beginnt man den Epitaxieprozeß bei 800°C und kühlt man 0,3°C/min ab, lassen sich die in Bild 2.27 gezeigten Schichten durch Verschiebung des Wafers unter den Schmelzen nacheinander wachsen. Das Trennen der Einzelstrukturen von 0,4 mm · 0,4 mm wird z. B. mittels eines Laserstrahls vorgenommen, womit eine Verdampfung längs des über die Scheibe geführten Laserstrahls hoher Energiedichte erfolgt. Bedingt durch den

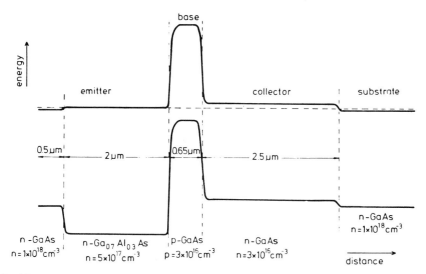

Bild 13.27: Bänderschema eines GaAlAs/GaAs-Hetero-Phototransistors (nach H. Beneking u. a. 1978)

Fenstereffekt der Emitterschicht ist eine solche Struktur nur in einem gewissen Wellenlängenbereich sensitiv. Bild 13.28 zeigt die Abhängigkeit, welche den Abfall bei Eintritt der Absorption im GaAlAs-Emitter deutlich zeigt (bei 660 nm). Die Empfindlichkeit solcher Phototransistoren ist relativ hoch, die gezeigte Struktur erzeugt 30 mA pro 10 µW einfallender Strahlungsleistung, was 3 kA/W entspricht. Eine Si-Photodiode zeigt dagegen nur etwa 0,5 A/W. Für den längerwelligen Bereich bis 1,7 µm ist das System InP-GaInAs als wide-gap-Emitter zu verwenden, oder auch die Kombination AlInAs-GaInAs.

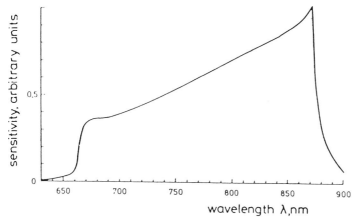

Bild 13.28: Spektrale Empfindlichkeit eines GaAlAs/GaAs-Hetero-Phototransistors (nach H. Beneking u. a. 1978)

13.2.5 Sonderformen

Eine Vielzahl unterschiedlicher Bauformen ist denkbar, wobei unterschieden werden muß zwischen hochempfindlichen, statischen Detektoren und schnell reagierenden. Die letztere Gruppe ist wegen der erforderlichen kurzen effektiven Lebensdauer erzeugter Trägerpaare relativ unempfindlich und wird z. B. als Laser-aktivierter optoelektronischer ps-Schalter bei der optoelektronischen Korrelations-Meßtechnik eingesetzt. Zur Verringerung der Träger-Lebensdauer wird im Fall eines solchen Photoleitungs-Schalters von der Ionenimplantation Gebrauch gemacht. Die erzeugte Gitter-Störung reicht dabei bis zur Amorphisierung.

Hohe Empfindlichkeiten erzielt man, wenn eine Sorte der erzeugten Trägerpaare eine relativ lange Lebendauer , z. B. durch temporäres Anlagern an einer tiefen Störstelle, besitzt. Wegen der Ladungs-Neutralität kann die andere Trägersorte eine entsprechende Menge von Trägern laufend durch die Struktur schleusen, womit eine Verstärkung $\Gamma \approx \frac{\tau}{t_t} \gg 1$ auftritt (t_t Transit-Zeit). Unter Verwendung von Übergitter-Strukturen und 'graded gap'-Anordnungen sind komplexe Detektor-Elemente herstellbar, deren Beschreibung den Umfang der Darstellung sprengen würde; hierzu sei auf die Literatur verwiesen. Das gleiche gilt für Anordnungen mit Lichtleitungs-Führung im Detektor-Bereich durch Konfigurationen mit Brechungsindex-Sprung im Sinne einer Hochfrequenz-Leitung (optische Wellenleitung, wave guide; siehe auch Abschnitt 13.5)

13.3 Lichtsender

Halbleiter-Lichtsender nutzen die Elektrolumineszenz aus, die Umwandlung der bei einer Rekombination freiwerdenden Energie in ein Strahlungsquant. Um einen hohen Umwandlungswirkungsgrad zu erzielen, muß die Wahrscheinlichkeit strahlender Rekombination viel höher sein als die Wahrscheinlichkeit nichtstrahlender Übergänge. Damit sind erstens direkte Halbleiter prädestiniert, und zweitens müssen tiefe Störstellen möglichst eliminiert werden. Auch indirekte Halbleiter können u. U. benutzt werden, wenn es wie bei GaP gelingt, isoelektrische Störstellen einzubauen, wo Excitonen strahlend rekombinieren und damit das Erfordernis eines Dreierstoßes zur Erhaltung des Impulssatzes umgehen. Ansonsten ist die Emission nichts anderes als die Umkehrung der Absorption.

Wie bei den Detektoren gibt es für Lichtsender charakteristische Größen, die nachstehend erläutert sind:

Der Quantenwirkungsgrad η_Q ist die Zahl erzeugter Photonen pro Rekombinationsakt.

Der äußere (oder externe) Quantenwirkungsgrad η_{ext}, η_a ist die aus dem Bauelement insgesamt austretende Zahl von Quanten pro in das Bauelement eintretendem Ladungspaar.

Der Injektionswirkungsgrad η_{Inj} ist der Anteil des einfließenden elektrischen Stromes I, der tatsächlich zu einem Rekombinationsakt führt.

Damit ist die innere (interne) Quantenausbeute $\eta_i = \eta_{Inj} \eta_Q$.

Von dem im Inneren des Bauelementes erzeugten Licht gelangt nur ein Teil η_{opt} nach außen, da Totalreflexion und Selbstabsorption die Zahl der austretenden Quanten gegenüber den insgesamt erzeugten verringern. Damit ist die äußere (externe) Quantenausbeute $\eta_a = \eta_{opt} \cdot \eta_i$. Sie ist mit

$$\eta_a = \frac{q}{h\nu} \frac{P_{h\nu}}{I}$$

zu ermitteln, wenn $P_{h\nu}$ die insgesamt außen auftretende Strahlungsleistung der Lichtfrequenz ν ist und I der elektrische Strom. Die differentielle Quantenausbeute η_{diff} ist insbesondere bei Laserdioden wichtig und definiert als

$$\eta_{diff} = \frac{q}{h\nu} \frac{dP_{h\nu}}{dI} \ .$$

$dP_{h\nu}/dI$ ist hierin die Änderung der Lichtleistung $P_{h\nu}$ mit dem treibenden Strom I durch die Diode.

Bei Laserdioden ist ferner eine charakteristische Temperatur T_0 wichtig, welche in der Beziehung

$$J_{th} \approx J_{th}(T_0) e^{\frac{T-T_0}{T_0}} \quad \text{bzw.} \quad J_{th}(T_2) \approx J_{th}(T_1) e^{\frac{T_2-T_1}{T_0}}$$

auftritt. Damit wird die thermisch bedingte Verschiebung der Schwellstrom-Dichte J_{th} für das Auftreten einer stimulierten Emission erfaßt. Die Schwellstrom-Dichte J_{th} ist der Stromdichtewert, ab dem die äußere Lichtleistung einer Laserdiode scharf ansteigt, was ein Zeichen für den Einsatz der stimulierten Emission darstellt; bei höheren Temperaturen verschiebt sich dieser Wert gemäß der Größe von T_0 nach höheren Werten ($T_0 \approx 100K$, abhängig vom Material und Technologie).

Für den die Elektrolumineszenz bewirkenden Rekombinationsakt müssen Elektronen und Löcher gleichermaßen bereitgestellt werden. Dies geschieht mittels einer pn-Verbindung durch Trägerinjektion von Elektronen in ein p-Gebiet, von Löchern in ein n-Gebiet oder beider Injektion in ein i-Gebiet. Günstig ist hierbei die Verwendung einer Hetero-Barriere, da damit bei der Injektion die gewünschte Trägersorte bevorzugt werden kann, siehe Kapitel 11

630 Optoelektronische Bauelemente

jektion die gewünschte Trägersorte bevorzugt werden kann, siehe Kapitel 11 Bipolartransistoren. Ein solches elektrischen Confinement kann durch ein optisches ergänzt werden, womit eine Wellenführung der erzeugten Strahlung erreicht werden kann; letzteres ist für Halbleiter-Laser von wesentlicher Bedeutung, siehe Abschnitt 13.3.4.

Direkte Halbleiter erlauben insoweit eine direkte Konversion der Bandabstand-Energie in Lichtquanten. Wünscht man das Confinement elektrisch oder optisch einzusetzen, muß man technologisch auf exakte Gitteranpassung der verschiedenen Schichten achten, andernfalls rekombinieren Injektionsströme an den Grenzflächen strahlungslos, und der Wirkungsgrad geht gegen Null. Mögliche Materialkombinationen sind Bild 13.29 zu entnehmen, siehe auch Teil I, Kapitel 3. Das System GaAs-GaAlAs ragt ebenso wie das InP-GaInAsP-System heraus; letzteres ist in Bild 13.30 speziell dargestellt. Man erkennt, daß man dort weitgehende Freiheit bezüglich der Hetero-Übergänge und der Wahl von E_g, also der Emissionswellenlänge und der Materialzusammensetzung hat.

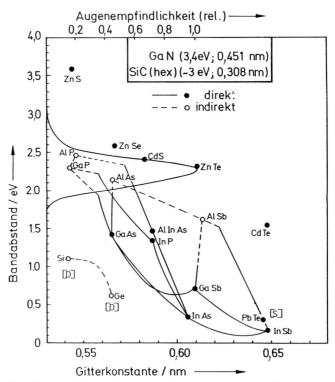

Bild 13.29: Abhängigkeit des Bandabstandes von der Gitterkonstante (unbezeichnet: Zinkblendestruktur, D: Diamantstruktur, S: Steinsalz)

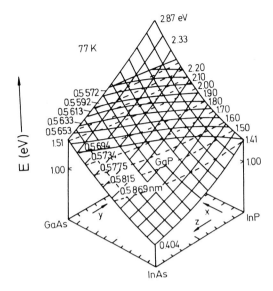

Bild 13.30: Bandabstand und Gitterkonstante in $Ga_xIn_{1-x}As_zP_{1-z}$
(nach W. R. Hitchens u. a. 1975)

13.3.1 Homojunction-Lumineszenzdiode (GaAs)

Bei der Diodenkonstruktion ist die Selbstabsorption zu beachten, welche in hochdotiertem p-GaAs etwa 10 mal höher ist als in hochdotiertem n-Material. Die einfachste Herstellmethode besteht in der Si-Dotierung des Kristalls, wodurch wegen des amphoteren Einbaus in einem Arbeitsgang sowohl der n- wie der p-Teil gewachsen werden kann (siehe Kapitel 10 Dioden).

Wird das Substrat an der Lichteinfallstelle bis hin zum eigentlichen aktiven Bereich gedünnt, wie für eine Detektorstruktur in Bild 13.23b gezeigt, liegt eine als Burrus-Diode bezeichnete Struktur vor.

Die Emission findet je nach Si-Anteil bei 1,24 eV bis 1,35 eV statt, was 1000 nm bis 930 nm entspricht, siehe Bild 13.31. Das Absorptionsmaximum einer Si-Photodiode entspricht dem fast, so daß für eine Datenübertragung oder als Lichtschranke diese Kombination gut geeignet ist, vgl. Bild 13.18.

Äußere Quantenwirkungsgrade solcher GaAs-Si-Dioden liegen oberhalb 10%, erheblich höher als bei im Sichtbaren emittierenden Dioden, siehe Tabelle 13.2.

Es fällt auf, daß in der Tabelle blau als Farbe fehlt. Hierzu wäre ein höherer Bandabstand eforderlich, also Materialien wie GaN oder SiC. Wenn auch Exemplare von blau-leuchtenden LEDs aus diesen Materialien vorliegen, stehen bisher die geringe Ausbeute und der hohe Preis einer technischen Anwendung entgegen.

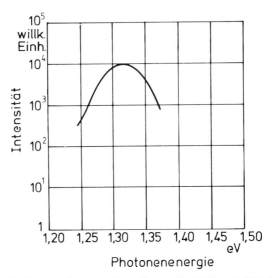

Bild 13.31: Emissionsspektrum einer GaAs:Si-LED bei 300 K (nach G. Winstel u. a. 1980)

Tabelle 13.2: Vergleich der verschiedenen LED (nach G. Winstel u.a. 1980); * Beste gemessene Werte handelsüblicher LED; a) bei 1 A/cm^2, b) bei 50 A/cm^2, c) bei 500 A/cm^2, d) bei 500 A/cm^2, e) bei 100 A/cm^2

LED-Material	Substrat	Farbe	Mittleres photometrisches Strahlungsäquivalent lm/W	Äußerer Quantenwirkungsgrad in % Durchschn.- u. Bestwert		Lichtausbeute lm/W
GaP:Zn,O	GaP	rot-orange	20	4,0 / 15	(a)	0,6 / 3,0
GaAs$_{0,6}$P$_{0,4}$	GaAs	rot	75	0,2 / 0,5*	(b)	0,15/ 0,4
GaAs$_{0,35}$P$_{0,65}$:N	GaP	rot-orange	190	0,4 / 0,6*	(c)	0,8 / 1,2
GaAs$_{0,15}$P$_{0,85}$:N	GaP	gelb	400	0,2 / 0,3*	(d)	0,9 / 1,4
GaP:N	GaP	gelb-grün	610	0,1 / 0,7	(e)	0,6 / 4,5

13.3.2 Heterojunction-Lumineszenzdiode (GaAlAs-GaAs)

Wie Bild 13.24 ausweist, steigt der Bandabstand von $Ga_{1-x}Al_xAs$ mit x kontinuierlich an. Gleichzeitig verschiebt sich das Emissionsmaximum nach kürzeren Wellenlängen ins Sichtbare. Der Wirkungsgrad sinkt jedoch stark ab, wie Bild 13.32 zeigt. Deswegen strebt man mit Hilfe eines Confinements eine höhere Lichtausbeute an. Eine für visuelle Beobachtung zweckmäßige Optimierung liegt dann vor, wenn die zum Infrarot hin abfallende Augenempfindlichkeit V (λ) mit der in dieser Richtung ansteigenden Quantenausbeute η_a gerade ein Maximum ergibt. Mit Bild 13.33 ist dies für $\lambda \approx 670$ nm der Fall, eine im Roten liegende Wellenlänge.

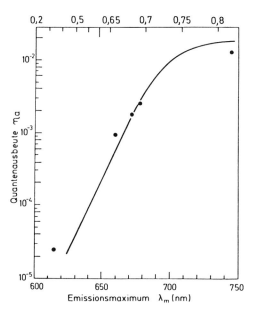

Bild 13.32: Äußere Quantenausbeute η_a in Abhängigkeit vom Emissionsmaximum λ_m bei 300 K. Die durchgezogene Linie ist eine theoretische Kurve. Obere Skala: λ_m entsprechende Werte der Kompositionsvariablen x des $Ga_{1-x}Al_xAs$. (nach G. Schul 1972)

In Bild 13.34 ist die Schichtenfolge einer entsprechenden Diode angegeben. Die Schichten sind mittels LPE gewachsen. Auf ein Te-dotiertes Substrat (n = $1 \cdot 10^{18} cm^{-3}$, Orientierung <100>) wird zunächst eine Te-dotierte $Ga_xAl_{1-x}As$-Schicht mit gleichem Al-Gehalt aufgewachsen. Die dritte Schicht ist ebenfalls Zn-dotiert, besitzt aber einen größeren Al-Anteil als die ersten beiden Schichten. Sie dient vornehmlich dazu, den Strom von Kontakt zum pn-

634 Optoelektronische Bauelemente

Übergang gleichmäßig zu verteilen. Der größere Bandabstand verhindert eine starke Absorption der entsprechenden Rekombinationsstrahlung, deren Wellenlänge durch Variation des Aluminiumgehaltes in den ersten beiden Schichten eingestellt werden kann.

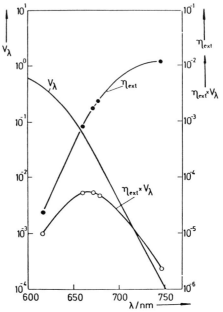

Bild 13.33: Augenempfindlichkeitsdkurve V_λ, Quantenausbeute η_a und das Produkt $V_\lambda \times \eta_a$ beider Größen als Funktion der Wellenlänge (nach P. Mischel 1972)

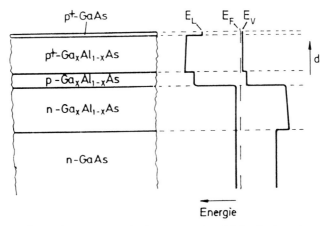

Bild 13.34: Aufbau einer Zn-Te-dotierten Mehrschichtdiode mit zugehörendem Energiebänder-Schema (nach G. Schul 1972)

Um Kontaktierungsschwierigkeiten, wie sie bei $Ga_xAl_{1-x}As$ üblicherweise auftreten, auszuschalten, ist eine vierte Schicht aus GaAs aufgebracht. Zur Vermeidung starker Absorption muß diese Schicht entweder sehr dünn sein ($\approx 0{,}1$ µm) oder bis auf die Kontaktgebiete weggeätzt werden. Eine für hell leuchtende Dioden zweckmäßige Schichtenfolge ist im folgenden angegeben:

n-GaAlAs (x=0,3)	$E_g = 1{,}85$ eV	$d_1 = 5$ µm
p-GaAlAs (x=0,3)	$E_g = 1{,}85$ eV	$d_2 = 2$ µm
p$^+$-GaAlAs (x=0,6)	$E_g = 1{,}95$ eV	$d_3 = 5$ µm
p$^+$-GaAs (x=0)	$E_g = 1{,}43$ eV	$d_4 = 0{,}1$ µm .

Die Herstellung geschieht mit dem Schiebetiegel-Verfahren, wie im Teil I, Kapitel 3 Epitaxieverfahren, beschrieben. In Bild 13.58 (Abschnitt 13.5) ist der LPE-Herstellprozeß eines ähnlichen Dioden-Systems dargestellt.

Das sich ergebende Emissionsspektrum ist in Bild 13.35 dargestellt. Bei 77 K ist neben dem Hauptmaximum (a) noch eine auf die Rekombination in GaAs-zurückgehende längerwellige Strahlung zu erkennen (b).

Laserdioden werden prinzipiell in der gleichen Weise hergestellt, wie die hier beschriebene Heterodiode, siehe Abschnitt 13.3.4. Will man bei noch längerer Wellenlänge eine hohe Effizienz erreichen, ist als wide gap Material auf GaAlAs das ternäre Material GaInP zu verwenden, wie Bild 13.29 zu entnehmen ist.

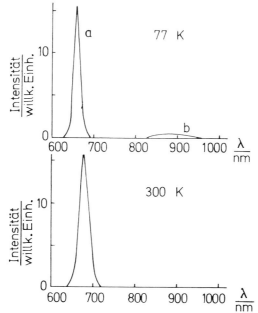

Bild 13.35: Emissionsspektren einer $Ga_{0,67}Al_{0,33}As$-Diode bei 77 K und 300 K (Stromdichte 5A/cm^2) (nach G. Schul 1972)

13.3.3 Lumineszenzdiode mit isoelektronischen Störstellen (GaP)

Wie Bild 13.29 ausweist, sind III-V-Halbleitermaterialien, deren Bandabstand einer Strahlung im Sichtbaren entspricht, indirekte Halbleiter. Dies bedeutet eine geringe Rekombinationswahrscheinlichkeit, da wegen der notwendigen Erhaltung von Energie und Impuls zumindest ein Dreierstoß, also die Mitwirkung eines Phonons neben dem zu emittierenden Lichtquant, erforderlich ist.

Dennoch sind solche Materialien als Lichtsender brauchbar, wenn isoelektronische Störstellen oder entsprechend wirkende Störstellenkomplexe eingebaut werden. Isoelektronische Störstellen sind solche, deren Elektronenkonfiguration voll einem der Partner des Wirtsgitters entspricht. Sie wirken als isoelektrischer Akzeptor, wenn das betreffende Störatom eine höhere Elektro-Negativität als das verdrängte Wirtsgitter-Atom besitzt; dies gilt z. B. für Stickstoff in GaP auf einem Phosphorplatz. Das Umgekehrte ist ebenfalls möglich.

Die schwach gebundene negative Ladung, ein aus dem Leitungsband einfließendes Elektron, bildet über seine Coulomb-Feld-Anziehung mit einem Loch ein gebundenes Exciton, dessen Energie etwas geringer ist als zur Band-Band-Anregung erforderlich wäre. Wegen der gegenüber einer Anlagerung des Elektrons an einem normalen Donator um mehr als 100fach erhöhten Aufenthaltswahrscheinlichkeit des Elektrons am isoelektrischen Akzeptor tritt der erwünschte Emissionsvorgang dort relativ stark auf, wobei über die Störstelle die Phononen-Ankopplung erfolgt.

Wenn man also Stickstoff-Störstellen auf P-Plätzen in einem Injektionsgebiet in GaP einbringt (ähnlich wirken Zn-O-Komplexe, welche bei LPE-Material Bedeutung besitzen), tritt trotz indirekten Materials eine für technische Anwendungen hinreichende Lichtausbeute von etwa 0,5 Lumen pro Watt an solchen pn-Strukturen auf (äußerer Quantenwirkungsgrad $\approx$ 0,5%).

Da die Emission an das Vorhandensein der isoelektronischen Störstellen geknüpft ist, tritt bei der gegebenen Excitonen-Zerfallzeit von etwa 0,1 µs eine von der Störstellendichte N_N abhängige Sättigung der Lichtausbeute auf.

Die Emission erfolgt im Sichtbaren, wobei die emittierte Strahlung der Zerfallsenergie der Excitonen $E_{Exc} < E_g$ entspricht. Das Emissionsmaximum kann von grün zu gelb und orange verschoben werden, während für rot leuchtende Dioden meist ein Stickstoff- dotierter Mischkristall $GaAs_{1-x}P_x$ Verwendung findet (x = 0,65); für x = 0,85 lassen sich mit diesem Material auch gelb leuchtende Dioden erzielen.

Wächst man entsprechende Schichtfolgen von $GaAs_{1-x}P_x$ auf GaP auf, muß man durch eine graduelle Änderung der Zusammensetzung x die Gitteranpassung näherungsweise erreichen. Bild 13.36 zeigt den Aufbau einer solchen Diode, bei welcher zunächst mittels Gasphasenepitaxie die Schichtstruktur gewachsen und dann die p-Diffusion durchgeführt wird.

Lichtsender 637

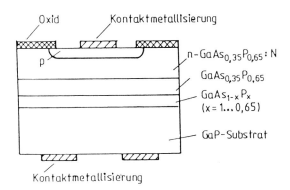

Bild 13.36: Schematischer Aufbau einer GaAsP:N-LED

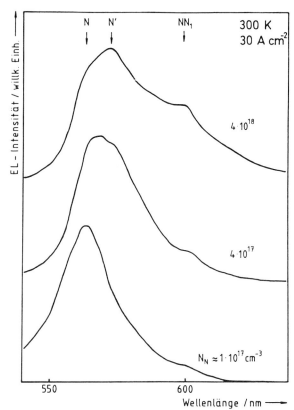

Bild 13.37: Raumtemperatur-Elektrolumineszenz von GaP:N-MOVPE-Dioden mit unterschiedlicher N-Dotierung (nach H. Roehle 1982)

638　Optoelektronische Bauelemente

Die Verschiebung des Emissionsmaximums von grün nach gelb bei GaP ist vom Stickstoffeinbau abhängig; Bild 13.37 zeigt dies für mittels MOVPE hergestellte Dioden.

Großtechnisch wird für LEDs im übrigen nach wie vor die Flüssigphasen-Epitaxie eingesetzt, siehe Kapitel 3 Epitaxie. Das dabei verwandte Dip-Verfahren des Eintauchens ganzer Wafer in die Schmelze erlaubt wegen der hohen Zahl gleichzeitig epitaxierbarer Scheiben (mehr als 100) eine rationelle Fertigung.

Zur Untersuchung von Lumineszenz-Dioden ist die Tieftemperatur-Photolumineszenz oder -Kathodolumineszenz von hoher Bedeutung. Es lassen sich damit Lage und Dichte eingebauter Störstellen erkennen und diese zumeist auch identifizieren. Bild 13.38 zeigt entsprechende Spektren, die bei 5 K aufgenommen wurden. Man erkennt die Zunahme von Spektrallinien mit der N-Dotierung, welche benachbarten Stickstoffatomen zuzuordnen sind. Mit NN_m (m = 1-8) sind Linien bezeichnet, welche die atomare Nachbarschaft charakterisieren (NN_1 nächstbenachbarte N-Atome, usw.).

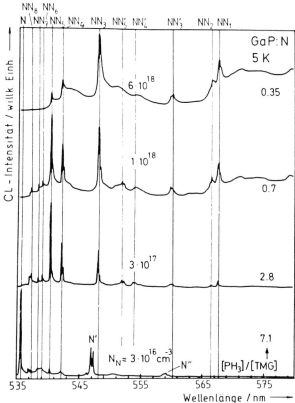

Bild 13.38: Abhängigkeit des Kathodolumineszenzspektrums von MOVPE-GaP:N vom Verhältnis $(PH_3)/(TMG)$ (nach H. Roehle 1982)

13.3.4 Laserdiode

Es gibt eine Vielzahl von Mehrschichtstrukturen, welche zu Lasern führen. Die meisten Anordnungen verwenden eine vergrabene aktive Zone (BH buried heterojunction). Ziel ist jeweils, einen Monomode-Betrieb möglichst bei Raumtemperatur oder bis zu + 70°C Betriebstemperatur zu erreichen. Hierzu muß ein optisches und elektrisches Confinement eingesetzt werden (siehe Abschnitt 13.1.3), was mittels Mehrschichtfolgen zu realisieren ist. Insoweit wird eine einfache Diodenstruktur gemäß Bild 13.39a praktisch nicht verwendet; auch die SH-Struktur gemäß Bild 13.39b (single heterojunction) reicht meist nicht aus.

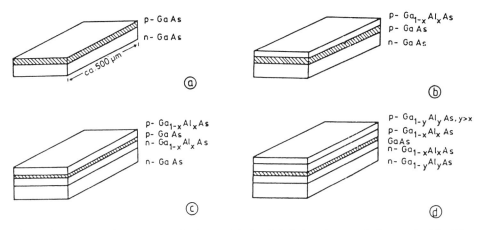

Bild 13.39: Schichtenfolge in $Ga_{1-x}Al_xAs$-Injektionslasern (schematisch). Die aktive Schicht ist jeweils schraffiert gezeichnet; Stromfluß von oben nach unten.

Beim für 300 K-Betrieb prädestinierten DH-Laser (double heterojunction) ist die elektrische und optische Einengung mit demselben Schichtensystem vorgenommen, wie es schematisch Bild 13.39c zeigt. Die elektrische Einengung kann zur Erzielung einer möglichst niedrigen Schwellstromdichte J_{th} (Größenordnung ($\lesssim$ 1 kA/cm^2 für gängige Strukturen) noch schmäler ($\lesssim$ 0,2 μm) gewählt werden, als es zur optischen Wellenführung zweckmäßig ist. Dies führt zur Struktur mit doppeltem Confinement (DHC), wo gemäß Bild 13.39d beiderseits der Rekombinationszone zwei Sprünge der Materialzusammensetzung existieren. Die optische Wellenführung wird dabei z. B. 0,5 μm hoch gewählt, die elektrische 0,1 μm. Die Herstellung solcher komplexer Laser geschieht zumeist mittels MBE oder MOVPE, wo programmgesteuert entsprechende Schichtfolgen reproduzierbar hergestellt werden können (siehe weiter unten).

Die hierbei für das elektrische und optische Confinement einzusetzenden Schichten müssen hinreichende Sprünge im Bandabstand (ΔE_g) bzw. Brechungsindex (Δn^*) ermöglichen. Der n*-Sprung kann relativ niedrig gewählt werden, während die Diskontinuität im Bandabstand ΔE_g möglichst groß sein soll. Bei der technologischen Auslegung ist hierbei jedoch auf mögliche Verspannungen und u. U. höhere Bahnwiderstände im Breitband-Material Rücksicht zu nehmen. Bei auf GaAs aufgebauten Laser-Strukturen ist neben GaAlAs gitterangepaßt GaInP einsetzbar, bei auf InP basierenden GaInAsP-Lasern neben InP auch AlInAs; letzteres Material ermöglicht die höchste Barriere.

Die seitliche Einengung ist für die Ausbildung eines stabilen Schwingungsmodus ebenfalls wichtig; für die Stromführung bedeutet sie Vermeidung parasitärer Parallel-Ströme und damit unnötiger Verlustleistung. Man verwendet Streifenbreiten der Größenordnung 20 µm, welche mittels einer Isolationsimplantation (z. B. mittels Protonenbeschuß oder Al_2O_3-Schicht) zur vertikalen Stromeinengung zu definieren sind. Das Verhalten von Laserdioden mit lateraler Variation des Brechungsindex zur Wellenführung (index guiding) oder des Stromverlaufs (gain guiding) ist unterschiedlich, hierzu muß auf die Spezialliteratur verwiesen werden. Bild 13.40 zeigt schematisch verschiedene Formen der seitlichen Begrenzung, ohne vollständig zu sein.

Wesentlich ist neben dem optischen und elektrischen Confinement, daß das emittierende System in einen optischen Resonator eingebettet ist, um die optische Rückkopplung sicherzustellen. Neben Fabry-Perot-Resonatoren werden periodische Strukturen (Korrugationen) verwandt, welche über eine Bragg-Reflexion die Rückkopplung ermöglichen (DFB laser, distributed feedback; oder DBR-Strukturen, distributed Bragg reflection, falls die Reflexion außerhalb der elektrischen Anregungsstelle erfolgt).

Die letzteren Formen sind deswegen bedeutsam, weil eine hohe Modulationsfähigkeit noch im oberen GHz-Bereich erzielt werden kann, ohne daß eine starke Wellenlängen-Änderung während der Puls-Anregung (chirping) vorliegt. Besondere Anforderungen an die Frequenzkonstanz liegen vor, wenn zur Erhöhung von Kanalzahl und Empfindlichkeit auf einen Überlagerungsempfang (Heterodyne-Prinzip) übergegangen werden soll. Dann sind im allgemeinen temperturkompensierte äußere Resonatoren nicht zu vermeiden.

Bild 13.41 zeigt verschiedene Lösungen für DFB-Laser; die Definition der "gratings" wird z. B. photolithographisch mittels Stehwellenbelichtung vorgenommen. Man erkennt die komplizierte Schichtenfolge; insoweit sind DBR-Strukturen etwas leichter herzustellen.

Die holographische Erzeugung der periodischen Materialstruktur mit an die Laser-Wellenlänge angepaßter räumlicher Periode (z. B. 0,35 µm) wird mittels eines größeren Gas-Lasers vorgenommen, dessen kohärente Strahlung durch zwei Umlenkspiegel nach Strahlteilung zur Interferenz gebracht wird, siehe Bild 13.42. Diese Stehwelle belichtet den dünn aufgebrachten Photolack jeweils an den $\lambda/2$ entfernten Stellen des Intensitätsmaximums, so daß schließlich die gewünschte Korrugation geätzt werden kann. Beim Überwachsen einer solchen welligen Oberfläche mit der nachfolgenden Epitaxieschicht besteht die Gefahr der Rücklösung der Korrugationsschicht und damit Verringerung der räumlichen Amplitude (Bruchteil von 1 μm).

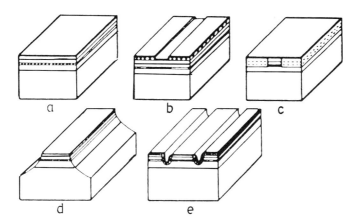

Bild 13.40: Kontaktgeometrien von Halbleiterlasern (nach A. Gattung 1975); a) ganzflächiger Kontakt ("broad area"), b) Streifenlaser mit Oxidisolation, c) Streifenlaser mit Isolation durch Protonenbeschuß, d) Mesalaser, e) Hybridtyp

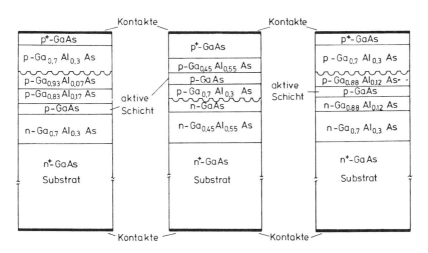

Bild 13.41: Schichtenfolgen für Laser mit verteilter Rückkopplung (DFB) (nach G. Schul 1978)

642 Optoelektronische Bauelemente

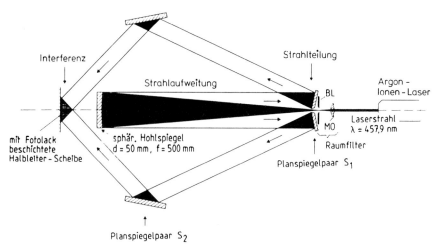

Bild 13.42: Aufbau einer Laserstrahl-Interferenz-Apparatur
(nach R. Aulbach 1981)

Eine weitere Herstell-Möglichkeit bietet die Elektronenstrahl-Lithographie, womit man auch unperiodische gratings erzeugen kann, oder ein direktes (Trocken-) Ätzen mit fokussiertem Ionenstrahl (FIB focused ion beam etching) bei gröberen Korrugationen (siehe z. B. Bild 13.52). Die Herstellung der Fabry-Perot-Resonatoren erfolgt durch mechanisches Brechen längs einer {110}-Ebene oder, weniger gebräuchlich, auch durch Ätzen. Das letztere ist jedoch bei einer angestrebten Integration von Laser und optischer Schaltung auf demselben Substrat günstiger (siehe auch Abschnitt 13.5).

Wichtig ist in diesem Zusammenhang der Schutz solcher Spiegelendflächen gegen Korrosion, da die hohe Lichtleistung von etwa 10^5 W/cm^2 eine starke Beanspruchung bedeutet. Man versieht hierzu die Endflächen der Laser mit einer Deckschicht aus z. B. Al_2O_3, was bei einer Schichtdicke von $\lambda/2$ die Schwellstromdichte nicht erhöht. Die Langzeitkonstanz der ohne eine solche Beschichtung mit der Betriebsdauer langsam ansteigenden Schwellstromdichte wird dadurch wesentlich verbessert.

Auf die Vielzahl der technologischen Möglichkeiten zur Herstellung von Laser-Dioden mit Hetero- und Doppelhetero-Strukturen kann hier nicht eingegangen werden, dazu sei auf die Literatur vewiesen. Es sei jedoch ein einfaches Labor-Herstellverfahren dargestellt, ohne auf die Theorie der stimulierten Emission einzugehen. Wenn auch meist planare Anordnungen bzw. vergrabene aktive Bereiche Anwendung finden, sei hier eine Mesa-Struktur gemäß Bild 13.40d beschrieben; zur Wärmeabfuhr wird dann eine upside-down-Montage durchgeführt, um die Wärmesenke nahe der Verlustleistungsquelle am pn-Übergang zu haben. Dies ist für Raumtemperatur-Betrieb essentiell; Bild 13.43 zeigt eine Aufbaumöglichkeit für Laser mit hohem Schwellstrom.

Lichtsender 643

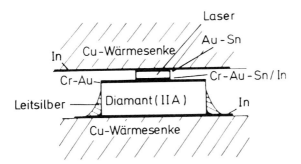

Bild 13.43: Laser mit Diamant-Wärmesenke (nach A. Gattung 1975)

Zur Orientierung der Längsrichtung der Laserstrukturen wird zunächst am Rande der bereits kontaktierten Halbleiter-Plättchen ein kleines Segment abgespalten, wodurch die Lage der (110)-Ebene als Resonatorendfläche gegeben ist. Ein solches Abspalten (cleaving) ist wegen der schwachen Kristallbindung senkrecht zur {110}-Ebene relativ einfach zu bewerkstelligen und führt bei ansonsten passend justierter Laserstruktur zu perfekten Resonatoren. Im Falle einer integriert aufgebauten Laserdiode hingegen wäre nur ein Ätzprozeß einsetzbar, wenn man vom Micro-cleaving absieht (Brechen nach Unterätzung), siehe dazu Abschnitt 7.2.

Um die dünnen Plättchen während der weiteren Bearbeitungsschritte gegen Zerstörung zu schützen, werden sie mit der n-Seite auf kreisförmige Teflonscheiben mit einem in Aceton löslichen Kunstharz aufgeklebt.

Zur Vorbereitung der Mesaätzung werden nun auf der p-seitigen Oberfläche der Galliumarsenid-Plättchen Streifen von 200 µm Breite in einem Abstand von 600 µm durch eine in Trichlorethylen gelöste Pizeinmasse mit Hilfe einer mechanischen Maske abgedeckt. Durch Ritzen der Plättchen parallel an den abgedeckten Streifen wird dann die Trennlinie der Laserelemente in Längsrichtung festgelegt. Der Ritzgraben vertieft sich bei der anschließenden Mesaätzung derart, daß nach Abschluß des Prozesses die Plättchen an dieser Stelle völlig durchgeätzt sind. Die Ätzung selbst erfolgt in einer Lösung, bestehend aus 110 ml H_2O + 0,4 g $AgNO_3$ + 50 g CrO_3 + 50 ml HF (48%). Die Scheiben werden in einem um seine Längsachse rotierenden Becher geätzt, der gegen die Vertikale etwas geneigt ist. Bei einer Badtemperatur von 40°C beträgt die Ätzzeit etwa 10 min.

Nach erfolgter Ätzung wird die Pizeinabdeckung in einem Trichlorethylen-Bad entfernt. Anschließend werden die Mesastreifen in Aceton von ihren Teflonträgern gelöst. Zur Beseitigung der noch verbleibenden Kunstharzreste ist ein mehrmaliges Spülen der Streifen in Aceton unbedingt erforderlich.

Durch die nun erfolgende Querspaltung in {110}-Ebenen, deren Richtung bereits durch die anfängliche Segmentabspaltung vorgegeben ist, entstehen die

644 Optoelektronische Bauelemente

Resonatorendflächen, deren Abstand die Laserlänge bestimmt. Übliche Längen liegen im Bereich zwischen ca. 200 μm und 300 μm. Abschließend werden die fertigen Laserelemente noch mit elektrischen Zuleitungen versehen und z. B. auf einen Sockel bei ca. 300°C unter Formiergasatmosphäre aufgelötet. Will man Laserdioden mit extremer Frequenz-Stabilität herstellen, muß die Resonatorlänge stark vergrößert werden, z. B. durch äußere Spiegel-Anordnungen; dies ist z. B. beim optischen Überlagerungs-Empfang (heterodyne) notwendig.

Die Schichtenfolge selbst wird durch LPE strukturiert, wobei heutige Laserstrukturen aktive Bereiche der Dicke unterhalb 1 μm besitzen, in denen die wesentliche Rekombination erfolgt; die Streifenbreite b ist kleiner 20 μm, um Monomode-Betrieb zu ermöglichen (Aussendung nur einer Wellenlänge, hohe Kohärenzlänge).

Charakteristisch für die Laser-Emission ist das Auftreten eines Schwellstromwertes I_{th}, unterhalb dessen normale Elektrolumineszenz mit breiter Spektralverteilung vorliegt. Für $I > I_{th}$ wird das Spektrum auf eine (oder mehrere) schmale Linien zusammengeschnürt. Verbunden damit ist ein Knick in der Lichtausbeute-Kurve, wie es Bild 13.44 für ein Beispiel andeutet; die differentielle Quantenausbeute η_{diff} steigt dann steil an.

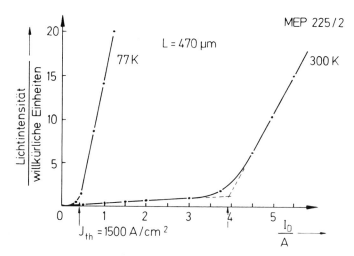

Bild 13.44: Lichtintensität über dem Diodenstrom bei 300 K und 77 K für eine Diode mit hoher Schwellstromdichte (Bestwerte bei 300 K inzwischen unterhalb 0,1 kA/cm²) (nach A. Gattung 1975)

Aus Bild 13.44 ist auch die starke Verringerung der Schwellenstromdichte bei niederer Temperatur entsprechend der Formel $J_{th} \approx J_{th}(T_o) e^{\frac{T-T_o}{T_o}}$ zu entnehmen. Während sich bei GaAs-Lasern die Erhöhung von J_{th} mit der

Temperatur bei Betrieb des Elementes in Grenzen hält, existiert bei GaInAsP-Lasern für den längeren Wellenlängenbereich ein "T_o-Problem" wegen der starken Auswanderung von J_{th} mit der Temperatur ($T_o \approx 50°C$, wahrscheinlich bedingt durch Auger-Übergänge im Laser).

Die Ankopplung einer Lichtleit-Faser stellt wegen der geringen Apertur von Laser-Strahler und Faserende ein Problem dar, auch muß die eingekoppelte Lichtleistung auf Konstanz geregelt werden. Das der Spiegelfläche des Lasers gegenüberstehende Glasfaserende besitzt z. B. eine Linsenanschmelzung; eine exakte Justierung ist in jedem Fall erforderlich.

Im Fall einer LED ist dies einfacher zu bewerkstelligen, da keine Spiegelflächen berücksichtigt werden brauchen. Bild 13.45 gibt ein Aufbaubeispiel für letzteren Fall, wo durch den äußeren Aufbau, speziell die Isolationsschicht 6, die Emission im Sinne einer von Burrus angegeben Diode auf den notwendigen Bereich begrenzt ist (REED restricted edge emitting diode). Bei Laser-Dioden wird ähnlich wegen der Modenreinheit und Strombegrenzung vorgegangen, wie zuvor ausgeführt (Bild 13.40).

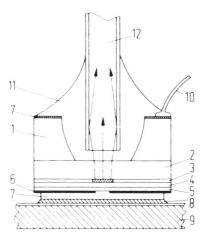

Bild 13.45: Schematischer Aufbau einer GaAs (Ga,Al) As-Doppelheterostrukturdiode als Flächenemitter mit Ankopplung an eine Glasfaser für einen Einsatz in der optischen Nachrichtenübertragung. (nach G. Winstel u. a. 1980) (1 n-GaAs-Substrat; 2 n-$Ga_{0,7}Al_{0,3}$As-Schicht; 3 p-$Ga_{0,95}Al_{0,5}$As-Schicht; 4 p-$Ga_{0,7}Al_{0,3}$As-Schicht; 5 p-GaAs-Schicht; 6 SiO_2-Isolationsschicht; 7 Au-Kontakt; 8 In-Lot; 9 Keramiksubstrat (vergoldet); 10 Au- Draht; 11 Epoxidharz; 12 Glasfaser

646 Optoelektronische Bauelemente

Für die technische Anwendung in der optoelektronischen Nachrichtentechnik werden Emitter benötigt, die direkt bis zu mehreren Gbit/s modulierbar sind. Dies beeinflußt bei den meisten Laser-Strukturen die Moden-Reinheit negativ bzw. verhindert einen Monomode-Betrieb; dieser ist wegen der sonst auftretenden Dispersion unabdingbar. Der Effekt ist insoweit grundsätzlich und unvermeidbar, als die sich ändernde Ladungsträger-Dichte zu einer entsprechenden Veränderung des Brechungsindex führt.

Eine günstige Struktur ist der GRINSCH-SQW-Laser (graded-index waveguide separate confinement heterostructure single quantum well), wo mittels MBE oder MOVPE ein Bandverlauf gemäß Bild 13.46 eingestellt wird, und wo ein Einzel-Quantentopf (SQW single quantum well) mit einer Ausdehnung von nur einigen nm die Emissions-Stelle bildet; der benachbarte Bandverlauf bewirkt wegen des nach beiden Seiten hin abfallenden Brechungsindex das optische Confinement. Grundsätzlich sind MQW (multi quantum well) und SQW-Bauelemente für entsprechende optische Emitter gut geeignet, wobei die absoluten Raumtemperatur-Schwellströme nur einige mA betragen können. Auf diese Entwicklungen kann an dieser Stelle nicht weiter eingegangen werden, auch nicht auf die Einbeziehung ein- und nulldimensionaler Strukturen (quantum wire, quantum box).

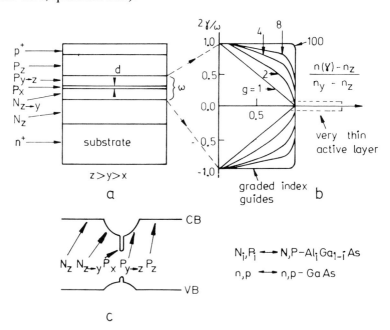

Bild 13.46: GRINSCH-SQW-Laser (nach W. T. Tsang 1981);
a) Schichtenfolge, b) Brechungsindex-Profile,
c) Bandkantenverlauf bei parabolischer Variation

13.4 Optokoppler

Optokoppler sind Bauelemente, mit denen eine unidirektionale, gleichspannungsfreie Kopplung zweier Stromkreise vorgenommen werden kann. Sie bestehen im allgemeinen aus zwei hybrid integrierten Bauelementen, einer LED und einem Phototransistor. Ferner erlaubt die elektrische Isolation beider je nach Bautyp zwischen Ein- und Ausgang bis zu mehreren kV anzulegen, ehe die Gefahr eines Überschlags auftritt.

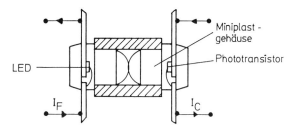

Bild 13.47: Konstruktionsschema eines Koppelelements

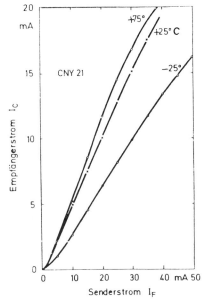

Bild 13.48: Temperaturabhängigkeit des Koppelfaktors; Sättigungs-Kollektorstrom I_C des Phototransistors (Si) in Abhängigkeit des Stromes I_F durch Infrarot-Photodiode (GaAs) (nach Unterlagen der Firma AEG-Telefunken 1977)

648   Optoelektronische Bauelemente

Das Aufbauschema ist in Bild 13.47 gezeigt, wo die äußere Umhüllung noch fehlt (Umpressung mit Kunststoffmasse bzw. Epoxidharz). Bild 13.48 zeigt entsprechende Übertragungskennlinien.

Zuweilen sind noch Schwellenwertschalter oder Verstärker mitintegriert. In Bild 13.49 ist eine solche Zusammenfassung verschiedener Komponenten gezeigt, die in einem Dual-Inline-Gehäuse aufgebaut ist.

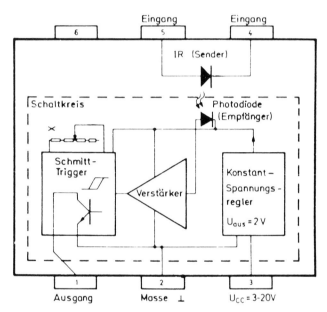

Bild 13.49: Prinzipschaltbild eines Optokopplers mit integrierter Photodiode und Schmitt-Trigger als Empfänger (nach Unterlagen der Firma AEG-Telefunken)

13.5 Integrierte Optik

Die abschließend in Abschnitt 13.4 gezeigte Hybrid-Kopplung verschiedener Bausteine leitet zur optoelektronischen Integration (OEIC optoelectronic integrated circuit) über. Hierunter wird die mono-substratige, aber auch hybride Kopplung optoelektrischer Komponenten verstanden. Die Integrierte Optik im engeren Sinne ist dagegen eine monolithische Realisierung passiver optische Komponenten wie Wellenleiter, Bragg-Filter, Strahlteiler, u. ä.; auch steuerbare Koppler und Modulatoren werden dazu gerechnet. Die Halbleitertechnik kann hierzu vielfältige Hilfe leisten, da Brechungsindex-Änderungen gezielt einstellbar und Geometrien in der Größenordnung optischer Wellenlängen technologisch beherrschbar sind.

Integrierte Optik 649

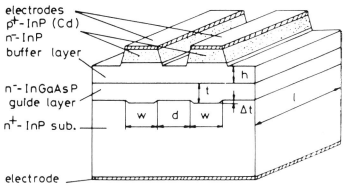

Bild 13.50: Elektro-optischer Modulator für $\lambda = 1{,}3$ μm ($f_{max} = 1$ GHz; $t \approx 1$ μm; w,d ≈ 5 μm) (nach M. Fujiwara u. a. 1984)

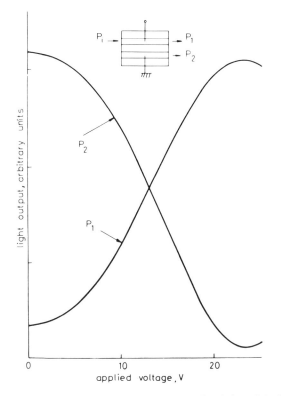

Bild 13.51: Übertragungs-Charakteristik des Wellenleiter-Modulators von Bild 13.50 (nach M. Fujiwara u. a. 1984)

650 Optoelektronische Bauelemente

Das aufstrebende Gebiet der integrierten Optik in Kombination mit elektronischen Bauelementen ist insbesondere im Zusammenhang mit der optischen Nachrichtentechnik bedeutungsvoll, wo mit (Gbit/s)-Signalfolgen hohe Nachrichtenaufkommen zu verarbeiten und zu verteilen sind. Arrays elektrisch gesteuerter optischer Koppelpunkte sind hierbei ebenso von Interesse wie Integrationen von Lasern mit Modulatoren oder optoelektronischen Verstärkern. Dieses technologisch faszinierende Gebiet hier breiter zu behandeln, würde den gesteckten Rahmen sprengen, der Leser muß dazu auf die weiterführende Literatur verwiesen werden. Gezeigt seien lediglich vier Beispiele für die gegebenen Möglichkeiten.

Bild 13.50 zeigt den Aufbau eines elektrooptischen Modulators. Die Lichtführung geschieht mittels der Doppel-Hetero-Struktur, während die Modulation bzw. Schaltfunktion über die an die Dioden anzulegende Spannung erfolgt; die entsprechende Übertragungs-Charakteristik zeigt Bild 13.51.

Das zweite Beispiel bezieht sich auf die Laser-Integration, wo die Herstellung der Resonator-Endflächen (Spiegel-Flächen des Fabry-Perot-Resonators) nicht durch einfaches mechanisches Brechen (cleaving) des Kristalls möglich ist. In Bild 13.52 ist eine Lösung gezeigt, bei welcher die Resonator-Endfläche durch (Trocken-) Ätzung mittels eines fokussierten Ionenstrahls (FIB focussed ion beam) vorgenommen wurde. Der erzeugte Spalt dient dabei gleichzeitig als Koppelstrecke zu dem anschließenden optischen Wellenleiter; Bild 13.53 zeigt die MOVPE-gewachsene Struktur.

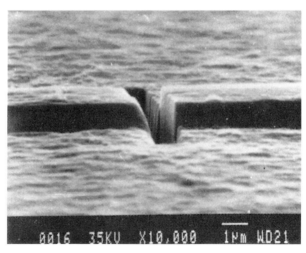

Bild 13.52: Mit fokussiertem Ionenstrahl geätzte Laser-Endfläche in einem OEIC (nach G. Ben Assayag u. a. 1989)

Die integrierte Kopplung eines Photodetektors mit einem FET, letzterer zumeist in Form eines Transimpedanz-Verstärkers, ist eine übliche Kombination. Sie ist bei Verwendung eines MSM-Detektors besonders günstig zu realisieren,

Integrierte Optik 651

da die jeweils erforderlichen Schichten kompatibel sind. Aber auch getrennte Bauelemente sind integrierbar, wie Bild 13.54 für ein InP/GaInAs System zeigt; die relativ einfache Schaltung ist Bild 13.55 zu entnehmen. Das Layout ist in Bild 13.56 zu sehen; der MSM-Detektor ist oben links im Bild zu erkennen.

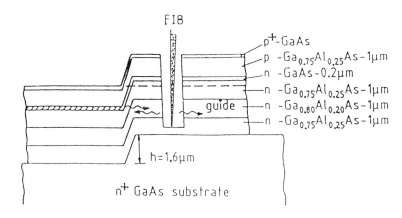

Bild 13.53: MOCVD-gewachsene Struktur von Bild 13.52 (nach G. Ben Assayag 1989)

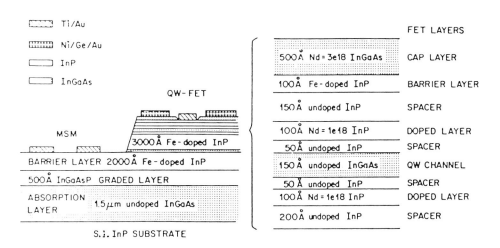

Bild 13.54: MOCVD-gewachsene Mehrschicht-Struktur für MSM-FET-Kombination (nach L. Yang u. a. 1990)

652 Optoelektronische Bauelemente

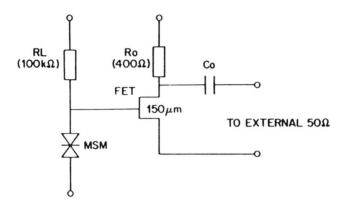

Bild 13.55: Schaltung der Detektor-FET-Kombination
(nach L. Yang u. a. 1990)

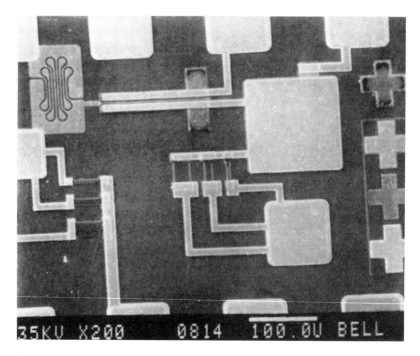

Bild 13.56: Integriertes MSM-FET-Frontend (nach L. Yang u. a. 1990)

Das letzte Beispiel bezieht sich auf eine Zwei-Seiten-Epitaxie, wo aktive optoelektronische Bauelemente Array-förmig auf beiden Seiten eines (GaAs-) Wafers angeordnet sind. Eine solche beidseitig unterschiedliche Schichtfolge ist technologisch dann realisierbar, wenn die erforderlichen Abscheide-Temperaturen beiderseits unterschiedlich gewählt werden können. Im Fall des Beispiels handelt es sich um einen verstärkenden Anti-Stokes-Konverter, (ASC anti Stokes converter), wo ein IR-empfindlicher Phototransistor mit hoher Empfindlichkeit als Steuerelement des zugeordneten Dioden-Punktes auf der anderen Waferseite fungiert. Die Dioden emittieren rotes Licht, womit bei dieser optoelektronischen 3D-Integration eine sichtbare Darstellung von Infrarot-Bildern möglich wird. Bild 13.57 zeigt den Schicht-Aufbau, Bild 13.58 die Abfolge des LPE-Wachstumprozesses zur Herstellung der Dioden-Seite (siehe dazu auch Abschnitt 13.3.2).

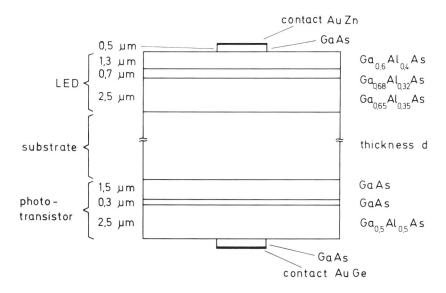

Bild 13.57: Schicht-Aufbau eines Anti-Stokes-Konverter-Lichtverstärker-Arrays (nach H. Beneking 1981)

654 Optoelektronische Bauelemente

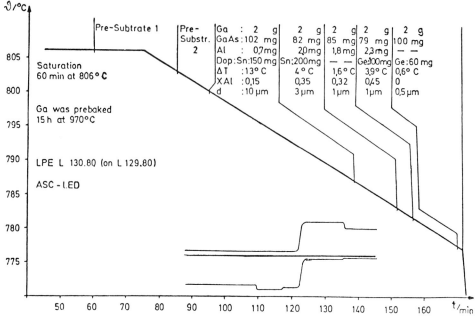

Bild 13.58: LPE-Wachstums-Abfolge zur Herstellung des ASC-Leuchtdioden-Arrays (nach H. Beneking 1981)

Bedeutungsvoll ist neben den zuvor angesprochenen Detektor-Arrays auch die matrizenförmige Kopplung von elektrisch angesteuerten aktiven Bauelementen mit Lichtemittern, womit ein flacher (Fernseh-) Bildschirm zu realisieren ist. Bei großflächigen Anordnungen scheiden Halbleiter-Leuchtdioden wegen der zu großen Verlustleistung (Wärmeentwicklung mit Wirkungsgradminderung) aus, während für Ziffern-Anzeigen und alphanumerische Zeichen solche Elemente niederen Integrationsgrades sehr bedeutungsvoll sind. Bei hoher Integrationsdichte sind "kalte" Lichtquellen oder Lichtmodulatoren, wie z. B. Flüssigkristallanzeigen (LCD liquid crystal display) prädestiniert.

Bild 13.59 zeigt das Aufbauschema einer entsprechenden Bildschirm-Zelle mit Dünnfilmtransistoren aus CdSe (zu letzteren siehe Abschnitt 12.7). Auch werden TFT's (TFT thin film transistor) aus amorphen Si hergestellt, welche in relativ großen und auch mehrfarbigen flachen Bildschirmen eingesetzt werden können. Bild 13.60 zeigt als Beispiel die TFT/LCD Zelle eines realisierten Farbbild-Schirmes von 14.3" Diagonale mit 0,2 mm Bildpunkt-Abstand.

Auf Stabilitätsprobleme bei solchen Bauelementen ist kurz in Abschnitt 12.7 Dünnfilmtransistoren eingegangen, siehe auch Bild 12.76.

Aufsputtern von Tantal-Oxid-Nitrid auf einer Ta$_2$O$_5$-Ätzstop-Schicht (thermisch oxidierte Ta-Schicht)

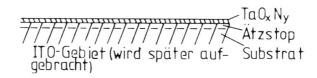

Ätzen der Gate-Struktur und anodische Oxidation des Gateoxids (Ta$_2$O$_5$) in 0,01% Zitronensäure

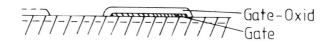

Aufdampfen des CdSe-Halbleiters nach Sputterätzen in Argon-Atmosphäre; Ätzen des CdSe-Kanals und Tempern in N$_2$ bei 300°C für 2 h

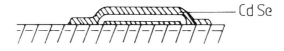

Erste Belichtung des Photolacks (Nicht gezeigt: Zweite Belichtung von oben, um den Lack aus den Leiter- und Kapazitätszonen zu entfernen)

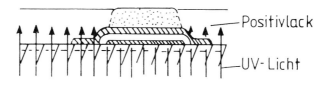

Aufdampfen von Aluminium als Kontaktmaterial für Source und Drain sowie für Leitungen

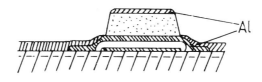

Bild 13.59(a): Aufbau eines Bildschirmelementes (Flüssigkristallzelle mit Dünnfilmtransistor) (nach W. Frasch u. a. 1981)

Erzeugung der Lücke zwischen Source und Drain durch Ablösen des Photolacks. Ätzen der Kontaktflecken für Drain und Source sowie die ITO-Schicht

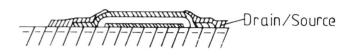
Drain/Source

Aufsputtern einer ITO-Schicht in eine Photolackmaske und Strukturierung der ITO-Schicht durch Ablösen des Photolacks

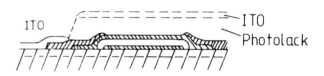
ITO
ITO
Photolack

Aufdampfen und Ätzen von Al_2O_3 als Schutzschicht und zweites Gateoxid nach Oberflächenreinigung durch Sputterätzen in He-Atmosphäre

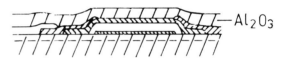
Al_2O_3

Aufbringen und Strukturieren von Al als zweites Gate, verbunden mit dem unterlegten ersten Gate

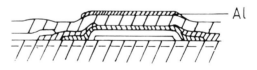
Al

Aufbringen der abschließenden dielektrischen Schutzschicht und einer Orientierungsschicht für die Flüssigkeitskristalle

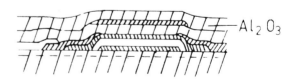
Al_2O_3

Bild 13.59(b): Aufbau eines Bildschirmelementes (Flüssigkristallzelle mit Dünnfilmtransistor) (nach W. Frasch u. a. 1981)

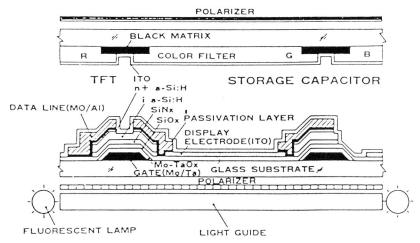

Bild 13.60: Bildpunktzelle mit Dünnfilmtransistor aus α-Si:H (nach K. Ichikawa u. a. 1989)

Literaturverzeichnis

AEG-Telefunken: Datenbuch Optoelektronische Bauelemente, 1977

Aiki, M.: Low-noise optical receiver for high-speed optical transmission, IEEE Transact. Electron Dev. **ED-32**, 1985, 2693-2698
Untersuchung verschiedener Koppelschaltungen aktiver Elemente mit APD

Ambroziak, A.: Semiconductor photoelectronic devices, Gordon and Breach, New York 1969

Antreasyan, A., Garbinski, P. A., Mattera, Jr., V. D., Temkin, H., Olsson, N. A., Filipe, J.: Monolytically Integrated InGaAs-P-I-N InP-MISFET PINFET Grown by Chloride Vapor Phase Epitaxy, IEEE Photonics Technol. Lett. **PTL-1**, 1989, 123-125

Aulbach, R.: Herstellung von submikroskopischen Gittern mit Hilfe von Laserstrahl-Interferenz, FTZ-Publikation FI 4, 7 Darmstadt 1981

Auston, D. H., Johnson, A. M., Smith, P. R., Bean, J. C.: Picosecond optoelectronic detection, sampling and correlation measurements in amorphous semiconductors, Appl. Phys. Lett. **37**, 1980, 371-373

Auth, J., Genzow, D., Herrmann, K. H.: Photoelektrische Erscheinungen, Vieweg Verlag, Braunschweig 1977
Grundlegende Effekte der Optoelektronik

Bar-Chaim, N., Lau, K. Y., Ury, I., Yariv, A.: Monolithic optoelectronic integration of a GaAlAs laser, a field effect transistor, and photodiode, Appl. Phys. Lett. **44**, 1984, 941-943

Bauer, R., Rodemeier, R., Geiger, H.-W., Rauch, H., Penning, U., Grothe, H., Unger, P.: Criteria for Short Optical Directional Couplers in GaAs-Technology, Archiv. Elektr. Übertragung **42**,1988, 91-95

Baur, G., Stieb, A., Fehrenbach, W., Ganser, M., Grosse, H., Kiefer, R., Staudacher, B., Windscheid, F.: Flüssigkristallmaterialien und elektrooptische Effekte für hochinformative Displays, BMFT-Forschungsbericht T 86-018, Bonn 1986

Ben Assayag, A., Sudraud, P., Gierak, J., Remiens, D., Menigaux, L., Dugrand, L.: Focused Ion beam Machining of Mirror Facets of a Monolithically Integrated GaAs/GaAlAs Double Heterojunction (DH) Laser and its Optical Waveguide, Proc. Microcircuit Engineering Conf., Cambridge, Sept. 1989, Microelectronic Eng. **11**, 1990, 413-416

Beneking, H., Grote, N., Mischel, P., Schul, G.: Growth and properties of $Ga_yAl_{1-y}As$-$Ga_xIn_{1-x}P$ heterostructure electroluminescent diodes, Inst. Phys. Conf. Ser. **24**, 1975, 113-119

Beneking, H., Grote, N., Roth, W., Svilans, M. N.: GaAs-GaAlAs Phototransistor/Laser Ligth Amplifier, Electronics Lett. **16**, 1980, 602-603

Beneking, H., Mischel, P., Schul, G.: High-gain wide gap emitter $Ga_{1-x}Al_xGaAs$ Phototransistor, Electronics Lett. **12**, 1976, 395-396

Beneking, H.: Full Solid State Image Converter Based on Integration of Phototransistors and LEDs, IEEE Electron Dev. Lett. **EDL-2**, 1981, 99-100

Beneking, H.: Gain and bandwidth of fast near-infrared photodetectors: a comparison of diodes, phototransistors and photoconductive devices, IEEE Transact. Electron Dev. **ED-29**, 1982, 1420-1431

Beneking, H.: III-V Semiconductor Devices, Kap. 8 in III-V semiconductor materials and devices, Ed. R. J. Malik, Vol. 7, Materials Processing Theory and Practices, North-Holland, Amsterdam 1989

Beneking, H.: On the response behaviour of fast photoconductive optical planar and coaxial semiconductor detectors, IEEE Transact. Electron Dev. **ED-29**, 1982, 1431-1441

Bergh, A. A., Dean, P. J.: Light-emitting diodes,
Clarendon Press, Oxford 1976
Verhalten und Aufbau von LED's

Bimberg, D., Böttcher, E. H., Ketterer, K., Schöll, H. E., Vollmer, H. P.: Generation of 4 ps light pulses form directly modulated V-grove lasers, Electronics Lett. **20**, 1984, 640-641

Bimberg, D., Böttcher, E. H., Ketterer, K., Vollmer, H. P., Beneking, H., Roentgen, P.: Generation and detection of 15-ps light pulses in the 1,2 - 1,3 µm wavelength range by semiconductor lasers and detectors, Appl. Phys. Lett. **48**, 1986, 83-85

Borowski, W., Dorn, R., Hess, K., Lösch, K., Schemmel, G.: Optisches, glasfasergebundenes Nachrichtensystem bei Wellenlängen um 1200 nm, BMFT-Forschungsbericht T 82-012, Bonn 1982

Bowers, J. E., Burrus, C. A.: High-speed zero-bias waveguide photodetectors, Electronics Lett. **22**, 1986, 905-906

Brain, M., Lee, T.-P.: Optical receivers for lightwave communication systems, IEEE Transact. Electron Dev. **ED-32**, 1985, 2673-2692
Breite Darstellung und Wertung verschiedener Bauelemente einschließlich optischer Systeme

Bulman, G. E., Myers, D. R., Zipperian, T. E., Dawson, L. R.: Proton isolated $In_{0.2}Ga_{0.8}As/GaAs$ strained layer superlattice avalanche photodiode, Appl. Phys. Lett. **48**, 1986, 1015-1017

Campbell, J. C., Tsang, W., Qua, G. J.: $InP/In_{0.53}Ga_{0.47}As$ heterojunction phototransistors grown by chemical beam epitaxy, IEEE Electron Dev. Lett. **EDL-8**, 1987, 171-173

Capasso, F., Mohammed, K., Cho, A. Y., Hull, R.: Effective mass filtering: giant quantum amplification of the photocurrent in a semiconductor superlattice, Appl. Phys. Lett. **47**, 1985, 420-422

Capasso, F., Tsang, W. T. Bethea, C. G., Hutchinson, A. L., Levine, B. F.: New graded band-gap picosecond phototransistor, Appl. Phys. Lett. **42**, 1983, 93-95

Casey, Jr., H. C., Sell, D. D., Panish, M. B.: Refractive index of $Al_xGa_{1-x}As$ between 1,2 and 1,8 eV, Appl. Phys. Lett. **24**, 1974, 63-65

Chandrasekhar, S., Campbell, J. C., Dentai, A. G., Qua, G. J.: Monolithic integrated waveguide photodetector, Electronics Lett. **23**, 1987, 501-502 InP-Wellenleiter mit GaInAs-Detektor

Choa, F. S., Koch, T. L., Koren, U., Miller, B. I.: Optoelectronic Properties of InGaAs/InGaAsP, Multiple-Quantum-Well Waveguide Detectors, IEEE Photonic Technol. Lett. **PTL-1**, 1989, 376-378

Dentai, A. G., Campbell, J. C., Joyner, C. H., Qua, G. J.: InGaAs PIN photodiodes grown on GaAs substrates by metal organic vapor phase epitaxy, Electronics Lett. **23**, 1987, 38-39

Downey, P. M., Tell, B.: Picosecond photoconductivity studies of light-ion-bombarded InP, J. Appl. Phys. **56**, 1984, 2672-2674

Dupuis, R. D., Dapkus, P. D.: Very low threshold $Ga_{(1-x)}Al_x$-GaAs double-heterostructure lasers grown by metalorganic chemical vapor deposition, Appl. Phys. Lett. **32**, 1978, 473-475

Dupuis, R. D., Velebir, J. R., Campbell, J. C. Qua, G. J.: Avalanche phototdiodes with separate absorption and multiplication regions grown by metalorganic vapor depositon, IEEE Electron Dev. Lett. **ED-7**, 1986, 296-298

Emeis, N., Schumacher, H., Beneking, H.: High-speed GaInAs Schottky photodetector, Electronics Lett. **21**, 1985, 180-181

Ettenberg, M., Paff, R. J.: Thermal Expansion of AlAs, J. Appl. Phys. **41**, 1970, 3926-3927

Fan, C., Yu, P. K., L., Chen, P. C.: High-speed, self passivated InGaAs PIN photodiode for microwave fibre lines, Electronics Lett. **23**, 1987, 571-572

Forrest, S. R., Tangonan, G. L., Jones, V.: A simple 8 x 8 Optoelectronic Crossbar Switch, J. Lightwave Technol. **7**, 1989, 607-614

Fraas, L. M., Girard, G. R., Avery, J. E., Arau, B. A., Sundaram, V. S., Thompson, A. G.: GaSb booster cells for over 30% efficient solar-cell stacks, J. Appl. Phys. **66**, 1989, 3866-3870

Frasch, W., Kallfass, T., Lueder, E., Schaible, B.: Thin Film Transistors (TFT's) with anodized Ta_2O_5-Gate Oxide and Their Application for LC-Displays, Proc. Eurodisplay '81 München, VDE-Verlag, Berlin 1981

Fujiwara, M., Ajisawa, A., Sugimoto, Y., Ohta, Y.: Gigahertz-Bandwidth InGaAsP/InP Optical modulators/Switches with Double-Hetero Waveguide, Electronics Lett. **20**, 1984, 790-792

Gattung, A.: Der (GaAl) As-Heterostrukturinjektionslaser mit Emission im Sichtbaren, Diss. RWTH Aachen 1975

Georgoulas, N.: Optische Barrierenmodulation bei Silizium-Bulk-Barrier-Photodioden, Archiv Elektr. Übertragung **43**, 1989, 381-387

Goodfellow, R. C., Debney, B. T., Rees, G. J., Buus, J.:
Optoelectronic components for multi-Gigabit system,
IEEE Transact. Electron Dev. **ED-32**, 1985, 2562-2571
Breite Studie mit Vergleich verschiedener Komponenten

Hammond, R. B., Paulter, N. G., Wagner, R. S.: Observed circuit limits to time resolution in correlation measurements with Si-on-sapphire GaAs and InP picosecond photoconductors, Appl. Phys. Lett. **45**, 1984, 289-291

Hara, K., Kojima, K., Mitsunaga, K., Kyuma, K.: Differential Optical Switching at Subnanowatt Input Power, IEEE Photonics Technology Letters **1**, 1989, 370-372

Hata, S., Kajiyama, K., Mizushima, Y.:Performance of pin photodiode compared with avalanche photodiode in the longer-wavelength region of 1 to 2 µm, Electronics Lett. **13**, 1977, 668-669

Hirayawa, Y., Furuyama, H., Morinaga, M., Suzuki, N., Kushibe, M., Eguchi, K., Nakamura, M.: High-Speed 1,5 µm Self-Aligned Constricted Mesa DFB Lasers Grown Entirely by MOCVD, IEEE J. Quantum Electronics **QE-25**, 1989, 1320-1323

Hiruma, K., Inoue, H., Ishida, K., Matsumura, H.: Low loss GaAs optical waveguides grown by metalorganic chemical vapor deposition method, Appl. Phys. Lett. **47**, 1985, 186-187

Hitchens, W. R., Holonyak, N., Wright, P. D., Coleman, J. J.: Low-threshold LPE $In_{1-x},Ga_x,P_{1-z},As_z/In_{1-x}Ga_xP_{1-z}As_z/In_{1-x},Ga_x,P_{1-z},As_z$, yellow double-heterojunction laser diodes ($J < 10^4 A/cm^2$, 5850 Å, 77°K), Appl. Phys. Lett. **27**, 1975, 245-247

Hodson, P. D., Wallis, R. H., Davies, J. I.: Low leakage InGaAs photodiodes grown in GaAs substrates using strained-layer superlattice, Electronics Lett. **23**, 1987, 273-275

Howes, M. J., Morgan (Hrsg.), D. V.: Optical Fibre Communication, J. Wiley & Sons Inc., 1980
Optische Transmission

Hunsperger, R. G.: Integrated Optics: Theory and Technology, Series in Optical Science **33**, 2. Aufl., Springer-Verlag, Berlin 1984

Ichikawa, K., Suzuki, S., Matino, H., Aoki, T., Higushi, T., Oana, Y.: 14.3 in. Diagonal 16-Color TFT-LCD Panel using a Si: H TFTs, Digest of Technical Papers, Society for Information Display Symposium, May 1989, 226-229

Kersten, R. Th.: Einführung in die optische Nachrichtentechnik, Springer-Verlag, Berlin 1983

Keyes (Hrsg.), R. J.: Optical and Infrared Detectors, Springer-Verlag, Berlin 1980
Grundsätzliche Betrachtungen

Klein, H. J., Bimberg, D., Beneking, H.: Ultrafast thin film GaAs photoconductive detectors, Thin Solid Film **92**, 1982, 273-279

Kneisel, E. K.: Ziele, Strategien und Aktivitäten der Deutschen Bundespost für die Einführung optischer Breitband-Nachrichtensysteme im Fernmeldenetz, Fernmelde Praxis **59**, 1982, 827-870

Kotaka, I., Wakita, K., Mitomi, O., Asai, H., Kawamura, Y.: High-Speed InGaAlAs/InAlAs Multiple Quantum Well Optical Modulators with Bandwidths in Excess of 20 GHz at 1,55 µm, IEEE Photonics Technol. Lett. **PTL-1**, 1989, 100-101

Krakowski, M., Rondi, D., Talneau, A., Combermale, Y., Chevalier, G., Deborgies, F., Maillot, P., Richin, P., Blondeau, R., D'Auria, L., Gremoux, de, B.:Ultra Low-Threshold, High Bandwidth, Very-Low-Noise Operation of 1,52 µm GaInAsP/InP DFB Buried Ridge Structure Laser Diodes Entirely Grown by MOCVD, IEEE J. Quantum Electronics **QE-25**, 1989, 1346-1352

Kressel (Hrsg.), H.: Semiconductors devices for optical communication, Topics in Applied Phys. **39**, 2. Aufl., Springer-Verlag, Berlin 1982

Kurtz, S. R., Dawson, L. R., Zipperian, Th. E., Whaley jr., R. D.: High-Detectivity ($>1 \times 10^{10} cm\sqrt{Hz}/W$), InAsSb Strained-Layer Superlattice, Photovoltaic Infrared Detector, IEEE Electron Dev. Lett. **EDL-11**, 1990, 54-56
Hochempfindlicher Detektor für $\lambda \gtrsim 10$ µm

Lee, D. H., Li, S. S.,Paulter, N. G.: A Low Dark Current, High-Speed GaAs/$Al_{0,3}Ga_{0,7}$As Heterostructure Schottky Barrier Photodiode, IEEE J. Quantum Electronics **QE-25**, 1989, 858-861

Lentine, A. L., McCormick, F. B., Novotny, R. A., Chirovsky, L. M. F., D'Asaro, L. A., Kopf, R. F., Kuo, J. M., Boyd, G. D.: A 2 kbit Array of Symmetric Self-Electrooptic Effect Devices, IEEE Photonics Technology Letters **2**, 1990, 51-53

Levine, B. F., Malik, R. J., Bethea, C. G., Walker, S.: Long wavelength GaSb photoconductive detectors grown on Si substrates, Appl. Phys. Lett. **48**, 1986, 1083-1084
Verwendung u. a. einer Übergitter-Pufferschicht

Li, W. Q., Bhattacharya, P. K.: Integration of a Modulated Barrier Photodiode with a Doped-Channel Quasi-MISFET, IEEE Electron Device Lett. **EDL-10**, 1989, 415-416

Long Y., Sudbo A. S., Tsang, W. T., Garbinski, P. A., Camarda, R. M.: Monolithically Integrated InGaAs/InP MSM-FET Photoreceiver Prepared by Chemical Beam Epitaxy, IEEE Photonics Technology Letters, Vol **2**, No. 1, 1990, 59-62

Luryi, S., Kastalsky, A., Bean, J. C.: New Infrared Detector on a Silicon Chip, IEEE Transact. Electron Dev. **ED-31**, 1984, 1135-1139
Ge pin-Detektor auf Si mit Ge_xSi_{1-x} Zwischenschicht

Mannoh, M., Yuasa, T., Asakawa, K., Shinozaki, K., Ishii, M.: Low threshold MBE GaAs/AlGaAs quantum well lasers with dry-etched mirrors, Electronics Lett. **21**, 1985, 769-770

Mataré, H. F.: Light-Emitting Devices I, II, Advances in Electronics and Electron Physics **42**, 1976, 179-279 und **45**, 1978, 39-201, Academic Press, New York
Theorie und Technologie

Matsuo, K., Teich, M. C., Saleh, B. E. A.: Noise properties and time response of the staircase avalanche photodiode, IEEE Transact. Electron Dev. **ED-32**, 1985, 2615-2623

Matsushima, Y., Noda, Y., Kushiro, Y., Seki, N., Akiba, S.: High sensitivity of VPE-grown InGaAs/InP heterostructure APD with buffer layer and guard-ring structure, Electronics Lett. **20**, 1984, 235-236

Milano, R. A., Helix, M. J., Windhorn, t. H., Streetman, B. G., Vaidyanathan, K. V., Stillman, G. E.: Implanted photodiodes in GaAs, Inst. Phys. Conf. Ser. **45**, 1978, 411-419

Mischel, P.: Die Technologie von $Ga_xAl_{1-x}As$-Lumineszenzdioden, Diss. RWTH Aachen 1972

Mischel, P.: Integration in optischen Empfängen höherer Bandbreite, BMFT-Forschungsbericht T 86-113, Bonn 1986

Miyauchi, A., Onishi, M.: 1,6 - Gbit/s Optical Fiber Transmission Equipment, Fujitsu Sci. Tech. J. **25**, 1989, 228-247

Neuberger, M.: Handbook of Electronic Materials, Vol. 2, III-V Semiconductor Compounds, IFI/Plenum, New York 1971

Neufang, O.: Grundlagen der Optoelektronk, AT Verlag, Aarau 1982
Einführung

Niggebrügge, U., Albrecht, P., Döldissen, W., Nolting, H. P., Schmid, P.: Self-aligned low-loss totally reflecting waveguide mirrors in InGaAs/InP, Proc. 4th Europ. Conf. Integrated Optics, Glasgow/Schottland 1987, 90-93

Nobuhara, H., Wada, O., Fujii, T.: GRIN-SCH SQW laser/photodiode array by improved microcleaved facet process, Electronics Lett. **21**, 1985, 718-719

Ohara, M., Akazawa, Y., Ishihara, N., Konaka, S.: Bipolar monolithic amplifiers for a Gigabit optical repeater, IEEE Solid-State Circuits **SC-19**, 1984, 491-497
Si-Bipolar-Technik für integrierte Repeater-Komponenten

Ohlsen, G. H., Zamerowski, T. Z., Smith, R. T., Bertin, E. P.: InGaAsP Quaternary Alloys: Composition, Refractive Index and Lattice Mismatch, J. Electronic Mat. **9**, 1980, 977-987

Ohta, J., Kuroda, K., Mitsunaga, K., Kyuma, K., Hamanaka, K., Nakayama, T.: Monolithic integration of a transverse-junction stripe laser and metal-semiconductor field-effect transistors on a semi-insulating GaAs substrate, Electronics Lett. **23**, 1987, 509-510

Pankove (Hrsg.), J. I.: Display Devices, Topics in Applied Phys. **40**, Springer-Verlag, Berlin 1980
Darstellung verschiedener Arten und Bauformen

Parker, D. G., Say, P. G., Hansom, A. M., Sibbett, W.: 110 GHz high-efficiency photodiodes fabricates from Indium Tin oxide/GaAs, Electronics Lett. **23**, 1987, 527-528

Pearsall, Th. P.: $Ga_{0.47}In_{0.53}As$: A ternary semiconductor for photodetector applications, IEEE Quantum Electr. **QE-16**, 1980, 709-720

Photovoltaic Materials, Devices and Technologies,
IEEE Transcact. Electron Dev. **37(2)**, 1990, 329-508
Sonderheft zur photovoltaischen Energiekonversion

Poulain, P., Razeghi, M., Kazmierski, K., Blondeau, R., Philippe, P.:
InGaAs photodiodes prepared by low-pressure MOVPE,
Electronics Lett. **21**, 1985, 441-442

Queisser, H. J., Wagner, P.: Photoelektrische Solarenergienutzung, Technischer Stand, Wirtschaftlichkeit, Umweltverträglichkeit, Kohlhammer Verlag, Stuttgart 1980
Gute Information über Solarenergie

Razeghi, M., Blondeau, R., Krakowski, M., Bouley, J.-C., Papuchon, M., Cremoux, de, B., Duchemin, J. P.: Low threshold distributed feedback lasers fabricated on material grown completely by LP-MOCVD, IEEE J. Quantum Electronics **QE-21**, 1985, 507-511

Rieck, H.: Halbleiter-Laser, C. Braun Verlag, Karlsruhe 1968
Einführung

Riehl (Hrsg.), N.: Einführung in die Lumineszenz,
Karl Thiemig KG, München 1971
Grundlegende Betrachtungen zu Lumineszenz-Effekten

Ripoche, G., Decor, Ph., Blanjot, C., Bourdon, B., Salsac, P., Duda, E.: First Life-Test Results on Planar p-i-n InGaAs/InP Photodiodes passivated with SiO_2 or SiN_x + SiO_2 or SiN_x Layers, IEEE Electron Dev. Lett. **ED-6**, 1985, 631-633

Roehle, H.: Metallorganische Epitaxie von GaP:N-Dioden,
Diss. RWTH Aachen 1982

Sakai, S., Naitoh, M. Kobayashi, M., Umeno, M.: InGaAsP/InP phototransistor-base detectors, IEEE Transact. Electron Dev. **ED-30**, 1983, 404-408

Sakai, S., Umeno, M., Aoki, T., Tobe, M., Ameiniya, Y.: InGaAsP/InP Photodiodes Antireflectively Coated with InP Native Oxide, IEEE J. Quantum Electronics **QE-15**, 1979, 1077-1978

Sasaki, A., Matsuda, K., Kimura, Y., Fujita, S.: High-current InGaAsP-InP phototransistor and some monolithic optical devices, IEEE Transact. Electron Dev. **ED-29**, 1982, 1382-1388

Sasaki, G., Koike, K.-I., Kuwata, N., Ono, K.: Optoelectronic Integrated Receivers on InP Substrate by Organometallic Vapor Phase Epitaxy, J. Lightwave Technol. **7**, 1989, 1510-1514

Schlachetzki, A.: Integrierte Optik mit Halbleitern, Phys. Bl. **44**, 1988, 91-97

Schul, G., Galliumaluminiumarsenid-Heteroübergänge in elektronischen Bauelementen, Teubner Verlag, Stuttgar 1978

Schul, G., Mischel, P.: $Ga_xIn_{1-x}P$-$Ga_yAl_{1-y}As$ heterjunction close-confinement injection laser, Appl. Phys. Lett. **26**. 1975,394-395

Schul, G.: Elektrolumineszenz bei Mischkristallen des Systems GaAs-AlAs, Diss. RWTH Aachen 1972

Schumacher, H., Narozny, P., Werres, Ch., Beneking, H.: A low dark current large bandwidth MOTT-barrier photodetector fabricated by quasi-ternary growth of GaAs, IEEE Transact. Electron Dev. **ED-7**, 1986, 26-27

Smith, P. R., Auston, D. H., Johnson, A. M., Augustyniak, W. M.: Picosecond photoconductivity in radiation-damaged silicon-on-sapphire films, Appl. Phys. Lett. 38, 1981, 47-50

Sugeta, T., Urisu, T., Sakata, S., Mizushima, Y.: Metal-semiconductor - metal photodetector for high-speed optoelectronic circuits, Jap. J. Appl. Phys. **19** (Suppl. 19-1), 1980, 459-464

Susa, N., Yamauchi, Y., Ando, H., Kanbe, H.: Te-doped InP and InGaAs prepared by vapor phase epitaxy for photodetectors, J. Cryst. Growth **58**, 1982, 527-533

Svilans, M. N., Grote, N., Beneking, H.: Sensitive GaAsAl/GaAs Wide-Gap Emitter Phototransistor for High Current Application, IEEE Electron Dev. Lett. **EDL-4**, 1980, 247-249

Sze, S. M.: Physics of Semiconductor devices,
2. Aufl., John Wiley & Sons, New York 1981

Takeuchi, H., Kasaya, K., Kondo, Y., Yasaka, H., Oe, K., Imamura, Y.: Monolithic Integrated Coherent Receiver on InP Substrate, IEEE Photonics Technology Lett. **1**, 1989, 398-400

Tamir (Hrsg.), T.: Integrated optics, Topics in Applied Phys. **7**,
2. Aufl., Springer-Verlag, Berlin 1985
Prinzipien integrierter Optik

Texas Instruments: Optoelectronics Data Book, Dallas 1984

Thijs, P. I. A., Montie, F. A., Dongen, van, T., Bulle-Lieuwma, C. W. T.: Improved 1.5 µm wavelength lasers using high quality LP-OMVPE grown strained-layer InGaAs quantum wells, Paper presented at ICCBE 2, Houston, 11.-13. Dez. 1989

Tipping, A. K., Parry, G., Claxton, P.: Comparison of the limits in performance of multiple quantum well and Franz-Keldish in InGaAs/InP electroabsoption modulators, IEE Proc. **136**, 1989, 205-208

Tohyama, S., Teranishi, N., Konuma, K., Nishimura, M., Arai, K., Oda, E.: A new Concept Silicon Homojunction Infrared Sensor, IEEE Electron Device Meeting Tech. Digest, 1988, 82-85
Langwelliger Detektor ($\lambda \gtrsim 10$ µm) mit Niedrigbarrieren-Cameldiode

Trommer, R.: Design and fabrication of InGaAs/InP avalanche photodiodes for the 1 to 1,6 µm wavelength region, Frequenz **38**, 1984, 212-216

Tsang, W. T.: A graded-index waveguide separate-confinement laser with very low threshold and a narrow Gaussian beam, Appl. Phys. Lett. **39**, 1981, 134-137

Unger, H. G.: Quantenelektronik, Vieweg Verlag, Braunschweig 1968
Einführung in Laser und MASER

Vahala, K. J.: Quantum Box Fabrication Tolerance and Size Limits
in Semiconductors and Their Effect on Optical Gain,
IEEE J. Quantum Electronics **24**, 1988, 523-530
Laser-Strukturen mit Quasi-1D-Arrays

Wake, D., Walling, R. H., Henning, I. D., Parker, D. G.: Planar-Junction,
Top-Illuminated GaInAs/InP pin Photodiode with Bandwidth of 25 GHz,
Electronics Lett. **25**, 1989, 967-969

Wake, D., Walling, R. H., Sargood, S. K., Henning, I. D.: $In_{0.53}Ga_{0.47}As$ PIN
photodiode grown by MOVPE on a semi-insulating InP substrate for
monolithic integration, Electronics Lett. **23**, 1987 415-416

Wang, C. A., Choi, H. K., Connors, M. K.: Highly Uniform GaAs/AlGaAs
GRIN-SCH SQW Diode Lasers Grown by Organometallic Vapor Phase
Epitaxy, IEEE Photonics Technol. Lett. **PTL-1**, 1989, 351-353

Wight, D. R., Wright, P. J., Cockayne, B.: High-efficiency blue luminescence
from MOCVD-grown ZnSe at room temperature, Electronics Lett. **18**,
1982, 593-595

Winstel, G., Weyrich, C.: Optoelektronik I, Reihe Halbleiter-Elektronik
Bd. 10, Springer-Verlag, Berlin 1980

Yamada, T., Yuasa, T., Asakawa, K., Shimazu, M., Ishii, M., Uchida, M.:
Fabrication of dry-etched cavity GaAs/AlGaAs multiquantum-well lasers
with high spatial uniformity, J. Appl. Phys. **64**, 1988, 2286-2290

Yang, L., Sudbo, A. S., Tsang, W. T., Garbinski, P. A., Camarda, R. M.:
Monolithically Integrated InGaAs/InP MSM-FET Photoreceiver
Prepared by Chemical Beam Epitaxy, IEEE Photonics Technol. Lett.
PTL-2, 1990, 59-62

Yariv, A.: Quantum Electronics, J. Wiley & Sons Inc., New York 1967
Breit angelegtes Lehrbuch

Yariv, A.: Quantum Well Semiconductor Lasers Are Taking Over,
IEEE Circuits and Devices Mag. **5(6)**, 1989, 25-28

York, P. K., Beernink, K. J., Fernández, G. E., Coleman, J. J.: InGaAs-GaAs strained-layer quntum well buried heterostructure lasers ($\lambda > 1$ µm) by metalorganic chemical vapor deposition, Appl. Phys. Lett. **54**, 1989, 499-501

Zah, C. E., Bhat, R., Menocal. S. G., Andreadakis, N., Favire, F., Caneau, C., Koza, M. A., Lee, T. P.: 1.5 µm GaInAsP Angled-Facet Flared-Waveguide Traveling-Wave Laser Amplifiers, IEEE Photonics Technol. Lett. **PTL-2**, 1990, 46-47

Zucker, J. E., Chang, T. Y., Wegener, M., Sauer, N. J., Jones, K. L., Chemla, D. S.: Large Refractive Index Changes in Tunable-Electron-Densitiy InGaAs/InAlAs Quantum Well, IEEE Photonics Technol. Lett. **PTL-2**, 1990, 29-31

14 Qualitätssicherung, unkonventionelle Bauelemente und Ausblick

Dieses Kapitel schließt den Teil II ab. Es umfaßt den wichtigen Komplex der Qualitätssicherung und ergänzt die in den anderen Abschnitten gegebenen Informationen über die Technologie der Bauelemente im Hinblick auf zukünftige Entwicklungen.

Die Sicherung der Bauelemente-Qualität ist ein zentrales Problem der Halbleiterfertigung. Dies betrifft nicht nur die Langzeitkonstanz der garantierten elektrischen Daten, sondern auch die Ausbeute (yield) der einzelnen Fertigungslose. Die Konkurrenzsituation und der Preisdruck verlangen eine effektive Herstellung und exakte Kontrolle der Prozesse, um so kostengünstig wie irgend möglich zu produzieren. Arbeitsintensive Techniken werden durch Automatisierung rationalisiert, man gewinnt höhere Gleichmäßigkeit der Arbeitsgänge und damit Einschränkungen der Streuung wichtiger Bauelementdaten. Der Übergang zu 6 Zoll-Silizium-Scheiben oder gar 8" ist der Versuch, dem Kostendruck durch Erhöhung der Bauelementezahl pro Wafer zu begegnen, ein mit hohem Investitionseinsatz und damit Risiko verbundenes Vorgehen. Arbeitsintensive Montage-Arbeiten werden in Niedriglohnländer verlagert, ein weiterer Versuch, die Kosten zu senken.

Die Skala der Bauelemente wird stetig erweitert. Dies betrifft Verbesserungen konventioneller Strukturen, aber auch höhere Komplexität, verbunden mit einer Verkleinerung der kritischen Dimensionen. Darüber hinaus sind neuartige Bauelementkonzepte in der Entwicklung, welche hier ebenfalls angesprochen werden. Dies betrifft insbesondere Strukturen, welche Quanten-Topf-Konfigurationen einbeziehen. Auch werden hier Betrachtungen zu den Grenzen der Bauelementverkleinerung durchgeführt, welche zeigen, daß speziell die lateralen Dimensionen noch nicht ihre physikalische Grenze erreicht haben.

14.1 Qualitätssicherung

Technologische Qualitätssicherung bedeutet die Sicherstellung einer kontinuierlich dem Datenblatt entsprechende Herstellung von Bauelementen, einzeln

672 Qualitätssicherung, unkonventionelle Bauelemente und Ausblick

oder als integrierte Schaltungen, wobei eine hohe Ausbeute aus Kostengründen eine wesentliche Forderung darstellt. Die Qualitätssicherung auf elektrischer Betriebsebene, also die Langzeitkonstanz und Driftfreiheit sowie die Einhaltung von Grenzdaten ist das Problem des Anwenders, wirkt aber speziell bezüglich der ersten beiden Forderungen auf den Hersteller zurück; die Grenzwerte-Einhaltung ist bei der gegebenen Streuung von Einzelparametern der hergestellten Bauelemente eher ein Problem des Testens bzw. der (automatisiert durchführbaren) Auswahl.

Da die Qualitätssicherung allgemein in der Technik eine bedeutende Rolle spielt, ist hier die Normung besonders aktiv geworden. Als deutsche Normen sind speziell die nachfolgend aufgeführten zu nennen:

1. DIN ISO 9000: Qualitätsmanagement- und Qualitätssicherungsnormen, Leitfaden zur Auswahl und Anwendung, Mai 1990;
2. DIN IEC QC 001001: IEC-Gütebestätigungssystem für Bauelemente der Elektronik (IEQC), Grundlegende Regeln, Feb. 1988;
3. DIN IEC QC 001002: IEC-Gütebestätigungssystem für Bauelemente der Elektronik (IEQC), Verfahrensregeln (mit Beiblatt 1), Feb. 1988;
4. DIN 45901: Verfahrensregel 7: Gütebestätigungsverfahren Teil 701, Nov. 1983, Teil 702 Dez. 1981

Danach ist "Qualität" der übergeordnete Begriff für Zuverlässigkeit, Konformität und Sicherheit und stellt die Gesamtheit von Eigenschaften dar, die sich auf die Eignung zur Erfüllung gegebener Erfordernisse bezieht. Einzelne Begriffe sind:

Konformität,
die Gesamtheit der Qualitätsmerkmale eines technischen Produktes als Anlieferungsqualität;

Annehmbare Qualitätsgrenzlage (AQL accepted quality level),
festgelegter Anteil von Fehlern, z. B. Anzahl pro 100 Einheiten, welcher bei Stichprobenprüfung noch als akzeptabel ("durchschnittliche Qualitätslage") angesehen werden kann;

Zuverlässigkeit,
die Gesamtheit der Eigenschaften, die sich auf die Eignung zur Erfüllung gegebener Erfordernisse für ein gegebenes Zeitintervall bezieht. Das Feststellen dieser Qualitätseigenschaften erfordert also eine Beobachtung der Betrachtungseinheit über das Zeitintervall;

Fehler,
Zustand in Form einer unzulässigen Abweichung eines Merkmales. Er wird zur Beschreibung der Konformität benötigt. Die Feststellung einer Störung läßt die Ursache offen und stellt nur fest, daß eine Funktion aussetzt oder beeinträchtigt ist. Ursache kann sowohl ein Ausfall, ein bislang nicht entdeckter Fehler, als auch eine unzulässige Einwirkung sein. Unzulässig heißt, daß die Betrachtungseinheit außerhalb des spezifizierten Bereichs betrieben wird. Beispiele hierfür sind: Fehlbedienung und Überlastung (z. B. Blitzschlag) oder höhere Felddämpfung in einer Funkstrecke, als sie in der Spezifikation festgelegt ist, bedingt z. B.durch einen unzulässig großen Abstand der Relais-Stationen;

Ausfallkriterium,
Fehlerkriterium für eine Zuverlässigkeitsbetrachtung. Das Ausfallkriterium kann für ein und dasselbe Merkmal einer Betrachtungseinheit anders festgelegt sein als das Fehlerkriterium. Das Fehlerkriterium wird z. B. bei der Konformitätsprüfung verwendet, das Ausfallkriterium für die Beschreibung des Alterungsverhaltens im Betrieb.

Ausfalldauer (down time),
Zeitintervall vom Ausfallzeitpunkt bis zum darauffolgenden Verwendungsbeginn;

Klarzeit (up time),
Zeitdauer ab Betrachtungsbeginn, in der der fehlerfreie Zustand ununterbrochen andauert;

Mittlerer Ausfallabstand (mean time between failures MTBF);

Mittlere Klarzeit bei instandzusetzenden Betrachtungseinheiten;

Brauchbarkeitsdauer,
Zeitspanne, während der festgelegte Zuverlässigkeitsangaben eingehalten werden. Die Angabe einer Brauchbarkeitsdauer erfordert also immer die Festlegung zumindest einer weiteren Zuverlässigkeitsgröße;

Qualitätssicherung,
Maßnahmen zur Erzielung der geforderten Qualität.

14.1.1 Halbleiterprozesse

Jeder Verfahrensschritt muß einzeln beobachtet werden, wenn es um die Absicherung der Fertigungsstabilität geht. Scheinbar unwesentliche Effekte können einen Prozeß in Frage stellen, z. B. unterschiedliche Lose von Nickelbändern, welche zum Auflöten von Chips Verwendung finden; bei verschiedenen Chargen können wegen variierender Benetzbarkeit trotz gleicher Handhabung Lötausfälle auftreten, usw. Damit ist beim Bauelemente-Hersteller die Wareneingangskontrolle angesprochen, welche insbesondere die Waferqualität zu überprüfen hat, abgesehen vom Zustand der erforderlichen Hilfsstoffe.

Als erstes Beispiel technologischer Qualitätssicherung sei die Untersuchung von Si-Wafern genannt, die von Kristallen mit hohem Sauerstoffgehalt stammen. Bei einem O_2-Gehalt oberhalb von $10^{18} cm^{-3}$ läßt sich im Waferinneren eine Zone mit verteiltem SiO_2 bilden, welches als Getterschicht speziell für Cu wirkt. Ein vor der zur SiO_2-Bildung (bei etwa 700°C) durchgeführter Hochtemperaturprozeß bei etwa 1050°C zur Befreiung der Waferoberflächenschicht von O_2 (denuded zone) muß kontrolliert werden, da die später einzubringenden Bauelemente im perfekten, nicht O_2-verseuchten Silizium strukturiert werden müssen. Röntgentopographie und Ätztechniken müssen dazu herangezogen werden, siehe Bild 14.1. Auch der Ausgangskristall-Stab ist bezüglich der Uniformität und Größe des O_2-Gehaltes zu untersuchen, Bild 14.2.

Die Sauberkeit der Wafer-Oberfläche und Freiheit von Kratzern ist nicht selbstverständlich, aber essentiell wichtig für Fehlerfreiheit beim durchzuführenden Prozeßschritt wie Lithographie, Diffusion oder Oxidation. Sie wird z. B. mittels Geräten geprüft, welche wie ein Ultramikroskop mit seitlicher, flach auffallender Belichtung arbeiten; Bild 14.3 zeigt ein entsprechendes Bild, wo die Unreinheiten durch Lichtstreuung erkennbar sind.

Der Wafer selbst darf nicht mit Metallpinzetten oder gar der Hand angefaßt werden; Metallabrieb würde später eindiffundieren und Anlaß zu Störungen geben, Bild 14.4 gibt ein Beispiel. Es werden deswegen teflonbeschichtete oder abriebfeste, aus Titan gefertigte Pinzetten verwendet. Randausbrüche, oder auch schon leichter mechanischer Druck kann zur Ausbildung von Gleitversetzungen führen. In der Umgebung der verursachten Störung können damit Ausfälle auftreten, etwa in zu niedrigen Stromverstärkungswerten bipolarer Transistoren. Bild 14.5 zeigt, daß ein anschließender Ätzschritt eine Verbesserung bringt.

Die Scheibe in Bild 14.5a wurde nur gereinigt, bei der in Bild 14.5b wurde vor der Oxidation die gestörte Zone weggeätzt.

Die gewählte minimale Strukturgröße (design rule) bestimmt die erzielbare Ausbeute über die Kongruenz bei Mehrmaskenschritten, die Deckung oder Nichtdeckung nachfolgender Prozeßschritte. Diese hängt wesentlich von der Justiergenauigkeit des verwendeten Lithographie-Gerätes ab.

Bild 14.1: SiO$_2$ in epitaxial beschichtetem Si-Wafer
(nach H. Ming Liaw 1982)

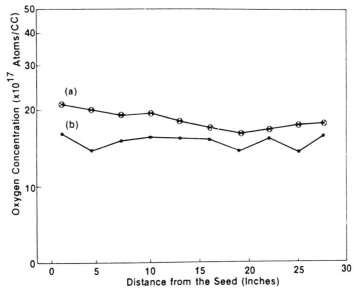

Bild 14.2: Axiale O$_2$-Verteilung in zwei Silizium-Einkristallen; (a) hoher Sauerstoff-Gehalt, (b) mittlerer Sauerstoff-Gehalt (nach H. Ming Liaw 1982)

676 Qualitätssicherung, unkonventionelle Bauelemente und Ausblick

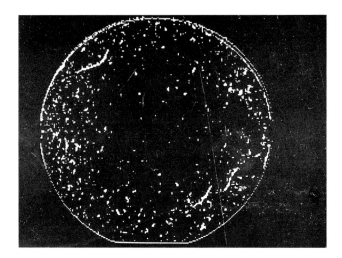

Bild 14.3: Auf Bildschirm sichtbar gemachte Unreinheiten auf der Halbleiterscheibe

Sämtliche weitere Verfahrensschritte gehen in ähnlicher Weise in die Ausbeute ein. Dabei sind Ausbeute und Fehlerrate durchaus von der Chip-Größe und der Komplexität der Schaltung abhängig, wie die Bilder 14.6 und 14.7 schematisch zeigen, jedoch zeigt die Erfahrung vor allem eine eindeutige Verbesserung mit der Zeit. Personal und Verfahren scheinen bei häufiger Wiederkehr von Handhabung und Bearbeitung (handling) zu kontinuierlich besserer Verfahrenstechnik zu kommen, die Ausbeute (yield) steigt mit erhöhtem Durchsatz deutlich an, die Lernkurve verläuft positiv. Bild 14.8 zeigt dies für ein ausgewähltes, aber zu verallgemeinerndes Beispiel deutlich.

Als analytische Hilfsmittel zur Aufklärung von Fehlerursachen dienen neben physikalischen Untersuchungen Inspektionen der prozessierten Wafer-Oberfläche mit dem Rasterelektronenmikroskop REM oder, bei gedünnten Substraten, mit dem Transmissionsmikroskop TEM bzw. STEM (Scanning Transmission Electron Microscope). Bild 14.9 zeigt bei einem Bipolartransistor, wie aus einem Stapelfehler die kurzschließende Diffusionsspitze wird, während Bild 14.10 einen korrodierten Kontakt erkennen läßt.

Qualitätssicherung 677

Bild 14.4: Röntgentopogramm einer 3"-Scheibe mit Oxid- Nitridrandversetzungen (helle gradlinige Kontraste) vorwiegend in Scheibenbereichen mit erhöhter Dichte an Versetzungsquellen. Diese sind im Randbereich Gleitversetzungen, in den hellen Flecken ("Schleier") metallische Verunreinigungen durch Pinzettenabrieb. (nach G. Franz u. a. 1982)

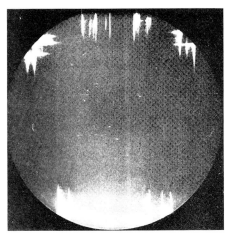 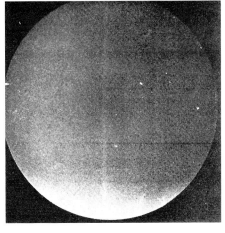

a b

Bild 14.5: Randausbrüche und Beschriftungsdamage als Quellen für Gleitversetzungen. Röntgentopogramme von 3" Substratscheiben nach einer Oxidation. (nach G. Franz u. a. 1982)

678 Qualitätssicherung, unkonventionelle Bauelemente und Ausblick

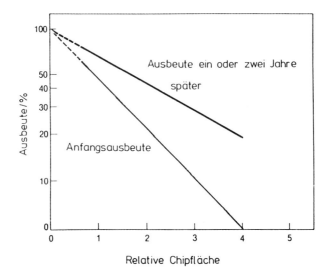

Bild 14.6: Ausbeute als Funktion der Chip-Fläche (nach R. Bernhard 1982)

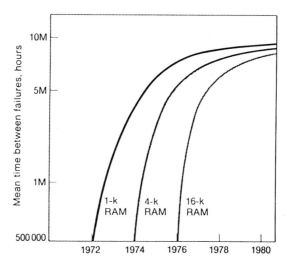

Bild 14.7: Verbesserung der MTBF mit der Zeit (nach R. Bernhard 1982)

Qualitätssicherung 679

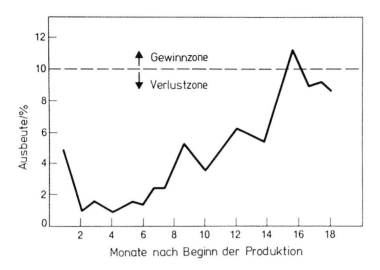

Bild 14.8: Lernkurve (nach R. Bernhard 1982)

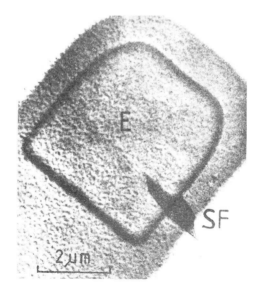

Bild 14.9: TEM-Aufnahme eines Transistors mit pipe; E Emitter, SF Stapelfehler (nach G. Franz u. a. 1982)

Diese Bilder leiten zum nächsten Abschnitt über, wo die Qualitätssicherung beim Bauelement behandelt wird. Das erstere weist im übrigen auf den Einfluß der Substrate auf das schließliche Ergebnis hin. Während bei Si eine weitgehend befriedigende Situation bezüglich der Liefer-Qualität der Scheiben

680 Qualitätssicherung, unkonventionelle Bauelemente und Ausblick

gegeben ist, ist dies bei III-V-Materialien nicht der Fall. Insbesondere stören dort Versetzungen hoher Dichte sowie ungleichmäßige Grunddotierungen, wie in den ersten beiden Kapiteln dargestellt.

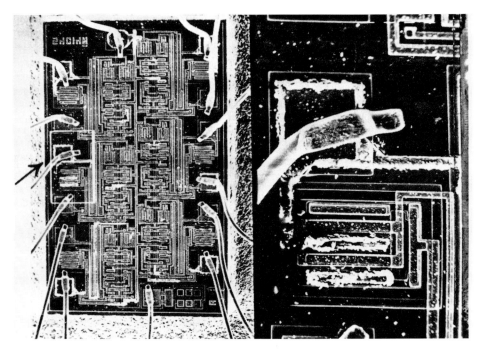

Bild 14.10: Ausfallanalyse einer integrierten Schaltung: MOS-Schaltung MM 74 C 14 (6fach Schmitt-Trigger). Ausfall nach ca. 1. Betriebsjahr durch Korrosion. Rasterelektronenmikroskopieaufnahme unter Verwendung einer Ausschnitt-Vergrößerungs-Einrichtung. Rechts: Vergrößerung 50fach bei 20° Neigung des rechten Ausschnitts (s. Pfeil) um Faktor 5. (nach E. Kissel 1982)

14.1.2 Bauelemente

Eine erste Aufgabe besteht in der Ermittlung der Datenstreuung über dem Wafer. Hierzu werden automatische Tester eingesetzt, welche die Werte ausdrucken oder visualisieren. Die Bilder 14.11 bis 14.13 geben Beispiele der verschiedenen Darstellungsformen anhand der Sättigungsstromverteilung von MOS-Transistoren. Zugehörende Meßeinheiten sind meist Mikroprozessor-gesteuerte Geräte. Bild 14.14 zeigt das Blockschaltbild eines solchen Parameter-Analysators, während Bild 14.15 dessen Einbettung in ein Meßsystem andeutet.

Beim Herstellgang sind im übrigen Prüfen und Prozeß integriert. Bild 14.16 deutet dies am Beispiel von Bipolartransistoren in einem Kunststoffgehäuse gemäß Bild 14.17 an (Valvo).

```
File : Mh72110      Mh 7/2 - C2N -I_sat at 10V

Min. = 0.0000      Max. = 5.0000
```

					.0000	.1590	3.880	3.770	3.950	>MAX	.0000	.0000
		.0000	.0000	>MAX	3.520	3.350	3.200	1.500	3.020	3.740	.2540	.0000
		.0000	>MAX	3.520	3.360	3.120	2.810	2.670	2.810	3.270	3.430	.2330
	.0000	.0000	3.620	3.110	2.850	2.730	.0449	2.570	2.620	2.740	3.040	3.020
	.0000	.1070	3.670	3.050	2.750	2.540	2.610	2.590	2.660	2.280	2.500	3.230
	.0000	.1797	3.520	3.070	2.680	2.570	2.520	2.550	2.550	2.650	2.700	3.130

Bild 14.11: Ausdrucken der Meßdaten (MOSFET-Sättigungsstrom in mA;
.0000 bedeutet Kontaktunterbrechung bzw. Scheibenrand)
(nach H. Maes u. a. 1981)

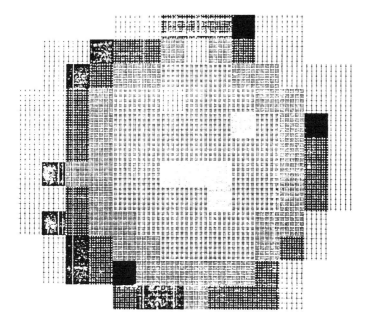

Bild 14.12: Raster-Darstellung von Daten gemäß Bild 14.11
(nach H. Maes u. a. 1981)

682 Qualitätssicherung, unkonventionelle Bauelemente und Ausblick

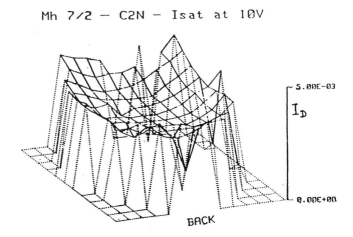

Bild 14.13: Mittels des Rechners verarbeitete Daten mit dreidimensionaler Darstellung (nach H. Maes u. a. 1981)

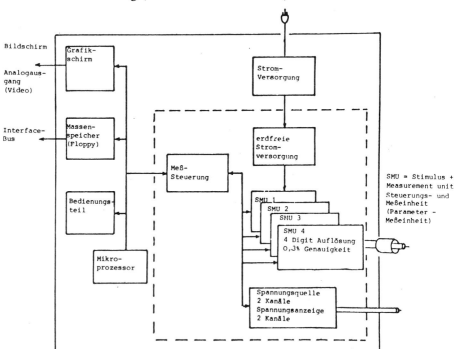

Bild 14.14: Blockschaltbild des Gerätes HP 4145 A (nach Firmenunterlagen Hewlett-Packard)

Qualitätssicherung 683

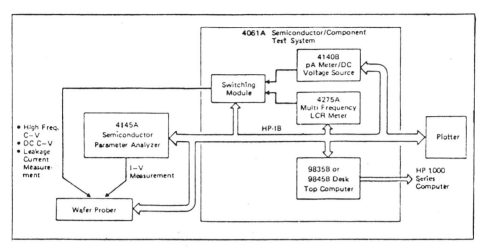

Bild 14.15: Meßsystem für Halbleiter-Parameter
(nach Firmenunterlagen Hewlett-Packard)

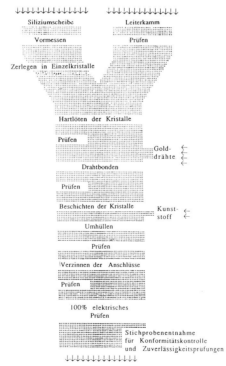

Bild 14.16: Zusammenwirken von Herstellung und Qualitätssicherung bei Transistoren im Kunststoffgehäuse SOT-32 (nach Valvo Technische Information)

684 Qualitätssicherung, unkonventionelle Bauelemente und Ausblick

Die pn-Übergänge des in Planar- oder Epibasistechnik aufgebauten Kristalls sind glaspassiviert. Die Kristalloberseite hat eine Aluminium-Metallisierung. Der Kristall ist mit Gold auf dem Gehäuseboden hart gelötet. Ultraschallgebondete Golddrähte verbinden Emitter und Basis mit den jeweiligen Anschlüssen. Eine spezielle Silikon-Kunststoffumhüllung und verzinnte Anschlüsse vervollständigen die Konstruktion.

Die eingesetzten Testverfahren sind auf mögliche Fehler abgestimmt. Tabelle 14.1 zeigt die erforderliche Vielfalt, wobei direkte und indirekte Meßverfahren benutzt werden. So wird z. B. die Änderung der Basis-Emitter-Spannung, als Folge eines Leistungsimpulses, als Maß für die Änderung der Sperrschichttemperatur und damit auch als Maß für den thermischen Widerstand benutzt. Bauelemente mit nicht zufriedenstellender Hartlöung werden bei dieser 100 %-Prüfung aussortiert.

Für gut befundene Hartlötungen versprechen eine hohe Zuverlässigkeit, denn eine typische Eigenschaft dieser Lötung besteht darin, daß sich der thermische Widerstand mit der Zeit nicht merklich ändert. Wie das folgende Bild 14.18 bzw. Tabelle 14.2 zeigt, können unter Umständen sehr viele, kaum trennbare Effekte mitwirken.

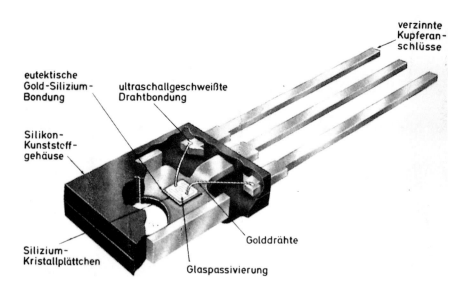

Bild 14.17: Transistor im Kunststoffgehäuse SOT-32 (nach Valvo Technische Information)

Tabelle 14.1: Zuverlässigkeitsprüfungen der Transistoren im Kunststoffgehäuse SOT-32 (nach Valvo Technische Information)

Prüfung	Bedingungen	Erkennen von Fehlermechanismen
Thermische Ermüdung	$\Delta \vartheta_J = 125$ K $t_{ein} = t_{aus} = 2½$ min	Kristallfehler Lötfehler schlechte Bondung
Sperrlebensdauer (trocken)	$U_{CB} = U_{CBO\,max}$ $|U_{EB}| = 1$ V $\vartheta_J = 150$ °C	Instabilitäten in Kristall und Oberfläche
Sperrlebensdauer (feucht)	$U_{CB} = U_{CBO\,max}$ $|U_{BE}| = 1$ V rel. Feuchte $\geq 90\%$ $\vartheta_J = 55$ °C	Korrosion
Verlustleistung	$P_{tot} = P_{tot\,max}$ $\vartheta_J = 150$ °C	Hinweis auf Ausfallrate bei max. Verlustleistung Kontrolle anderer Prüfungen
Hochtemperaturlagerung	$\vartheta_J = 150$ °C	schwache Bondstelle
Tieftemperaturlagerung	$\vartheta_J = -65$ °C	Bond- und Chipfehler
Temperaturzyklen	schnelle Temperaturwechsel zwischen -40 °C und $+175$ °C	Konstruktionsfehler
Strombelastung	$I_E = I_{CM\,max}$ $U_{CB} = 0$	Neigung zur Elektromigration

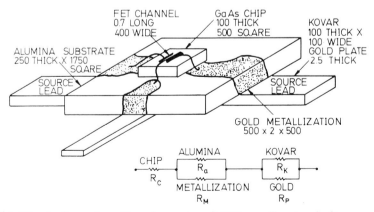

Bild 14.18: Aufbau eines Bauelements mit Wärme-Ersatzschaltung (GaAs MESFET Chip; Maße in μm) (nach S. Weinreb 1980)

Tabelle 14.2: Anteile der einzelnen Wärme-Übergänge von Bild 14.18 abhängig von der Temperatur in K/W (thermische Leitfähigkeit in W/K cm) (nach S. Weinreb 1980)

component (dimensions in µm)	R	temperature/K 300	77	20	4
FET channel (0.7 x 400)	R_C	120 (0.44)	12 (4.4)	13 (4.1)	840 (.06)
alumina substrate 250 x (1.750)²	R_a	55 (0.35)	13 (1.5)	85 (0.23)	3900 (.005)
gold metallization 500 x (500 x5)	R_M	335 (3)	285 (3.5)	62 (16)	45 (22)
total $R_C + R_a // R_M$	R_C	169	24	49	885
kovar in source leads 250 x (100 x 1000)	R_K	76 (.165)	156 (.08)	625 (.02)	4170 (.003)
gold plate on source leads 250 x 2,5 x 2200	R_P	76 (3)	65 (3.5)	14 (16)	10 (22)
total including source leads $R_C + R_K // R_P$	R_T	207	89	63	895
add for epoxy bond of chip 25 x (500 x 500)	-	50 (.02)	100 (.01) EST.	330 (.003) EST.	1000 (.001)

Die Qualität der Drahtbondung wird mit Hilfe eines in Vorwärtsrichtung durch den Basis-Emitter-Übergang fließenden großen Stromes geprüft. Die gemessene Flußspannung gibt Auskunft über die Bondqualität. Eine Darstellung gemäß Bild 14.19 erlaubt dann eine Aussage über die Güte der Kontakte. Tabelle 14.3 zeigt entsprechende Testergebnisse. Wie daraus hervorgeht, übertrifft die Betriebslebensdauer allgemein 75 000 Temperaturzyklen, und ihre Gesamtausfallrate liegt bei $6 \cdot 10^{-6}$/h. Beide Werte wurden, wie die erste Tabelle zeigt, unter Grenzbedingungen bestimmt. In der gebräuchlichen Anwendung mit niedrigeren Temperaturen, Spannungen und Strömen sind eine noch viel größere Lebensdauer und geringere Ausfallrate zu erwarten.

In ähnlicher Weise wird bei integrierten Schaltungen vorgegangen, deren Komplexität erheblich über der eines Einzelbauelements liegt. Bild 14.20 zeigt dies eindrucksvoll. Dort ist der Testaufwand einschließlich der Logiküberprüfung wesentlich größer; von den Herstellkosten entfallen auf Testen (und das Gehäuse!) ein wesentlich höherer Teil als auf die Herstellung des Chips selbst. Auch die Datenfestlegung (Pflichtenheft) kann nur sukzessiv erfolgen, Bild 14.21 zeigt das Schema (Valvo).

Qualitätssicherung 687

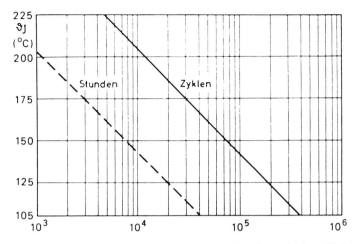

Bild 14.19: Betriebslebensdauer bzw. Anzahl der thermischen Belastungszyklen der Au-Al-Kontakte von Transistoren im Kunststoffgehäuse SOT-32 als Funktion der Sperrschichttemperatur (nach Valvo Technische Information)

Tabelle 14.3: Zusammenstellung der Langzeitprüfungsergebnisse aus den Jahren 1972 bis 1980 von Transistoren des mittleren Leistungsbereichs in Kunststoffgehäusen SOT-32 (nach Valvo Technische Information)

Prüfung		BD 131	BD 132	BD 135	BD 136	BD 226	BD 227	BD 233	BD 234	BD 433	BD 434	BD 677	BD 678	Summe
Thermische Ermüdung (Leistungszyklen[1])	Ausfälle	18	1	3	5	0	0	2	7	4	3	5	0	48
	Bauelementestunden (× 10⁴)	198	15	244 [3]	107	50	46	73	68	46	43	28	21	939
Sperrlebensdauer (trocken)	Ausfälle	3	0	4	2	0	0	3	17	0	1	2	0	32
	Bauelementestunden (× 10⁴)	26	8	203 [3]	111	46	36	59	62	43	41	28	21	684
Sperrlebensdauer (feucht)	Ausfälle	0	0	2	5	3	4	7	3	0	0	1	0	25
	Bauelementestunden (× 10⁴)	10	10	55,5	41	30	34	51	49	46	43	28	21	418,5
Verlustleistung	Ausfälle	0	0	1	0	2	0	4	0	5	2	4	0	18
	Bauelementestunden (× 10⁴)	46	9	17 [4]	15 [4]	15	16	22	18	29,2	25,7	20,7	16	249,6
Hochtemperaturlagerung	Ausfälle	2	0	4	2	0	0	0	0	3	2	1	0	14
	Bauelementestunden (× 10⁴)	24	8	216 [3]	119	29	29	36	34	45	43	28	21	632
Gesamtsumme	Ausfälle	23	1	13	14	5	4	16	27	12	8	13	0	136
	Bauelementestunden (× 10⁴)	304	50	718,5	378	170	161	241	231	209,2	195,7	132,7	100	2901,1

Gesamtausfallrate: 1972 bis 1976 = 6 · 10⁻⁶/h
1977 bis 1980 = 5,5 · 10⁻⁶/h

688 Qualitätssicherung, unkonventionelle Bauelemente und Ausblick

Bild 14.20: Systemträger der integrierten Bipolarschaltungen TDA 3505 mit aufgeklebtem Kristall und golddrahtgebondeten Anschlußzungen des Leiterbandes (nach Valvo Technische Information)

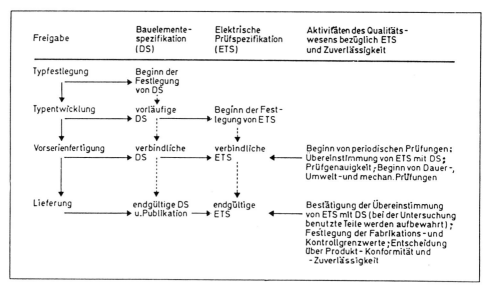

Bild 14.21: Formelles Freigabeverfahren zur Sicherung der Qualität integrierter Bipolarschaltungen vom Beginn der Produktion an (nach Valvo Technische Information)

Die schließlich erreichte Güte hängt, wie eingangs beschrieben, stark von der Lernkurve ab, Bild 14.22 belegt dies für Bipolarschaltungen ähnlich Bild 14.20, wobei die tatsächliche Ausfallrate nach 5 000 h elektrischer Prüfung nur $5{,}6 \cdot 10^{-7}$/h beträgt (Sperrschichttemperatur 100°C).

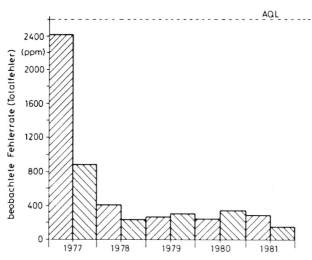

Bild 14.22: Fertigungsmittelwert (beobachtete Fehlerrate), abgeleitet aus den statistischen Konformitätsprüfungen (erste Vorlage) der Jahre 1977 - 1981 (Beispiel Valvo). Die Gesamtverbesserung der Qualität führt zu ständig fallenden Fehlerraten. (nach Valvo Technische Information)

Schwierig ist die eindeutige Vorhersage von Langzeitausfällen, wenn auch in einigen Fällen eine nur kurze Betriebsdauer, aber hoher Umgebungstemperatur, als zeitraffende Meßmethode brauchbar ist. Schnellausfälle sind eher erkennbar, diese sind bei Bipolarschaltungen nach gut 1000 Betriebsstunden abgeklungen, bei MOS-Schaltungen nach etwa 2000 Stunden.

Ähnliches gilt für die Elektro-Migration, die Wanderung von Leitbahn- oder Kontakt-Material unter Einfluß der anliegenden elektrischen Felder bzw. Spannungen. Bei Kurzkanal-GaAs-MESFETs kann dieserart ein Kurzschluß Gate - Drain auftreten, oder Leiterbahnen werden durch die Metall-Wanderung unterbrochen. Der erstere Fehler bedarf eines initialen Strompfades, womit der Oberflächen-Reinheit der Wafer bzw. -Passivierung hohe Bedeutung zukommt. Die Leitbahn-Auftrennung hängt mit der Adhäsion, der Wärmeleitung und der Korngröße des Leitbahn-Materials zusammen. Au-Verbindungsleitungen sind 10^4fach resistenter als Al-Leitbahnen; bei letzteren kann jedoch eine 40fache Erhöhung der Lebensdauer durch zuvorige Titan-Belegung der mit SiO_2 passivierten Halbleiter-Oberfläche erreicht werden.

690 Qualitätssicherung, unkonventionelle Bauelemente und Ausblick

Bei Leiterbahnen mit Submikron-Geometrien ist die Elektro-Migration stark verringert, so daß höhere Stromdichten zugelassen werden können. Dies ist durch den engeren Wärmekontakt des gesamten Leitermaterials mit dem Substrat bedingt.

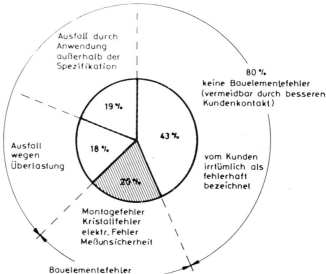

Bild 14.23: Ergebnis der Retourenanalyse aus den Jahren 1977 bis 1981. Etwa 43 % der Retouren erwies sich als fehlerfrei im Sinne der Bauelementespezifikation (nach Valvo Technische Information).

Bei entsprechender Prüfung sind in die Schaltung eingebaute Bauelemente für schließlich auftretende Fehler zumeist nicht verantwortlich. Eine entsprechende Analyse ist in Bild 14.23 gezeigt; nur 20 % der Fehler sind auf Bauelemente zurückzuführen. Doch müssen die restlichen Fehler durch eine fortschrittliche, mehr und mehr automatisierte Fertigung weiter verringert werden, sollen doch fast 50 % fehlerhafte Platinen (mit Bauelementen bestückte und verdrahtete Platten) auf Fehler im Einsetzen von Halbleiterbauelementen zurückgehen.

14.1.3 Optoelektronik

Bei optoelektronischen Bauelementen steht bezüglich der Qualitätssicherung die Konstanz oder auch Verbesserung des optoelektrischen Wirkungsgrades im Vordergrund. Dies bedeutet bei Strahlungsempfängern die Sicherung gleicher Detektorempfindlichkeit, bei Lichtsendern (LEDs, Laser) die der Lichtausbeute.

Für beides ist der Quantenwirkungsgrad die wichtigste Kenngröße. Beim Halbleiter-Laser ist überdies das Degradationsverhalten der Spiegelendflächen des Laser-Resonators wichtig, während optische Anpaßschichten zur Reflexionserniedrigung kaum Probleme geben.

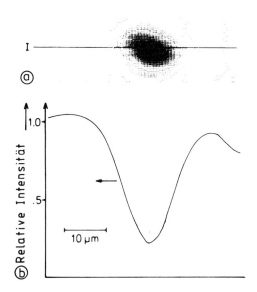

Bild 14.24: CL-Intensitätsverteilung an einer Versetzung (T = 50 K; GaAs, n = 10^{16}cm^{-3}; a) räumlich aufgelöste Darstellung des CL-Wirkungsgrades, b) Abtastung über die Versetzung (nach A. Steckenborn u. a. 1981)

Bei Solarzellen kommt die extreme Umweltbelastung hinzu, sofern sie im Freien betrieben werden, ähnliches gilt beim Einsatz der Bauelemente in der industriellen Steuer- und Regeltechnik.

Bei den optoelektronischen Bauelementen ist das Einwandern von Kristallstörungen in die aktive Zone kritisch, etwa im Injektions- und Rekombinationsgebiet einer Laser-Diode. Zur Überprüfung verwendet man ein Infrarotmikroskop, womit man u. U. dunkle, nichtemittierende Stellen (dark lines) erkennen kann, welche solche "toten" Zonen darstellen.

Bild 14.24 zeigt Meßergebnisse der im Rasterelektronenmikroskop gewonnenen Ausbeute der Kathodolumineszenz CL bei örtlicher Anregung mit dem Elektronenstrahl an der Stelle einer die Kristalloberfläche durchstoßenden Versetzung. Deutlich ist die den Quantenwirkungsgrad reduzierende Wirkung der Versetzung zu erkennen.

Bezüglich der Lichtemission gibt es eine grobe Erfahrungsregel, wonach die integrale Lichtausbeute pro Bauelement konstant sein soll; bei hoher elektrischer Belastung und Lichtintensität folgt damit ein relativ schneller Abfall des Wirkungsgrades, bei nur geringfügiger Belastung und schwacher Emission eine nahezu konstante Intensität. Bild 14.25 zeigt hierzu den zeitlichen Verlauf des Koppelfaktors eines Opto-Kopplers, der auf die Alterung bzw. Verringerung des LED-Wirkungsgrades zurückzuführen ist.

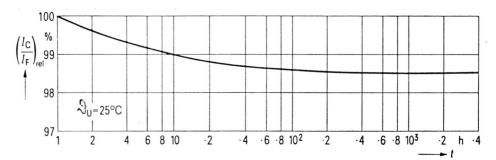

Bild 14.25: Änderung des Koppelfaktors Ausgangsstrom/Eingangsstrom bei einem Optokoppler TRIOS CNY 17, I = 10 mA, ϑ= 250°C (nach Siemens Bauteile Report)

14.2 Äussere Störeinflüsse

An gravierenden äußeren Einflüssen müssen Hochspannungsentladungen (bereits durch statische Aufladungen bei üblicher Handhabung auslösbar!) und kosmische Strahlen genannt werden; Zerstörungen der Bauelemente oder bleibende Veränderungen können die Folge sein. Zur Abwendung solcher Gefahren werden Schutzschaltungen verwendet, welche z. B. aus antiparallel geschalteten Dioden bestehen. Diese stellen bei Normalbetrieb eine gewisse parasitäre Belastung dar, übernehmen aber bei plötzlich vorliegender Spannungsspitze den Störstrom und begrenzen den möglichen Spannungshub am geschützten Klemmenpaar auf ihre Fluß- oder auch Sperrdurchbruchs-Spannung. Neben Dioden und Schutzwiderständen werden auch Varistoren (nichtlineare Widerstände) verwendet, welche von sich aus elektrisch symmetrisch sind, also bei Spannungen jedweden Vorzeichens als Spannungsbegrenzer wirken. Sie besitzen Haltespannungen der Größenordnung 100 V (ZnO: 50 V...500 V), während die Diodenpaare bei knapp 1 V (Flußspannung) oder einigen 10 V (Sperrspannung) liegen. Schutzdioden sind jedoch im Gegensatz zu Varistoren integrierbar und können z. B. die Eingangssteuerstrecke eines FET effektiv gegen einen Spannungsdurchbruch schützen; wegen der geringen Kapazität etwa eines MOSFET genügen hierfür geringste Ladungsmengen. Tabelle 14.4 zeigt eine grobe Klassifizierung, wo die extreme Gefährdung der MOS-Bauelemente nochmals deutlich wird.

Äussere Störeinflüsse 693

Tabelle 14.4: Gefährdungsgrade durch statische Aufladung
(nach Valvo Technische Information)

Bereich der zulässigen elektrostatischen Spannung	Reaktion des Bauelements auf elektrostatische Entladung	Bauelemente-Gruppierung
<170 V	sehr empfindlich	ungeschützte MOS-Bauelemente (MOS-Transistoren, integrierte MOS-Schaltungen)
170V-200V	empfindlich	geschützte MOS-Bauelemente (z. B. dual-gate-MOS-FETs mit Schutzdioden, integrierte MOS-Schaltungen mit Schutzdioden) höher integrierte bipolare Schaltungen
2000V-15000V	weniger empfindlich	Halbleiterbauelemente kleiner Leistung (z. B. Schaltdioden)
15000V und mehr	unempfindlich	Halbleiterbauelemente größerer Leistung (z. B. Leistungstransistoren)

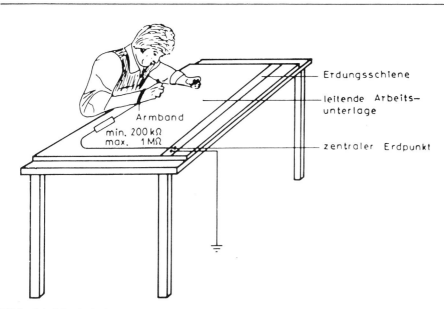

Bild 14.26: Arbeitstisch mit Schutzmaßnahmen
(nach Valvo Technische Information)

694 Qualitätssicherung, unkonventionelle Bauelemente und Ausblick

Insoweit müssen auch bei der manuellen Handhabung spezielle Vorsichtsmaßnahmen ergriffen werden. Bild 14.26 zeigt, daß selbst die Erdung der Arbeitshand zweckmäßig sein kann, während in Bild 14.27 schematisch ein Arbeitsplatz gezeigt ist; insbesondere wichtig ist die Erdung des Lötkolbens.

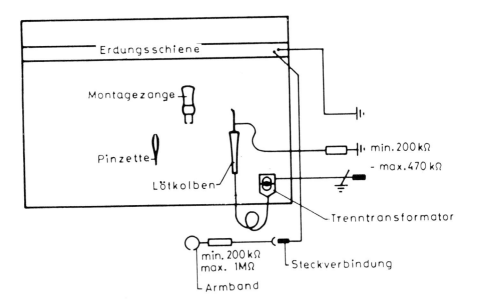

Bild 14.27: Wartungs- und Reparaturplatz für MOS-Schaltungen (Draufsicht, nach Valvo Technische Information)

Äussere Störeinflüsse 695

14.2.1 Atmosphärische Störungen

Schaltfunken in der Nachbarschaft nicht hinreichend geschützter Schaltungen können Fehlverhalten oder bleibende Störungen hervorrufen. Dies gilt speziell für Blitzeinschlag. Schon die Gewitterwolke erzeugt hohe Feldstärken an der Erdoberfläche, wie Bild 14.28 zeigt. Die Entladung selbst erfolgt gemäß Bild 14.29, wobei auch in Stahlbetongebäuden hohe Feldstärken auftreten können. Die Änderung des Erdpotentials ist im übrigen in einigen Kilometern Entfernung von der Einschlagstelle noch erheblich, wie Tabelle 14.5 zeigt.

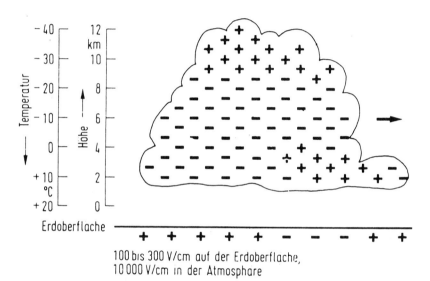

Bild 14.28: Typische Gewitterwolke und ihr elektrisches Feld vor der Entladung (Blitzspannung 10^9V, umgesetzte Energie etwa 5000 kWh) (nach E. Widl 1982)

Tabelle 14.5: Erdpotential, angegeben in kV, in der Entfernung r in Metern von der Einschlagstelle eines 50-kA-Blitzes (nach E. Widl 1982)

r	10	30	100	300	1000	3000
weicher Boden (100 Ωm)	80	26,7	8	2,67	0,8	0,27
felsiger Boden (10000 Ωm)	8000	2670	800	267	80	26,7

696 Qualitätssicherung, unkonventionelle Bauelemente und Ausblick

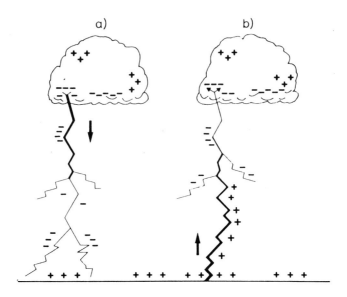

Bild 14.29: Entladungsvorgang während eines Gewitters in der Ebene;
a) Stufenvorentladung etwa 20 ms, 100-200 A, b) Hauptentladung etwa 1 ms, bis 170 kA (nach E. Widl 1982)

14.2.2 Strahlung

Kosmische Strahlung induziert in der Atmosphäre sekundäre Effekte und kann auch, da energiereich, direkt auf das Halbleiterbauelement einwirken. Das Gleiche gilt für die terrestrische Radioaktivität, insbesondere Kunststoffgehäuse schirmen dagegen nicht ab.

Bei Speicherzellen von nur einigen µm^2 Gesamtfläche ist das Volumen so gering, daß durch absorbierte Strahlung erzeugte Ladungskaskaden (Ionisierung) zu einer Umladung und damit einem Informationsverlust führen können. Speziell sind hierfür α-Strahlen, also zweifach positiv geladene Heliumkerne hoher Bewegungsenergie verantwortlich. Durch unelastische Stöße werden die α-Teilchen in einigen µm Tiefe abgebremst. Hierdurch werden auch Gitterdefekte erzeugt, welche anschließend als Rekombinationszentren wirken. Mehr als 10^6 Elektron-Lochpaare können von einem einzigen α-Teilchen erzeugt werden, womit ein solches Ereignis bereits eine Speicherzelle umprogrammieren kann. Bild 14.30 zeigt schematisch die Strahlungseinwirkung, während Bild 14.31 die tatsächliche Beeinflussung technischer Schaltungen (soft error) durch Angabe der induzierten Fehlerrate dokumentiert; je kleiner das aktive Zellvolumen, desto kritischer die Verhältnisse.

Die Strahlungsresistenz (radiation hardness) von GaAs ist bedeutend höher als die von Silizium, so daß für extraterrestrische Anwendungen GaAs zu

Äussere Störeinflüsse 697

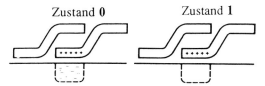

Potentialmulde mit Elektronen gefüllt; p-Silizium invertiert; ca. 1 Mio. Elektronen

Potentialmulde leer; p-Silizium stark verarmt

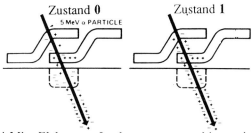

ca. ~1,4 Mio. Elektronen-Lochpaare, erzeugt bis zu einer Tiefe von ~25µm (Energieverlust pro Paar ≈3,5 eV)
(natürliche Alphateilchen bis zu einer Energie von ≈8 MeV)

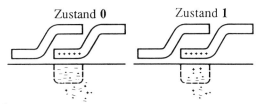

Die Elektronen-Lochpaare diffundieren. Elektronen, die die Verarmungschicht erreichen, werden durch das elektrische Feld in die Potentialmulde gezogen. Löcher werden abgestoßen. "Einfang-Wirkungsgrad" ist das Verhältnis der eingefangenen Elektronen zur Gesamtzahl der erzeugten Elektronen.

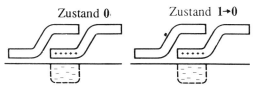

Potentialmulde bleibt gefüllt; kein merklicher "Einfang"

Potentialmulde ist nun gefüllt; Speicherinhalt ist geändert.

Bild 14.30: Umladung einer dynamischen Speicherzelle durch α-Teilchen, schematisch (nach T. C. May u. a. 1979)

698 Qualitätssicherung, unkonventionelle Bauelemente und Ausblick

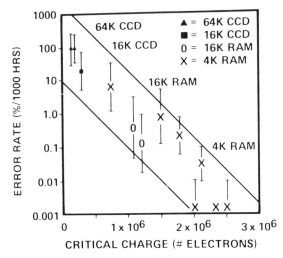

Bild 14.31: Fehlerrate und kritische Ladung bei verschiedenen Speichern (nach T. C. May u. a. 1979)

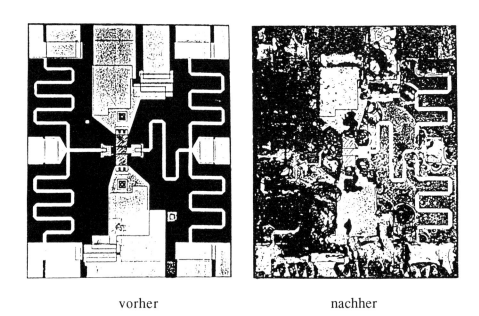

vorher   nachher

Bild 14.32: Ansicht eines GaAs-FET-MMICs nach Elektronen-Beschuß mit 10^7 Gy (1 Gray = 1 J/kg) (nach S. Asanabe 1980)

bevorzugen ist. Bild 14.32 zeigt den äußerlich sichtbaren Bestrahlungseinfluß bei einer integrierten GaAs-FET-Schaltung.

14.3 Entwicklung der Bauelemente-Technologie

Die neueren Entwicklungen sind vom Verkleinerungstrend und der insgesamt höheren Komplexität der Schaltungen geprägt. Bild 14.33 zeigt die Entwicklung der Planartechnik eindrucksvoll, wobei die Speicherzellen-Dichte durch die Hinzunahme der dritten Dimension am stärksten zunimmt. Notwendig hierfür sind eine verfeinerte Technologie, was das eigentliche Processing einschließt wie die Lithographie.

In Bild 11.48 ist dies für Bipolartransistoren dargestellt, wo der Zusammenhang mit der Entwicklung der Technologie erkennbar ist; neuere Verfahren erlauben höhere Bauelement-Perfektion. Insbesondere sind dort die III-V wide-gap Emitter-Strukturen zu nennen. Mittels MBE und MOVPE können Vielschicht-Anordnungen realisiert werden, welche ballistische Effekte mit einbeziehen und durch Kontaktschichten aus Schmalband-Material extrem niedrige Kontaktwiderstände ermöglichen; z. B. werden bei unlegierten Kontakten auf InAs-GaInAs Werte von $1.5 \cdot 10^{-7} \Omega cm^2$ (n-Material) und $10^{-5} \Omega cm^2$ (p-Material) erreicht. Innere Laufzeiten von etwa 1 ps ermöglichen selbst bei GaAs-HBTs Signal-Verzögerungszeiten von nur 2 ps in integrierten ECL-Ringoszillatoren, bei $f_t \approx 80$ GHz. Andererseits läßt das Konzept des wide-gap Emitters im Silizium-System ähnliche Daten erwarten, da mit selbstjustierenden Prozessen feinere Strukturen und höhere Bauelement-Dichten realisierbar sind als mit III-V-Strukturen. Auf das dort eingesetzte Hetero-System $Si-Si_{1-x}Ge_x$ wurde in Kapitel 3 Epitaxie hingewiesen. Entsprechende HBTs erreichen bei Emitterflächen von 4 µm^2 f_t-Werte von 75 GHz und innere Transit-Zeiten von ebenfalls 2 ps.

Bei Feldeffekttransistoren betrifft die weitere Entwicklung speziell die wirksame Kanallänge sowie die Verringerung des störenden inneren Source-Widerstandes am Anfang des Leitungskanals. Speziell die MODFET-Strukturen lassen hier weitere Fortschritte erhoffen, wobei $Ga_{0,47}In_{0,53}As$-Kanäle bzw. verspannte Schichten die günstigsten Eigenschaften aufweisen. Bild 14.34 zeigt für verschiedene Typen den Gang der Transitfrequenz f_t mit der Gate-Länge, welche etwa der effektiven Kanallänge entspricht. Im Submikron-Bereich sind wiederum ballistische Effekte zu erwarten, wobei Schmalband-Halbleiter pädestiniert erscheinen. Bild 14.35 zeigt theoretische Kurven.

MODFETs aus III-V Materialien mit Submikron-Gatelängen weisen Steilheiten von größer als 1 A/mm auf (300K), die f_t-Werte liegen oberhalb 100 GHz. Mit verspannten GaInAs -Schichten wird $f_t > 200$ GHz erreicht (0,1 µm Gate-Länge, $Al_{0,48}In_{0,52}As/Ga_{0,38}In_{0,62}As$-MODFET), wobei die Verstärkungsdaten bei f = 63 GHz Bestwerte von 9,5 dB mit einem Rauschfaktor von nur 1,2 dB aufweisen. Welches Potential entsprechende Strukturen im System Si-Si$_{1-x}$Ge$_x$ besitzen, bleibt abzuwarten.

Generell wird der Einsatz verspannter Schichten (strained layer, pseudomorphic) zunehmen, basierend auf den erweiterten theoretischen Erkenntnissen über den Einfluß bidirektionaler mechanischer Verspannungen bei dünnen, in Material anderer Gitterkonstante eingebetteter, Epitaxie-Schichten. Die modifizierte Bandstruktur erlaubt Verbesserungen z. B. der Löchergeschwindigkeit gegenüber unverspanntem Material, und selbst ein Übergang vom direkten zu indirektem Material bzw. umgekehrt erscheint möglich.

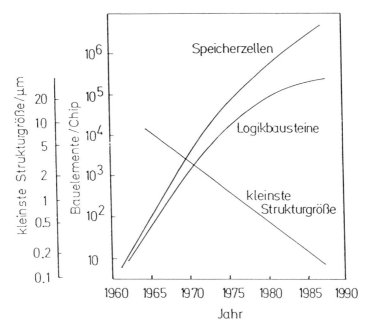

Bild 14.33: Trends bei Komplexität und Geometrie der Strukturen (nach H. Ming Liaw 1982)

Bei Analog-Strukturen stehen höhere Frequenz und höhere Leistung im Vordergrund. In Bild 14.36 sind für einen typischen Silizium-Höchstfrequenztransistor der Verlauf der Unilateralverstärkung U (Leistungsverstärkung bei verlustloser Neutralisation und Anpassung), der Leistungs- und Stromverstärkung, sowie des Rauschfaktors F (NF noise figure) gezeigt. Die Ausgangsleistungs-Frequenz-Kurve in Bild 14.37 zeigt den Abfall der Leistung im oberen GHz-Bereich. Hier dürften Bipolartransistoren aus GaAs bzw. GaInAs (HBTs) um den Faktor 5 höhere Werte erreichen lassen. Die entsprechende Kurve für GaAs-MESFETs zeigt Bild 14.38, welche ähnlich liegt

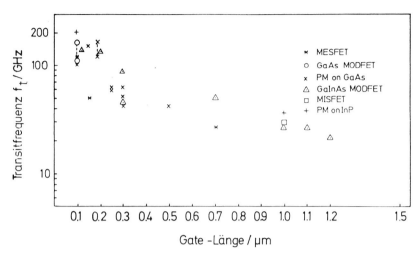

Bild 14.34: Transitfrequenz in Abhängigkeit von der Gate-Länge für verschiedene FET-Typen (ermittelt aus S-Parametern-Messungen, PM pseudomorphisch; nach versch. Autoren)

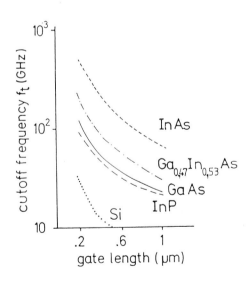

Bild 14.35: Transitfrequenz in Abhängigkeit von der Gate-Länge für verschiedene Materialien. (theoretische Kurven; nach A. Cappy u. a. 1980)

702 Qualitätssicherung, unkonventionelle Bauelemente und Ausblick

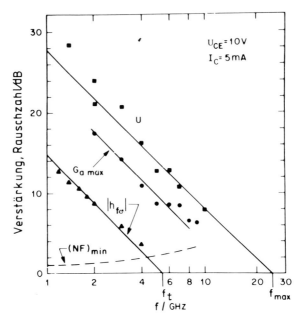

Bild 14.36: Verstärkung und Rauschfaktor eines Si-Bipolartransistors (nach J. A. Archer 1974)

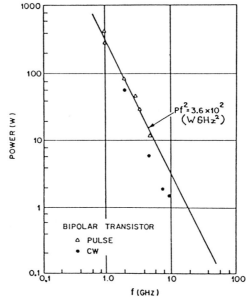

Bild 14.37: Ausgangsleistung bei Si-Bipolartransistoren (nach S. M. Sze 1981)

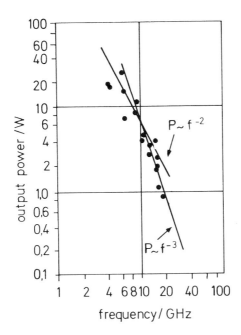

Bild 14.38: Ausgangsleistung bei GaAs-MESFETs (teilw. n. S. M. Sze 1981)

wie bei Si-Bipolar-Transistoren; allerdings werden keine Leistungs-FETs dieser Art für niedere Frequenzen gebaut, sondern spezielle vertikale Anordnungen (siehe Kapitel 12). Die für Eingangsstufen wichtige Größe des Rauschfaktors ist bezüglich der in dieser Richtung günstigsten Bauelemente, der GaAs MESFETs und MODFETs, aus Bild 14.39 zu entnehmen. Noch niedrigere. Werte erhält man durch Einsatz von GaInAs (pseudomorphisch bzw. auf InP-Substrat), wie zuvor angegeben; bei laufend weiterer Verbesserung.

Insoweit erscheinen MODFETs insbesondere für Eingangsstufen (front end) prädestiniert, wo Linearität und niedrigstes Rauschmaß für die Bauelemente-Auswahl ausschlaggebend sind. Dagegen dürften sich bei den nachfolgend diskutierten komplexen digitalen Schaltungen die einfacher und preiswerter herstellbaren MESFETs gegenüber den MODFETs behaupten, da die Eigenschaften der Gesamt-Schaltung kaum unterschiedlich sind.

704 Qualitätssicherung, unkonventionelle Bauelemente und Ausblick

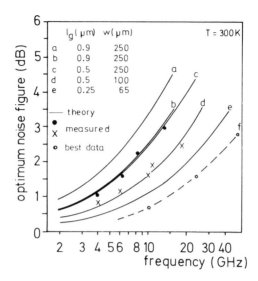

Bild 14.39: Rauschfaktor bei GaAs-MESFETs (a ohne, b-e mit n^+-Zwischenschicht bei Source und Drain zur Verringerung des Kontaktwiderstandes). Bei MODFETs werden um etwa 20% niedrigere Werte erreicht. (teilw. nach S. M. Sze 1981)

Bei logischen Schaltungen dient das Verlustleistungs-Verzögerungsprodukt (Pt_d power delay product) als Kenngröße (figure of merit). Bild 14.40 zeigt, daß minimale Werte von 10 fJ bis 100 fJ bereits erreicht sind und neuartige Bauelementkonzepte wie der III-V MODFET bereits darunter liegen. Zur experimentellen Überprüfung von Inverter-Funktionen dienen integrierte Ringoszillatoren mit einer ungeraden Stufenanzahl, z. B. 51. Die Oszillationsfrequenz in Abhängigkeit von der Gleichstromleistung erlaubt die Ermittlung von t_d als auch von P. Allerdings ist diese Methode insoweit nicht ganz realistisch, als die kapazitiven Belastungen hier geringer als bei den späteren "echten" Schaltungen sind. Dies gilt insbesonder bei höherem "fan out" (Mehrfach-Auskopplung). Die erzielten Stufen-Verzögerungen (bei 300K oder auf 77K gekühlt) liegen bei III-V-Schaltungen um $t_d \gtrsim 10$ ps, bei Si Schaltungen bei $t_d \approx 30$ ps. Auch hier gilt, daß laufend weitere Verbesserungen erfolgen, gekoppelt mit der Verkleinerung der einzelnen aktiven, integrierten Bauelemente in den Bereich um 5 µm²; letzteres ist durch selbstjustierende Prozesse möglich. Mittels des SAINT-Prozesses hergestellte GaAs-MESFETs erreichen bei 0,1 µm Gate-Länge 23ps/1mW pro Gate bzw. 5,9 ps/31,7 mW pro Gate. Diese Raumtemperatur-Bestwerte legen den eingangs bereits angedeuteten Schluß nahe, daß für schnelle logische Schaltungen der Einsatz von MODFETs unnötig ist und die Verwendung der unkomplizierter aufgebauten MESFETs ausreicht.

Für schnelles Umschalten sind stromergiebige Quellen erforderlich, was mit Bipolartransistoren einfacher als mit Feldeffekttransistoren erreichbar ist, z. B. in einer ECL-Konfiguration (emitter coupled logic). Zumindest für die Ausgangsstufe einer logischen Schaltung ist insoweit der Einsatz eines Bipolartransistors angebracht. Deswegen geht bei Silizium die Prozeß-Entwicklung auf die Kombination von Feldeffekt- und Bipolartechnologie zu (BICMOS), was wegen der unterschiedlichen Erfordernisse bezüglich einer Prozeß-Optimierung schwierig ist.

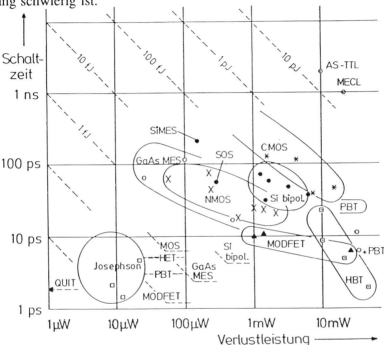

Bild 14.40: Leistungs-Verzögerungs-Produkt (theor. Abschätzungen für minimale Schaltzeiten sind mit --- eingetragen)

Die Verwendung von Galliumarsenid wird weiter zunehmen, bei anteilig mehr GaInAs-Schaltungen; siehe auch Abschnitt 14.3.2. Schätzungen gehen von etwa $6 \cdot 10^6 cm^2$ LEC Substratscheiben-Fläche im Jahr 1990 aus, bei siebenfacher Steigerung bis 1993. Optoelektronische ICs werden daran einen wachsenden Anteil einnehmen, z. B. für faseroptische LANs (local area network). Damit ist für III-V Verbindungen weiterhin ein Marktanteil von etwa 10 % zu erwarten, bei bleibender Dominanz von Silizium.

Der Trend zu größeren Scheiben-Durchmessern ist bei sämtlichen Substrat-Materialien zu beobachten. In der Produktion werden 6" - bis maximal 8"-Si-Wafer eingesetzt, bei GaAs bis zu 4". Aus Gründen der mechanischen Stabilität muß damit auch die Scheiben-Dicke ansteigen, von 0,38 mm als Normstärke

706 Qualitätssicherung, unkonventionelle Bauelemente und Ausblick

von 4"-Scheiben auf 0,58 mm bis 0,625 mm bei 6"-Scheiben, und auf bis zu 0,775 mm bei 8"-Scheiben mit dem Nachteil höheren Wärmewiderstandes dickerer Scheiben. Bild 14.41 zeigt die Entwicklung bis 1990; erste Si-Wafer von 10" Durchmesser werden bereits getestet.

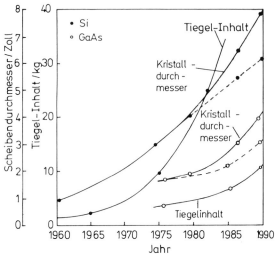

Bild 14.41: Zeitliche Entwicklung von Tiegel-Inhalt und Waferdurchmesser bei Si und GaAs

Wie eingangs erwähnt, bedeuten diese Entwicklungen einen stetig zunehmenden Einsatz finanzieller Mittel. Bild 14.42 zeigt dies für ein für die Strukturübertragung auf den Wafer erforderliches Gerät, welches selbst mehrfach vorhanden sein muß und nur einen kleinen Teil der Gesamtinvestitionen einer Prozeßlinie darstellt.

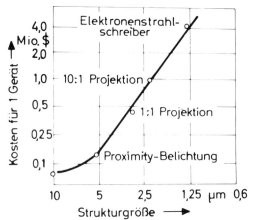

Bild 14.42: Kostenentwicklung für Belichtungsgeräte (nach H. Friedrich 1981)

Die für eine zukünftige ULSI-Fertigung von Chips (ULSI ultra large scale integration) mit mehreren Millionen Bauelementen von Submikrometer-Geometrien erforderlichen Mittel übersteigen die Finanzkraft einzelner Unternehmen. Die Kosten für die Errichtung einer Fabrik nähern sich dem Betrag von 1 Mrd. DM; 80 % davon entfallen auf Geräte. Da überdies allein hohe Produktionszahlen eine rationelle Fertigung und hohe Ausbeute ermöglichen, können in Zukunft nur sehr umsatzkräftige, finanzstarke Firmen am Markt bestehen. Kleinere und mittlere Unternehmen werden sich zusammenschließen müssen, um mithalten zu können und entsprechende Umsätze zu erreichen; letztere liegen bei größten Herstellern derzeit bei mehreren Mrd. US-Dollar pro Jahr und dürften weiter steigen.

Die in Bild 14.33 gezeigte allgemeine Entwicklung ist bezüglich der verschiedenen Produktfamilien zu relativieren, wobei die mögliche Zahl der Bauelemente pro Chip sowohl von der höheren Packungsdichte als auch der vergrößerten Chip-Fläche profitiert.

In Bild 14.43 ist die Dichte gespeicherter Bits abhängig vom Speichertyp für den Zeitraum ab 1970 dargestellt, während Bild 14.44 das Zusammenwirken der verschiedenen Einflüsse aufzeigt. Die Mitwirkung des Menschen kommt in der "cleverness" deutlich zum Ausdruck; der Fortschritt auch bezüglich der Schaltungsvereinfachung ist gerade bei Speichern beeindruckend.

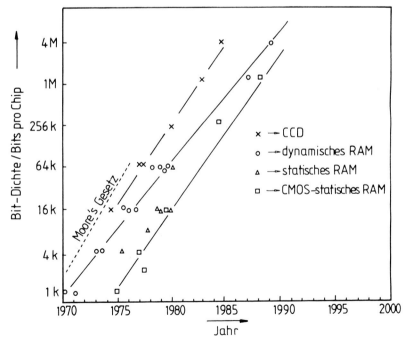

Bild 14.43: Bit-Dichte bei Speichern (nach Y. Nishi 1981)

708 Qualitätssicherung, unkonventionelle Bauelemente und Ausblick

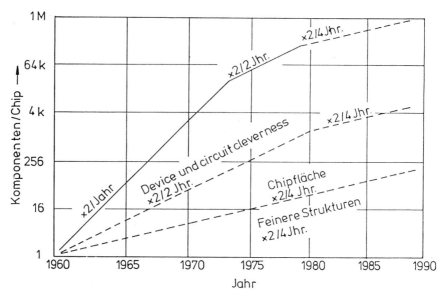

Bild 14.44: Zunahme der Komponenten auf einem Chip mit Angabe der Verdopplungszeit (nach H. Friedrich 1981)

Bei den dynamischen Speichern besteht die Elementarzelle aus FET und Speicherkapazität. Letztere hat einen wegen der "soft errors" nicht unterschreitbaren Flächenbedarf. Um die planare Ausdehnung zu verringern, geht man zur dreidimensionalen Integration (3D) über, indem man den Ladekondensator in vertikaler Richtung anordnet. Man ätzt dazu entsprechend Bild 14.45 einen schmalen, tiefen Graben (trench) in das Silizium, welcher nach Oxidation zur Bildung der Gegen-Elektrode wieder aufgefüllt wird.
Die laterale Geometrie-Definition wird z. B. mittels Dreilagen-Resists vorgenommen, wo die untere Polymer-Schicht (Kapitel 6) als Ätzmaske für das reaktive Ionen-Ätzen (SF_6, siehe Kapitel 7) dient. Nach Veraschen der Resists in Sauerstoff (Barrel- Reaktor) wird z. B. 15 nm-100nm dickes Si_3N_4 mittels LPCVD aufgebracht (bei 825°C durch Reaktion von NH_3 mit $SiCl_2H_2$). Die Bildung des Poly-Si erfolgt z. B. ebenfalls mittels LPCVD bei 660°C.

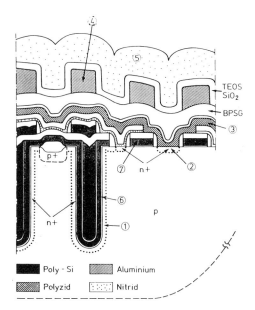
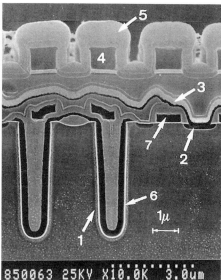

Bild 14.45: Herstellung eines Trench-Kondensators (nach J. Götzlich 1988 u. H. Handek 1988); Querschnitt durch eine 4-Mbit-DRAM Speicherzelle (Firma Siemens); links: schematisch, rechts: im Rasterelektronenmikroskop. (Es bedeuten: 1 mit Arsen dotierte Grabenaußenwand; 2: Bit-Leitungskontakt bzw. Source-Gebiet des MOSFETs; 3. Bit-Leitung aus Polyzid (TaSi$_2$ auf Polysilizium); 4: Al-Metallisierungsbahnen; 5. Passivierung; 6. SiO$_2$-Dielektrikum des Grabenkondensators; 7. Wort-Leitung bzw. Gate-Elektrode aus Polysilizium; n+: hochdotierte n-Typ-Gebiete; p+: hochdotierte p-Typ-Gebiete; TEOS-SiO$_2$; pyrolytisch aus Tetraethylorthosilicat abgeschiedene SiO$_2$-Schicht; BPSG: Schicht aus Borphosphorsilicatglas).

14.3.1 Bauelemente-Verkleinerung

Die lineare Verringerung der Dimensionen eines Bauelementes erlaubt sowohl eine geringe Verlustleistung als auch höhere Betriebsfrequenz bzw. kürzere Schaltzeit. Diese ähnliche Verkleinerung (scaling down) muß mit speziellen technologischen Änderungen einhergehen, um die Bauelementefunktion auch des verkleinerten Elementes sicherzustellen. Entsprechende Entwurfsregeln sind in Bild 14.46 für FETs aufgeführt. Verkleinerte Geometrien führen jedoch zu unerwünschten parasitären Kopplungen.

Probleme treten bei MOSFETs auch bezüglich der Höhe der Schwellspannung auf, welche mittels Implantation nur noch schwierig korrekt einzustellen

710 Qualitätssicherung, unkonventionelle Bauelemente und Ausblick

ist. Bild 14.47 gibt beispielhaft hiervon einen Begriff, während aus Bild 14.48 das Problem der noch anlegbaren Spannungen zu entnehmen ist.

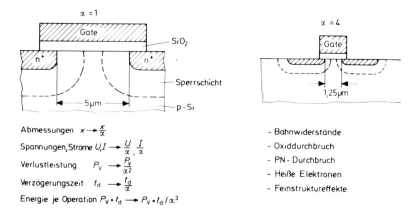

Bild 14.46: Ähnliche Verkleinerung und kritische elektrische Eigenschaften (nach H. Friedrich 1981)

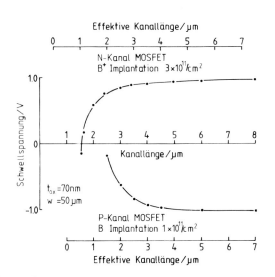

Bild 14.47: Schwellspannungsverhalten (nach Y. Nishi 1981)

Da letztlich parasitäre Komponenten verbleiben und relativ an Bedeutung gewinnen, wird bei MOS-Transistoren als technisch sinnvolle Grenze eine Kanallänge von etwa 0,5 μm angesehen. Bei realisierten 0,3 μm-Kanallängen zeigt sich z. B. deutlich eine nicht tolerierbare Schwellspannungs-Verschiebung während des Betriebs. Diese ist auf die Injektion "heißer" Ladungsträger aus dem Kanal-Bereich in das Gate-Oxid zurückzuführen, was selbst bei reduzierten Betriebsspannungen noch zu Problemen führt; immerhin wurden bereits funktionsfähige MOSFETs mit 0,1 µm Kanallänge demonstriert. Man ersieht daraus, daß entsprechende Grenzwerte mit dem Fortschritt der Technologie bisher laufend nach unten korrigiert worden sind. Bezüglich der genannten Träger-Injektion wäre z.B. der Übergang zu Kurzkanal-MESFETs denkbar, wo die direkt aufliegende Gate-Metallelektrode keine Schwellspannungs-Verschiebung zuläßt. Im übrigen müssen selbstjustierende Herstellverfahren Verwendung finden, um die Toleranzen so gering wie möglich zu halten.

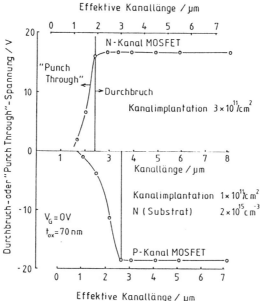

Bild 14.48: Durchbruchsverhalten von Kurzkanal-MOSFETs (nach Y. Nishi 1981)

14.3.2 Vergleich Silizium - Galliumarsenid

Für Bauelementanwendungen oberhalb 180°C ist Silizium nicht verwendbar. Damit ist Galliumarsenid als Substratmaterial für Schaltungen zu wählen, welche Dauerbetrieb bei solch hohen Temperaturen, bis etwa 350°C Betriebstemperatur, erfordern, oder wo eine hohe Strahlungsresistenz verlangt wird. Hier würde auch das an sich sehr günstige Material $Ga_{0,47}In_{0,53}As$ versagen, welches, bei Germanium ähnlichem Bandabstand, nur Betriebstemperaturen bis etwa 90°C verträgt.

Zu Beginn des Abschnittes 14.3 wurde bereits auf Entwicklungstrends bei Si und III-V-Verbindungen hingewiesen. Die besseren elektrischen Daten des

GaAs spiegeln sich wider in der höheren Frequenzgrenze bei gleicher Geometrie sowie in niedrigerem Rauschen bzw. in geringerem Verlustleistungs-Verzögerungsprodukt, siehe Bild 14.40. GaAs-Bauelemente sind um etwa den Faktor zwei günstiger als konventionell aufgebaut Si-Strukturen, wie man Bild 14.49 entnimmt. Die verwendbaren niedrigen Betriebsspannungen von unterhalb 2V erlauben dabei Leistungsaufnahmen von digitalen GaAs-ICs, welche niedriger als die von CMOS-Schaltungen sind. Logische Schaltungen sind dabei meist in DCFL-Technik realisiert (direct coupled FET logic).

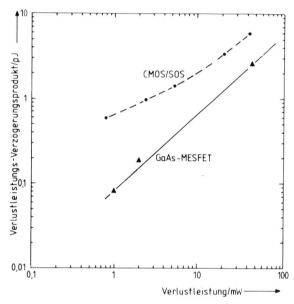

Bild 14.49: Vergleich von Silizium- und Galliumarsenid-Invertern mit μm Gate-Länge

Noch bessere Ergebnisse sind für $Ga_{0,47}In_{0,53}As$ (auf InP-Substrat) zu erwarten, wie aufgrund der Materialdaten und ersten Prototyp-Schaltungen vorherzusagen ist; nochmals der Faktor 1,5 bis 2 sollte an Schaltgeschwindigkeit erreichbar sein.

Angemerkt muß jedoch werden, daß der Stand der GaAs-Technologie bezüglich Ausbeute, Uniformität und Kosten nicht dem von Silizium entspricht; bei GaInAs gilt dies um so mehr. Schaltungen mit 10000 aktiven Bauelementen stehen den Mega-Chips bei Si gegenüber. Tabelle 14.6 zeigt dies zusammengefaßt.

Das macht verständlich, daß immer wieder versucht wird, mit Silizium in die Domäne des GaAs vorzustoßen, oder zumindest Si-Substrate mit aufgewachsenen III-V-Bauelementinseln zu verwenden. Dies gilt selbst für integrierte Mikrowellen-Schaltungen (MMIC monolithic microwave integrated

Entwicklung der Bauelemente-Technologie 713

circuit), wo sowohl hochreines Si als quasi-isolierendes Substrat verwendbar ist als auch der Einsatz der SOS-Technik kapazitätsarme Aufbauten gestattet. Letzteres gilt auch für die Verwendung porösen Siliziums als kapazitätsarme Isolationsschicht. Die Fortschritte bei der Oxid-Isolation von Silizium lassen damit den Si-Einsatz selbst bei MMICs als wahrscheinlich ansehen, jedoch werden Eingangsstufen (front ends) im oberen GHz-bereich aus Gründen der Rauscharmut eine Domäne der III-V-Verbindungen bleiben.

Als grobe Regel sei angegeben, daß ICs bis etwa 3 GHz günstiger in Si zu konzipieren sind, von 3 GHz bis 10 GHz ist ein Übergangsbereich, und oberhalb davon dominieren III-V-Materialien. Speziell sind monolithisch, aber auch hybrid integrierte GaAs-Mikrowellenschaltungen von hoher technischer Bedeutung. Zur Erzielung hoher Hf-Leistungen und zur Erreichung stabiler Betriebszustände werden spezielle Leistungskoppler und power-split-Strukturen in Leitungstechnik (stripline, coplanar) verwandt, auf welche hier nicht eingegangen werden kann. Eine monolithische Voll-Integration ist bei höchsten Frequenzen zur Minimierung parasitärer Komponenten unabdingbar. Bild 14.50 zeigt den prinzipiellen Aufbau eines entsprechenden GaAs-MMICs für mm-Wellen am Beispiel eines 10-Masken-Prozesses (M^3IC, Firma Telefunken electronic, Heilbronn). Der schematischen Darstellung des 60 GHz-Diodenmischers mit Zf-Verstärker ist die vergrabene n^+-Schicht zur Verringerung des Bahnwiderstandes für die integrierten Schottky-Dioden zu entnehmen; rechts im Bild ein FET, von der Substrat-Unterseite eine Durch-Kontaktierung (via hole).

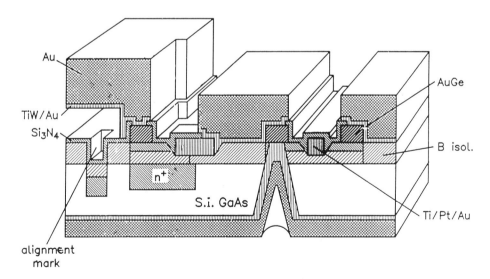

Bild 14.50: Prinzipieller Aufbau eines GaAs-MMICs
(nach B. Adelseck u. a. 1989)

Tabelle 14.6: Summarischer Vergleich der Si- und III-V-Technologie

	Silizium	CMOS/SOS	GaAs
Geschwindigkeit	niedrig	mittel	hoch
Planartechnik	ja	nein	ja
Isolierendes Substrat	nein	ja	ja
Natürliches Oxid zur Isolation und Passivierung	ja	ja	nein
Qualität des Materials	hoch	zwischen Si und GaAs	uneinheitlich
Defektdichte	am niedrigsten	mittel	uneinheitlich
Handhabbarkeit	gut	mittel	kritisch
Zahl der Masken	7...10	9...12	5...7
Wafer-Kosten	niedrig	hoch	hoch
Kosten des Endprodukts	niedrig	hoch	hoch

Unersetzbar ist GaAs bei Anwendungen, für welche die von Si verschiedene Bandstruktur wesentlich ist. Es sind dies Bauelemente, welche den Gunn-Effekt bzw. den Elektronentransfer zwischen dem Hauptminimum und dem energetisch benachbarten Nebenminimum ausnutzen, ferner solche, die auf der Eigenschaft von GaAs als direktem Halbleiter beruhen, also z. B. optoelektronische Emitter. Immerhin läßt die Verwendung von $Si_{1-x}Ge_x$-Epitaxieschichten im Si-System neuartige Lösungen zu, die eine Ausweitung der Si- Anwendung auch in den Bereich der unkonventionellen Bauelemente wahrscheinlich macht. Nicht nur HBTs sondern Si-SiGe Übergitter und Quantentopf-Strukturen mit resonantem Tunneln wurden bereits realisiert.

Neben GaAs gibt es weitere III-V-Materialien, welche technische Bedeutung besitzen. Es ist dies speziell Indiumphosphid und die darauf epitaktisch abscheidbaren Verbindungen GaInAsP, welche insbesondere für optoelektronische Bauelemente für $\lambda > 1{,}3$ µm wesentlich sind. Für elektronische Anwendungen ist speziell $Ga_{0,47}In_{0,53}As$ besonders günstig. Letzteres Material besitzt die besten Werte von Raumtemperaturbeweglichkeit sowie maximaler Drift- und Überschußgeschwindigkeit, weswegen es für den oberen GHz-Bereich bzw. im 10 ps-Schaltzeitbereich prädestiniert erscheint. In Tabelle 14.7 (Tabelle 2.1) sind die wesentlichen Materialkenngrößen nochmals aufgeführt.

Der Einsatz von mechanisch verspannten Schichten (strained layer) erlaubt weitere Verbesserungen. Hierdurch ist eine Veränderung der jeweiligen Bandstruktur möglich, so daß z. B. leichte Löcher statt schwere dominieren. Dies ergibt wesentlich höhere Löcher-Beweglichkeiten als in unverspanntem Material, was für Bauelemente ausgenutzt werden kann; es sei dazu auf die Literatur verwiesen; siehe auch Kapitel 3 Epitaxie.

Entwicklung der Bauelemente-Technologie 715

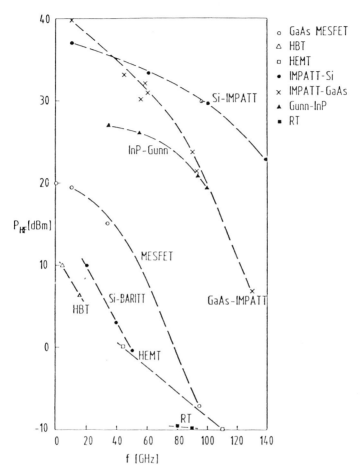

Bild 14.51: Ausgangsleistung verschiedener Halbleiter-Bauelemente (RT resonante Tunnelstruktur) (nach J.-F. Luy 1989)

Bezüglich der Elemente für hohe analoge oder digitale Ausgangsleistung ist unterhalb 1 GHz Silizium deutlich dominierend; oberhalb davon hängt es vom Bauelementtyp ab. So werden Impatt-Dioden nach wie vor aus Silizium gefertigt, während Gunn-Elemente der Natur nach nur aus III-V-Materialien hergestellt werden können. Bild 14.51 gibt einen Überblick, während in Bild 14.52 der zugeordnete Wirkungsgrad (Hf-Leistung zu Gleichstromleistung bei Oszillatorbetrieb) aufgeführt ist. Höhere Leistungen als einige Watt erreicht man nur aus mehreren, über Leistungs-Addierer gekoppelten Einzel-Elementen. Dauerstrich-Leistungen einzelner Systeme von 100 W und darüber

Tabelle 14.7: Eigenschaften verschiedener Halbleitermaterialien bei 300 K und 10^{16}cm^{-3}-Dotierung

Material	Max. Driftgeschwindigkeit	Sättigungsgeschwindigkeit	Beweglichkeit μ/cm^{2}V^{-1}s^{-1} und effektive Masse bezogen auf die Elektronen-Ruhemasse m_0				Kritische Feldstärke	rel. Dielektrizitätskonst.	Wärmeleitfähigkeit
	v_{max} 10^7cms^{-1}	v_{sat} 10^7cms^{-1}	μ_n	$\frac{m_n}{m_0}$	μ_p	$\frac{m_p}{m_0}$	E_c kVcm^{-1}	ε_r	σ_{th} Wcm^{-1}K^{-1}
Si	1,0	1,0	1200	0,98	400	0,49	7,0	11,9	1,5
GaAs	2,0	1,0	5000	0,07	400	0,45	3,0	13,1	0,46
InP	2,6	1,5	3200	0,08	150	0,56	10	12,4	0,68
Ga$_{0,47}$In$_{0,53}$As	2,4	0,6	10000	0,04	300	0,50	2,8	13,7	0,05
Ge	0,8	0,8	3500	0,55	1500	0,37	1,4	16	0,61

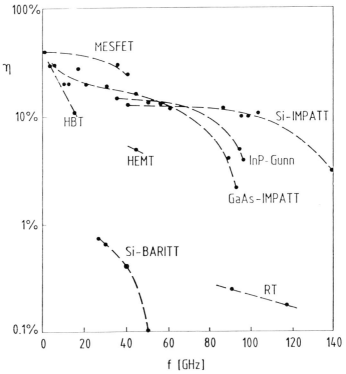

Bild 14.52: Wirkungsgrad verschiedener Oszillator-Typen (nach J.-F. Luy 1989)

werden auch zukünftig eine Domäne der Elektronenröhren bleiben (Magnetron, Gyratron, Klystron, Wanderfeldröhre).

14.4 Unkonventionelle Bauelemente

In den vorangegangenen Kapiteln 10 - 13 ist die Technologie von Bauelementen beschrieben, welche den Stand der Technik darstellen und auch großtechnisch hergestellt werden.

In diesem Abschnitt sollen solche Strukturen behandelt werden, die erst im Entwicklungsstadium stehen, aber eine zukunftsträchtige Ergänzung des Bauelementespektrums darstellen.

Eine Reihe von nutzbaren Effekten ist erst bei relativ niedrigen Temperaturen merklich. Dies gilt speziell für Strukturen, bei denen zur Erhöhung der Leitfähigkeit des Kontaktmaterials von der Supraleitung Gebrauch gemacht wird (Super-Schottky-Diode, supraleitendes Gate eines FETs), und welche hier nicht behandelt werden sollen. Bei anderen Effekten genügt eine Abkühlung auf 77 K, die Siedetemperatur flüssigen Stickstoffs, was eine technische Verwendung erleichtert. So wird die Gruppe der keramischen Supraleiter, deren Sprungtemperatur oberhalb 77 K zu liegen vermag, die weitere Entwicklung stark beeinflussen. Die aus Schaltzeit-Gründen erforderliche hohe Packungsdichte ist z. B. bei Verwendung supraleitender Verbindungsleitungen (interconnects) kaum mehr von Bedeutung.

14.4.1 Heiße-Elektronen-Bauelemente

Wenn die Dimensionen des aktiven Bereichs eines Bauelementes in die Größenordnung der freien Weglänge kommen, $l \gtrsim l_0 \approx 0,2$ µm, tritt längs l eine nur geringfügige Wechselwirkung mit dem Gitter auf. Ein angelegtes elektrisches Feld erlaubt längs dieser "mesoskopischen" Dimension eine kontinuierliche Beschleunigung, womit ein ballistischer oder quasi-ballistischer Transport der Ladungsträger möglich wird. Da die der kinetischen Energie äquivalente Temperatur dann die Gitter-Temperatur überschreitet, spricht man von "heißen" Elektronen. Über eine Barriere Φ injizierte Elektronen besitzen bei Eintritt in die nachfolgende Schicht die Überschuß-Energie $E_x = \Phi$, die im weiteren Verlauf ihrer Bewegung von den Ladungsträgern durch Streuung abgebaut wird. Im Energieband-Diagramm entsprechender Strukturen ist dies dadurch ersichtlich, daß die Leitungsbandkante E_L um Φ unterhalb der Injektions-Energie liegt; bezüglich heißer Löcher entsprechend E_V oberhalb des Injektionsniveaus.

Das führt zu der Möglichkeit, über extrem kurze Strecken und damit Zeiten eine überhöhte Geschwindigkeit zu erhalten. Man hofft dies für Höchstfrequenzbauelemente nutzen zu können; Bild 14.53 und Bild 14.54 zeigen den

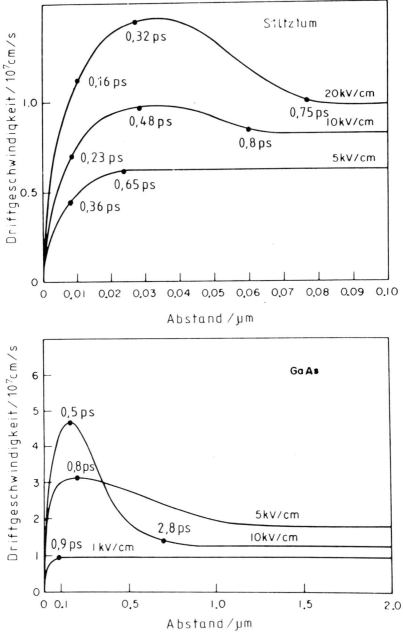

Bild 14.53: Geschwindigkeit bei kleinen Abständen (eingetragen sind die zugehörenden Laufzeiten; oben Silizium, unten GaAs) (nach J. G. Ruch 1972)

Unkonventionelle Bauelemente 719

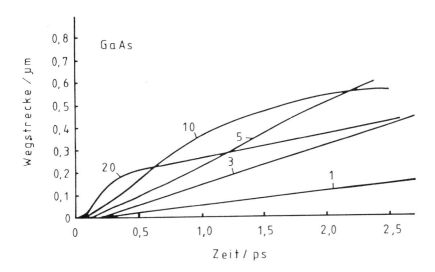

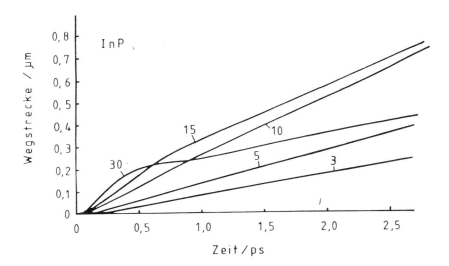

Bild 14.54: Wegstrecke über der Zeit (nach J. G. Ruch 1972)
(Parameter: Elektrische Feldstärke in kV/cm; $N_D = 10^{17} cm^{-3}$)

Effekt der Überschußgeschwindigkeit (velocity overshoot) deutlich. Bei Silizium ist der Effekt kaum ausgeprägt, wohl aber bei III-V-Verbindungen.

Eine Anwendung findet der quasi-ballistische Transport bei hochenergetischer Injektion (launching) im Heiße-Elektronen-Transistor (HET, hot electron transistor) bzw. in Dioden, welche äquivalent zur Schottky-Diode eine Potentialbarriere im Halbleiter-Volumen besitzen, (Volumen-Barrieren-Diode, BBD bulk barrier diode). Die Dioden werden nach Shannon als "Camel-Diode" bezeichnet, wenn sie eine Schichtenfolge $n^{++}p^+n^-$ aufweisen, oder nach Malik als "triangular barrier" (Dreiecksbarriere) oder "planar doped barrier" (PDB), wenn eine δ-profilartige p^+-Schicht in intrinsisches Material zwischen n^+-Bereichen eingebettet wird ($n^+ip^+in^+$), siehe Bild 14.55. Wesentlich sind Dotierung N_A und Dicke t der p^+-Schicht, welche wegen $t \gtrsim L_D$ (L_D Debye-Länge) vollständig von beweglichen Trägern ausgeräumt ist und somit eine durch die Dotieratom-Rümpfe negativ geladene Schicht darstellt. Damit ist der Potentialverlauf, wie er ebenfalls im Bild 14.55 gezeigt wird, verständlich.

Solche Dioden sind sowohl in Silizium als auch in III-V-Materialien zu strukturieren, da keine Hetero-Verbindungen erforderlich sind. Für Si-Camel-Dioden ist z. B. LPVPE als Epitaxie-Prozeß einzusetzen, im Falle von GaAs MBE oder MOVPE. Die Barriere Φ_B ist mit der Dicke t der p^+-Zone und deren Dotierung N_A zu

$$\Phi_B \approx \frac{q^2 N_A t^2}{2\varepsilon}$$

gegeben; dieser Wert entspricht der Barrieren-Erhöhung bei Schottky-Dioden (siehe Bild 10.19, Abschnitt 3.10). Bild 14.56 gibt eine graphische Darstellung der Barrierenhöhe in Abhängigkeit von Dotierung und Dicke der ausgeräumten Schicht.

Bild 14.57 zeigt Aufbau und Daten entsprechender Si-Dioden, welche z.B. im GHz-Bereich als vorzügliche Mischer-Dioden Verwendung finden können. Die einfache Möglichkeit, symmetrische Dioden zu erhalten, erlaubt speziell für Subharmonik-Mischer im oberen GHz-Bereich günstige Strukturen. Im Fall der PDB-Dioden genügt hierfür, die p^+ dotierte Schicht symmetrisch in den undotierten i-Teil (s_n bzw. s_p) einzubetten.

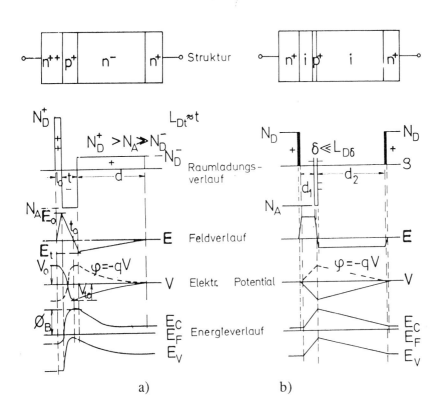

Bild 14.55: Volumen-Barrieren-Dioden; a) Camel-Diode,
b) Dreiecksbarrieren-Diode

Der HET verlangt eine Schichtenfolge, wie sie aus den Bildern 14.58 und 14.59 hervorgeht. Die erzielbaren Stromverstärkungen hängen von dem Anteil thermischer Emission über die Emitter-Barriere, dem Energie-Verlust innerhalb der Basis, sowie der quantenmechanischen Reflexion an der Kollektor-Barriere ab; Strom-Übertragungswerte von $\alpha > 0{,}9$ sind erreicht. Kritisch ist die Kontaktierung der extrem dünnen Basis, ein Problem ähnlich dem des Basis-Kontakts beim HBT. Bei der im Bild 14.60 gezeigten Struktur ist ein Doppel-Epitaxie-Verfahren benutzt, wobei nach Herstellung der einen (unteren) Camel-Diode der Wachstumsprozeß unterbrochen wurde, um mittels SiO_2 eine laterale Begrenzung des weiteren Wachstums vorzusehen; hierdurch bleibt die Basis partiell unbewachsen und kann ohne komplizierten Ätzvorgang kontaktiert werden. Wenn auch eine technische Anwendung solcher Transistoren fraglich ist, dienen sie als Studienobjekte für den Transport heißer Ladungsträger. Ihre Attraktivität liegt aber auch darin, daß sie sowohl in III-V-Materialien als auch in Si oder Ge konfiguriert werden können, weil keine Hetero-Übergänge sondern nur spezielle Dotierungsprofile erforderlich sind. Für Si wird sogar ein mindest ebenso gutes Frequenzverhalten erwartet wie für GaAs, da Si höher dotiert werden kann als GaAs. Bild 14.61 zeigt Ergebnisse von Modell-Rechnungen. Allerdings scheinen bei extrem hoch dotierten Basis-Schichten zusätzliche Streumechanismen die freie Wegelänge der heißen Elektronen zu verringern, was diese theoretischen Ergebnisse relativiert. Auf Einzelheiten kann hier nicht eingegangen werden, dazu sei auf die Literatur verwiesen.

Gleiches gilt bezüglich des "real space transfer", der Möglichkeit einer Trägerstreuung aus einem Kanalmaterial hoher Beweglichkeit (Schmalband-Material) in ein angrenzendes Raumgebiet geringerer Beweglichkeit (Breitband-Material). Dieser Effekt, welcher dadurch bedingt ist, daß die Träger im Kanal bei hinreichender Bewegungsenergie die Potentialbarriere am Isotyp-Hetero-Übergang überwinden können, erlaubt die Erzielung differentieller negativer Leitwerte und ist insoweit ebenfalls ein Effekt heißer Ladungsträger.

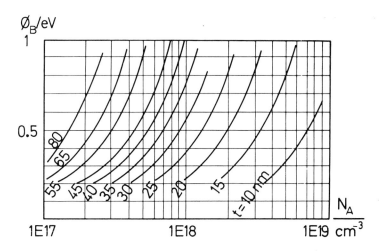

Bild 14.56: Camel-Barrieren bei Si (t Dicke der p+- Schicht); $N_D^{++} = 10^{20} cm^{-3}$, $N_D^+ = 10^{16} cm^{-3}$

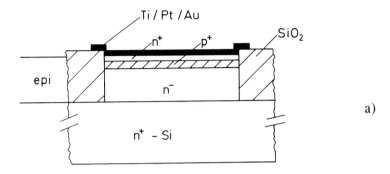

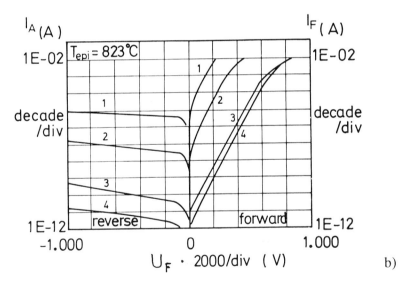

Bild 14.57: a) Struktur der LPVPE-Dioden, b) Statische Charakteristiken
1) n = 1,08 und Φ_B = 0,46 eV,
2) n = 1,16 und Φ_B = 0,59 eV
3) n = 1,22 und Φ_B = 0,80 eV,
4) n = 1,15 und Φ_B = 0,88 eV

724 Qualitätssicherung, unkonventionelle Bauelemente und Ausblick

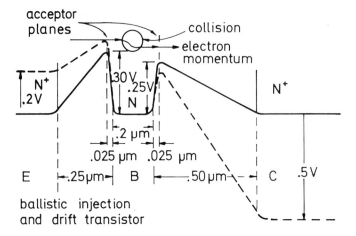

Bild 14.58: PDB Hot electron Transistor mit Potentialverlauf (nach L. F. Eastman 1981)

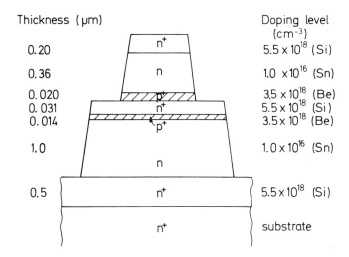

Bild 14.59: Aufbau eines Camel-Transistors (mittels MBE hergestellt) (nach J. M. Shannon u. a. 1981)

Unkonventionelle Bauelemente 725

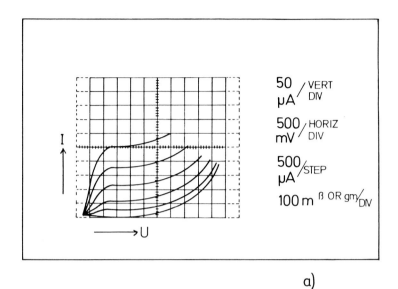

a)

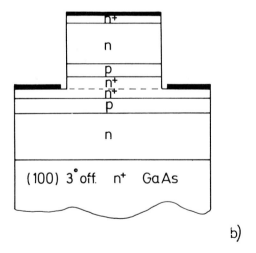

b)

Bild 14.60: MOVPE gewachsener Camel-Transistor ($W_B = 55$ nm, $A_E = 20 \times 30$ µm², $A_B = 60 \times 30$ µm², $A_C = 100 \times 30$ µm², Wachstumstemperatur 600°C); a) Kennlinien in Emitterschaltung (300 K), b) Aufbau-Schema

726 Qualitätssicherung, unkonventionelle Bauelemente und Ausblick

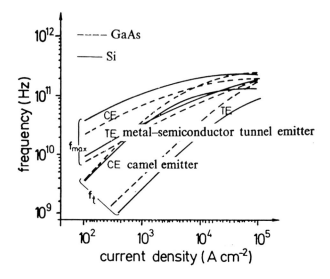

Bild 14.61: Frequenzverhalten des Camel-Transistors (theoretische Kurven) (nach J. M. Shannon 1981)

14.4.2 Quanten-Bauelemente

Werden die Abmessungen d eines aktiv wirksamen Bereichs noch kürzer als im Fall der im Abschnitt 14.4.1 beschriebenen Bauelemente, tritt die Wellen-Natur der Elektronen zu Tage. Während das Auftreten heißer Elektronen an die Unterschreitung der freien Weglänge gebunden ist, gilt hier d < λ_B, wenn

$$\lambda_B = h \sqrt{\frac{1}{2m_n E_{kin}}}$$

die de Broglie Wellenlänge der Elektronen ist (h Planck'sches Wirkungsquantum). Wie Bild 14.62 ausweist, ist eine solche mesoskopische Dimension für $\delta \gtrsim 10$ nm gegeben, wenn man den möglichen Energiebereich $E - E_L = E_{kin} \approx 0{,}5$ eV betrachtet. Entsprechende Strukturgrößen liegen in Quanten-Topf-Konfigurationen (quantum well) vor, und auch Tunnel-Barrieren bzw. Übergitter (super lattices, MQW multiquantum wells) können nur mit der Wellen-Darstellung beschrieben werden.

Hier ist nicht der Ort, die Physik solcher Strukturen zu diskutieren, es sollen nur einige Aspekte bezüglich einer Anwendung als Bauelement aufgezeigt werden. Liegt z.B. gemäß Bild 14.63 eine Schichtenfolge GaAlAs-GaAs-GaAlAs vor, bildet die GaAs-Schicht einen Quanten-Topf, in dem, abhängig von seiner

Ausdehnung d, nur spezielle quantisierte Energiewerte von Elektronen bzw. Löchern eingenommen werden können. Näherungsweise gilt

$$\Delta E_{nz} = \frac{h^2 z^2}{8 m_n d^2}, \quad \Delta E_{pz} = \frac{h^2 z^2}{8 m_p d^2}$$

$$(z = 1, 2, 3 \ldots).$$

Bei einem 5 nm breitem Topf ist z.B. die Elektronen-Energie gegenüber dem Bandrand um 20 meV angehoben, siehe Bild 14.64. Die endliche Höhe der eingrenzenden Barrieren und der Schottky-Effekt (Barrieren-Absenkung) sind hierbei vernachlässigt.

Eine breite Anwendung liegt im optischen Bereich, wo z.B. von dieser Modifizierung des effektiven Bandabstandes in einer Quanten-Topf-Struktur Gebrauch gemacht wird. Insbesondere lassen sich Laser-Strukturen mit geringsten Schwellstromdichten bzw. Einsatzströmen von nur einigen mA realisieren.

Für elektronische Bauelemente sind speziell resonante Tunnel-Strukturen von Interesse, wo im Gegensatz zu einer Einzel-Barriere die Transmission 100% betragen kann, siehe Bild 14.65. Bedingt durch hohe Tunnelwahrscheinlichkeit bei energetischer Gleichlage des möglichen besetzbaren Energie-Niveaus im Topf mit dem außerhalb liegenden Emissions-Reservoir tritt dort ein spannungsabhängiger Stromverlauf mit abschnittsweise differentiell negativer Charakteristik auf, wie in Bild 14.66 dargestellt. Ähnlich einer Tunneldiode läßt sich dieser Verlauf zur Verstärkung bzw. Schwingungserzeugung ausnutzen. Die eingehenden Zeitkonstanten sind so kurz, daß Oszillationen weit oberhalb 100 GHz möglich sind; allerdings sind die erzielbaren Leistungen ähnlich niedrig wie bei einer Baritt-Diode. Eine entsprechende Struktur ist in Bild 14.67 mit dem zugehörigen Strom-Spannungsverhalten gezeigt.

Die Bedeutung dieser Doppel-Quanten-Barriere liegt in der möglichen Implementierung in komplexere Bauelemente; Bild 14.68 gibt ein Beispiel. Dort werden heiße Elektronen in einem schmalen Energie-Bereich durch resonantes Tunneln in die Basis injiziert. Zur Herstellung bedient man sich vorzugsweise MBE und MOVPE; Bild 14.69 gibt noch eine entsprechende MOVPE-gewachsene Struktur an.

728 Qualitätssicherung, unkonventionelle Bauelemente und Ausblick

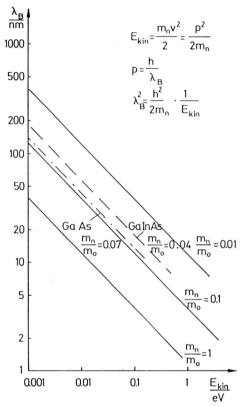

Bild 14.62: de Broglie-Wellenlänge von Elektronen

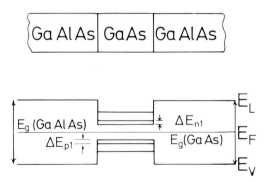

Bild 14.63: Quanten-Topf-Struktur

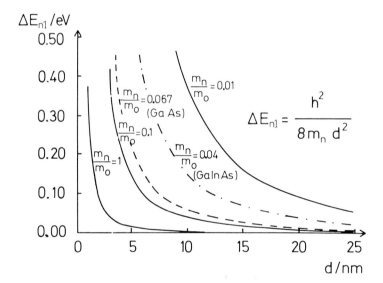

Bild 14.64: Energieanhebung des ersten Subbandes gegenüber der Bandkante E_L

Hinzuweisen ist darauf, daß solche Bauelemente bereits bei Änderungen von nur einer Monolage im Aktiven Volumen modifizierte Eigenschaften zeigen; insoweit besteht nur bei konsequenter Anwendung einer Monolagen-Epitaxie (ALE atomic layer epitaxy) eine Aussicht auf praktischen Einsatz.

730 Qualitätssicherung, unkonventionelle Bauelemente und Ausblick

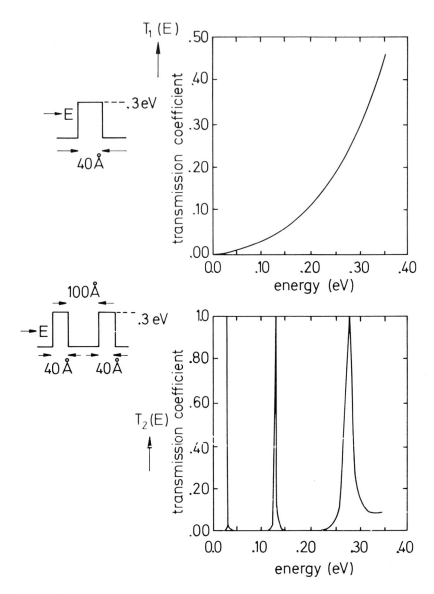

Bild 14.65: Elektronen-Transmission bei Einzel- und Doppel-Barriere (nach S. Datta 1986)

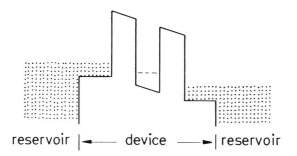

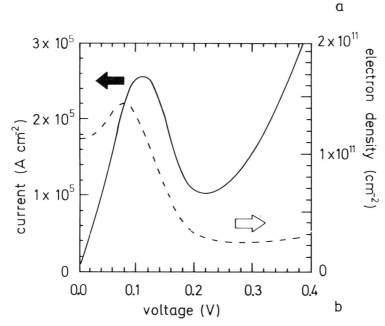

Bild 14.66: Resonante Tunnel-Struktur (2,8 nm breite Barriere von $Ga_{0,7}Al_{0,3}As$ und 4,5 nm breiter GaAs Quantentopf (nach W. R. Frensley 1986); a) Energie-Schema bei angelegter Spannung, b) Elektrisches Verhalten

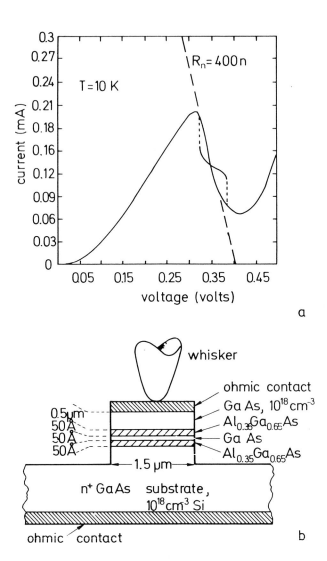

Bild 14.67: Charakteristik (a) und schematischer Aufbau (b) einer Doppelbarrieren-Struktur (nach T. C. L. G. Sollner u. a. 1984)

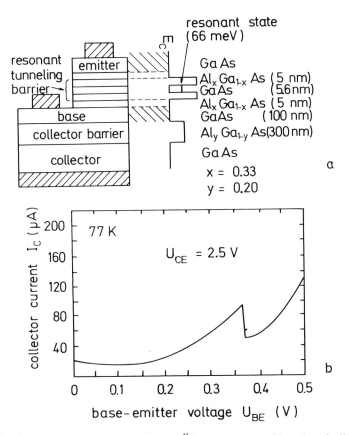

Bild 14.68: Struktur (a) und elektrische Übertragungs- Charakteristik (b) eines Bauelements mit Einbezug einer resonanten Tunnel-Barriere (nach S. Muto u. a. 1986)

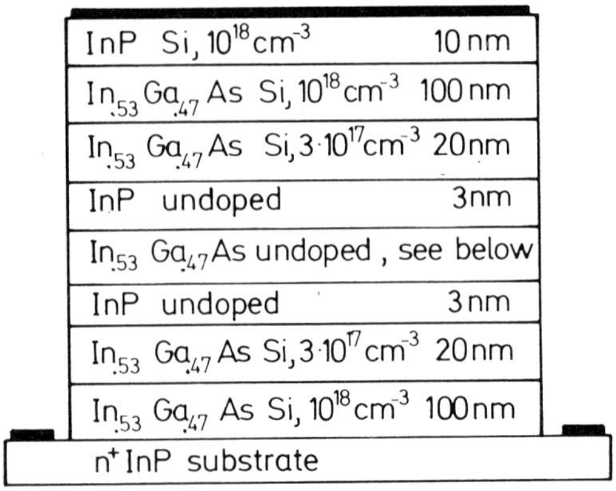

734 Qualitätssicherung, unkonventionelle Bauelemente und Ausblick

InP Si, 10^{18}cm^{-3}	10 nm
In$_{.53}$Ga$_{.47}$As Si, 10^{18}cm^{-3}	100 nm
In$_{.53}$Ga$_{.47}$As Si, $3\cdot10^{17}$cm^{-3}	20 nm
InP undoped	3 nm
In$_{.53}$Ga$_{.47}$As undoped , see below	
InP undoped	3 nm
In$_{.53}$Ga$_{.47}$As Si, $3\cdot10^{17}$cm^{-3}	20 nm
In$_{.53}$Ga$_{.47}$As Si, 10^{18}cm^{-3}	100 nm
n$^+$ InP substrate	

sample	well thickness
539	3 nm
540	3
546	6

Bild 14.69: Doppel-Barriere im InP/GaInAs System (MOVPE - gewachsen) (nach M. Razeghi u. a. 1986)

14.5 Grenzen der Technologie

14.5.1 Strukturerzeugung

Die Grenzen einer Bauelemente-Verkleinerung sind verschiedener Natur. Zunächst muß die herzustellende Struktur konfigurierbar sein. Dies bedeutet bei konventioneller lichtoptischer Herstellung eine Minimaldimension von lateral etwa 0,5 µm. Die Entwicklung der Stepper zielt dabei auf große Gesichtsfelder von mehr als 20 x 20 mm^2 oder 30 x 10 mm^2, um zumindest 16 Mbit-Speicher (DRAMs) voll optisch herzustellen zu können; gegebenenfalls muß "mix and match" eingesetzt werden, das Schreiben der kritischen Gate-Ebene mittels des Elektronenstrahls. Verfügbare Geräte erlauben bei 0,7 µm Auflösung und Überlagerungsgenauigkeiten von z. B. 125 nm den Durchsatz von 75 5"-Scheiben bzw. 60 6"-Scheiben pro Stunde (z. B. Typ Accipiter One, Firma Ultratech).

Bei der Elektronenstrahl- Lithographie beträgt bei technisch verfügbaren Geräten die Auflösung 0,1 µm, wobei die mehrfach erforderlichen technologischen Herstellschritte eine noch exaktere Überlagerung verlangen. Neuere Produktionsanalagen verwenden bei erhöhter Schreibgeschwindigkeit zur

Erhöhung des Durchsatzes Feldemitter als Kathoden, so z. B. das Gerät MEBES IV, welches zum Retikel-Schreiben eingesetzt wird (160 MHz; Etec Systems Inc.).

Die Verwendung von Excimer-Lasern als Lichtquelle erlaubt prinzipiell die Auflösungsgrenze weiter abzusenken, z. B. auf 0,2 µm, und elektronenoptisch können Strukturen bis herab von 10 nm hergestellt werden. Auch darauf ist im Teil I, Kapitel 6 Lithographie, näher eingegangen.

Technologisch oder strukturell bedingte Unebenheiten stellen für solche Strukturierungen eine gravierende Schwierigkeit dar. Sie können durch Anwendung von Mehrlagen-Resists umgangen werden. Bild 14.70 zeigt das Schema eines Zweilagenverfahrens; es wird verfahrensabhängig noch durch eine dünne anorganische Zwischenschicht ergänzt. Die dieserart erzeugbaren hohen Resist-Wälle erlauben neben der Planarisierung beim späteren (Trocken-)Ätzen sehr hohe aspect-ratio zu erzielen, des Verhältnisses von Höhe zu Breite der Stege bzw. Zwischenräume; für Submikron-Strukturen von nur einigen Zehntel µm lateraler Ausdehnung eine wichtige Forderung. Bild 14.71 zeigt ein entsprechendes technologisches Ergebnis; siehe auch Abschnitt 6.8.

Die in Bild 14.70 gezeigte Prozeßfolge erlaubt eine Bild-Umkehr (image reversal), womit der besser auflösende Positiv-Resist zur Herstellung extrem kleiner Geometrien anstelle eines Negativ-Resists eingesetzt werden kann. Auch erlauben Mehrlagen-Resists die Herstellung spezieller vertikal strukturierter Formen. Dies ist insbesondere für Gates von FETs von Bedeutung, wo eine T-förmige Geometrie (mushroon gate, siehe auch Bild 6.35) zur Verringerung des ohmschen Gate-Widerstandes erwünscht ist. Dies gelingt gemäß Bild 14.72 durch den Einsatz eines Mehrlagen-Systems, wo die Zwischenschicht mit hohem Molekulargewicht höchstempfindlich ist und damit aufgeweitet belichtet und entwickelt wird, während die unterste, bei niedrigem Molekulargewicht geringst empfindliche PMMA-Schicht eine exakte Übertragung des schmalen Gate-Streifens auf das Substrat (mittels Lift-off) erlaubt.

Bei Verlust an Flexibilität sind zur Herstellung aufgeweiteter Strukturen auch Zweilagen- und selbst Einlagen-Resists einzusetzen. Z. B. kann man die oberste Resist-Schicht härten und damit eine Flaschenhals-förmige Öffnung in Resists erzielen, oder insgesamt vertikalere Profile bei schmalen Strukturen, z. B. durch UV-Bestrahlung oder Silylation (selektives Einbringen von Si in die belichteten Bereich zur Bildung von SiO_2 beim O_2-Trockenätzen).

Die verfahrenstechnische Erschwernis, ansonsten für die Planarisierung mehrere Schichten aufbringen zu müssen, entfällt auch bei der Röntgen-Lithographie. Dort können Formen wie z. B. die in Bild 14.71 gezeigten schmalen Stege mittels einer einzelnen, dicken Resist-Schicht konfiguriert werden. Die Unflexibilität und das Fehlen von verkleinernder Abbildung machen einen großtechnischen Einsatz bei VLSI- und ULSI-Schaltungen allerdings unwahrscheinlich. Immerhin gibt es erste Ansätze für eine Reduktions-Projektion mit Spiegel-Optiken.

736 Qualitätssicherung, unkonventionelle Bauelemente und Ausblick

Wie die lateralen Dimensionen müssen auch die vertikalen Strukturgrößen der Bauelemente verringert werden. Die Einbeziehung der Ionenimplantation und spezieller Ausheiltechniken, z.B. mittels eines Lasers oder einer Hochleistungs-Lampe (flash annealing, RTA rapid thermal annealing), oder spezielle Epitaxie-Verfahren wie MBE, MOVPE (siehe Abschnitt 3.9) erlauben die gleichmäßige Abscheidung von bis zu weniger als 10 nm dünnen Schichtenfolgen, wobei man bis zur "atomic layer epitaxy" gehen kann, der Monolagen-Epitaxie mit einem gezielten Wachstum von einzelnen Atomlagen.

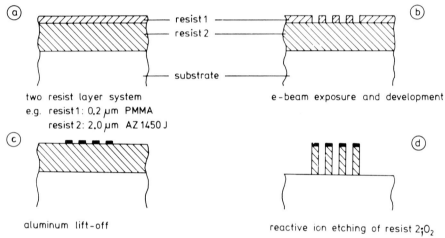

Bild 14.70: Zweilagen-Resist-Strukturierung

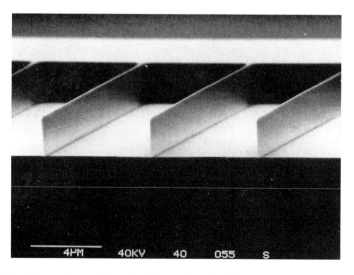

Bild 14.71: Anwendung eines Dreilagen-Resist-Systems

Grenzen der Technologie 737

Damit sind die neuartigen Bauelemente wie Camel-Dioden oder Quanten-Elemente herstellbar, wobei derzeit eine technische Produktion allerdings noch umstritten ist.

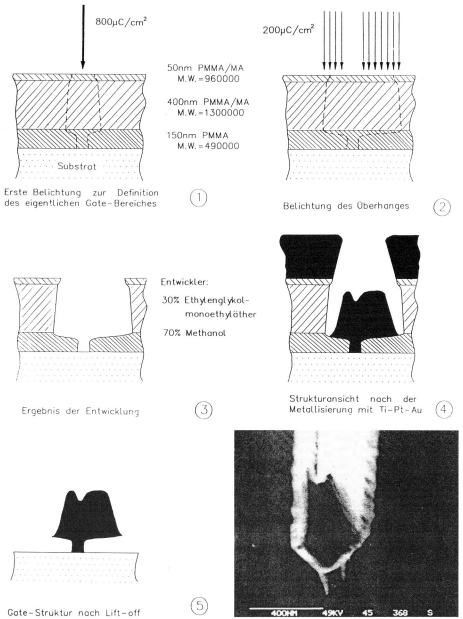

Bild 14.72: Herstellschritte und REM-Bild eines unsymmetrischen T-Gates

738   Qualitätssicherung, unkonventionelle Bauelemente und Ausblick

14.5.2 Strukturübertragung

Auch bei sehr feinen Strukturen ist die Abhebe-Technik (lift-off) einsetzbar, sofern das Höhen-zu-Breiten-Verhältnis (aspect ratio) nicht zu groß ist. Bild 14.73 zeigt ein Beispiel, wo mittels eines Vierlagen-Resists gemäß Bild 14.74 der Einsatz der hochauflösenden Elektronenstrahl-Lithographie trotz isolierenden Substrats verzerrungsfrei gelingt. Die dünne Ti-Zwischenlage fungiert dabei als elektrostatische Abschirm-Schicht.

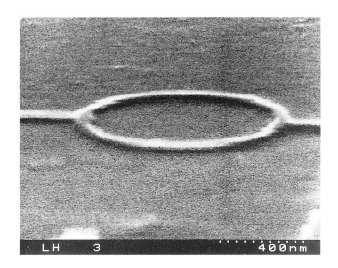

Bild 14.73: Ringstruktur (Au) auf Saphir, mittels Vierlagen-Resist und lift-off strukturiert (Außendurchmesser 750 nm, 10 nm hohe und 30 nm breite Leiterbahn)

Zur Übertragung der feinen Strukturen dienen im übrigen die Trockenätzverfahren, welche in Teil I, Kapitel 7 behandelt sind. Die laterale Definition gibt hier die Auflösungsbegrenzung. Sie ist durch die Streuung (straggling) der Ätzpartikel gegeben. Bild 14.75 zeigt in SiO_2 auf Si reaktiv geätzte Mäander, deren Seitenrauhigkeit die laterale Auflösung limitiert. Wie man dem Bild entnehmen kann, liegt diese unterhalb 10 nm.

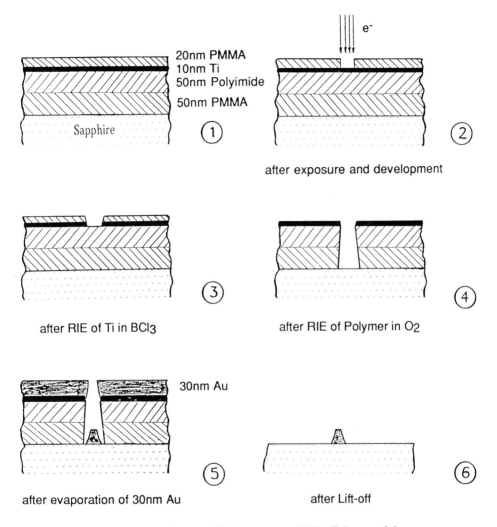

Bild 14.74: Vierlagen-Resist zur Elektronenstrahl-Belichtung feiner Strukturen auf Isolatoren

740 Qualitätssicherung, unkonventionelle Bauelemente und Ausblick

Bild 14.75: Ätzstrukturen in SiO_2 auf Si

14.5.3 Physik

Bei einer Verkleinerung von Strukturen wird das Verhältnis von Oberfläche O zu Volumen V immer größer. So gilt für einen Kubus der Kantenlänge w $V = w^3$ und $O = 6w^2$, womit O/V reziprok zu w ansteigt. Dies bedeutet, daß Oberflächen- und Grenzflächeneffekte immer gravierender die Bauelementeeigenschaften bestimmen. Dabei sind die natürlichen Grenzschichten zu beachten, welche sich zur Oberfläche hin im Material ausbilden, ähnlich den MS- bzw. pn-Übergängen. Für solche Übergänge, deren Existenz essentiell für die Eigenschaften konventioneller Bauelemente ist, gilt als charakteristische Größe die Debye-Länge

$$L_D = \sqrt{\frac{\varepsilon U_T}{q\, N}}\ .$$

Die Länge einer ungestörten Raumladungszone ist dann mit

$$l_n = L_D \sqrt{\frac{2|V_D|}{U_T}}\ .$$

einige Debye-Längen, wenn V_D die zugeordnete Diffusionsspannung ist. In Bild 14.76 ist die Debye-Länge für 300 K ($U_T = 26$ mV) nochmals dargestellt.

Wie man sieht, wird bei technisch möglicher Hochdotierung von N = 10¹⁹ cm⁻³ eine Größe von L_D = 1,3 nm erreicht; für N = 10¹⁷ cm⁻³ wäre L_D = 13 nm.

Eine weitere Limitierung liegt vor, wenn die Volumina so klein werden, daß keine gleichmäßige Dotierung mehr angenommen werden kann. Die relative Abweichung vom Mittelwert ist allgemein $\Delta = \frac{1}{\sqrt{Z}}$, wenn Z die absolute Zahl der in Frage stehenden Elemente, hier der Dotieratome, ist; die Beziehung folgt aus der Statistik. Läßt man eine Schwankung von 20 % zu, wäre Δ = 0,2, und für Z ergäbe sich die Zahl 25. Es müßten also 25 Dotieratome das für 20 % Dotierungsschwankung verantwortliche Minimalvolumen ausfüllen. Bei einer Atomdichte des Siliziumgitters von 5 · 10²² cm⁻³ würden bei einer Dotierung von N = 10¹⁹ cm⁻³ eine Anzahl von $10 \cdot \sqrt[3]{5}$ Siliziumatome linear aufgereiht sein, bis ein Dotieratom erscheint. Für $\sqrt[3]{25}$ Dotieratome wären dies $10 \cdot \sqrt[3]{125}$ = 50 Siliziumatome.

Mit dieser Zahl läßt sich die Kantenlänge des Minimalquaders errechnen, für den die Dotierungsschwankung 20 % betragen würde. Mit dem Gitterabstand im Siliziumgitter von a = 0.543 nm und der Anzahl von 8 Si-Atomen pro Elementarzelle muß man $\sqrt[3]{8}$ = 2 Atome pro 0,543 nm ansetzen, für 50 Atome also 25 · 0,543 nm.

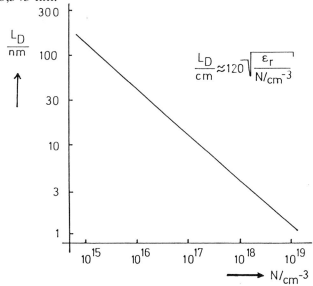

Bild 14.76: Debye-Länge für Silizium

Dies führt zu einem kritischen Minimalvolumen von etwa 14 nm Kantenlänge, welche praktisch mit der zugehörenden Debye-Länge übereinstimmt.

Zusammen mit der Aussage zur Debye-Länge ist somit festzustellen, daß etwa 50 nm die Grenze der Längenausdehnung einer Einzelhalbleiterzone in einem Bauelement darstellt, welches auf konventionelle Weise funktionieren kann; das Bauelement selbst muß größer sein, da es aus mindestens zweien solcher Einzelzonen besteht. Es folgt damit als Ergebnis, daß konventionelle Bauelemente mindestens 100 nm Gesamtausdehnung besitzen müssen, ein von der derzeitigen Produktions-Technologie noch weit entfernter Wert.

Diese Aussage bedeutet nicht, daß kleinere Strukturen nicht nutzbar sein könnten; sie funktionieren nur auf andere Weise als konventionelle Bauelemente; siehe dazu Abschnitt 14.4. Auf die hier anschließenden Fragen, auch bezüglich der Gültigkeit der Bändertheorie (die für die angegebene Minimaldimension noch stimmen sollte), kann hier nicht eingegangen werden; es gibt hierzu auch erst wenig ernstzunehmende Ansätze.

14.6 Ausblick

Die Weiterentwicklung komplexer Strukturen und ihre Einbeziehung in integrierte Schaltungen wird fortgesetzt werden. Der Umfang der Device- und System-Simulation (modeling) muß schneller zunehmen als bisher, da ohne dies keine komplexe Entwicklung in vernünftigen Zeiten mehr durchführbar ist. Die Bereitstellung von Zell-Bibliotheken mit genormten Baugruppen, welche direkt in das CAD-Programm implementiert werden können, ist dafür unabdingbar. Die technologische Realisierung tritt als zweitrangig mehr und mehr in den Hintergrund.

Die Produktionstechnik wird unter Einsatz mechanischer Hilfsmittel (Roboter) immer stärker automatisiert werden, um hinreichende Staubfreiheit und Reproduzierbarkeit bei hohem Durchsatz und Ausbeute sicherzustellen. Neue Materialien dürften Eingang auch für aktive Bauelemente finden (z. B. InAs, II-VI- Verbindungen), jedoch wird Silizium seine Vormachtstellung behalten. Die Anwendung verbesserter Technologie-Verfahren, insbesondere der Einsatz von Epitaxie und Feinst-Strukturierungsverfahren, wird den nutzbaren Frequenzbereich allgemein weiter nach oben verschieben, aber ebenfalls den Einsatz von Silizium gegenüber III-V-Verbindungen favorisieren. Ob eine echte "dreidimensionale" Integration mit geschichteten Bauelement-Ebenen Wirklichkeit wird, erscheint wegen der schlechten Testbarkeit, der extremen Packungsdichte (Wärme-Entwicklung) und der Parasitäten (hohe Schicht-Kapazitäten) sehr fraglich. Hingegen könnte die technische Verwendung von Langmuir-Blodgett-Filmen als effektive Dünnst-Dielektrika Wirklichkeit werden. Ob organische Halbleiter Bedeutung zu erlangen vermögen, ist nicht erkennbar, wenn auch die uniaxiale Leitfähigkeit gewisser Polymere bereits genutzt wird, z.B. in Folien-Batterien.

Die bereits selbstverständliche Einbeziehung des "bandgap-engineering" wird als "bandstructure-engineering" in erweiterter Form die Material-Manipulation zum Nutzen von Bauelementen mit gewünschten Eigenschaften fortsetzen, wobei MBE und (LP-)MOVPE unabdingbare Hilfsmittel der Technologie darstellen. Z.B, ist es möglich, durch verspannte Epi-Schichten bzw. Übergitter-Strukturen die Energie-Bänder für leichte und schwere Löcher so zu verschieben, daß eine modifizierte optische Absorption eintritt, oder die Ionisierungskoeffizienten α, β für Elektronen und Löcher geändert werden, um nur zwei Beispiele zu nennen (strained layer epitaxy, siehe Abschnitt 3.10).

In diesem Zusammenhang ist auch auf die bereits genannten neueren Entwicklungen bei Silizium hinzuweisen, wo über Mischkristalle Ge-Si entsprechende Modifikationen möglich sind; selbst Quantentopf-Strukturen wurden bereits demonstriert.

Diffusion und konventionelle Epitaxie werden weiterhin Bedeutung behalten. Die Einbeziehung der Direkt-Implantation und Ätzung mit fokussiertem Ionenstrahl dürfte der Forschung und Weiterentwicklung vorbehalten sein.

Die Lithographie wird weiterhin optisch, bis herab zu 0,2 µm lateraler Dimensionen, durchführbar sein; eine geringere laterale Ausdehnung technischer Strukturen ist nicht zu erwarten. Die Grenze dürfte bei 0,3 µm Kantenlängen und 0,1 µm selbstjustierten Abständen liegen, siehe hierzu auch die Vorausschau einer Herstellerfirma aus dem Jahr 1985 in Bild 14.77. Die Röntgen-Lithographie wird wegen der Masken- und Justier-Probleme kaum eine Chance bei der Herstellung von komplexen VLSI- Schaltungen haben.

In wissenschaftlichen Untersuchungen, etwa an eindimensionalen Quanten-Strukturen oder gar Quantenpunkten (quantum dots, nulldimensionale Struktur) sowie Elektronen-Interferenz-Effekten wird man die hochauflösende Elektronenstrahl-nm-Lithographie heranziehen. Die letztgenannten, elektrisch und magnetisch beeinflußbaren Effekte könnten prinzipiell zu den kleinsten aktiven Bauelementen mit niedrigsten Leistungsbedarf überhaupt führen, sie sind allerdings noch weit von einer technischen Realisation entfernt.

An neuartigen Bauelementen sind jedoch elektro-optische Strukturen zu erwarten, welche von Excitonen-Eigenschaften Gebrauch machen. Deren Einbeziehung in künftige Bauelemente erscheint deswegen wahrscheinlich, weil bei Quantentopf-Strukturen entsprechende Effekte schon bei Raumtemperatur hinreichend ausgeprägt sind.

Bei Übergittern und auch Einzel-Quanten-Topf-Strukturen ist z.B. die optische Absorption von Excitonen, also leicht gebundenen Elektronen-Paaren, bereits ohne Kühlung bei Raumtemperatur zu beobachten. Zusätzliche Energie-Zufuhr erlaubt ein Aufbrechen der Bindungen, was das Absorptionsverhalten und den Brechungsindex abrupt ändert.

744 Qualitätssicherung, unkonventionelle Bauelemente und Ausblick

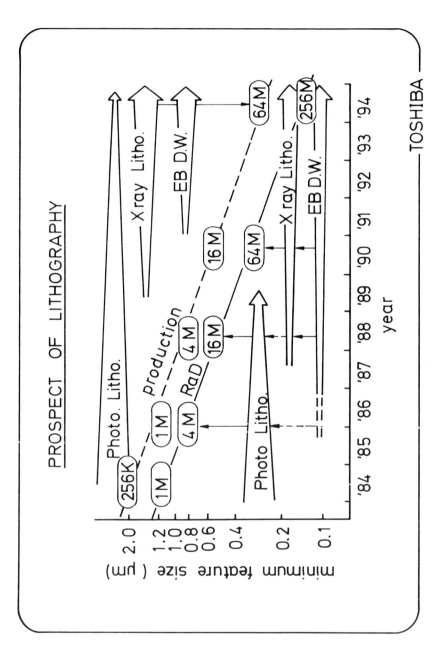

Bild 14.77: Erwartung der Lithographie-Entwicklung im Zusammenhang mit komplexen Halbleiterspeichern (nach Unterlagen der Firma Toshiba 1985)

Auf der Basis dieser Eigenschaften sind bistabile optische Halbleiter-Elemente bereits demonstriert worden, z. B. in Form des "Self-electro-optic effect device" (SEED), wo lichtgetriggert stationäre Zustände über lange Zeiten bei sehr niedrigem Leistungsverbrauch gespeichert werden können. 2 kbit-Arrays solcher photonischer Dioden-Koppelstrukturen wurden bereits realisiert. Der "optische Computer" mit Höchstgeschwindigkeit und Parallel-Betrieb rückt damit in greifbare Nähe.

Bild 14.78 zeigt abschließend das Bänder-Diagramm und die Schichtenfolge eines Bauelementes, welches von der Modifizierung der Excitonen in einer Einzel-Quanten-Topf-Struktur (SQW single quantum well) Gebrauch macht. Sowohl optische Modulation mittels der Gate-Elektrode oder Licht ist möglich, als auch die Verwendung als optisch lesbares Speicher-Element. Hinweise auf weitere Möglichkeiten sind Kapitel 13 Optoelektronische Bauelemente sowie dem Literaturverzeichnis zu entnehmen.

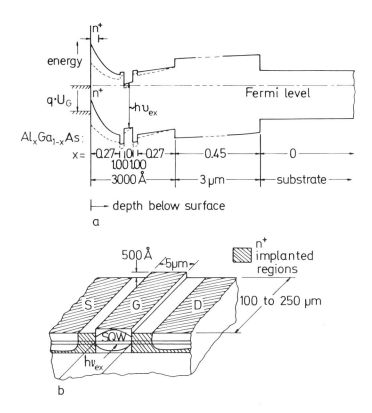

Bild 14.78: FETOM-Struktur (FET optischer Modulator mit Einzel-Quanten-Topf) (nach A. Kastalsky u. a. 1987); a) Bänder-Diagramm, b) Schematischer Aufbau

Nicht zuletzt wird die Hochtemperatur-Supraleitung keramischer Materialien mit Sprungtemperaturen oberhalb 77 K den Aufbau von Einzel-Elementen und integrierten Schaltungen grundlegend verändern, da Leitungsverluste entfallen und als Signalgeschwindigkeit praktisch die Lichtgeschwindigkeit gegeben ist. Nichtsdestotrotz wird die Technik weiterhin von konventionellen Bauelementen Gebrauch machen, deren Technologie etabliert und kostengünstig ist. Insoweit sollten die in den hier vorliegenden 14 Kapiteln zur Halbleitertechnologie dargestellten Verfahrensschritte auch weiterhin die Grundlagen der elektronischen Halbleiterbauelemente bilden, aber daneben ebenfalls für unkonventionelle Bauelemente eine tragfähige Basis darstellen.

Schließlich dürfte das zugeordnete Gebiet der optoelektronischen Integration (OEIC optoelectronic integrated circuit) einen wesentlichen Aufschwung nehmen, wobei als Substrate GaAs bzw. InP aber auch Silizium Verwendung finden. Im letzteren Falle sind zugeordnete III-V-Strukturen heteroepitaktisch aufzuwachsen, eine anspruchvolle und noch keinesfalls ausgereifte Technologie. Bedeutsam dürfte diese Technik aber u. a. für die optische Verbindung komplexer elektronischer ICs werden.

Insoweit ist der Halbleiter-Technologie weiterhin ein hohes Entwicklungspotential gewiß, wobei nicht vergessen werden darf, daß die für Halbleiterzwecke entwickelten technologischen Verfahrensschritte anderen zukunftsträchtigen Gebieten zugute kommen. Genannt seien nur Mikro-Mechanik, Vakuum-Mikroelektronik und Binäre Optik.

Literaturverzeichnis

Abe, M., Mimura, T., Kobayashi, N., Suzuki, M., Kosugi, M., Nakayama, M., Odani, K., Hanyu, I.: Recent Advances in Ultrahigh-Speed HEMT LSI Technology, IEEE Transact. Electron Dev. **36**, 1989, 2021-2031

Abram, R. A., Jaros (Hrsg.), M.: Band Structure Engineering in Semiconductor Microstructures (NATO ASI Series B: Physics **189**) Plenum Press, New York 1989
Sammlung von Beiträgen zukunftsträchtiger Themen

Adelseck, B., Colquhoun, A., Dreudonné, J.-M., Ebert, G., Schmegner, K.-E., Schwab, W., Selder, J.: A Monolithic 60 GHz Diode Mixer and IF Amplifier in Compatible Technology, IEEE Transact. Microwave Theory and Techniques, **MTT-37**, 1989, 2142-2147

Al-Bustani, A. A., Rees, P. K.: Versatile GaAs triangular barrier transistor structure grown by molecular beam epitaxy, IEE Proc. **134**, 1987, 171-173

Allyn, C. L., Gossard, A. C., Wiegmann, W.: New rectifying semiconductor structure by molecular beam epitaxy, Appl. Phys. Lett. **36**, 1980, 373-376

Anderson, R. L.: Experiments on Ge-GaAs Heterojunction, Solid-State Electron. **5**, 1962, 341-351
Energieband-Diskontinuitäten bei Hetero-Verbindungen

Anleitung für die Handhabung elektrostatisch empfindlicher Bauelemente, Technische Information Valvo TI 821005

Archer, J. A.: Low-Noise Implanted-Base Microwave Transistor, Solid-State Electron. 17, 1974, 387-393

Asai, Sh.: Semiconductor memory trends, Proc. IEEE **74**, 1986, 1623-1635

Asanabe, S., NEC Corporation, Kawasaki, persönl. Mitt. 1980

Baik, K.-H., Goethals, M., Beeck, de, M. O., Roland, B., Van den hove, L., Gas Phase Silylation in the DESIRE process for Application to sub 0.5 µm Optical Lithography, Beitrag P41, Internat. Sympos. on Electron, Ion and Photon Beams, San Antonio/Texas, USA, 29.5.-1.6.1990

Balk, P.: Hot carrier injection in oxides and the effect of MOSFET reliability, Inst. Phys. Conf. Ser. **69**, 63-82, Institute of Physics., Bristol 1984

Bauer, G., Kuchar, F., Heinrich (Hrsg.), H.: Two-Dimensional Systems, Heterostructures and Superlattices, Springer Series in Solid-State Science, Bd. 53, Springer-Verlag, Berlin 1984
Beiträge zu physikalischen Grundlagen

Beneking, H., Vescan, L., Cloos, J. M., Marso, M.: Silicon Bulk Barrier Diodes Fabricated by LPVPE, in: High-Speed Electronics, 123-126, Springer Series in Electronics and Photonics Bd. 22, Springer-Verlag, Berlin 1986

Bernhard, R.: Rethinking the 256 kb RAM, IEEE Spectrum **19**, 1982, 47-56

Bjorkholm, J. E., Becker, M., Berreman, D. W., Eichner, L., Freeman, R. R., Jewell, T. E., Mansfield, W. M., McDowell, A. A., O'Malley, M. L., Raab, E. L., Silfvast, V. T., Szeto, L. h., Tennant, D. M., Waskiewicz, W. K., White, D. L., Windt, D. L., Wood, O. R.: Projection Lithography Using Soft X-Rays, Vortrag S1, 34th Internat. Sympos. on Electron, Ion and Photon Beams, San Antonio/Texas, USA, 29.5.-1.6.1990

Blomeyer-Bartenstein, H. P.: Mikroprozessoren und Mikrocomputer, Siemens-Firmen-Schrift
Einfache Einführung in Mikroprozessoren

Bögli, V., Beneking, H.: Nanometer scale device fabrication in a 100 keV e-beam system, Microcircuit Engineering **3**, 1985, 17-123

Bozler, C. D., Alley, G. D.: The permeable base transistor and its application to logic circuits, Proc. IEEE **70**, 1986, 46-52

Brown, E. R., Sollner, T. C. L. G., Parker, C. D., Goodhue, W. D., Chen, C. L.: Oscillations up to 420 GHz in GaAs/AlAs resonant tunneling diodes, Appl. Phys. Lett. **55**, 1989, 1777-1779

Buechler, J., Kasper, E., Luy, J. F., Russer, P., Strohm, K. M.: 10 GHz integrated silicon oscillator, Electronics Lett. **24**, 1988, 977-978

Buot, F. A.: Onset of diffusion drift emission regime and the transition from exponential to linear current-voltage characteristic of triangular barrier semiconductor structures, Appl. Phys. Lett. **40**, 1981, 814-816

Burghartz, J. N., Comfort, J. H., Patton, G. L., Meyerson, B. S., Sun, J. Y.-C., Stork, J. M. C., Mader, S. R., Stanis, C. L., Scilla, G. J., Ginsberg, B. J.: Self-Aligned SiGe-Base Heterojunction Bipolar Transistor by Selective Epitaxy Emitter Window (SEEW) Technology, IEEE Electron Dev. Lett. **EDL-11**, 1990, 288-290
Selbstjustierte Si/SiGe GHz-Transistoren ($f_t \gtrsim 75 GHz$)

Capasso, F., Mohammed, K., Cho, A. Y., Hull, R., Hutchinson, A. L.:
New quantum photoconductivity and large photocurrent gain by
effective-mass filtering in a forward-biased superlattice p-n junction,
Phys. Rev. Lett. **55**, 1985, 1152-1155

Capasso, F., Mohammed, K., Cho, A. Y.: Sequential resonant tunneling
through a multiquantum well superlattice, Appl. Phys. Lett. **48**, 1986,
478-480

Capasso, F., Sen, S., Beltram, F., Lunardi, L. M., Vengurlekar, A. S., Smith,
P. R., Shah, N. J., Malik, R. J., Cho, A. Y.:Quantum Functional Devices:
Resonant-Tunneling Transistors, Circuits with Reduced Complexity, and
Multiple-Valued Logic, IEEE Transact. Electron Dev. **36**, 1989,
2065-2082

Cappy, A., Carnez, B., Fauquembergues, R., Salmer, G., Constant, E.:
Comparative potential performance of Si, GaAs, GaInAs, InAs
submicrometer-gate FETs, IEEE Transact. Electron Dev. **27**, 1980,
2158-2169

Chang, L. L., Esaki, L., Tsu, R.: Resonant tunneling in semiconductor
double barriers, Appl. Phys. Lett. **24**, 1974, 593-595
Erster experimenteller Nachweis resonanten Tunnelns

Chou, S. Y.: Observation of electron resonant tunneling in a lateral dual-gate
resonant tunneling field-effect transistor, Appl. Phys. Lett. **55**, 1989,
176-178

Collins, S., Lowe, D., Barker, J. R.: Resonant tunneling in heterostructures:
Numerical simulation and qualitative analysis of the current density,
J. Appl. Phys. **63**, 1988, 142-149

Coon, D. D., Liu, H. C.: Frequency limit of double barrier resonant tunneling
oscillators, Appl. Phys. Lett. **49**, 1986, 94-96

Crow, J. D.: Optical Interconnect Technology for Multiprocessor Networks,
Proc. Annual Meeting, IEEE Lasers and Electro-Optics-Soc. Orlando/Fl.,
Okt. 1989, Beitrag OE 5.2

Dahl, D. A.: Strain effects in InGaAs/GaAs superlattices, Solid State Comm. **61**, 1987, 825-826

Datta, S.: Quantum phenomen in modern semiconductor devices, Skriptum Purdue University, 1986

Deguchi, K., Komatsu, K., Namatsu, H., Sekimoto, M., Miyake, M., Hirata, K.: Step-and-repeat x-ray/photohybrid lithography for 0,3 µm MOS devices, IEEE Transact. Electron Dev. **ED-34**, 1987, 759-771

Delagebeaudeuf, D., Delescluse, P., Etienne, P., Laviron, M., Chaplart, J., Linh, N. T.: Two-dimensional electron gas MESFET structures, Electronics Lett. **16**, 1980, 667-668

Delagebeaudeuf, D., Linh, N. T.: Charge control of the heterojunctions two-dimensional electron gas for MESFET application, IEEE Transact. Electron Dev. **ED-28**, 1981, 790-795

Delagebeaudeuf, D., Linh, N. T.: Metal-(n)AlGaAs-GaAs two-dimensional electron gas FET, IEEE Transact. Electron Dev. **ED-29**, 1982, 955-960

Dell'Oca, C. J., Bullis, W. M.(Hrsg.): VLSI Science and Technology, Proc. **82-7**, The Electrochemical Soc. Inc., Pennington, N. J. USA, 1982
Wesentliche Beiträge zum Stand und Trend bei technologischen Verfahren

Dengel, D., Kirschling, G.: Statistische Qualitäts-Sicherung I, II, III, Der Fernmelde-Ingenieur, Hefte **9**, **10**, 1981; **11**, 1982
Qualitätssicherung im Fernmeldewesen

Deutsche Normen DIN 50 434 Bestimmung der Kristallbaufehler einkristalliner Siliciumproben an geätzten {111}-Flächen, 1976

Dingle, R., Störmer, H. L., Gossard, A. C., Wiegmann, W.: Electron mobilities in modulation-doped semiconductor hetero-junction superlattices, Appl. Phys. Lett. **33**, 1978, 665-667
2D-Elektronengas-Eigenschaften

Doane, D. A., Fraser, D. B., Hess, D. W.(Hrsg.):Tutorial Sympos. on Semiconductor Technology, Proc. **82-5**, The Electrochemical Soc. Inc., Pennington, N. J. USA, 1982

Döhler, G. H., Künzel, H., Olego, D., Ploog, K., Ruden, P., Stolz, H. J.: Observation of tunable band gap and two-dimensional subbands in a novel GaAs superlattice, Phys. Rev. Lett. **47**, 1981, 864-867

Döhler, G. H.: "n-i-p-i-Kristall"-Halbleiter mit steuerbaren elektronischen Eigenschaften, Phys. Bl. **40**, 1984, 182-187

Döhler, G. H.: n-i-p-i superlattices-novel semiconductors with tunable properties, Jap. J. Phys. **22**, 1983, Supplement 22-1, 29

Dorsel, A., Meystre, P.: Optische Bistabilität: Ein Weg zum optischen Computer?, Phys. Bl. **40**, 1984, 143-148

Eastman, L. F.: The limits of electron ballistic motion in compound semiconductor transistors, Inst. Phys. Conf. Ser. **63**, 1981, 245-250

Eden, K., Roth, W., Beneking, H.: Electromigration in fine-line conductors (0,45 - 2 µm), Microelectronic Eng. **1**, 1983, 263-268)

Engl, W. L., Dirks, H. K., Meinerzhagen, B.: Device modeling, Proc. IEEE **71**, 1983, 10-33

English, J. H., Gossard, A. C., Störmer, H. L., Baldwin, K. W.: GaAs structures with electron mobility of $5 \cdot 10^6 cm^2/Vs$, Appl. Phys. Lett. **50**, 1987, 1826-1828

Enoki, T., Yamasaki, K., Osafune, K., Ohwada, K.: 0,3 µm advanced SAINT FETs having asymmetrical n^+-layers for ultrahigh-frequency GaAs MMIC's, IEEE Transact. Electron Dev. **ED-35**, 1988, 18-24

Ferry, D. K., Grubin, H. L.: The role of transport in very small devices for VLSI, Microelectronics J. **12**, 1981, 5-9

Forrest, S. R., Kaplan, M. L., Schmidt, P. H., Feldmann, W. L., Yanowski, E.: Organic-on-inorganic semiconductor contact barrier devices, Appl. Phys. Lett. **41**, 1982, 90-93

Franz, G., Kolbesen, B.: Kristallfehler in integrierten Schaltkreisen aus Silizium, insbesondere in Hinblick auf Größtintegration (VLSI), BMFT-Forschungsbericht T 82-050, Bonn1982

Frensley, W. R.: Quantum transport simulation of the resonant-tunneling diode, Tech. Digest IEDM 1986, 1986, 571-574

Friedrich, H.: Technische und wirtschaftliche Grenzen der Strukturverkleinerung, Nachrichtentech. Zs. **34**, 1981, 750-759

Gibbs, H. M., McCall, S. L., Venkatesan, T. N. C.: Optical bistable devices: the basic components of all-optical systems?, Optical Engineering **19**, 1980, 463-468

Glisson, T. H., Hauser, J. R., Littlejohn, M. A., Hess, K., Streetman, B. G., Shichijo, H.: Monte Carlo simulation of real-space electron transfer in GaAs-AlGaAs heterostructures, J. Appl. Phys. **51**, 1980, 5445-5449

Gossard, A. C., Kazarinov, R. F., Luryi, S., Wiegmann, W.: Electric properties of unipolar GaAs structures with ultrathin triangular barriers, Appl. Phys. Lett. **40**, 1982, 832-833

Gossard, A. C.: New electronic phenomena based on multilayer epitaxy, IEEE Transact. Electron Dev. **ED-31**, 1984, 1667-1671

Götzlich, J., Handek, H.: Dünnste Dielektrikumsschichten in HL-Strukturen und ihre Darstellung im FE-REM, Beitr. Elektronenmikr. **21**, 1988, 151-158

Götzlich, J.: Die dritte Dimension in der Mikroelektronik, Phys. Bl. **44**, 1988, 391-395

Grandin, R. O., Wang, J. C.: Superlattices as millimeter-wave devices, Supperlattices and Microstructure **2**, 1986, 197-200

Grinberg, A. A., Kastalsky, A., Shantharama, L. G.: Quantum well emission transistor with tunneling output current, J. Appl. Phys. **66**, 1989, 425-429

Grützmacher, D., Hergeth, J., Glade, M., Wolter, K., Reinhardt, F., Fidorra, F., Wolfram, P., Balk, P.: Controlled growth of GaInAs/InP MQW and GaInAsP/GaInAs separate confinement MQW laser structures by LP-MOVPE, Proc. InP & Related Compounds Conf., Denver/Co, 23.-25.4.1990

Gruhle, A., Beneking, H.: Silicon Etched-Grove Permeable Base Transistors with 90-nm Finger Width, IEEE Electron Device Lett. Vol **11**, 1990, 165-166

Haberger, K., Ryssel, H., Hoffmann, K.: Anwendung und Weiterentwicklung der Ionenimplantation für hochintegrierte Schaltungen Teil II, BMFT Forschungsber. T 82-120, 1982
Beitrag zur Weiterentwicklung der Ionenimplantation

Hantek, E. R.: Semiconductor memory uplate: GaAs technology, Comput. Des. **21**, 1982, 168-179

Hara, K., Kojima, K., Mitsunaga, K., Kyuma, K.: Differential Optical Switching at Subnanowatt Input Power, IEEE Photonics Lett. **1**, 1989, 370-372

Hara, K., Kojima, K., Mitsunaga, K., Kyuma, K.: Differential Optical Switching at Subnanowatt Input Power, IEEE Photonics Technology Lett. **1**, 1989, 370-372

Haug, R. J.: Quantisierung der Leitfähigkeit ohne Magnetfelder: Ein neuer Quanteneffekt, Phys. Bl. **44**, 1988, 171-172

Hayes, J. R., Levi, A. F. J., Wiegmann, W.: Hot electron spectroscopy, Electronics Lett. **20**, 1984, 851-852

Hess, K., Iafrate, G. J.: Theory and applications of near ballistic transport in semiconductors, Proc. IEEE **76**, 1988, 519-532

Hess, K., Morkoç, H., Shichijo, H., Streetman, B. G.: Negative differential resistance through real-space electron transfer, Appl. Phys. Lett. **35**, 1979, 469-471

Hess, K.: Real Space Transfer: Generalized Approach to Transport in Confined Geometries, Solid-State Electronics **31**, 1988, 319-324,

Hiyamizu, S., Mimura, T., Fujii, T., Nanb, K.: High mobility of two-dimensional electrons at the GaAs-/n-AlGaAs heterojunction interface, Appl. Phys. Lett. **37**, 1980, 805-807

Hollis, M. A., Eastman, L. F., Wood, C. E. C.: Measurement of J/V characteristics of a GaAs submicron n^+-n^--n^+ diode, Electronics Lett. **18**, 1982, 570-572

Holonyak, N., Kolbas, R. M., Dupuis, R. D., Dapkus, P. D.: Quantum-well heterostructure lasers, IEEE Quantum Electrics **QE-16**, 1980, 170-186

Houton, van, H., Wees, van, B. J., Mooji, J. E., Beenakker, C. W. J., Williamson, J. G., Foxon, C. T.: Coherent Electron Focussing in a Two-Dimensional Electron Gas, Europhys. Lett. **5**, 1988, 721-725

IEEE Transact. Electron Dev. **ED-36(12)**, 1989
Sonderheft mit Beiträgen zu Stand und Zukunft amorpher Halbleiter-Bauelemente (z.B. für Display-Anwendungen)

Inata, R., Muto, S., Nakata, Y., Fujii, T., Ohnishi, H., Hiyamizu, S.: Excellent negative differential resistance of InAlAs/InGaAs resonant tunneling barrier structures grown by MBE, Jap. J. Appl. Phys. **25**, L983-L985, 1986

Ishihara, K., Kinoshita, S., Furuya, K., Mitamoto, Y., Kesaka, K., Miyauchi, M.: GaInAs/InP hot electron transistors grown by OMVPE, Jap. J. Appl. Phys. **26**, 1987, L911-L913

Jacoboni, C., Reggiani, L: Bulk hot-electron properties of cubic semiconductors, Advances in Physics **28(4)**, 1979, 493-553

Jaffe, M., Oh, J., Pampulapati, J., Bhattacharya, P., Singh, J.: Experimental and theoretical studies of carrier mass in pseudomorphic n- and p-type MODFETs with excess indium in the active channel, Inst. Phys. Conf. Ser. **96**, 1988, 255-260

Jaffe, M., Sekiguchi, Y., Singh, J.: Theoretical formalism to understand the role of strain in the tailoring of the hole masses in p-type $In_xGa_{1-x}As$ (on GaAs substrates) and $In_{0.53+x}Ga_{0.47-x}As$ (on InP substrates) modulation-doped field-effect transistors, Appl. Phys. Lett. **51**, 1987, 1943-1945

Jäger, D., Forsmann, F.: Optical, optoelectronic and electrical bistability and multistability in a silicon Schottky seed, Solid-State Electronics **30**, 1987, 67-71

Jakowetz, W., Packeiser, G.: Neue Bauelementetechnologie zur Vereinheitlichung von Prozeßschritten und zur Verbesserung des Wirkungsgrades von lichtemittierenden Dioden, BMFT Forschungsber. T 82-049, 1982
Güteverbesserung von LEDs

Jogai, B., Wang, K. L., Brown, K. W.: Frequency and power limit of quantum well oscillators, Appl. Phys. Lett. **48**, 1986, 1003-1005

Jones, M. E.: Semiconductors: the key to computational plenty, Proc. IEEE **70**, 1982, 1380-1409

Kan, K. K., Roberts, G. G., Petty, M. C., Langmuir-Blodgett Film Metal/Insulator/Semiconductor Structures on Narrow Gap Semiconductors, Thin Solid Films **99**, 1983, 291-296

Kasper, E., Herzog, H.-J., Daembkes, H., Abstreiter, G.: Equally strained Si/SiGe superlattices on Si substrates, Proc. MRS Fall meeting, Boston/USA, 1985

Kasper, E., Herzog, H.-J., Kibbel, H.: A one-dimensional SiGe superlattice grown by UHV epitaxy, Appl. Phys. **8**, 1975, 199-205

Kastalsky, A., Abeles, J. H., Leheny, R. F.: Novel optoelectronic single quantum well devices based on electron bleaching of exciton absorption, Appl. Phys. Lett. **50**, 1987, 708-710
Neuartige Prinzipien optischer Schalter und Modulatoren

Kazarinov, R. F., Lury, S.: Charge injection over triangular barriers in unipolar semiconductor structures, Appl. Phys. Lett. **38**, 1981, 810-812

Keever, M., Shichijo, H., Hess, K., Banerjee, S., Witkowski, L., Morkoç, H., Streetman, B. G.: Measurements of hot electron conduction and real-space transfer in GaAs-$Al_xGa_{1-x}As$ heterojunction layers, Appl. Phys. Lett. **38**, 1981, 36-38

Kissel, E.: Aspekte der Qualitätssicherung im Bereich der Fernmeldetechnik, Der Fernmelde-Ingenieur **36**, 1982, Hefte 8 und 10

Kizilyalli, I. C., Hess, K.: Physics of real-space transfer transistor, J. Appl. Phys. **65**, 1989, 2005-2013

Kizilyalli, I. C., Hess, K., Higman, T., Emanuel, M., Coleman, J. J.: Ensemble Monte Carlo Simulation of Real Space Transfer (MERFET/CHINT) Devices, Solid-State Electronics **31**, 1988, 355-357

Klar, H., Heimsch, W., Klose, H., Krebs, R., Pfaeffel, B., Stegherr, M., Winnerl, J., Ziemann, K.: BICMOS for high performance high density applications, Archiv. Elektr. Übertrag. **42**, 1988, 65-74

Knox, W. H., Miller, D. A. B., Damen, T. C., Chemla, D. S., Shank, C. V., Gossard, A. C.: Subpicosecond excitonic electroabsorption in room-temperature quantum wells, Appl. Phys. Lett. **48**, 1986, 864-866

Konaka, S., Yamamoto, Y., Sakai, T.: A 30 ps Si bipolar IC using super self-aligned process technology, IEEE Transact. Electron Dev. **ED-33**, 1986, 526-531

Kondo, M., Sugawara, M., Fujii, T.: Low-Pressure Metalorganic Vapor Phase Epitaxial Growth of InGaAsP/InP Quantum Well Structures, Fujitsu Sci. Tech. J. **25**, 1989, 146-155

Kramer, B., Bergmann, G., Bruynseraede, Y.: Localization, Interaction, and Transport Phenomena, Springer Series in Solid-State Sciences, Bd. 61, Springer-Verlag, Berlin 1985

Kratschmer, E., Erko, A., Petrashov, V. T., Beneking, H.: Device fabrication by nanolithography and electroplating for magnetic flux quantization measurements, Appl. Phys. Lett. 44, 1984, 101-1013

Kroemer, H.: Heterostructure bipolar transistors and integrated circuits, Proc. IEEE **70**, 1982, 13-25
Umfassender Artikel mit vielen Beispielen

Kubo, M., Masuda, I., Miyata, K., Ogiue, K.: Perspective on BiCMOS VLSI's, IEEE-J. Solid-State Circ. **23**, 1988, 5-11

Landwehr, G.: Quantum transport in silicon inversion layers, Festkörperprobleme **XV**, Vieweg Verlag 1975, 49-77

Lauger, E., Moltoft (Hrsg.), I.: Reliability in electrical and electronic components and systems, North Holland, Amsterdam 1982, Proc. 5. Europ. Conf. on Electronics Kopenhagen 1982
Allgemeine grundlegende sowie spezielle Beiträge zur Theorie und zu Testverfahren

Laval, S., Bru, C., Castagné, R., Arnodo, C.: Experimental evidence for velocity overshoot in GaAs from photoconductive measurements, Inst. Phys. Conf. Ser. **56**, 1981, 171-174

Lentine, A. L., McCormick, F. B., Novotny, R. A., Chirovsky, L. M. F., D'Asaro, L. A., Kopf, R. F., Kuo, J. M., Boyd, G. D.: A 2 kbit Array of Symmetric Self-Electrooptic Effect Devices, IEEE Photonics Technology Lett. **2**, 1990, 52-53

Levi, A. F. J., Nottenburg, R. N., Chen, Y. K.: AlAs/GaAs tunnel emitter bipolar transistor, Appl. Phys. Lett. **54**, 1989, 2250-2252

Liu, H. C., Landheer, D., Buchanan, M., Houghton, D. C.: Resonant tunneling in $Si/Si_{1-x}Ge_x$ double barrier structures, Appl. Phys. Lett. **52**, 1988, 1809-1811

Li Kam Wa, P., Robson, P. N., David, J. P. R., Hill, G., Mistry, P., Pale, M. A., Roberts, J. S.: All-optical switching effects in a passive GaAs/GaAlAs multiple-quantum-well waveguide resonator, Electronics Lett. **22**, 1986, 1129-1130

Long, S. I.: A Comparison of the GaAs MESFET and the AlGaAs/GaAs Heterojunction Bipolar Transistor for Power Microwave Amplification, IEEE Transact. Electron Dev. **ED-36**, 1989, 1274-1278

Lu, Ch.-Y., Tsai, N.-S., Dunn, C. N., Riffe, P. C., Shibib, M. A., Furnanage, R. A., Goodwin, C. A.: An analog/digital BCDMOS technology with dielectric isolation-devices and processes, IEEE Transact. Electron Dev. **ED-35**, 1988, 230-239

Lung, S., Capasso, F.: Resonant tunneling of two dimensional electrons through a quantum wire: a negative transconductance device, Appl. Phys. Lett. **47**, 1985, 1347-1349

Luy, J. F.: AEG Forschungs Inst., Ulm, Priv. Mitt. 1989

Mader, H.: Elektrische Eigenschaften von Bulk-Barrier-Dioden, Archiv Elektr. Übertr. **36**, 1981, 318-323

Maes, H., Groeseneken, G.: Non volatile SIMOS-type EEPROM for use in digitally controlled tone filters, Kath. Univ. Leuven, Annual Report 1981

Malik, R. J., Aucoin, T. R., Ross, R. L., Board, K., Wood, C. E. C., Eastman, L. F.:Planar doped barriers in GaAs by molecular beam epitaxy, Electronics Lett. **16**, 1980, 836-838
Volumen-Barrieren

Malik, R. J.: Gallium arsenide planar doped barrier diodes and transistors grown by molecular beam epitaxy, Ph. D. Thesis, Cornell University 1981

Mankiewich, P. M., Behringer, R. E., Howard, R. E., Chang, A. M., Chang, T. Y., Chelluri, B., Cunningham, J., Timp, G.: Observation of Aharonov-Bohm effect in quasi-one-dimensional GaAs/AlGaAs rings, J. Vac. Sci. Technol. **B6**, 1988, 131-133

Marquardt, P., Nimtz, G.: On the quasistatic conductivity of sub-micrometer crystals, Solid State Comm. **65**, 1988, 539-542
Hinweise auf (quantum size) Effekte in mesoskopischen Strukturen

Marso, M., Zwinge, G., Beneking, H.: GaInAs Camel Transistors grown by MOCVD, Electronics Lett. **25**, 1989, 1462-1463

May, T. C., Woods, M. H.: Alpha-Particle-Induced Soft Erros in Dynamic Memories, IEEE Transact. Electron Dev. **ED-26**, 1979, 2-9
Störung durch α-Teilchen

McGill, T. C., Sotomajor Torres, G. M., Gebhardt, W.(Hrsg.): Growth and Optical Properties of Wide-Gap II-VI Low-Dimensional Semiconductors (NATO ASI Series B: Physics **200**), Plenum Press, New York, 1989
Sammlung zukunftsweisender Beiträge

Metze, G. M., Bass, J. F., Lee, T. T., Cornfeld, A. B., Singer, J. C., Hungs, H.-L., Huangs, H.-C., Pande, K. P.: High-Gain, V-Band, Low-Noise MMIC Amplifiers Using Pseudomorphic MODFET's, IEEE Electron Dev. Lett. **EDL-11**, 1990, 24-26

Microprocessor Systems Development, IBM Res. Dev. **26**, 1982, 397-524
Beiträge zum Design komplexer Schaltungen

Miller, D. A. B., Chemla, D. S., Damen, T. C., Gossard, A. C., Wiegmann, W., Wood, T. H., Burrus, C. A.: Novel hybrid optically bistable switch: The quantum well self-electro-optic effect device, Appl. Phys. Lett. **45**, 1984, 13-15

Milnes, A. G.: Semiconductor heterojunction topics: Introduction and overview, Solid-State Electron. **29**, 1986, 99-121
Breiter einführender Artikel mit Bezug auf sämtliche Heterojunction-Probleme und -Anwendungen

Ming Liaw, H.: Trends in Semiconductor Material Technologies for VLSI and VHSIC Applications, Solid-State Technology **25**(7), 1982, 65-73

Morizuka, K., Katoh, R., Asaka, M., Iizuka, N., Tsuda, K., Obara, M.: Transit-time reduction in AlGaAs/GaAs HBT's utilizing velocity overshoot in the p-type collector region, IEEE Electron Dev. Lett. **EDL-9**, 1988, 585-587
Vermeidung der Träger-Streuung in das X-Minimum durch Niedrigfeld-Zone im Kollektorgebiet eines Bipolartransistors

Morkoç, H., Chen, J., Reddy, U. K., Henderson, T., Luryi, S.: Observation of a negative differential resistance due to tunneling through a single barrier into a quantum well, Appl. Phys. Lett. **49**, 1986, 70-72

Mosko, M., Novák, I.: Picosecond real-space electron transfer in GaAs-n-$Al_xGa_{1-x}As$ heterostructures with graded barriers: Monte Carlo simulation, J. Appl. Phys. **67**, 1990, 890-899

Müller, W., Kranzer, D.: Technologies for Megabit DRAMS, Archiv Elektr. Übertr. **44**, 1990, 200-207
Technologie-Entwicklung bei 4 Mbit und 16 Mbit dynamischen Speichern

Munshi, M. Z. A., Owens, B. B.: Flat polymer electrolytes promise thin-film power, IEEE Spectrum **26(8)**, 1989, 32-35

Muto, S., Hiyamizu, S., Yokoyama, N.: Transport characteristics in heterostructure devices in : High Speed Electronics, Springer Series in Electronics and Photonics **22**, Springer-Verlag, Berlin 1986, 72-78

Nakagawa, H., Sasago, M., Endo, M., Hirai, Y., Ogawa, K.: An advanced KrF excimer laser stepper for production of 16 MDRAMs, SPIE 922 Optical/Laser Microlithography, 1988, 400-409
5:1 optisches Reduktions-System mit $(15\ mm)^2$ Bildfeld für Sub - 0,5 µm - Auflösung

Nakagawa, T., Imamoto, H., Kojima, T., Ohta, K.: Observation of resonant tunneling in AlGaAs/GaAs triple barrier diodes, Appl. Phys. Lett. **49**, 1986, 73-75

Nishi, Y.: Comparison of new technologies for VLSI: possibilities and limitations, Microelectronics J. **12**, 1981, 5-14

Nishizawa, J. I., Terasaki, T., Shibata, J.: Field effect transistor versus Analog transistor (Static induction transistor), IEEE Transact. Electron Dev. **ED-22**, 1975, 185-197

Nottenburg, R. N., Chen, Y. K., Panish, M. B., Humphrey, D. A., Hamm, R.: Hot-Electron InGaAs/InP Heterostructure Bipolar Transistors with f_T of 110 GHz, IEEE Electron Dev. Lett. Vol. **10**, 1989, 30-32

Nougier, J. P., Vaissiere, J. C., Gasquet, D., Zimmermann, J., Constant, E.: Determination of transit regime of hot carriers in semiconductors, using the relaxation time approximations, J. Appl. Phys. **52**, 1981, 825-832

Ohara, S., Ishiwa, M., Hirakawa, N., Hotta, N., Kasama, K., Inoue, Y.: 10^7 rad radiation hardened CMOS SRAM with composite layer isolation, Proc. Second Workshop Radiation-Induced and/or Process-Related Electrically Active Defects in Semiconductor-Insulator Systems, (Research Triangle Park, NC USA: Microel. Center North Carolina) 1989, 184-203

Okamura, S., Taguchi, T., Hiyamizu, S.: Direct fabrication of submicron pattern on GaAs by finely focused ion beam system, Fujitsu Sci. Techn. **22**, 1986, 98-105

Osbourn, G. C.: $In_xGa_{1-x}As$-$In_yGa_{1-y}As$ strained-layer superlattices: A proposal for useful, new electronic materials, Phys. Rev. **B27**, 1983, 5126-5128

Osbourn, G. C.: Strained-layer superlattices form lattice mismatched materials, J. Appl. Phys. **53**, 1982, 1586-1589

Packaging Technology: IBM J. Res. Dev. **26**, 1982, 275-396
Probleme der Mehrlagen-Verdrahtung, der Metallisierung und des Modul-Zusammenbaus

Patton, G. L., Comfort, J. H., Meyerson, B. S., Crabbé, E. F., Scilla, G. J., Frésart, de, E., Stork, J. M. C., Sun, J. Y.-C, Harame, D. L., Burghartz, J. N.: 75-GHz f_T SiGe-Base Heterojunction Bipolar Transistors, IEEE Electron Dev. Lett. **11**, 1990, 171-179

Patton, G. L., Iyer, S. S., Delage, S. L., Tiwari, S., Stork, J. M. C.: Silicon-Germanium-Base Heterojunction Bipolar Transistors By Molecular Beam Epitaxy, IEEE Electron Dev. Lett. **EDL-9**, 1988, 165-167

People, R.: Effects of coherency strain on the band gaps of pseudomorphic $In_xGa_{1-x}As$ on (001) InP, App. Phys. Lett. **50**, 1987, 1604-1606

Pettenpaul, E., Langer, E., Huber, J., Mampe, H., Zimmermann, W.: Integrierte Mikrowellen-Receiverkomponenten in GaAs-Technologie, BMFT-Forschungsber. T 85-159, Bonn 1985

Peyghambarian, N., Gibbs, H. M., Hulin, D., Antonetti, A., Migus, A., Mysyrowicz, A.: Overview of optical switching and bistability in: High Speed Electronics, Springer Series in Electronics and Photonics **22**, 1986, 204-209

Peyghambarian, N., Gibbs, H. M.: Optical bistability for optical signal processing and computing, Optical Engineering **24**, 1985, 68-73

Ploog, K.: Molecular beam epitaxy of III-V-compounds in: H. C. Freyhardt (Hrsg.) Crystals, growth, properties and applications 3, Springer-Verlag, Berlin 1980, 73-162

Qualität integrierter Bipolarschaltungen, Technische Information Valvo TI 820813

Qualität von Transistoren im Gehäuse SOT-32, Technische Information Valvo TI 820616

Razeghi, M., Maurel, P., Tardella, A., Dmowski, L., Gauthier, D., Portal, J. C.: First observation of two-dimensional hole gas in a $Ga_{0.47}In_{0.53}As/InP$ heterojunction grown by metalorganic vapor deposition, J. Appl. Phys. **60**, 1986, 2453-2456

Razeghi, M., Tardella, A.: Negative differential resistance at room temperature from resonant tunneling in GaInAs/InP double-barrier heterostructures, Electronics Lett. **23**, 1987, 116-117

Reed, M. A., Frensley, W. R., Matyi, R. J., Randull, J. N., Seabaugh, A. C.: Realization of a three-terminal resonant tunneling device: The bipolar quantum resonant tunneling transistor, Appl. Phys. Lett. **54**, 1989, 1034-1036

Reggiani (Hrsg.), L.: Hot-Electron Transport in Semiconductors. Topics in Applied Physics, Bd. 58, Springer-Verlag, Berlin 1985 Beiträge zu physikalischen Grundlagen

Reich, R. K., Grondin, R. O., Ferry, D. K.: Transport in lateral surface superlattices, Phys. Rev. **B27**, 1983, 3483-3493

Rhee, S. S., Karunasiri, R. P. G., Chern, C. H., Park, J. S., Wang, K. L.: Si/Ge$_x$Si$_{1-x}$/Si resonant tunneling diode doped by thermal boron source, J. Vac. Sci. Technol. **B7**, 1989, 327-331

Rhee, S. S., Park, J. S., Karunasiri, R. P. G., Ye, Q., Wang, K. L.: Resonant tunneling through a Si/Ge$_x$Si$_{1-x}$/Si heterostructure on a GeSi buffer layer, Appl. Phys. Lett. **53**, 1988, 204-206

Ricker, Th., Rinderle, H., Wolff, D., Ablasser, I., Bächle, A., Kasper, E., Killian, J., Kuisl, M., Mank, O., Schindel, U.-G., Stähle, H., Strohm, K., Stürmer, A., Wiesel, M.: CAD-Verfahren für hochintegrierte Schaltungen, BMFT-Forschungsber. T 85-029, Bonn 1985

Ridley, B. K.: The diffusion of hot electrons across a semiconductor base, Solid-State Electron. **24**, 1981, 147-154

Roberts, G. G., Pande, K. P., Barlow, W. A.: InP/Langmuir-film m. i. s. f. e. t., Solid-State and Electron Dev. **2**, 1978, 169-175

Roberts, G. G.: Langmuir-Blodgett Films, Contemp. Phys. **25**, 1984, 109-128

Roentgen, P., Beneking, H.: OM-VPE of nm doped GaAs layers for potential barriers, Porc. Northeast Reg. Meeting Metallurgical Soc. of AIME, 1986, 253-262

Roentgen, P.: Organometallische Gasphasenepitaxie dünner Vielschichtstrukturen für Potentialbarrieren in GaAs, Diss. RWTH Aachen 1986

Roth, W., Beneking, H.: Electromigration in fine-line conductors
(0,45-2 μm), Microelectronic Engineering **1**, 1983, 263-268

Ruch, J. G.: Electron dynamics in short channel field-effect transistors,
IEEE Transact. Electron Dev. **ED-19** 1972, 652-654

Ruoff, A. L., Charvat, P. K.: Learning more about material science through nanometer fabrication technology, Superlattices and Microstructures **2**, 1986, 97-106

Ryssel, H.: Anwendung und Weiterentwicklung der Ionenimplantation für hochintegrierte Schaltungen, BMFT Forschungsber. T 82-119, Teil I, 1982
Beiträge zur Weiterentwicklung der Ionenimplantation einschließlich Modellierung

Ryvkin, B. S.: Optical bistability in semiconductors (review),
Sov. Phys. Semicond. **19**, 1985, 1-15

Santo, B., Chen, K. T.: Technology '90 Solid State, Passing the 1-million-transistor mark BICMOS increases SRAM speeds and densities,
IEEE Spectrum **27(1)** 1990, 41-43

Schwärtzel (Hrsg.), H. G.: CAD für VLSI, Rechnergestützter Entwurf höchstintegrierter Schaltungen, Springer-Verlag, Berlin 1982

Scientific Aspects of Electron Transport in Small Structures,
IBM J. Res. Dev. **32(3)**, 1988, 303-437
Sonderheft zu Transport-Effekten in mesoskopischen Systemen

Semiconductor Manufacturing Technology, IBM J. Res. Dev. **26(5)** 1982, 525-644
Beiträge zu Halbleiter-Prozeßentwicklung und Qualitätskontrolle

Shannon, J. M., Gill, A.: High current gain in monolithic hot-electron transistors, Electroncis Lett. **17**, 1981, 620-621

Shannon, J. M., Goldsmith, B. J.: Current transport in monolithic hot electron structures, Thin Solid Films **89**, 1982, 21-26

Shannon, J. M., Slatter, J. A. G.: Monolithic hot electron transistor in silicon with f_T > 1 GHz, Jap. J. Appl. Phys. **22**, Supplement 22-1, 1983, 259-262

Shannon, J. M.: Calculated performance of monolithic hot-electron transistors, IEEE Proc. **128**, 1981, 134-140

Shannon, J. M.: Hot electron camel transistor,
  IEEE J. Solid State and Electron Dev. **3**, 1979, 142-144
  Volumen-Barrieren-Transistor

Shannon, J. M.: Shallow implanted layers in advanced silicon devices, Nuclear Instruments and Methods **182/183**, 1981, 545-552

Shur, M. S., Eastman, L. F.: Ballistic transport in semiconductors at low temperatures for low power high-speed logic, IEEE Transact. Electron Dev. **ED-26**, 1979, 1677-1683

Shur, M. S., Eastman, L. F.: Near ballistic electron transport in GaAs devices at 77 K, Solid-State Electron. **24**, 1981, 11-18

Shur, M. S.: Ballistic Transport in a semiconductor with collisions, IEEE Transact. Electron Dev. **ED-28**, 1981, 1120-1130

Siemens Bauteile Report 14 (Heft 4), 1976

Sixl, H.: Molekulare Elektronik, Phys. Bl. **40**, 1984, 35-38

Söderström, J. R., Chow, D. H., McGill, T. C.: InAs/AlSb Double-Barrier Structure with Large Peak-to-Valley Current Ratio: A Candidate for High Frequency Microwave Devices, IEEE Eelctron Dev. Lett. **EDL-11**, 1990, 27-29
  MBE-gewachsene resonante Tunnelbarriere mit mehr als $10^5 A/cm^2$ Peak-Stromdichte

Sollner, T. C. L. G., Tannenwald, P. E., Peck, D. D., Goodhue, W. D.: Quantum Well Oscillators, Appl. Phys. Lett. **45**, 1984, 1319-1321

Sonderheft Electrical Testing, IBM J. Res. Dev. **34(2/3)**, 1990
Komplexe on-chip-Testverfahren für VLSI-Schaltkreise einschließlich elektro-optischer Sampling-Technik mit ps-Auflösung

Sonderheft High speed semiconductor devices, IBM J. Res. Dev. **34(4)**, 1990
Beiträge zu modernen Bauelementen

Steckenborn, A., Münzel, H., Bimberg, D.: Cathodoluminescence lifetime pattern of semiconductor surfaces and structures, Inst. Phys. Conf. Ser. **60**, 1981, 185-190

Stroeve, P., Franse (Hrsg.), E.: Molecular Engineering of Ultrathin Polymeric Films, Elsevier Appl. Sci Publ. Ltd., London 1987
Langmuir-Blodgett-Filme und vewandte Gebiete (identisch mit Thin Solid Films **152**, 1987, Hefte 1 und 2)

Sugi, M.: Langmuir-Blodgett films - a Course Towards Molecular Electronics: a Review, J. Molecular Electronics **1**, 1985, 3-17

Sze, S. M.: Physics of semiconductor devices, 2. Aufl., J. Wiley & Sons, New York, 1981

Sze, S. M.: Semiconductor device development in the 1970's and 1980's - a perspective, Proc. IEEE **69**, 1981, 1121-1131
Aufzeigen von Trends in der Bauelemente-Entwicklung

Taft, R. C., Plummer, J. D., Iyer, S. S.: Demonstration of a p-channel BICFET in the Ge_xSi_{1-x}/Si System, IEEE Electron Dev. Lett. **EDL-10**, 1989, 14-16

Toriumi, A. Iwase, M., Yoshimi, M.: On the Performance Limit for Si MOSFETs: Experimental Study, IEEE Transact. Electron Dev. **ED-35**, 1988, 999-1003

Trasser, A.: Hybridintegrierte GBit/s-Schaltungen mit GaAs-MESFETs, Diss. RWTH Aachen 1989

Tsao, S. S.: Porous silicon techniques for SOI structures, IEEE Circuit and Device Mag. **3(11)**, 1987, 3-7

Tsuchiya, M., Sakaki, H.: Dependence of resonant tunneling current on a well widths in AlAs/GaAs/AlAs double barrier diode structures, Appl. Phys. Lett. **49**, 1986, 88-90

Tsuchiya, M., Sakaki, H.: Precise control of resonant tunneling current in AlAs/GaAs/AlAs double barrier diodes with atomically-controlled barrier widths, Jap. J. Appl. Phys. **25**, 1986, L185-L187

Tsui, R., Esaki, L., Tunneling in a finite superlattice, Appl. Phys. Lett. **22**, 1973, 562-564

Uesaka, K., Yamaura, S., Miyamoto, Y., Furuya, K.: High-Efficiency Hot-Electron Transport in GaInAs/InP Hot Electron Transistor Grown By OMVPE, Electronics Lett. **25**, 1989, 794-705

Umbach, C. P., Washburn, S., Webb, R. A., Koch, R., Bucci, M., Broers, A. N., Laibowitz, R. B.: Observation of h/e Aharonor-Bohm interference effects in submicron diameter, normal metal rings, J. Vac. Sci. Technol. **B4**, 1986, 383-385

Uppal, P. N., Kroemer, H.: Molecular beam epitaxial growth of GaAs on Si (211), J. Appl. Phys. **58**, 1985, 2195-2203

Vachette, Th. G., Paniez, P. J., Madore, M.: Silylation of three component e-beam resists:Application to Shipley SAL601, Proc. Microcircuit Engineering Conf. 1989, Cambridge/England 26.9.-28.9.1989, Microelectronic Engineering **11**, 1990, 459-463

Vachette, Th. G., Paniez, P. J., Madore, M.: Silylation and dry development of three component resists for half-micron lithography, Proc. SPIE Advances in Resists Technology and Processing, Santa Clara/CA, März 1990

Wallmark, J. T.: Fundamental physical limitations in integrated electronic circuits, Inst. Phys. Conf. Ser. **25**, 1975, 133-167
Ältere Grundlagen-Darstellung zur Bauelemente-Verkleinerung

Webb, R. A., Lsaibowitz (Hrsg.), R. B.: Scientific aspects of electron transport in small structures, IBM J. Res. Dev. **32(3)**, 1988, 303-413
Mehrere Artikel zu Quanten-Phänomenen bei kleinen Strukturen

Weinreb, S.: Low-noise cooled GasFET, IEEE Transact. Microwave Theory Tech. **MTT-28**, 1980, 1041-1054

Widl, E.: Über die Einwirkung des Blitzes auf hochwertige elektrische und optische Nachrichtenübertragungssysteme, Elektrizitätswirtschaft 81, 1982, 112-118

Wieck, A. D., Ploog, K.: In-plane-gated quantum wire transistor fabricated with directly written focused ion beams, Appl. Phys. Lett. **56**, 1990, 928-930

Wilson, M. C.: Hunt, P. C., Duncan, S., Bazley, D. J.: 10.7 GHz Frequency Divider Using Double Layer Silicon Bipolar Process Technology, Electronics Lett. **24**, 1988, 920-922

Witkowski, C. L.: High mobility GaAs-$Al_xGa_{1-x}As$ single period modulation-doped heterojunctions, Electronics Lett. **17**, 1981, 126-128
2 DEG-Verhalten

Wolfgang, E., Courtois (Hrsg.), B.: Electron and optical beam testing of integrated circuits, Microelectronic Engineering **7**, 1987, 113-452
Tagungsbericht mit vielen einschlägigen Beiträgen

Yamamoto, H., Oda, O., Seiwa, M., Taniguchi, M., Nakata, H., Ejima, M.: Microscopic Defects in Semi-Insulating GaAs and Their Effect on the FET Device Performance, J. Electrochem. Soc., **136**, 1989, 3098-3102
Einfluß von Defekten bei LEC-GaAs-Substraten

Zah, C. E., Bhat, R., Menocal, S. G., Andreadakis, N., Favire, F., Caneau, C., Koza, M. A., Lee, T. P.: 1.5 µm GaInAsP Angled-Facet Flared-Waveguide Traveling Wave Laser Amplifiers, IEEE Photonics Technology Lett. **2**, 1990, 46-47

Zohta, Y.: Influence of transmission resonance on current-voltage characteristics of semiconductor diodes, including a quantum well, Jap. J. Appl. Phys. **23**, 1984, 1531-1533
Erläuterung und Berechnung quantenmechanischer Reflexionen bei Potential-Sprüngen im Halbleiter

Zucker, J. E., Chang, T. Y., Wegener, M., Sauer, N. J., Jones, K. L., Chemla, D. S.: Large Refractive Index Changes in Tunable-Electron-Density InGaAs/InAlAS Quantum Wells, IEEE Photonics Technology Lett. **2**, 1990, 29-31

Zuleeg, R.: Radiation Effects in GaAs FET Devices, Proc. IEEE **77**, 1989, 389-407

Anhang

Größen und Konstanten im SI-System

Wichtige Größen im SI-System (mit Angabe älterer Bezeichnungen)

Größe	Symbol	Einheit	Benennung	Umrechnung
Kraft	F	$mkg/s^2 = N$	$N \triangleq$ Newton	9,8 N = 1 kp (Kilopond)
Druck	P, p	$kg/s^2m =$		1 mbar = 100 Pa
		$N/m^2 = Pa$	$Pa \triangleq$ Pascal	$1 kp/m^2$ = 9,8 Pa
				1 at = 0,98 bar
				1 atm = 760 Torr = 1,013 bar
Energie	E, W	$kgm^2/s^2 =$		1 Nm = 10^7 erg
		Nm = J	$J \triangleq$ Joule	1 cal = 4,19 J
Energiediff., Barrierenhöhe	$\Delta E, \Phi$	eV		1 eV = $1,6 \times 10^{-19}$ J
Leistung	P	$kgm^2/s^3 =$		
		J/s = W	$W \triangleq$ Watt	1 PS = 0,735 kW
Temperatur	T	K	$K \triangleq$ Kelvin	
	ϑ	°C	°C $\triangleq$ Grad Celsius	$\vartheta/C° = (T/K) - 273,15$
Wärmestrom	Φ	W		1 kcal/h = 1,16 W
Elektrischer Strom	I	A	$A \triangleq$ Ampere	
Elektr. Stromdichte	J	A/m^2		
Elektrische Spannung (auch Spannungsdifferenz)	U, V	J/As = V	$V \triangleq$ Volt	
Elektrische Feldstärke	E	V/m		
Magnetische Feldstärke	H	A/m		$(10^3/4\pi)$ A/m = 1 Oe (Oersted)
Magnetische Induktion	B	$Vs/m^2 = T$	$T \triangleq$ Tesla	1T = $1 Wb/m^2 = 10^4$ G (Gauss)
Magnetischer Fluß	Φ	Vs = Wb	$Wb \triangleq$ Weber	
Energie-Dosis	D	J/kg = Gy	$Gy \triangleq$ Gray	1 Gy = 100 rad

Naturkonstanten im SI-System

Konstanten	Symbol	Zahlenwert	Einheit	Umrechnungen
Ruhemasse des Elektrons	m_e, m_0	$9,11 \times 10^{-31}$	kg	
Atomare Masseneinheit	m_u	$1,66 \times 10^{-27}$	kg	
Protonenmasse	m_H	$1,67 \times 10^{-27}$	kg	
Erdbeschleunigung	g	$9,81$	m/s²	
Elektrische Elementarladung	e, q	$1,60 \times 10^{-19}$	As	1 As = 1 C (C ≙ Coulomb)
Elektrische Feldkonstante	ε_0	$8,85 \times 10^{-12}$	As/Vm	1 As/Vm = 1 F/m (F ≙ Farad)
Magnetische Feldkonstante	μ_0	$1,26 \times 10^{-6}$	Vs/Am	1 Vs/Am = 1 H/m (H ≙ Henry)
Lichtgeschw. im Vakuum	c_0	$3,00 \times 10^{8}$	m/s	
Planck'sches Wirkungsquantum	h	$6,63 \times 10^{-34}$	Js	1 kgm²/s = 1 Js
Boltzmann'sche Konstante	k	$1,38 \times 10^{-23}$	J/K	1 Ws = 1 J (J ≙ Joule)
Molare Gaskonstante	R	$8,31$	J/molK	($R = L \cdot k$)
Loschmidt'sche Konstante	L	$6,02 \times 10^{23}$	mol⁻¹	(= Avogadro-Konstante)
Faraday-Konstante	F	$9,65 \times 10^{4}$	C/mol	

(gerundete Werte)

Halbleiter-Materialdaten (temperaturabhängige Werte gelten für 300 K)

	Symbol/Dimension	Si	GaAs	Ga$_{0,47}$In$_{0,53}$As	InP
Formelgewicht	m/m_u	28,09	144,63	168,545	145,79
Atomdichte	d/cm^{-3}	$5,0 \times 10^{22}$	$4,42 \times 10^{22}$	$4,0 \times 10^{22}$	$4,0 \times 10^{22}$
Dichte	ρ/gcm^{-3}	2,33	5,32	5,49	4,81
Kristallstruktur		Diamant	Zinkblende	Zinkblende	Zinkblende
Gitterkonstante	a/nm	0,5431	0,5653	0,5867	0,5867
Ausdehnungskoeffizient	$\alpha/°\text{C}^{-1}$	$2,6 \times 10^{-6}$	$6,86 \times 10^{-6}$	$5,66 \times 10^{-6}$	$4,75 \times 10^{-6}$
Thermische Leitfähigkeit	$\sigma_{th}/\text{Wcm}^{-1}\text{K}^{-1}$	1,5	0,46	0,05	0,68
Thermische Diffusion	$D/\text{cm}^2\text{s}^{-1}$	0,9	0,25	0,03	0,45
Spezifische Wärme	$c_v/\text{Jg}^{-1}°\text{C}^{-1}$	0,7	0,35	0,29	0,31
Schmelzpunkt	$\Theta_s/°\text{C}$	1412	1238	970	1062
Dampfdruck bei 900°C	P/Pa	5×10^{-8}	1	10	200
Dielektrizitätszahl	ε_r	11,9	13,1	13,7	12,4
Durchbruchsfeldstärke (dotierungsabhängig)	E_{Br}/Vcm^{-1}	3×10^5	$3,5 \times 10^5$	1×10^5	4×10^5
Elektronenaffinität	χ/eV	4,05	4,07	4,63	4,4
Energielücke (Bandabstand)	E_g/eV	1,12	1,42	0,75	1,35
Effektive Massen m* bezogen auf m_0					
Elektronen (l longit., t transvers.)	(m^*_n/m_0)	0,98 (l) 0,19 (t)	0,067	0,041	0,078
Löcher (lh leichtes, hh schweres Loch)	(m^*_p/m_0)	0,16 (lh) 0,49 (hh)	0,082 (lh) 0,45 (hh)	0,051 (lh) 0,50 (hh)	0,12 (lh) 0,56 (hh)
Effektive Zustandsdichte					
im Leitungsband	N_C/cm^{-3}	$2,8 \times 10^{19}$	$4,7 \times 10^{17}$	$2,1 \times 10^{17}$	$5,4 \times 10^{17}$
im Valenzband	N_V/cm^{-3}	$1,0 \times 10^{19}$	$7,0 \times 10^{18}$	$7,4 \times 10^{18}$	$2,9 \times 10^{18}$
Intrinsische Ladungsträgerkonzentration	n_i/cm^{-3}	$1,45 \times 10^{10}$	$2,3 \times 10^6$	5×10^{11}	$1,2 \times 10^8$
Beweglichkeit (Richtwerte)					
Elektronen	$\mu_n/\text{cm}^2\text{V}^{-1}\text{s}^{-1}$	1500	8500	14000	5000
Löcher	$\mu_p/\text{cm}^2\text{V}^{-1}\text{s}^{-1}$	450	450	400	200
Intrins. spez. Widerstand	$\rho_i/\Omega\text{cm}$	2×10^5	3×10^8	8×10^2	1×10^7
Intrins. Debye-Länge	$L_{di}/\mu\text{m}$	24	2250	8	385
Lebensdauer der Minoritätsladungsträger, Richtwert	τ/s	$2,5 \times 10^{-3}$	10^{-8}	2×10^{-8}	5×10^{-9}
Optische Phononenenergie	E_{ph}/eV	0,063	0,035	0,034	0,043

Glossar

Neben den nachstehend aufgeführten Einzel-Begriffen gibt es das Internationale Elektrotechnische Vokabular (IEV), IEC Publications 50, Kap. 521, Semiconductors, wo grundlegende Begriffe der Halbleitertechnik in vielen Sprachen definiert sind (zu erhalten beim VDE-Verlag, Merianstr. 29, 6050 Offenbach/M).

AAS
: Atom-Absorptions-Spektroskopie

Abfallzeit
: Zeit, in der ein Signal von 90 % auf 10 % abfällt

Abhebetechnik (lift-off)
: Selektives Metallisierungsverfahren, bei dem auf abschwemmbaren Materialien (Photoresist) zunächst eine ganzflächige Metallisierung aufgebracht wird, die nach der Prozedur nur auf den nicht bedeckt gewesenen Oberflächenbereichen des Substrates verbleibt

AES
: Auger-Elektronen-Spektroskopie

Airbridge (Luftbrücke)
: Leiterbahnkreuzung in Form einer freitragenden Überbrückung

Aktive Last
: Durch differentielle Strom-Spannungs-Abhängigkeit eines aktiven Bauelementes erzeugter Lastwiderstand, z. B. mittels eines FETs

Aktivierung
: z. B. durch Tempern bewirkter Übergang implantierter Atome auf Gitterplätze als flache Störstelle

Alignment
: Justierung, z. B. der Maske gegenüber dem Wafer

Amorphisierung
: Zerstörung der Fernordnung in einem einkristallinen Material, z. B. mittels Ionenimplantation

Amphoter
Beidseitig wirkend (gr.), z. B. p- und n-Dotierung mit dem selben Dotierstoff

Analog-Modell
Ersatzdarstellung des Halbleiters durch ein z. B. elektrisches Leitungsmodell

Anisotropie
Im Gegensatz zur Isotropie ein nicht in sämtlichen Raumrichtungen gleiches Verhalten

Anisotyp-Übergang
Übergang zweier verschiedener oder gleicher Materialien, die kontradotiert sind

Anlaufbereich
Erster Kennlinienabschnitt vor Eintreten der Sättigung

Anreicherungstyp
Feldeffekttransistor, bei dem eine Steuerspannung angelegt werden muß, um einen Stromfluß zu erzielen

Anschliff
Anschleifen einer Probenoberfläche unter einem sehr flachen Winkel (einige Grad); erlaubt eine optische Tiefenkontrolle, z. B. hinsichtlich einer Diffusionsschicht

Anstiegszeit
Zeit, in der ein Signal von 10 % auf 90 % angestiegen ist

Antisite-Effekt
Platztausch unterschiedl. Untergitter-Atome; führt zu (tiefen) Störstellen

APD
Avalanche photodiode, Photodiode mit Trägervervielfachung

Array
Periodische ein- oder mehrdinemensionale Anordnung

Glossar 775

Arrhenius-Plot
Exponentielle Auftragung einer Größe über 1/T zur Bestimmung der Aktivierungsenergie

ASIC
Anwendungs-spezifischer IC

Aspect ratio
Verhältnis von Höhe zur Breite einer Struktur, z. B. eines Resist-Steges

Aufschleudern
Verfahren zur gleichmäßigen Aufbringung von z. B. Photolack

Auger-Rekombination
Prozeß, bei dem die freiwerdende Energie und der Impuls einem weiteren Teilchen (Elektron, Loch) übertragen werden

Ausbreitungswiderstand
Elektrischer Widerstand einer Kontakt-Engstelle

Avalanche-Effekt
Trägervervielfachung, tritt bei hoher elektrischer Feldstärke auf

Backside-Gating (Backgating)
Steuerung eines oberflächigen Kanals (FET) von der Substratseite her

Bandabstand
Energetischer Abstand des niedrigsten Energiewertes des Leitungsbandes vom höchsten Punkt des Valenzbandes

Barriere
Energetischer Potentialsprung an Grenzfläche

Beamlead-Technik
Nach elektrolytischer Verstärkung freiliegende Anschlußfahnen zur Verringerung parasitärer Kapazitäten

Beugung
Beeinflussung einer Welle durch Begrenzung im Strahlengang

Bevelling
: Abschrägen quer zu einem pn-Übergang zur Erniedrigung der an der Oberfläche vorliegenden elektrischen Feldstärke

BFET
: Feldeffekttransistor mit vergrabenem Leitungskanal

Bipolarstruktur
: Bauelement, dessen elektrisches Verhalten wesentlich von Minoritäten bestimmt ist

Bonden
: Unter Wärmeeinwirkung und Druck vorgenommene Befestigung des Anschlußdrahtes auf dem metallisierten Anschlußfleck

Braggsche Reflexion
: Reflektion einer Welle durch Interferenz an Kristallebenen, z. B. bei lichtoptischen oder Elektronen-Wellen

Breitbandemitter
: Emitter aus Material höheren Bandabstandes als dem der Basis

Breitband-Material
: Bei Mehrschicht-Folgen das Material höheren Bandabstandes

Burgers-Vektor
: Nach Burgers benannte gerichtete Größe zur Charakterisierung von Versetzungen

Buried Layer
: Vergrabene Leiterschicht zur Erniedrigung innerer Zuleitungswiderstände bei integrierten Bauelementen

Burrus-Diode
: Nach Burrus benannte Konfiguration einer optoelektronischen Diode

CAD
: Computer Aided Design. Der rechnergestützte Entwurf z. B. einer Schaltung auf einem Halbleiterchip (nicht zu verwechseln mit Device modeling)

CAM
Computer Aided Manufacturing. Produktion mit Rechnerunterstützung

Chalkogenide
II-VI- und IV-VI-Verbindungen mit Chalkogenen (S, Se, Te), sind Schmalband-Halbleiter für IR-Anwendungen

Channeling
Längs Gitterebenen in einem Kristall bevorzugte Vorwärtsbewegung eingeschossener Teilchen mit geringer Reflexion. Auch elektrische Leitung längs einer modifizierten (Grenzflächen-) Schicht

Channel stopper
Aufhebung eines (unerwünschten) elektrischen Kontaktes zumeist längst der Oberfläche, z. B. mittels Schutzring-Diffusion

Chip
Vereinzelter Teil eines Wafers (mit komplettem Bauelement)

Chuck
Substrathalter mit Befestigungs-Vorrichtung zur Wafer-Planhaltung

Dangling bonds
Freie Valenzen an der Oberfläche, welche Quer-Verbindungen eingehen können bzw. Adsorbate zu binden vermögen

Dark line
Zone mit stark verringerter optischer Emission in einer Elektrolumineszenz-Struktur, z. B. einer Leuchtdiode

Deionisiertes Wasser
Hochreines Wasser mit einem spezifischen Widerstand oberhalb 1 MΩcm, welches mittels Ionenaustauschern zusätzlich gereinigt ist

δ-Dotierung
Extrem dünne hochdotierte Zone

Debye-Länge
Charakteristische Länge von Raumladungs-Übergängen

Design
: Festlegung von Strukturen und Anordnungen zum Aufbau von Einzelelementen und integrierten Schaltungen

Design rule
: Vorschrift bezüglich der lokalen Minimal-Geometrien beim Enwurf von Bauelementen

Device Modeling
: Rechnergestützte mathematische Formulierung der aus Geometrie und Technologie folgenden Bauelementeeigenschaften (Ergebnisse hiervon können für die Schaltungssimulation verwendet werden)

Diffusionsspannung
: Interne Kontaktspannung eins MS- oder pn-Übergangs

Diffusionsstrom
: Strömung aufgrund eines Dichtegradienten der betreffenden Teilchen

Dispersion
: Veränderung des Brechungsindex bzw. der Dielektrizitätskonstanten in Abhängigkeit von der Strahlungs-Wellenlänge

DLTS
: Deep Level Transient Spectroscopy, Verfahren zur Ermittlung von Eigenschaften tiefer Störstellen mittels Kapazitäts-Spektroskopie

DMOS
: Doppelt diffundierter FET, bei welchem der eigentliche Kanalbereich durch Kontradiffusion vom Bereich der Source-Elektrode her erzeugt wird; führt zu sehr kurzen Kanälen

Dosis
: Akkumulierte Menge eingeschlossener Spezies

Dotierung
: Einbringen (elektrisch) aktiver Störstellen

Drift
  Langzeitveränderung einer Bauelementeigenschaft; auch Bezeichnung für einen Trägerstrom unter Einfluß eines elektrischen Feldes

Driftfeld
  Durch räumliche Dotierungs- oder Bandabstandsänderung bewirktes elektrisches Feld zur Unterstützung der Minoritätsträger-Diffusion

Driftsättigung
  Praktisch feldunabhängige Geschwindigkeit von Ladungsträgern bei hohen Feldstärken

Dunkelstrom
  Reststrom ohne Beleuchtung, z. B. einer Photodiode

Durchkontaktierung
  Elektrischer Kontakt durch ein kleines Loch im Substrat zur induktivitätsarmen (Masse-)Verbindung (via hole)

Durchlaufzeit
  Zeitdauer vom Entwurf bis zum Vorliegen eines testfähigen Prototyps

Early-Effekt
  Veränderung der Basisweite durch variierende Kollektorbasisspannung, was zu endlichem ausgangsseitigen Innenwiderstand eines Bipolartransistors führt

Ebers-Moll-Ersatzschaltbild
  Großsignal-Ersatzschaltung des Bipolartransistors, zusammengesetzt aus Dioden und gesteuerten Stromquellen

EBIC
  Electron Beam Induced Current, bei Elektronenstrahl-Beaufschlagung hervorgerufener Strom zur Analyse innerer Feldzonen (z. B. Lage eines pn-Überganges) und von Diffusionslängen

EDX
  energy dispersive X-ray analysis, Verfahren zur Bestimmung der atomaren Zusammensetzung einer Substanz in einem Volumengebiet von ca. 1 μm^3

Effektive Basisweite
   Neutrale Basis-Weite zwischen den emitter- und kollektorseitigen Sperrschichten

Effusionszelle
   Atomstrahl-Quelle (geheizter Ofen im UHV)

Eigenhalbleiter
   Bei Raumtemperatur halbleitende Materialien einer Komponente (Ge, Si)

Eigenleitung
   Elektrisches Leitungsverhalten undotierten Materials

Elektromigration
   Materialtransport (in einer Leiterbahn) durch Übertragung des Elektronenimpulses; tritt bei abnormal hohen Stromdichten auf und führt zu Leiterbahnunterbrechung

Elektronegativität
   Fähigkeit eines Elementes, in einer chemischen Reaktion Elektronen zu binden

Elektrolumineszenz
   Durch elektrische Einwirkung erzeugte Lumineszenz, z. B. mittels strahlender Rekombination

Elektronenstrahl-Verdampfung
   Das zu verdampfende Material wird mittels eines Elektronenstrahles erhitzt

Element-Halbleiter
   Halbleiter-Material einer Atomsorte, z. B. Silizium

Emitter-Crowding
   Emitte-Randeffekt mit Beschränkung der Emission auf den dem Basisanschluß benachbarten Emitterrand; tritt stark bei hohen Stromdichten auf (Abhilfe durch interdigital angeordnete Mehrfingerstrukturen)

Emitter dip
    (Emitter-push-effect)
    Vorschieben der Basis-Dotierung bei der Emitter-Diffusion

Emitterwirkungsgrad
    Anteil der in die Basis injizierten Minoritäts-Ladungsträger

Epitaxie
    (gr.) Aufwachsen zumeist einkristalliner Schichten

Epibasis-Transistor
    Bipolartransistor mit epitaxial hergestellter Basisschicht

ESCA
    Elektronen-Spektroskopie zur Chemischen Analyse
    Das Energiespektrum der bei Verstrahlung aus der Material-Oberfläche austretenden Elektronen dient zur Ermittlung von Bandstruktur und Besetzungsdichte

Excitonen
    Angeregte, schwachgebundene Elektron-Loch-Paare mit quantisierten Energie-Werten knapp unterhalb des Bandabstandes

Fabry-Perot-Resonator
    Für optische oder Elektronen-Wellen resonanzfähige, parallel begrenzte Struktur

Facettierung
    Ausgeprägte seitliche Wachstumsflächen, abhängig vom kristallrichtungsabhängigen Wachstum

Fangstelle
    Kristallstörung (tiefe Störstelle), welche bewegliche Ladungsträger (temporär) bindet

Fehlstellen
    Null-dimensionale Kristall-Störungen

Feldoxid
: Zu Isolation und Schutz aufgebrachtes bzw. gewachsenes SiO_2 (Gegensatz Gateoxid)

Feldstrom
: Trägerstrom, bedingt durch ein elektrisches Feld

Feuchtoxid
: Relativ schnell wachsendes (Feld-) Oxid, in feuchter Atmosphäre hergestellt

Fick'sches Gesetz
: Diffusionsgesetz

Flachbandspannung
: Die an ein MIS-System anzulegende Spannung, um im Halbleiter an der Grenze zur Isolatorschicht den Zustand im Inneren des Volumens hervorzurufen (keine Bandverbiegung)

Flache Störstelle
: Als Donator oder Akzeptor wirkendes Fremdatom im Gitter, dessen Energie-Niveau nahe der Bandkante anzuordnen ist (Gegensatz: Tiefe Störstelle)

Flats
: Spezielle Wafer-Kanten zur Kennzeichnung der Scheiben-Orientierung

Flächenwiderstand
: Elektrischer Widerstand pro Flächeneinheit

Formierung
: Zumeist thermische Behandlung zur Verbesserung zugeordneter Daten, z. B. zur Stabilitäts-Erhöhung; auch elektrische Einwirkung

Franz-Keldish-Effekt
: Verschiebung der optischen Absorptionskante im Halbleiter durch (hohes) elektrisches Feld

Frenkel-Defekte
: Spezielle Fehlstellen, erzeugt durch Versatz von Gitteratomen auf Zwischengitter-Plätze

gate array
: Flächige Anordnung von logischen Gattern

Gateoxid
: Dünne (< 0,1 µm), extrem sauber hergestellte SiO_2-Schicht als Isolator im MOS-System, Trockenoxid

Gegen-Driftfeld
: Durch räumliche Dotierungs- oder Bandabstandsänderung bewirktes elektrisches Feld, welches der Minoritätsträger-Diffusion entgegen wirkt

Gehaltsfaktor
: Anteil einer Trägersorte am Gesamtstrom

Getterung
: Verfahren zum Binden störender Verunreinigungen

Giacoletto-Ersatzschaltbild
: Modifiziertes π-Ersatzschaltbild eines Bipolartransistors (meist in Emitterschaltung bzw. Source-Schaltung)

Gold-Einbau
: Bei Silizium benutzte Technik, um die Lebensdauer der Träger abzusenken

Goniometrie
: Optisches oder röntgenographisches Verfahren zur Messung der Kristall-Orientierung

Grating
: Periodische Strukturierung, zum Hervorrufen Braggscher Reflexion

Guardring
: Schutz-Struktur, z. B. eindiffundierte Kontra-Dotierung. Dient zur Vermeidung spezieller Oberflächen-Störungen, z. B. des Channeling

Haftschicht
    Dünne Metallzwischenlage, um die Haftung weiterer Metallschichten auf einem Substrat zu verbessern

Hall-Effekt
    Aufbau eines elektrischen Feldes senkrecht zum Strom im Magnetfeld. Meßtechnischer Einsatz zur Bestimmung der Träger-Beweglichkeit

HBT
    Heterojunction-Bipolartransistor; Transistor mit Breitbandemitter

Heiße Ladungsträger
    Elektronen oder Löcher, deren Energie höher als die Bandkanten-Energie ist. Ein solcher Zustand kann nur kurzzeitig (ps) aufrechterhalten werden

HET
    Hot-Electron-Transistor mit Injektion heißer Ladungsträger

Hetero-Emitter
    Emitter-Basis-Übergänge eines bipolaren Bauelementes, bei welchem ein extrem hoher Injektionswirkungsgrad durch Verwendung eines Emittermaterials mit höherem Bandabstand als in der Basis möglich wird

Hetero-Epitaxie
    Einkristallines Schichtwachstum ungleichen Materials wie das des Substrats

Hetero-Übergang
    Übergang zweier Materialbereiche unterschiedlichen Bandabstandes

Homo-Epitaxie
    Einkristallines Schichtwachstum gleichen Materials wie das des Substrats

Homo-Übergang
    Übergang zweier Materialbereiche gleichen Bandabstandes

Hopping
    Thermisch aktivierter Leitungsvorgang in einem Isolator, von Trap zu Trap

HTC
Hochtemperatur-Supraleiter
(keram. Materialien mit Sprungtemp. bis etwa 100 K)

Hybrid-Technik
Nicht voll monolithischer Aufbau einer Schaltung

Idealitätsfaktor
Bei nichtidealen pn-Verbindungen und Schottky-Dioden gilt näherungsweise $I = I_o (e^{\frac{U}{nU_T}} -1)$ mit $1 < n \leq 2$, wo der Reststrom I_o leicht spannungsabhängig ist bzw. von der Träger-Generation im Sperrschicht-Bereich bestimmt ist. Die Größe des Idealitätsfaktors n hängt von dem wirksamen Rekombinations-Mechanismus in der Feldzone des inneren Dioden-Überganges ab; n = 1 bei idealem Verhalten einer pn-Diode, n = 2 bei Volumen-Rekombination bzw. -Generation über midgap-Zustände in der Sperrschicht

Induzierte Diffusion
Vortreiben einer Diffusionsfront bei nachfolgender, zweiter Diffusion; führt zur Begrenzung der minimalen Basisweite diffundierter Bipolartransistoren (Emitter dip)

Integrierte Injektionslogik
Spezielle, bipolare Schaltungstechnik (I^2L)

intermetallische Verbindungen
III-V-Materialien (z. B. GaAs)

Interferenzen
Gegenseitige Beeinflussung kohärenter Wellenzüge

intrinsisch
eigenleitend; dem reinen Material zukommende Eigenschaft

Inversion
Veränderung der Leitfähigkeitscharakteristik eines Materials von n zu p bzw. p zu n

Inversionsschicht
: Leitschicht (an der Oberfläche eines Halbleiters) mit einer gegenüber dem Substratgrundkörper invertierten Leitfähigkeit (p-Leitung bei n-Kristall bzw. n-Leitung bei p-dotiertem Kristall)

Isoelektronische Störstelle
: Störstelle gleicher Valenz wie die der Wirtsgitter-Atome

Isolationswanne
: Durch technologische Verfahrensschritte abgetrennter Bereich zur Separierung von Einzelstrukturen bei integrierten Schaltungen

isomorph
: Gleichartig zusammengesetzt

Isotyp-Übergang
: Übergang zweier verschiedener oder gleicher Materialien unterschiedlich hoher Dotierung

Isotropie
: Gleichartiges Verhalten in allen Raumrichtungen (Gegensatz: Anisotropie)

ITO
: Indium-Zinn-Oxid

Justierung
: Zueinander passende Überlagerung, z. B. von Maske und Struktur auf dem Wafer

Kanalabschnürung
: Idealisierter Zustand im Sättigungsbereich eines FETs

Kanalbeweglichkeit
: Beweglichkeit der aktiven Ladungsträger in einem Leitungskanal; meist geringer als die Volumenbeweglichkeit

Kaskode-Schaltung
: Kopplung von Source- und Gate-Schaltung, wie sie bei einer Tetrode vorliegt

Kathodenzerstäubung
    Zerstäubung des Kathodenmaterials in einer Gasentladung durch
    einschlagende Ionen, wird zur Beschichtung verwendet

Kathodolumineszenz
    Durch Elektronen-Bestrahlung hervorgerufene Lumineszenz

Kink-Effekt
    Bei Feldeffekt-Transistoren auftretender Knick im Drainstrom

Kirk-Effekt
    Vergrößerung der effektiven Basisweite bei hoher Stromdichte in den
    Kollektorbereich hinein

Knudsen-Zelle
    Effusionszelle

Köhler'sches Beleuchtungsprinzip
    Spezielle Beleuchtungs-Anordnung

Kohärenz
    Die Eigenschaft hinreichend langer Wellenzüge, Interferenz zu
    ermöglichen; Belichtungs-Kenngröße (Verhältnis kohärenter zu
    inkohärenter Beleuchtung)

Kohärenzlänge
    Länge interferierbarer Wellenzüge

Komplementäre Transistoren
    Kopplung zweier normally-off-Elemente vom n-Kanal- und p-Kanal-Typ;
    auch npn- und pnp-Bipolartransistoren mit ähnlichen elektrischen
    Eigenschaften

Kontaktwiderstand
    Ohmscher Widerstand der Kontaktierstelle (Verbindung der äußeren
    Leiterbahn mit dem Halbleiterinneren)

Koordinatograph
    Gerät zur Herstellung exakt dimensionierter Folien als Ausgangspunkt
    einer Masken-Erstellung

Korrugation (Grating)
: Periodische Material-Grenzflächenstruktur, als Bragg-Struktur (optisches Gitter) eingesetzt

Kurzkanaleffekt
: Bei Feldeffekttransistoren mit Kanallängen unterhalb von 3 µm kommen (im allgemeinen störende) parasitäre Effekte mit ins Spiel. Dies ist z. B. ein Überlappen der Sperrschichtzonen von Source- und Drain-Kontakt (punch through) sowie ein über den Substratbereich parallel auftretender Bipolartransistor. Auch erfolgt eine störende Injektion heißer Ladungsträger in das Oxid beim MOSFET

Lateraler Transistor
: Längs der Oberfläche in einer Planarstruktur angeordnete Bipolar- oder Feldeffekttransistor-Anordnung

Laue-Verfahren
: Röntgenographisches Verfahren zur Bestimmung der Kristallorientierung nach v. Laue

Layout
: Geometrische Anordnung der Einzelelemente in einer integrierten Schaltung oder der Strukturen, die zu einem Einzelelement gehören

Lebensdauer
: Auf eine Ensemble von Teilchen oder das Bauelement bezogene Größe

LEED
: **L**ow **E**nergy **E**lectron **D**iffraction. Beugung niederenergetischer Elektronen (Reflexion im Ultrahochvakuum) für physikalische Oberflächenstruktur-Untersuchungen

Leerstellen
: Fehlstellen

Legierung
: Mikrokristallines Mehrkomponenten-Gefüge

Lift-off
: Abhebetechnik

Linearer Übergang
  Gradueller, linearer Dotierungs- oder Material-Übergang

LOCOS-Prozeß
  Durch lokale Oxidation erhöhte Planarität der erzeugten Strukturen

LSS-Theorie
  Profil-Theorie der Ionenimplantation nach Lindhart, Scharff und Schiott

Majoritäten
  Elektronen in n-Material, Löcher (Defektelektronen) in p-Material

MEBES
  Abkürzung für Mask Electron Beam Exposure System

Mehrlagenverdrahtung
  Anordnung mehrerer Leiterbahnen übereinander, getrennt durch eine isolierende Zwischenschicht (z. B. SiO_2)

Mesa-Technik
  Spezielles technologisches Verfahren, bei welchem die aktiven Elemente durch einen Ätzschritt um das eigentliche Bauelement herum separiert werden. Hierdurch verbleibt eine tafelbergartige Struktur (Mesa)

Mesoskopisch
  Mit der Kohärenzlänge von Elektronenwellen vergleichbare Dimension. Größenbezeichnung für Strukturelemente im Submikrometer-Bereich, wobei mit der freien Weglänge vergleichbaren Abständen Heiße-Elektronen- und Quanten-Interferenz-Effekte auftreten

Mikroplasmen
  Elektron-Loch-Plasmen beim Übergang zum elektrischen Durchbruch, führen zu instabilem Strom-Spannungs-Verhalten mit breitbandigem elektrischem Rauschen

Miller-Effekt
  Kapazitive Rückwirkung bei einem Verstärker-Element, wobei die wirksame Kapazität um die Spannungsverstärkung vergrößert erscheint und zu Stabilitätsproblemen führt

Minoritäten
  Löcher (Defektelektronen) in n-Material, Elektronen in p-Material

Monomode
  Auftreten nur eines Wellentyps, sehr schmales Frequenzspektrum

Multimode
  Auftreten einer Vielzahl von Wellentypen, breites Frequenzspektrum

n-Material
  Durch Dotierung gegenüber dem Eigenleitungsfall stark erhöhte Elektronendichte im thermischen Gleichgewicht

Negativresist
  Resist, bei welchem die belichteten Stellen härter bzw. unlöslich werden

Netzwerk-Analyseprogramm
  Verknüpfungsalgorithmen, welche nach Eingabe spezieller Daten elektrische Übertragungsfunktionen auch komplexer Schaltungsgebilde zu ermitteln gestatten

Oberflächenpassivierung
  Maßnahme zum Schutz einer Bauelemente-(Substrat)-Oberfläche; geschieht durch Aufbringen einer entsprechenden Deckschicht oder durch chemische Umwandlung der Substratoberfläche

Oberflächen-Rekombinationsgeschwindigkeit
  Größe zur Charakterisierung des elektrisch wirksamen Oberflächen-Einflusses

Overlay-Transistor
  Integrierte Planarschaltung mit Kombination von vielen (über 100) Einzel-Bipolartransistorzellen auf einem Chip zur Bildung eines Leistungsbauelementes (verhindert thermische Instabilität)

Overshoot
  Initiales, kurzzeitiges Überschwingen der Trägergeschwindigkeit

Oxidisolation
  Verfahren zur Planarisierung integrierter Schaltungen, bei welchem Separierungsgräben mit Oxid aufgefüllt werden

Oxidladung
  Im SiO_2 inkorporierte (meist positive) Ladung

Parasitäten
  Nicht dem eigentlichen Bauelementeinneren zugehörende Komponenten der elektrischen Ersatzschaltung

Passivierung
  Absicherung gegen Störungen, z. B. durch Beschichtung der Oberfläche

Persistenter Photostrom
  Relativ lange anhaltender (ms bis h) elektrischer Strom nach Beleuchtung, bedingt durch langsamen Abbau gespeicherter Ladungen

Phonon
  Quantisierte Gitterschwingung

Photolumineszenz
  Mittels optischer Anregung erzeugte Lumineszenz

Piezo-Widerstandseffekt
  Durch mechanischen Druck vorliegende Widerstandsänderung

pinch-off-Spannung
  Steuerspannungswert, welcher zu einer völligen Sperrung eines zunächst offenen Kanals eines FETs führt

pinholes
  Feine Löcher in Zwischenschichten, welche zu Störungen (z. B. Kurzschlüssen) führen können

pipes
  Bezeichnung für nadelspitzenartige vorauslaufende Diffusionsfronten, welche z. B. zu Kurzschlüssen von pn-Übergängen führen können

π-Ersatzschaltbild
  Zur Leitwert-Matrix gehörendes elektrisches Endschaltbild eines Vierpols

Planartechnik
: Herstellverfahren für Einzelbauelemente und integrierte Schaltungen, bei welchem die Strukturierung von jeweils derselben Waferseite her erfolgt. Lediglich notwendigerweise auf dem Substrat aufgebrachte und strukturierte Deckschichten (z. B. SiO_2 auf Si) und Leiterbahnen stören die vollständige Planarität

Planartransistor
: Mittels der Planartechnik erstellter Transistor

Plasma
: Ionisiertes Gas mit gleicher integraler Dichte von Ionen und Elektronen; tritt in Entladungen in Gasen und Festkörpern auf

Plotter
: Computer-gesteuertes Zeichengerät

p-Material
: Durch Dotierung gegenüber dem Eigenleitungsfall stark erhöhte Löcherdichte im thermischen Gleichgewicht

pn-Dioden
: Zweipolige nichtlineare Bauelemente mit pn-Übergang

Poly-Si-Emitter
: Emitter aus Poly-Silizium

Poole-Frenkel-Effekt
: Wanderung von Trägern im Festkörper durch feldunterstütztes Hopping, wichtiger Leckstrom-Anteil bei Isolationsschichten

Poon-Gummel-Modell
: Zur Modellierung eins Bipolartransistors auf dem Rechner verwendetes Modell nach Gummel und Poon

Positivresist
: Resist, bei welchem die belichteten Stellen löslich werden

Postbake
: Tempern nach z. B. einer Belichtung und Entwicklung von Resists

Potentialtopf
  Zone niederer potentieller Energie der Ladungsträger

Prebake
  Tempern vor z. B. einer Belichtung von Resists

Process Modeling
  Mathematische Formulierung technologischer Prozesse

Proximity-Printing
  Strukturübertragung mit geringem Abstand Maske-Wafer zur Erhöhung der Masken-Standzeit

pseudomorph
  Fast gleich zusammengesetzt, z. B. $Ga_{0,9}In_{0,1}As$ statt GaAs

Pufferschicht
  Zwischenschicht, welche das Bauelementeverhalten verbessern soll (Schicht zwischen Substrat und aktiver Schicht); bei planaren FETs möglichst hochohmig

Punch Through
  Ausräumen eines Dotierungsbereichs durch eine bzw. mehrere überlappende Raumladungszonen

Purpurpest
  Bei direktem Aufeinandertreffen von Gold und Aluminium auftretende intermetallische Verbindung, welche den Kontaktwiderstand bis zur Unterbrechung zu erhöhen vermag

QHE
  Quanten-**H**all-**E**ffekt. Magnetfeld-abhängiger oszillatorischer Verlauf des Hall-Effekts zweidimensionaler Trägerströmungen

Quantentopf
  Potentialtopf für Elektronen bzw. Löcher, erzeugt durch in Breitband-Material eingebettetes Schmalband-Material geringer räumlicher Ausdehnung

Quasi-Fermi-Niveau
  Einem Nicht-Gleichgewichtszustand zugeordnetes Energieniveau

Quecksilber-Probe
 Zur Analytik verwandte Kontaktierung, z. B. bei einer
 Dotierungsbestimmung mittels der Sperrschicht-Kapazität

Radikale
 Chemisch aktive, nicht abgesättigte Verbindungen bzw. Moleküle

Raman-Streuung
 Lichtbeugung an Gitterschwingungen. Wellenlängen- und Richtungs-
 Änderung einfallenden Lichts (Laser-Strahlung) wird analytisch
 ausgewertet

Rapid Thermal Annealing (RTA)
 Kurzzeit-Temperung, z.B. mittels intensiver Lichtbestrahlung

Raumladungsbegrenzter Strom
 Nicht linear von der anliegenden Spannung abhängiger Strom, dessen
 Verlauf wesentlich durch die eigene Raumladung der bewegten Träger
 bestimmt ist

Reaktives Ätzen
 Sputterätzen mit zusätzlich chemischen Reaktionen des abgetragenen
 Materials

Recessed Gate
 Abgesenkter Bereich des Kanals an der Stelle des aufgebrachten Gates,
 um dort eine hohe Durchsteuerung zu ermöglichen und gleichzeitig
 außerhalb des Gate-Bereichs möglichst niederohmig zu bleiben

Redesign
 Neuerlicher Durchlauf eines an sich abgeschlossenen
 Entwicklungsschrittes nach Feststellung von korrekturbedürftigen
 Fehlern

Relaxationszeit
 Charakteristische Zeitkonstante bei Raumladungs-Ausgleich

Reinraum
: Mittels besonderer Maßnahmen staubfrei gehaltener Arbeitsraum, in welchem zudem das Laborpersonal spezielle Kleidung trägt, um Verunreinigungen zu vermeiden

Resonantes Tunneln
: Quanteneffekt bei mehreren benachbart angeordneten Potentialtöpfen geringer räumlicher Ausdehnung

Reticle
: Erste Verkleinerung einer herzustellenden Struktur (Maske)

RHEED
: **R**eflected **h**igh **e**nergy **e**lectron **d**iffraction. Oszillatorische Signale dienen zur Analyse des Epitaxiewachstums monoatomarer Schichten

Röntgentopographie
: Verfahren zur Ermittlung von Kristallstörungen mittels Röntgenstrahlen

Rutherford Backscattering
: Nach Lord Rutherford benannte Rückstreuung von in den Kristall eingeschossener Teilchen, wird zur Bestimmung der Kristall-Perfektion verwandt

Sättigungsbereich
: Kennlinienbereich mit relativ hochohmigem dynamischem Ausgangswiderstand, welcher auf den Anlaufbereich folgt

Scaling
: Nach gewissen Regeln erfolgende Dimensions- und Dotierungsänderung bei Bauelemente-Verkleinerung

Schaltungssimulation
: Vom Rechner ausgegebene Verhaltensweise einer elektrischen Schaltung, meist im Zeitbereich, bei Eingabe von Bauelementmodellen und logischer Verknüpfung

Schmalband-Material
: Bei Mehrschicht-Folgen das Material niederen Bandabstandes

Schottky-Defekte
: Fehlstellen mit Übergang des betreffenden Gitteratoms an die Oberfläche

Schottky-Dioden
: Zweipolige nichtlineare Bauelemente mit Metall-Halbleiter-Übergang

Schottky-Effekt
: Verringerung der Barrierenhöhe an einer Grenzfläche durch angelegtes elektrisches Feld

Schottky-Kollektor
: Verwendung einer Schottky-Diode als Kollektorbasis-Übergang

Schutzgas
: Gas, das keine chemische Reaktion während eines Prozesses eingeht

Schutzschmelze-Verfahren
: Umhüllung der Schmelze bei der Einkristallzucht nach Czochalski

Schwellspannung
: Steuerspannungswert, ab welchem ein merklicher (Drain-)Strom fließt

Selbstabsorption
: Absorption im Lichterzeugungs-Medium

Selbstdotierung (Autodoping)
: Meist unerwünschte Dotierung, z. B. beim epitaxialen Wachstum aus dem Substrat

Selektive Epitaxie
: Epitaxie nur auf bestimmten gewünschten Bereichen des Substrats, z. B. durch Maskierung

semiisolierend
: Verhalten kompensierter bzw. hoch reiner Halbleiter-Materialien mit spezifischen Widerständen von ca. 10^7 Ωcm

Shubnikov-de Haas-Effekt
: Oszillatorisches Widerstandsverhalten eines zweidimensionalen Trägergases; wird zu dessen Nachweis analytisch eingesetzt

SIMS
: Sekundär-Ionen-Massenspektrometrie, tiefenauflösendes Material-
Analyseverfahren mit Auflösung im 10 nm-Bereich

SL-Epitaxie
: Einbezug einer verspannten Schicht (strained layer) geringer Dicke zu
Modifikation kristallographischer oder/und elektronischer Eigenschaften

SNMS
: Sputtered Neutral Mass Spectrometry, SIMS - ähnliches Verfahren mit
Auswertung neutraler Teilchen zur tiefenauflösenden Materialanalyse

Soft error
: Umladung einer (MOS-) Speicherzelle durch α-Strahlung

SOS-Technik
: Einkristallines Silizium, auf Saphir hetero-epitaxial gewachsen

Spannungskontrast
: Elektronenstrahl-Meßverfahren zur Bestimmung von (dynamischen)
Potentialänderungen auf einer Halbleiterstruktur bzw. Leiterbahn

Spitzendiode
: Punktkontaktdiode

Spreading resistance
: Elektrischer Widerstand eines Kontaktenge-Bereichs

Sputterätzen
: Abtrag durch Ionenbeschuß

Standardabweichung
: Größe zur Kennzeichnung der Breite einer statistischen (Gauß-)
Verteilung

Stimulierte Emission
: Kohärente optische Emission durch Besetzungs-Inversion

Störstellen-Erschöpfung
: Aktivierung sämtlicher vorhandener Dotier-Atome

Störstellen-Reserve
Nur teilweise Aktivierung der Dotier-Atome

Strahlenschäden
Bei Ionenimplantation oder auch Ionenätzen können insbesondere bei MIS-Strukturen kritische Kristallstörungen entstehen. Abhilfe schaffen anschließende Temperschritte zum Ausheilen

Strahlungsresistenz
Unempfindlichkeit von Halbleiterbauelementen gegenüber radioaktiver Strahlung

Strained layer Epitaxie
Epitaxie mit verspannten Schichten; wird zur Material-Modifikation eingesetzt (SLE)

Superlattice
Übergitter-Struktur, bestehend aus einer Vielzahl von Hetero-Schichtfolgen

Supraleitung
Verlustfreie elektrische Leitung bei tiefer Temperatur

Suszeptor
Material-Halter, z. B. einen Wafer tragende Graphitplatte, welche den Wärme-Übergang bei einem Prozeß bewirkt

Telezentrischer Strahlengang
spezielle optische Anordnung

Tempern
Thermische Behandlung, im allgemeinen in einer Schutzgasatmosphäre

Ternäre und quaternäre intermetallische Verbindungen
Halbleiter aus drei bzw. vier verschiedenen chemischen Elementen

Tetrode
FET mit 2 Gates, deren Steuerbereich nacheinander vom Kanalstrom durchflossen werden

Thermokompression
: Spezielles Kontaktierverfahren (Bonden) unter Druck- und Wärme-Einwirkung

Tiefe Störstellen
: Störstellen mit tief im verbotenen Band liegenden Energie-Niveau, z. B. Au in Si, wirken als Fangstellen oder Rekombinationszentren

Transmissionsleitung
: Elektrische Leitungs-Konfiguration, speziell für Signale im GHz-Bereich (z. B. Streifenleitung/stripline, Koplanar-Leitung)

Transportfaktor
: Verhältnis der am Ausgang einer Zone vorhandenen Teilchen zu deren Eintrittsmenge, z. B. längs der Basis eines Bipolartransistors

Trap
: Energetische tiefe Störstelle, als Fangstelle für bewegliche Ladungsträger wirkend

Trench
: Relativ tiefer (geätzter) Graben zur dreidim. Integration, z. B. für den Aufbau platzsparender Kondensatoren von Speicherzellen

Triodenbereich
: Andere Bezeichnung für den Anlaufbereich

Trockenätzung
: Ätzvorgang, auch reaktiv, mittels auftreffender Partikel (Ionen); meist anisotrop und sehr strukturtreu

Trockenoxid
: Bei < 0,1 ppm H_2O gewachsenes, sehr reines SiO_2 (Gateoxid)

Tunnel-Kontakt
: Elektrischer Kontakt aufgrund des Tunnel-Effekts

Übertragungswirkungsgrad
: Kenngröße für die Effektivität der Ladungsübertragung bei CCD-Schieberegistern

Ultraschallbad
    Effektive Reinigungsmethode, bei welcher ein Lösungsmittel in einem Ultraschallbad zur Einwirkung kommt

Unipolarstruktur
    Bauelement, dessen elektrisches Verhalten wesentlich von Majoritäten bestimmt ist

Unterätzung
    Seitliche Ausweitung des geätzten Gebietes bei isotrop wirkendem Ätzmittel

UPS
    Mittels UV-Strahlung angeregte Photoemission, analytisches Verfahren für Bandstruktur-Untersuchungen

Vegard'sche Regel
    Ermittlung der Eigenschaften mehrkomponentiger Verbindungen gemäß deren Anteile in linearer Interpolation

Verarmungstyp
    Feldeffekttransistor, welcher ohne eine äußere Gate-Source-Spannung einen Strom führt

Vergrabene Leitschicht
    buried layer; tiefliegende, hochdotierte Zone

vergrabener Kollektor
    buried layer bei planarem Bipolartransistor mit innenliegender Kollektorzone

Versetzungen
    Kristall-Störungen in Form von Gitter-Versatz

Verspannung
    Innerhalb der Elastizitätsgrenze veränderte Form eines Festkörpers, Vorstufe der Versetzungsbildung mit erhöhter Kristall-Energie

Via hole
    Durchkontaktierung

Vier-Spitzen-Probe
: Meßverfahren zur Ermittlung des spezifischen elektrischen Widerstandes, z. B. eines Wafers

VMOS
: Vertikale FET-Struktur, bei welcher die Steuerung in Ätzgruben geschieht

Wafer
: Halbleiter-Scheibe, Substrat

Wafer-Verzug
: Prozeßbedingte (laterale) Geometrie-Änderung eines Wafers

Wanne
: Ausdruck für einen von der Umgebung im Substrat separierten (isolierten) Bauelemente-Bereich

XPS
: Röntgenstrahl-induzierte Photoemission, analytisches Verfahren für Bandstruktur-Untersuchungen

Zener-Diode
: Diode mit kontrolliertem Durchbruchverhalten, zur Spannungsstabilisierung

Zener-Durchbruch
: Elektrischer Durchbruch, bedingt durch den Tunnel-Effekt

Zener-Effekt
: Innere Feldemission (quantenmechanischer Tunneleffekt), nach Zener benannt

Zonen-Reinigung
: Kristall-Reinigung durch sequentielles Aufschmelzen und Rekristallisieren

Zweiter Durchbruch
: Lokale Stromerhöhung mit Spannungsdurchbruch in der Kollektor-Basis-Sperrschicht bei Überschreiten eines Grenzstromes (führt unter Umständen zur Bauelementezerstörung)

Praktische Hinweise

Weltweit gibt es viele Anbieter von Technologie-Geräten und von Materialien, die für die Durchführung der technologischen Prozesse erforderlich sind. Anschriften sind z. B. regelmäßig in der Zeitschrift "Solid State Technology" (875 Third Av., New York/N.Y. 10022) zu finden. Während diese Publikation hauptsächlich Silizium und die Großintegration betrifft, ist eine weitere Zeitschrift, "Euro III-Vs Review", allein auf GaAs und sonstige III-V-Materialien bzw. deren Bauelemente-Einsatz ausgerichtet (Elsevier Science Publishers Ltd., Mayfield House, 256, Banbury Road, Oxford, OX2 7DH, UK.)

Auch gibt es spezielle Messen, wo Geräte für die Halbleiter-Industrie angeboten werden. Genannt sei SEMICON/Europa, eine in Zürich von einem internationalen Zusammenschluß von Halbleiter-Geräteherstellern jährlich durchgeführte Veranstaltung (SEMI Europe, Avenue Louise 375, B-1050 Brüssel, Belgien).

Einen besonderen Bereich stellt der rechnergestützte Entwurf dar. Als Anbieter von Layout-bezogenen CAD-Systemen seien stellvertretend für den betreffenden Sektor einige Firmen genannt. Ein einfaches, auf einem PC lauffähiges Programm zur Erstellung von Masken-Layouts ist AUTOCAD der Firma Autodesk AG, Dornacher Str. 210, 4053 Basel, Schweiz. Komplexere Möglichkeiten bieten z. B. Systeme der Firma Silicon Compiler Systems GmbH, Hanns-Braun-Straße 52, 8056 Neufahrn. Für großtechnische Anwendungen liefern die Firmen Cadence Design Systems GmbH, Unter Buschweg 164, 5000 Köln 50 sowie Mentor Graphics GmbH, Westendstraße 193, 8000 München 21, komplette Software-Programme. Für den Einsatz werden verständlicherweise größere Rechner benötigt.

Informationen allgemeiner Art sind u. a. in den Zeitschriften Electronic News (ABC Publishing 825, 7th Avenue, New York N.Y., 10003, U.S.A.) und Electronic World News (CMP Publ. Int'l Corp., 90 Rue de Courcelles, 75008 Paris, Frankreich) enthalten.

Über Fortschritte auf dem Gebiet der Halbleiter-Technologie wird auf Tagungen nationaler und internationaler wissenschaftlicher Gesellschaften berichtet. Eine Auswahl regelmäßig stattfindender internationaler Tagungen mit Technologie-Bezug ist nachstehend aufgeführt. Tagungsbände (proceedings) sind meistens auch ohne persönliche Teilnahme vom Veranstalter zu erhalten. Die meisten US-amerikanischen Konferenzen werden vom IEEE (Institute of Electrical and Electronic Engineers) veranstaltet, wo man Exemplare erhalten kann (IEEE Inc., 445 Hoes Lane, Piscataway, N. J. 08854, U. S. A.). In der Bundesrepublik Deutschland ist der Verein Deutscher Elektrotechniker/Informationstechnische Gesellschaft VDE/ITG zuständig (VDE-Haus, Stresemannallee 21, 6000 Frankfurt 70) oder, bei mehr physikalischem Einschlag wie bei den jährlich abgehaltenen Frühjahrstagungen, die Deutsche Physikalische Gesellschaft (DPG, Hauptstraße 5, 5340 Bad Honnef).

ME	Microcircuit Engineering Conf./Europa (Lithographie und Strukturierung)
EIPB	Internat. Sympos. on Electron, Ion & Photon, Beams/USA (Lithographie und Strukturierung)
MPC	Internat. Micro Process Conf./Japan (Lithographie und Strukturierung)
E-MRS	European Materials Research Society Meeting/Europa (Technologie)
GaAs-Symp.	Internat. Sympos. on Gallium Arsenide and Related Compounds/weltweit (III-V Grundlagen, Technologie, Bauelemente)
IC-MOVPE	Internat. Conf. on Metalorganic Vapor Phase Epitaxy/weltweit (MOVPE)
ESSDERC	European Solid State Device Research Conf./Europa (Bauelemente, Technologie)
IEDM	Internat. Electron Devices Meeting/USA (Bauelemente, Technologie)
SSDM	Internat. Conf. on Solid State Devices and Materials/Japan (Bauelemente, Technologie)
DRC/EMC	Device Research Conf./Electronic Materials Conf./USA (Fortschrittliche Bauelemente und Technologie)
ESSCIRC	European Solid-State Circuits Conf./Europa (Schaltungen und Bauelemente)
ISSCC	Internat. Solid-State Circuit Conf./USA (Schaltungen und Bauelemente)
GaAs-IC-Sympos.	IEEE Gallium Arsenide Integrated Circuit Symposium/USA (Systeme und Technologie)

Das Gebiet der Halbleiter-Technologie ist im übrigen in Fachzeitschriften gut dokumentiert. Nachfolgend sind Titel entsprechender Periodika aufgeführt.

J. Appl. Phys.
Appl. Phys. Lett.
Jap. J. Appl. Phys.
Electronics Lett.
J. Electrochem. Soc.: Solid-State Science and Technol.
J. Vac. Sci. Technol. (B)
J. Crystal Growth
J. Electronic materials
Microelectronic Engineering

Thin Solid Films
Chemtronics
Solid-State Electronics
Materials Letters
IEEE Transact. Electron Dev.
IEEE Electron Dev. Lett.
IEEE J. Quantum Electronics
IEEE Photonics Technology Lett.
IEEE Transact. Semiconductor Manufacturing
Solid State Technol.
IEEE J. Solid-State Circuits
Solar Energy Materials
Sensors and Actuators (A physical, B chemical)

Die genannten Zeitschriften stellen wiederum nur eine Auswahl dar, was verdeutlicht, daß umfassende Literatur-Studien viel Aufwand verlangen. Hilfreich sind dafür regelmäßig erscheinende Kurzfassungen erschienener Beiträge, wie z. B. die

Key Abstracts - Semiconductor Devices und
Key Abstracts - Optoelectronics

der Institutionen IEE, GB und IEEE, USA (INSPEC/IEEE Service Center, 445 Hoes Lane, Piscataway, N. J. 08855-1331). Entsprechende Unterlagen sind auch in Datenbanken gespeichert und dort abrufbar. Beim Fachinformationszentrum Karlsruhe sind z. B. die zuvor genannten "Information Services for the Physics and Engineering Communities" (INSPEC) abfragbar, welche die Fachgebiete Physik, Elektrotechnik, Elektronik und Informatik mit etwa 200 000 Neuzugängen an Titeln pro Jahr betreffen (Fachinformationszentrum Karlsruhe, Postfach 2465, 7500 Karlsruhe 1).

Sachverzeichnis

Abfallzeit; 612
Abhebetechnik; 331, 335
Ablation; 256
Abruptheit; 402
Absorberstruktur; 233
Absorptionskoeffizient; 605
Addukte; 122
Adsorptionsschichten; 273
Aktive Lasten; 367
Aktivierung; 169
Aktivierungsenergie; 156
Amorphe Schichten; 90
Amorphisierung; 94
Analog-Modell; 416
Analog-Transistor; 547
anisotropes Ätzen; 274
Anreicherungstyp; 489
Anstiegzeit; 612
Antisite-Effekt; 15, 27, 135
Anti-Stokes-Konverter; 653
Apertur; 645
Arbeitsmasken; 219
Arrhenius-Plot; 156
Aspect-ratio; 200, 231, 258, 334, 735
Atom-Radien; 134
Ätzangriff; 274, 276, 290
Ätzgruben; 14
Ätzlösungen; 277
Ätzmittel; 273
Ätzschritt; 118
Ätztiefeneinstellung; 456
Auflösung; 209, 217
Augenempfindlichkeitsverteilung; 100, 604
Ausbeute; 209, 671, 676, 712
Ausbreitungswiderstand; 381
Ausdiffusion; 503
Ausfallrate; 689

Ausfrieren; 539
Ausheilen; 169, 546
Ausheiltemperatur; 166
Auslegung; 312
Auslesen; 561
ballistischer Transport; 717
Band-Band-Rekombination; 605
Bandabstandsunterschied; 623
bandgap-engineering; 743
bandstructure-engineering; 43, 134, 136; 743
Bandstruktur; 42
Bandverschiebung; 61
Barriere; 371, 717
Barrieren-Erhöhung; 414
Barrierenhöhe; 351, 352, 372, 413, 424
Basisbahnwiderstand; 426
Basisschicht; 452
Bauelemente-Qualität; 671
beidseitige Kanalsteuerung; 524
Beleuchtungsstärke; 605
Bestrahlungsdosis; 216
Bild-Umkehr; 735
Bildschirm-Zelle; 654
binäre Verbindungen; 4
Bipolar-Logik; 448
Bipolardioden; 398
Bit-Fehlerrate; 612
Bitraten; 599
Bonddrähte; 334, 390
Böschungswinkel; 336
Bragg-Reflexion; 640
Brechungsindex; 38, 41, 600, 607, 640, 743
Bridgman-Verfahren; 24
Bulk-barrier-Dioden; 398
buried collector; 434; 442
buried layer; 369

Burrus-Diode; 631
CAD-Programme; 569
Camel-Diode; 414, 625
Chalkogenid; 4
channel; 67
channeling; 150; 168; 174
Chip; 387
cluster; 19; 158
Confinement; 608, 630, 633, 639, 646
Coulomb-Streuung; 44, 537
Cracken; 122
Dampfdruck; 21
dangling bonds; 193
dark lines; 600, 691
Datenfestlegung; 686
Datenblatt; 671
Datenstreuung; 680
δ-Dotierung; 540
de Broglie Wellenlänge; 726
Debye-Länge; 51, 176, 350, 740; 742
Deckschicht; 375
Defektelektronen; 43
Degradation; 170
Detektivität; 612
Diamantgriffel; 301
Diamantpaste; 296
Dickenkontrolle; 334
differentielle Quantenausbeute; 629
Diffusion; 422
Diffusionslänge; 49
Diffusionsprofil; 159
Diodenraster; 616
Diodenreaktor; 187
direkter Halbleiter; 37
Direktschreiben; 235
Dispersion; 38; 646
Dosis; 166
Dotierungsschwankung; 356, 741
Drahtsägen; 298
dreidimensionale Integration; 136, 653, 708, 742
III-V-Halbleiter; 3

Dreiecksbarriere; 720
Driftfeld; 422
Drifttransistor; 465
Dunkelabtrag; 217
Dunkelstrom; 615; 616; 617
Dünnfilm-Diode; 415
Dünnfilm-Transistoren; 487, 558
Durchbruchspannung; 58; 403; 404
Durchgriff; 550
Durchkontaktierung; 370, 534
Durchlaufzeit; 309
Early-Effekt; 429
Effer-Prozeß; 115; 525
Effusor; 127
Eigenabsorption; 603; 605
Ein-Widerstand; 442
Einfangsquerschnitt; 50
Eingangsstufen; 713
Einheitsraumwinkel; 605
einkristallin; 90
Einzel-Bauelemente; 309
elektrochemisches Ätzen; 274
Elektromigration; 200, 334, 689,
Elektronen; 43
Elektronen-Interferenz-Effekte; 743
Elektronenröhren; 717
elektro-optische Wechselwirkungen; 606
Elektroplatieren; 200
Element-Halbleiter; 3
Ellipsometer; 203
emitter crowding; 430
Emitterdiffusion; 441
Emitterwirkungsgrad; 422, 424
Empfindlichkeit; 214, 610
Emulsionen; 164
Energie-Elektronik; 409
Entwurf; 312
Entwurfsregeln; 709
Epibasis-Transistor; 440
Erdpotential; 695
Erdung; 694
Erholzeit; 355
Excimer-Laser; 254, 256, 735

Excitonen-Rekombination; 605
Excitonen; 50, 607, 628, 636, 743
Exemplarstreuung; 424
Fabry-Perot-Resonator; 640; 642
Facettierung; 336, 339
Fangstellen; 19
Fehlanpassung; 93
Fehlerfreiheit; 674
Feldemission; 358, 416
Feldemitter; 235, 253
Fenstereffekt; 627
Fermi-Niveau; 62
Fertigunglinie; 323
Festphasen-Epitaxie; 130
Flat; 14
Floating Gate; 519
Flüssigkeit-Modell; 469
Folien-Batterien; 742
Frenkel'sche Fehlordnung; 157
Frequenzgrenze; 712
Galliumarsenid; 3
Gasentladung; 197
Gate-Isolator; 189, 192
Gate-Oxid; 183
Gattersägen; 298
gedünntes Substrat; 246
Gegen-Driftfeld; 465
Gehaltsfaktor; 422, 427, 449, 452
Generations-Rekombinations-
 Vorgänge; 428
Germanium; 3
Gesamtinvestitionen; 706
Gesichtsschutz; 319
Getter-Prozeß; 496
Getterung; 19, 94, 133, 496, 600
Giacoletto-Ersatzbild; 468
Gibbs'sche Phasenregel; 106
Gitterabstand; 38
Gitteranpassung; 93
Gitterdefekte; 150
Glasfasern; 599
Gleichmäßigkeit; 459
Gleichstrom-Gegenkopplung; 430
Gold-Einbau; 355

Grapho-Epitaxie; 89
Grenzdaten; 672
Grenzempfindlichkeit; 612
Grenzflächen-Effekte; 60, 492, 740
Grenzflächenzustände; 350
Grenzfrequenz; 543
Grenzschicht; 350, 525
Grenzwinkel; 603
Guardring-Strukturen; 352
Halbleiter; 3
Halbleiter-Schieberegister; 561
Hall-Konstante; 51
Heiße-Elektronen-Transistor; 720
Hetero-Effekt; 452
Hetero-Epitaxie; 88, 135
Höchstfrequenzbauelemente; 526
Höchstvakuum- Epitaxie; 127
Homo-Epitaxie; 88, 135
Hybridtechnik; 462
Idealitätsfaktor; 412
Impfkristall; 12
indirekter Halbleiter; 37
Indiumphosphid; 3
Indiumzinnoxid; 413, 623
Induktivitäten; 368
Inhomogenitäten; 622
Injektionswirkungsgrad; 629
inkohärente Beleuchtung; 226
Innenlochsägen; 298
Innerer Transistor; 477
Integration; 309
integrierte Mikrowellen-Schal-
 tungen; 712
intermetallische Verbindungen; 3
intrinsische Zone; 408
Inversion; 544
Ionenaustausch; 322
Ionenstrahl-Ätzung; 289
Ionenstrahl; 650
isoelektrische Störstellen; 636
isoelektronische Dotierung; 26, 133
Isolationsimplantation; 362, 640
Justierung; 209
kalte Lichtquellen; 654

Kaltwand-Reaktor; 130
Kamm-Struktur; 547
Kanalbeweglichkeit; 578
Kapazitäten; 367
Kapazitätsdioden; 402
Kathodolumineszenz; 73, 638
Keilverfahren; 385
Keramikgehäuse; 388
Kettenstruktur; 216
Kink-Effekt; 353
Kirk-Effekt; 429; 436; 442
kohärente Beleuchtung; 226
Knudsen-Zelle; 127
Kohärenz; 226
Kohärenzlänge; 644
Köhler'sches Beleuchtungsprinzip; 229
Kollektor-Laufzeit; 467
Kompensation; 31
Kompensationsgrad; 51
komplementäre Transistoren; 487
Konformität; 672
Kontaktierung; 384
Kontaktkopie; 210
Kontaktstruktur; 375
Kontaktwiderstand; 378; 381
Kontrast; 217
Kontrastübertragungsfunktion; 226
Koppler; 647
Korngröße; 95, 192
Korrosion; 642
Korrugation; 640, 641
Kristallebenen; 15
kundenspezifische Schaltungen; 315
Kurzkanal-FETs; 550
Kurzschlußstromverstärkung; 492
Ladungs-Neutralität; 628
Ladungsbilanz; 528
Ladungskaskaden; 696
Ladungsträgerbeweglichkeit; 44
Lambert'sches Gesetz; 603
Laminarflußboxen; 321
Langmuir-Blodgett-Film; 742
Langzeitkonstante; 642, 671

Lanthalhexaborid; 235
Läppkorn; 295
Laser-Ausschmelzen; 534
Laser-Interferometer; 211, 234, 247
Laser-Ritzen; 301
Laserbetrieb; 609
Laserdioden; 610
Laue-Verfahren; 69
Lawineneffekt; 416
Layout-System; 312
Lebensdauer-Killer; 364
Leerlaufspannungsverstärkung; 492
Legierformen; 155
Legierungsstreuung; 45
Leistungs-Addierer; 715
Leistungs-Wirkungsgrade; 543
Leistungsschalter; 457
Leistungstransistoren; 546
Leitbahnkreuzungen; 368
Leitkleber; 387
Leitungsband-Diskontinuität; 543, 546
Lernkurve; 676; 689
Leuchtdichte; 603
Lichtquant; 597, 599
Lichtstärke; 603; 605
Lichtstrom; 605
Lift-off-Prozeß; 329
Liquiduskurve; 107
Lithographieprozeß; 213
Löcher; 43
Luftbrücken; 368; 534
Magneto-Widerstandseffekt; 578
Majoritätsträger-Bauelemente; 487
Markenerkennung; 248
Maske; 210
material engineering; 3
Materialdispersion; 608
maximale Schwingfrequenz; 423
Mehrfingerstruktur; 439
Mehrlagen- Resists; 735
Mehrlagenverdrahtungen; 369
Mehrschichtstruktur; 531
Memory-Effekt; 130, 273

Mesa-Diode; 404
Mesa-Technik; 337
Meßmethode nach van der Pauw; 54
Meßstrukturen; 380
Metall-Halbleiterdiode; 412
Mikroplasmen; 344; 353; 357; 416; 525, 620
Mikroprojektion.; 210
Miller-Effekt; 510, 543
Minimalvolumen; 742
Minoritäten; 422
Mischkristalle; 41
Modulationsdotierung; 398, 537
Modulatoren; 648
Monolagen-Epitaxie; 736
Monomode-Betrieb; 639; 644; 646
Morphologie; 89, 99, 101, 135
Mott-Diode; 624
MSM-Detektor; 624
Multiplikationsfaktoren; 620
natürliches Oxid; 278
Nagelkopfverfahren; 384
Negativresist; 213; 216
Nichtgleichgewichtsverfahren; 121
nichtstrahlende Rekombinationsprozesse; 600
Niederdruckabscheidung; 119
nipi- Struktur; 89
Nukleation; 89, 121
Oberflächen-Passivierung; 533
Oberflächenpotential; 350
Oberflächen-Rekombinationsgeschwindigkeit; 68
Oberflächen-Rekombination; 427, 449
Oberflächen-Zustände; 67
Oberflächenmontage; 388
offene Bindungen; 193
optoelektronische Integration; 648
Oszillator; 457
Overlay-Technik; 445
Oxid-Isolation; 461, 713
Oxidladung; 495
Packungsdichte; 717, 742

Palladiumzelle; 103
Parallelplatten-Reaktor; 285; 287
parasitäre Ströme; 527
parasitärer Transistor; 364
Passivierung; 184
PDB-Dioden; 720
pellicles; 323
permeable base transistor; 547
Pflichtenheft; 686
Phasendiagramm; 106; 154
Phosphorglas-Schicht; 194
photoempfindliche Feldzone; 625
Photolumineszenz; 73; 638
Photonachstrom; 617
Photonen; 597
Photorepeater; 212
Piezo-Widerstandeffekt; 39
Pilot-Linie; 318
planare Diode; 404
Planarisierung; 259, 336, 735
Planartechnik; 312, 369
Planartransistor; 438
Plasma-Ätzprozeß; 283
Platinen; 690
Podeste; 332
Poliervorgang; 296
Poly-Si-Emitter; 426
Poly-Silizium; 6, 95, 463, 500
polykristallin; 90
Polymer-Resists; 215, 216
Poole-Frenkel-Effekt; 202
Positivresist; 213, 216
Potentialverteilungen; 576
Profilschärfe; 174
Projektionsbelichtung; 219
Projektionstechnik; 210
Protonenimplantation; 459
proximity-printing; 210, 219, 230
ps-Schalter; 628
pseudomorphisch; 136
pseudomorphische FETs; 488, 542
Pufferschicht; 355, 525, 532
Pulsantwort; 612
Pumpensysteme; 198

Purpurpest; 334
Quantenabsorption; 597
Quantenausbeute; 629; 633
Quantenrauschen; 613
Quantentopf; 646, 726, 743
Quantenwirkungsgrad; 604; 620; 628; 690; 691
quasi-ballistischer Transport; 717
Quasi-Neutralität; 51
quaternäre Verbindungen; 4
Quecksilber-Probe; 201
Querschnittsänderung; 521
Radikale; 284
Raman-Spektroskopie; 75
Randabschrägung; 443
Raster-Schreibverfahren; 235
Rauhtiefe; 296; 298
Rauhzone; 296
Rausch-Diode; 416
Rauschgrenze; 612
$R_b C_c$-Produkt; 423
reactive ion beam etching; 293
reaktives Ionenätzen; 283, 291
real space transfer; 722
Rechnerunterstützung; 212
Redesign; 314
Referenzspannung; 411
Reflexionsverlust; 601
Reflexionsvermögen; 603
Reinheitsforderungen; 318
Reinigungsprozeß; 183, 412
Reinigungsschritte; 406
Reinraum-Zone; 319
Reinraumklassen; 318
Rekombinationskontakte; 371
Rekombinationsverhalten; 427
Rekombinationswahrscheinlichkeit; 608
Relaxationszeit; 50
resonante Tunnel-Strukturen; 727
Retikel; 212
RHEED-Oszillationen; 130
Ringoszillatoren; 704
Rückinjektion; 434

Rückstreu-Signal; 180
Rutherford-backscattering; 180
SAINT-Prozeß; 556; 557
Sättigung; 636
Sättigungsgeschwindigkeit; 423, 493, 526
Sauerstoffimplantation; 361
Schichtherstellung; 532
Schichthomogenität; 620
Schichtwiderstand; 369
Schieberegister; 561
Schiebetiegel; 103
Schleuse; 319
Schmalband-Halbleiter; 597
Schnell-Ausheilung; 170
Schnittgeschwindigkeit; 301
Schnittverlust; 298
Schottky'sche Fehlordnung; 157
Schottky-Effekt; 372; 727
Schottky-Kollektor; 434, 442
Schrotrauschen; 615
Schutzdioden; 692
Schutzkleidung; 319
Schutzschaltungen; 692
Schutzschmelze-Verfahren; 24, 27
Schwarzschild-Optik; 233
Schwellspannung; 424, 496
Schwellspannungs-Verschiebung; 710; 711
Schwellspannungsdrift; 528
Schwellstrom-Dichte; 629, 639
Schwingfrequenz; 423
Segregationskoeffizient; 8
Selbstabsorption; 629; 631
Selbstdotierung; 116
selbstjustierende Prozesse; 704
selbstjustierende Strukturen; 196, 462
Selbstjustierung; 464, 555
selektive Epitaxie; 90, 337
semiisolierend; 31
semiisolierendes Substrat; 527
Sensoren; 310
Separationstechnik; 360

Sicherheit; 672
Signalanstiegszeit; 493
Silizide; 413
Silizium; 3
Solarzellen; 597; 692
Soliduskurve; 107; 155
Sonder-Bauelemente; 311
Sonnenstrahlung; 598
spacer layer; 537
Speicherphase; 434
Speicherring; 230
spektrale Empfindlichkeit; 215, 612
Spezifischer Widerstand; 46
Spitzendiode; 399
Stabilität; 546
Stabilitätskriterium; 111
Stabilitätsprobleme; 558
Standardoxidation; 340
Static Induction Transistor; 547
Staubfreiheit; 318, 742
Stege-Technik; 386
Stehwellenbelichtung; 640
Steilheit; 492, 578
Stepper; 228, 734
stimulierte Emission; 597, 629
stitching; 235
Stokes'sche Regel; 599
Störstellendiffusion; 158
Strahlungsleistung; 629
Strahlungsresistenz; 560, 696
Strahlungsverteilung; 597
striations; 12
Stromeinschnürung; 433
Stromergiebigkeit; 424
Strukturänderung; 213
strukturgetreue Übertragung; 284
Submikron-Strukturen; 735
Substratladung; 496
Substratorientierung; 336
Substrat-Vorbehandlungseinfluß; 354
Supraleiter; 335
Supraleitung; 717, 745
Suszeptor; 122

swirl; 19
Synchrotron-Strahlung; 231
target; 187
Technische Oberflächen; 65
Teilpolymerisation; 283
Temperaturabhängigkeit; 511; 524
Temperaturprofil; 104; 164
Temperaturspannung; 49
Temperaturverhalten; 540
Temperaturzyklen; 686
Temperung; 496; 546
ternäre Verbindungen; 4
Testverfahren; 684
Tetroden; 509, 569
Thermokompressionsverfahren; 384
Thyristoren; 409
Tiefenprofil; 375
tiefe Störstellen; 16
Tiegel; 12
Tisch-Positionierung; 247
Titan; 674
Titansilizid; 196
Totalreflexion; 603; 629
Toxizität; 127
Träger-Lebensdauer; 49
Trägerdichte-Profile; 576
Trägerkonzentration; 526
Trägermultiplikation; 358, 620
Trägerstreuung; 722
Transistorgleichungen; 468
Transitfrequenz; 423, 492, 625
Transmissions-Topographie; 72
Transmissionsvermögen; 603
transparenter Schottky-Kontakt; 413, 624
Transportfaktor; 422, 427
Tunnelkontakte; 371
Tunneln; 202
Turbomolekularpumpe; 334
Übergitter; 135, 726, 743
Überlagerungsempfang; 640
Überlagerungsgenauigkeit; 247
Überschußgeschwindigkeit; 720
Übertragungstreue; 209

Übertragungswirkungsgrad; 563
Ultraschall-Bohren; 301
Ultraschall-Bonden; 385
Umhüllvorgang; 388
Unipolare Dioden; 398
Unterätzung; 282
upside-down-Montage; 390
variable shaped beam; 237
Varistoren; 692
Vegard'sche Regel; 4
Vektor-Schreibverfahren; 235
Verarmungstyp; 489
Veraschen; 218, 284
Vereinzeln; 274; 301
Verfahrensschritte; 325
vergrabene Leitbahnen; 369
vergrabene Schichten; 165
Vergütung; 603
Verkleinerungstrend; 699
Verlustleistung; 654
Verlustleistungs-Verzögerungsprodukt; 704
Versetzungen; 12, 26, 135, 691
Versetzungsdichte; 278
Verspannungen; 133, 151, 274
Verspannungs-Epitaxie; 93, 97, 133, 542
Verstärkung; 456; 457

Verteilungs-Koeffizienten; 153
vertikale Anordnungen; 512
Verunreinigungen; 7, 20
Verzögerungsglieder; 561
via hole; 370
Vier-Spitzen-Probe; 52
Vierpol-Parameter; 570
Vogelschnabel; 344
Vorbelegung; 163
Vorsichtsmaßnahmen; 694
Waferqualität; 674
Waren-Eingangskontrolle; 674
Wärme-Abfuhr; 388
Wasser; 321
Wellenführung; 607; 640
Wellenleiter; 648
wide-gap-Emitter; 423
wide-gap-Kollektor; 436
Widerstände; 364
Widerstandswert; 366
Zellenaufbau; 564
Zener-Dioden; 397
Zener-Effekt; 358
Zerstäubungsprozeß; 188
Zonenreinigung; 9
Zusatzladung; 519
Zuverlässigkeit; 672
zweidimensionales Wachstum; 130

Inserentenverzeichnis

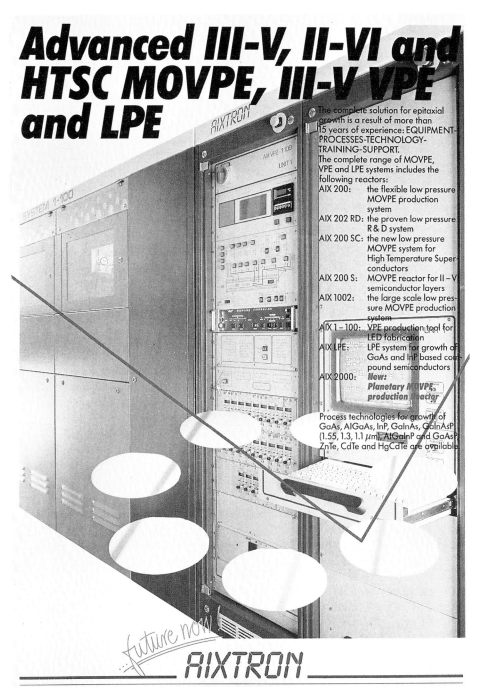

Advanced III-V, II-VI and HTSC MOVPE, III-V VPE and LPE

The complete solution for epitaxial growth is a result of more than 15 years of experience: EQUIPMENT-PROCESSES-TECHNOLOGY-TRAINING-SUPPORT.
The complete range of MOVPE, VPE and LPE systems includes the following reactors:

AIX 200:	the flexible low pressure MOVPE production system
AIX 202 RD:	the proven low pressure R & D system
AIX 200 SC:	the new low pressure MOVPE system for High Temperature Superconductors
AIX 200 S:	MOVPE reactor for II–VI semiconductor layers
AIX 1002:	the large scale low pressure MOVPE production system
AIX 1-100:	VPE production tool for LED fabrication
AIX LPE:	LPE system for growth of GaAs and InP based compound semiconductors
AIX 2000:	**New: Planetary MOVPE production Reactor**

Process technologies for growth of GaAs, AlGaAs, InP, GaInAs, GaInAsP (1.55, 1.3, 1.1 μm), AlGaInP and GaAsP, ZnTe, CdTe and HgCdTe are available.

AIXTRON

AIXTRON GmbH · Kackertstr. 15–17 · D-5100 Aachen, FRG
Phone: +49 (2 41) 89 09-0 · Fax: +49 (2 41) 89 09-40 · Telex: 8 329 908 aix d
US Sales and Service
AIXTRON Inc. · 9150 S.W. Pioneer Court, Suite D1 · Wilsonville, OR 97070 USA
Phone: (503) 682-45 64 · Fax: (503) 682-56 73

Steigerung im Dienst des Kunden: REIN-HOCHREIN-

Silane-Werk (Japan)

Mit rund 7 Mrd.DM Weltumsatz und etwa 27.000 Mitarbeitern ist der AIR LIQUIDE-Konzern ein Weltunternehmen. Bewußte Konzentration auf Gase und Gase-Technik hat die internationale AIR LIQUIDE-Gruppe im Gase-Markt an die Spitze gebracht.
Unter der Bezeichnung **ALPHAGAZ** vertreibt die AIR LIQUIDE weltweit die gesamte Palette von Spezialgasen.
Der Reinheitsgrad von **ALPHAGAZ** High-Tech-Gasen liegt an der Spitze des zur Zeit Möglichen und wird so höchsten Ansprüchen gerecht.
Die Devise von **ALPHAGAZ** im Bereich der Spezialgase ist die Verfügbarkeit von Edel- und Sondergasen zu äußerst interessanten wirtschaftlichen Konditionen.

Um diese Verpflichtung zu erfüllen, existierten für uns zwei Möglichkeiten: Die Gase zuzukaufen oder diese eigenständig zu produzieren. **ALPHAGAZ** entschied sich für die zweite Möglichkeit, die wichtigsten Spezial- Gase in eigener Regie zu produzieren. Denn nur so ist es möglich, unsere Kunden in der Electronic-Industrie, wo auch immer in der Welt, mit hochreinen reproduzierbaren Gasequalitäten zu beliefern.

1989 nahm **ALPHAGAZ** in Omi (Japan) die größte produzierende Silaneanlage in Betrieb. Die Kapazität der Quelle könnte den Weltbedarf decken.

Zeitgleich wurde in Carcassonne (Frankreich) das Salsigne Werk zur Produktion von ultrareinem Arsine hochgefahren. Arsine entwickelte **ALPHAGAZ**, in Zusammenarbeit und Kooperation mit Spezialisten, für die Herstellung von III-V Halbleitern.

Mittlerweile haben ULSI Silane und Arsine von **ALPHAGAZ** in fast allen großen Electronic-Unternehmen der USA, Japan und auch Europa's die strengen Qualitätsanforderungen erfüllt.

1990 kamen zwei neue **ALPHAGAZ**-Produkte auf den Markt: WF_6 aus französischer Produktion und SiH_2Cl_2 aus japanischer Herstellung; in Kürze werden weitere Produkte aus der Eigenproduktion folgen.

ALPHAGAZ ist exklusiver Vertreiber in Europa für die gesamte Palette organometallischer Verbindungen, welche von Texas-Alkyls hergestellt werden.

ALPHAGAZ ist in der Lage Ihnen das Gase-Handling von A bis Z anzubieten, inklusive Analytik, Sicherheitssysteme, Entsorgung...

Sprechen Sie uns an!

AIR LIQUIDE GmbH
Geschäftsbereich ALPHAGAZ

D-4000 Düsseldorf 1 Telefon: (0211)3668-0
Konrad-Adenauer-Platz 11 Telefax: (0211)3668-123

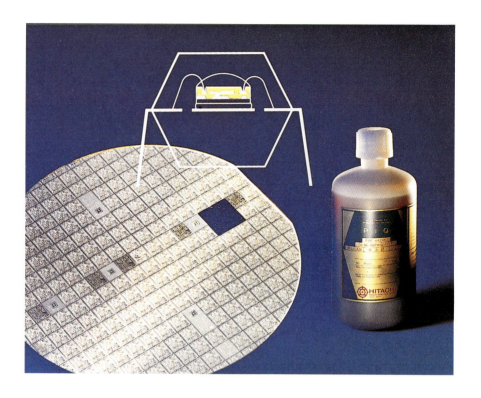

 Hitachi Chemical Europe GmbH
Immermannstraße 43
D-4000 Düsseldorf 1
F. R. Germany
Telefon: (02 11) 35 03 66
Telex: 858 8483
Telefax: (02 11) 16 16 34

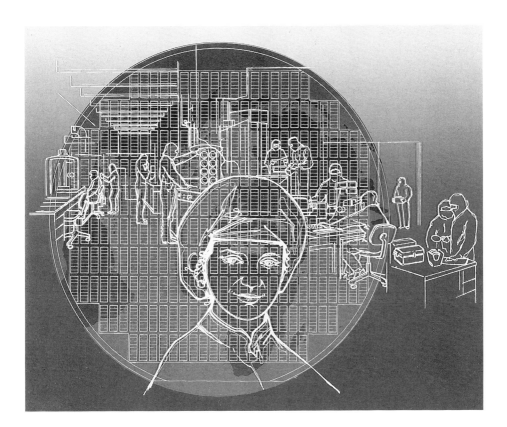

AZ Positiv Fotoresists: Unverzichtbar in der Welt feinster Strukturen.

Moderne Chemie ermöglicht Strukturen unter einem Mikrometer in Fotoresists und Halbleitern.
Schon vor Jahren leistete Hoechst die entscheidende Pionierarbeit: In unseren Labors entstand der erste Positiv Flüssigresist – Voraussetzung für die mikrolithographischen Prozesse der Bauelementherstellung.
Wenn es heute und in Zukunft um sichere Serienfertigung von Chips geht, beweisen sich AZ Positiv Fotoresists. Sie gewährleisten die Reproduzierbarkeit der Strukturierung von Halbleitern bis in den Submikrometerbereich. Ihr Potential für die weitere Miniaturisierung ist noch nicht ausgeschöpft.

Hoechst High Chem

AZ Positiv Fotoresists sind gerüstet für das Rennen um die nächste Generation der Speicherchips. Hoechst High Chem – Fortschritt als Programm: AZ Fotoresists. Hochentwickelte Chemie und das Knowhow ihrer Anwendung für die verschiedenen Bereiche moderner Elektronikfertigung stehen unseren Kunden zur Verfügung. Weltweit.

Hoechst Aktiengesellschaft
Geschäftsbereich Informationstechnik
Postfach 3540 · D-6200 Wiesbaden 1

Vorgehensweise zur Erzielung ultrareiner Chemikalienqualität

1 Die heutigen, höchstintegrierten ULSI-Bauelemente, (z.B. 4-MBit DRAM) erfordern den Einsatz ultrareiner Chemikalien mit Verunreinigungen im ppb-Bereich und Partikelzahlen von beinahe Null (z.B. 1–10 P. 0.5 µm/ml). Ultrareine Prozeßchemikalien benötigen geschlossene Versorgungsketten, um zu gewährleisten, daß die hohe erreichte Reinheit bis zum Einsatz erhalten bleibt.

2 Es beginnt mit der Herstellung und Abfüllung unter Reinraumbedingungen in einem hochreinen Fabrikationsbetrieb. Merck hat einen solchen hochreinen Herstellbetrieb errichtet, um die jüngste Generation hochreiner Prozeßchemikalien, ULSI Selectipur® zur Halbleiterfertigung dort zu produzieren. Inerte, hochreine Container sind die nächste Voraussetzung, um Sekundärkontamination zu vermeiden.

3 Selectimat®-Container mit PVDF- und PFA-Auskleidung haben länger als 5 Jahre hierfür ihre Zuverlässigkeit erwiesen. Das japanische NTT (Nippon Telephon- und Telegraphenamt) zeigte bereits früher, daß bei Befüllung von Bädern aus Flaschen beträchtliche Partikelkontamination auftreten kann, im Vergleich zu automatischen, in sich geschlossenen Versorgungssystemen. Darüber hinaus birgt der Umgang mit Flaschen erhebliche Gefahren für das Personal. Um sicherzustellen, daß die ultrareinen Chemikalien ohne Qualitätsverlust und genau zum gewünschten Zeitpunkt zum Einsatz gelangen, erfolgt die Anlieferung der Chemikalien auf Basis eines EDV-gesteuerten kundenspezifischen Belieferungssystems und auf die Belange des Kunden abgestimmten örtlichen Pufferlagers. Die mit Stickstoff-Druck arbeitenden Selectimat® Versorgungssysteme gewährleisten, daß die Chemikalienförderung innerhalb der Verteilersysteme einer Halbleiterfabrik ohne Sekundärkontamination erfolgen kann.

4 Das Handling der Container zu den Selectimat® Versorgungssystemen wird zusätzlich durch kleine Rollwagen und Hebekräne erleichtert. Der Vorteil der Inanspruchnahme der kompletten Versorgungssystemkette für ultrareine Chemikalien liegt darin, daß Merck seine Reinheitsgarantie bis zum Point-of-Use (P.O.U.) erweitert.

Systems Approach to Ultra High Purity Chemicals

1 Today's highly sophisticated ULSI Devices (e.g. 4 MBit DRAMS) require the use of ultra high purity process chemicals with impurities in the ppb range and below and particle counts approaching zero (e.g. 1 to 10 per ml for 0.5 µm). Merck is concentrating its research and analytical efforts into developing these ultra high purity materials. Ultra high purity process chemicals need a closed supply chain to ensure that they are still ultra high purity when used in the process.

2 This begins with manufacturing and filling under clean room conditions in a high purity Processing Center. Merck has invested in just such a Processing Center, enabling it to meet the requirements for its latest generation of process chemicals, ULSI Selectipur®. The use of clean, inert containers to minimise secondary contamination is also a prime requirement.

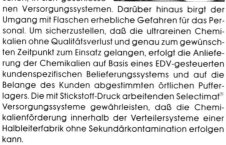

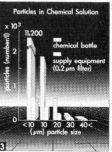

3 Selectimat® containers with liners of HP PVDF and PFA have proved their reliability in this respect for more than 5 years. A newly developed Quick-Connector System permits connection of containers into a distribution system without fear of contamination. The Japanese Post Office, NTT, has shown many years ago (Fig. 3) that the use of bottles to fill processing baths leads to considerable particulate contamination as compared to totally enclosed automatic supply systems. Furthermore the handling of bottles represents an avoidable hazard for operators. Supply of chemicals with a computer-based customer-specific, just-in-time delivery system with local buffer stocks, ensures that the ultra high purity process chemicals are used whilst still at their best. Selectimat® chemical supply systems utilising nitrogen pressure ensure the distribution of processing chemicals throughout the semiconductor fab with the minimum of secondary contamination.

4 Additionally equipment such as small trolleys and cranes for lifting, facilitate the handling of containers. An advantage of purchasing both ultra high purity chemicals and chemical supply equipment from Merck is that a Point-of-Use (P.O.U.) Guarantee for the chemical purity can be given.

MERCK

Gase in MEGAPUR®-Qualität. Wir beliefern die führenden IC-Hersteller Europas.

Neue Konzepte vermeiden Kontaminationsquellen

Mit der neuen Druckgasflasche aus Edelstahl ist es erstmals gelungen, für das Gesamtsystem Flasche und Gasversorgungsanlage eine hochvakuum-kompatible, werkstoffkonforme Einheit zu schaffen. Gundlegend neue Konstruktionsmerkmale des elektropolierten Behälters sind: weite Halsöffnung, Metalldichtung und Außengewinde am Flaschenhals. Die Vorteile einer solchen Konstruktion liegen auf der Hand: minimierte Partikelzahlen und sehr niedrige Metallkonzentrationen in hochreaktiven Gasen.

Die neue Edelstahlflasche ist nur ein Beispiel für den hohen technologischen Stand des MEGAPUR®-Systems, eines Gesamtkonzeptes für ultrareine Gasversorgungssysteme, das von Messer Griesheim für die Halbleiterindustrie entwickelt wurde.

Das MEGAPUR®-System
- Bulk- und Reaktivgase höchster Reinheit
- Elektropolierte Transfer- und Speichereinrichtungen
- MEGAPUR®-Analytik: On line-Messungen im Ultraspurenbereich
- Nachreinigungssysteme zur Reduzierung der Gesamtverunreinigungen auf Werte zwischen 10 und 100 ppb
- Ökologisch und ökonomisch sinnvolle, sichere Entsorgung von Prozeßabgasen

Das GUARDIAN™-System

Das Guardian™-System dient zur Entsorgung von Prozeß-Abgasen in der Halbleiterindustrie (CVD, Epitaxie und Ionenimplantation). Die Abgase – einschließlich Wasserstoff und Pumpenöl – werden in einer turbulenten Flammenschicht verbrannt. Pilotflammen und Zündkerzen garantieren hohe Betriebssicherheit. Weitgehend unabhängig von Abgas-Fluß und -Konzentration!

TOXISORB

TOXISORB ist ein Festbett-Absorber zur Behandlung von Labor-Abgasen. Das System ist für kleinere Mengen toxischer, korrosiver, brennbarer und selbstentzündlicher Gase geeignet.

Messer Griesheim GmbH
Homberger Straße 12
Postfach 4709
D-4000 Düsseldorf 1
Telefon (02 11) 43 03-0

d 2.5049

MESSER GRIESHEIM

The Quality Supplier for IC Manufacturing

OiR 3512 exposed on a
GCA Autostep 200
i-line stepper, 0.45 NA

- **Range of Positive Resists**
    - HPR500   1M
    - HiPR6500 4M
    - OIR3500   16M

- **Range of Dyed Resists and ASPR (Application Specific Photo Resists)**
    - Tailored to meet your unique requirements

- **Range of Negative Resists**
    - SC Resist
    - HNR Series

- **Diffusion Chemicals**
    - TEOS
    - TCA
    - $POCl_3$
    - BBr_3

- **High Purity Chemicals**
    - Certified Particle Grade
    - Parts Per Billion Grade

- **Plasma Etch Gases**
    - BCl_3
    - $SiCl_4$

Olin Hunt

Olin Hunt Specialty Products nv
Europark-Noord 17-18
B-9100 Sint-Niklaas - Belgium

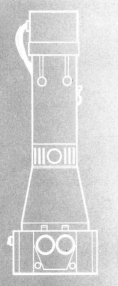

REM-Technologie auf den Punkt gebracht.

Raith GmbH
Emil-Figge-Straße 76
D-4600 Dortmund 50
Telefon (02 31) 75 47-156
Telefax (02 31) 75 47-166

Raith UK
Sigma House
1 Burlow Road, Harpur Hill,
Buxton, Derbys. SK 17 9 JB
phone (02 98) 7 23 66
fax (02 98) 7 08 86

Raith USA, Inc.
70C Carolyn Boulevard,
Farmingdale, New York 11735
phone (516) 293-08 70
fax (516) 293-01 87

Wir bieten Ihnen individuelle Problemlösungen für den speziellen REM-Einsatz.

- Elektronenstrahl-Lithographie durch ELPHY.
- Mehr Bewegung in der Probenkammer durch Makrotische.
- Intelligentes Auffinden kleinster Objektstellen durch ESCOSY.
- In-situ Beobachtungen bei Werkstofftests durch zyklische Zug- und Biegevorrichtungen.
- IC- und Wafer-Probing mit höchster Präzision durch Spezialtische und Tischmodule.

KARL SUSS – Ein Unternehmen geht vorwärts

4 Jahrzehnte Erfahrungen bilden Tradition. In der Feinmechanik und der Optik. Im Präzisions-Maschinenbau. In der Elektronik. Und vor 25 Jahren ist der erste SUSS Maskaligner auf den Markt gekommen. Er wurde zum weltweiten Erfolg. KARL SUSS expandiert ständig. Mit seinen Produktionsanlagen. In der Zahl seiner Mitarbeiter. Mit seiner Vertriebsorganisation. Mit seinem Angebot an Fertigungsmaschinen für bestehende und neue Prozeßtechniken in der Mikroelektronik, einer der innovativsten Branchen weltweit.

KARL SUSS, Schrittmacher mit seinen Maskalignern SUSS MJB 3 und SUSS MA 6 für hochauflösende Submicron-Lithographie, mit seinen Maskalignern SUSS MA 56 und SUSS MA 150 für die Produktion von GaAs-Wafern, nun auch Schrittmacher für die X-Ray-Lithographie mit dem SUSS XRS 200. Und mit seinem Submicron-Prober SUSS PSM 6 Schrittmacher für das zuverlässige Proben feinster Strukturen.

KARL SUSS erreicht mit seinem aufwärts strebenden Unternehmen mittelständischen Charakters ein technisches Niveau, vergleichbar mit der Leistung großer internationaler Konzerne. Behält aber die notwendige Flexibilität zur Durchdringung vorhandener und zur Erschließung neuer Märkte.

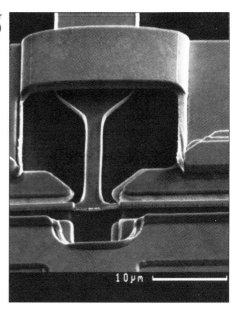

InP HEMT Luft-Brückenstruktur
(Courtesy of Rockwell Science Center)

Produktionsprogramm

Für Forschung und Entwicklung, Labor, Kleinserien

Röntgenstepper für Wafer. Prozess: Proximity. Plasma-Röntgenquelle.

Maskaligner:
Für Wafer, Substrate, Bruchstücke von Wafern. Prozesse: Kontakt, Proximity, doppelseitige Belichtung. Spektralbereiche: UV 400/300/250/249/193.
Prober: für Wafer und Substrat, analytisches und Submicron-Proben.
Ritzer: für Verbundhalbleiter, Wafer und Substrate; Durchritzen, Edge-, Skip-Scribing.

Für die Produktion

Röntgenstepper für Wafer.
Prozess: Proximity. Mit Synchrotron- oder Kompakt-Synchrotronquelle.
Maskaligner:
für Wafer, Substrate, Verbundhalbleiter.
Prozesse: Kontakt, Proximity, doppelseitige Belichtung. Spektralbereiche:
UV 400/300/250/249/193.
Prober: für Wafer, Endprüfung.
Ritzer: für Silicon, Keramik, Glas, Verbundhalbleiter. Durchritzen, Edge-, Skip-Scribing.

KARL SÜSS KG -GmbH & Co-
Schleissheimer Strasse 90
D-8046 München-Garching
Tel.: 0 89 / 3 20 07-0   Fax: -162

TABLE OF PERIODIC PROPERTIES OF THE ELEMENTS

Percent Ionic Character of a Single Chemical Bond

Difference in electronegativity	0.1	0.2	0.3	0.4	0.5	0.6	0.7	0.8	0.9	1.0	1.1	1.2	1.3	1.4	1.5	1.6	1.7	1.8	1.9	2.0	2.1	2.2	2.3	2.4	2.5	2.6	2.7	2.8	2.9	3.0	3.1	3.2
Percent ionic character %	0.5	1	2	4	6	9	12	15	19	22	26	30	34	39	43	47	51	55	59	63	67	70	74	76	79	82	84	86	88	89	91	92

DATA CONCERNING THE MORE STABLE ELEMENTARY (SUBATOMIC) PARTICLES

	Neutron	Proton	Electron*	Neutrino*	Photon
Symbol	n	p	e (e^-)	ν	γ
Rest mass (kg)	1.67495×10^{-27}	1.67265×10^{-27}	9.1095×10^{-31}	~0	0
Relative atomic mass (^{12}C = 12)	1.008665	1.007276	5.48580×10^{-4}	~0	0
Charge (C)	0	1.60219×10^{-19}	-1.60219×10^{-19}	0	0
Radius (m)	8×10^{-16}	8×10^{-16}	$<1\times10^{-16}$	~0	0
Spin quantum number	1/2	1/2	1/2	1/2	1
Magnetic Moment†	-1.913 μ_N	2.793 μ_N	1.001 μ_B	O	0

* The positron (e+) has properties similar to those of the (negative) electron or beta particle except that its charge has opposite sign (+). The antineutrino ($\bar{\nu}$) has properties similar to those of the neutrino except that its spin (or rotation) is opposite in relation to its direction of propagation.

An antineutrino accompanies release of an electron in radioactive β (particle) decay, whereas a neutrino accompanies the release of a positron in β^+ decay.

†μ_B=Bohr magneton and μ_N=Nuclear magneton.

Element data

GROUP IA, IIA, IIIA, IVA, VA, VIA, VIIA, VIIIA, IB, IIB, IIIB, IVB, VB, VIB, VIIB, VIII

Element	Covalent radius, Å	Electronegativity (Pauling's)	Atomic radius, Å (7)	Heat of vaporization, kJ/mol (4)	Atomic volume, cm³/mol (8)	Heat of fusion, kJ/mol (5)	First ionization potential, V	Electrical conductivity, $10^6\ \Omega^{-1}cm^{-1}$ (6)	Specific heat capacity, $J\,g^{-1}K^{-1}$ (3)	Thermal conductivity, $W\,cm^{-1}K^{-1}$ (3)
H	0.32	2.20	0.79	0.44936	14.4	0.058.68	13.598	—	14.304	0.001815
He	0.93	—	0.49	0.0845	—	—	24.587	—	5.193	0.00152
Li	1.23	0.98	2.05	145.920	13.10	3.00	5.392	0.108	3.6	0.847
Be	0.90	1.57	1.40	292.40	5.0	12.20	9.322	0.313	1.82	2.00
B	0.82	2.04	1.17	489.70	4.6	50.20	8.298	10^{-12}	102	0.270
C	0.77	2.55	0.91	355.80	4.58	—	11.260	0.00061	0.71	1.29
N	0.75	3.04	0.75	2.7928	17.3	0.3604	14.534	—	1.04	0.0002598
O	0.73	3.44	0.65	3.4099	14.0	0.22259	13.618	—	0.92	0.0002674
F	0.72	3.98	0.57	3.2698	17.1	0.2552	17.422	—	0.82	0.000279
Ne	0.71	—	0.51	1.7326	16.7	0.3317	21.564	—	0.904	0.000493
Na	1.54	0.93	2.23	96.960	23.7	2.598	5.139	0.210	1.23	1.41
Mg	1.36	1.31	1.72	127.40	13.97	8.954	7.646	0.226	1.02	1.56
Al	1.18	1.61	1.82	293.40	10.0	10.790	5.986	0.377	0.90	2.37
Si	1.11	1.90	1.46	384.220	12.1	50.550	8.151	2.52×10^{-12}	0.71	1.48
P	1.06	2.19	1.23	12.129	17.0	0.657	10.486	10^{-17}	0.77	0.00235(wh)
S	1.02	2.58	1.09	—	15.5	1.7175	10.360	0.5×10^{-23}	0.71	0.00269
Cl	0.99	3.16	0.97	10.20	22.7	3.203	12.967	—	0.48	0.000089
Ar	0.98	—	0.88	6.447	28.5	1.188	15.759	—	0.520	0.0001772
K	2.03	0.82	2.77	79.870	45.46	2.334	4.341	0.139	0.75	1.024
Ca	1.74	1.00	2.23	153.60	29.9	8.540	6.113	0.298	0.63	2.00*
Sc	1.44	1.36	2.09	314.20	15.0	14.10	6.54	0.0177	0.6	0.158
Ti	1.32	1.54	2.00	421.00	10.64	15.450	6.82	0.0234	0.52	0.219
V	1.22	1.63	1.92	0.452	8.78	20.90	6.74	0.0489	0.49	0.307
Cr	1.18	1.66	1.85	344.30	7.23	16.90	6.766	0.0774	0.45	0.937
Mn	1.17	1.55	1.79	226.0	1.39	12.050	7.435	0.00695	0.48	0.0782
Fe	1.17	1.83	1.72	349.60	7.1	13.80	7.870	0.0993	0.44	0.802
Co	1.16	1.88	1.67	376.50	6.7	16.190	7.86	0.172	0.42	1.00
Ni	1.15	1.91	1.62	370.40	6.59	17.470	7.635	0.143	0.44	0.907
Cu	1.17	1.90	1.57	300.30	7.1	13.050	7.726	0.596	0.38	4.01
Zn	1.25	1.65	1.53	115.30	9.2	7.322	9.394	0.166	0.39	1.16
Ga	1.26	1.81	1.81	258.70	11.8	5.590	5.999	0.0678	0.37	0.406
Ge	1.22	2.01	1.52	330.90	13.6	36.940	7.899	1.45×10^{-8}	0.32	0.599
As	1.20	2.18	1.33	34.760	13.1	—	9.81	0.0345	0.33	0.500
Se	1.16	2.55	1.22	37.70	16.45	6.694	9.752	10^{-12}	0.32	0.0204
Br	1.14	2.96	1.12	15.438	23.5	5.286	11.814	—	0.473	0.00122
Kr	1.12	—	1.03	9.029	38.9	1.638	13.999	—	0.248	0.0000949
Rb	2.16	0.82	2.98	72.216	55.9	2.192	4.177	0.0779	0.363	0.582
Sr	1.91	0.95	2.45	144.0	33.7	8.30	5.695	0.0762	0.30	0.353
Y	1.62	1.22	2.27	363.0	19.8	11.40	6.38	0.0166	0.30	0.172
Zr	1.45	1.33	2.16	58.20	14.1	16.90	6.84	0.0236	0.27	0.227
Nb	1.34	1.6	2.08	682.0	10.87	26.40	6.88	0.0693	0.26	0.537
Mo	1.30	2.16	2.01	598.0	9.4	32.0	7.099	0.187	0.25	1.38
Tc	1.27	1.9	1.95	660.0	8.5	24.0	7.28	0.067	0.21	0.506
Ru	1.25	2.2	1.89	595.0	8.3	24.0	7.37	0.137	0.238	1.17
Rh	1.25	2.28	1.83	493.0	8.3	21.50	7.46	0.211	0.242	1.50
Pd	1.28	2.20	1.79	357.0	8.9	17.60	8.34	0.0950	0.24	0.718
Ag	1.34	1.93	1.75	250.580	10.3	11.30	7.576	0.630	0.235	4.29
Cd	1.48	1.69	1.71	99.570	13.1	6.192	8.993	0.138	0.23	0.968
In	1.44	1.78	2.00	231.50	15.7	3.263	5.786	0.116	0.23	0.816
Sn	1.41	1.96	1.72	295.80	16.3	7.029	7.344	0.0917	0.227	0.666
Sb	1.40	2.05	1.53	77.140	18.23	19.870	8.641	0.0288	0.21	0.243
Te	1.36	2.1	1.42	52.550	20.5	17.490	9.009	2×10^{-6}	0.20	0.0235
I	1.33	2.66	1.32	20.752	25.74	7.824	10.451	8×10^{-15}	0.214	0.00449
Xe	1.31	—	1.24	12.636	37.3	2.297	12.130	—	0.158	0.0000569
Cs	2.35	0.79	3.34	67.740	71.07	2.092	3.894	0.0489	0.24	0.359
Ba	1.98	0.89	2.78	142.0	39.24	7.750	5.212	0.030	0.204	0.184*
La★	1.69	1.10	2.74	414.0	20.73	6.20	5.58	0.0126	0.19	0.135
Hf	1.44	1.3	2.16	575.0	13.6	24.060	6.65	0.0312	0.14	0.230
Ta	1.34	1.5	2.09	743.0	10.90	31.60	7.89	0.0761	0.14	0.575
W	1.30	2.36	2.02	824.0	9.53	35.40	7.98	0.189	0.13	1.74
Re	1.28	1.9	1.97	715.0	8.85	33.20	7.88	0.0542	0.13	0.479
Os	1.26	2.2	1.92	746.0	8.49	31.80	8.7	0.109	0.13	0.876
Ir	1.27	2.20	1.87	604.0	8.54	26.10	9.1	0.197	0.130	1.47
Pt	1.30	2.28	1.83	510.0	9.10	19.60	9.0	0.0966	0.13	0.716
Au	1.34	2.54	1.79	334.40	10.2	12.550	9.225	0.452	0.128	3.17
Hg	1.49	2.00	1.76	59.229	14.82	2.295	10.437	0.0104	0.139	0.0834
Tl	1.48	2.04	2.08	164.10	17.2	4.142	6.108	0.0617	0.13	0.461
Pb	1.47	2.33	1.81	177.70	18.17	4.799	7.416	0.0481	0.13	0.353
Bi	1.46	2.02	1.63	104.80	21.3	11.30	7.289	0.00867	0.12	0.0787
Po	1.46	2.0	1.53	—	22.23	—	8.42	0.0219	—	0.20*
At	(1.45)	2.2	1.43	—	—	—	—	—	—	0.017*
Rn	—	—	1.34	16.40	50.5	2.890	10.748	—	0.09*	0.0000364*
Fr	—	0.7	—	—	—	—	—	0.03	—	0.15*
Ra	—	0.9	—	—	45.20	—	5.279	—	—	0.186*
Ac★★	—	1.1	—	—	22.54	—	5.17	—	—	0.12*
Unq	—	—	—	—	—	—	—	—		0.23*
Unp	—	—	—	—	—	—	—	—	—	0.58*
Unh	—	—	—	—	—	—	—	—	—	—

The names and symbols of elements 104 - 106 are those recommended by IUPAC as systematic alternatives to those suggested by the purported discoverers. Berkeley (USA) researchers have proposed Rutherfordium, Rf, for element 104 and Hahnium, Ha, for element 105. Dubna (USSR) researchers, who also claim the discovery of these elements have proposed different names (and symbols).

★ / ★★

Element	Covalent radius, Å	Electronegativity	Atomic radius, Å	Heat of vaporization	Atomic volume	Heat of fusion	First ionization potential	Electrical conductivity	Specific heat	Thermal conductivity
Ce	1.65	1.12	2.70	414.0	20.67	5.460	5.54	0.0115	0.19	0.114
Pr	1.65	1.13	2.67	296.80	20.8	6.890	5.46	0.0148	0.19	0.125
Nd	1.64	1.14	2.64	273.0	20.6	7.140	5.53	0.0157	0.19	0.165
Pm	1.63	1.13	2.62	—	22.39	—	5.554	—	—	0.179*
Sm	1.62	1.17	2.59	166.40	19.95	8.630	5.64	0.00956	0.20	0.133
Eu	1.85	1.2	2.56	143.50	28.9	9.210	5.67	0.0112	0.18	0.139*
Gd	1.61	1.20	2.54	359.40	19.9	10.050	6.15	0.00736	0.23	0.106
Tb	1.59	1.2	2.51	330.90	19.2	10.80	5.86	0.00889	0.18	0.111
Dy	1.59	1.22	2.49	230.0	19.0	11.060	5.94	0.0108	0.17	0.107
Ho	1.58	1.23	2.47	241.0	18.7	12.20	6.018	0.0124	0.16	0.162
Er	1.57	1.24	2.45	261.0	18.4	19.90	6.101	0.0117	0.17	0.143
Tm	1.56	1.25	2.42	191.0	18.1	16.840	6.184	0.0150	0.16	0.168
Yb	1.74	1.1	2.40	128.90	24.79	7.660	6.254	0.0351	0.15	0.349
Lu	1.56	1.27	2.25	355.90	17.78	18.60	5.43	0.0185	0.15	0.164
Th	1.65	1.3	—	514.40	19.9	16.10	6.08	0.0653	0.12	0.540
Pa	—	1.5	—	—	15.0	12.30	5.89	0.0529	—	0.47*
U	1.42	1.38	—	477.0	12.59	8.520	6.05	0.0380	0.12	0.276
Np	—	1.36	—	—	11.62	5.190	6.19	0.00822	0.12	0.063
Pu	—	1.28	—	344.0	12.32	2.840	6.06	0.00666	0.13*	0.0674
Am	—	1.3	—	—	17.86	14.40	5.993	0.022	0.11*	0.1*
Cm	—	1.3	—	—	18.28	15.0	6.02	—	—	0.1*
Bk	—	1.3	—	—	—	—	6.23	—	—	0.1*
Cf	—	1.3	—	—	—	—	6.30	—	—	0.1*
Es	—	1.3	—	—	—	—	6.42	—	—	0.1*
Fm	—	1.3	—	—	—	—	6.50	—	—	0.1*
Md	—	1.3	—	—	—	—	6.58	—	—	0.1*
No	—	1.3	—	—	—	—	6.65	—	—	0.1*
Lr	—	—	—	—	—	—	—	—	—	0.1*

KEY

NOTES: (1) For representative oxides (higher valence) of group. Oxide is acidic if color is red, basic if color is blue and amphoteric if both colors are shown. Intensity of color indicates relative strength.

(2) Cubic, face centered; cubic, body centered; cubic; hexagonal; rhombohedral; tetragonal; orthorhombic; monoclinic.

(3) At 300 K (27°C)
(4) At boiling point
(5) At melting point
(6) Generally at 293 K (20°C)
(7) Quantum mechanical value for free atom
(8) From density at 300 K (27°C) for liquid and solid elements; values for gaseous elements refer to liquid state at boiling point

NSRDS

SARGENT-WELCH
SARGENT-WELCH SCIENTIFIC COMPANY
7300 LINDER AVENUE, SKOKIE, ILLINOIS 60077

Catalog Number S-18806

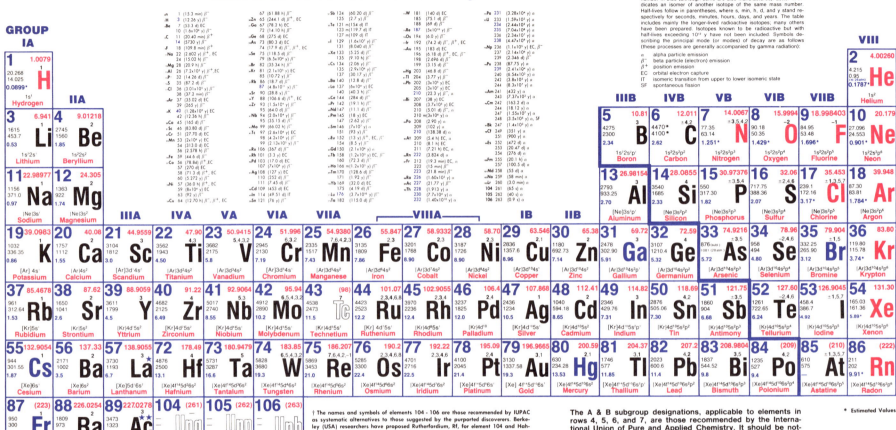